ئەززىزانە قەشقەر · جەلپكار مەشھۇر شەھەر

金色喀什　魅力名城

丝绸之路经济带建筑文化研究（I）

樊新和　李雄飞·主编

中国建材工业出版社

图书在版编目（CIP）数据

金色喀什　魅力名城：丝绸之路经济带建筑文化研究．Ⅰ / 樊新和，李雄飞主编．—北京：中国建材工业出版社，2016.9

ISBN 978-7-5160-1279-6

Ⅰ．①金…　Ⅱ．①樊…②李…　Ⅲ．①文化名城－保护－城市规划－研究－喀什地区　Ⅳ．① TU984.245.2

中国版本图书馆 CIP 数据核字（2015）第 215031 号

金色喀什　魅力名城

主编：樊新和　李雄飞

出版发行：中国建材工业出版社

地　　址：北京市海淀区三里河路 1 号

邮　　编：100044

经　　销：全国各地新华书店

印　　刷：北京盛通印刷股份有限公司

开　　本：787mm × 1092mm　1/12

印　　张：34

字　　数：800 千字

版　　次：2016 年 9 月第 1 版

印　　次：2016 年 9 月第 1 次

定　　价：336.00 元

本社网址：www.jccbs.com.cn　　微信公众号：zgjcgycbs

本书如出现印装质量问题，由我社市场营销部负责调换。联系电话：（010）88386906

主持单位：

喀什市人民政府

项目单位主要领导：

曾　存	中共喀什地委书记（原中共喀什地委委员　市委书记）
陈旭光	中共喀什地委委员　市委书记
买买提明·白克力	喀什市委副书记　市　长
朱经始	原喀什市人大常委会党组书记
徐建荣	喀什市人大常委会党组书记
阿木提·吉力力	喀什市人大常委会主任
阿不都拉·阿木提	喀什市政协主席

项目编制责任单位：

喀什市建设局	喀什市规划局

协编单位：

周跃武	喀什市建设局局长
任彦启	喀什市规划局副局长
吴晓东	喀什市文体局党委书记
阿布都克日木·苏力旦	喀什市文体局局长
王　伦	原喀什市旅游局局长
贾卫东	喀什市旅游局局长
穆合塔尔·苏皮	喀什地区文物局书记
买买提·祖农	原喀什地区文管所所长　教授
阿不都热依木·沙比提	原喀什地区文管所所长
阿迪力·买买提	原喀什地区文管所所长
阿不都热依木·卡迪尔	原喀什地区文管所所长
艾合买提江·玉素因	喀什市文管所副所长
艾山江·玉素甫	喀什市文管所专家

项目编制单位：天津大学城市设计研究所

编制单位责任人：李雄飞　教授　总规划师

配合单位：

喀什市文体广电局	喀什市规划设计院
喀什市城建档案馆	喀什市旅游局
喀什市恰萨街道办事处	喀什市吾斯塘博依街道办事处
喀什市亚瓦格街道办事处	库木德瓦孜街道办事处

项目编制指导单位：

新疆维吾尔自治区建设厅	新疆维吾尔自治区文化厅
新疆维吾尔自治区城乡规划协会	喀什市委宣传部
喀什地区建设局	喀什地区文管所

曾经指导编制工作的自治区主要领导：

李建新	自治区建设厅厅长
陈震东	原自治区建设厅厅长
张国文	原自治区建设厅厅长

曾经领导并参与编制的喀什市主要领导：

历届市委书记：张振务　苗世旺　蒋保恒　朱海仑　张　健

历届市政府主管领导：方宗琛　康元长　蒋中仁　袁　强　樊新和

主要负责人：樊新和（原喀什市副市长）　李长海　万启璇

编制单位主要参编人员（公元 1983—2007 年）：

庄林生（顾问　原福建省建设厅总规划师）

李雄飞（教授）

刘丛红（教授）

张开宇（教授）

计旭东（教授　副所长）

王学斌（教授）

陈　坚（总建筑师　副所长）

李　昊（规划师　副所长）

曲凌雁（同济大学博士　现上海华东师大教授）	于会明（建筑师）
杨俊丽（副总建筑师）	杜　静（建筑师）
曹丹庭（副院长　一级注册建筑师）	程丽娜（建筑师）
苏文士（历史文化遗产保护工作室主任）	苗艳节（景观师）
曹建阳（历史文化遗产保护工作室主任）	张　敬（规划师）
樊　璐（大连理工大学　留英硕士）	孙明辉（规划师）
周家颖（规划师）	何　健（景观师）
黄娇华（规划师　规划部主任）	孙树伟（规划师）
李健飞（规划师　艺术总监）	韩　宇（规划师）
汪　苇（国家一级雕塑家）	付倩芸（建筑师）
王建新（雕塑家）	于荟泽（研究生）
余智彬（景观师）	丁小津（景观师）
刘　洋（规划师）	高　扬（规划师）
王其亨（教授）	王兆静（建筑师）
吴维唯（博士生导师）	杨慧志（规划师）
袁大昌（副教授）	张海滨（建筑师）
王立品（一级注册建筑师）	赵美玲（规划师）
张德林（一级注册建筑师）	吴雪妮（景观师）
赖加庆（副总规划师）	李燕君（景观师）
李　峰（天津大学博士）	刘　云（景观师）
游　猎（天津大学硕士）	李　密（景观师）
丁寿颐（清华大学研究生）	鞠银波（景观师）
孙明军（一级注册建筑师）	张　晨（建筑师）
刘　佳（硕士研究生）	崔　嵬（规划师）
黄强风（规划师）	王　明（规划师）
张哲芸（建筑师）	尹会子（规划师）
李　鹏（建筑师）	刘　勇（规划师）
张加武（建筑师）	陈亚平（规划师）

吴旭升（规划师）
李群芳（规划师）
于会龙（建筑师）
代晓丽（建筑师）
赵洪涛（规划师）
靳清伟（建筑师）
王晓丽（景观师）
王长龙（建筑师）
刘晓鹏（建筑师）
唐努尔（维文翻译）
赵　军（建筑师）

编制单位负责建筑测绘人员：

虞俊芹　谢文玉　翁丽红　高　岚　李国清　吴恩谷
杨　列　黄强风　吴辰丹　张加武　李　鹏

喀什市参与并协助规划编制工作有关人员：

郭维坚　郭立阳　贺育申　周跃武　任彦启　马长军　刘培民
雪合来提·艾买提　李景鹏　张正勒　徐　乐　阿不都·热合曼·吾曼
陈　伟　杨燮荣　何　晶　莫合太尔　吾尔尼沙　亚森·哈斯木
买买吐逊　杨旭峰　马　龙

新疆喀什地区建筑勘察设计院参编人员名单：

宋晓飞　院长　工程师
艾尔肯　总工　一级注册结构工程师
张光先　高级工程师
艾孜买提　工程师
张　阳　造价师

喀什市人民政府和编制单位邀请有关专家、学者对编制工作学术探索规划咨询和技术指导：

郑孝燮　建设部顾问　全国政协城建组组长
周干峙　原建设部副部长、两院院士　李雄飞 1980 年研究生论文答辩委员会主任委员
叶如棠　原建设部副部长
汪光焘　原建设部部长
单士元　原故宫博物院院长
罗哲文　原国家文物局古建专家组组长
吴良镛　院士、清华大学教授　李雄飞 1980 年硕士论文评语教授
朱自暄　清华大学教授
王景慧　原建设部规划司副司长
赵士绮　原建设部城建司副司长
夏宗轩　原中国城市规划设计院院长
唐　凯　原建设部规划司司长
郭　旃　原国家文物局文物处处长
付　爽　原建设部规划司规划处副处长
阮仪三　同济大学教授
陆易农　新疆建筑工程职业学院教授
张胜仪　新疆维吾尔自治区建筑设计院高级建筑师
祁英涛　原国家文物局文研所所长
王瑞珠　中规院专家、教授
汪志明　原中规院名城与风景园林所所长
金祖贻　原新疆维吾尔自治区建设厅规划处处长
陈志远　原新疆维吾尔自治区建设厅规划处处长
王小东　原新疆维吾尔自治区建筑设计研究院院长
薛　斌　原新疆维吾尔自治区建设厅规划处处长
许晓燕　新疆维吾尔自治区建设厅规划处处长
马天宇　新疆维吾尔自治区城乡规划管理服务中心主任
归玉东　新疆维吾尔自治区城乡规划协会副秘书长
高鸿兴　原新疆维吾尔自治区建设厅城建处处长
韩　骥　原西安市规划局局长
庄林生　原福建省建设厅总规划师
　　　　福建省级历史文化名城总审负责人
薩本淳　福州市规划局总规划师
林荫新　厦门市规划局总规划师
李国恩　洛阳市规划局局长
　　　　洛阳名城保护规划总负责人
许朝文　中国十佳魅力名镇泰宁规划局局长
王时样　喀什著名学者
马树康　喀什地区作家
艾　山　新疆维吾尔自治区博物馆专家
　　　　（玉素甫麻扎复原设计负责人）
买买提·祖农　原喀什地区文管所所长
周家银　莎车县建设局局长
马少辉　优山美地设计公司院长
周　慧　优山美地设计公司规划室主任
卢　军　《城市　空间　设计》杂志执行主编
徐恒醇　天津社科院技术美学中心主任
季　国　季羡林研究生
朱　琼　同济大学教授

总序　喀什文化内涵概述——关于建立“喀什噶尔学”的建议

中共喀什地委书记　曾　存　天津大学教授　李雄飞

我们都知道，敦煌学是一门研究、发掘、整理和保护中国敦煌地区文物、文献的综合性学科。敦煌学一词由史学家陈寅恪在1930年提出，当时的含义主要指整理和研究敦煌发现的文献资料（敦煌遗书）。经过几十年的演变发展，敦煌学的研究范围和内容已得到极大的拓展，涵盖了敦煌石窟考古、敦煌艺术、敦煌遗书、敦煌石窟文物保护、敦煌学理论等领域。现如今，对于敦煌学研究对象的宽度与广度，学术界有不同意见，国际上更是有广义敦煌学与狭义敦煌学之说，但不论研究范围的宽泛或狭窄，敦煌学是一门以敦煌文物的研究为基础，内容广泛，涉及社会科学和自然科学，多学科交叉的综合学科，这点是没有疑义的。

敦煌位于中国甘肃省西部，历史上是中、西交通要道，为古代丝绸之路的重要枢纽，中西文化汇集之地，印度佛教最早由此传入中国内地。从前秦建元二年（公元366年）始建莫高窟至公元1227年西夏灭亡、从元至明初敦煌一直是佛教徒朝拜的圣地，历代地方长官都在敦煌修建寺庙、珍藏文物。这些是研究中国中古历史文化、中亚文化乃至世界文明的珍贵资料。敦煌地区保存、发现的丰富历史文献和文物，是敦煌学研究的基础和对象。

参照敦煌学，我们认为，有条件也有必要成立喀什噶尔学（简称喀什学），以喀什地区保存、发现的丰富历史遗存信息和现代文化艺术作为研究的基础和对象，加大研究力度，为历史遗存的保护和丰富发展现代维吾尔文化打下扎实的理论基础。

一、喀什的历史地位

喀什地区人类活动历史悠久，历史上曾建有诸多“城邦之国”和“行国”，曾是西域三十六国之一的疏勒国国都，是我国内地通往亚欧诸国著名的丝绸之路南道和北道的交汇区以及“丝绸之路”葱岭段要道，也是我国最西端的一座古城。千百年来，始终是天山以南著名的政治、经济、军事、文化中心。

张骞出使西域后，随着中西方贸易、文化交流的兴起，喀什逐步变成丝绸之路上最活跃的一个中枢城郭，成为古丝绸之路的重镇。丝绸之路从东向西进入塔里木盆地后分南、北两道西行，绕过塔克拉玛干大沙漠又在喀什交汇，然后从几个出口翻越帕米尔高原，通往印度、伊朗、西亚、欧洲等地。以喀什为中心，南到印度，西通中亚、欧洲，东与丝绸之路的南道、北道衔接，喀什是几条通道的汇合处和中转站，百物丰饶的喀什为商队的集聚提供了优越的物质基础，可见喀什历史上商贸地位是何等重要。自汉代至明末，疏勒市场"街衢交互，廛市纠纷"，在这里发育了最古老的国际市场之一。

喀什历史上由信仰佛教逐渐改为皈依伊斯兰教，是丝绸之路宗教文化变化激烈的地区之一，当时商贸方面始终与中原保持着密切的联系，也与中亚、西亚各国有着文化、贸易、宗教等方面的广泛交往。丝绸之路的研究覆盖了古代四大文明圈（中国、印度、波斯—阿拉伯、希腊—罗马），尽管中国与西方并不直接往来，但驿站的建立也使文化进行了跟进，因此逐渐形成了独特的文化风貌。同时，该区是维吾尔族聚居最集中的地方，也是维吾尔族文化最重要的发祥地，孕育了灿烂的民族文化。

二、喀什地区的历史文化与信仰

由于喀什是古丝绸之路几条通道的汇合处和中转站，在历史上有很多古代国家、古代民族的文化都曾在这里汇聚和交流。自古以来，东西方文化在此交汇，这里还受到佛教、基督教、萨满教、摩尼教、犹太教、伊斯兰教等不同宗教的影响。

古代的喀什曾是多种宗教的流行地，大约于公元前 2 世纪前佛教东传时，据说公元 2 世纪初，疏勒国王安国是疏勒国内的第一代佛教徒。当时喀什信奉小乘佛教，是我国最早信奉佛教的地区之一。公元 615 年后，当隋、唐在这里设疏勒都督府时，武则天曾下令全国重镇设府治。在修大云寺时，疏勒也建起了一座宏伟的佛教寺庙。佛教在喀什一直延续了八九百年。

公元 715 年，阿拉伯驻呼罗珊总督库泰拔带兵跨越葱岭古道，乘虚攻占了疏勒都督府（喀什噶尔），同时也把伊斯兰教第一次带入喀什。公元 905 年左右，萨曼王伊玛勒的兄弟纳赛尔·本·曼苏尔因与兄弟敌对，万般无奈之下居然逃到喀什噶尔，投向萨曼王朝的敌对国喀拉汗王朝，并将自身信仰已久的伊斯兰教带到我国新疆。当时喀拉汗王朝的臣民信奉佛教、萨满教和摩尼教，喀拉汗王奥古勒恰克因祖宗的法规不接受伊斯兰教，但还想利用这位流亡王子共同打击萨曼王朝，考虑再三，奥古勒恰克还是答应把喀什噶尔以北 40 公里处的阿图什作为纳赛尔的栖身之地，同时还在阿图什修建了一座清真寺供纳赛尔及其侍从使用，以示对其信仰的尊重。至此，喀什出现了有史以来的第一个清真寺和第一批迁居这里的中亚穆斯林。14 世纪以后，杜格拉特蒙古部族统治期间，喀什逐渐伊斯兰化，并把伊斯兰教扩及整个新疆。今天，喀什地区绝大多数民族群众信仰伊斯兰教。

而早在公元 6 世纪，基督教的一支——"聂斯脱利教派"就由波斯进入阿富汗，又越过巴达克山、帕米尔高原传入喀什。聂斯脱利教派因与基督教原有教会在教义的认识上存在严重分歧，被视为异端，此后自成一派。其他教派称他们为"聂斯脱利教派"。而他们自称为"迦尔底"、"阿述利亚基督教徒"、"东方之幼童"。但进入中国后，则被称为"景教"。唐朝时，景教在中国十分活跃，曾风行一时。唐会昌五年（公元 845 年），由于受到当时"灭法"风波的打击，景教在内地一蹶不振。而在西域，却仍旧盛行不衰。宋元时期，景教在包括亚美尼亚、波斯湾、西夏、汗八里、北京等广大区域流传，进入鼎盛时期。当时景教曾设立了 25 个教区管理教务。喀什由于信徒众多，划为第 19 教区。设有教堂，也有大主教主持宗教活动。此时，景教活动在喀什盛极一时。但进入明代后，逐渐走向衰落。后来，由于伊斯兰教在喀什的发展和战乱，景教受到了毁灭性的打击。在此过程中，景教徒部分皈依了伊斯兰教，部分归入基督教，从此销声匿迹。继景教之后，基督教又随着 1892 年首批瑞典传教士进入喀什而传入新疆。1904 年，疏附县北关（今喀什市武装部西侧）出现了新疆第一座基督教福音堂，主体建筑造型独特，规模宏大，十分引人注目。始建时，这里共有瑞典传教士 7 人，约 20 名本地人受洗皈依。当年正式成立了瑞典基督教瑞华内地会喀什代办处，该机构附设教会学校、医院和印刷所。基督教在喀什的兴盛时期，疏附县（今喀什市）是南疆的活动中心，传教士和神职人员多达 20 余人。福音堂里还有脚踏风琴，时常组织唱诗活动。军阀盛世才统一新疆后，一度标榜革命，并于 1934 年 8 月查封了在喀什的瑞典传教机构，其神职人员被驱逐出境。印刷设备移交到喀什地方行政当局。从此，基督教的活动在喀什衰微。

三、开展喀什噶尔学研究的原因

1. 宗教性

1877 年德国著名地理学家李希特霍芬提出 Seidenstrossen 的术语，德国汉学家正式采用作为书名，即《中国和叙利亚之间的古代丝绸之路》，从此以后 Silkroad（丝绸之路）被世界许多国家的学者所认同，并从 20 世纪中叶起，“丝绸之路”则作为一门学科开始了世界性的全面研究。

“丝绸之路”作为“文化之源”，在它的东西两端，联系着世界上著名的古代文明：华夏文明、埃及文明、印度文明、美索不达米亚（两河流域）文明、中亚文明和希腊文明。

在宗教方面，丝绸之路上传播和活跃着袄教（琐罗亚斯德教）、景教（基督教）、摩尼教、佛教、伊斯兰教，这些宗教都对人类文化的发展产生了重大的影响。

法国著名作家 F·B·于格和 E·于格在其所著的《海市蜃楼中的帝国》一书中，曾将丝绸之路称之为“神祇之路”，并幽默地说：“神祇也是游牧民”。他在书中写道：“在充满皇帝们的梦想和身负神祇们启示的一整套神话中，介绍了信仰是如何传播的。但事实真相，即宗教在丝绸之路上传播的那张看不见的网络，却是很神鬼莫测的。中国的犹太人（术忽人，一赐乐业教信徒，我们联想到了失踪的犹太小部族之传说，或者是由欧洲人重新发现的中国犹太人社团）、摩尼教徒或东方景教徒、原始佛教的信徒、大地另一极的基督徒、四散而去的穆斯林……神祇在全世界旅行，人类却在煞费心思地寻找它们。”

佛教僧侣们从印度或锡兰出发去传播佛教，中国的礼佛进香人也前往印度取经。“觉”的教义与发现、探险的一种莫名其妙的运动相联系，它诠释清楚了礼佛进香人、传法祖师和商贾们之间的含糊关系。然而，欧洲却表现得如同是一种令人难以置信的盲点。尽管已有数世纪的交流了，它依然一如故我地无法理解佛教教义的性质。

穆罕默德（Mahomet）的直传弟子们一直东进中国。那个几乎是与马可·波罗同时代的人——伊本·白图泰访问了分散在全世界各地的穆斯林教团，开始了一次比那名威尼斯的“吹牛大王”范围更辽阔、更具戏剧性的游历。伊斯兰教是丝绸之路上维持统一的一大因素，是游牧人的一种杰出宗教。

基督教同样也拥有其四处布道传教的神话，圣多玛（Saint-Thomas）的圣墓位于印度，此乃一大例证。有一种传说认为，该使徒曾在中国传教。人们认为，诺亚方舟（Noah's Ark）是在大亚美尼亚的亚拉腊山（Mossoul）山峰上被洪水淹没的。在波斯，马可·波罗自信找到了“三王”（Rois mages，朝拜初生耶稣的三博士）经过的踪迹和一口永久喷火的井。

如果说佛教、基督教和伊斯兰教的传播，到处都伴以史诗般的冒险故事，或者是神奇的情节，那么对于异端和已失传的宗教，又该讲些什么话呢？琐罗亚斯德教或袄教（Zoroastrisme）于数千年中，始终都存在于且曾标志着欧亚大陆的中心，它后来又以变化的或者是人们假想的形式出现了。

传说混合宗教摩尼教（Manichaeism）诞生于 3 世纪时的萨珊朝波斯，即它是诞生于袄教和基督教之间的一次综合尝试，它经过整个中亚游移到中国。在该宗教的鼎盛时期它变成了回鹘突厥人的官方宗教。在它遭受迫害之前，曾活跃于中国中原、蒙古边境地区。

景教是在公元431年以弗所（Ephèse）公会会议上遭到驱逐的基督教异端，被从西方的地盘上排斥出去了，但它在东方却经历了一种令人惊讶的命运。中世纪的旅行家们，在会见鞑靼人的时候，非常吃惊地发现了一个强大的景教（聂斯托利派基督教）教团，在一些西方人始终怀疑是否为文明人类的蒙昧民族中立足。

喀什作为西域中国境内丝路北道、中道、南道的交汇点，同时又是丝绸之路由此修整后继续西行直至到达大秦（古罗马）的转折点，成为丝绸之路中西宗教文化荟萃的焦点。研究喀什噶尔学不可避免地涉及各种宗教文化，作为一种文化形态，它的内涵、外延之广大、深邃，当我们深入探讨这种信仰文化形态时，几乎囊括了世界主要的宗教文化，作为一个点却代表了博大精深的多种宗教，建立这样一门学科是非常有价值的。丝绸之路无论如何变迁，历史上各种宗教无不在这里留下历史的烙印，我们可以通过丝绸之路来了解各时代的一切，特别是华夏文化的形成，研究喀什噶尔学的意义正在于此。

2. 多民族性

在研究丝绸之路的学者中，有人分析丝绸之路的价值时认为，最初的丝绸之路，便是最早穿越欧亚大陆的民族大迁移运动的道路，只是到了丝绸与各种珍异物品甚至豪华产品流通时才被称为丝绸之路。从在埃及发现的公元前10世纪出现的丝绸看来，在这种民族大迁移运动中，公元前10世纪已经开始了。究竟有多少个民族出现在丝绸之路上，还有多少民族在这种迁移运动中被其他民族所同化，融合入另外的民族，可能在今后若干个世纪里还是搞不清的问题。

当时的有匈奴人、大月氏人、大宛人、突厥人、卡拉什人、库蛮人、鞑靼人、马其顿人、康居人、花剌子模人、吠哒人、萨迦人（塞人）、雅朱者族人、犹太人、帕提亚人（安息人）、波斯人、犁靬人、乌孜人、吐蕃人、粟特人、回鹘人、腓尼基人、贵霜人、突厥回纥人、黠戛斯人、喀喇契丹人、大食人……来往于丝绸之路各族和个人除了商人之外，还有隐士、学者、作家、采风者、工艺师、各种工匠、艺人、舞蹈家、传教士、寻宝者、武士、僧侣……

这些来往于丝绸之路的民族、商旅、个人，许多人到过喀什，他们所带来的民族特色、个人专业特色，都不可避免地在喀什做了一定的贡献，并可能留下了他们的印记，这使喀什无论在经济上、文化上都表现出了一种多文化的特色，这种特色是潜移默化的，见微知著的，有时也会十分鲜明。正如新疆（含喀什）目前就有13个民族，正是这13个民族共同创造的美丽与博大，它既表现在城市的每一条街道、建筑群、环境景观、细部装饰与人情往来、接待与礼仪上，也表现在绚丽多彩的生活方式上。

之所以能够成为喀什噶尔学，因为多民族的融合与交流创造了与国内大多数城市完全不同的个性风貌，它是具象的，也是抽象的，尽管有时不能展示一种视觉形象，但是却令人能够清晰地感觉到它，体会到它，经过千年的凝练而铸造成为城市的灵魂。

3. 文化冲突与交融的荟萃点

丝绸之路作为一种复杂的历史现象和文化现象，它包含了维系人类社会的几乎全部因素，对丝绸之路进行全方位的研究，以多视角去审视，包括经济、哲学、历史、宗教、民族、民俗、文学、艺术、绘画、雕塑以及自然地理学、人类学、民族社会学、社会心理学、自然科学的各个方面。这是一条充满各种学科之谜的神奇之路。喀什位于这条神奇之路的交汇点上，也包含着至今我们尚未挖掘到的各种文化之谜。中国的丝绸、玉器、瓷器、火药、纸张及印刷术通过丝绸之路传播到西方；植物新品种：葡萄、苜蓿、石榴、红兰花、酒杯藤、胡麻、胡桃、胡荽、胡蒜、橄榄；毛皮与毛织品：毛织褥、毛巾等；珍禽异兽：良马（大宛马、汗血马）、狮子、犀牛、孔雀、鸵鸟等；珍稀物品：珊瑚、海西布、水银、琥珀、金刚、玳瑁、苏合、郁金香、珠贝、玻璃与琉璃等，也通过丝绸之路涌入华夏古国。

这些精彩的珍奇物品丰富了世界经济文化交流，也使丝绸之路成为珍稀物品、动植物、各种宗教文化、各种科学技术交流的绚

丽多彩的奇异古道，喀什应该说是华夏文化前沿的最大的受益者，所以在今天才会觉得喀什噶尔是个历史文化的百科全书，其内容精深，范围博大，成为今日世界各国文化人趋之若鹜的神奇城市。

许多外国学者在新中国成立前的喀什那种极其艰苦的生活条件下，一住就是几十年，并在年近古稀之时重返喀什，是什么吸引他们如此动情，如此怀念？是这座城市难以用语言描绘的内涵、魅力！

许多人对生土建筑不屑一顾，把它看成是一种落后的表征，可恰恰是这些黄土铸造了千百年来吸引学者、各种文化的淘金者、考古学家和艺术家的灵魂，而商人、工匠、旅游者、侠士、商队、僧侣等都为这座城市的朴实无华的外表所吸引。从现代人的观念来看，生土建筑更具天然性，更符合生态原则，是适合人居环境的一种人类灵魂家园的模式之一。

四、文献遗存丰厚

喀什既是古丝绸之路上的重镇，又是现代维吾尔族形成、发展和聚居之地。东西文化的交融，在此形成了独特的历史文化，也孕育了一大批文化名人、学术巨匠和政治人物，他们留下了很多的著述。毫无疑问，这些著述是中华民族文化宝库中的重要组成部分，是我国古代优秀文化遗产的组成部分，是研究维吾尔历史文化以及西域历史文化的重要文献资料。他们反映了喀什在东西文化交融中的重要地位，是维吾尔文化的发源地和摇篮，故而国内外研究者甚众，尤其以《福乐智慧》和《突厥语大词典》的研究更是成为国际显学，仅举几例。

释慧琳所著《一切经音义》是我国古代一部解释佛经字义的名著，这部著作不仅有丰富的佛学知识，而且对研究文字训诂、辑录校勘古书也大有功用。

玉素甫·哈斯·哈吉甫所著的《福乐智慧》是一部百科全书式的叙事性哲理长诗，全诗长达 85 章（另附 3 章补篇），共计 13290 行，以回鹘文（古维吾尔文）写成，采用了阿鲁兹格律的木塔卡里甫格式，调动了长短音节有规律的组合变换，使得长诗节奏鲜明、旋律匀称、音调优美，开创了维吾尔诗歌古韵律双行体的先河，具有较高文学艺术价值。同时该诗还反映了维吾尔族在 11 世纪的政治、经济、法律、伦理、哲学、历史、文化、宗教以及社会生活等各个方面，因而还具有较高的学术价值和史料价值。

麻赫穆德·喀什噶里撰写的《突厥语大词典》是我国古代一部用阿拉伯文注释突厥词语的词典，该书对于研究我国西域地区以及中亚的社会、经济状况，考证中亚史地的具体情节，探寻突厥诸部移徙的踪迹，考察诸部族相互融合的过程，掌握中世纪突厥诸部的方言差别，了解突厥诸部皈依伊斯兰教的史实，以及文学概貌等，都具有重大的史料价值。国内外学者称赞该书是一部简明的百科全书，并非言过其实。

米尔扎·穆罕默德·海达尔所著的《拉失德史》是一部描述我国新疆地区、中亚和早期莫卧儿帝国 14 世纪中叶至 16 世纪中叶的历史著作。我国中亚史专家王治来先生认为：“这本书是关于中亚史上的黑暗时代（1347—1542）的唯一史料。”英国东方学家伊莱亚斯，俄国东方学家巴尔托尔德均对此书的史料价值给予充分的肯定。

五、充满风情的维吾尔族建筑

喀什文物古迹众多而神奇，这里有中国最大、世界闻名的艾提尕尔清真寺，有公元 11 世纪伟大维吾尔语言学家、《突厥语大词典》的作者——麻赫穆德·喀什噶里陵墓，维吾尔族诗人、《福乐智慧》的作者——玉素甫·哈斯·哈吉甫陵墓，还有大型阿拉伯样式古建筑群——阿帕克霍加（香妃）墓，千年佛教遗址——莫尔佛塔，古代竭盘陀国的都城塔什库尔干石头城，唐玄奘《大唐西域记》中所说的东土公主曾居住过的城堡——公主堡。此外喀什还出土了大量不同时代的文物，其中有神态各异的佛像，形状别致的陶器，五光十色的首饰，斑驳陆离的金币，做工精细的丝、棉、麻织物等等。

喀什古城是喀什众多文物古迹的一个缩影。喀什古城是目前我国境内最典型的伊斯兰化城市之一，是我国国内唯一一座充分展示伊斯兰文化背景的城市格局的城市，其风貌和中亚、西亚、中东、北非伊斯兰文化背景下的城市格局形态类似，但其文化价值、历史价值、艺术价值之高，令人叹为观止。迷宫式的街道生成的城市结构；紧密的邻里社区；居住区内的全步行空间体系；以及以清真寺为生活和宗教活动中心的居住模式，喀什古城的空间形态、格局、街道走向和形成方式对研究伊斯兰文化和干旱少雨的沙漠绿洲城市格局的形成、发展有着重要的实物资料意义。

喀什古城内保存有一百余幢特别优秀的传统民居，其中很大一部分民居都在100年以上，并经历了1903年喀什大地震的考验，历史价值很高。这些民居保留着大量古代维吾尔族劳动者参与政治、经济生活的历史信息。许多民居在壁龛设计、挂毡、天花彩画、室内柱廊、石膏饰件上各具特色和创意，家居陈设与家居饰物中具有不少高度艺术化的特色器物，如壁炉（铜质、铸铁、镜花砖砌等不同材质）、儿童摇床、盛水壶具、碗筷等食具、箱包、窗帘、挂毯、地毯等。这些器物制作精良，图案新颖别致，色彩搭配和谐。可以说，喀什古城就是一座民间艺术和建筑艺术的丰富宝库。

古城内还保存有一百余座清真寺，这些清真寺是维吾尔族劳动者共同设计、参与建造和施工的集体作品，它们既是宗教文化的产物，也是历史文化积淀最集中的艺术品，其木雕、石膏花饰、壁画、铺地（地毯）、建筑形象等方面都体现了“统一中求变化”，追求整体和谐之美的艺术特色。这些清真寺中以阿巴克霍加、艾提尕尔为代表，各具特色，相对集中地反映了维吾尔族建筑艺术，有很高的历史文化艺术价值。喀什在沙漠绿洲文化与伊斯兰文化影响下形成了独特习俗，如饮食起居方式，婚丧嫁娶，生活习俗都与民居、清真寺、巷道发生着紧密的联系。

六、辉煌灿烂的非物质文化遗产

由于渊深的历史积淀和各民族人民的共同创造，喀什成为了当今辉煌灿烂的维吾尔族民间和非物质文化的重要基地。由于她处于与汉文化以及丝绸之路所带来的欧洲、西亚文化的交融之地，因此形成了完全不同于纯粹阿拉伯的维吾尔文化。喀什维吾尔族世代相承的、与群众生活密切相关的各种传统文化表现形式（如民俗活动、表演艺术、传统知识和技能，以及与之相关的器具、实物、手工制品等）和文化空间异常丰富。2005年，喀什地区文体局组成工作组对全区12个县（市）进行全面普查，收集并整理出50多个非物质文化保护项目，并从中选出36个上报新疆维吾尔自治区文化厅作为重点保护项目。最终通过认真筛选，向自治区选送了麦盖提县的刀郎麦西莱甫、叶城县的山区歌舞、驼毛工艺、丘鲁克鞋（手工皮鞋）工艺、喀什市的土陶工艺、塔什库尔干县的鹰舞、播种节、英吉沙县的土陶工艺等15个非物质文化遗产申报项目。

2005年11月25日被联合国教科文组织宣布为第三批“人类口头与非物质文化遗产代表作”的“中国新疆维吾尔十二木卡姆艺术”就是在喀什滋生、繁荣和壮大的。现存木卡姆音乐有多种不同的风格类型，这其中，以喀什木卡姆形式最为完备，更具代表性，而且在天山南北广为流传。十二木卡姆是东方音乐文化的无价之宝，它像蒙古族的《江格尔》、藏族的《格萨尔》、柯尔克孜族的《玛纳斯》等英雄史诗一样，具有世界性的影响，是维吾尔族音乐之母，是新疆这个“歌舞之乡”的象征，“是流传千余年的东方音乐历史上的巨大财富”。相传，在维吾尔族祖先从事渔猎、畜牧生活时期就产生了在旷野、山间、草地即兴抒发感情的歌曲，这种歌曲叫做“博雅婉”，意思是“‘旷野’之歌”，后来经不断融合、演变发展形成了组曲——木卡姆。维吾尔十二木卡姆，是维吾尔族人民对中华民族灿烂的文化所做的重大贡献。她运用音乐、文学、舞蹈、戏剧等各种语言和艺术形式表现了维吾尔族人民绚丽的生活和高尚的情操，反映了他们的理想和追求以及当时的历史条件下所产生的喜怒哀乐。她集传统音乐、演奏音乐、文学艺术、戏

剧、舞蹈于一身，具有抒情性和叙事性相结合的特点。这种音乐形式在世界各民族的艺术史上独树一帜，堪称一绝。

2006 年 5 月 20 日，国务院公布了第一批国家级非物质文化遗产名录，维吾尔族模制法土陶烧制技艺名列其中。据《孟子·告子下》说："万室之国，一人陶，则可乎"。比喻造就、培养一个有用的人才，则可以安万室治国兴。由此文所记可以推断，制陶工艺在我国至少可追溯到东周战国时期以前。又根据考证，喀什的制陶工艺至少可追溯到新石器时代。源远流长、工艺精湛的喀什土陶以喀什市高台民居的作坊式祖传制陶工艺闻名中外。当时的土陶制品只是供人们生活之用，它常见的品种有盆、缸、坛、壶、盘、碗等。

七、喀什噶尔学的研究提纲

喀什噶尔学是一门新兴的地方性社会科学的具体学科，具有综合性、地域性、广泛性和复杂性等特点。为了更好地研究，我们建议尽快由喀什市政府牵头成立喀什噶尔学研究机构，对喀什噶尔学的定义、内涵、研究内容、对象及方法、近期和远期目标等相关问题做出具有说服力和规范性的界定，以免"喀什噶尔学"研究的广大热心者各自从自己熟悉的领域进行单方面研究，无从着手进行系统研究，无法形成有组织的、统一协调以及全方位、多角度的研究格局。也只有专门的喀什噶尔学研究机构全面组织、协调对喀什历史文化各方面的系统研究，加强同联合国教科文组织的联系，方能汇总国内外喀什噶尔学研究成果，开展学术交流，牵头编撰、出版喀什学系列丛书和刊物，从而提高喀什在国内外的知名度。

喀什噶尔学所包含的内容是广博繁复、包罗万象的，从历史死文物到现在的活文物，从史学、民俗、文化、宗教、建筑学到交通史和文化的交流等角度上都可以研究。

喀什作为古丝绸之路上的开放城市，是世界上最早的国际市场之一，也是中西文化的荟萃之地。中原的文化艺术，印度、波斯的音乐、舞蹈，都曾滋润过这片绿地，而当地人民毫无偏见的博采众长，创造出了灿烂的多民族、多宗教的中西合璧式的文化。她的历史文化内涵异常丰厚，具有灿烂的民族文化、绚丽多彩的维吾尔族民俗风情、伊斯兰宗教文化，其文物古迹璀璨夺目。所有这一切，对于研究古代西域文化发展史，研究古代西域城市变迁史和新疆发展史具有极高的价值。其高价值性与独特的典型意义均构筑了成立地方学的前提和基础。目前，喀什面临着大规模的开发建设，对于这一宏大的系统工程，必然需要有与之相对应的理论加以指导。

建立专门的喀什噶尔学，综合吸收经济、科技、文化、考古等各学科的研究成果，在喀什悠久的历史、丰富的资源基础上，加大研究力度，形成理论，以指导喀什的现代化建设，可以说具有非常积极的现实意义。

4
热线：0998-2522143
责编：刘毅敏 编辑：小平
组版：张雪 校对：小林
喀什噶尔

喀什噶尔学
立足喀什 研究

李雄飞：
提出开展喀什噶尔学研究

首席记者 潘黎明

天津大学建筑系教授，曾参与喀什市历史文化名城远景保护规划、青州古城修复建设规划、世界文化遗产福建土楼的保护规划等，有多部专著出版，其中对于历史文化名城建设的再思考见解独到，为历史文化名城的保护和发展提供了很好的借鉴。

李雄飞1983年就来过喀什了，在近30年的时间里，他无数次考察喀什的大街小巷，可以说，他见证了喀什改革开放以来的巨大变化。

他一直认为，城市的内涵是文化，过去我国一些地方在推进城市化的过程中，忽略了文化，结果是毫无特色。1982年，国家开始确立历史文化名城体系，城市建设出现了一种新的模式和思维方式，那就是以优秀传统文化内涵的保护和弘扬为基点来开发、建设城市，从文化角度研究城市的生长过程，以使城市建设从单纯的房屋排列、市政设施规划转向一种高层次的文化活动。喀什是新疆第一座国家历史文化名城，它的成长，自然受到了各方的关注。

2008年，李雄飞向喀什市委、市政府提出了开展喀什噶尔学研究的建议，他的目的很明确，就是希望喀什噶尔历史文化的研究成果能直接服务于现实，服务于喀什的城市建设、民生建设，促进城市健康成长。

马大正：
喀什噶尔，闪耀着历史的光芒

首席记者 潘黎明

1964至1987年，在中国社会科学院民族研究所从事中国民族史研究，专治隋唐民族史、卫拉特蒙古史。1987年至今，在中国社会科学院边疆史地研究中心任主任，并担任中国中亚文化研究会、华北地区中俄关系史研究会理事。同年参加内蒙古大学主办的国际蒙古学讨论会。目前侧重于中国边疆政策研究、中国边疆学史研究和卫拉特蒙古史研究。

马大正先生是第五次来喀什。他说，凡是研究新疆问题的专家，都会特别关注喀什。

马大正先生说，喀什噶尔有悠久的历史，从2000年前张骞凿空西域开始，喀什噶尔就和祖国融为一体，在漫漫的历史长河中，无论是中央直接管辖，还是地方政权统治，她从没有离开过祖国的怀抱。

喀什噶尔有灿烂的文化。唐朝的疏勒乐、喀喇汗王朝的突厥语大辞典、叶尔羌汗国的十二木卡姆、浩如烟海的诗歌，各种不同的文化碰撞，都形成了喀什特有的文化现象。

喀什噶尔还是英雄之地，在发展过程中，喀什噶尔各族人民在捍卫祖国西部边陲、抵御外来侵略、维护祖国统一、民族团结、社会稳定等方面，写下了英雄的篇章。

对于喀什噶尔学研究，马先生强调：我们应该注重的是如何发展、普及和推广的问题。喀什噶尔学应该是历史与现实的结合，精神与物质的结合，应该是与喀什的发展密不可分的，是可持续发展的，是更多地面对现实问题进行研究的一门学问，只有这样，喀什噶尔学才能走出纯学术的领域，和喀什的经济社会相辅相成，产生巨大的精神动力。

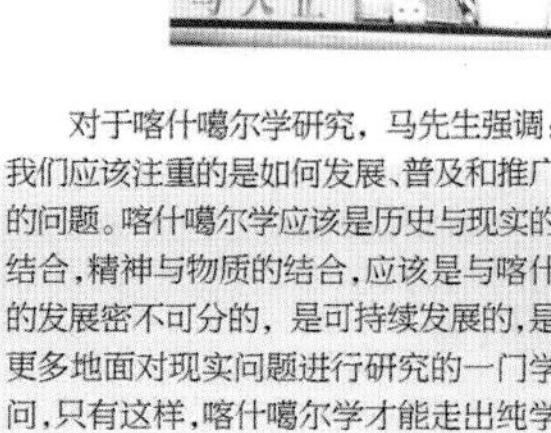

许建英：
喀什噶尔学研究要

首席记者 潘黎明

史学博士，主要从事中国西北边疆史、中国
现状方面尤其关注新疆社会经济发展、农牧区
《近代英国与中国新疆(1840——1911)》和《民国
史、文化和现状研究的著作多部；发表论文、相
部有关中国新疆的历史、艺术和考察著作；曾先

许建英几乎每年都会来喀什，因为这里是他研究新疆的“发源地”，他认为，研究新疆，首先就要了解喀什，喀什噶尔学研究需要有开放的姿态。

因为，喀什本身就是一个开放的城市，她与周边六国接壤、八国相通，其地位在全国都是独一无二的，无论是2000年前还是现在，她都是中国和中亚、南亚、西亚相互沟通的焦点。

喀什的
上从来没有
东西方几乎
交汇点，因
就了她海纳
许建英
开放性，考

田卫疆：
以先进文化为引领

首席记者 王志恒

南京大学史学博士，新疆师范大学硕士研
中国民族史学会、中国中外关系史学会、新疆
多篇学术著作获奖。

“研究喀什噶尔学其实就是对喀什厚重的历史文化的梳理与归纳，最终将其优秀的、先进的部分加以弘扬，从而对内凝聚人心，对外树立形象，这才是最重要的。”20多年来，田卫疆每两三年就要来喀什一次，而每次来都会给他不同的印象和感受。他说喀什市广邀专家来探讨、研究喀什噶尔学，成立专门机构，这必将进一步助推喀什经济特区的发展和喀什在国内外的知名
同样离不开
支撑。

对于喀
疆认为这不
多的专家学
为，应分三
家底，尽可
化遗产进行

喀什日报 周末 5
2011 年 7 月 29 日 星期五
本报邮箱:ksnews@vip.163.com

喀什 服务喀什

若水 摄

杨镰：喀什的历史文化最具魅力最有价值

本报记者 王文博

社科院著名探险家、学者、考古学家、作家、中国西部问题专家，常年在新疆各地考察和研究，对丝绸之路上曾经辉煌又被流沙掩埋的楼兰古国、小河遗址等处曾做过出生入死的艰辛考察，重新发现并揭开了许多鲜为人知的谜，为认识西部的历史与现状做出了卓越的贡献。他先后出版了《荒漠独行》、《最后的罗布人》、《发现西部》等探险纪实作品，编译了《西域探险考察大系》、《探险与发现》、《中国西部探险》等丛书。

杨镰说，有人认为中国的古代历史是"南北对抗、东西沟通"，而丝绸之路就是东西沟通的纽带。目前，丝绸之路是世界研究的一个热点，因为世界上不同的文明、人群需要一个沟通的机会，而丝绸之路就提供了这个机会，丝绸之路把世界文明完整地贯穿起来，对世界历史产生了深远影响。

杨镰对喀什特别感兴趣，关于喀什噶尔学研究他提出了许多新颖的观点，提供了有关喀什的许多有趣的材料。杨镰说，喀什的历史文化是新疆最有价值的考察点。喀什开发历史文化有地理优势，这是其他地方无法相比的。对喀什的历史文化首先要深入调查研究，揭示出其历史价值和意义。他建议要对此项工作列一个时间表，喀什人要对自己的历史文化有自己的话语权，而喀什噶尔学研究会的成立以及相应书籍的出版起到了很好的平台作用，在当前如火如荼的经济社会发展中，喀什特区必须要有自己的文化，特别是先进的文化来引领，要能有自己特色文化积淀，而不应让过去的辉煌丢失和废弃，经过对过去的研究和分析，向当代人讲明，在历史发展的长河中，不同民族的文化是相融发展，求同存异，并在共同进步中得到发展的，从而将自己的家园建设得更加美好。

……放的姿态

……关系史以及新疆现状研究，在……化保护问题。先后出版专著……新疆》，合著关于中国新疆历……60 余篇。此外还翻译出版 4……社会科学院研究项目多个。

……性，在世界历史……什这样，融汇了……古丝绸之路的……文化的交融，造……。

……料也非常具有……究文献丰富多彩，就他所知的就有英、俄、土耳其、瑞典以及日本等十几种文字的资料文献，其内容非常广泛。

喀什噶尔学的研究，也必须是开放性的，不是封闭的，不是只限于学术而学术，而是要为喀什的开放发展提供更多的精神支撑和资料借鉴。

这才是喀什噶尔学的价值所在。

……外树形象

……院"政府特殊津贴"。现为……国史学会常务理事，曾有……

……，喀什的崛起……须要有文化做……

……与发展，田卫……成的，需要众……期工作。他认……首先是要摸清……现有的历史文……要对这些宝贵的资源进行梳理、研究、深入探讨。最后就是去粗取精，为我所用。以先进文化为引领，不断丰富喀什噶尔文化内涵，充分发挥其文化效力，努力保持其文化品位，使得天独厚的人文资源产生强大的经济效益，助推喀什经济社会实现跨越式发展和长治久安。

（本版图片除署名外均由艾尼瓦尔·买提尼亚孜摄）

伊明·艾合买提：为喀什发展所用才更有价值

本报记者 王文博

1967 年毕业到阿克苏地区中级法院工作，1997 年任新疆艺术学院院长，自治区九届政协委员。他于 1959 年以诗歌《十月》步入文坛，1961 年 9 月在《新疆日报》发表翻译作品《革命的晚餐》，前后在《西部》和《民族文学》等报刊上发表汉文诗歌 80 余首，从上个世纪八十年代开始文艺理论研究，发表各种论文 30 余篇。发表的各种作品达几百万字之多，并多次荣获过骏马奖和天山文艺奖。

喀什噶尔是历史文化名城，历史文化是城市的血脉、灵魂，也是城市的个性特征。对于历史文化资源，用得好则是城市发展的动力，用得不好则可能成为阻碍城市发展的包袱。为此，我们必须用历史的观念去分析研究喀什历史文化遗产，科学地保护和利用它，将其成为提升城市品质的资本和源泉。伊明·艾合买提如是说。

为更好地利用历史文化资源，我们首先要保护好历史文化遗产，处理好古城保护与周边环境关系，现代生活与古老建筑的关系，物质文化与非物质文化的关系。科学保护合理利用才是提升城市品质，因为它不仅直接反映城市形象，反映现代城市人的文化素养，而且深刻地反映城市领导者的智慧。文化博览城的建设，其核心在于博览。要想让历史文化遗存为现代和未来人服务，就必须弄清为什么保护，保护什么，怎样保护等问题。喀什噶尔学的研究，不仅是专家学者的，更是要通过研究成果，把它变成正确引领各族人民热爱伟大祖国、建设美好家园的精神动力。

自序　令人魂牵梦萦的金色喀什

李雄飞

1956年，我在辽宁兴城南一完小读小学。这是一个美丽的古城，明末清初名将袁崇焕在这里筑了石头城墙，并用红夷大炮击伤了皇太极。校园内的一口井上有一块大陨石，坚硬如铁，本来是夜里划破天空落下来的，因院内有一口井，校长担心孩子们落入井中，就把陨石置于井口上。根据当地民间传说，名将袁崇焕蒙冤死后，天庭震怒，落此陨石以警示之。

在启蒙老师张老师的启发下，从小学三年级开始给当时的《中国少年报》投稿，采用的少，退稿的多。后来他们得知我只是一个小学五年级的学生后，寄来了二十余册少年儿童出版社的图书，其中有一份少年报，有一个“豆腐块”（当时人们在报上能刊登一小段文字就十分珍惜了，时人称之为“豆腐块”）内，刊登了一张黑白的照片，是我从未见过的一种门的照片，注明是新疆喀什，那时感到，这是一个极其遥远的边塞小城，给我留下了极深的印象。

1980年在我的研究生毕业论文答辩中，因正在做泉州历史文化名城保护规划项目，建设部希望该项目中对历史文化名城保护编制办法提供一些参考建议。同时提及毕业后拟以泉州为切入点，研究丝绸之路的建筑文化，得到答辩委员郑孝燮（时任全国政协城建组长，建设部顾问）、周干峙（时任建设部副部长）的支持，并建议我与陆上丝路进行对比研究。经当时的建设部规划司副司长赵士绮的介绍，由喀什市时任建委万启璇主任具体安排，1984年7月第一次到喀什，立即被这座古朴的千年老城所吸引，并深深地爱上了这座看起来很土气、很粗犷，甚至有些原始的名城。街上基本上都是土路，全市小轿车加起来只有两三辆。民风淳朴、异域风情浓厚，充满了与内地城市风格完全迥异的大漠与绿洲情调。也看到了小时候那张作为喀什标志的照片上的地方，原来是一栋维吾尔族古老民居建筑的内院门。站在喀什的街上，令人浮想联翩，从“明月出天山，苍茫云海间”的浪漫到“一川碎石大如斗”的严酷环境，再到张骞与班超当年为戍土保边所经历的令人无法想象的那些艰苦卓绝和可歌可泣的故事，唐玄奘西行求法度过了现代人无法想象的万般苦难而成功抵达印度的超乎常人的毅力，直至中国人民解放军在王震将军率领下进疆保土安民的伟大壮举……这一切都永远地凝印在了这片神秘的土地中，也许我们从地上所捡起的任意一枚土块，可能都是见证了一段历史风云的实证物。

从1984年起，几乎每年我都会来喀什做一些调研与考察，喀什似乎是一部永远也读不完的巨著，每翻阅一次，就会发现还有一些新的鸿篇巨作要去细品。这也是我在2009年与时任市委书记曾存（也是一位对喀什文化颇有研究的学者）发起研究喀什噶尔学的动因。

从专业角度来看，2005年起正式开始编制的《喀什历史文化名城保护规划》（2007年批准实施）提出了很多设想和远景的策划方案，得到了建设厅的好评。其所以按照原版样式印刷出来，目的在于引起学者的关注、反思与回顾。喀什这部历史鸿篇绝非几个人、几年就可以读懂的，也许需要几代人，并需要借助于新技术来重新审视我们认为已经确认的学术结论，也许是佐证，也许会推翻固有的传统看法，但不断深化我们的认识却是始终一致的。著有《巴黎圣母院》的法国大文豪雨果曾说过：“建筑是石头的史书”。一方面建筑可以折射出所处年代的生产力与生产关系，上层建筑与经济基础的关系，以及人们把当时的人类对自然的认识和浓烈的感情刻印在建筑这部史书上；而另一方面，建筑对于全面反映文化与历史，甚至意识形态的内容都包容在内，确也有力不从心之处，它还需要绘画、雕塑与城市居住者的日常生活形态来渲染，才能形成真正凝聚人类某一阶段思想和感情的石头史书。

研究城市的历史，并不是发思古之幽情，而是更好地，更人性化地，更具文化特色与更高感情投入地去建设现代城市，从而在传承历史文化，发掘城市价值，与自然更加和谐相处的城市建设过程中，达到使居住与活动在城市中的人类走向更高层次的思想境界；升华人类的精神世界，使人类通过城市的孕育发展走向更高层次、更先进的道德水准、更高精神追求。

建设这样一个高精神境界的城市，需要城市的所有人参与才能完成，需要更多的善于钻研、具有想象力和创造力的团队（特别是外埠团队）。海上丝绸之路名城泉州从 1979 年至今，已成功建设成了世界闻名的城市，这与全民参与，多达万人的全国各地的各种文化研究型团队是分不开的，上至市委书记、市长，下至百姓，每个人都以研究泉州文化成果为荣，喀什同样需要这种团队，更多的专家群。喀什还需要建立一系列的规章制度，改变陈旧的观念和提高效率，还需做大量的艰苦工作。喀什是人才济济之地，在市委、市政府的正确领导下，把喀什建成一座“具有浓郁民族特色”，令“中亚都羡慕的文化名城”、“独具特色的西域明珠”，是历史发展的必然，成功是毫无疑义的，将指日可待。

本书作为喀什噶尔学研究的书目之一，目的在于抛砖引玉，引发更具才华的学者、专家、民众对本书的批评，从而为创建丝路明珠名城提供更具思想火花的大智慧，即达到本书作者的期望与心愿。

在来喀什的上百次调研中，建设部、国家文物局、文化部、自治区领导、地区领导和市委市政府领导对喀什的热情和爱护都给我留下了极深的印象，我所接触过的领导从赛福鼎主席亲自过问喀什名城保护规划编制情况起，到自治区党委、自治区人民政府以及陈震东、张博文、李建新、张鸿、金祖怡、陈志远、薛斌、徐晓燕、马天宇；从地委书记史大纲、艾克拜尔·吾甫尔到市委市政府蒋保恒、阿不来提·买买提江、康元长、朱海伦、买买提明·皮尔多斯、袁强、樊新和；张健、帕尔哈提·哈力克、亚力坤·买合木提；曾存、买买提明·白克力、徐建荣；陈旭光、邓慧江……他们无一不是“拼命三郎”式的工作作风，都给笔者留下了极深的印象。正是这一代代卓越的领导者，才把喀什建设成为具备开辟为经济特区条件的城市。

代序 “玉市”噶尔随想——令人回肠荡气的丝绸之路及文化之谜

也许是《天方夜谭》的飞毯，一下子把我们抛到了一座东方巴格达梦一般的“玉市”——喀什噶尔，谁能说清楚这阿凡提世界带给我们的感受，飞过千里旱海，戈壁上空，看看茫茫一片燥热的沙海中人类曾迈着艰辛的步履，驼铃声声，尽管尸骨累累，赤地千里，但是人类前进的步伐始终也不曾停下沙漠之舟的远航……

谜一般的城市，谜一般的历史，古怪而多变的文字，像谜一样记载着历史的海市蜃楼，飘忽不定的突厥、回鹘。也许又是苏丹，像一阵阵飓风，刮来了成吉思汗王朝，帖木儿的领地，喀喇汗、察合台，山河依旧是，却逝去了多少威武雄壮，凄切惨然，金马铁戈，情意缠绵，说不清古今多少事，只有流沙、雪水，或许还记得皇宫别苑、布拉克贝希珍泉；何处去觅寻历史的蛛丝马迹，几十万坚军利马，战场厮杀，竟经不得几缕秋风，全刮得踪影茫茫。幸存的几座窟窿绿顶，让人思绪万千，人们竟想从这有限的几片琉璃瓦片之中，勾画出千万年的史迹，幻化出历史与艺术文化的精斑。

印度的高僧曾以顽强的毅力，一步一个脚印地传播佛事，铸下了万千佛寺、壁画，辉煌灿烂的艺术。摩尼教的风也吹过了这个绿洲的雉堞城垣，也许有一大批僧侣、商队，而今安在?“圣战”一开，竟如台风海啸，千年文化荟萃，一夜之间全化为杂土，这就是历史，是这样的无情，摧毁了别人，也摧毁了自己。创造于千万人的劳动竟这样地灰飞烟灭，几座尖塔标志着那有限的胜利与荣光。

假如生在强汉盛唐，在这迷宫般的旧城街巷上，贵霜、大食、萨珊、安息国的使臣，波斯、大夏，身毒的商贾臣民，谁能想到百年之后，这里竟是另外的一个形象，城市像流沙一样，更弦异址，千百年不断征战，尸骨遍野，文明竟是从这样纷争的战乱中诞生、成长。

香妃的短长，仅二百年历史就已无法清障，只有玉肌娇态，却是百年飘香。宣礼塔高耸在大街小巷上，千万人跪拜、千万人虔诚地祈祷，让人猜想，让人震撼，生的眷恋，死的神伤，只有辉煌的创造，才可能万古流芳，试看千百圣战，都如粪土，试看血戎沙场，空旷天荒，谁记得许多军校名将；后世重建的仍是玉素甫诗人墓园，纳瓦依的诗人殿堂。《突厥语大词典》的主编喀什噶里，尽管居住在荒漠的乌帕尔，但在那里却是花团锦簇，瞻仰者树下成行；十二木卡姆的天籁之音，数百年间依旧回荡在迷宫般的街巷上空，流淌在广袤的瀚海之洋……

历史让人明鉴，城市让人迷惘。只有艺术，创造与诗，真正有益于世界文化之林的苑囿，才使生命得以永恒绵长。千佛洞一幅幅壁画，令人神往的敦煌，远远胜过了万千军马，永世驰骋在西域大漠的通衢之上。

1988 年 8 月 20 日于喀什噶尔宾馆
李雄飞

可爱的维族小朋友

喀尔玛克巴扎巷磨坊依明海普提木

敦美其清真寺

目 录

Contents

上篇　喀什历史文化名城保护规划

《保护规划》包含以下八个部分内容，本书围绕《保护规划》择其要点予以研究发表：

1. 借鉴篇，喀什历史文化名城背景资料研究；
2. 规划篇，喀什历史文化名城保护规划；
3. 喀什历史文化名城保护规划专题研究；
4. 喀什清真寺总览；
5. 喀什历史文化名城保护规划文本与图集；
6. 喀什民居测绘图集；
7. 喀什历史文化大事记（汉以前—1986 年）；
8. 喀什历史文化名城保护大事记（1949 年—2007 年）。

本《规划》2007 年向建设部汇报两次（时任部长汪光焘主持），修改后由新疆维吾尔自治区建设厅通过，年底报建设部批准实施。

喀什历史文化名城保护条例

第一章　总则

第一条　为加强喀什历史文化名城的保护与管理，促进社会主义物质文明、精神文明和政治文明建设，根据《中华人民共和国城市规划法》、《中华人民共和国文物保护法》、《新疆维吾尔自治区历史文化名城街区建筑保护条例》和有关法律、法规，结合喀什市实际，制定本条例。

第二条　喀什历史文化名城的保护工作，应当坚持风貌保护为主，抢救第一，合理利用，加强管理的方针。

第三条　喀什历史文化名城保护要以保障人民生命财产安全为前提，注重改善老城区居民生活环境，维护居民生产、生活和宗教民俗活动的延续性。

第四条　在确定为历史文化名城保护范围内的文物古迹、传统建筑、街巷风貌、古树名木以及近代优秀建筑为保存、保护、恢复与展示的重点。传统建筑、优秀近代建筑是指尚未列入文物保护单位的，具有历史文化价值的民居、清真寺以及近代史上有一定影响的建筑物，由喀什市人民政府会同有关部门根据国家和自治区的有关规定予以鉴定确认，并设置明显保护标志。

第五条　喀什市内的任何组织与个人以及进入喀什市内的任何组织和个人均应遵守本条例。

第二章　组织与职责

第六条　喀什市人民政府统一领导和组织喀什历史文化名城保护工作。

第七条　喀什市人民政府设立历史文化名城保护管理专职机构，主要职责是：

（一）宣传、贯彻有关法律、法规及本条例，增强全社会对历史文化名城的保护意识；

（二）对喀什的传统文化、艺术、民俗和民族风情进行发掘、收集、整理和研究；

（三）组织开展喀什历史文化名城保护方面的宣传、教育、培训、学术研究和对外交流；

（四）对古城内已经审批的建设项目在建设活动中进行监督管理。

第八条　喀什市人民政府应把名城保护和管理工作纳入经济和社会发展的总体规划，并在财力、物力、人力等方面给予保障。为鼓励居民保护古城风貌，市政府采取一定的“惠民”政策。

第九条　喀什市人民政府应当把名城保护、管理工作和贯彻本条例的情况向市人大常委会报告。

第十条　喀什市规划行政主管部门，负责历史文化名城保护规划及历史街区保护规划的编制与报批工作，指导监督保护规划的有效执行，依法行使历史文化名城管理的部分行政处罚权。

第十一条　市文物部门依据本条例规定之职责，参与历史文化名城保护规划、历史街区保护规划的编制与报批工作，负责各级重点文物保护单位的文物管理工作。

第十二条　城建、计划、财政、国土资源、园林、旅游、房产、宗教事务等部门，应当按照各自职责，负责和配合历史文化名城保护的相关工作。

第十三条　任何组织和个人都有保护喀什历史文化名城的责任和义务，并有权对损害名城的行为进行检举和控告。

第三章　保护范围确定及保护内容

第十四条　本条例所称喀什历史文化名城保护的涵义为：喀什在历史形成的老城区及重点保护区（吾斯塘博依历史街区、恰萨·亚瓦格历史街区、阔孜其亚贝希历史街区、阿帕克霍加历史街区、盘橐城重点保护区）内的物质实体以及民俗风情、文学、艺术、音乐、舞蹈、民间体育等各领域的非物质文化遗产。

保护范围面积一览表

街区名称	保护区面积（公顷）	控制区面积（公顷）
吾斯塘博依（含徕宁城）	46.76	13.8
云木拉克协海尔	9.85	5.81
恰萨·亚瓦格	68.8	44.57
阔孜其亚贝希	7.84	16.23
盘橐城	1.24	8.53
阿帕克霍加（香妃）墓	8.81	35.48（含协调区）
艾尔斯兰汗麻扎	2.83	3.07
合计	146.13	127.49

第十五条　喀什历史文化名城保护内容为：

（一）保护喀什老城区环境风貌和传统格局，具有历史文化特色的古街区、历史建筑、优秀传统民居、古树名木等。

（二）各级文物保护单位和具有历史、科学、艺术价值的人文景观和各类文物古迹。

（三）保护喀什的传统文化和民间艺术。

（四）经鉴定公布的优秀近代建筑、恢复的体现历史文化名城内涵的纪念设施。

（五）国家、自治区制定的有关法律法规中确定的保护内容。

第十六条 对尚未列为重点文物保护单位的文物，但能反映一定时代特征，具有保护价值、承载真实和相对完整的历史遗迹和历史建筑，由市人民政府进行公布保护等级并上报批准。

第四章 历史文化名城、历史文化街区及重点文物保护与管理

第十七条 喀什市人民政府应根据《喀什历史文化名城保护规划》划定城市紫线，并予公示，规划行政管理部门负责本行政区内的城市紫线管理工作。

第十八条 历史街区和重点保护区的一切建设开发活动应当遵守国家有关法律、法规和本条例规定，符合《喀什市城市总体规划》和《喀什历史文化名城保护规划》要求。

第十九条 在历史文化名城保护范围内及控制性地段内进行建设，必须依据《喀什市历史文化街区保护规划》作出控制性详细规划，其建筑高度、体量、立面造型、装饰色彩、装修材料等不得影响老城区的传统风貌，必须与周围的自然景观和人文景观相协调，力求保持喀什传统街区风貌和维吾尔族建筑风格。

凡列入重点保护区内的传统建筑的维修、重建均应符合下列技术要求：

（一）保持原生土建筑的总体风格，在条件确实难以保持原外貌特征的条件下，允许内部改造、外部为传统砖雕墙面的变通方式。

（二）无论内部、外部装修均不得使用瓷砖、玻璃幕墙、铝合金门窗、铝塑板、屋面彩钢板等现代材料，不得安排太阳能热水器、遮光棚等设施。

（三）为适应旅游开设的家庭旅馆、家庭式餐厅、专业小商场、游戏厅等装修及经营内容均应审批，实行准入证制度。

第二十条 各级文物保护单位的维修应按有关规定由文物及规划部门审批后进行，历史遗迹、纪念建筑、名人麻扎（陵寝）、清真寺建筑、优秀民居等，应保持原状和风貌，不准任意改建、扩建和添建。

第二十一条 在历史文化街区和各级重点文物保护单位控制地带，土地使用权不得出让，特殊情况需要出让的，必须征得规划行政主管部门和文物部门同意，并制定有效保护措施，纳入出让合同的内容。

第二十二条 各级重点文物保护单位内的建筑物、构筑物的维修，抗震加固处理必须经过规划行政主管部门和文物部门批准，尽量采用传统材料和工艺，达到"修旧如旧"的效果（参见第二十条）。

第二十三条 《喀什历史文化名城保护规划》中确定保护的传统建筑物、构筑物和其他设施，产权更变必须报规划行政主管部门和文管部门备案，产权更变后，不得擅自改变其传统风貌和原使用性质。

第二十四条 市区内的古树名木实行统一建档，挂牌保护，任何单位和个人不得砍伐、毁坏和擅自迁移。

第二十五条 历史文化名城资源应合理开发利用。在老城区内鼓励经营或者开展下列项目和活动：

（一）传统文化研究；

（二）利用传统建筑开辟为各类专业与民俗博物馆、开展民俗观光活动；

（三）开辟传统手工作坊、进行民间工艺及旅游产品制作和经营；

（四）传统饮食文化研究和开发经营；

（五）传统娱乐业及民间艺术表演活动；

（六）对民间工艺品进行开发、收藏、展示与交易活动。

第五章 历史文化名城自然灾害的应急处理

第二十六条 喀什在地震构造上位于南天山地震带南部与帕米尔—昆仑地震带的结合部，国家地震局《关于1998年地震趋势和加强防震减灾工作意见的报告》中将南天山地震带（乌恰—喀什一带）列为发生6级左右破坏性地震可能性较大的全国十大危险区之一。喀什市地震基本烈度为8度。

第二十七条 喀什历史文化名城保护除一般名城的基本特点外，尚需进行抗震加固工作，要以保障老城区人民生命财产安全为前提，逐步完善基础设施，对不具备一定抗震能力的民居和公共建筑进行加固处理。

第二十八条 抗震安居工作要做好三方面的工作：对原开挖的防空洞要进行位置调查并进行回填，以保证建筑物基础的稳定

性；建筑物本身进行加固处理，已列为濒危建筑要拆除重建，重建时要求进行加固处理后按原址原貌复原；开辟一定数量的用于震灾及火灾疏散空旷地和疏散道路。

第二十九条 建筑物的加固处理可分期分批进行，一般条件允许的情况下，可采取保护外立面，内部增加斜撑和木质圈梁等技术措施。并先行拆除和清理建筑屋顶的浮墙、羊圈、不稳定的构筑物墙体、栅栏、堆积物等。

第三十条 拆除 1996 年以后违章搭建的过街楼，保持街巷采光，以保证疏散时便捷快速，并减少地震发生时产生的次生灾害。

第三十一条 对已确定为城市自然灾害疏散用地的专用地段（由市政府予以公布），任何单位和个人不能占用和临时堆放杂物等。

第三十二条 为减少自然灾害对名城的破坏程度，旧城区要逐步加固台地边坡稳定处理。

第三十三条 拆迁安置区要注意汲取喀什旧城的传统运营特色，保证居民生产生活的延续性，做到生产性活动、生计与居住相结合，预留一定的生产空间、商贸空间与宗教民俗活动空间。

第六章 法律责任

第三十四条 有下列事迹之一的单位或者个人，由市人民政府分别给予奖励和表彰：

（一）依法保护历史文化名城卓有成效的；

（二）执行本条例成绩显著的；

（三）建设、管理历史文化名城有突出贡献的；

（四）发现或保护各类文物有功的；

（五）对违反本条例的行为进行揭发、制止表现突出的。

第三十五条 有下列行为之一的，给予行政或刑事处罚：

（一）不按批准的规划进行建设的单位和个人，由规划行政主管部门令其停止建设、限期改正或拆除，并处以违法建筑部分所投资的 1%的罚款，同时对主管人员和直接责任人员处以 1000—5000 元的罚款。

（二）未经文化行政主管部门批准，对各级文物保护单位的建筑物和构筑物擅自添建、改建的，除限期拆除和恢复原状外，由文化行政主管部门按《中华人民共和国文物保护法》的规定予以处罚。

（三）未经规划行政主管部门和文化行政主管部门批准，在各级文物保护单位的保护范围内搭盖临时建筑物或摆摊设点的，由规划行政主管部门会同文化行政主管部门，责令当事人限期拆除，并按所占面积每平方米处以 100—1000 元罚款。

（四）涂抹、刻画造成文物轻微污损的，由文物保护单位视情节轻重处以 200 元以内罚款；损坏文物和近代优秀建筑的，由文化行政主管部门责令其限期恢复，并处以造成损失的 3—5 倍的罚款；破坏文物构成犯罪的，由司法机关依法追究刑事责任。

第三十六条 规划行政主管部门和文化行政主管部门的工作人员违反本条例，玩忽职守，滥用职权，徇私舞弊的，由其所在单位或上级机关给予行政处分，构成犯罪的，依法追究刑事责任。

第三十七条 当事人对于行政处罚决定不服的，可在接到处罚决定之日起十五日内向作出处罚决定机关的上一级单位申请复议，也可以直接向人民法院起诉。当事人对复议决定不服的，可在接到复议决定书之日起十日内，向人民法院起诉。当事人在法定期限内不申请复议，也不起诉，又不履行处罚决定的，由作出处罚决定的机关申请人民法院强制执行。

第七章 附则

第三十八条 本条例具体应用的问题由喀什市规划行政主管部门会同文管部门负责解释。

第三十九条 本条例自公布之日起施行。

（2006 年由喀什市第十二届人民代表大会常务委员会会议通过）

咏天鹅湖（东湖）夜景一 ①

李雄飞

题词：东临库尔勒俯瞰孔雀河波光荡漾
西达玉喀什远眺天鹅湖不夜名城

瀚海金沙出天山，　蛰伏欲跃二千年。
星移斗转凭借力，②　展翅击云上九天。③
蜿蜒长流新丝路，　绿洲永续中华篇。
彩链繁星疆无际，　九色霓虹映尘寰。

注：

①东湖水中玻璃景亭夜景中如天鹅展翅，故建议东湖改名为天鹅湖，与库尔勒孔雀河相互呼应。又有二栋霓虹灯饰天鹅变幻升腾之状，成特色景观，使主体更为明确；

②凭借党中央，国务院关于新疆工作座谈会议的东风，喀什欣逢难得的历史机遇；

③“三年不鸣，一鸣惊人”“鲲鹏展翅，一飞冲天”。

咏天鹅湖（东湖）二

李雄飞

题词：苍穹终于脱下了黑色的夜衫，
面纱揭起，显露了娇容浩浩（4966）
旭日喷薄跃出，升腾直上
把一切平川与河流俯照（4968）
引自《福乐智慧》4966.4968辞条

丝路花雨溯先秦，①
伏羲女娲接汉旌。
穹庐浩歌中华地，②
葱岭诗韵凤首吟。③
锦玉铺城谋民祉，
红、图、卡、伊睦芳邻。④
镶廓绣地费斟酌，⑤
沙砾塑金已成真。

注：

①西域与内地之渊源可上溯至先秦时代（汉族移民在公元前已在喀什建立过“琴（秦）国”；

②西域游牧民族多以毡房为居室，傍水草而居，曰穹庐；

③据《中国国家地理》杂志描述中华之地形势，如凤回首，喀什居凤凰颈项之地，帕米尔高原，古称为葱岭；

④红旗拉甫、图尔尕特、卡拉苏、伊尔克什坦，四大边境口岸；

⑤镶金嵌银建城廓，大喀什规划呼之欲出，颇需审慎研究，精心谋划。

喀什历史文化名城保护规划文本（修编）

第一章　总则

1.1　喀什概况

喀什，古称疏勒，位于新疆维吾尔自治区西南部，是一座具有2200多年历史的文化名城和边疆重镇。喀什东望塔里木盆地，西倚帕米尔高原，是以维吾尔族为主体的多民族聚集的国家历史文化名城。曾经是著名的“丝绸之路”中国段南、北、中诸道在西端的总汇点，是我国西部经济、文化对外交流的咽喉枢纽和门户之地，自古以来一直是新疆南部政治、经济、文化、军事、交通的中心，是21世纪通往中西亚动脉上的重要交通枢纽、商品集散地和旅游观光地，也是面向中亚的区域性商贸、旅游中心城市，其战略地位十分重要。

喀什作为祖国版图上最西边的一座历史文化名城，自然风光奇特、人文景观众多，民族色彩浓郁，而且拥有众多凝聚和见证西域南疆人文历史的文物古迹。这里四季分明，田地肥美，牧草丰饶，稼穑殷盛，瓜果繁多，是塞外著名的瓜果米粮之乡。大约在两千多年前，当地的游牧民族就放弃了随水草而迁徙、以畜牧射猎为生的生活方式，转入定居，操持农商，成为城郭之民。

这里有帕米尔高原，有叶尔羌河，有冰川之父——慕士塔格冰山，有世界第二高峰——乔戈里峰，有“死亡之海”——塔克拉玛干大沙漠，有新疆最大的清真寺——“艾提尕尔”清真寺，这里还有大型伊斯兰式古建筑群——阿帕克霍加（香妃）墓、千年佛教遗址——莫尔佛塔、古代“竭盘陀”国的都城——塔什库尔干石头城等历史古迹。从古到今，喀什活跃着促民族团结、推中西交流、创文化精华的风流人物；东汉著名的军事家、政治家班超为了加强西域与中原内地的联系，在那里活动三十余年，驻守疏勒盘橐城十余载。

1.2　历史沿革

喀什是维吾尔语“喀什噶尔”音译的简称，其语言由突厥语、古伊兰语、波斯语等融合而成，含意有“各色砖房”、“玉石集中之地”、“初创”等不同的解释，在距今六七千年前，喀什已与我国黄河流域有着一定的渊源关系。

今日的喀什地区古代称疏勒、任汝、疏附，包括古代的疏勒（今喀什市、疏附县、疏勒县、伽师县一带）、蒲犁（今塔什库尔干）、莎车、依耐（今英吉沙和阿克陶境内）、乌禾宅（今塔什库尔干南部）、西夜（今叶城）等诸国地。秦末汉初，这些地方属于匈奴的僮仆都尉管辖。公元前二世纪张骞出使西域时，疏勒国（今喀什市）已为西域36国之首；公元前60年（西汉元康五年），疏勒国始归西汉政权管辖；公元74年（东汉永平十七年）班超屯驻疏勒（盘橐城）达17年之久，南北平抚，东征西出，治理西域31年，收复36国，重建西域都护府；公元648年（唐贞观二十二年）前后，唐王朝在疏勒两度设置都督府，成为当时有名的“安西四镇”之一。从公元八世纪初至十七世纪中叶，先后经历了哈拉汗王朝、西辽契丹政权、察合台汗国、东察合台汗国、喀什噶尔汗国、霍加政权等历史更替。

公元1759年（清乾隆二十四年），清政府平定了“大小霍加之乱”，设喀什噶尔参赞大臣；1762年（清乾隆二十七年）在疏勒城西新筑“徕宁城”；1788年（清乾隆五十三年）设参赞府，总理南疆八大城；1844年（清道光二十四年）设“巡西四城兵备道”；1902年（清光绪二十八年）改设喀什噶尔疏勒府；1911年辛亥革命后，先后设喀什噶尔道、喀什行政长官公署、第三行政长官公署；1943年7月，改为喀什行政督察专员公署；1949年9月25日新疆和平解放后设疏勒县；1952年10月经中央批准设市至今。

喀什是一个多民族聚居的地区，许多古老民族曾在这里繁衍生息，发展经济、文化。在漫长的社会进程中，各个民族互相协作、互相影响、互相融合，逐渐完成了现代民族的发展进程。截至2005年，境内主要民族有维吾尔族、汉族、塔吉克族、回族、柯尔克孜族、乌孜别克族、哈萨克族、俄罗斯族、达斡尔族、蒙古族、锡伯族、满族等31个民族。

现在的喀什是新疆南部中心城市，地市两级党政机关及兵团农三师司令部均设在这里，城市面积 554.8 平方公里，建成区面积 30.3 平方公里，辖八乡四场及四街办，总人口 43 万，城市非农业人口 26.8 万人，是维、汉、回、乌孜别克、柯尔克孜、塔吉克等多民族聚居的城市。

1.3 编制背景

通过不断地总结与实践，并结合当前发展需要，同时也为进一步完善喀什历史文化名城的保护工作和加快城市建设的协调发展，有效地使保护与发展相结合，落实科学发展观，统筹安排古城和新区的各项建设，提高名城保护的真实性、完整性和延续性，提供并完善名城保护和旧城改造的技术法规依据和措施，特编制本规划。

1.4 编制依据

1.4.1 《中华人民共和国文物保护法》(1982 年)

1.4.2 《中华人民共和国城市规划法》(1989 年)

1.4.3 《中华人民共和国文物保护法实施细则》

1.4.4 《历史文化名城保护规划规范》

1.4.5 《城市规划编制办法》建设部（1994）14 号令

1.4.6 《历史文化名城保护规划编制要求》建设部、国家文物局（1994）533 号文

1.4.7 《城市紫线管理办法》(建设部令第 119 号)

1.4.8 国务院《关于加强历史文物保护工作的通知》(1980 年 5 月 17 日)

1.4.9 国家建委等部门《关于保护我国历史文化名城的请示》(1982 年 2 月 8 日)

1.4.10 建设部《关于加强历史文化名城规划工作的几点意见》(1983 年 3 月 9 日)

1.4.11 建设部、文化部《关于公布第二批国家历史文化名城名单报告》(1986 年 12 月 8 日)

1.4.12 《喀什市城市总体规划》(1998—2020)

1.5 规划范围

喀什历史文化名城历史悠久、底蕴深厚、内涵丰富且格调较高，是中国历史上重要文化圈之一的古疏勒文化圈的真实反映。本次保护规划应涵盖名城历史核心区、高价值历史遗存保护区和影响深远的历史名人陵园保护区，其覆盖范围以艾提尕尔核心区为中心，东西长 35 公里，南北宽 22 公里，规划区域指导面积约 770 平方公里。

1.6 规划期限

《喀什历史文化名城保护规划》规划近期到 2010 年，远期到 2020 年，远景为 2030 年。

1.7 规划原则

根据 1982 年 11 月 19 日全国人大常委会通过、1991 年 6 月 29 日第七届全国人民代表大会常委会修改通过的《中华人民共和国文物保护法》和国务院颁发（1997）13 号文件国务院《关于加强和改善文物工作的通知》等有关文件，喀什作为历史文化名城，其古城核心区 (原喀什噶尔外城及内城的范围)，符合历史风貌地区的定义范围。文物保护法第十六条规定：“历史文化名城要着重保护其具有历史特色的现状格局和景观风貌，以及集中反映历史文化的老城区、古街区、古城遗址、文物古迹、名人故居、古建筑、

风景名胜、古树名木等”。

1.8 规划目标

保护喀什现有沙漠绿洲城市形态和空间格局，保护这一国内唯一遗存的中亚风格古建筑文化范例。

第二章 专项评估

2.1 价值评估

2.1.1 历史文化价值

1. 全世界有八亿左右信仰伊斯兰教的穆斯林，他们大多生活在干旱、少雨且条件十分恶劣的环境中。因此，其城市和村镇聚落形态十分相近，如迷宫式的街道格局，穿插交错的过街楼、复杂的地上地下空间和忽视临街临巷而重视庭院的建筑理念。在巴基斯坦、伊朗（古波斯、安息国）、伊拉克（古大食、条支）、土库曼斯坦、乌兹别克斯坦、哈萨克斯坦、土耳其、阿富汗（古大月氏）、摩洛哥等国都有类似的形态。喀什是我国唯一一座具有这种伊斯兰文化背景维吾尔族聚落形态的城市，为研究伊斯兰文化和干旱少雨的大漠绿洲城市格局的形成和发展提供了重要的实物资料。

2. 在喀什老城内保存有一百余幢优秀的传统民居，既是维吾尔民族的骄傲，也是世界的宝贵财富。其中很大一部分民居的存在时间都在 100 年以上，具有很高的历史文化价值。并且保留着大量古代维吾尔族劳动者参与政治、经济生活的历史信息。

3. 在完整的古城历史核心区保存有 112 座清真寺，这些清真寺是维吾尔族劳动者共同设计并参与建造和施工的集体作品，它们既是宗教文化的产物，也是历史文化积淀最集中的艺术品，而且还保存着完整的历史文化信息。

4. 数千个古城民居的内院中栽植了大量的果木植物，其中亦包括由丝绸之路东传到喀什的许多果木花卉，为植物栽培、移种的研究提供了大量历史信息。

5. 庭院格局、建筑方式所包含的文化内涵，如饮食起居、婚丧嫁娶、生活习俗都与民居、清真寺、巷道发生着紧密的联系，蕴含着大量的民俗文化和人文景观信息，是历史民俗文化信息高密度区。

6. 古城建筑群与民居聚落中保存有大量的民间绘画、雕刻和装饰性工艺品，其中家具与微型园林是历史文化最集中的反映。

2.1.2 艺术价值

1. 历史上人民群众艺术创作的热情一般都集中在宗教建筑中，喀什亦不例外。据调查，喀什名城规划区内共有 112 座清真寺，它们是集体智慧的艺术结晶，无论是建筑装饰中的木雕、石膏花饰、壁画、铺地（地毯），还是建筑形象等方面都体现了“统一中求变化”以及追求整体和谐之美的艺术特色。其中以阿帕克霍加和艾提尕尔清真寺为代表，各具特色，而且完美地展现了维吾尔族的建筑艺术、室内设计、装饰与家具和庭园景观等特点，都具有很高的艺术价值。

2. 由于清真寺是所在区民众共同设计并参与施工建设的，是集体努力的成果。因此，它反映的是集体审美艺术价值观，是集体观念的产物，是高艺术价值的作品。

3. 民居是维吾尔族人民生活的基本环境空间，是家庭的基本单元，是一家人最稳定的朝夕相处的生活空间。特别是对于生活在干燥且景观色彩单调的沙漠戈壁中的人来说，家居必须与这种恶劣环境形成对比。因此，维吾尔族民居相比其他民族民居更重视室内色彩、室内装修、家具与床上用品的选择，即更具艺术性。因此，许多民居在壁龛设计、挂毡、天花彩画、室内柱廊、石膏饰件上各具特色和创意，是色彩纷呈的个人创作空间，其艺术价值非常高。概括地说，喀什名城就是一座民间艺术和建筑艺术的丰实宝库。

4. 在用地紧张，建筑高密度相互依存的条件下，内院则成为居民投之以高度热情进行空间美化的场所，许多民居和清真寺内院的树种花卉配置十分精彩，与苏州“以小见大”的园林方式有异曲同工之妙。内庭园林艺术是重要的一个内容。

5. 家居陈设与家居饰物，在喀什名城中是具有高度艺术化的特色器物，如壁炉（铜质、铸铁、镜花砖砌等不同材质）、儿童摇床、盛水壶具、碗筷等，食具、箱包、窗帘、挂毯、地毯等。这些器物制作精良，图案新颖别致，色彩搭配和谐美观，是喀什名城艺术价值构成部分的重要元素之一。

6. 装饰品、工艺品、玉器、金器、铜器、锡器、服装、花帽、靴鞋、地毯等，是喀什维吾尔族民间艺术十分精彩的艺术品种。从折叠花帽到建筑穹顶曲线、建筑花饰与器物图案、玉器造型与服装，看起来互不关联的产品，其中却有着十分清晰的艺术文脉和理念的一致性，即有明确的艺术行为模式，构成了中华民间艺术之花中的奇葩。

2.1.3 科学和社会价值

1. 喀什是我国著名的生土建筑城市之一，积累了丰实的生土建筑技术经验（1989 年曾在喀什召开国际生土会议）。生土建筑随着社会各项技术的发展，被证明是一种节省能源，符合生态保护的建筑材料，它的存在不是一种落后，而是人类千百年进行生存斗争，并与自然取得和谐的一种经验积累的成果。总结生土建筑经验，有利于城市的可持续发展。喀什的生土建筑为建筑技术的进步提供了丰富的研究资料。

2. 喀什生土建筑砌筑的清真寺穹顶是沙漠戈壁环境条件下达到的高技术水准，是争取大空间的一种方式，这些穹顶实物资料为建筑技术科研保存了大量实证物质资料。

3. 喀什民俗器物与铸造技术，木作技术、金银铜铁锡、玉器、石材的加工，也为当代社会研究古代技术留下了大量的实物资料，这些以手工制作为特色的技术对后代新技术的开发保存了活的标本样品，具有一定的科研价值。

4. 喀什名城保存了包括筑城技术、建筑技术、金属加工、服装鞋帽、编织、建材、化工、交通工具等古代、近代工艺与技术，这些技术实物为科学技术史的研究提供了有价值的资料。

2.2 现状评估

喀什在历史上地处丝路之要衢，因此在其发展中吸纳了多种文化元素。如今的喀什不仅是我国沙漠绿洲文化的中心，同时也具有多元文化的特色，因此在城区布局与建筑风格上既汲取了东西文化的某些特点，又有自己独特的风貌。

我国内地城池与建筑讲究中轴对称，街区规整，而喀什古城格局和建筑群布局无中轴线可循，却灵活多变，自然美观。古城以艾提尕尔清真寺为中心向外放射式扩展，街巷蜿蜒而行、曲径通幽，不知地理者往往如入迷宫。民居多为典型的维吾尔族庭院，院内普遍绿化极好，室内灶炉、壁龛很有特色，石膏雕花、彩绘图案装饰精美。街区往往与集市和各类手工作坊区相连。在阿拉伯文化影响下建造的上百座宗教建筑，有着浓郁的中世纪伊斯兰文化特色，但在装饰上所使用的琉璃砖和民居中的雕梁彩绘又与佛教文化和中原文化相关联，因此使喀什古城成为了一座既具有地方与民族特色又有极高研究价值的历史古迹。

2.2.1 核心区

核心区，是指以艾提尕尔清真寺为中心的东西两个旧城片区，由亚瓦格、恰萨、库木代尔瓦扎和吾斯塘博依四个街道组成。同时还包括阔孜其亚贝希台地。这一历史核心区基本上包括了喀什最有特色的传统民居片区，是最有保留价值的精华区。除原城门、城墙已不存在，民居和清真寺已有二三百年的历史。其中优秀的且艺术价值很高的传统民居多达数百幢，112 座清真寺中具有较高历史文化价值和艺术价值的约占 3%以上。古城格局基本上保留了按行业、专业分工的巴扎方式和按身份地位不同分区居住的模式，是我国唯一一座完整保存的自然生长具有迷宫式街巷的中亚沙漠绿洲城市。

2.2.2 传统街巷

喀什街巷的构成方式和空间形态，具有商业性居住与生产销售合一的传统特色，在全国已批准的 110 座历史文化名城中，也是非常突出的。

喀什历史核心区的街道大体是按照服务性行业自发形成的。一种是销售服务性街道，如诺尔贝希、欧尔达希克、库木代尔瓦扎等，形成了菜、粮籼、布、花帽、家俱、金银手饰等巴扎；另一种是按行业而逐渐形成的生活性居住街道，如阔孜其亚贝希（制陶人居住的地方），艾格来克其巷（制箩筛匠聚居之地），喀赞其亚贝希巷（铸造铁锅者居住之地），博热其巷（编苇席者居住地）。形成这种居住格局，一是由于部分居民开创某种职业成功后带动邻居而逐渐延伸，而更主要的则是由于小生产商业销售方式发展需要的生产场所，同时兼销售场所，这种产、供、销合一的传统方式形成的专业化街道，在现代化的城市中仍然有它存在的实际意义。

2.3 管理评估

历史文化名城保护的内容分物质形态和非物质形态保护两大类。因此，城市规划管理部门的职能，主要是做好历史文化名城的物质形态的保护，并为非物质形态的保护创造条件。

2.3.1 物质形态的保护

1. 文物古迹、优秀历史建筑的保护，这包括建筑艺术价值很高的民居和古寺庙。
2. 历史地段的保护。
3. 城市形态特征的保护。

2.3.2 非物质形态的保护（非物质文化遗产）

1. 口头传统和表述。
2. 表演艺术。
3. 社会风俗、礼仪节庆。
4. 有关自然界和宇宙的知识和实践。
5. 传统的手工艺技能。

第三章　保护区划

3.1 保护范围

为确保文物保护历史文化名城的安全性和相关环境的完整性、和谐性，保护区划分为绝对保护区、环境影响区和环境控制区。

3.1.1 绝对保护区

绝对保护区是为保护文物环境景观设置的非建筑地带。在这个地带内进行绿化和建设消防通道，不得建设任何建筑和设施；对现代人填建的建筑应创造条件予以拆除，一时难以拆除的房屋，经主管部门批准，可维修使用。

3.1.2 环境影响区

为规划保留的有价值的民居和古建筑周围环境，应加强维修。现有房屋处于地震区内，维修时应进行加固处理。建筑物翻建时除结构进行抗震加固外应以喀什传统民居建筑形式为主，檐高控制在 9 米以下。

3.1.3 环境控制区

允许建设高度为 12.5 米以下的建筑。这类地带新建筑的性质、体型、形式、色彩都必须与文物保护单位相协调。

3.2 保护内容

根据喀什历史文化名城的实际情况，充分考虑其历史文化、艺术、科学技术价值，确定保护要点为“一核、二轴、三城、四路、十四片区”。

3.2.1 一核

历史文化名城核心地区，指 1945 年以前以艾提尕尔清真寺为中心的东西两个旧城片区，即古城墙以内范围，另加阔孜其亚贝希台地。是由现存的亚瓦格街道、吾斯塘博依街道、恰萨街道和库木代尔瓦扎街道组成。总面积 1.17 平方公里。其范围为南起人民路，北至北大桥；东起滨河路、艾孜热特路，吐曼路，西至花园路，色满路，解放路，是明清时（古疏附、疏勒古城）双重城的范围。历史核心区还包括阔孜其亚贝希（俗称东高台地）台地。

3.2.2 二轴

1. 艾孜热特路旅游观光轴（西起东门清真寺，即喀赞其亚贝希·喀斯木恰克，东至火车站），全长 3.17 公里。

2. 吐曼河历史风土丝路风情景观轴（北起索喀库勒贝希村，南至克孜勒河），全长 3.4 公里。

3.2.3 三城

1. 徕宁城

徕宁城维语称之为“云木拉克协海尔”，即“圆城子”，在喀什噶尔旧城（今喀什市区东半部）之西北 2 里左右，原波罗泥都的私人庄园上兴建一新城，作为参赞大臣衙属。乾隆三十六年（公元 1771 年），清高宗乾隆正式为此城赐名为“徕宁城”，原址在今市区公安处驻地，旧城墙至今可见。当时，本地人称其为喀什噶尔新城或满城。

2. 盘橐城（艾斯克萨古城）

盘囊城，旧称艾斯克萨古城，相传已有两千余年历史，其遗址位于喀什市东南郊多来提巴格路以南，1997 年公布为自治区重点文物保护单位。二十世纪初，遗址尚存城墙 492 米，面积约 88 亩，后陆续被破坏挤占，目前仍保留旧城的残垣 30 多米。1995 年以来，政府先后投资 1200 多万元，恢复建成“班超纪念公园”，占地 14.6 亩，正式命名为盘橐城，并列为喀什地区开展爱国主义教育基地。

3. 汗诺依古城遗址

汗诺依古城在喀什市东北 28 公里处，北倚古玛塔格山，南对喀什噶尔绿洲，恰克玛克古河道绕遗址而过。这座古城是目前所知喀什市附近起源最早、发展历史最长的一处古文化遗址，其文化层上起原始社会新石器时代晚期（距今约六千年），下至清朝中期。唐、宋时代（公元七至十三世纪）是这座古城的鼎盛阶段。据考证可能是我国西域疏勒国古都城的所在地和喇拉汗王朝的王都（奥尔都坎特），属自治区重点文物保护单位。

3.2.4 十三条路

即阿垫亚路、库木代尔瓦扎路、诺尔贝希路、吾斯塘博依路，为代表的民族特色商业步行街（共十三条）。

3.2.5 十三个景观风貌特色片区

阿帕克霍加（香妃）墓、艾提尕尔清真寺、麻赫穆德·喀什噶里墓、三仙洞东汉壁画窟、莫尔佛塔、玉素甫·哈斯·哈吉甫墓、伊斯坎德尔王墓、艾尔斯兰汗墓、汗诺依古城遗址、布拉克贝希（九龙泉）、领事馆建筑（如原沙俄驻喀什领事馆）、喀什市人民广场、人民公园。

第四章 保护措施与展示规划

4.1 名城结构规划

4.1.1 强化吐曼河生态轴，使之成为历史风土丝路风情景观轴，将阔孜其亚贝希（东高台地）以南的“爱情林”（维吾尔族青年称谓）划入该景观轴。开挖部分水面，通过桥涵与现东湖内连为一体。在东大桥上游和下游各设混凝土水闸（或滤水坝），抬高水位。二道闸各提 1 米左右，为限制淹没区扩大，全部采用混凝土护岸，作为风景轴的中心湖面。

4.1.2 确定喀日克代尔瓦孜路、库木代尔瓦孜路、塔什巴扎巷、帕合塔巴扎巷、阿塾亚路为古城主要商业步行街。

4.2 名城街道特色控制

规划设想历史核心区域的各条商业街道（专业巴扎），原则上要保持原专项巴扎的传统特色，新建或改建沿街宜经营原销售种类的建筑。由于经营品种的特殊需要，使街道景观和形象上容易形成区别于其他街巷的特征。例如以经营金银首饰为主的巴扎街市和经营地毯的街市，必然由于商品特色而形成两种风格。这些景色各异的巴扎街巷综合起来就形成了城市的特色。

4.3 分区保护

4.3.1 核心保护区

新疆维吾尔族的传统民居，是我国民族建筑文化遗产中最有价值的一部分。著名建筑大师杨廷宝先生（时任浙江省副省长）生前来喀什视察时，对喀什传统民居所表现的艺术特色十分赞赏。他特别强调，阔孜其亚贝希台地应作为优秀的传统民居片区完整地保护下来。据调查喀什市至少有上百幢有保留价值的优秀民居，这些民居是维吾尔族民族文化的重要组成部分，均应按照其价值程度采用不同的方法予以保存和保护。

人民路、吐曼路、云木拉克协海尔路围合的历史核心传统民居区，历史上形成的总体布局、道路体系、人口密度、环境质量等方面，都已不适合现代生活的需求。街道缺乏铺装，绿化不足，路面宽度不能满足消防安全及各种防灾需要，建筑密度过高，生活环境质量由于人口的急骤增长而不断下降，上下水系统不完善、供热缺乏等等，这些问题的存在，都给保护这片有历史价值的街区增加了难度。保护这片有价值的历史中心核，并使之逐步提高环境质量以适应现代生活，拟采用如下改善措施：

1. 在旧区内现有 73 处清真寺附近选取一部分，结合抗震防灾逐步拆迁扩大空地面积，使之改造成有浓厚生活气息的住宅组团中心；适当开挖或恢复原有的水池、砌筑池岸；增辟绿化地（花池方式或树丛方式）；增加服务设施；重建或改建周围建筑，使之更为美丽。

2. 进行道路改建，适当打通部分死胡同，使消防车可以进入。铺装人行步道，隔一定间距适当加宽道路（一侧或双侧）以便种植树木，形成间隔式簇团绿化。待有条件时，完善上下水系统。

3. 在铺装道路同时，完善上下水系统。

4. 在旧城区远期以清真寺为核心，逐渐开辟 8—12 处相当于居住区中心的带有绿化、水池、广场和少量公共建筑的公共场所。借用维吾尔语“皮夏旺”(明亮有柱廊的院子)，称此计划为“皮夏旺”模式，规划这些有艺术价值的中心，就是居住区的“皮夏旺”。并通过“皮夏旺”模式，达到改善环境，升华历史文化价值，提高艺术水平和带动旧区保护的效果。

5. 改善外部环境的同时，逐步改善住宅庭院环境和实现室内现代化。借鉴传统维吾尔民居的设计手法，有计划地设计一批具有新意和艺术价值较高的居民住宅。

4.3.2 阔孜其亚贝希台地的保护

阔孜其亚贝希台地位于历史核心区的东端，面积约 35 公顷，台地高出地平面平均高度约 11 米。保护措施如下：

1. 道路网原则上保留，六处下山道路逐步改为坡道与台阶相结合的方式；

2. 台地北清真寺广场是广场改建规划的重点，主要内容为增挖水池、铺砌地面、开辟副广场、整修周围建筑和增加绿化面积等；

3. 台地中心部，远期搬迁居民，改建为台地居民的公共活动中心，增设文化、游艺设施；

4. 整修台地外围挡土设施，远期逐步改为石砌分层退台的挡土墙，根据不同地形情况修建台阶、坡道、休息亭和栽植灌木。

5. 规划远期的天际轮廓线，突出两个主体：一是小学的标志塔，一是台地中心商业建筑的塔顶，形成一个具有完整轮廓线的艺术价值很高的建筑群体。

4.3.3　两轴

艾孜热特和吐曼河在名城保护规划定性为旅游观光轴，主要考虑沿路的历史文化古迹较多，加之中亚大巴扎位于路旁，是历史上喀什最大的巴扎所在地，能够充分反映历史人文景观，是民族风情的重要展示区，是喀什历史文化名城景观构成的重要要素之一。该轴线主要古建筑与民族风情要素有：（由西向东依次为）东门清真寺（喀赞其亚贝希·喀斯木恰克）、东门广场（历史风土广场）、中亚大市场（喀什最大的巴扎）、吐曼河（桥）、阿帕克霍加（香妃）墓、喀什噶尔宾馆（新宾馆）、喀什旅游纪念品购物中心大果园（乃则尔格木村）等。

4.3.4　艾孜热特路

选定艾孜热特路为中心的具有一定幅面宽度的线性空间作为旅游观光轴线，主要考虑其具有较多历史文化价值意义。路虽不长，但特色比较突出，串联了五、六处有历史价值的文物建筑和文化建筑，路两侧还保留了一定的空地，可为今后建造具有较高文化价值的景观建筑提供空间。

4.3.5　吐曼河历史文化风土景观轴

吐曼河发源于疏附县阿克塔木，全长 38 公里，流域面积 576 平方公里，流经喀什市区 15 公里，把城区自然分割成东、西两片区域。吐曼河属泉水型四季河流，上游植被丰茂，中游（城市段）蜿蜒曲折，形成吐曼湖、东湖、南湖等大面积城中区水域和湿地，是喀什各族人民繁衍生息、延续历史的"母亲河"，她与喀什悠久的历史同样书写灿烂篇章。城市因吐曼河千年不息，她见证了喀什的历史进程，吐曼河凭借城市发展彰显灵气和生机。城市总体规划、名城保护规划都离不开吐曼河的重要影响。

4.3.6　规划措施

1. 明确吐曼河功能定位，依托城中区水域优势在打造城市灵气上做好文章。

2. 在历史文化名城保护规划指导下，科学编制《吐曼河环境整治规划》和《吐曼河生态建设规划》。

3. 扩大吐曼河生态保护范围，界定保护用地，保护湿地、林地和原生态环境，依托北大桥以西地势环境，修建防洪、蓄水、沉淀、净水、调节等功能设施。

4. 明确历史文化习俗与风情两大主题，完整并系统地保护其城市文化传统、民俗风情、生活方式、道德伦理、审美观念、地方传统艺术、特色工艺技术。

5. 注重保护环境生态，适当留出一定的用地，使后来者能够在充分保护历史信息的基础上进行城市设计再创作，形成可持续发展的良性循环。

4.4　三城（徕宁城、盘橐城、汗诺依古城）

4.4.1　徕宁城

1. 文物遗存的城墙和有关遗址，必须严格按照文物保护法予以保护，任何挖土和为适应各种技术训练和演习而挖掘、填加、改造等活动必须坚决制止，严格按照划定的保护范围进行保护。

2. 鉴于云木拉克协海尔在历史上所起的重要作用，现存的瓮城和城门可在经济允许的条件下选择一处予以复原。

3. 规划在云木拉克协海尔路上建设二道阙门，横跨道路，分别用汉文、维文书写门匾。

方案 1：加门洞，将局部道路改为两块板，上下行。

方案 2：仅有阙门，没有门洞。

加阙门的意义有：

A. 强调街道特色，创造一个新的景点，形成一个新的城市特色构件；

B. 提高古建筑的艺术价值，增强历史文化特色；

C. 增加城市西半部的旅游景点。

4. 远期迁出城内一切单位，改为丝绸之路文化交流博物苑。利用现有一部分旧房，新建部分汉式衙署类古建筑，配置汉代雕塑、画像石等艺术装饰物。

4.4.2　盘橐城

盘橐城规划总占地面积 9.6 公顷（东西长 600 米，南北宽 160 米）。

分区：

1. 古城墙遗址区，拟将帕依那甫路以东至现班超纪念园之间的六建预制厂等单位拆迁，改为遗址公园。

2. 班超纪念园大型浮雕墙再现了当年班超在喀什活动的缩影。

3. 将班超纪念园以东，跨吐曼河至 80 米处留作汉文化博物馆用地。

4. 班超纪念公园已定为喀什地区爱国主义教育基地。

以上形成的古文化遗址公园在城市南部形成了一块中心绿地。

4.4.3　汗诺依古城

根据古城遗址的遗存情况，可采取下列方式展示：

1. 在东南或西北门原址处建象征性城门一座（只有门垛、不带城楼）；

2. 在皇宫遗址处铺台阶一处，象征宫殿；

3. 东北城垛尚存，可适当恢复一个残角，作为遗址予以展示；

4. 在出土文物原地址处竖立刻字石柱，注明出土内容、时间；

5. 如有条件，还可以建一遗址展厅，展示出土文物复制品。

4.5　十三片区

重点保护的十三片区（景群）充分考虑了喀什建城两千多年历史的连续性，从汉代三仙洞至中华人民共和国成立，多种文化和多种宗教难得的少量遗存的代表性。人民广场和人民公园，按照国家文物法和历史文化名城的有关规定，属于能完整体现一定历史时期的传统风貌和地方特色的地段或街区。在喀什城市建设史上有较大的影响，并代表着城市一定的历史发展阶段。如毛泽东主席塑像，二十世纪的广场型制，铺地与器物陈设，绿化方式与图形构成等。

4.5.1　人民广场、人民公园

1. 人民广场和人民公园是新中国成立后喀什建设成就的集中代表，是城市建设发展史上重要的里程碑，是城市特色的重要构件，属于历史文化名城予以保护的重要项目。

2. 人民广场保护的重点是对周边建筑群的造型、高度、色彩的控制，由详细规划予以解决。

3. 人民公园文化宫是解放初期由政府组织能工巧匠精心设计建造的精品建筑，堪称“全新疆典型维吾尔族建筑风格样板”，应作为建筑博物馆予以完整保存。

4. 人民公园保护规划的重点在于“拆墙透绿”，重点解决临解放路一侧的通透，凡四层以下、艺术性和质量较差的均被列为拆迁范围，争取更多的透绿路段。

5. 伊斯坎德尔王麻扎结合其保护规划，西与人民公园连通，东与道路打通，扩大公园绿地范围。

6. 逐步改造人民公园树种，增加景观效果好、造型好、有季相变化的树种。

7. 人民广场的毛泽东主席塑像，是我国现存的少数主席塑像之一，具有很高的历史文化和艺术价值。两件华表、仿古石灯、石嘉量、诗碑屏墙和拱桥等都是城市特色的构件单元，均应予以保护。

8. 根据交通的需要，可在人民路上、广场东西两端建地下人行通道。

9. 广场周边的建筑应以文化类建筑性质为宜，如图书馆、文化馆、影剧院等。建筑高度应控制在 18 米以下（即毛主席像以下 6 米的位置）。

4.5.2 三仙洞东汉壁画窟

1. 三仙洞是开凿于东汉时期的佛教洞窟，历史价值较高，历史上曾遭到多次破坏性掠夺，珍贵文物几乎损坏殆尽。

2. 按照《中华人民共和国文物保护法》对其进行保护。

3. 除自治区文物管理部门批准外，一般参观者不允许以各种方式进入洞中。

4. 对已被劫掠至国外的壁画原件和佛像等文物，应通过外交途径予以追索，如暂时不能达到追索目的的，应对原文物进行复制或拍照、绘图，作为文物复制品存档。

4.5.3 莫尔佛塔

1. 莫尔佛塔始建于公元 690 年，遗址距市区二十多公里，人迹较少，目前继续遭到人为破坏的可能性较小，因此，保护应重点解决自然灾害的破坏。

2. 莫尔佛塔主体遗存和坎儿井古迹应增加护栏，不允许参观者攀爬和进入，以保证遗存不遭到人为的损害。

3. 为展示其宏伟的规模，可在遗址地面处理上有所示意，如按文物考证的主要院落铺砌部分庭院地面等方式。

4. 条件允许时，进行一定的考古发掘，按考古发掘成果情况进行一定的展示，并增加说明性标志。

4.5.4 艾提尕尔清真寺

1. 艾提尕尔清真寺是我国十大清真寺之一，始建于公元 1442 年，是国家级重点文物保护单位、国家四 A 级旅游风景区，也是南疆最著名的古建筑群。是古城标志性建筑，也是重要的城市特色构件单元。

2. 古迹前的广场是维吾尔族节日——古尔邦节期间最重要的集会广场，也是最能体现民族风情的重要场所。

3. 广场东侧解放北路在历次改造时抬高约 1.5 米，广场随之提高。清真大寺大门原 13 级台阶被掩埋 5 级，2005 年寺前广场改造成下沉式，尽现 13 级台阶，已恢复创建之初的空间尺度，突出主体文物建筑的雄伟。

4. 环境控制区的建筑形式应表现维吾尔建筑风格，并限高 12 米以下，建筑色彩应以能突出主体文物建筑色调为宜，可安排一定数量的维吾尔风格的高塔，强化场所感和标志性，突出古城特色。

5. 广场硬化地面宜控制在 60% 以下，并采用艺术价值较高的拼花图案，增强其艺术性。其余为绿化面积，使广场不至于单调平淡。

6. 与广场相通的道路宜作为步行街，限制车辆进入。

7. 绿化树种宜选用造型好，观赏价值高的树种。

8. 清真寺南北两巷历史上形成的工艺品巴扎等应列为风情街巷予以保护，不宜作较大的改变。

9. 重点保护区面积为 3.49 公顷，环境控制区面积为 12.8 公顷。

4.5.5 阿帕克霍加（香妃）墓

1. 阿帕克霍加（香妃）墓始建于公元 1640 年，已被列为国家级重点文物保护单位。规划将西南部现存大池塘划为重点保护区以内，同时还将仙勒拜赫池塘南小片区民居划入。

2. 重点保护区的非文物建筑要逐渐拆迁，形成较宽的绿化带围合态势。

3. 墓室东侧大片墓地是阿帕克霍加（香妃）墓的环境控制区。

4. 将阿帕克霍加（香妃）墓园向南扩展至艾孜热特路，逐步拆迁改为绿地，并在正门向南延伸至该路，形成中轴林荫路，远期将在艾孜特热路上作入口，取得和文化旅游轴最直接的联系。

5. 墓园西面路旁，可适当保护部分民居作为民间建筑式样标本。

6. 重视保护从周边路上远眺穹顶的视廊，使该穹顶能够在该区内起空间统帅作用。

7. 在艾孜特热路上新建与墓园建筑风格一致的入口标志物，以丰富艾孜特热路景观大道的空间艺术构成。

8. 控制阿帕克霍加（香妃）墓周边的绿地浇水量，以避免主体建筑地基下陷，引起断裂。

4.5.6 玉素甫·哈斯·哈吉甫墓

1. 玉素甫·哈斯·哈吉甫是十一世纪初维吾尔族著名的诗人、学者和思想家，公元 1018 年生于巴拉沙衮（今吉尔吉斯斯坦的托马克附近）。本陵墓始建于十一世纪末期，毁于“文化大革命”期间，1986 年由国家拨款按原貌复建。

2. 现在陵园边界范围内为重点保护区，界墙外 35 ～ 60 米为环境控制区，今后新建建筑高度不得高于 9 米，现存高于 9 米的 8 幢建筑今后不得加层扩建，今后若拆除重建，要退离陵园边界 9 米以外（作为杨树栽植区）。重建建筑不得高于拆除前建筑高度。

3. 环境控制区建筑性质以传统文化内容为主，不得改变为工厂及其他有污染的企事业用地。

4.5.7 伊斯坎德尔王墓

1. 伊斯坎德尔王是公元十九世纪协助清朝统一新疆的有功将领，死后葬于吐鲁番，此为空墓，始建于公元 1809 年。是喀什市唯一一座具有撒马尔罕风格的陵墓样式，在建筑上有很高的艺术价值，是丝绸之路文化传播的实物例证。

2. 鉴于伊斯坎德尔王曾为国家统一做过贡献，在喀什有一定影响，对该陵墓应拆除周边建筑，王陵建筑边界南北各 18 米为环境控制区，西侧控制 65 米，东侧控制 78 米，总控制面积为 0.83 公顷，该控制范围内按详细规划进行建设。

3. 王陵西侧以绿化为主，东侧以商业建筑和一个中心广场为主。

4.5.8 艾尔斯兰汗墓

1. 艾尔斯兰汗是宗教战争中牺牲的名人，陵墓始建于公元 998 年，现存两座麻札和一个祈祷堂。规划中予以保护。

4.5.9 汗勒克·买德里斯（经文学校）

1. 汗勒克·买德里斯是中世纪喀喇汗王朝时期中亚著名的学校，始建于公元 10 世纪末，是文物建筑的一个类型。

2. 以现政治学校所辖范围作为重点保护区：墙北 20 米，墙西至小巷路，墙南 15 米，墙东至欧尔达希克路为环境控制区，环境控制区内建筑限高 8 米以下。

3. 远期政治学校可迁出，按历史原貌予以整修。

4. 可规划修建麻赫穆德·喀什噶里和玉素甫·哈斯·哈吉甫在此讲学的纪念柱。

4.5.10 麻赫穆德·喀什噶里墓

1. 麻赫穆德·喀什噶里是公元十一世纪维吾尔族著名学者，《突厥语大词典》的作者。陵墓坐落在高出地面 70 多米的乌帕尔山顶上，后世人称“艾孜热特毛拉墓”——“圣人山”，建筑面积 1200 平方米，为国家级重点文物保护单位。

4.5.11 领事馆建筑

1. 喀什 1949 年以前，有三座领事馆和瑞典印刷厂一处，原俄国领事馆今尚存一栋主体建筑（今色满宾馆内），印巴领事馆（其尼瓦克宾馆北侧）、英国领事馆（今温州商会遗址已拆毁）。瑞典印刷厂除院子尚在，其他无任何遗存。

2. 现存的两幢领事馆建筑要完好予以保存，有条件时予以维修，并恢复其原貌，作为欧洲列强在喀什活动的史迹。

3. 瑞典印刷厂院址尚存，可作一标志性说明，亦可建小型博物馆，陈列其当年所印刷的书籍。

4.5.12 布拉克贝希（九龙泉）

布拉克贝希（九龙泉），一千多年以前，是吐曼河的洪水淹没区，经过多年的不断整治，形成当地的一处胜景，由于地下与吐曼河相通，形成“渗渗泉”。

1. 严格保护好现存水面，使之不再继续萎缩。

2. 远期可结合名人轶事（如中亚大诗人纳瓦依在泉边居住多年）形成以中国西域名人为中心的纪念性水上公园。

4.5.13　人民公园

人民公园是新疆和平解放以后，第一处大型的以绿化为主体的公园。

1. 保护好现存的工人文化宫（苏式风格建筑，在喀什仅存两栋，另一栋在汽车驾校内）。

2. 将伊斯坎德尔王墓通过规划调整，划入人民公园内。

3. 远期通过周边拓展，形成全市最大的全开放绿地。

第五章　环境规划

5.1　现状环境

与西方古典城市公共空间的形态不同，中国的传统形式与建筑向来是内敛性较强，缺乏开敞的公共空间与绿地，喀什老城区也不例外。尽管维持原有肌理、空间和尺度是历史特征保护的重要手段，但公共绿地与广场的过于缺乏已给喀什老城区带来很多弊端。如街面过于封闭，从城市道路上很难发现喀什城内这一难得的历史遗存。此外，人流集散地的缺乏，严重影响了当地日益增长的旅游需求，也使居民的日常休憩和娱乐受到了很大的影响。特别是由于建筑群的密集布局，使很多良好的文物建筑和传统民居被遮掩在丛丛房屋之后，因此没有对城市景观起到应有的空间作用。

5.2　规划措施

绿地和广场的开辟必须结合整个城市空间格局的设计，做到因地制宜。首先结合布拉克贝希（九龙泉）、阔孜其亚贝希台地、艾提尕尔广场、云木拉克协海尔大涝坝周边环境的整治，再结合老城区内中小学、幼儿园的适当扩建，开辟较大规模的集中绿地，分别打通 27 条主次干道和街巷道路，拆除 1996 年后增建的过街楼，保持喀什老城区通往外界的空间视廊，使喀什老城区包括布拉克贝希（九龙泉）、阔孜其亚贝希台地、艾提尕尔广场向多个方向的城市空间展开出来。其次，结合一些作为区域性公共活动中心、空间景观中心的文物建筑的环境整治，开辟适当规模的铺装广场和小型绿地，既可作为公共活动的场所和救灾疏散广场，又可从环境上烘托、突出、渲染文物建筑，加强了其功能与景观上的焦点作用。

总体原则上，绿地与广场的开辟应结合文物建筑的环境整治，规模以中小尺度为宜，在仅有一二层的周边建筑的环绕下，大的广场、绿地将失去传统旧城空间的尺度。

第六章　管理规划

6.1　管理目标

全面落实我国有关文化遗产保护的管理规定，采取积极措施与世界文化遗产的管理要求接轨。加强保护工作的管理，规范各个管理环节，引入高新技术，提高文物保护管理的科技含量。

6.2　管理措施

6.2.1　坚决依法管理，随着社会的发展和保护理念的深入，应增强地方法规约束力。近期重点在于建立健全基本的管理制度，形成正常的运行机制，并建立完整的、科学的档案系统，以利于加强保护工作。今后依据国际和国内有关方面的法律法规，修订新的管理办法。

6.2.2　积极制定针对性强和具有法律效力的《喀什历史文化名城保护条例》。

6.2.3　建立完善的日常监测、地震预报、隐患报告和日常维护等制度。

6.2.4　加强日常管理，保证文物古迹和游人安全，协调周边关系，建立保护网络。

6.2.5　加强对文物古迹以及防护设施和周边环境的日常维护工作，并与监测相结合，重点消除灾害隐患。

6.2.6　根据管理需求，及时配置、更新管理设备，提高管理技术手段，充分发挥高科技在保护管理工作中的作用，提高保护管理工作中的科技含量。

6.2.7　积极向上级申报历史文化名城保护、历史文化街区保护扶持项目，争取国家专项补助资金，加快对面临消失的遗存恢复和重点文物的维修。

6.2.8　加强历史文化名城保护组织与管理，设立专门管理机构，明确管理职能，积极参与国家名城保护交流与研讨，吸取国内外名城保护有效经验和做法。

6.2.9　深入挖掘非物质文化遗产内涵，整理提升重点文物保护单位等级，加快申报“世界文化遗产名录”。

6.2.10　提倡全民参与到对古城的保护工作中，加强对文物保护的教育工作，使人们认识到保护工作的重要性和紧迫性。

6.2.11　在《历史文化名城保护规划》及《历史街区保护规划》指导下，加快对老城区抗震安居工程建设。

第七章　规划分期

7.1　分期依据

坚持“保护为主、抢救第一、合理利用、加强管理”的保护方针，遵循国家有关文化遗产保护的法律法规和中长期科技发展战略规划，以及适应地方经济和社会发展的需要。

7.2　分期年限

7.2.1　近期到 2010 年；

7.2.2　远期到 2020 年；

7.2.3　远景为 2030 年。

第八章　附则

《喀什历史文化名城保护规划》是依据现行国家重点文物保护单位有关保护法律法规制定，任何单位与个人必须依据本规划规定的内容执行，不得违反。其规划内容解释权归喀什市城市规划和文物管理行政主管部门。

陆上丝绸之路及喀什文化内涵的分析

喀什噶尔五大优秀文化荟萃点

- 古埃及文明、古希腊—罗马文明、古印度文明、古巴比伦波斯文明、古中国华夏文明的荟萃点
- 基督教、佛教、伊斯兰教三大宗教的碰撞与借鉴的荟萃点
- 自然秩序、政治与社会秩序、经济秩序、人的精神秩序和谐共处的荟萃点
- 东西方建筑风格融合升华的荟萃点
- 东西方物质文化交流的荟萃点

丝绸之路主要城市地名古今对照

今地名	历史称谓	备注
武　威	凉　州	因地处西方，常寒凉而得名
张　掖	甘　州	取“断匈奴之臂，张中国之掖（腋）”
酒　泉	肃　州	西汉中期，因“城下有泉，其水若酒”而得名
敦　煌	沙　州	汉设敦煌县，唐正式名为沙州，清以原县冠名敦煌县
焉　耆 别称乌夷	元代称察力失	《西游记》中称乌鸡国
	又作乌耆、乌缠、阿耆尼	
	《月藏经》作亿尼、忆尼	
	明时称察理斯、清称喀喇沙尔	
库　车	古称龟兹、元代称曲先	元以后改称库车，意为虔诚的佛教徒居住的城市
阿克苏	姑墨（白水城）	“阿克苏”维吾尔语，意为“白色的水”
吐鲁番	汉代称之为车师前国	元明始称吐尔番、吐鲁番
	十六国至唐称高昌国	
	元代称哈剌火洲	
和　田	两汉至宋、明各代称于阗	新中国成立后改称和田县，今为和田市
	《元史》称斡端	
	《明史》称阿端、黑台	
哈　密	汉为伊吾卢地、唐属伊州	明于其地置哈密卫
	西辽、元代称哈密力、哈梅里、感木鲁、渴密里、柯模里	清代为哈密王领地
轮　台	权轮台：《史记》作仓头，今轮台县城之南柯尤克沁遗址	汉西域三十六国之一。汉武帝晚年所颁布的《轮台罪己诏》中的轮台即此地
	唐轮台：唐庭州属县之一	
	清代称不谷尔或玉谷尔	
伊　宁	元代之阿力麻里	《西域图志》称作固尔扎，又名金顶寺
	明代之亦剌八里	
	清至宁远县，属伊犁府	
吉木萨尔	东汉称金满城	《伊犁日记》吉木萨尔城；汉车师国地
	元代称别失八里	唐庭州、北庭都护府治此；明属卫拉特（瓦剌）
温　宿	唐又名于祝	
	元代作倭赤、乌赤	
若　羌	汉称鄯善	唐代僧人玄奘去西域求法路过此地称这里为“纳缚波”
	元代称罗布	
	清代称卡克里克	
且　末	北魏时称左末	汉西域三十六国之一
		《大唐西域记》称折摩驮那
民　丰	汉属精绝国	《大唐西域记》称为尼壤城
	魏晋并入于阗	
	清代称尼雅	

今地名	历史称谓	备注
于　田	两汉至宋均称于阗国	《大唐西域记》作瞿萨旦那
	《元史》称作忽炭、斡端	《西游录》五端
	《元秘史》兀丹、忽炭、豁丹	
	明复称于阗，当地人俗称黑台	
	民国改称和阗县	
塔什干	《魏书·西戎传》者舌	今乌兹别克斯坦首都塔什干
	《隋书·西域传》石国都城柘折	塔什罕旧城址在今中亚锡尔河支流奇尔克河谷地的奇尔克城附近
	《大唐西域记》赭时	
	《经行记》赭支，一名大宛	
	《新唐书·西域传》柘支、柘折	
	《元史·西北地附录》察赤	
	《明史》达失干	
	清代称塔什罕	
莎　车	战国时即有莎车之名	汉西域三十六国之一
	《魏略》、《魏书》渠莎国	旧时莎车分东、西两城，东城叫叶尔羌，西城叫莎车
	《元史》有鸭儿看、押儿牵、也里虔、鸦儿看著称	
	《明史·坤城传》牙儿干、又有作叶尔钦	
	清初称叶尔奇木，后改作叶尔羌	
喀　什	汉代至宋称疏勒	《洛阳伽蓝记》、《高僧传》沙勒
	元代称乞思哈儿、可失哈耳	《大唐西域记》滀沙
	明代称哈实哈儿、哈失哈	《一切经音义》伽师佶黎
	清代称喀什噶尔	“喀什噶尔”意为玉石建成的城市，玉石集中地

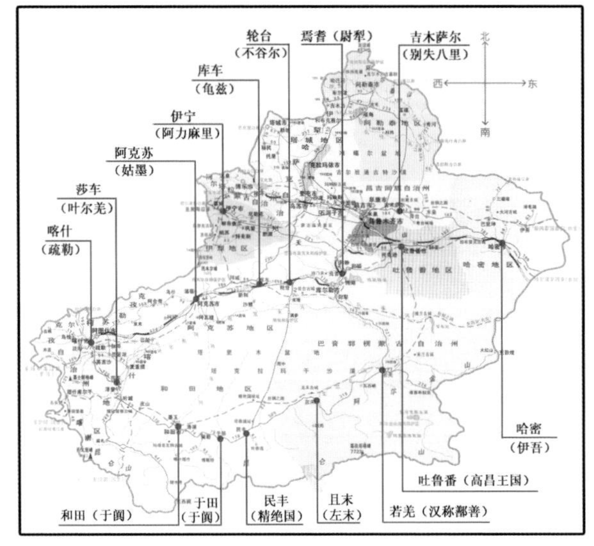

武威（凉州） 轮台（不谷尔） 库车（龟兹） 若羌（鄯善）

吉木萨尔（别失八里） 阿克苏（姑墨） 张掖（甘州） 和田（于阗）

民丰（精绝国） 伊宁（阿力麻里） 吐鲁番（高昌王国） 哈密（伊吾）

温宿（于祝） 敦煌（沙州） 酒泉（肃州） 焉耆（乌耆）

丝绸之路——东西方文化交流的纽带

当人类社会进入铁器时代，中国秦汉文化欣欣向荣，欧洲拉丁文化蓬勃兴起的时候，在东方的黄河流域和西方的地中海之间，由于中国丝绸的西传形成了一条贯穿东西文明的通道。这条通道横贯亚欧大陆，东起中国古都西安，经陕西、甘肃、新疆，越帕米尔，再经中亚、西亚，西至地中海东岸，然后转程到欧洲罗马等地，通道的支线往南直通南亚，传送着沿途各国的深情厚谊。十九世纪，德国学者李希特霍芬把这条通道称为“丝路”，中国人则称之为“丝绸之路”，这个名称恰当地表达了这条通道的特色。丝绸之路联结着世界最古老的文化发祥地中国、印度、两河流域、埃及以及古希腊—罗马文化所在地。它是古代中外友好往来和经济、文化交流之路，是贯通东西方文明的桥梁。

丝绸之路，人们一般会认为是张骞出使西域后而开辟的。实际上，在此之前丝绸之路就已经出现了，但由于种种原因并没有得到繁荣和畅通。直到公元前139年（汉武帝建元二年）张骞出使西域后，当时的汉朝政府在西域地区采取了各种有力措施并和帕米尔以西各国建立了友好关系，才使得这条横贯亚洲的通道获得了大规模的发展，出现了空前的繁荣和畅通。

汉代之所以出现了张骞出使西域，与汉武帝刘彻抗击匈奴的战争是分不开的。匈奴是我国北方一个古老的游牧民族，秦朝时已逐渐强大起来并不断扩张。到汉代，匈奴奴隶主贵族凭借着西域丰厚的物资，常向中原地区“攻城屠邑，殴略畜产”，甚至有时将战火蔓延到甘肃、酒泉以及长安一带。这不仅给西域和中原各族人民造成极度的痛苦，而且中断了西域地区与内地的联系，阻断了中西交往的通道。汉武帝刘彻为了抗击匈奴，动员了巨大的经济、政治和军事力量，开展了全面反击匈奴奴隶主贵族的斗争，并制定出了反击匈奴的斗争策略：一方面派出军队正面攻击，另一方面尽量争取和联合那些受到匈奴政权压迫和奴役的各民族，采取共同行动。其中最重要的就是争取当时在西域实力较强，并和匈奴有矛盾的月氏和乌孙两个民族，以达到断匈奴右臂的目的。正是在这种情况下，张骞应汉武帝招募而出使西域。张骞出使西域为丝绸之路的发展做出了巨大的贡献，他在这方面所建立的功绩是不可磨灭的。

丝绸之路自西汉正式开通以后，历经一千五百余年，直到明代，一直承担着内地与西域，中国与亚洲、欧洲一些国家政治、经济、文化联系的重要任务。期间虽因政治上的原因出现过时通时断的情况，但总的来说，丝绸之路是在持续着、发展着、完善着，直到后来海路代替它和因其他原因使其中断为止。

丝绸之路是以中国的长安为起点，经过陇西高原、河西走廊和西域地区，进而联合中亚、南亚、西亚和欧洲的一条陆路交通通道。从东向西划分为东段、中段和西段三个段落。从长安出发经陇西高原、河西走廊到玉门关、阳关是丝绸之路的东段；西域境内的丝绸之路即从玉门关、阳关以西到帕米尔和巴尔喀什湖以东、以南地区为丝绸之路中段；由此以西，南到印度、西到欧洲是丝绸之路的西段。

一、丝绸之路东段

这一段丝绸之路又可分为陇右段和河西段两部分。陇右段从长安起到甘肃中部的黄河；河西段就是河西走廊一带。

陇山是耸立于关中平原西部的一座山脉（古代把从六盘山南到渭河的南北走向的山脉统称陇山，现代一般统称六盘山，仅将其南段即甘肃境内一段称陇山）。丝绸之路的行人一般都是越陇山西行。黄河从青海发源，曲折千里由南向北流经甘肃中部，此处黄河以西一般就认为是河西走廊。

陇右段：

1. 由长安出发到咸阳，沿渭河过宝鸡（古称虢县），再沿千水（古称汧水）过陇县（古称汧县），沿陇山东麓西北上，越过六盘山，再从靖远地区渡黄河到达武威。在古代，这条道路一直是连接关中与陇右的重要通道。

2. 从长安到陇县然后西行，从陇关或大震关越陇山，向西北经略阳（至今秦安东北）、平襄（通渭西）到金城（兰州地区），由现在的兰州通过黄河。这条道路又可称为陇关道。

3. 由长安沿渭河西行，经安彝关，过天水（汉代称上邽，唐称秦州）、临洮（狄道），经枹罕（今临夏县）或北上至兰州过黄河，或西行越黄河到青海，然后经大斗拔谷（今扁都口）到河西。

4. 从武灵（今宁夏灵武西南）渡黄河，向西南到凉州（武威），进入河西走廊。但这一时期的有关著作中，对这条路没有做具体的记载和叙述，特别是由长安从哪条路到灵武，没有详细记载。

5. 从长安起，西北经咸阳、兴平、礼泉、永寿（今永寿西北）、邠州（今彬县）、长武，进入今甘肃境。在甘肃境内，经泾

川、平凉，过萧关口（又称金佛峡，与秦汉时的萧关不是一地）。从萧关口向西到六盘山（此山又称都卢山），下六盘山过隆德、静宁、会宁到安定（今定西）。由安定西北行到达金县（今榆中），过金县即达兰州，由兰州过黄河进入河西走廊。这条路在明代以前记载很少，但在明代，特别是清代，这条路几乎成了由中原赴甘肃、宁夏、青海、新疆的主要交通路线。

以上是东段丝绸之路陇右段的几条主要交通路线，这些路线越过黄河后，大部分都向一个方向靠拢，最后成为一条主要的通道，这就是丝绸之路的河西段。

河西段：

河西走廊东起乌鞘岭，西到敦煌，东西长1000公里，南北宽100—200公里，走廊的北部是走廊北山（包括合黎山、龙首山等），南部是祁连山（又称河西走廊南山），中间形成一个天然的平坦通道。

在河西走廊地区，丝绸之路的第一大站是凉州（今武威，古称姑臧），由此西行，过番和（今永昌县城）、删丹（今山丹县城）到达甘州（今张掖），再西行可至福禄县（今酒泉），再往西就是嘉峪关。由嘉峪关一带向西北，过玉门（在今玉门市西北的玉门镇，是汉代的一个县，不是玉门关）、酒泉，向西到敦煌（今敦煌西），由敦煌或向西北出玉门关，或向西南出阳关进入西域。

与丝绸之路河西道平行的还有一条道，就是丝绸之路的青海道。青海道在不同时期有不同称呼，汉代称“羌中道”，南北朝时称“吐谷浑道”。这是一条很古的通道，也是丝绸之路的一条重要支线。

这条路线在黄河以东，主要与陇右南道相接。由河州的河关或临津关或凤林关过黄河，越拉脊山（即小积石山，又称唐述山）西北行至今乐都一带，由乐都沿湟水西行，至今西宁，由西宁继续西行有两道：

一道过日月山南端山口，由青海湖入柴达木盆地北缘，至阿尔金山噶斯山口（今青海噶斯淖尔西北库布地方）进入若羌，与西域南道接。

另一道，经青海不经西域，直接经过西藏到达印度的丝绸之路。其大体走向是，由河州进入青海后，北上至乐都，沿湟水西行，至青海湖西，西南行，很可能是沿今公路线，经都兰、格尔木，越昆仑山口、唐古拉山口进入西藏。在西藏境内经过安多那曲，到达拉萨，再由拉萨西南行，经日喀则，由聂拉木进入尼泊尔。

二、丝绸之路中段

西域地区是我们所说丝绸之路的中段，在汉代著名的是在天山以南的南、北两道。以后天山以北的一条丝绸之路繁荣起来，被称为新北道。隋唐时期把这三条路线依次称南道、中道（汉代称北道）、北道（即新北道）。下面我们就以南道、中道、北道的称谓，分别列出其大致路线。

1. 南道：南道是指昆仑山（又称西域南山）北麓和塔克拉玛干沙漠南缘之间的东西通道。由东往西主要是西出阳关后，经白龙堆沙漠南缘首先到达鄯善（在今若羌县北部，与今日的鄯善不是一地），由鄯善向西南到且末（今且末南），再往西到精绝（在今民丰县以北，尼雅河下游，现已沦为沙漠）、扜弥（在今于阗东）、于阗，由于阗向西就是葱岭。由南道登葱岭有两个岔道：一路是经皮山（今皮山一带）、莎车（今莎车，又称叶尔羌）、无雷（今塔什库尔干北一带）过葱岭；一路是由于阗向西南经子合（今叶城以南）到朅盘陀（今塔什库尔干）过葱岭。

2. 中道：是从玉门关向西，沿天山南麓和塔克拉玛干沙漠的北缘直达葱岭。主要是西出玉门关，经哈顺沙漠南缘，首先到达今吐鲁番地区，由吐鲁番沿天山南麓向西南到达危须（今和硕县）、焉耆、渠犁（今库尔勒、尉犁）。丝路由东通向焉耆，有两条通道：一条是由玉门关西行，过漠河延碛，先至高昌，然后再到焉耆；另一条通道是由阳关西出，渡白龙堆沙漠，由罗布泊北至焉耆，由于此道不必经过高昌，所以又称大碛道。由焉耆西行即到龟兹（今库车），由龟兹往西，又有两个岔道：一条由龟兹西行，过姑墨（今阿克苏）、温宿（今乌什）出拔达岭（今别叠里山口）到乌孙首府赤谷城。由赤谷城过阗池（今伊赛克湖）南，沿纳林河向西到塔拉斯河中游的郅支城（又称塔拉斯，即今江布尔）；另一岔道是由龟兹西南行到疏勒（今喀什），越葱岭上的捐毒（今乌恰县一带）、休循（今帕米尔阿赖谷地一带）到大宛。

3. 北道：由玉门关西北行，过莫贺延碛沙漠北缘到伊吾（今哈密），由伊吾西北行可到蒲类，由蒲类或直接由伊吾西行即到北庭，由北庭西过沙钵城守捉、冯洛守捉、叶勒城守捉、促六城守捉、轮台县，至弓月城（今霍城一带），渡伊犁河，又西行千里至碎叶城（又称素叶水城，在今哈萨克斯坦楚河下游南岸的托克玛克）。

在丝绸之路的开通和发展中，政治上的需要虽然起了很大的作用，但是，中国与亚欧各国之间、中原与西域之间经济交流的需要更进一步推动了丝绸之路的发展和畅通。因此商品交换、贸易往来就成为这条横贯亚洲，联结亚欧的陆路通道的重要历史内容。古丝绸之路虽然已经成为遥远的过去，但仍然具有独特的魅力，因为它是历史上东西交往的象征，是古代中外人民友谊和智慧的象征。

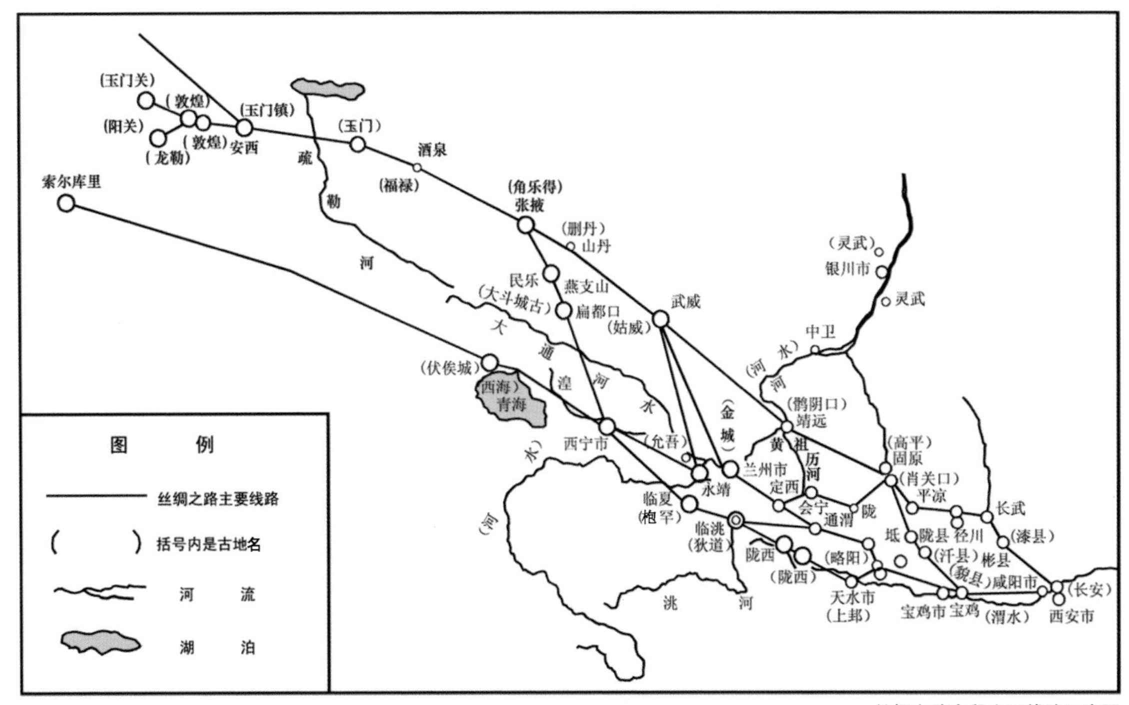

丝绸之路东段主要线路示意图

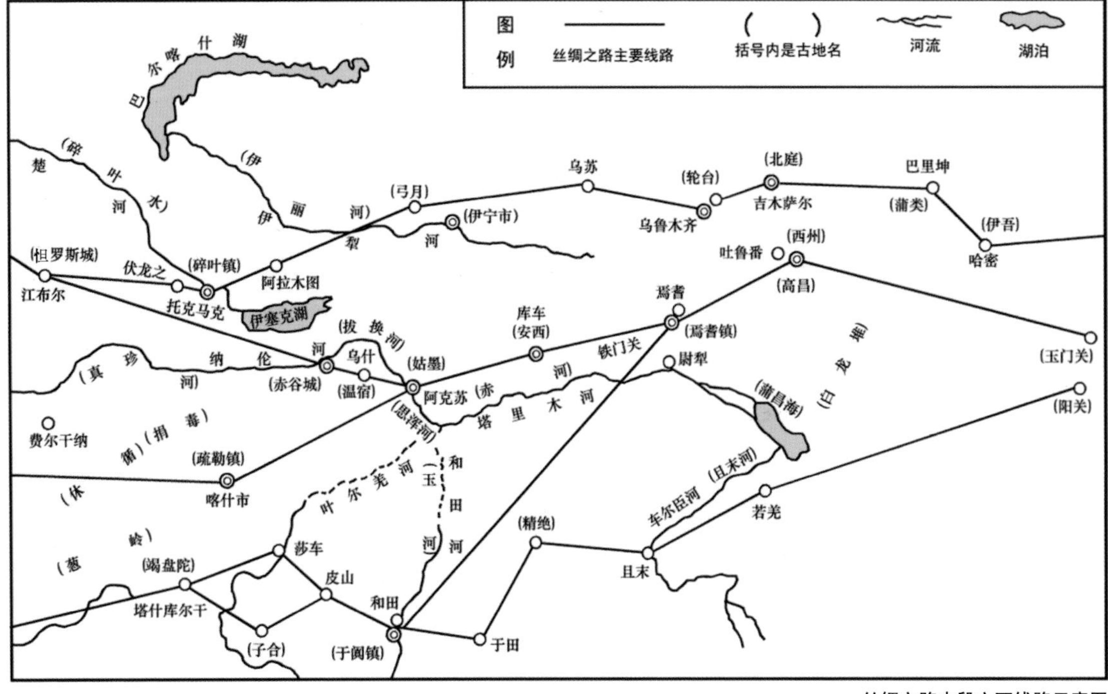

丝绸之路中段主要线路示意图

古丝绸之路出境到中东直至君士坦丁堡线路示意图

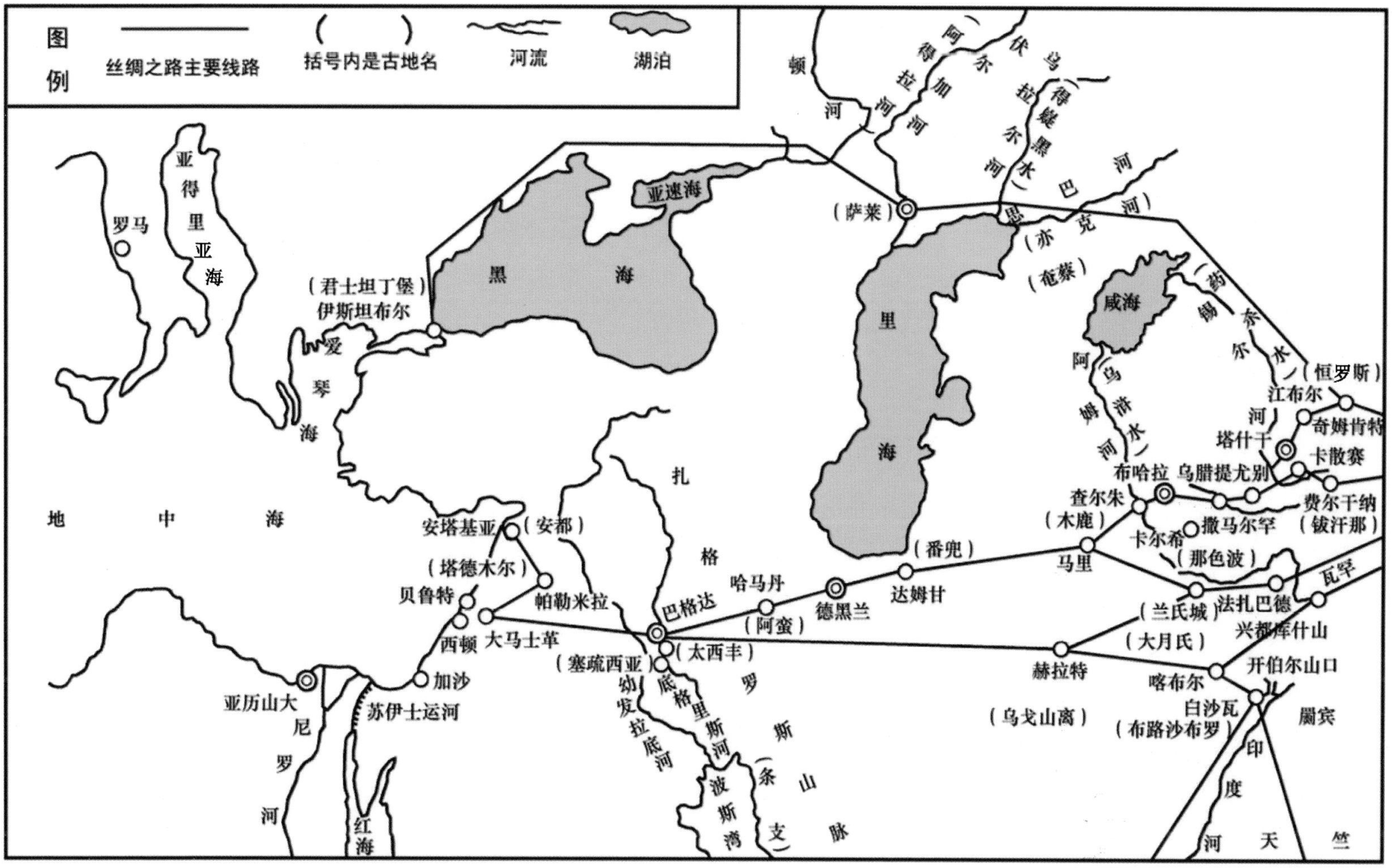

古丝绸之路出境到中东直至君士坦丁堡线路示意图

引自 1970 莫斯科版世界地图之古丝绸之路西段三线位置示意图

从上图可以看出，古丝绸之路西线，从中国喀什和莎车向西，几乎覆盖了今中亚所有国家和地区。包括今“上合组织”成员国，伊朗、伊拉克（古波斯）、埃及、叙利亚，并直达古拜占庭帝国（今土耳其）。因此，可以说古丝绸之路（陆上部分）是古代东方的主要文化和物质交流的大通道，它促进了东方古文明的交融和各民族相互之间的了解。

喀什与丝绸之路概念图

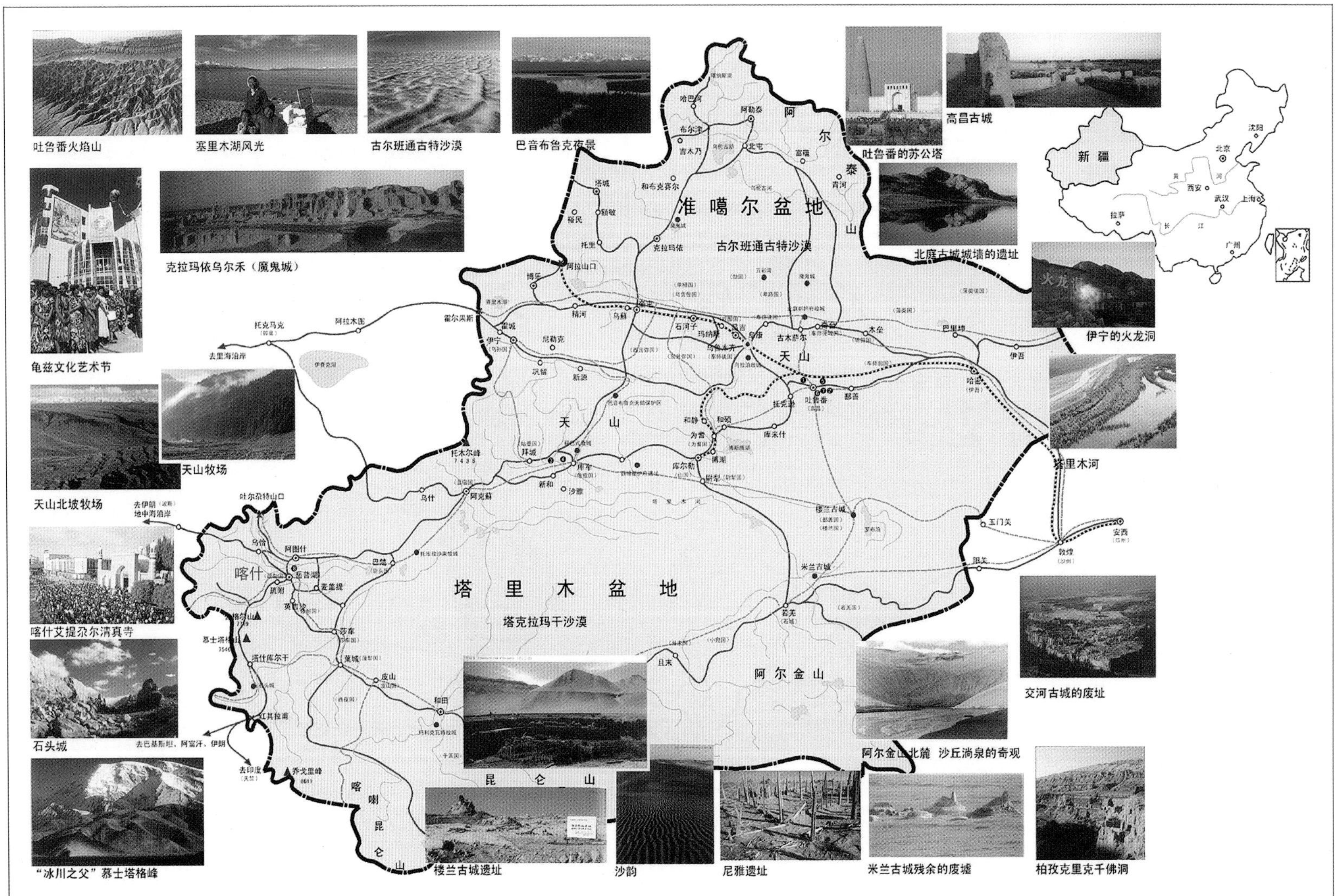

吐鲁番火焰山
塞里木湖风光
古尔班通古特沙漠
巴音布鲁克夜景
克拉玛依乌尔禾（魔鬼城）
龟兹文化艺术节
天山牧场
天山北坡牧场
喀什艾提尕尔清真寺
石头城
“冰川之父”慕士塔格峰
吐鲁番的苏公塔
高昌古城
北庭古城城墙的遗址
伊宁的火龙洞
塔里木河
交河古城的废址
阿尔金山北麓 沙丘淌泉的奇观
柏孜克里克千佛洞
米兰古城残余的废墟
尼雅遗址
沙韵
楼兰古城遗址
准噶尔盆地
古尔班通古特沙漠
塔里木盆地
塔克拉玛干沙漠
天山
阿尔泰山
阿尔金山
昆仑山
喀喇昆仑山
喀什
新疆

丝绸之路线路示意图（国内部分）

新疆维吾尔自治区近年来新建筑形象

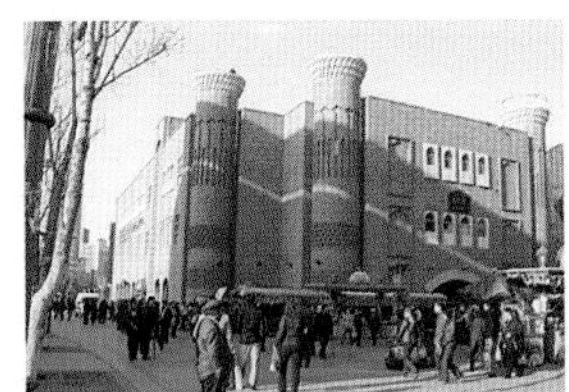

乌市中亚大巴扎

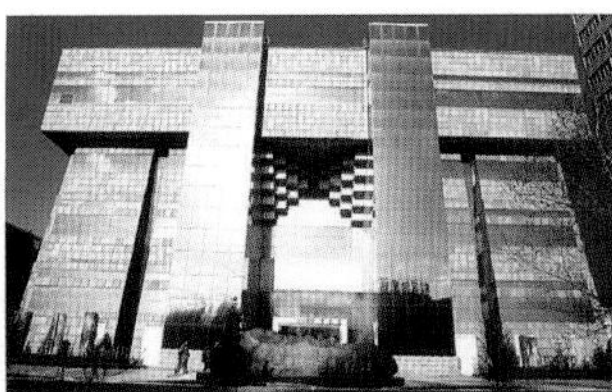

新疆地质矿产博物馆

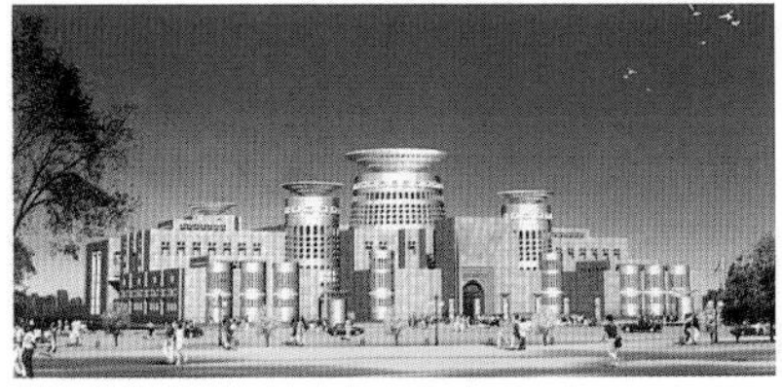

吐鲁番博物馆

伊犁州唯一一家具有国际四星级标准的现代化酒店
新疆伊犁将军双辰大酒店

本图引自新疆文物古迹分布示意图
审图号，新 S（2000）099 号

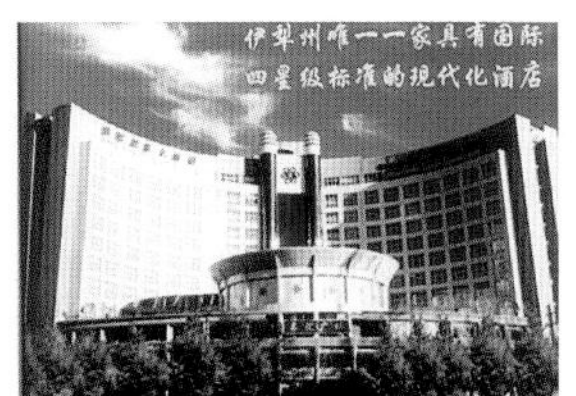

喀什与丝绸之路概念图——公元三至四世纪的萨珊王朝（伊朗）与中亚地图

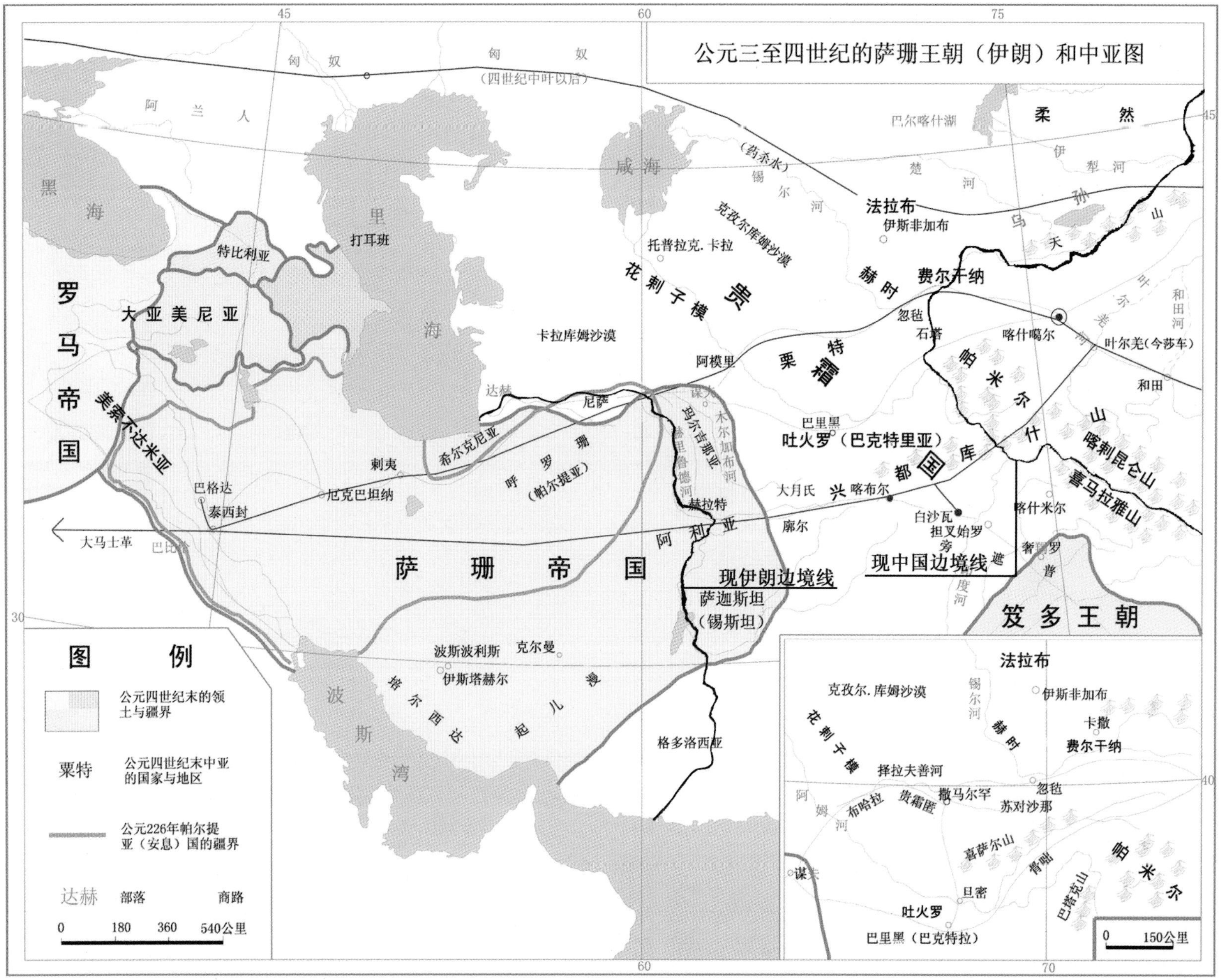

公元三至四世纪的萨珊王朝（伊朗）和中亚图

图例

公元四世纪末的领土与疆界

粟特　公元四世纪末中亚的国家与地区

公元226年帕尔提亚（安息）国的疆界

达赫　部落　　商路

0　180　360　540公里

公元三至四世纪的萨珊王朝（伊朗）和中亚图

注：本图引自马大正著《中亚五国史纲》，新疆人民出版社，2005.8版

喀什与丝绸之路概念图——中亚、中东、欧洲部分

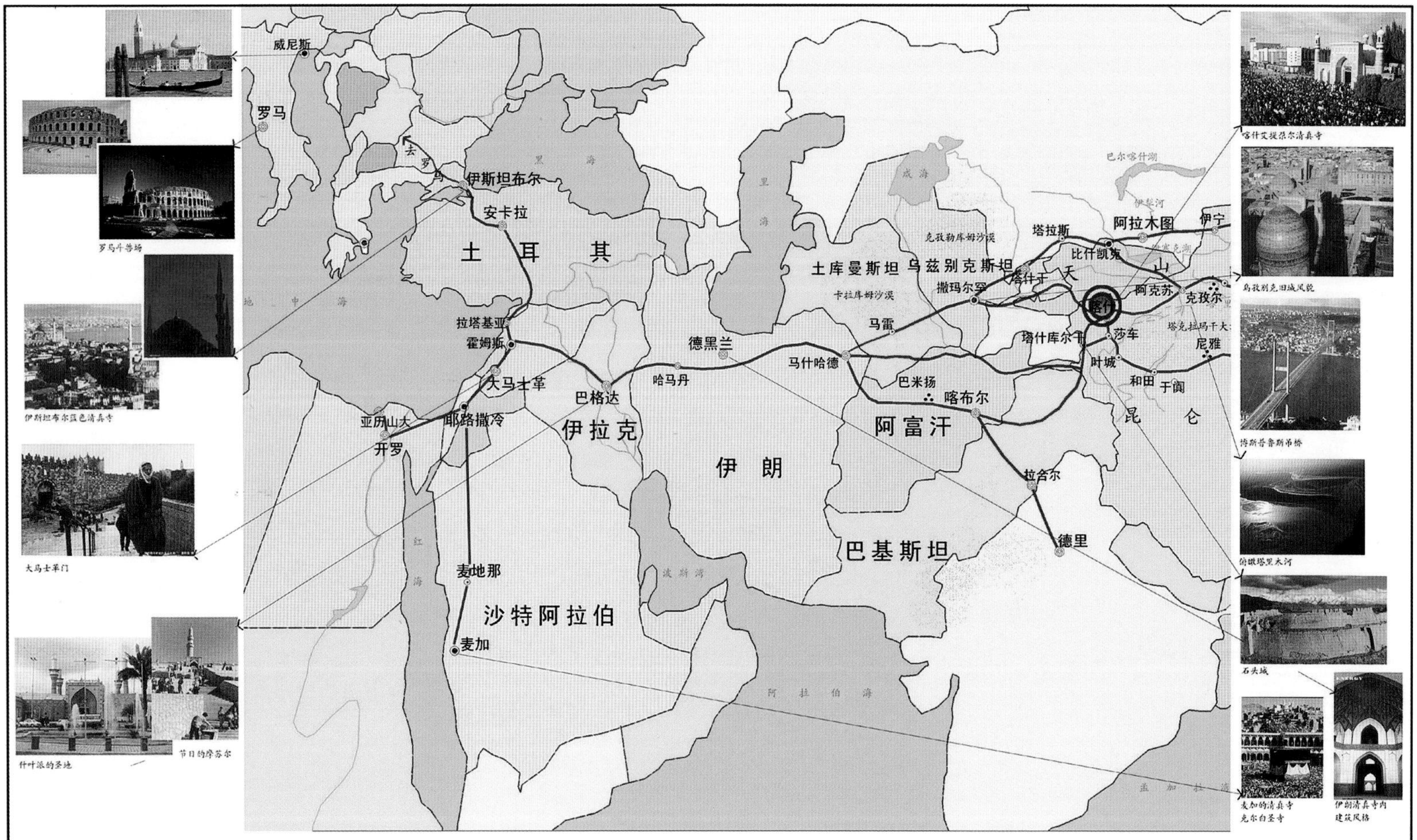

威尼斯
罗马
去罗马
伊斯坦布尔
安卡拉
土 耳 其
拉塔基亚
霍姆斯
大马士革
亚历山大
开罗
耶路撒冷
巴格达
伊拉克
哈马丹
德黑兰
伊 朗
马什哈德
马雷
土库曼斯坦
乌兹别克斯坦
撒玛尔罕
塔什干
塔拉斯
比什凯克
阿拉木图
伊宁
天
山
阿克苏
克孜尔
喀什
莎车
叶城
塔什库尔干
和田
于阗
尼雅
昆
仑
巴米扬
喀布尔
阿富汗
拉合尔
德里
巴基斯坦
麦地那
沙特阿拉伯
麦加
阿 拉 伯 海
波 斯 湾
地 中 海
里 海
黑 海
咸 海
巴尔喀什湖
克孜勒库姆沙漠
卡拉库姆沙漠
罗马斗兽场
伊斯坦布尔蓝色清真寺
大马士革门
什叶派的圣地
节日的摩苏尔
喀什艾提尕尔清真寺
乌孜别克旧城风貌
博斯普鲁斯吊桥
俯瞰塔里木河
石头城
麦加的清真寺
克尔白圣寺
伊朗清真寺内
建筑风格

丝绸之路线路示意图（国外部分）

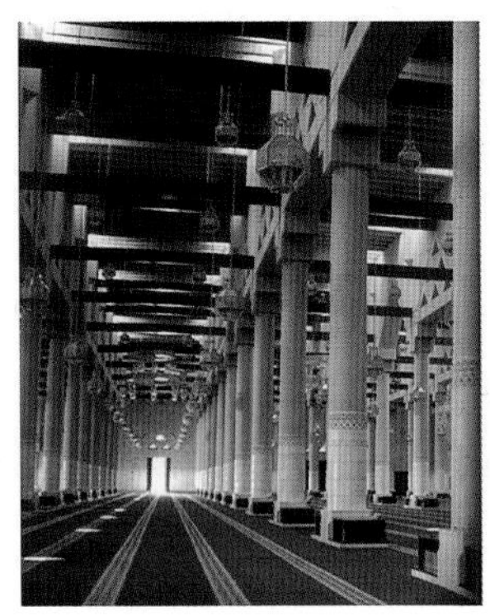

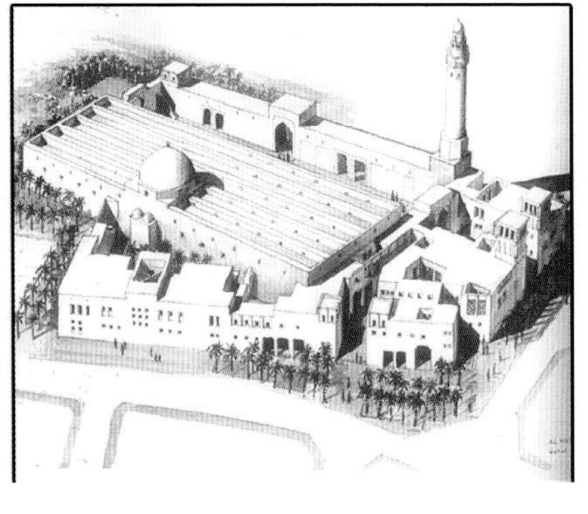

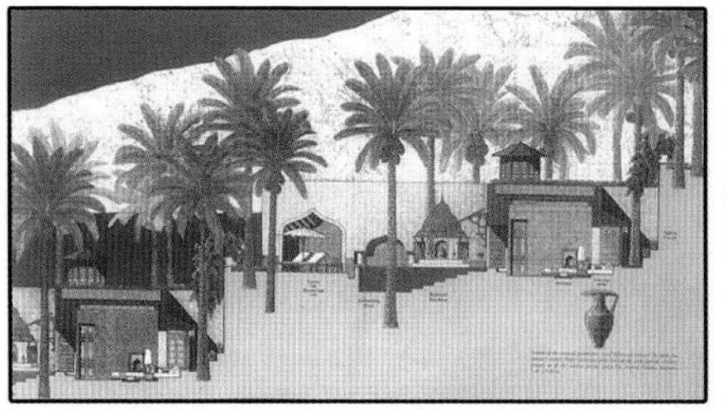

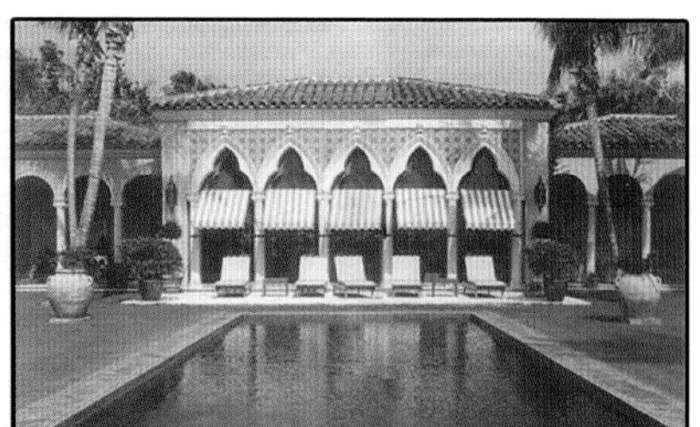

近年来，世界各国优秀建筑师纷纷从美国、欧洲涌向沙特、中亚、中东各国，创作了一批继承传统艺术的新风格建筑

注：本图引自马大正著《中亚五国史纲》，新疆人民出版社，2005.8 版

丝绸之路上的经济、文化交流概况

张骞出使西域后，由于中国使者的西去和西域商贾的东来，彼此间开展了频繁的经济、文化交流，不仅丰富了各个国家的物质文化生活，同时也促进了社会经济的发展，增强了人民之间的友谊。

一、由西域传入我国的产品及文化

1. 植物

通过丝绸之路，陆续输入我国的植物新品种有很多，如：葡萄、苜蓿、石榴、红兰花、酒杯藤、胡麻、胡桃、胡豆、胡瓜、胡荸、胡蒜、胡葱、橄榄等等。

葡萄本作蒲桃或蒲陶，系希腊语的音译。是大宛的特产，据《汉书·西域传》记载，大宛人以葡萄酿酒，“富人藏酒至万余石，久者至数十岁不败，俗嗜酒”。康居、大月氏、厨宾等地也盛产葡萄。

苜蓿也产于大宛，是大宛马的饲料，可能是和大宛马同时输入我国的。《史记·大宛列传》说，葡萄、苜蓿传入中国后，汉武帝于“离宫别观旁尽种葡萄、苜蓿极望”。

石榴产于安息；红兰花产于印度、罽宾等地；酒杯藤来自大宛，胡麻即芝麻也由大宛输入；胡桃来自波斯。

2. 毛皮和毛织品

毛皮盛产于中亚，如康居、奄蔡和严国（在乌拉尔山脉中部以南）都是出产皮毛的国家。其中，奄蔡出产大量的貂皮，并且在古代世界享有很高的声誉。这些地区的毛皮都是通过丝绸之路北道向东输入中原的。西域地区的毛织品，从汉代开始也通过丝绸之路不断输入中原。如匈奴、乌孙、乌桓以及其他一些少数民族，很早就能织出精美的毛织品。西域的毛织品分作毛织褥与毛布两类，深受中原人民的喜爱。

3. 珍禽异兽

丝绸之路开辟以后，从中亚和欧洲输入中国的还有各种珍禽异兽，不仅丰富了中国人民的文化生活，还促进了我国畜牧业的发展和品种的改良。

首先从马说起，古代中亚一些地区以及我国西北边疆的一些少数民族，如乌孙、匈奴以及后来的突厥等都出良马。汉代时，康居和大宛马都很有名，尤其是大宛，“多善马，马汗血，言其先天马子也”。自丝绸之路开辟以后，中亚地区的马匹源源不断输向我国，直到隋唐时期，昭武九姓与吐火罗地区仍然“出善马”，并且以这些马匹作为与中国进行“朝贡贸易”的主要内容。

骆驼也是古代西域地区的特产，并且是丝绸之路上的重要交通工具。东汉时我国岭南一带还有许多人没有见过骆驼，所以当时流传着一句俗话“少所见，多所怪，见橐驼以为马肿背”。在西域一望无际的沙漠中，骆驼不仅能负重致远，而且能辨识路途、预测沙漠气候，因此被誉为“沙漠之舟”。

除马和骆驼外，来自西域的还有其他珍禽异兽。如汉代时条支出狮子、犀牛、犎牛、孔雀、大雀。安息国于“章和元年（公元 87 年），遣使献狮子、符拔，符拔形似麟而无角……十三年，安息王满屈贡狮子及条支大鸟，时谓之安息雀”。唐代，昭武九姓地区多次“来献”狮子及豹。

大批珍禽异兽的输入，不仅使中原地区的人民开阔了眼界，而且增长了丰富的知识。

4. 奇珍物品

根据我国古代文献的记载，通过丝绸之路输入我国的奇珍异品有很多，如大秦产的珊瑚、海西布、水银、琥珀等；中亚出产的玛瑙、车渠、水晶、琅玕等；南亚和印度所产的金刚、玳瑁、苏合、熏陆、郁金香、珠贝等等。其中，对我国古代社会影响最大的要属玻璃和琉璃的传入，不仅丰富了我国人民的日常用具，而且对我国古代瓷器业的发展起到了促进作用。

埃及人早在公元前十二世纪时就已经制造出了玻璃和琉璃，后来腓尼基人又从埃及人那里学会了制造玻璃和琉璃的方法，叙利亚即成了古代制造玻璃和琉璃的中心。东罗马帝国时，君士坦丁堡的玻璃和琉璃制造业也很发达。十一至十二世纪，意大利的威尼斯人又从君士坦丁堡学到了制造玻璃的方法，从此欧洲人对玻璃应用日益见广。南北朝时期，玻璃由东罗马传入我国，在当时被视为珍奇，并且价值连城。琉璃在汉代传入中国，有琉璃珠、琉璃器、琉璃瓦等，到了北魏时，中国才有了自制的琉璃。

5. 文化

杂技：西方的杂技很早就传入了中国。据张衡的《西凉赋》记载，汉代外国杂技大都在广场中表演，名目繁多、内容丰富。有角力、竞技、假面戏、化妆歌舞、斗兽、魔术表演等。

百戏：当时从中亚传入中国的百戏丰富多彩。如从西方传来的马戏，据《明皇杂录》记载，唐玄宗时曾养育舞马百匹，“使塞外人教习，其曲谓之倾杯乐，奋首鼓尾，纵横应节”。此外，唐初由波斯传入中国的波罗球曾广泛流行，波罗球戏为骑在马上以杖击球的游戏。当时长安宫城内辟有球场，并在宫城北修建了专门观赏的球场亭。唐代时还盛行泼胡乞寒戏，即以水相泼为戏，并伴之舞曲，曲名苏幕遮，本流行于中亚一带，北周时传入中国。

乐曲：早在张骞出使西域时，外国乐曲便传入了中国。中亚布哈拉的乐曲在后魏时传入中国；印度乐曲在前凉时传入中国；中亚萨马尔罕乐曲在武后时传入中国。到了隋代置九部乐，唐代置十部乐，其中有安国乐、康国乐和天竺乐。唐玄宗天宝十三年（公元754年）在吸收印度乐曲的基础上创造出了著名的“霓裳羽衣舞曲”。另外我国古代许多著名的音乐家也都出身于中亚或是中亚人的后裔，如北齐时有曹妙达、安马驹和安来弱等，唐代有白明达、石宝山等。此外，中国的乐器也有一些是来自波斯和印度，如箜篌和琵琶大约是在西汉时期传入中国的。

歌舞：唐代舞蹈分健舞和软舞，也就是武舞和文舞。其中健舞中的胡旋舞、胡腾舞、柘枝舞都是由中亚传入的。据《教坊记》记载，唐代健舞中还有一种叫拂菻舞，可能是来自中亚或地中海沿岸的西方。

6. 宗教

从印度、西亚传入中国的宗教，是丝绸之路上中外文化交流的重要内容，其中有佛教、袄教、景教和摩尼教。

袄教：又称琐罗亚斯德教、波斯教，我国曾称火袄教或拜火教。袄教通过丝绸之路先传到中亚，再传到我国新疆地区，然后传至内地。据陈垣《大袄教传入中国考》认为，袄教是在公元六世纪初期传入我国的，到了隋唐时代最为兴盛。

景教：乃基督教一支，于唐贞观九年（公元635年）由传教士阿罗本传入中国，在高宗、肃宗时发展最盛，景教徒遍布各地。随着景教在中国的流行，景教的经典也被译成汉文传播开来。

摩尼教：首先在我国回鹘民族中获得广泛传播，并随着回鹘族的兴起在中原流行开来。大约在大历三年（公元768年），在长安建立了摩尼教寺大云光明寺。摩尼教还常常成为人民互相团结反抗统治者的工具。

二、由我国输出的产品及文化

这些产品在输入中国的同时，中国也以自己的产品和一些先进的技术传入亚洲和欧洲，并对亚洲和欧洲各国的社会经济发展起到了促进作用。

中国的丝绸和丝绸生产技术的西传，是丝绸之路上东西方经济交流的重要内容，也是古代中国输入亚洲和欧洲各国的重要产品和生产技术，“丝绸之路”也正是因此而得名。除了丝绸之外，我国向亚洲和欧洲各国输出的产品还很多。

1. 植物

早在张骞出使西域前，中国的植物便已出现在西域。《史记·大宛列传》记载，张骞在大夏时，就见中国邛竹杖通过身毒入大夏。邛竹即方竹，主要产于我国云南东北部，也生产在广西、福建及山东登州一带。

中国植物输入别国的还有桃和梨。大约在公元前一至二世纪时，中国桃种便输向波斯，再传入亚美尼亚、希腊。到公元一世纪时输入罗马，罗马史家称其为波斯树。玄奘所著的《大唐西域记》中还记述了中国桃和梨从中国甘肃河西一带输入印度的情况。杏也是由中国输入的，罗马史学家白里内称其为亚美尼亚树。

其他一些由中国西传的植物品种还有：无患子、奄摩勒、蜀葵、玫瑰、桦树和随着养蚕方法传入中亚、欧洲的桑树以及闻名于世界的茶树等等。

2. 药材

中国的许多药材品种也是通过丝绸之路输入到中亚、西亚地区的，并受到波斯等国人民的欢迎。如肉桂，波斯人称其为“达秦尼”，阿拉伯人称为“达锡尼”，即“支那树”之意。并被收入波斯人阿尔曼甫尔麦瓦发喀于公元970年所编著的《药物学大纲》一书中。

阿拉伯史学家认为生姜的主要产地也是中国。黄连亦出产于中国，可医百病，尤能治眼疾。大黄，阿拉伯史学家亦主张产自中国，马可·波罗记中国肃州诸山，皆产大黄甚丰，各国商人皆往该国贩运，而传至世界各地。土茯苓，波斯语称为“吉比秦尼”，梵语称其为“科巴秦尼”，都是“支那根”的意思。

3. 漆器

漆器是中国向西方输出的重要产品之一。中国自古出漆器，而且很早就向西方输出了。古代西域没有漆器，如《史记·大宛列传》称：“自大宛以西至安息……其地皆无丝漆。”汉代张骞出使西域后，中国漆器便沿着丝绸之路经过新疆运向了西方。

4. 铁器

中国很早就有铁的生产，且冶铁技术十分发达。张骞出使西域后，中国的铁器和冶铁技术便沿着丝绸之路输向了西方。公元一世纪时，中国铁器在罗马的市场上最受欢迎，而且出售价格最高。安息的冶铁技术也是从流亡到西域的汉人那里学到的。据《汉书·西域传》载：“自宛以西至安息国……不知铸铁器，及汉室亡卒降，教铸作它兵器。”印度迦湿弥罗人纳剌哈里，于公元

1235—1250 年间所著的《药学字典》中，记有古印度语言的“钢”字，译意即是“中国出产”，可见中国的炼钢术也传到了印度。

随着大量铁器的西运，冶铁技术也传入新疆地区，据《汉书·西域传》记载最早掌握铁器生产技术的有婼羌、难兜、姑墨、山国、莎车和龟兹等。

5. 水利灌溉

由于汉代在西域实行屯田，中原的水利灌溉技术也随之传入西域，有的学者主张中原的井渠法首先传入现今的新疆地区。另外中国的穿井技术还传到了中亚地区，如《汉书·李广利传》载，汉武帝遣李广利攻打大宛时，宛城中无井，汲城外流水，于是遣水工徙其城下水空，以穴其城，“宛城中新得汉人知穿井”，帮助解决了饮水问题。

6. 造纸法

随着丝绸之路的开辟，中国纸便成了通过我国新疆地区西运的重要商品。只是到了公元二世纪后，纸才流行开来，此后才西传到中亚。到了公元五世纪末，中亚各地虽然都普遍用纸，但中国的造纸技术却是到了八世纪中期才开始传入中亚地区的。公元 793 年，在波斯地方出现了造纸工厂。公元 793—794 年间，巴格达也建起了造纸厂，此后又传到埃及、摩洛哥等。公元十二世纪前半期，西班牙开始造纸。公元 1189 年，法国开始出现造纸作坊，这是基督教国家建立纸坊最早的记载。后又传到意大利、德国、英国。

7. 印刷术

中国印刷术发明之后，也通过丝绸之路逐渐传向西方。雕版印刷首先进入了我国河西、新疆地区，以后又传到了阿拉伯各地。公元十三世纪欧洲旅行者把印刷术带回了欧洲，并于十四世纪时使用了雕版印刷。公元十五世纪欧洲又开始用活字排印书籍。公元 1466 年，意大利首先建造了印刷厂，此后印刷厂便在世界各国陆续出现。

8. 火药

火药最初是随着炼丹术西传而首先传入阿拉伯的。大约在公元八至九世纪期间，作为火药最重要原料之一的硝石传入阿拉伯，阿拉伯人称其为“中国雪”，并用它来炼丹、治病和制琉璃等。到了十二三世纪时，中国已将火药用于军事，于是阿拉伯商人再通过丝绸之路，从中国带回了制造火药和烟火的技术。到了十三世纪以后，随着蒙古人的西侵，又将火药带到了中亚和西亚地区。

公元十四世纪前期，欧洲人在对伊斯兰国家的战争中学会了制造和使用火药、火器的方法。从此，欧洲掌握了火药的秘密。

9. 文化

天文：随着丝绸之路的开辟，中国文化便源源不断传入西方。元代时，中国的天文学家曾被邀请到阿塞拜疆的马拉加天文台工作。

医术：公元八九世纪时，中国的医学便随着炼丹术传到了阿拉伯地区。公元十六世纪后期到十七世纪初期，欧洲人还将《本草纲目》翻译成外文，介绍到了欧洲。中国的针灸术也在公元十七世纪由传教士传入了法国。

音乐：中国的音乐在唐朝初年即传到印度。玄奘赴印时，印度戒日王曾向玄奘问起“秦王破阵乐”，此乐是为歌颂唐太宗的武功而作的，一时盛行于亚洲地区。

建筑：中国的建筑也对阿拉伯产生了影响，有学者认为“在东方信奉伊斯兰教的国家里，清真寺和陵墓的圆顶建筑是沿袭中国人的形式。”

以上为古代丝绸之路上中国和亚洲、非洲、欧洲各国的经济、文化交流，通过这些交流，大大促进了各国的经济发展，同时也丰富了各个国家的文化生活。

由丝绸之路传入我国的产品及文化	
植　物	葡萄、苜蓿、石榴、红兰花、酒杯藤、胡麻、胡桃、胡豆、胡瓜、胡荽、胡蒜、胡葱、橄榄
毛皮和毛织品	貂皮、毛织褥、毛布
珍禽异兽	马、骆驼、狮子、犀牛、犎牛、孔雀、大雀、符拔、大鸟、豹
奇珍物品	珊瑚、海西布、水银、琥珀、玛瑙、车渠、水晶、琅玕、金刚、玳瑁、苏合、熏陆、郁金香、珠贝、玻璃、琉璃
文　化	杂技、百戏、乐曲、歌舞
宗　教	佛教、祆教、景教、摩尼教
通过丝绸之路由我国输出的产品及文化	
植　物	邛竹、梨、桃、杏、玫瑰、桦树、桑树、茶树、无患子、奄摩勒、蜀葵
药　材	肉桂、生姜、黄连、人黄、土茯苓
漆　器	两耳漆杯、漆木具
铁　器	各种铁器、冶铁技术、炼钢术
水利灌溉	挖渠、灌溉、穿井
造纸法	纸张、造纸技术
印刷术	雕版印刷、活字印刷
火　药	火炮、火箭、烟火
文　化	天文、医术、音乐、建筑

通过丝绸之路由我国输出的产品及文化示例

通过丝绸之路由国外输入的产品及文化示例

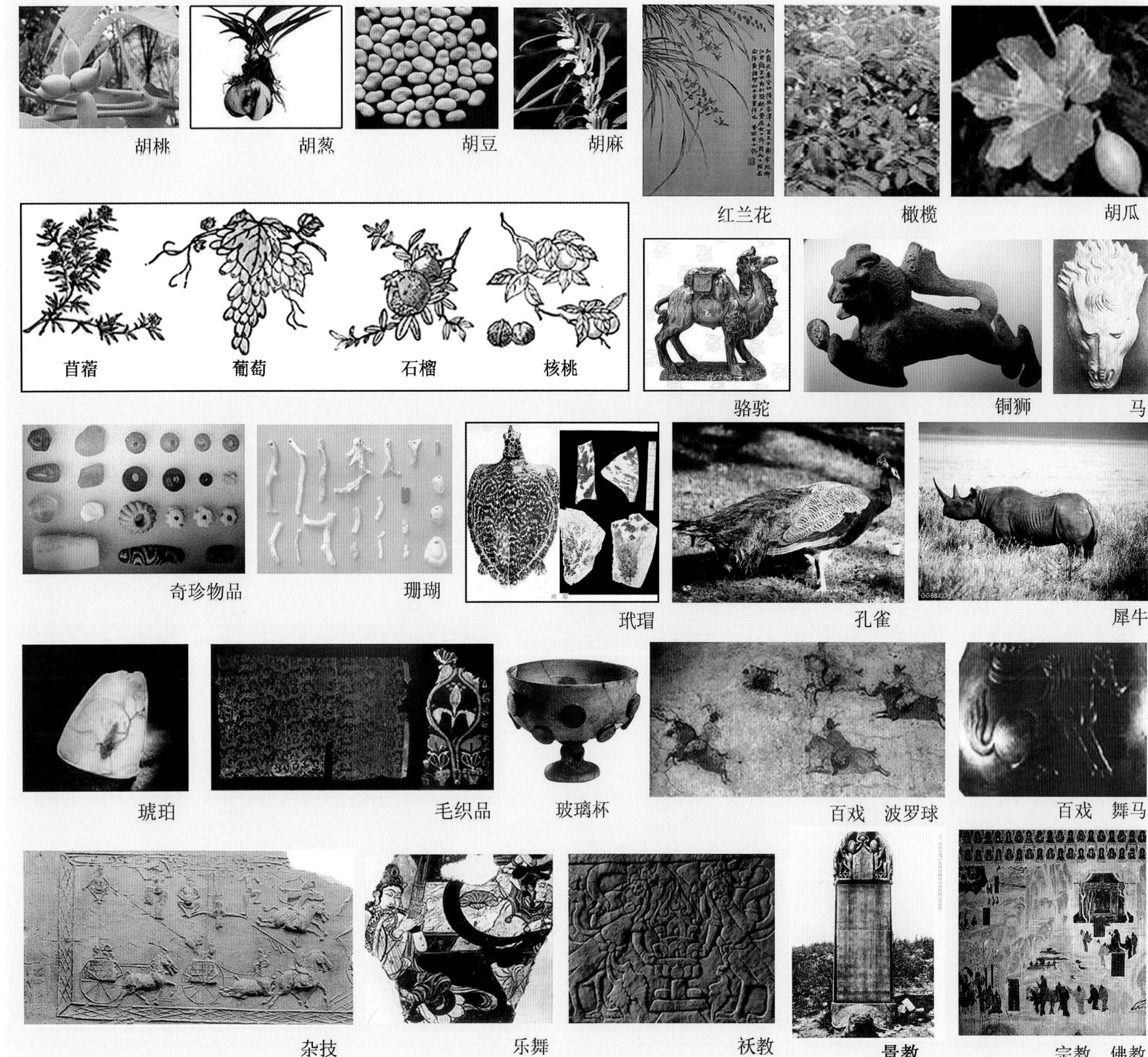

胡桃 胡葱 胡豆 胡麻 红兰花 橄榄 胡瓜

苜蓿 葡萄 石榴 核桃 骆驼 铜狮 马

奇珍物品 珊瑚 玳瑁 孔雀 犀牛

琥珀 毛织品 玻璃杯 百戏 波罗球 百戏 舞马

杂技 乐舞 袄教 景教 宗教 佛教

陆上丝绸之路历史文化名城的对比研究

喀什噶尔四大魅力

中国西部最富有特色魅力的国家级历史文化名城

- 东西方文化交流的荟萃点
- 最丰富的历史文化遗存
- 维吾尔族文化最集中最有代表性的名城

拥有西域最美丽风光的名城

- 绿洲文化集中展现之地
- 景观多样性、真实性的展现
- 西域花果之乡

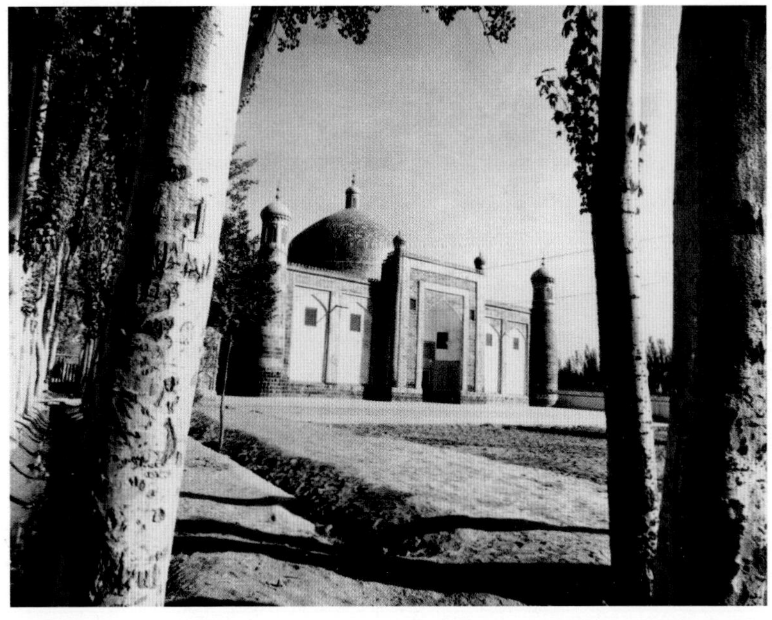

生土建筑的生态性典范

- 中亚最迷人的迷宫式街道
- 世界生土建筑文化典型的大都市
- 中世纪生土建筑城市的活化石
- 生土生态建筑的精彩呈现
- 维吾尔族建筑艺术的集大成者

维吾尔族优秀文化集大成之都

- 维吾尔族优秀文化集大成者《福乐智慧》的精神家园
- 西域文化百科全书《突厥语大辞典》巨著的故乡
- 中国西部的歌舞之乡——“刀郎”与“萨玛”、“十二木卡姆”（世遗项目）
- 古老工艺制作之城——木艺、铜器、手工金银首饰、锡制品、石膏花饰

丝绸之路历史文化名城的对比研究（本节由朱阳教授编写）

城市名称	洛阳
城市概况	洛阳是河南省重要的中心城市，地处河南省西部，横跨黄河中游两岸，是著名古都和历史文化名城，是全国著名的优秀旅游城市
历史沿革	先后有夏、商、西周、东周、东汉、曹魏、西晋、北魏、隋、唐、后梁、后唐、后晋等13个王朝在此建都，累计约有1500余年，成为中国历史上建都时间最早、朝代最多、年代最长的著名古都。重要的文明发祥地，悠久的建城历史，显赫的都城地位，发达的古代文化，给洛阳留下了极为丰富的地上地下历史文物和富有深厚文化内涵的独特的名城风貌
丝绸之路文化价值简述	洛阳是丝绸之路东方起点之一，对丝绸之路的形成和发展起到了极大的促进作用
全国重点文物保护单位	龙门石窟、白马寺、汉魏古城等
省级重点文物保护单位	周公庙、关林、东马沟遗址、史家湾遗址、王湾遗址、东干沟遗址、隋唐古城、壁画墓等
国家级风景名胜区	龙门风景名胜区等
代表性景点	龙门石窟、白马寺、关林、古墓博物馆、千唐志斋、白云山、老君山、玄奘故里等
历史名人	伏羲、杜康、老子、班固、蔡伦、武则天、玄奘、杜甫、韩愈、司马光等
历史事件	夏太康迁都斟寻、周公营建洛邑、董卓之乱、八王之乱、洛阳抗日保卫战等
非物质文化遗产	大里王狮舞、杜康酣酒工艺、洛阳正骨、洛阳水席、唐三彩、洛阳关林朝圣大典等
备注	1982年成为首批公布的国家级历史文化名城
城市标志性景观	 白马寺  古墓博物馆  龙门石窟  关林

丝绸之路历史文化名城的对比研究

城市名称	西安
城市概况	是陕西省省会，世界著名的历史文化名城，是我国中西部地区重要的科研、高等教育、国防科技工业和高新技术产业基地
历史沿革	公元前 11 世纪，兴起于周原地区的周人把活动中心移至今西安城西南沣河流域。文王在沣河西岸建立丰京，其子武王后在沣河东岸建立镐京，统一华夏，开创了西安长期作为中国古代政治、经济、文化中心的历史。先后有西周、秦、西汉、东汉（献帝）、新、西晋（愍帝）、前赵、前秦、后秦、西魏、北周、隋、唐等 13 个王朝建都于此，历时 1100 余年
丝绸之路文化价值简述	西安是丝绸之路东方起点之一，对丝绸之路的形成和发展起到了极大的促进作用
全国重点文物保护单位	半坡遗址、阿房宫遗址、汉长安城遗址、大明宫遗址、秦始皇陵等
省级重点文物保护单位	关中书院、牛郎织女石刻、清华山石窟、秦二世胡亥墓、兴庆宫遗址等
国家级风景名胜区	骊山风景名胜区等
代表性景点	兵马俑、华山、大雁塔、钟楼、碑林、西安城墙、秦王宫等
历史名人	王昌龄、白居易、杜牧、颜真卿、王世充等
历史事件	国人暴动、成康之治、西安事变等
非物质文化遗产	搪瓷、剪纸、刺绣、扎染、牛羊肉泡馍等
备注	1982 年成为首批公布的国家级历史文化名城
城市标志性景观	 兵马俑 　秦王宫 　大雁塔
古城保护规划示意图	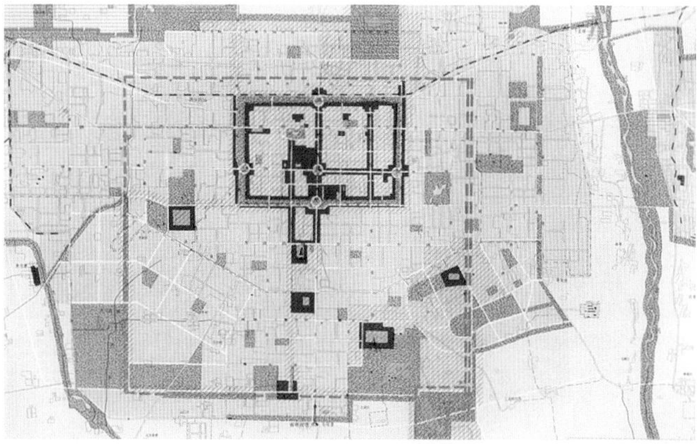

丝绸之路历史文化名城的对比研究

城市名称	咸阳
城市概况	咸阳位于陕西省八百里秦川腹地。风景秀丽，四季分明，物产丰富，人杰地灵
历史沿革	公元前 250 年秦孝公将国都迁到咸阳，秦王嬴政在此建立了中国历史上第一个中央集权制的多民族政权——封建帝国秦王朝。周、汉、唐等 11 个朝代也都曾把咸阳作为都城或京畿之地，成为我国当时的政治、经济、文化中心。在中华民族五千年的文明史上，咸阳闪烁过灿烂的光辉
丝绸之路文化价值简述	是古丝绸之路的第一站，我国中原地区通往大西北的要冲
全国重点文物保护单位	乾陵、昭陵、咸阳博物馆等
省级重点文物保护单位	唐家民宅、凤凰台、千佛铁塔刘古愚墓、唐杨贵妃墓等
代表性景点	汉景帝阳陵、千佛铁塔、汉阳陵、武则天陵等
历史名人	马融、王恕、刘古愚、李靖等
历史事件	孝公迁都、焚书坑儒、火烧咸阳、浅水之战、马嵬兵变等
非物质文化遗产	弦板腔艺术、劝善说唱艺术、蛟龙转鼓艺术等
备注	1994 年成为国家级历史文化名城
城市标志性景观	 千佛铁塔  武则天陵  唐杨贵妃墓  汉阳陵

丝绸之路历史文化名城的对比研究

城市名称	天水
城市概况	天水市，位于甘肃东南部，东接关中，南通巴蜀，北扼陇坻，西倚定西、甘南，是陇东南地区最大的政治、经济、文化中心，贯通陕、甘、川三省的交通要道
历史沿革	天水在夏、商时期属雍州，周孝王十二年嬴非子在秦池为王室养马有功被封于秦，号嬴秦。秦即后世的秦亭，是今天水市辖区见于史籍的最早地名。西汉武帝元鼎三年（公元前 114 年），在陇西、北地二郡西置天水郡。从此有“天水”的名称
丝绸之路文化价值简述	丝绸之路西入甘肃，第一个重镇就是著名的中国历史文化名城——天水
全国重点文物保护单位	大地湾遗址、兴国寺般若殿、伏羲庙、胡氏民居、麦积山石窟、水帘洞石窟、大象山石窟等
省级重点文物保护单位	赵充国陵园等
代表性景点	麦积山、仙人崖石窟、伏羲庙、玉泉观、南郭寺等
历史名人	李白、李世民、姜维、董卓、李广、赵充国等
历史事件	—
非物质文化遗产	秦安皮影戏、天水打梭游戏、天水泥塑技艺、天水面皮制作技艺等
备注	1994 年成为国家级历史文化名城
城市标志性景观	 麦积山  伏羲庙  仙人崖石窟  玉泉观

丝绸之路历史文化名城的对比研究

城市名称	银川
城市概况	银川市地处祖国西北边陲，是一座历史悠久、风光秀丽的塞上古城，自然景观独特，旅游资源丰富，是全国历史文化名城之一
历史沿革	银川，西汉时期是北地郡廉县的辖地。西夏时，设兴氏府，后改中兴府，是西夏的首府。元时，西夏的中兴府更名为宁夏府路。此后历明、清以至民国，宁夏府城之名，虽屡有更易，但其为宁夏地区中心城市的地位始终未变。中华人民共和国建立不久，宁夏省撤销。为贯彻执行民族区域自治政策，又建立了宁夏回族自治区。其首府银川，为自治区的政治、经济、文化中心
丝绸之路文化价值简述	银川是古丝绸之路上的商埠重镇和新欧亚大陆桥沿线的重要商贸城之一
全国重点文物保护单位	西夏王陵风景名胜区、水洞沟遗址、西夏陵、贺兰山岩画风景名胜区等
省级重点文物保护单位	鼓楼等
国家级风景名胜区	西夏王陵风景名胜区、贺兰山岩画风景名胜区等
代表性景点	西夏王陵、镇北堡西部影城、贺兰山岩画、苏峪口国家森林公园、三关口明长城、海宝塔、南关清真大寺、水洞沟遗址等
历史名人	赵良栋、韩练城、董福祥等
历史事件	西夏附蒙攻金等
非物质文化遗产	剪纸、回族武术、民间陶艺、民间杂技——飞叉等
备注	1986年12月8日被国务院命名为国家级历史文化名城
城市标志性景观	 西夏王陵 　海宝塔 　水洞沟遗址
古城保护规划示意图	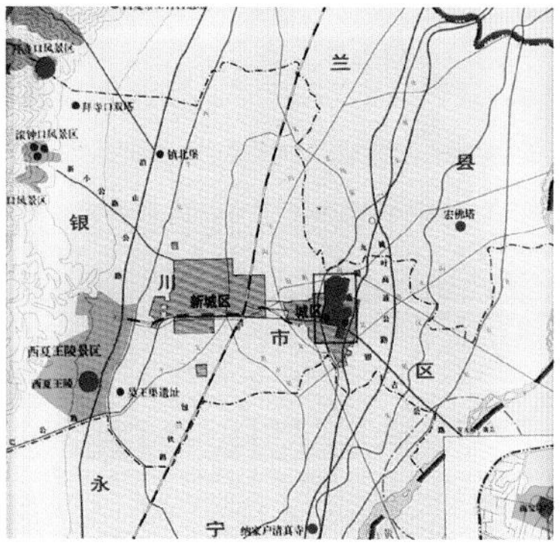

丝绸之路历史文化名城的对比研究

城市名称	武威
城市概况	武威市位于甘肃省中部，河西走廊的东端，是“中国旅游标志之都”、“中国葡萄酒的故乡”、“西藏归属祖国的历史见证地”和“世界白牦牛唯一产地”，素有“银武威”之称
历史沿革	武威史称“凉州”。公元121年，霍去病率万骑出陇西，大败匈奴，占领了整个河西地区，为显示汉军的武功军威而在这里设置了武威郡。三国时，魏文帝因这里地处西方气候寒冷而设置凉州，上升为全国十三州之一，凉州从此在历史上奠定它的重要地位。东晋十六国时期，前凉、后凉、南凉、北凉四个凉国都曾在这里建都兴国，加之隋末唐初李轨在这里建立大凉国，凉州成为显赫一时的“五凉古都”
丝绸之路文化价值简述	武威自古以来是“丝绸之路”的要隘，商埠重镇
全国重点文物保护单位	武威文庙、白塔寺遗址等
省级重点文物保护单位	大云寺、海藏寺、雷台等
代表性景点	白塔寺遗址罗什寺塔、天佛寺石窟、大云寺铜钟、雷台公园、雷台汉墓、天祝三峡国家森林公园、海藏寺、文庙等
历史名人	张澍、贾彝等
历史事件	凉州商谈、红崖山水库动工修建等
非物质文化遗产	凉州贤孝、武威宝卷、凉州攻鼓子、华锐藏族民歌、土族格萨尔
备注	1986年12月8日被国务院命名为国家级历史文化名城
城市标志性景观	 天佛寺石窟  大云寺铜钟  雷台  天祝三峡国家森林公园

丝绸之路历史文化名城的对比研究

城市名称	张掖
城市概况	张掖市位于甘肃省河西走廊中部。汉元鼎六年取“张国臂掖，以通西域”之意而得名。由于开发早，地理环境优越，自然条件好，自古有“金张掖”的美称
历史沿革	张掖在远古中华大地分为九州时，为雍州之地；秦时为匈奴右地；汉武帝设置张掖郡；以后魏晋相袭；西魏改称甘州路；明代设甘州卫；清设甘州府；民国由甘凉道改为张掖县；中华人民共和国成立以来，沿称张掖县，后改张掖市
丝绸之路文化价值简述	张掖历史上是中国内地通往西域各国的咽喉要道，丝绸之路上商贾云集的重镇
全国重点文物保护单位	胡氏民居建筑群、大佛寺、黑水国遗址、高合骆驼城遗址及墓群、许三湾城及墓群、肃南马蹄寺石窟群、文殊山石窟、民乐园通寺塔、山西会馆等
省级重点文物保护单位	郭虾蟆城遗址等
国家级风景名胜区	马蹄寺风景名胜区等
代表性景点	大佛寺等
历史名人	饶应祺、金日磾等
历史事件	召开中国历史上第一个“国际博览会”等
非物质文化遗产	裕固族口头文学与语言、河西宝卷、顶碗舞、邵家班子杖头木偶戏、皮雕等
备注	1986 年 12 月国务院公布张掖为第二批国家 38 个历史文化名城之一
城市标志性景观	 许三湾城及墓群  马蹄寺石窟群  大佛寺  黑水国遗址

丝绸之路历史文化名城的对比研究

城市名称	敦煌
城市概况	敦煌市位于甘肃省西北部，是甘肃、青海、新疆三省（区）的交汇点
历史沿革	明朝于永乐元（公元 1043 年）年，在敦煌设沙州卫，为嘉峪关西七卫之一。嘉靖三年（公元 1524 年），明闭锁嘉峪关，将关西汉民迁徙关内，瓜沙二州为吐鲁番所据，少数民族徙居游牧于此。乾隆二十五年（公元 1760 年），清政府将沙州卫升为敦煌县，“民国”二年（公元 1913 年），安西直隶州改为安西县，敦煌县直属甘肃省。1987 年 9 月 28 日敦煌改县设市至今
丝绸之路文化价值简述	是丝绸之路河西道、羌中道（青海道）、西域南、北道交汇处的大边关要塞
全国重点文物保护单位	莫高窟（千佛洞）、玉门关、悬泉置遗址等
省级重点文物保护单位	清代粮仓等
国家级风景名胜区	鸣沙山月牙泉景区等
代表性景点	莫高窟、鸣沙山月牙泉、玉门关、汉代长城与烽隧、白马塔等
历史名人	张奂、张芝、索靖、李暠、张义潮等
历史事件	敦煌藏经的发现等
非物质文化遗产	敦煌曲子戏、敦煌剪纸、敦煌彩塑、敦煌传统民居、敦煌民歌、敦煌谚语等
备注	1986 年被命名为中国历史文化名城
城市标志性景观	 莫高窟  玉门关  白马塔  鸣沙山月牙泉

丝绸之路历史文化名城的对比研究

城市名称	吐鲁番
城市概况	吐鲁番位于天山东部山间盆地，是内地连接新疆、中亚及南北疆的重要通道。民居以维吾尔族为主
历史沿革	—
丝绸之路文化价值简述	吐鲁番地处丝绸之路故道，历史上是通往西亚、西欧的要冲，是中外经济、文化交流的枢纽
全国重点文物保护单位	高昌故城、雅尔湖古城、白杨沟佛寺遗址、交河故城、台藏塔遗址、柏孜克里克千佛洞、苏公塔等
省级重点文物保护单位	阿斯特那艾力帕塔和加玛扎儿、木尔吐克萨依烽燧、大墩烽燧遗址、千佛洞等
历史文化保护区	老南门村传统风貌保护区、坎儿井以及传统民居风貌保护区等
国家级风景名胜区	库木塔格沙漠风景名胜区
代表性景点	阿斯塔那古墓群、艾丁湖、柏孜克里克千佛洞、高昌故城、火焰山、交河故城、坎儿井、葡萄沟等
历史名人	张骞、唐玄奘等
历史事件	西汉张骞出使西域、唐玄奘往西天取经等
非物质文化遗产	吐鲁番木卡姆、模制法土陶烧制、桑皮纸制作、花毡、印花布织染等
备注	2007 年 4 月 27 日公布为国家历史文化名城
城市标志性景观	 吐鲁番古城  火焰山  柏孜克里克千佛洞  艾丁湖

丝绸之路历史文化名城的对比研究

城市名称	喀什
城市概况	喀什是新疆维吾尔自治区喀什地区所辖市。位于新疆维吾尔自治区西南部，是中国最西端的一座城市，是历史悠久的边陲古城，在历史上曾是几个中亚王朝的国都，是“西域”的政治、经济、文化中心，城市风貌和地域文化有浓厚的民族特色
历史沿革	喀什，即喀什噶尔的简称。西汉时，喀什噶尔是疏勒国的首府。约公元前177年，匈奴征服西域诸国，疏勒归服匈奴。宣帝神爵二年，汉朝在西域设西域都护府，疏勒始正式归属西汉。840～1211年，以喀什噶尔为中心，建立了喀拉汗王朝。元至大二年（公元1309年）察合台汗国又分裂为东西两部，喀什噶尔为东察合台属地。清乾隆二十四年（公元1759年），清军平定了“大小霍加之乱”，次年在喀什噶尔设置参赞大臣，府衙设在喀什噶尔回城（今喀什市），1912年，疏附县直属喀什噶尔道；1927年改属新疆省喀什行政长官公署；1938年属新疆省第三行政区行政长官公署。1949年9月，中国人民解放军和平接管新疆，疏附县属新疆省喀什专区，为专署驻地。1952年5月23日，经中华人民共和国政务院正式批准，成立喀什市
丝绸之路文化价值简述	是“丝绸之路”南、北、中诸道在西端的总汇点，是中西交通的咽喉和枢纽
全国重点文物保护单位	玉素甫·哈斯·哈吉甫墓、阿帕克霍加（香妃）墓、艾提尕尔清真寺等
省级重点文物保护单位	艾斯克沙尔古城等
历史文化保护区	恰萨区、吾斯搪博依区等
国家级风景名胜区	赛里木湖风景区等
代表性景点	阿帕霍加（香妃）墓、喀什大巴扎、艾提尕尔清真寺、喀什高台民居等
历史名人	穆罕默德·伊明、米尔扎·海达尔·库勒尕尼、麻赫穆德·喀什噶里、阿不都热依木·纳扎里等
历史事件	光复喀什噶尔之战等
非物质文化遗产	喀什土陶、新疆维吾尔十二木卡姆艺术、维吾尔族叶城赛乃姆、刀郎舞、维吾尔族喀喇昆仑山区歌舞、塔吉克族鹰舞、维吾尔族叼羊、塔吉克族马球、维吾尔族传统小刀制作技艺等
备注	1986年被国务院公布为国家历史文化名城
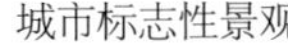 城市标志性景观	 阿帕克霍加（香妃）墓  喀什阔孜其亚贝希（高台民居）  艾提尕尔清真寺
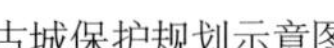 古城保护规划示意图	

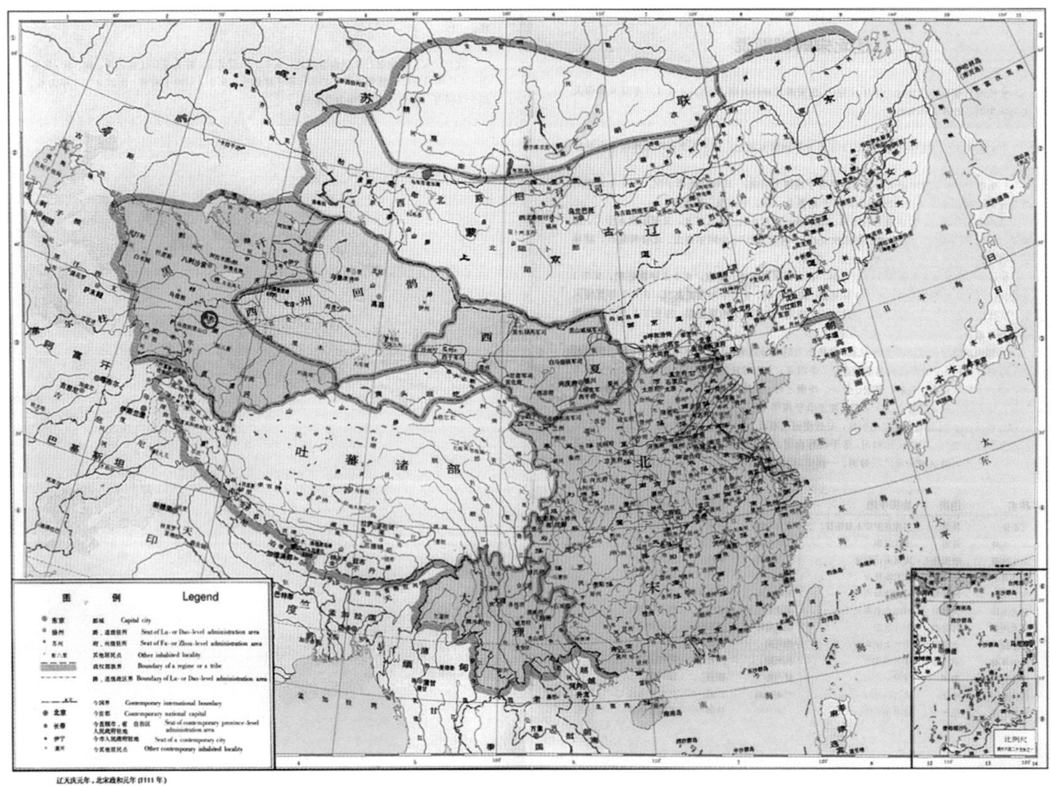

辽　北宋时期全图

金皇统二年，南宋绍兴十二年（1142年）

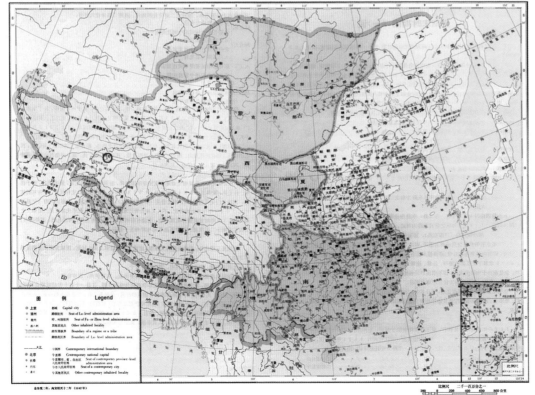

金　南宋时期全图

黑汗亦作黑韩，欧洲东方学界和钱币学家称为喀喇汗王朝。这是一个在十世纪后期由样磨、葛逻禄、炽俟、九姓乌护等突厥语族联合建成的汗国，信伊斯兰教。汗廷在巴拉沙衮（吉尔吉斯托克马克东），副汗治怛逻斯（哈萨克江布尔）和疏勒（新疆喀什）。公元999年破波斯萨曼王朝，占据阿姆河以北中亚地区。约自公元1041年起，黑汗分裂为东西二汗（图中西支作国外处理）。东汗于公元1004年后不久灭于阗，此后与宋朝不断有交往。

摘自《简明中国历史地图》等
中国社会科学院　谭其骧　主编
中国地图版 1991.10

喀什历史文化名城历史沿革

喀什，即喀什噶尔（kaxgar）之简称。古代的喀什噶尔，囊括今喀什市与疏勒、疏附、伽师、岳普湖、英吉沙、巴楚以及阿图什、阿克陶、乌恰等县所辖的辽阔地域；“喀什噶尔”不仅是古城之名，也是以上广大地带的总称。早在公元前二世纪张骞通西域时，此地即为西域的三十六国之一，称疏勒国。公元前60年（西汉神爵二年）汉朝在龟兹国乌垒城（今轮台县东小野云沟附近）首设西域都护府，疏勒始归属西汉。公元74年（东汉永平十七年）后，班超以疏勒为大本营，经营西域达三十年之久，曾委任徐干为西域长史驻疏勒。公元648年（唐贞观二十二年）与公元658年（唐显庆三年）唐王朝曾两度在此设置疏勒（法沙）都督府，成为当时有名的“安西四镇”之一。公元九世纪中叶，此地为突厥部族的葛逻禄人的领地。十世纪初至十三世纪，以古代维吾尔族为主建立了喀喇汗王朝（亦称伊列克汗朝），喀什噶尔城为其东都；其间在十二世纪初（公元1133年后）耶律大石的西辽政权（喀喇契丹）攻占西部喀喇汗王朝并长期控制了以喀什噶尔为中心的东部喀喇汗王朝。公元1211年～1218年，喀什又为中亚乃蛮政权占领。公元1218年成吉思汗平西域，喀什噶尔初归蒙古大汗直辖，后封作其次子察合台汗的领地；公元1288年（元至元二十五年）此地属元朝阿姆河省。十四世纪上半期，喀什为东察合台汗国（亦称蒙兀乌鲁斯）属地，之后长期为蒙古族帖木儿及其后裔们所建立的政权所辖制。十六世纪初，东察合台汗国的政治中心从伊犁转移到喀什，以赛依德汗为首建立了中亚历史上著名的喀什噶尔汗国（后因其首府移驻叶尔羌，故亦称“叶尔羌汗国”）。十七世纪中期以后，包括喀什在内的整个南疆的统治权落入伊斯兰教“白山派”首领“霍加”（即自封的伊斯兰教“圣人后裔”）家族的手中。十七世纪八十年代起，喀什一带又为北疆准噶尔王国所控制。公元1884年（清光绪十年）新疆建省，设疏附县，隶属于喀什噶尔道疏勒直隶州〔光绪二十八年（公元1902年）升为疏勒府〕。民国初年（1912年）疏附县直属喀什噶尔道；1927年改属新疆省喀什行政长官公署；1938年属新疆省第三行政区行政长官公署；1943年7月再改属新疆第三（喀什）督察专署。至新中国成立前历年来疏附县城（今喀什市）均为道、（公）专署治所。新中国成立后疏附县隶属新疆省喀什专区；1952年5月从原疏附县析置喀什市。历年来亦为喀什专署、南疆区行政公署以及喀什行署所在地（新疏附县府于1955年迁往喀什市西北16公里处的托克扎克镇）。

目前喀什市一带的名称，从有史可查的二千一百年前至今，已经发生过三次较为明显的变化。公元前138～126年间，张骞来此地时，称为疏勒（《汉书·西域传》），沿用至公元六世纪末，其间也有人记作“沙勒”（《高僧传》、《续高僧传》），实则是“疏勒”的同音异译。张骞出使西域时，这一带居住的主要是操印欧语系伊兰语族中古东伊兰语的塞种粟特（Sughdakh）族人（耿世民《维吾尔族古代文化和文献概论》）。“疏勒”这一名称当为粟特语（Soghdian）；其来历据考察过粟特语的一些学者认为，“疏勒”即Soghd(粟特)，按生活于此地古居民的方音读法，“d”音变成了“L”音，于是“Soghd”一词便显示为“Soghl”（读音为“索合勒”）这一形式，张骞即按部族名称模拟这一读音译定为汉语的“疏勒”二字（依不拉音·穆提义《与新疆地名有关的古代语言》）。疏勒的含义，一些学者倾向于认为是“宝石（玉石）”之意。第二次在公元七世纪的唐代初期，高僧玄奘取经返国途经此地时（公元643～644年），他按梵语读音将这里地名译作“佉沙”，并指出“疏勒”是该国都城号，其正确读音应为“室利讫栗多底”（《大唐西域记》）。在此前后也有人记作“奇沙”、“竭叉”（《佛国记》、《出三藏记集》），均为“佉沙”的同音异译。“佉沙”一词似应为突厥语或突厥化的当地民族语言，其含义与来历亦不详，待考。第三次在公元八世纪初，朝鲜族僧人慧超曾到此译地名作“伽师祇离”（《慧超往五天竺国传》），后来寓居内地的古代喀什人慧琳亦把此地译为“迦师佶黎”（《一切经音义》）。出现在唐代中期的“伽师祇离”与“迦师佶黎”实际是同一地名的同音异译，而且可以说就是清代以来正式定译的“喀什噶尔”一词的最早译法（见藤田丰八《慧超往五天竺国传笺释》）；至于元代称乞思合儿、可是哈尔（《元史》），明代译作哈实哈儿或哈失哈耳、哈什哈（《明史》），则更是“喀什噶尔”的同音异译。“喀什噶尔”一词为突厥——粟特语，“喀什”是突厥语“玉石”之意，“噶尔”则为粟特语“城市”或“集中之地”之意，合译即为“玉石建成的城市”或“玉石集中之地”，其来历不详，待考。另外，在喀喇汗王朝时期（公元10—13世纪），其东都喀什噶尔城（今喀什市）亦曾称作“欧尔都坎特”（Ordu kond），是古维吾尔语，意即“王都”，因王朝可汗居此城而得名（《突厥语大辞典》）：关于疏勒—佉沙—喀什噶尔这三个主要名称之间的演变关系及其中的很多问题，因史据不足，尚难确论，有待日后考实。

在清初的官私文书上，曾沿袭古说将古“疏勒”之称与“喀什噶尔”作为一地两名解释；公元1828年（清道光8年）曾在喀什噶尔旧城（即今喀什市）东南20里处辟一新城（当时名曰“恢武”，后为疏勒府治所，即今疏勒县城之前身），至此喀什噶尔与疏勒方逐渐变为两地两名，故历年来当地维吾尔族又称今喀什市为“阔纳协海尔”，意即“旧城”；又因喀什市内十世纪以后居民多信奉伊斯兰教，故当地亦习称之为“回城”。

喀什市地处中亚大陆中心地带的喀什噶尔河三角洲中上部，地貌构造单元属喀什噶尔水系形成的洪积——冲积平原，是新疆最古老的绿洲之一。全市整个地形北高南低，海拔最高点 1502 米，最低点 1264 米。因历年河流频繁改道，将整个地区冲蚀切割成块状，冲沟和阶地很多，地形地貌颇为复杂。南北有两条河流在市内形成分水岭：沿市区南缘流过的克孜勒河境内流长 14 公里，年径流量 20.59 亿立方米，由冰川融雪及沿途雨、泉水汇聚而成，水质浑浊；河漫滩阶地发育不全，且北岸高于南岸。吐曼河则是一条典型的泉水型河流，由西向东纵贯市中心区北侧，境内流长 15 公里，年径流量 1.26 亿立方米；此河河漫滩阶地北岸低于南岸，其北岸以上至机场区地带坡度显著增高。城市中心区位于吐曼河以南、克孜勒河以北的高地之上，地形自西北向东南倾斜，且中部偏高而南北较低，平均海拔 1285 米。

喀什市属暖温带大陆性干旱气候，四季分明，年平均气温 11.4 ～ 11.7℃；最冷月一月份，平均气温 −6.5℃；最热月七月份，平均气温 25.9℃；极端最低气温 −24.4℃，极端最高气温 40.1℃。年无霜期平均 215 天，年日照总时数 2822 小时。年平均降水量仅 62.7 毫米，然而年蒸发量却高达 2633 毫米。多西北风，平均风速 2 米 / 秒，定时最大风速 25 米 / 秒，瞬时特大风速 35 米 / 秒。年平均沙暴日 10.2 天，扬沙日 25.6 天，浮尘日 106.8 天。主要灾害性天气有干旱、大风尘暴、干热风等。

喀什市区的前身是原疏附县城，清代时城围周长已达 12 里 7 分，规模比当时的新疆省首府乌鲁木齐还要大。新中国成立前夕城区面积约 4 平方公里，其范围南至今人民西路，西界至今云木拉克协海尔路，北部至今色满路东段与亚瓦格路一线，东边到今恰萨路东端的旧城墙。以艾提尕尔广场为中心的今吾斯塘博依路与安江热斯特巷一带，是当时的商业贸易集中区；传统的民族手工业生产则主要集中在恰萨路与城西北的今库木代尔瓦扎路西段，至今旧貌可寻。城内除官衙和富商宅邸以及各外国驻喀领事馆外，一般工商业和居民建筑均为低矮的土木结构平房；城中道路均为沙土路面，且狭窄曲折。至 1982 年底，市区面积达 9.45 平方公里。改革开放以后，喀什市发展很快，已建成城市道路 93 条，总长 188.8 公里。道路面积 246.6 万平方米；人均道路面积 8.17 平方米；城市道路网密度 1.5 公里 / 平方公里；行政区面积 554.8 平方公里；总人口 42.6 万人；建成区面积达到 30.2 平方公里；非农人口 26.8 万人（不含流动人口）。

喀什历代城址变迁分析图

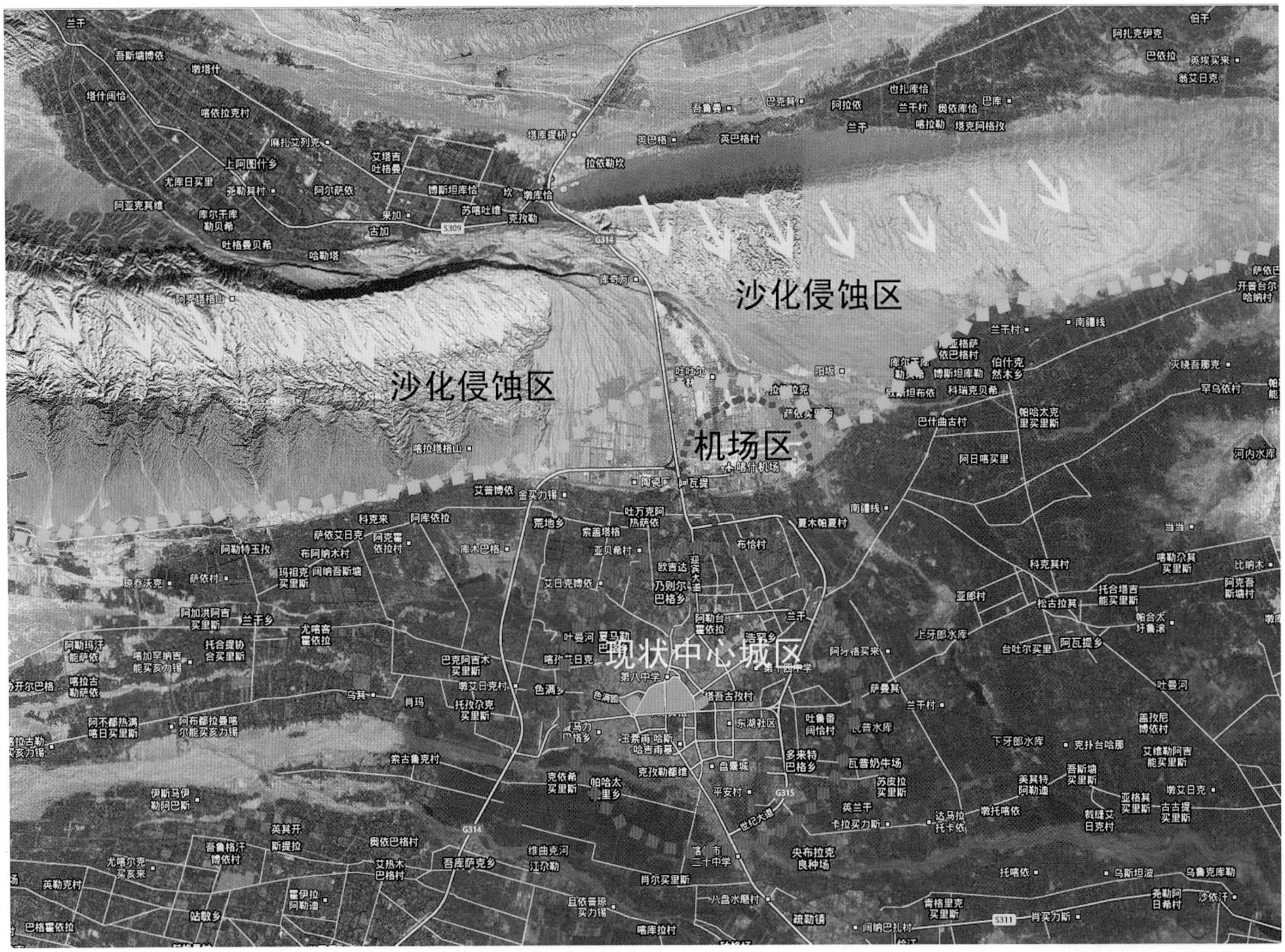

城市北部沙化侵袭区现状图

从城址变迁图上看，城市是由沙漠边缘最终移至绿洲中心的，从汗诺依建城至今已一千余年，沙漠化侵碛绿洲周边的态势可以推测出沙化的演替速度。人类要改变自然以利生存，自然要惩罚人类，这种现象在生态变化上有以下几个规律：

在绿洲中心建城，客观上破坏了绿洲的完整性，对城市来说，却也是最安全的选址；

在沙漠边缘建城，要投入极大的资金与人力、物力，以克服自然界的沙漠化、盐碱土的侵蚀，但目前人类的能力在自然面前尚显薄弱，甚至不堪一击；

沙漠化侵蚀的方式，从 Google 地图上可以明显看出，是以在城市周边呈楔形侵入方式进行的，因此，要保护绿洲的完整性，必须及时治理已被揳入的沙化区，使之不再扩展；

山体西侧冲积扇是产生泥石流的主要因素，在南疆的许多冲积扇前部都新建了挡墙，但挡墙的作用有时也很脆弱。2011 年 7 月，克州阿克陶县国道 314 线多处被泥石流冲毁，主要原因是 314 国道沿线多数位于山积滑坡冲积扇边缘，一旦雨量充足，极易形成泥石流，而 314 国道又很难避开这些地带。

因此，新城的选址应注意两个问题：

尽可能避免与发育中的沙化区接近；

尽可能在绿洲中心，尽管对绿洲生态产生很不利的影响，但也是无奈之举，只能在规划中加强生态修复保护设计。

城市发展变迁图·疏附县图 1908

疏勒古城最终选择在吐曼河与克孜勒河的中间台地上，这是先民经过千百年来不断选址迁城比较下形成的，是人类顺应自然规律的结果。

现在的台地——古城的核心区，位于绿洲包围之中，它与东部、北部的沙漠侵蚀带都保持了一定的距离，现代科学表明，它远离了地震断裂带，又有两河可以作为生活用水的保障，也是保卫城池的护城河。无论是从人与自然和谐的生态保护的观念，还是从城市安全方面考虑，这都是最好的选择。它的北面有天山余脉挡住了北风，南向二水相会，即使以汉文化的“风水”来看，它都是最佳择地建城的典范。

公元 1794 年（清乾隆五十九年），参赞大臣永保等请于南门外建盖房屋如关厢之制，迁内地商民居之列市肆。乾隆赐名“徕宁城”。公元 1839 年（清道光十九年），喀什旧城的阿奇木伯克（即地方官）祖赫尔丁主持拓宽艾提尕尔清真寺以西以北地带，把旧城与徕宁城旧址连成一片，形成以艾提尕尔为中心的城市格局。公元 1867 年（清同治六年）阿古柏占领时期，喀什城“围墙积步约三俄里（约八华里）。城墙从外形看是一个不规则多边形，许多炮塔从侧面保护着护城河”。

公元 1884 年（清光绪十年），撤销天山南北的军府领导制及伯克制地方自治政权，正式设置新疆省，各地始行州县制；于是喀什噶尔改设“巡西四城兵备道”(即喀什噶尔道，辖喀什噶尔、英吉沙、莎车、和田四城)，道治设在疏附县（今喀什）。

到公元 1898 年（清光绪二十四年），喀什城已是周长十二里七分，城内“房屋稠密、街衢纵横、规模宏大、气象雄伟、楼层层列、市场林立，犹如省垣”(《回疆志》)。当时的迪化（今乌鲁木齐市）城围仅十一里五分，足见喀什的城市规模仍是全疆之冠。

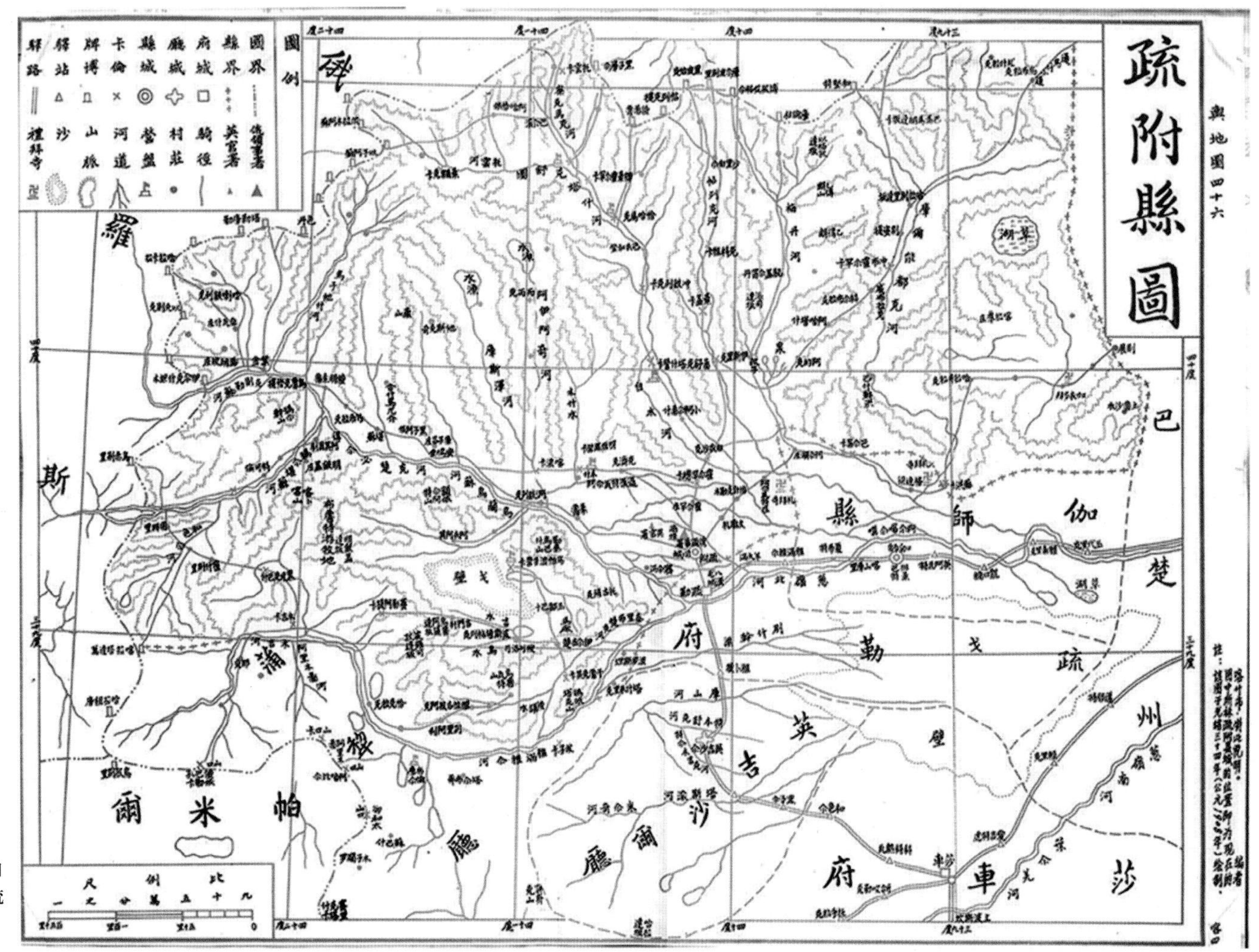

注：本图引自清乾隆版《疏附县志》

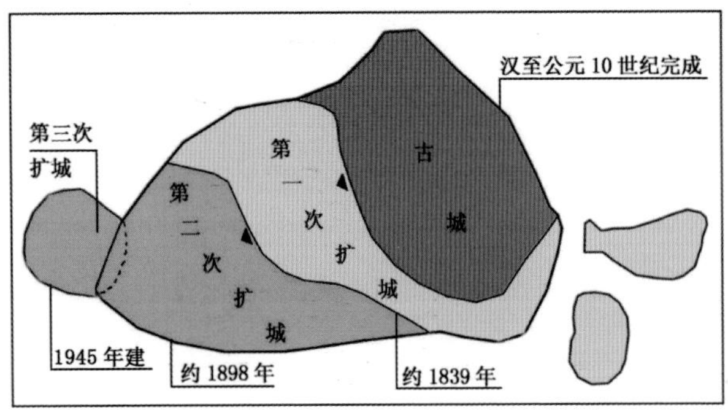

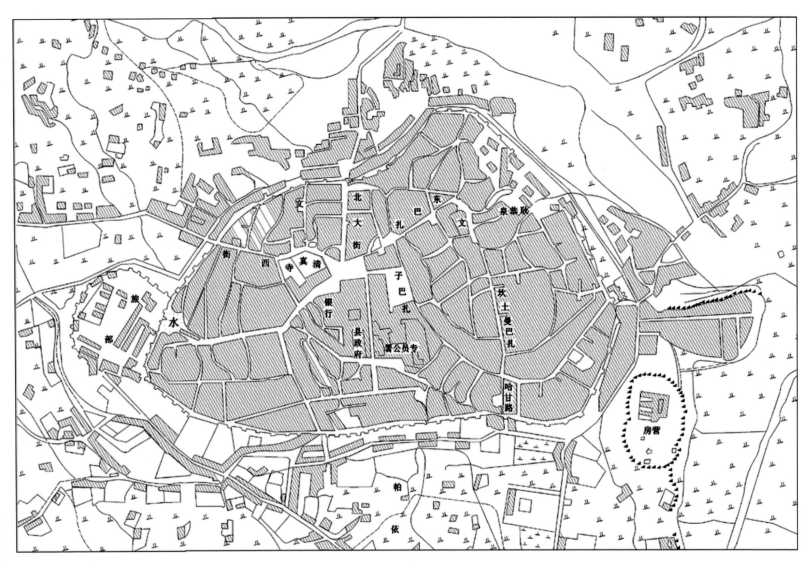

上图为民国34年（公元1945年）地形图。可以看出，经过三次发展才形成新中国成立初期的规模，最早的旧城是沿着高台土崖的边线建筑的，南边界为阿热亚路（维语：山崖之间），艾提尕尔清真寺于公元1442年建成后，为保护这一古城最大的清真寺，于公元1839年进行第一次扩城，将寺院围在城内；第二次扩城约在公元1898年，将吾斯塘博依街办的西半部分包括进去，由于徕宁城（清兵兵营）已有城墙，遂城市成形。徕宁城后为国民党旅部驻军，另一处为东高营房，东西护卫城池。城墙随着扩城而跟进，面积为1.44平方公里，从而成为今日要保护的历史文化街区的主体部分。从城市结构来看，艾提尕尔广场居城市中心偏西北部，道路均以通向清真寺为主体趋向，呈中心放射状格局，并在中心广场处形成风车状交汇。吐曼河和克孜勒河成为旧城的天然屏障（护城河）。应该说，城市至1945年基本上完成了三千余年城市发展形成完整古城的第一个历史阶段。

城市发展变迁图·1963—1983

说明：

1963 年的城市与 1945 年城市主要变化在解放路（图中为新开路）和人民路（图中为胜利路）的开辟上，两条路的中心当地人称之为大十字，原有苏式建筑同济大学罗小未教授建议原貌保存，该四栋建筑至 1986 年拆除三栋，仅余招待所。

由维吾尔族设计师阿不力·米祖提于 1953 年设计了人民公园大门一直保存至今，园内主要以植物为主。除人民路、解放路两条道路有铺装外，其余均为土路。

路旁绿化树为条状坑池，定期放水浇灌（注：本图为 1963 路名与今日均无关联）。

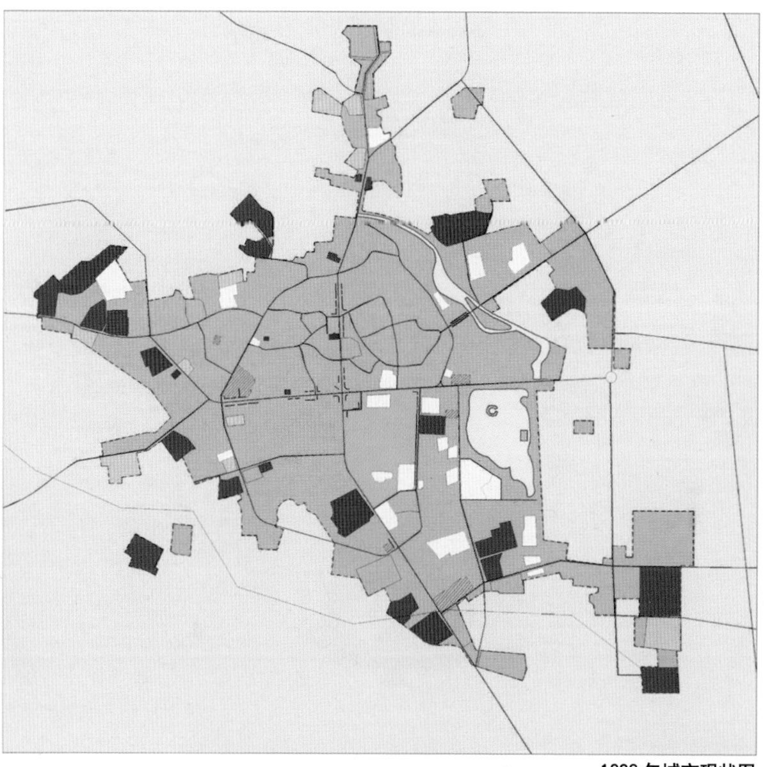

1983 年城市现状图

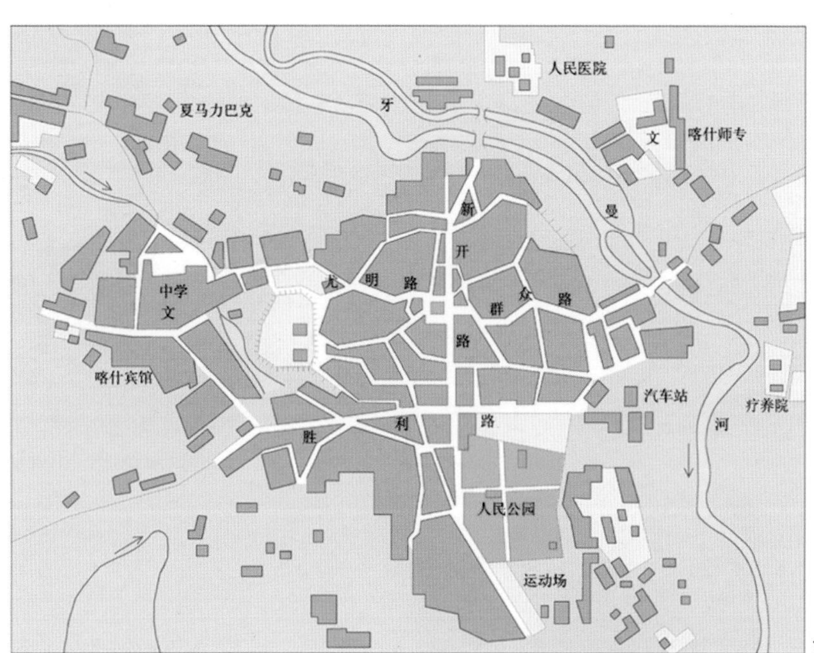

1963 年

本页摄影：李雄飞　二十世纪八十年代喀什全景

原俄国驻喀什领事馆

1984 年的露天农贸市场（今中亚大巴扎）

说明：

从二十世纪六十年代至八十年代，城市格局变化不大，六十年代的城市以大十字街为中心，向四周放射状发展，呈无序状态，至七十、八十年代城市围绕古城区及人民路（胜利路）以南地区（原古城南城门外的居民区）的开发，初步形成了围绕古城的外环路，城市中心区的格局从此确定，以后规划改建中这一中心区历史格局变动很小，至二十一世纪初基本完善（环路较为顺畅）。

城市发展变迁图·20世纪70年代—20世纪90年代

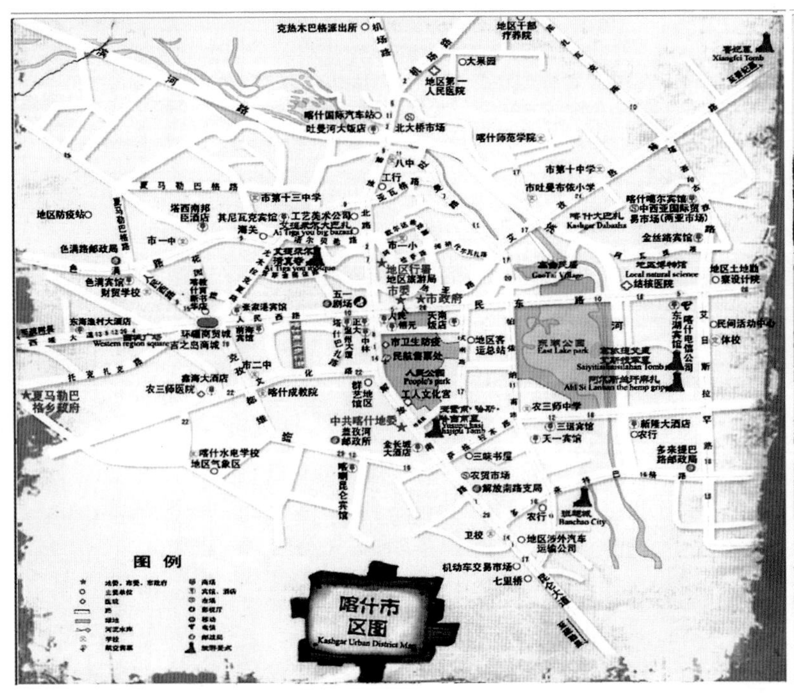

20世纪70年代城市现状图

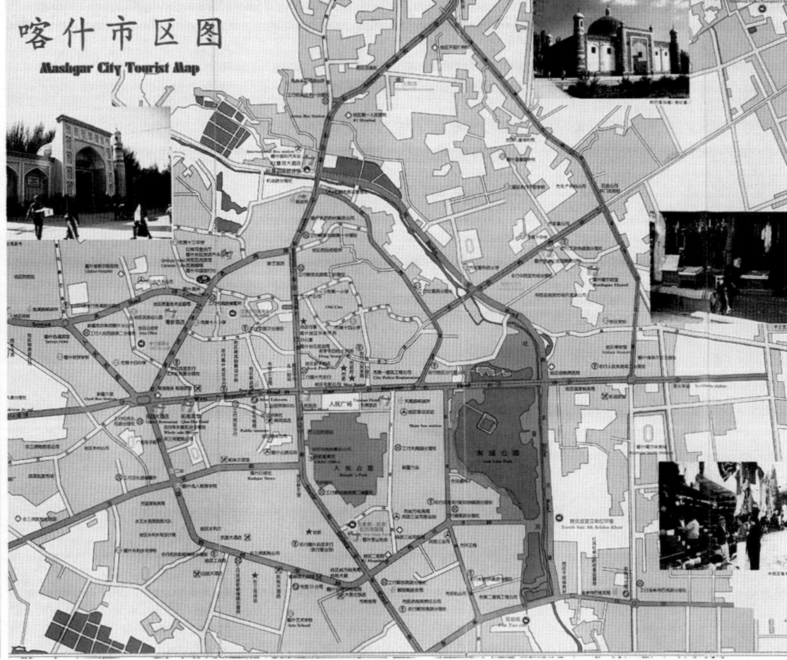

20世纪80年代城市现状图

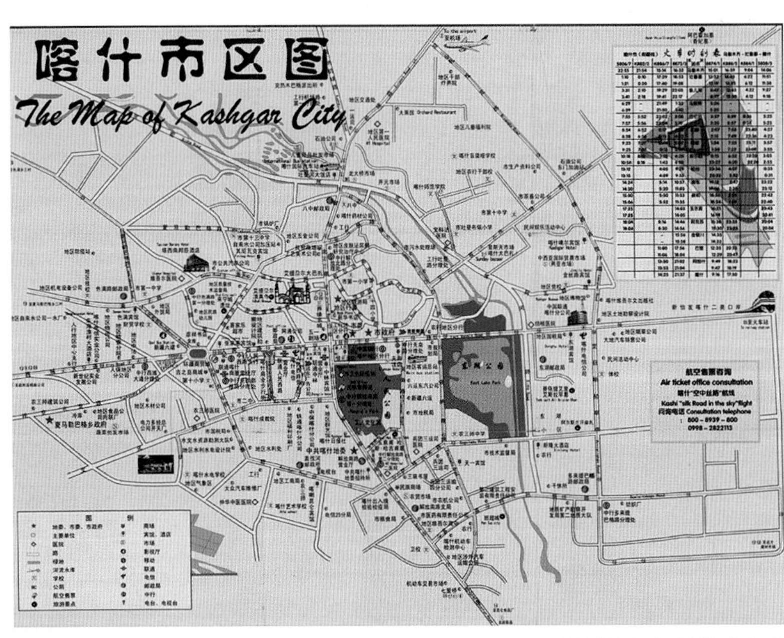

20世纪90年代城市现状图

20世纪70年代—90年代的建筑

城市发展变迁图·公元1988—2000年

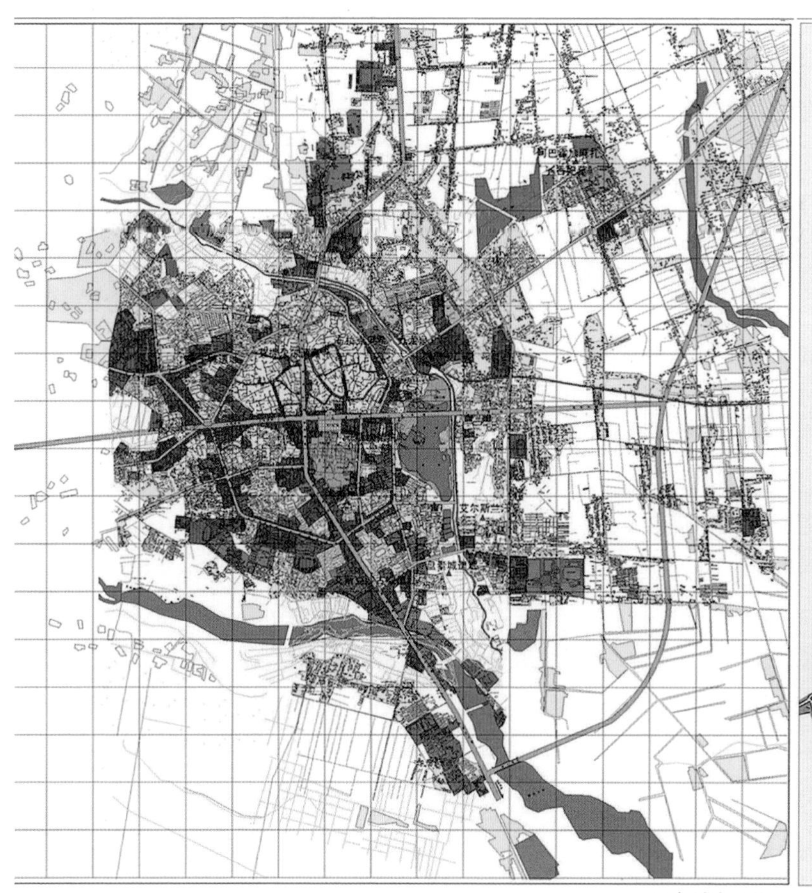

1998年城市现状图

喀什市1998—2020年城市发展规划图

20世纪90年代喀什新城一角

20世纪90年代的解放路南段

1980年的阿帕克霍加（香妃）墓，可看到穹顶均贴有琉璃面砖 （摄影：李雄飞）

说明：

至1998年，城区面积已有较大的拓展，并先后完成了人民路、解放路延伸铺装工程，城市仍保持着大十字街向四周呈放射状发展的格局。并于2003年完成了天轮广场（原东高营房）下的隧道工程，形成了完整的内环路，2005年又完成了艾提尕尔广场改造工程，至此城市内环、两个广场已完成，标志着城市已进入现代发展的序列之中，为打造南疆最大的中心城市的城市格局形态奠定了坚实的基础。

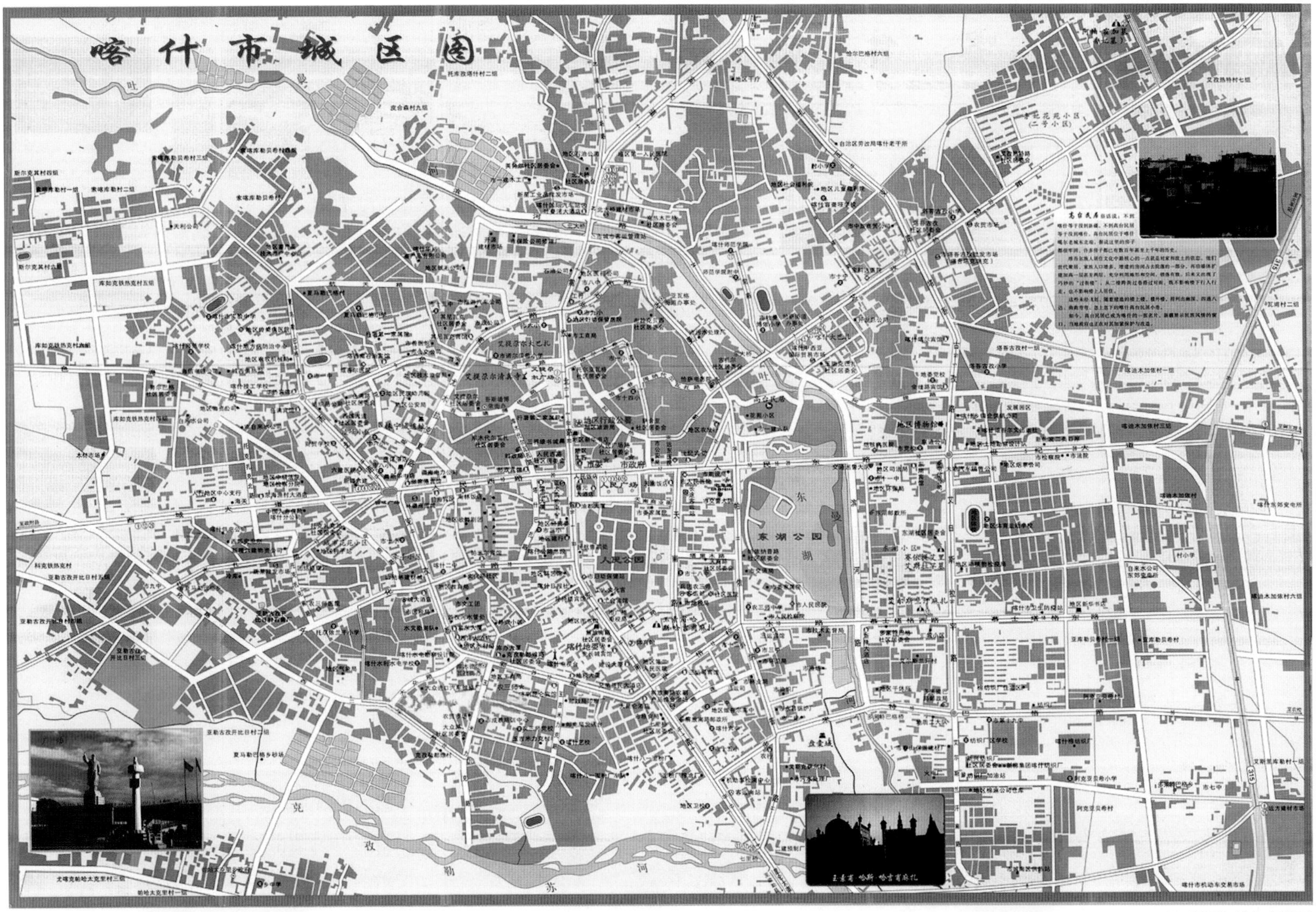

喀什市城区图

21 世纪初城市现状图

21 世纪初的建筑

由于 20 世纪 80 年代城市外环的形成，城市基本上是在外环路以内进行发展的。21 世纪初，伴随着城市的发展，城市绿地配置受到特别的重视，并均匀地分布在以人民公园为核心的周边位置上，形成“众星拱月”之状。

喀什名城核心区鸟瞰图

喀什名城核心区鸟瞰

海上丝绸之路名城泉州与喀什的对比

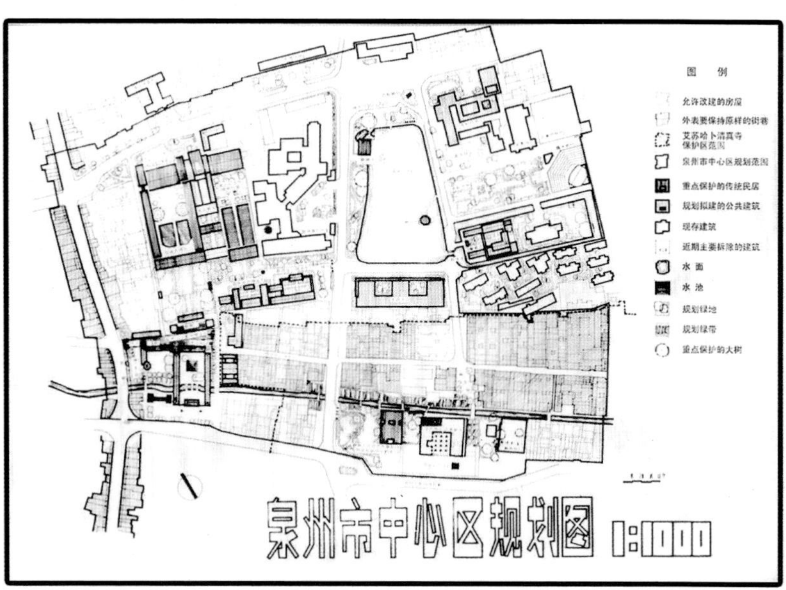

1980年我随导师沈玉麟教授赴泉州考察，即被泉州的极其丰富的文化内涵所震撼并深深地爱上了这座美丽的名城。受沈教授的委托，由我主持泉州名城保护规划，研究生杨昌鸣、戴月、吴维佳、华镭、张华等参加，当时作为研究生的王其享受我之邀亦来泉州协助工作，该项目获福建科技二等奖。当时的泉州面积只有0.64平方公里（今城区面积已建150平方公里）。一直在泉州担任市委书记的王今生先生，退休后赴南洋各国（抗战时期他在南洋组织抗日游击队）获捐资近8000万（以后增至1.2亿）、全部用于文物建筑的修复工作，先后修复了承天寺、天妃宫（妈祖庙）、文庙、修复了有56家工厂占用的崇福寺；以后我随国家文物局杜仙洲先生赴泉州指导开元寺的大修工程；20世纪90年代初，泉州市人民政府又多次拨款整修了清净寺，复建了泉三门等古建筑群。与此同时，旧城的全面整治工程开始，按照泉州古民居的样式全面进行了复建，橘红色的面砖（中国最美丽的黏土砖，福建其他地区的黏土砖均为另外一种，均不如泉州）、白色的线条、精致的青石石雕，使泉州变成一个完整的艺术综合体，这在全国也是罕见的。

与喀什相比较，泉州从唐开始，伊斯兰教即已传入泉州，在泉州建了七座清真寺（目前存一座），阿拉伯人随“海丝”的开辟大批进入泉州，有“涨海声中万国船”之说。阿拉伯人普寿庚作了宋代泉州舶司的长官（至今居在泉州阿拉伯后裔有几万人，多在陈埭一带），波斯人也大量涌入，色拉子人在泉州建了清净寺，穆罕默德的弟子三贤来泉州传教，死后亦葬于此。相比喀什，阿拉伯人、波斯人、印度穆斯林在泉州留下了更多的活动遗址，有“世界宗教博物馆”之称。与此同时，摩尼教、佛教、基督教、天主教、道教、印度教、日本神道教、拜物教等均有遗存，而喀什，伊斯兰教传入后，其他宗教遗存均遭到毁灭而荡然无存。

李雄飞记

喀什与国外伊斯兰文化背景古城结构形态比较图

伊拉克巴格达

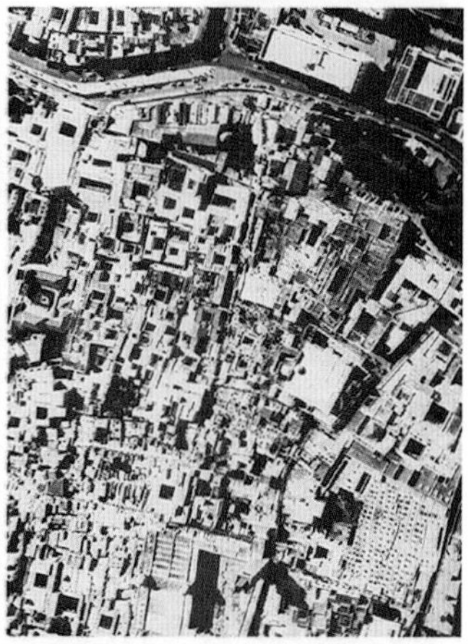

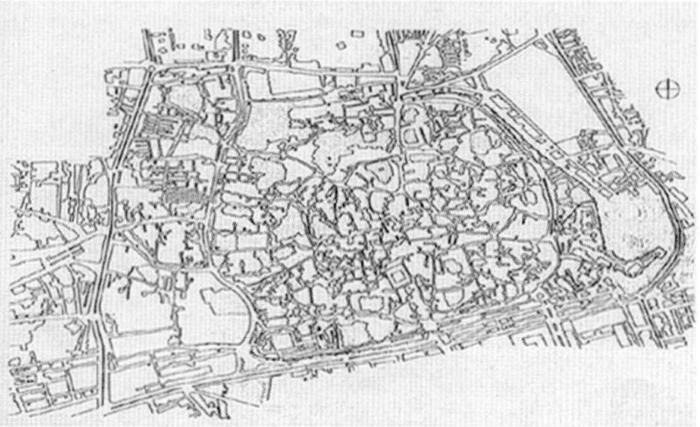

摩洛哥

也门萨那

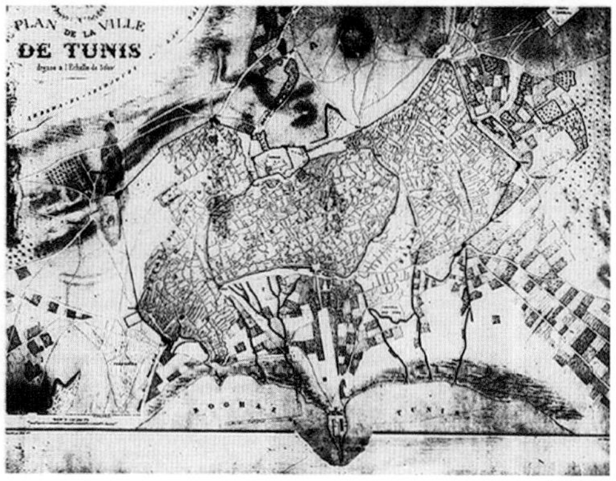

突尼斯

全世界信仰伊斯兰教的人数据统计约为15亿人，囊括了世界许多国家和地区，作为国教的国家有伊朗、沙特阿拉伯、伊拉克、巴基斯坦、叙利亚、也门、马来西亚、土耳其、科威特、埃及、突尼斯等。这些国家和民族在如何适应自然与地理、气候条件方面都各自积累了完整的城市建设经验，这些经验对喀什来说都是值得借鉴和总结的。在建筑创作上也是如此，大批世界著名建筑师涌入中亚中东，创作了大量地方风格特色鲜明的建筑作品，喀什要研究这些经验，才能够找到适应本土文化的城市与建筑发展的途径。

喀什与国外伊斯兰文化背景古城结构形态比较图

伊斯兰文化背景下的古城都有如下共同点：

1. 气候条件相似，均为干旱少雨的气候，土质多为沙漠或戈壁；
2. 建筑多以生土作为建筑的主体结构；
3. 城市结构趋于自然生长状态，以宗教中心清真寺为城市原点向周边呈树枝状放射；
4. 古城中除通往清真寺的道路较为通畅外，其余街巷多为迷宫式尽端路，即“通而不畅”的道路模式。

从所选的四组不同国家的城市航空照片比较中可以发现上述四个共同特点，因此，研究国外同一文化背景的城市演变与现代化改造的经验对解决喀什古城的现代化改造将是有益的。

喀什麦德勒斯（皇家经教学院）一带（航空摄影照片）

喀什古城的结构形态与世界同一文化背景下的古城是完全一致的，她在人口密度、种族文化、宗教习俗及重大的历史事件长期的融合中城市结构形态趋向稳定成熟，以精神信仰中心兼聚落中心的清真寺为城市细胞核，成为结构上和文化景观上的原点，因此，古城在适应现代化生活的调整过程中，也要考虑这一历史发展的过程，进行一些“减法”，开拓一些必要的旷地作为抗震防灾的中心，保护原有的结构核。

萨珊帝国色拉子城市格局及建筑风格与喀什的对比

古代萨珊帝国的色拉子人是非常活跃的人群，他们以建筑工程见长，也到过很多国家承担建筑工程任务，因此他们的阅历非常之广博。从目前色拉子名城所留下的古代建筑，可以看出他们对世界各国的建筑风格都能兼收并蓄，其中包括埃及风格的清真寺、罗马尼亚风格的王宫、土耳其风格的休息凉亭等。

从建筑的遗存来看，由于色拉子人思维活跃、见识广博，因此能够把世界上各种风格的建筑，都移植到自己的城市中来。这一民族热情、奔放、富有浪漫情调，就是伊斯兰教的穹顶在这个城市中也被塑造得生动活泼。与喀什相类似的是他们的木造建筑的做法。

在城市民居的格局上，有相当一部分与喀什的城市肌理十分相似。居民的院落也多数以合院方式构成，不同的只是石材使用较多（当地石材丰富）。

埃及开罗老城与德黑兰老城

埃及首都开罗与今伊朗的德黑兰都是历史文化名城，受丝绸之路文化交流的影响，开罗不仅具备两河流域时期的古建筑遗存，并在伊斯兰教传入之后，修建了大批的清真寺，且受古罗马、奥斯曼帝国建筑风格的影响，也包括部分罗马教会所带来的基督教、天主教建筑，因此埃及的建筑风格是融合了欧洲、亚洲以及本土建筑的产物。在平面格局上也与喀什有众多相似之处，如自由式的道路格局、宗教建筑在街道中心的布局等等。

萨珊帝国的德黑兰自伊斯兰教传入之后，兴建了大批清真寺，并受到波斯细密画的影响，清真寺的唤醒塔和穹顶的彩画以及琉璃贴面砖都十分精细。大量的居民住宅以生土和砖木为主，在城市格局上与喀什也有很多相似之处，多数单体住宅建筑是L形或三合院形。

可见，丝绸之路的文化交流对中亚绝大多数城市影响都是非常大的。不仅在生活方式上，在建筑风格上，也都受到东西方文化交融的影响。从某种意义上讲，丝绸之路上的城市很少能够固守自己的本土文化，会受到各种文化传统的影响，由此可以看出丝绸之路对沿途各国之间的相互了解起到了非常重要的作用。

叙利亚历史文化名城大马士革

叙利亚大马士革是最早接受伊斯兰教文化的城市之一，它是中东地区最重要的历史文化名城，它不仅受到埃及文化的影响，也受到东罗马帝国和萨珊帝国文化的影响。这个历史文化名城有很多古罗马帝国时期的建筑遗存，也有最早的清真寺的遗存，因此在接受伊斯兰教之后，其宗教建筑也很大程度上融入了欧风建筑的特点，有些清真寺也采用了西班牙风格的建筑样式。在保存罗马时代古建筑遗存方面，大马士革无疑是保存得非常完善的，将古建筑遗址在很大程度上结合到现代城市建设中来，有很多非常成功的实例。这座历史文化名城中，古罗马的柱式遗存、大剧场与伊斯兰教的清真寺和当地的石材建筑非常协调地组合在一起。这是一座多种文化并存的历史文化名城。

印度是佛教的发源地，以后在历史长河中又不断影响着印度教和伊斯兰教，它的城市是在佛教多神崇拜的基础上发展起来的，其中印度教是印度目前各个城市当中信众最多的宗教。由于印度是发展中国家的人口大国，它的多数城市还保存着 18 世纪与 19 世纪初的风貌和城市特色。除伊斯兰教建筑之外，印度的许多城市中拥有世界最多的红米石石雕作品，其建筑风格都表现出了热情、奔放、活泼、乐观的情绪，每座城市都充满了以石雕艺术为主的民俗建筑。其中泰姬·玛哈尔陵是伊斯兰建筑中的精品（世界文化遗产）。

印度的城市绝大多数都是多重文化并存的，无论何种宗教，在印度的大环境下都不得不或多或少地受到历史上佛教文化的影响，除了工业化大城市新德里、孟买、班加罗尔等工业化大城市以外，多数中小城市还保持着 19 世纪的街道形象和民居建筑，与喀什老城有很多相似之处。

伊朗
埃及
印度
伊斯法罕
阿曼
伊朗
大不里士
德里
巴基斯坦
突尼斯
阿巴斯耐德
撒马尔罕
伊斯法罕
西班牙

喀什历史文化名城现状分析

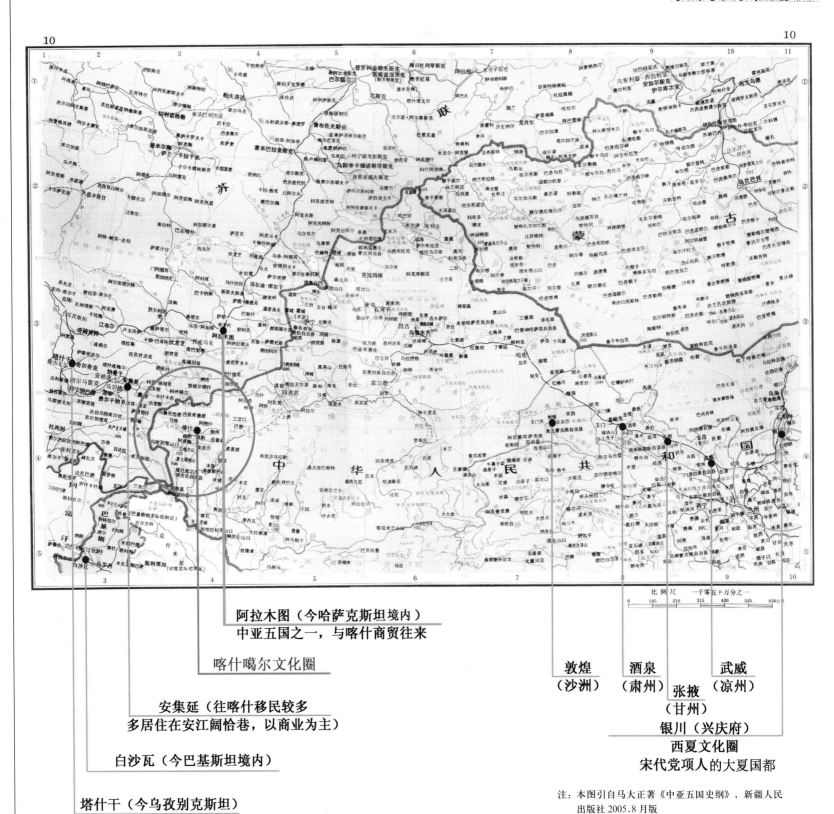

喀什历史文化名城区位图（1）

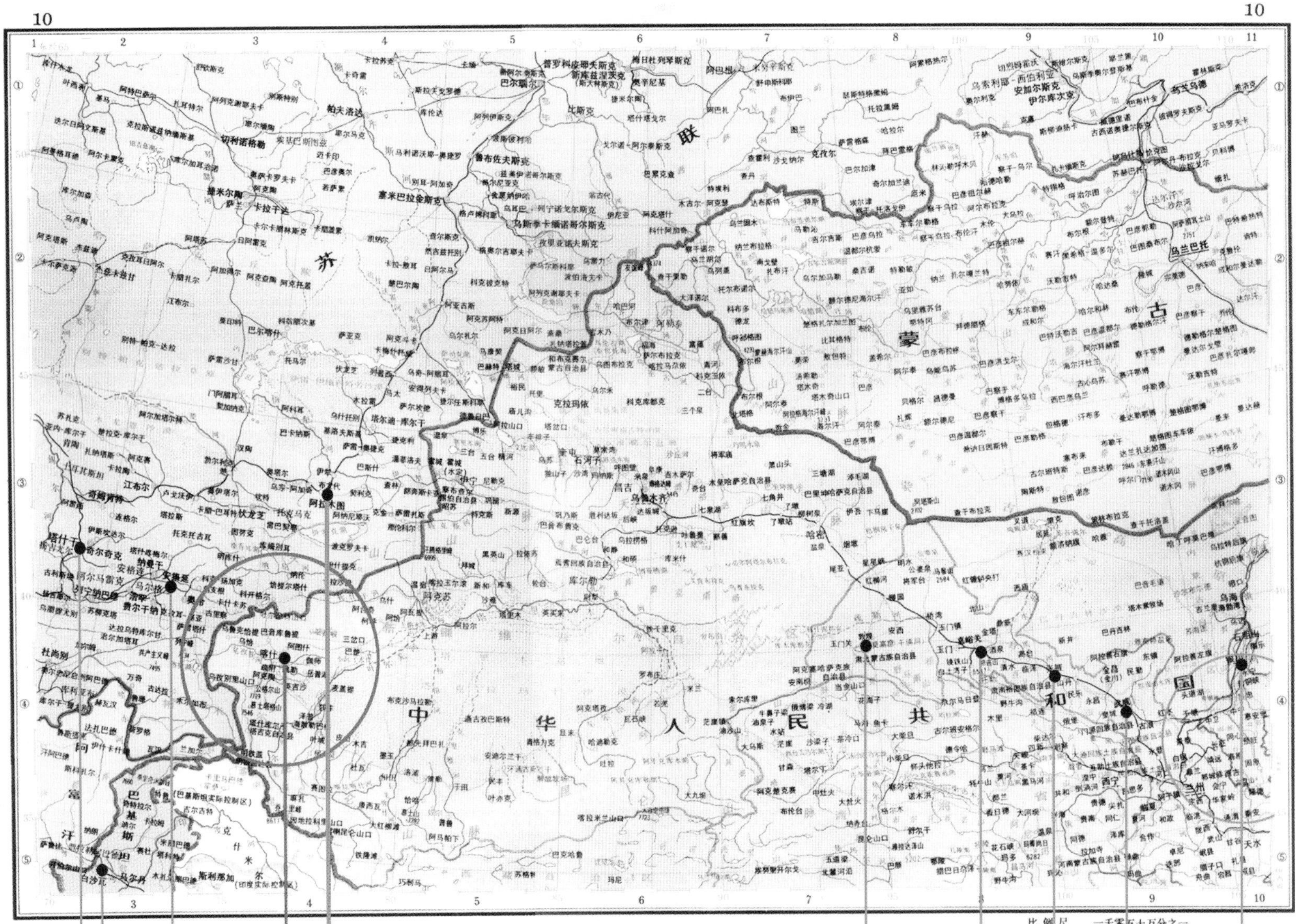

阿拉木图（今哈萨克斯坦境内）
中亚五国之一，与喀什商贸往来

喀什噶尔文化圈

安集延（往喀什移民较多
多居住在安江阔恰巷，以商业为主）

白沙瓦（今巴基斯坦境内）

塔什干（今乌孜别克斯坦）

敦煌（沙洲）

酒泉（肃州）

张掖（甘州）

武威（凉州）

银川（兴庆府）
西夏文化圈
宋代党项人的大夏国都

注：本图引自马大正著《中亚五国史纲》，新疆人民出版社 2005.8 月版

喀什历史文化名城区位图（2）

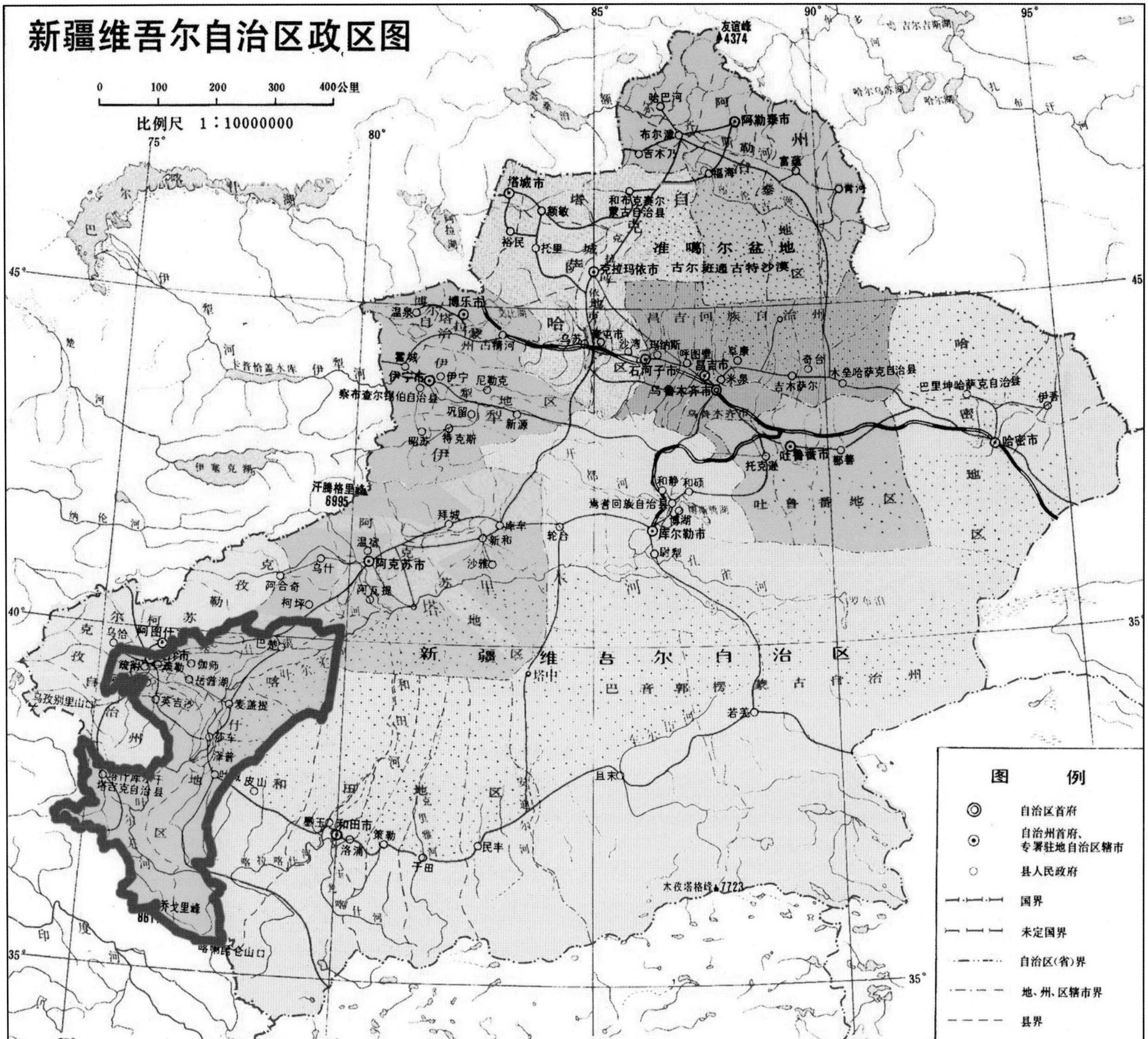

新疆维吾尔自治区政区图

0 100 200 300 400公里

比例尺 1：10000000

图例

- 自治区首府
- 自治州首府、专署驻地自治区辖市
- 县人民政府
- 国界
- 未定国界
- 自治区(省)界
- 地、州、区辖市界
- 县界

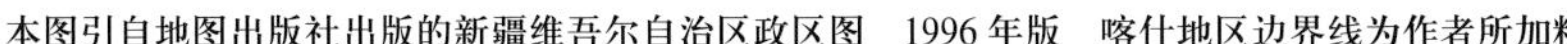

本图引自地图出版社出版的新疆维吾尔自治区政区图 1996年版 喀什地区边界线为作者所加粗

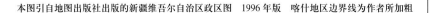

喀什古城中心区路名图

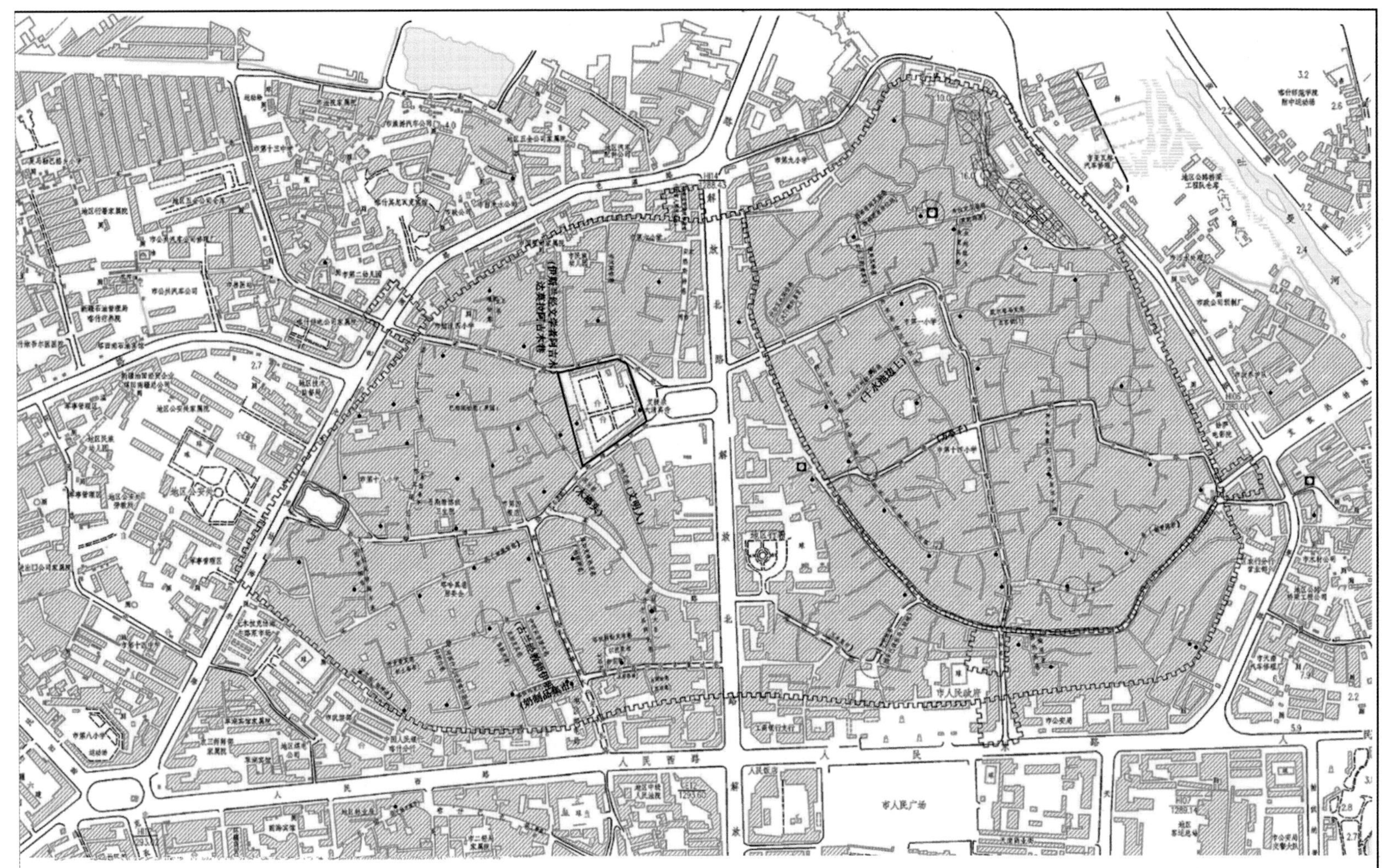

● **喀什地名的特定含义：**

喀什地名，都存在着特定的含义。有如下基本构成方式：
1. 以当时存在的建筑命名，如盖尔普阿克奥达巷，意为“古王府后面的街道”（王府街）；
2. 以城墙或重要设施命名，如色佩里吐维巷，意为“城墙下”；
3. 以居住的名人或官吏命名，如艾克木阿格恰木阔斯巷，因艾克木阿格恰木集资于此修建了清真寺，为纪念其人而命名；
4. 以生产和销售某种产品而命名，如塔什巴扎巷，意为“磨盘集市”；
5. 以不同性质的人群居住于此而命名，如安江阔恰巷，因安集延移居喀什的部分乌孜别克富人多数居住此巷而得名；
6. 以天然环境命名，如巴格艾日克村，因水渠通往村内大果园而得名。
喀什作为名城，这种命名方式保存了当地民族原始质朴的认识自然、认识城市的行为模式。

● **研究地名的意义：**

1. 通过地名，有助于认识名城的空间结构和平面格局，并了解到当地民众对这座城市空间形态的认识，从而更加深刻地理解城市结构形态的历史文化意义；
2. 可以了解重要建筑物的位置和基址，特别是已消失的历史名胜，有助于理解决定城市空间构成的重要地标点；
3. 可以更准确地了解古城当时城墙、城门、排水渠道的位置，了解城市的发展变迁规律；
4. 从水渠、河道、沙丘、山岗、台地的命名获得城市自然状态改变的规律；
5. 更好地了解人文景观构成，更充分了解对社会发展有一定影响的政治家、宗教人士、科学文化人士的影响力度及其生活环境；
6. 准确地摸清街道历史由来，特别是商业专用市场（巴扎）形成发展与变迁的原因，是否构成文化遗产和城市特色构件单元；
7. 从中获取人文景观的大量历史信息。

图例：

古迹　列为古迹保护的清真寺和麻扎　调查优秀传统民居　古城墙尚存残迹
主要古遗存　历史上的涝坝　重要古建筑基址推测　有特色的广场
清真寺　历史上的名胜园林　古城墙考察位置

区域历史文化古迹分布示意图

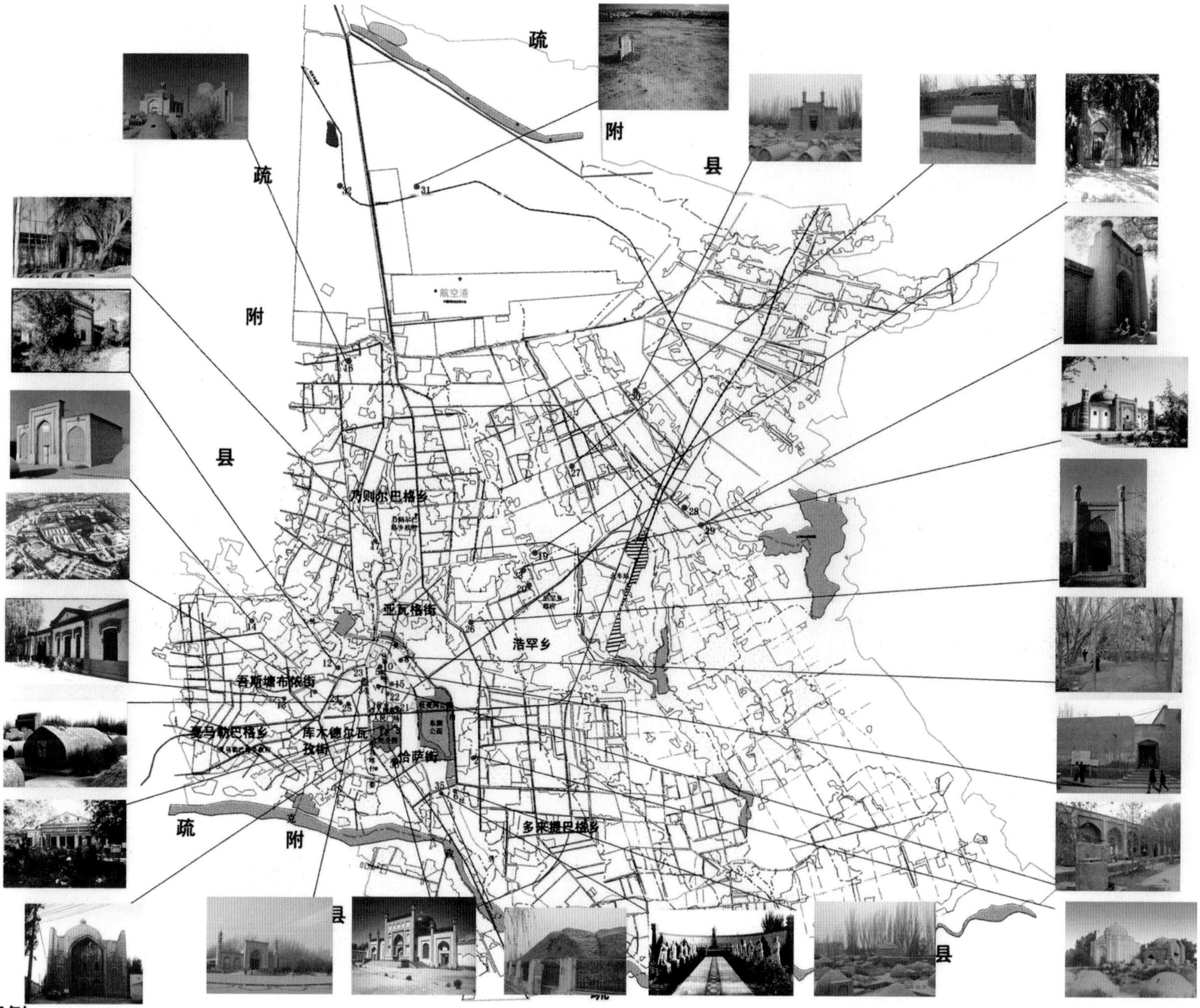

疏附县
疏附县
航空港
乃则尔巴格乡
亚瓦格街
浩罕乡
吾斯塘布依街
夏马勒巴格乡
库木德尔瓦孜街
恰萨街
东湖公园
多来提巴格乡
疏附县
疏附县

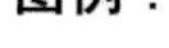

图例：

1 徕宁城
2 艾尔斯兰汗墓
3 伊斯坎德尔王墓
4 汗勒克买德勒斯遗址
5 吾尔达西克清真寺
6 玉素音帕祖拉霍加墓
7 沙其亚买德斯
8 布拉克贝希泉
9 阿拉吾尔达清真寺
10 墩买斯其提清真寺
11 人民公园文化宫
12 印巴驻喀什领事馆建筑物
13 原沙俄驻喀什领事馆建筑物
14 木拉提百和希阿塔墓
15 邓克拉克墓
16 库办拉霍加墓
17 吐格曼贝希清真寺
18 凯里其布格拉汗墓
19 妮米吐拉霍加清真寺
20 胡西克贝克比格喀什噶尔墓
21 苏里坦库特里克艾山
22 玉素甫布格拉汗墓
23 再格来巷罕尼卡
24 安江来斯特清真寺
25 依玛木热巴农墓
26 艾孜尼其比格清真寺
27 吾斯曼布格拉汗墓
28 卡热萨克力阿塔墓
29 孜来哈比克木麻扎
30 夏木帕德夏墓
31 亚吾鲁克遗址
32 亚吾鲁克驿站遗址
33 阿帕克霍加（香妃）墓
34 艾提尕尔清真寺
35 盘橐城（艾斯克沙古城）遗址
36 玉素甫墓

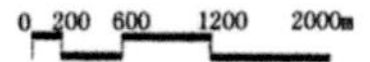

喀什优秀传统民居分布图

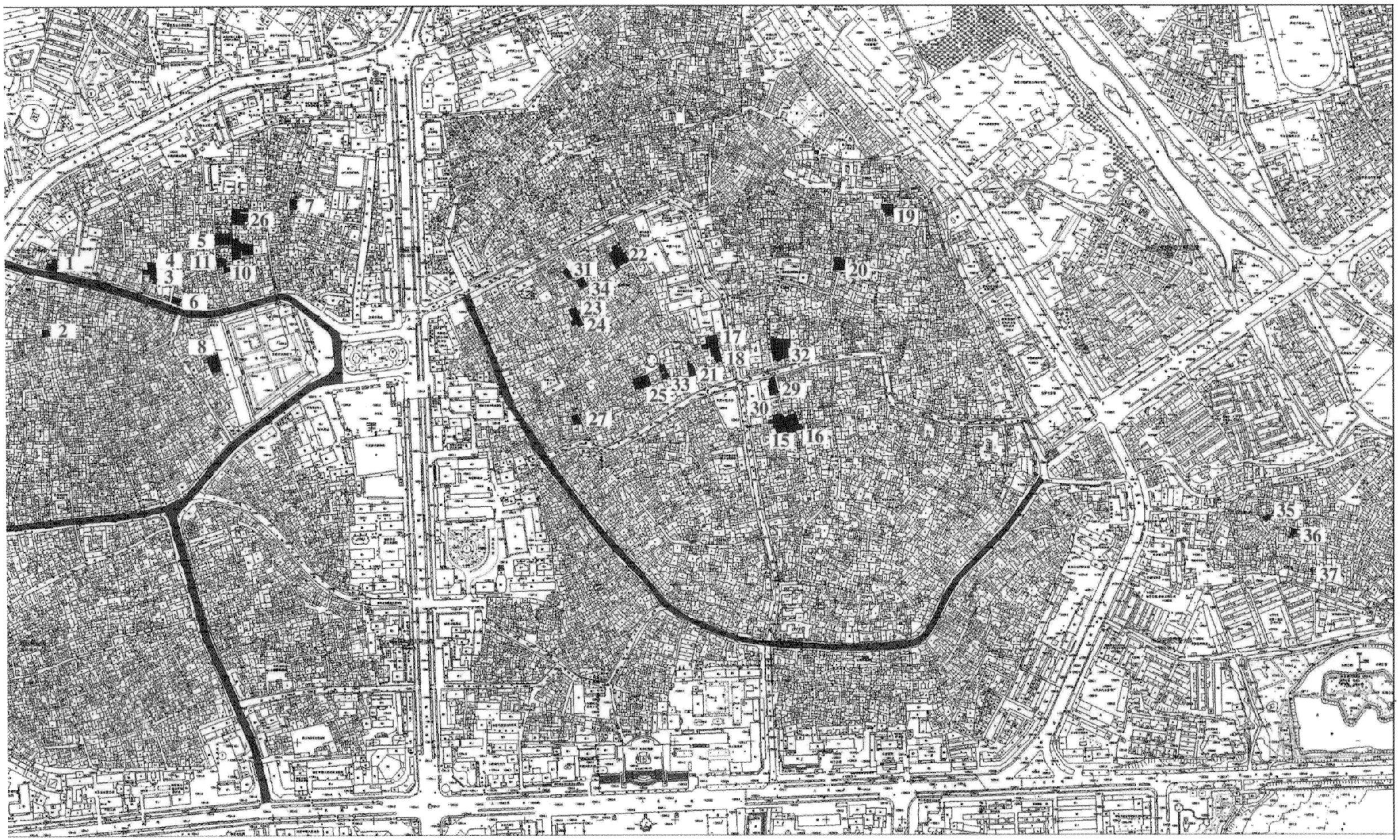

1 艾木拉吾守尔
2 买买提沙吾提
3 美任沙
4 美任沙
5 胡布尔贝格木
6 依格孜依日克
7 依贝布拉阿布都
8 托合提卡地尔
9 塔金沙依孜木
10 买买提明斯依提
11 艾山阿吉
12 亚地卡尔
13 阿布都海力阿吉
14 木合太尔买买提
15 艾孜阿吉
16 美尔甫阿布都卡地尔
17 依布拉音卡热阿吉
18 阿布提卡热
19 阿布力米提祖农
20 阿布都拉阿吉
21 孜孜力居委会
22 沙吾尔阿吉
23 依明阿吉
24 土提合尼木
25 莫民合尼木
26 买买提汗阿吉
27 阿布都克依木
28 胡吉贝格阿吉
29 工商会
30 木合太尔
31 学合来提
32 玛瑞亚姆
33 阿依帕夏
34 阿布都尤克木
35 买买祖农阿吉
36 托合提阿吉
37 卡斯木托合提案

图例：

20
优秀民居编号
优秀民居位置

传统街巷

注：
四条重点保护的传统特色街巷：
1、库木代尔瓦扎；
2、阿热亚路；
3、吾斯塘博依路；
4、诺尔贝希路。

喀什清真寺历史遗存分布图

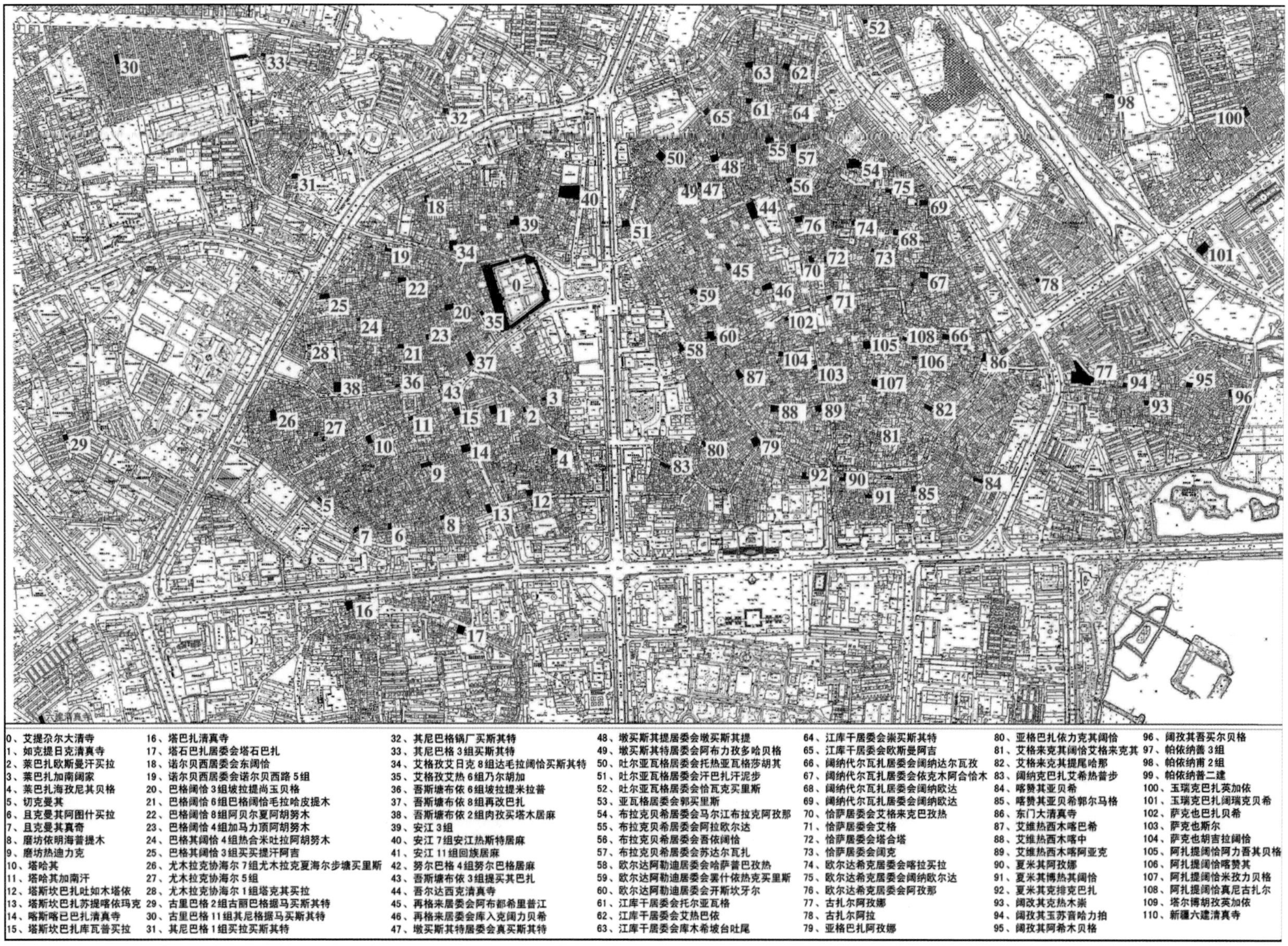

0、艾提尕尔大清寺
1、如克提日克清真寺
2、莱巴扎欧斯曼汗买拉
3、莱巴扎加南阔家
4、莱巴扎海孜尼其贝格
5、切克曼其
6、且克曼其阿图什买拉
7、且克曼其真奇
8、磨坊依明海普提木
9、磨坊热迪力克
10、塔哈其
11、塔哈其加南汗
12、塔斯坎巴扎吐如木塔依
13、塔斯坎巴扎苏提喀依玛克
14、喀斯喀巳巴扎清真寺
15、塔斯坎巴扎库瓦普买拉
16、塔巴扎清真寺
17、塔石巴扎居委会塔石巴扎
18、诺尔贝西居委会东阔恰
19、诺尔贝西居委会诺尔贝西路5组
20、巴格阔恰3组坡拉提尚玉贝格
21、巴格阔恰6组巴格阔恰毛拉哈皮提木
22、巴格阔恰8组阿贝尔夏阿胡努木
23、巴格阔恰4组加马力顶阿胡努木
24、巴格其阔恰4组热合米吐拉阿胡努木
25、巴格其阔恰3组买买提汗阿吉
26、尤木拉克协海尔7组尤木拉克夏海尔步塘买里斯
27、尤木拉克协海尔5组
28、尤木拉克协海尔1组塔克其买拉
29、古里巴格2组古丽巴格据马买斯其特
30、古里巴格11组其尼格据马买斯其特
31、其尼巴格1组买拉买斯其特
32、其尼巴格锅厂买斯其特
33、其尼巴格3组买斯其特
34、艾格孜艾日克8组达毛拉阔恰买斯其特
35、艾格孜艾热6组乃尔胡加
36、吾斯塘布依6组坡拉提米拉普
37、吾斯塘布依8组再改巴扎
38、吾斯塘布依2组肉孜买塔木居麻
39、安江3组
40、安江7组安江热斯特居麻
41、安江11组回族居麻
42、努尔巴格4组努尔巴格居麻
43、吾斯塘布依3组提买其巴扎
44、吾尔达西克清真寺
45、再格来居委会阿布都希里普江
46、再格来居委会库入克阔力贝希
47、墩买斯其特居委会真买斯其特
48、墩买斯其提居委会墩买斯其提
49、墩买斯其特居委会阿布力孜多哈贝格
50、吐尔亚瓦格居委会托热亚瓦格莎胡其
51、吐尔亚瓦格居委会汗巴扎汗泥步
52、吐尔亚瓦格居委会恰瓦克买里斯
53、亚瓦格居委会郭买里斯
54、布拉克贝希居委会马尔江布拉克阿孜那
55、布拉克贝希居委会阿拉欧尔达
56、布拉克贝希居委会吾依阔恰
57、布拉克贝希居委会苏达尔瓦扎
58、欧尔达阿勒迪居委会哈萨普巴孜热
59、欧尔达阿勒迪居委会罢什依热克买里斯
60、欧尔达阿勒迪居委会开斯坎牙尔
61、江库干居委会托尔亚瓦格
62、江库干居委会艾热巴依
63、江库干居委会库木希坡台吐尾
64、江库干居委会崇买斯其特
65、江库干居委会欧斯曼阿吉
66、阔纳代尔瓦扎居委会阔纳达尔瓦孜
67、阔纳代尔瓦扎居委会依克木阿合恰木
68、阔纳代尔瓦扎居委会阔纳欧达
69、阔纳代尔瓦扎居委会阔纳欧达
70、恰萨居委会艾格来克巴孜热
71、恰萨居委会艾格
72、恰萨居委会塔合塔
73、恰萨居委会阔克
74、欧尔达希克居委会喀拉买拉
75、欧尔达希克居委会阔纳欧尔达
76、欧尔达希克居委会阿孜那
77、古扎尔阿孜娜
78、古扎尔阿拉
79、亚格巴扎阿孜娜
80、亚格巴扎依力克其阔恰
81、艾格来克其阔恰艾格来克其
82、艾格来克其提尾哈那
83、阔纳克巴扎艾希热普步
84、喀赞其亚贝希
85、喀赞其亚贝希郭尔马格
86、东门大清真寺
87、艾维热西木喀巴希
88、艾维热西木喀中
89、艾维热西木喀阿亚克
90、夏米其阿孜娜
91、夏米其博热其阔恰
92、夏米其克排克巴扎
93、阔改其克热木崇
94、阔孜其玉苏音哈力拍
95、阔孜其阿希木贝格
96、阔孜其吾买尔贝格
97、帕依纳善3组
98、帕依纳甫2组
99、帕依纳普二建
100、玉瑞克巴扎英加依
101、玉瑞克巴扎阔瑞克贝希
102、萨克也巴扎贝希
103、萨克也斯尔
104、萨克也胡吉拉阔恰
105、阿扎提阔恰阿力吾其贝格
106、阿扎提阔恰喀赞其
107、阿扎提阔恰米孜力贝格
108、阿扎提阔恰真尼古扎尔
109、塔尔博胡孜英加依
110、新疆六建清真寺

图例：

清真寺编号

清真寺位置

喀什及周边震中分布图

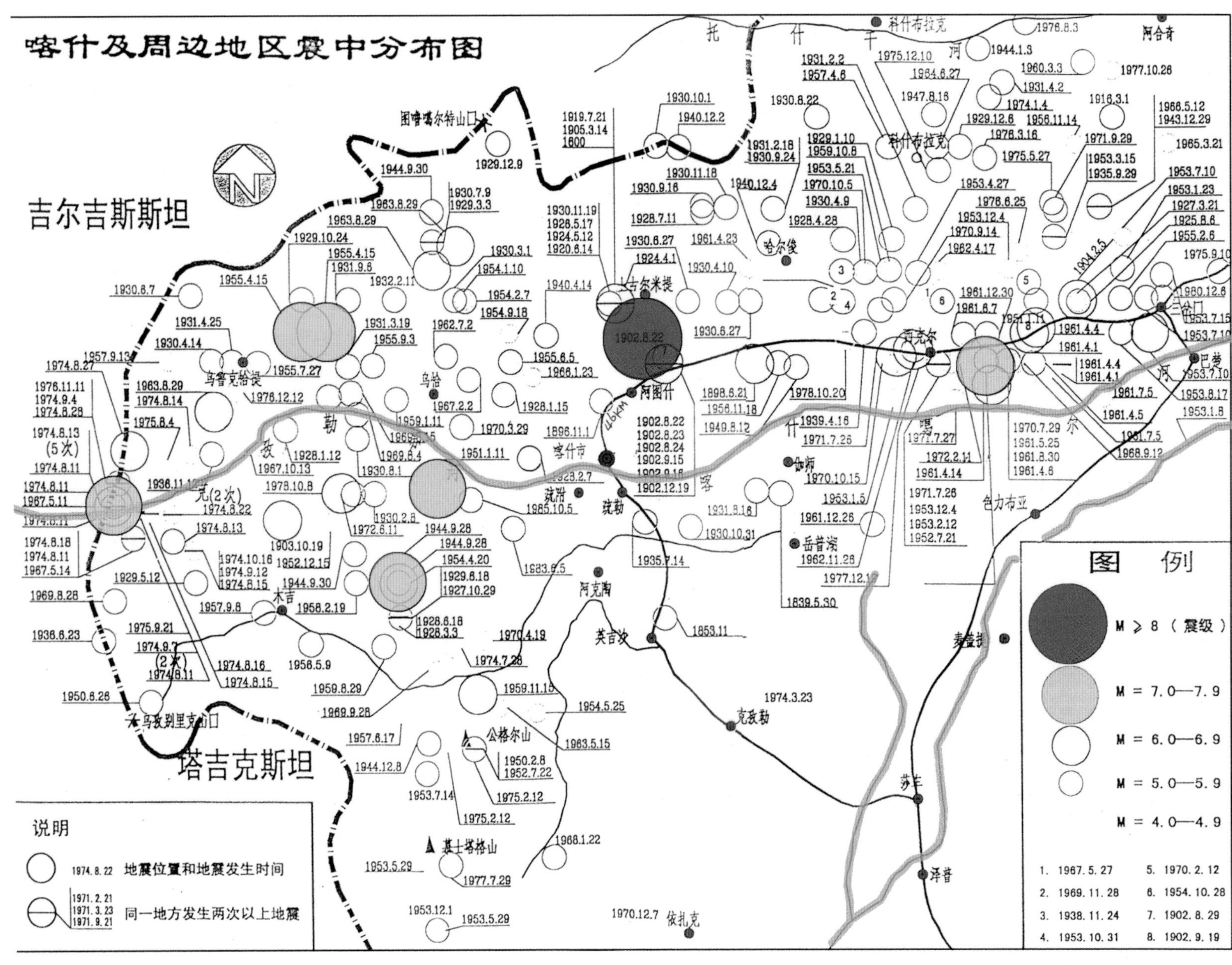
喀什及周边地区震中分布图
吉尔吉斯斯坦
塔吉克斯坦
图例
M ≥ 8（震级）
M = 7.0—7.9
M = 6.0—6.9
M = 5.0—5.9
M = 4.0—4.9
1. 1967. 5. 27
2. 1969. 11. 28
3. 1938. 11. 24
4. 1953. 10. 31
5. 1970. 2. 12
6. 1954. 10. 28
7. 1902. 8. 29
8. 1902. 9. 19
说明
地震位置和地震发生时间
同一地方发生两次以上地震
喀什市
阿图什
疏附
疏勒
伽师
岳普湖
英吉沙
阿克陶
克孜勒
莎车
泽普
巴楚
色力布亚
麦盖提
乌恰
公格尔山
慕士塔格山
依扎克
哈尔俊
西克尔
三岔口
木吉

喀什历史文化名城保护规划总图

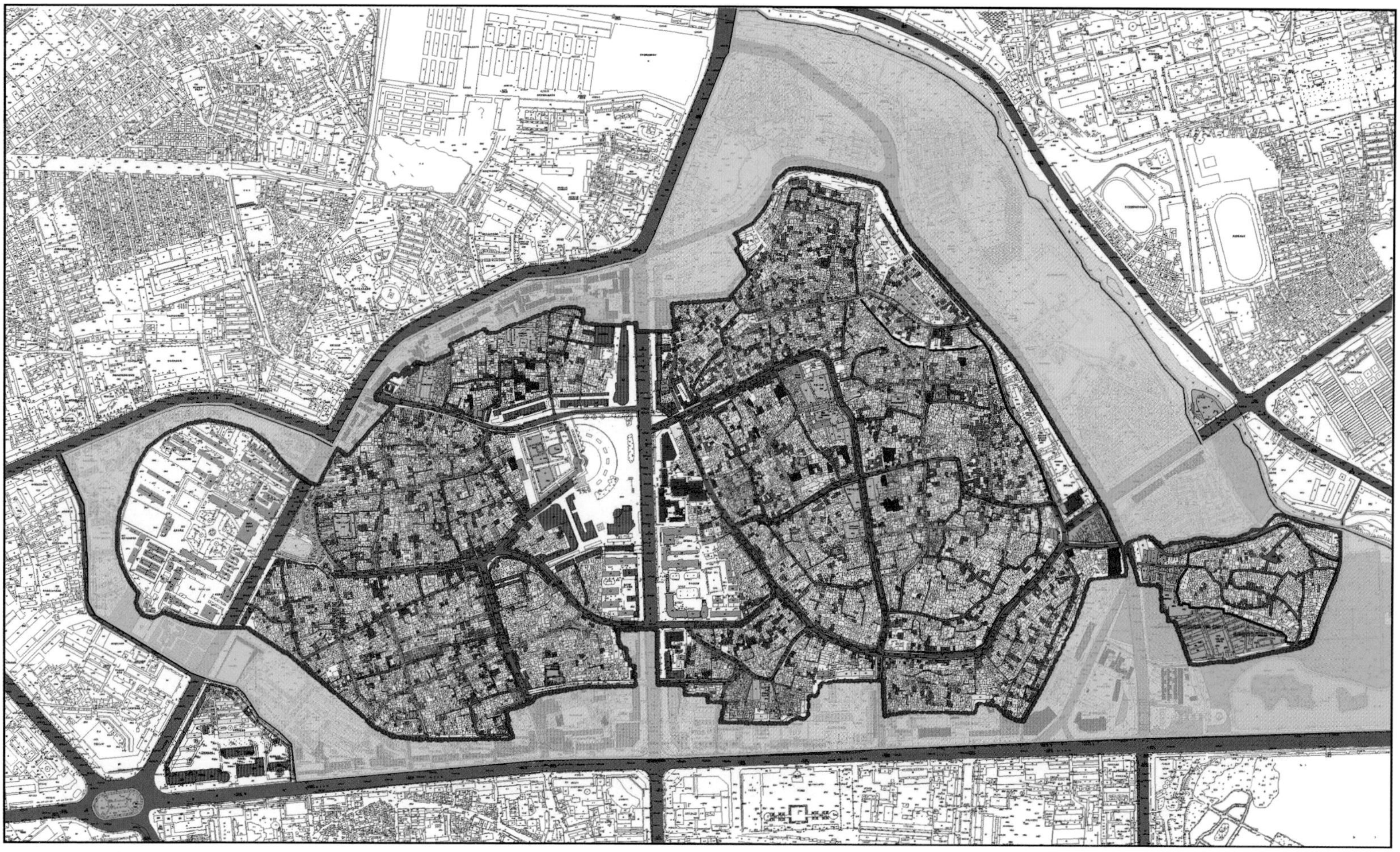

历史文化名城保护规划总图

历史文化名城保护规划总图

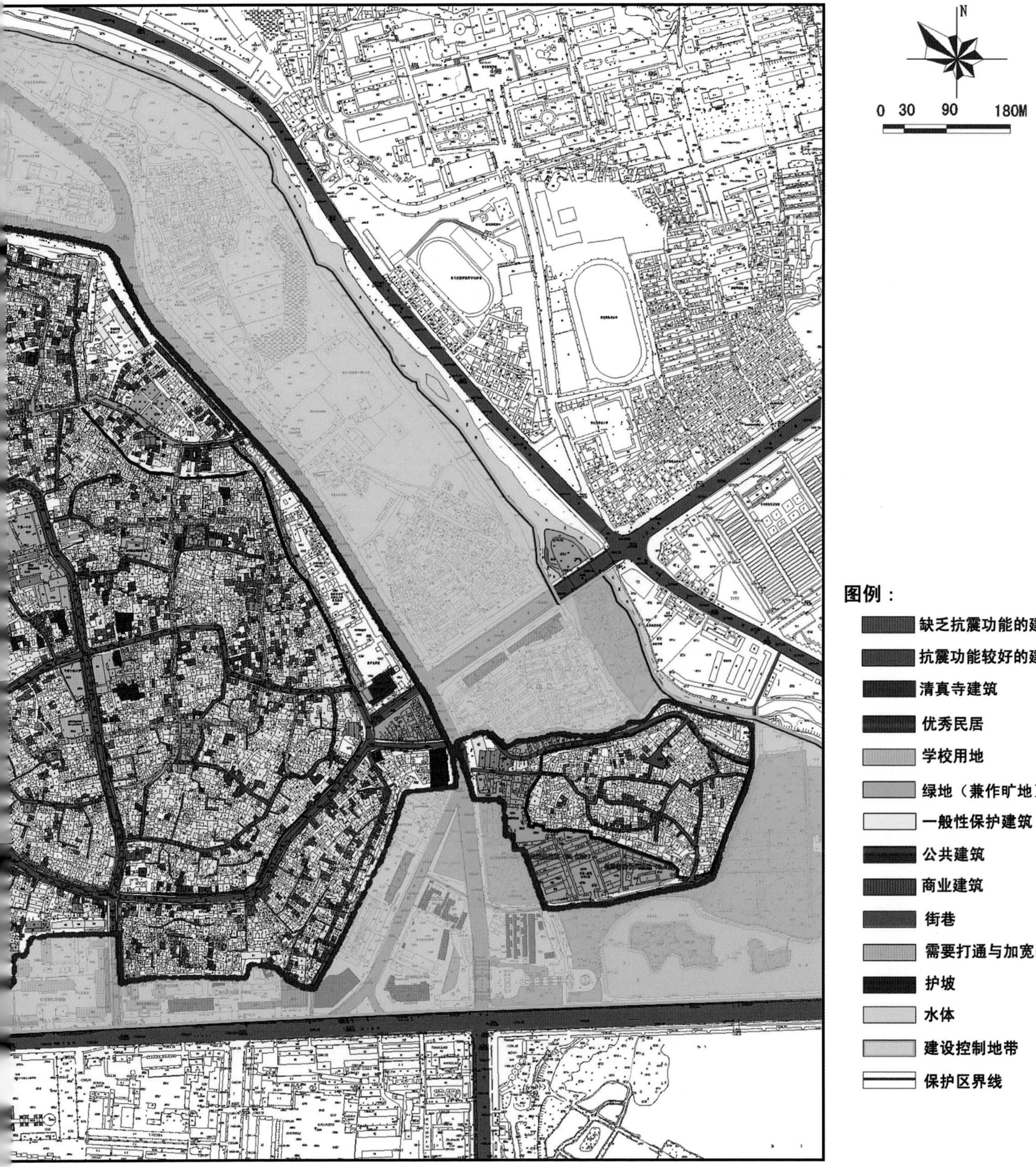

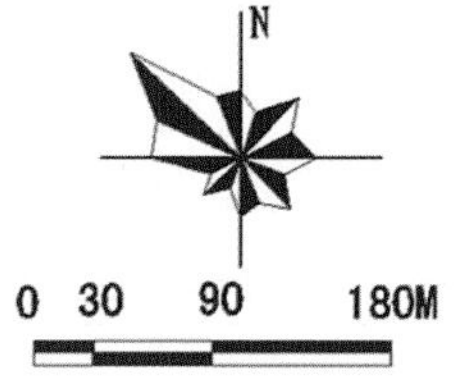

图例：

- 缺乏抗震功能的建筑
- 抗震功能较好的建筑
- 清真寺建筑
- 优秀民居
- 学校用地
- 绿地（兼作旷地）
- 一般性保护建筑
- 公共建筑
- 商业建筑
- 街巷
- 需要打通与加宽的巷道
- 护坡
- 水体
- 建设控制地带
- 保护区界线

名城喀什现状图

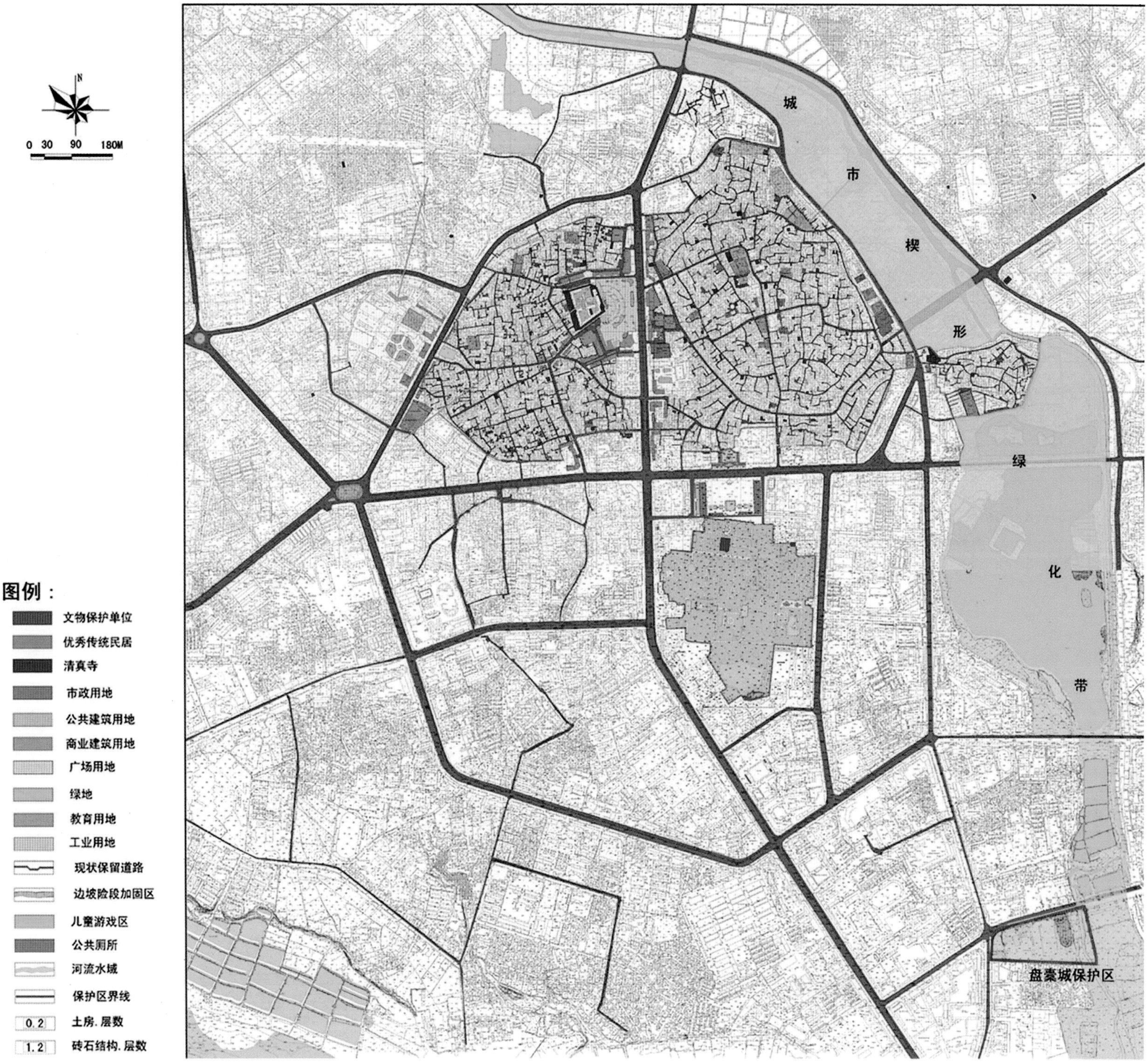

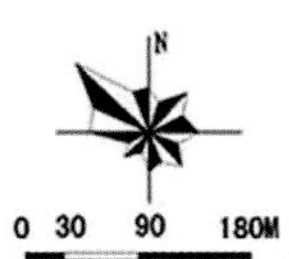

城市楔形绿化带

盘橐城保护区

图例：

- 文物保护单位
- 优秀传统民居
- 清真寺
- 市政用地
- 公共建筑用地
- 商业建筑用地
- 广场用地
- 绿地
- 教育用地
- 工业用地
- 现状保留道路
- 边坡险段加固区
- 儿童游戏区
- 公共厕所
- 河流水域
- 保护区界线
- 0.2 土房．层数
- 1.2 砖石结构．层数

给排水设施规划图

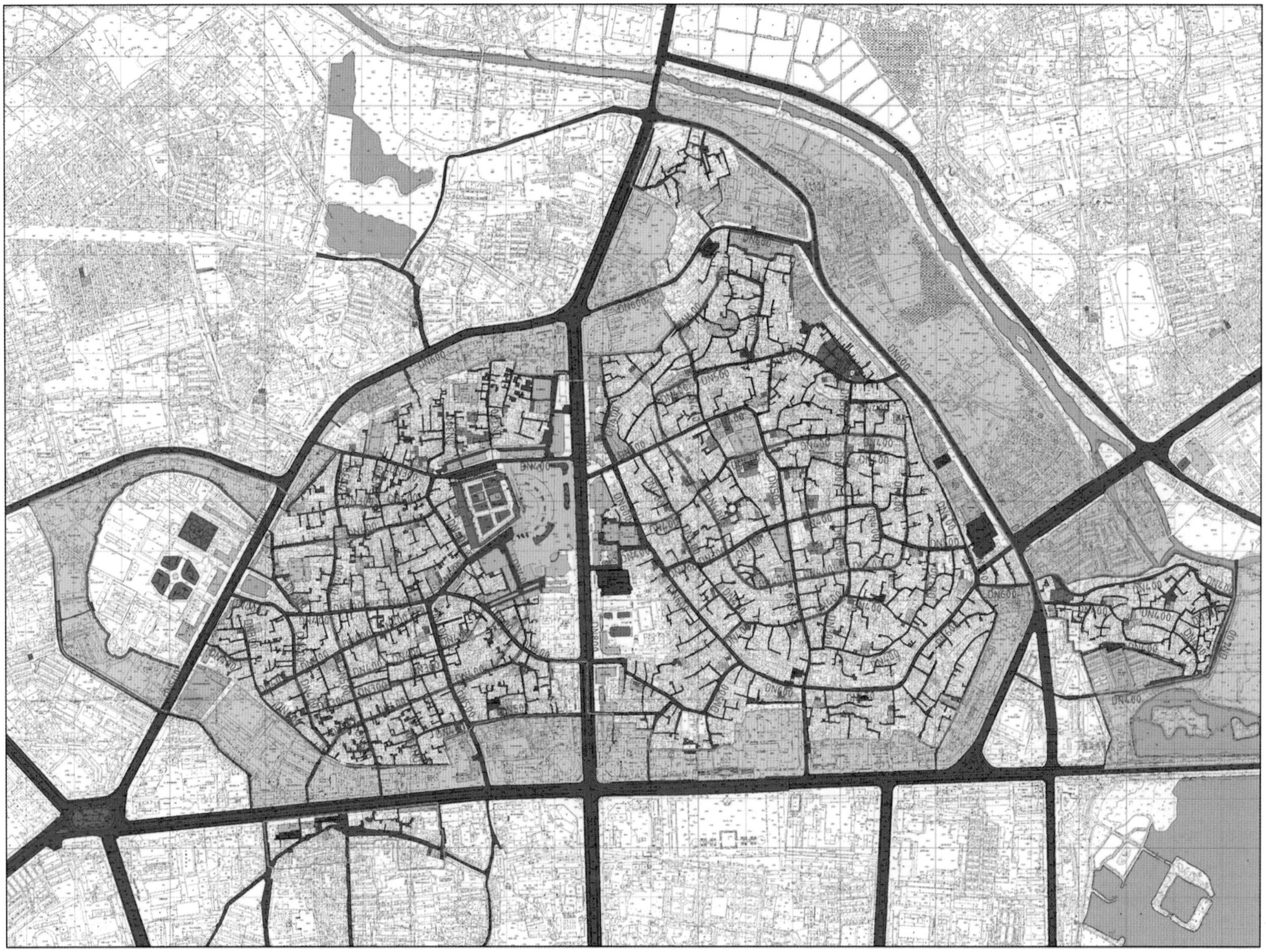

图例：

DN400 现有排水管线

DN400 规划排水管线

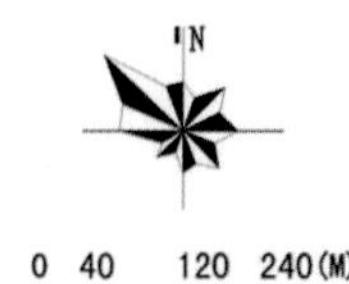

0 40 120 240(M)

历史文化景观保护规划控制图

图例：

- 喀什历史文化遗存及古建筑景观保护
- 旅游文化景观保护
- 历史风土景观保护
- 与文物古迹环境协调的旅游商业展区
- 近代建筑保护
- 名人遗踪景观保护
- 丝绸之路文化展示

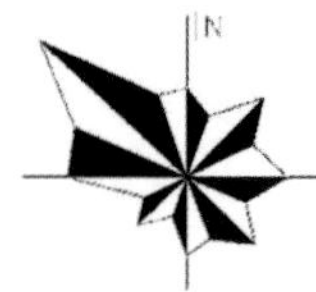

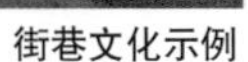
街巷文化示例

商业文化示例

水文化示例

历史人文景观保护概念图

图例：

人文景观核心区

喀什噶尔民族风情(园)综合展示区

历史风土景观展示区

喀什西域商贸旅游文化景观展示——大巴扎

展示喀什特色的休闲及体育竞技活动区

展示民族团结,国家统一的人文展示区

丝绸之路文化风情展示区(雕塑展示轴)

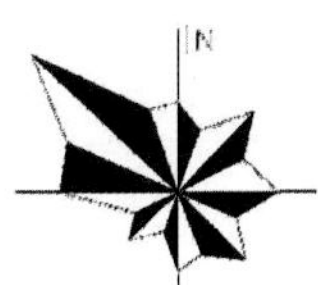

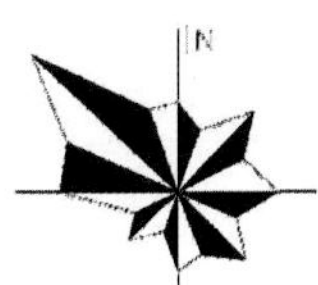

商贸旅游文化景观示例

人文景观示例

喀什特色休闲及竞技活动展示

各级重点文物保护单位

国家级文物保护单位：

阿帕克霍加（香妃）墓

艾提尕尔清真寺

莫尔佛塔遗址

喀什噶里墓园

玉素甫·哈盘褰城·哈吉甫墓园

自治区级重点文物保护单位：

艾斯克萨（盘橐城）

斯坎德尔陵

三仙洞遗址

艾尔斯兰罕墓

亚吾鲁克古城遗址

市级重点文物保护单位：

欧尔达希克清真寺

汗勒克·买德勒斯（皇家经文学院）

布拉克贝希（九龙泉）

墩买斯其提清真寺

孜来哈比克木麻扎

亚吾鲁克驿站遗址

艾孜尼其比格清真寺

胡西克贝克比格喀什噶里麻扎

徕宁城遗址

夏木帕德夏麻扎

建议保护的近代建筑：

玉素因排祖拉霍加墓

人民公园内文化馆

原英国领事馆（色满宾馆院内）

前沙俄驻喀什领事馆（色满宾馆内）

天南驾校

喀什主要文物保护单位保护规划控制原则

麻赫默德·喀什噶里墓保护规划控制原则

"啊依啊依铁热克"的传说：

麻赫默德·喀什噶里从巴格达回来之前，曾经问过导师："我将骨埋何方？"导师说："你手中的拐杖，在何处能生根发芽，那里便是你的故乡，也是你的埋骨之地。"

学者麻赫默德·喀什噶里回到故乡之后，建立了一所麻赫默德耶麦德里斯（经文学院）并亲自执教，随着年龄的增长，他的身体也日渐衰老。一天麻赫默德·喀什噶里把拐杖插在土地里进行礼拜前的净身，做完礼拜出来时发现拐杖插入的地方有泉水渗出而且拐杖已经长成了参天大树，并且还在不断地生长，他想起了导师的话，内心异常喜悦地说："啊依啊依（够了，好了之意），这拐杖居然也生根发芽了，看样子此地便是我最后的归宿了。"

从此之后麻赫默德·喀什噶里生根发芽的拐杖被人们称为"啊依啊依铁热克"，渗出的泉水被称为"切希麦兹拉勒（清澈之泉）"。

学者麻赫默德·喀什噶里去世之后被埋葬在了"啊依啊依铁热克"树枝叶所指的山坡上。

保护规划要点：

1. 麻赫默德·喀什噶里是我国十一世纪著名的学者和语言学家，去世后葬于疏附县乌帕尔乡艾孜海村"艾孜莱特毛拉"山脚下。建筑面积 1160 平方米。1983 年 12 月被自治区人民政府批准为自治区重点文保单位。2006 年 5 月被国务院公布为第六批全国重点文物保护单位。

2. 现有绿地公园已基本形成，继续完善并增补一些喀什珍稀树种。

3. 麻赫默德·喀什噶里雕像建议改为合金铜材质雕像，请国家级雕塑家完成设计。

4. 逐步扩大周边环境的绿化与人工灌溉系统，使之成为国家级景区。

伊斯坎德尔麻扎保护规划控制原则

从天南路看伊斯坎德尔王陵

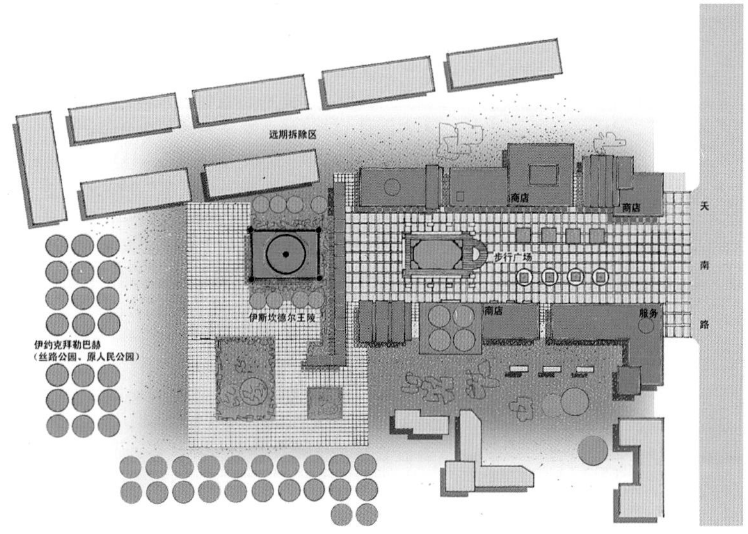

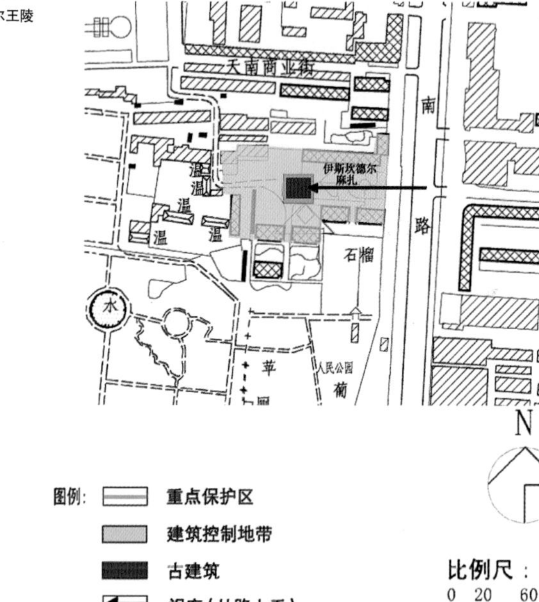

保护规划要点：

1. 伊斯坎德尔王是十九世纪协助清朝政府统一新疆的有功将领，死后葬于吐鲁番，此为空墓。

2. 鉴于伊斯坎德尔王曾为国家统一做出过贡献，拟拆除周边建筑，王陵建筑边界北边23米为建筑控制地带，南侧控制37米，西侧控制55米，东侧控制64米，总控制面积0.93公顷，该控制范围按详细规划进行。

3. 王陵西侧以绿化为主，东侧以商业建筑和一个中心广场为主。

伊斯坎德尔简介：

伊斯坎德尔王墓坐落在喀什市人民公园东侧，为一伊斯兰教“圣墓”式高大建筑。该墓基础为方形，上面拱形，土石结构，坐东朝西；门面宽14.1米，底部长18.6米，顶部有直径为12米的大跨度空心圆拱，拱上又有小塔楼；从底至顶通高18.4米。墓室外四角各有一半嵌入墙身高达14米的圆柱，直径1米，上设小塔楼。西部门面两侧墙壁与柱塔上均镶嵌白底蓝花琉璃砖。墓室内高大空旷，内中并无墓包，当地维吾尔族称之为“阿克麻扎”(即空墓)。

人民广场保护规划控制原则

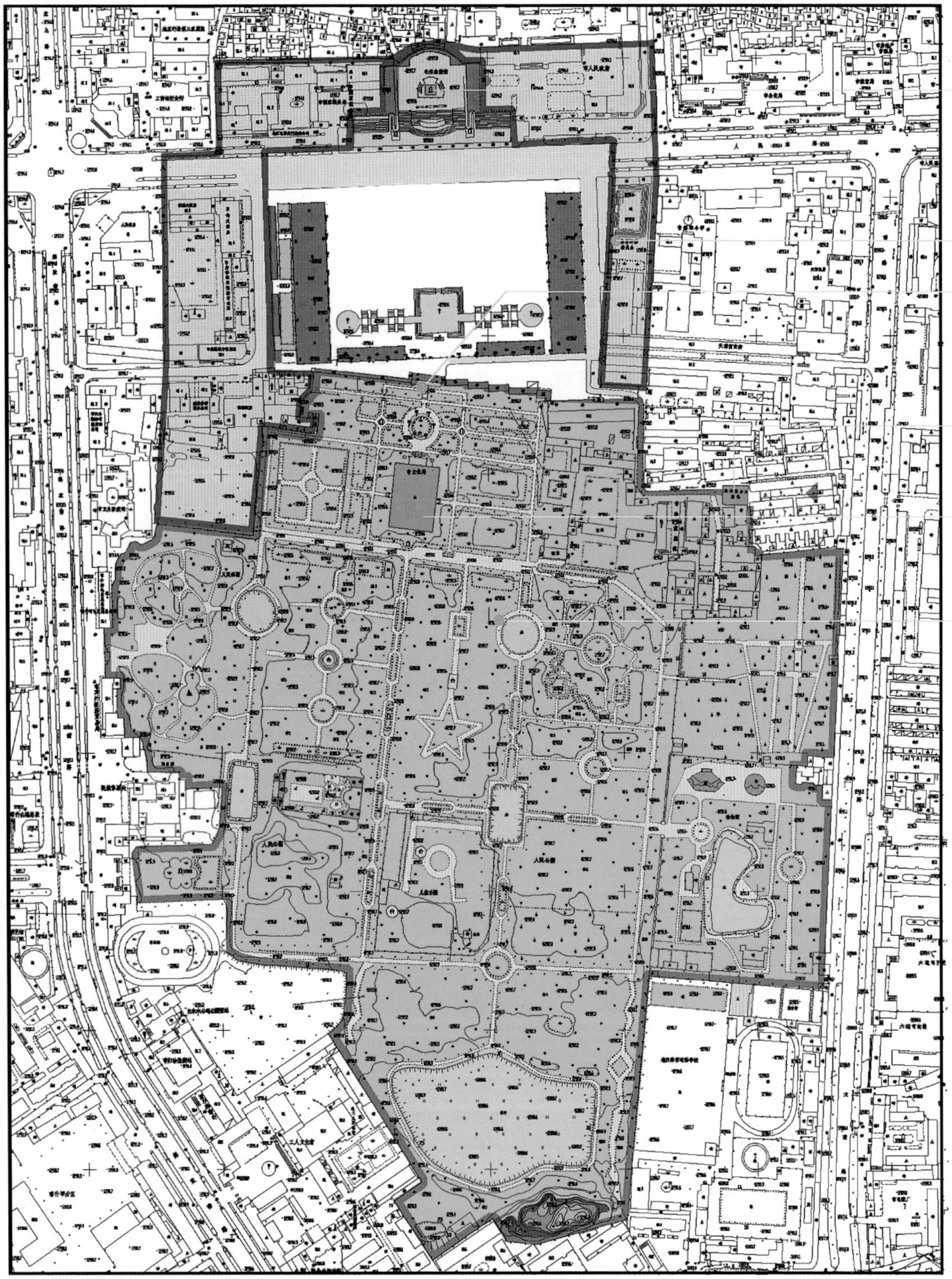

毛泽东主席雕像（文保单位）:

于 1967 年开始建造，塑像高 24 米，底座高 11.74 米，立像高 12.26 米（寓意毛主席生日 12 月 26 日），从西安运送模具动用了 16 辆卡车，由群众捐资建成。其中两位入疆老干部各捐了近五百元（相当于一年工资）。

建筑控制地带:

1953 年，南疆专区决定建立市人民公园，由阿不利米提·祖农（时任喀什师范学院美术教师）设计。公园先后不断完善建设近 30 年，至 1982 年形成至今规模。

伊斯坎德尔陵（文保单位）:

伊斯坎德尔王陵建成于公元 1809 年，是喀什市唯一一座萨玛尔罕风格的建筑，有很高的艺术价值和研究价值。

文化宫（文保单位）:

文化宫建于公元 1950 年，是20世纪50年代典型的仿苏式建筑风格。

历史风土区:

人民公园始建于 1953 年。当初大门一带是凹凸不平的黄土丘，杂草丛生，并建有一些破烂的小平房。在市委家属院一带，则是修建气派的“阿克麻扎”墓葬群，其周围多是一些农田和水渠。1953 年，人民政府决定在这里修建喀什的第一个公园。

第二年公园已见雏形，此后又相继建成了仿前苏联式样的人民文化宫和露天俱乐部，同时还开辟了一个露天舞池和一个葡萄园。1957 年已初具规模，还率先通了电，并装有电灯和广播，成为喀什各族群众进行集会和娱乐活动的首选之处。1960 年又扩建了果园，1965 年还修建了 2 座古典式的凉亭。1994 年，人民公园完成了道路、水池、大门等配套工程，成为南疆地区首屈一指的城市园林。

新中国成立初期，人民公园曾吸引前苏联、印度、阿富汗等许多国家的客人前来参观。1958 年 8 月，朱德委员长来喀什视察，在此受到各族群众的热烈欢迎。1965年7月，敬爱的周恩来总理和陈毅副总理在人民公园接见了各族群众。

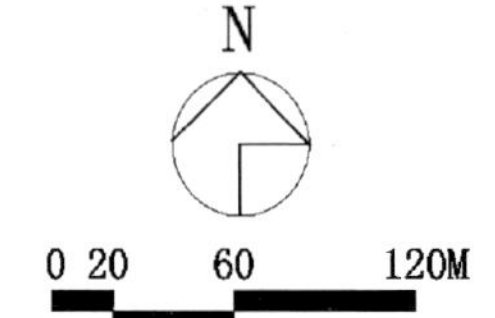

盘橐城保护区位置示意图

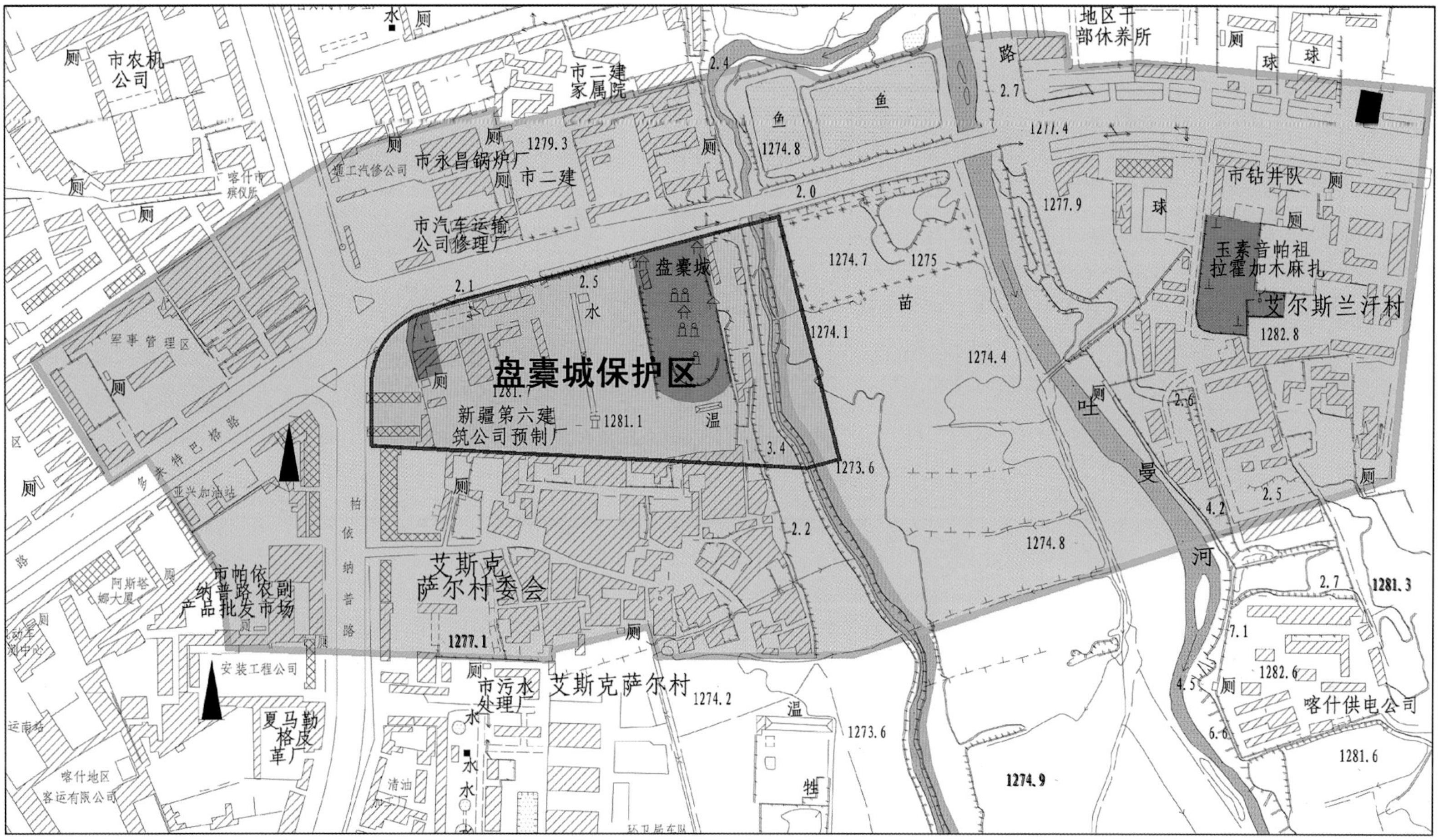

图例：盘橐城文物保护区　建设控制地带　文物保护单位　现状水体

盘橐城文物保护区 S=1.24公顷　建设控制地带 S=8.53公顷

建设控制地带的建设基本要求：

1. 建筑层数控制在三层以下，檐口高度不超过 11 米；
2. 沿盘橐路两侧按汉式坡屋顶仿古建筑设计，青瓦屋面，木制门窗；
3. 沿盘橐路两侧控制区内建筑不得使用瓷砖、铝合金门窗、玻璃幕墙、新琉璃瓦等现代建筑材料。

盘橐城是新疆维吾尔自治区重点文物保护单位，喀什地区爱国主义教育基地。位于喀什市东南。目前仅存有一段长 60 多米、高近 3 米的旧城残垣。维吾尔语称“艾斯克萨”，意为“旧城”，建城年代为汉代。东汉时，班超以盘橐城为根据地，平定西域 36 国。10 世纪中后期，伊斯兰教喀喇汗王朝和于阗佛教政权在此决战，后因佛教政权失败退出喀什噶尔而告终。

20 世纪初，法国人伯希和曾到此地实地勘测，据其所绘图纸标示，此城当时所存遗址，只余北面和西面两段土筑城墙，北墙长 287 米，西墙长 205 米，墙厚约 7 米，城的平面近似一梯形，占地面积约 13 公顷。城南为克孜勒河，东为吐曼河，古城正好处在两河交汇点。1994 年开始在盘橐城遗址上修建班超纪念公园，占地 1.5 公顷。依据史料记载，建成曲尺状古城墙、牌坊、神道、古亭等。大型浮雕墙高 8 米（通高 9 米），长 62 米，凸刻班超在西域建功立业事迹的浮雕，班超雕像高 3.6 米，显示出班超威武坚毅的大将军形象。高 1.8 米的 38 勇士雕像分别站立中心道路两侧，个个栩栩如生。

艾提尕尔清真寺保护控制原则

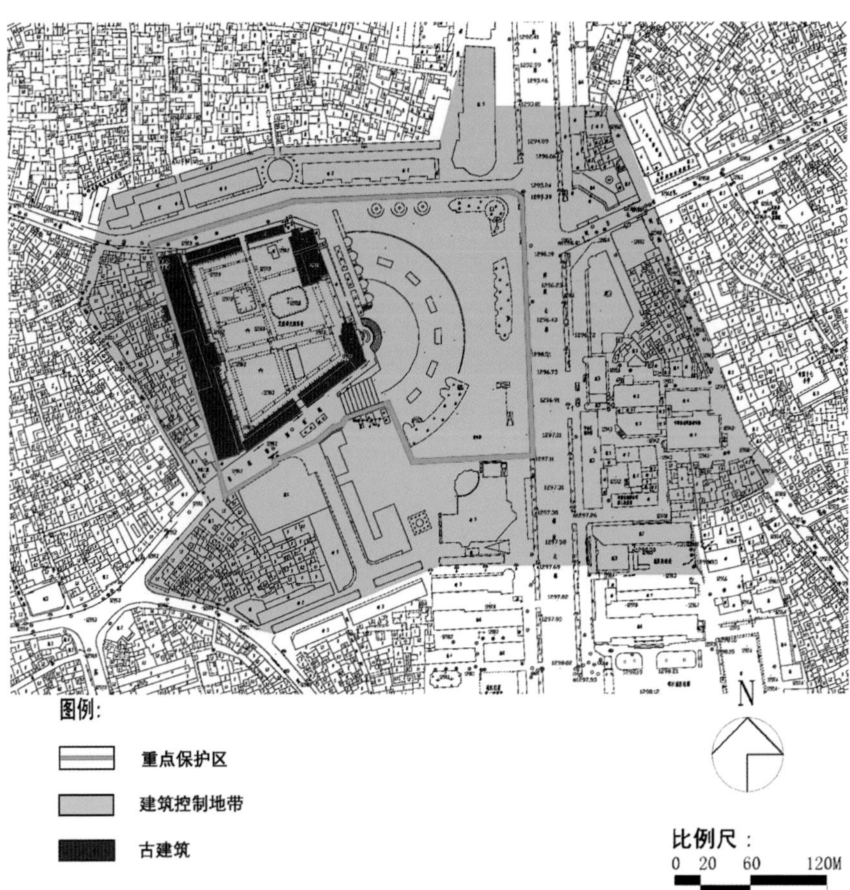

保护控制规划要点:

1. 艾提尕尔清真寺是我国十大清真寺之一，国家级文物建筑，南疆最著名的建筑群，是古城标志性建筑，也是重要的城市特色构件单元。

2. 艾提尕尔清真寺前面的广场是维吾尔族节日期间最重要的集会场所，也是最能体现民族风情的重要场所。

3. 环境控制的建筑形式应当限制为维吾尔建筑风格，并限制建筑高度 12 米以下，建筑色彩应能以突出主体文物建筑为宜。

4. 文物南北两街巷历史上形成的工艺品巴扎，应列为风情街予以保护，不宜做较大改变。

5. 重点保护区面积为 4 公顷，建筑控制地带面积为 11.3 公顷。

艾提尕尔清真寺概况:

艾提尕尔清真寺始建于公元 1442 年（回历 846 年）左右，是目前全疆乃至全国最大的一座伊斯兰教礼拜寺，在国内外宗教界均具有一定影响。现在已被定为国家级重点文物保护单位。该清真寺坐落在喀什市中心解放路南邻吾斯塘博依路，北沿诺尔贝希路，西界艾格孜艾日克路，占地面积 25.22 亩。

艾提尕尔清真寺是一个富有浓郁民族风格的伊斯兰教古建筑群，坐西朝东，由寺门塔楼、庭园、经堂和礼拜殿四大部分组成。作为入口的寺门塔楼，巍然高耸，宏伟壮丽，在造型艺术上位列整个建筑群之首，堪称维吾尔族古建筑艺术的典范，已经成为古城喀什的地方象征而闻名中外。

1903 年喀什地震，清真寺内殿和塔楼拱顶倾塌，两年后由喀什的坎地巴依阿吉木、克热木巴依等富豪出资加以整修维护。1934 年，在当时喀什教育局局长阿不都克日木汗买合苏木的主持下，整修该寺并在庭园四周围上木栅栏。1936 年由喀什宗教组织动员民众再度维修，并在寺院南北两侧增辟便门。1937 年城区街道扩展时据主体布局将经堂和澡堂拆除。1955 年新疆维吾尔自治区成立时，曾由政府拨专款进行过全面维修。十一届三中全会之后，党的民族宗教政策得到进一步落实，从 1980 年到 1982 年的三年中，国家每年均拨发专款用于寺院修缮、补建和管理。

如今古老的艾提尕尔清真寺焕发了青春，整饰一新，分外壮丽，不仅是喀什市少数民族群众宗教、文化的中心，也是国内外来喀什观光者的必游胜地。

艾提尕尔广场可持续发展展望

艾提尕尔广场坐落于喀什市的中心地区，总占地面积为14764平方米，因紧邻闻名遐迩的艾提尕尔大清真寺而得名，是一座历史悠久且规模宏大的带有明显伊斯兰风格的广场。艾提尕尔广场位于喀什旧城中心，其主要街巷自广场向四周辐射。旧城内街道曲折，小巷幽深，街道两旁商店、民房高低错落，延绵数里，小巷密如蛛网，酷似迷宫。由于新市区避开旧城发展，使旧城这一格局得以保留至今，成为有别于其他城市的富于特色的布局态势。艾提尕尔广场的形成不仅影响了喀什在历史中的地位，同时也见证了喀什的发展和变迁。改扩建后的艾提尕尔广场不仅会使喀什变得更加绚丽多姿，还将对喀什未来的开发和建设起到推动作用。

公元1442年前后（伊斯兰教历846年），赛亦德·阿里的长子桑尼斯·米尔扎为了给自己亡故的祖先做祈祷，在乃父的大力支持下建起了一座清真寺，这便是今日的艾提尕尔清真寺的雏形。

伊斯兰的民族和宗教文化是艾提尕尔广场形成的重要文化背景。自公元960年喀拉汗王朝将伊斯兰教引进喀什，到公元16世纪初取代佛教成为了新疆地区的主要宗教后，伊斯兰文化也随之在新疆地区广泛传播。艾提尕尔广场正是以艾提尕尔清真寺为主旋律，并在这种独特的氛围下不断地发展、演变，逐渐形成了现有的规模与风格。它从最早作为从事宗教活动的专用场所，到现在成为广大喀什人民休闲、娱乐和供全世界人民观光、赏游的公共设施，经历了漫长的历程。艾提尕尔广场不仅成为了当地的一种民族和文化象征，还是城市的重要地标和“名片”，早已在喀什人民心中烙下了深深的印记，并成为当地人民生活中不可缺少的一部分。

广场是城市公共社会活动的中心，是集中反映城市文化与艺术面貌的主要场所。因此，一座城市所蕴含的历史文化内涵和其发展状况，从其具有代表性的广场建筑中就会显现出来。历史上的喀什曾是古丝绸之路南道、北道、中道的交汇点和主要交通枢纽，与中亚、南亚、西亚乃至欧洲的通商有着悠久的历史渊源。直到15世纪海路开通之前，这里一直是我国西部最早的国际商埠，并一度呈现出“货如云屯，人如蜂聚”的繁荣景象，被誉为“东方开罗”。艾提尕尔广场正是一个展示喀什曾作为“丝路明珠”为其所带来巨大历史价值的最好平台。与此同时，喀什浓郁的西域文化和纯朴的风俗民情也将借助这一平台完美地展现在世人面前。无论是从区位还是其历史条件看，喀什始终都是辐射中亚的门户，而艾提尕尔广场又可被看做是喀什的门户。因此，艾提尕尔广场的改扩建将不仅是喀什城市规划的一项重大任务，还将成为喀什发展战略中打造其世界级黄金旅游板块的一张王牌。喀什是新疆最早由国务院批准的国家级历史文化名城和全国优秀旅游城市，其神秘古朴的历史神韵与现代文明的蓬勃英姿交相辉映，且东西方文化交汇的特点突出，民族风情浓郁，自然景观奇特，具有大力发展旅游业的客观条件。总之，改造后的艾提尕尔广场将为繁荣喀什的经济和旅游事业锦上添花。

广场在城市空间组织以及构建城市特色中有着重要的地位和作用。艾提尕尔广场自古就被喀什各族人民公认为城区的中心地带，因此我们可以把艾提尕尔广场看做是喀什整体风貌的一个缩影。改造后它将成为整个喀什地区建设、发展的核心和纽带，并把周边各种建筑及景观联系起来，形成连续、和谐的空间环境。为喀什在取得经济上的发展和创造安定团结的社会环境、亲商重商的人文环境与公平竞争的市场环境方面创造有利条件，从而使喀什成为投资创业者们的乐园和宝地。

此外，城市广场在城市景观中的一个重要作用就是营造宜人的城市空间。广场不但是城市构图的需求，更重要的是为城市居民提供了休息、交往、娱乐等各种活动的场所，营造了一个宜人的休憩空间。随着时代的进步与大众文化修养、素质的提高，以及城市建设中公众参与的广泛深入，现代设计中人的要素更加突出。而艾提尕尔广场的改造方案正是体现了这一主题，它以当地的民族特色和宗教文化为背景，遵从当地人民的审美需求，在整体风格上则是把当地的风土民情与周边环境进行巧妙的结合，精心将其打造成一座美观、协调、富有特色的景观空间，不仅满足了广大公众的多样需求，又能形成良好的城市景观，使喀什再现“丝路明珠”的辉煌。

新的艾提尕尔广场在历史的长河中仍将要有所发展，将永远处于传统与现代相结合的理念的变化中。随着时代的进步，艾提尕尔广场必将继续完善与拓展新型的、适应未来发展需求的新空间。为此，本次广场的改造预留了一定的可持续发展的余地，留给后人适应未来发展新理念产生所带来的新需求、精神的新境界。在历史与时代潮流的推动中，在广大喀什人民的企盼中，今后还会孕育更为伟大的艺术作品。其独特的伊斯兰风格将进一步拉近喀什与中亚五国的社会人文渊源关系，快速提升喀什作为推动中亚、南亚经济圈的重心地位，也更加稳固喀什在中国进军中亚、南亚、西亚的开放格局中不可替代的枢纽地位。它不仅将为喀什的旅游业带来前所未有的发展机遇，还将为喀什带来无限的生机与活力。

阿帕克霍加（香妃）墓周边地区规划项目控制原则

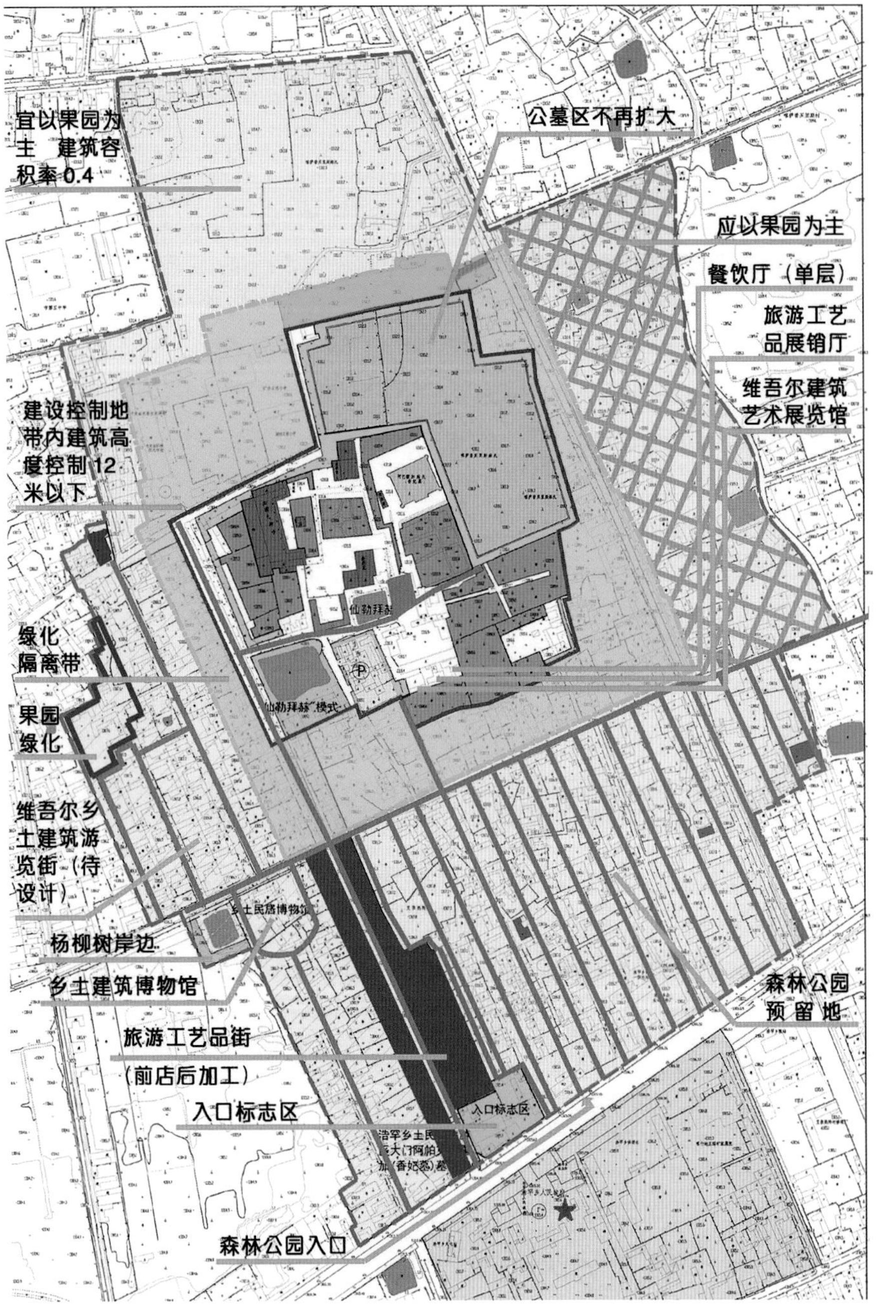

宜以果园为主 建筑容积率 0.4

公墓区不再扩大

应以果园为主

餐饮厅（单层）

旅游工艺品展销厅

维吾尔建筑艺术展览馆

建设控制地带内建筑高度控制 12 米以下

仙勒拜赫

绿化隔离带

"仙勒拜赫"模式

果园绿化

维吾尔乡土建筑游览街（待设计）

乡土民居博物馆

杨柳树岸边

乡土建筑博物馆

森林公园预留地

旅游工艺品街（前店后加工）

入口标志区

森林公园入口

入口标志石

香妃墓园 历史文化游览区

香妃墓园文化旅游区

乡土建筑博物馆

图例：

- 古建筑
- 保护区外的清真寺
- 环境协调区
- 墓区
- 水池（涝坝）
- 绿化
- 街头公园绿地
- 绿化隔离保护带
- 维吾尔族乡土建筑展示街区
- 政府办公区
- 文物保护区
- 建设控制地带
- 环境协调区
- 森林公园预留地
- 果园

N

比例尺：
0 20 60 120M

阿帕克霍加（香妃）墓保护控制原则（鸟瞰图）

保护古涝坝

旅游服务中心

维吾尔族乡土建筑街

高低礼拜寺

主入口琉璃砖贴面

最早的清真寺

阿帕克霍加(香妃)墓

公墓群

仙勒拜赫

维吾尔族建筑艺术展览馆

维吾尔族旅游工艺品展销厅

餐饮厅

对外开放的“巴格”

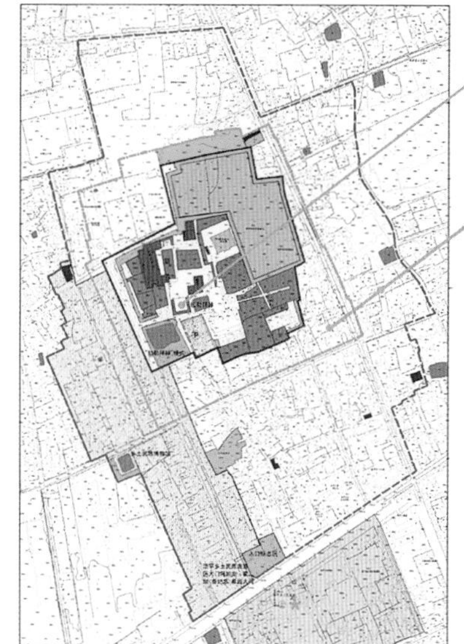

保护区S=8.81公顷

建设控制地带S=35.48公顷（含环境协调区）

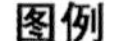

图例：

古建筑	绿化隔离保护带
保护区外的地区	维吾尔族乡土建筑展示街区
墓区清真寺	政府办公区
水池（涝坝）	文物保护区
绿化	建设控制地带
街头公园绿地	环境协调区

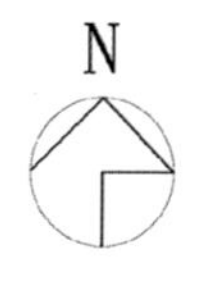

比例尺：
0 20 60 120M

乡土建筑民俗风情街入口建筑模式设计

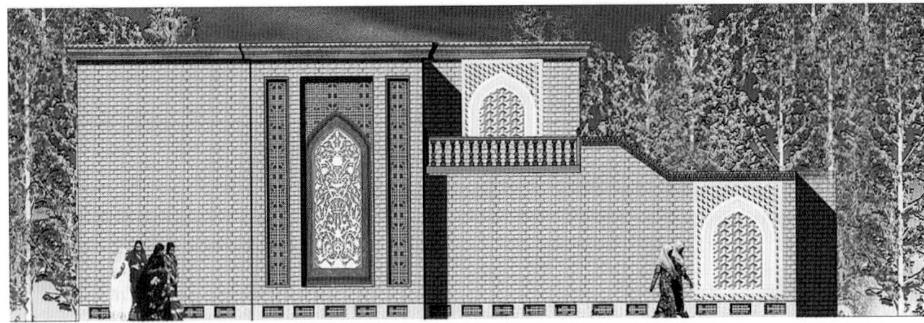

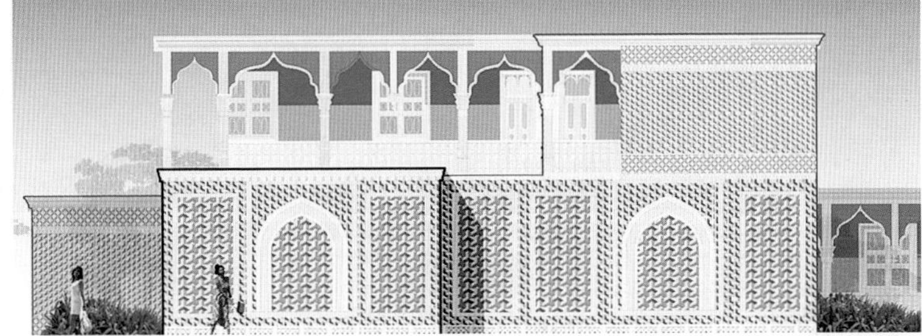

建筑样式设计

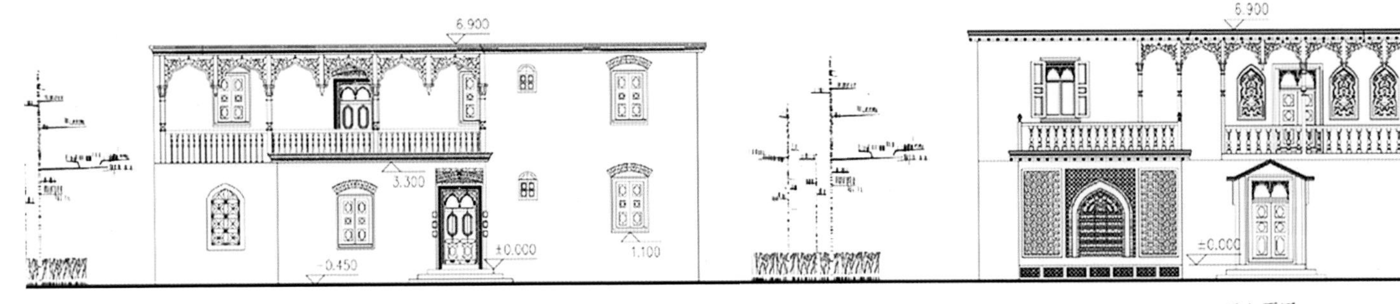

建筑样式设计

设计说明：

为配合阿帕克霍加（香妃）墓的参观，在园区西侧通过整修乡土建筑，使之成为可供"民族家访"、工艺品购物、乡土建筑展示等旅游活动的一条街，既可丰富园区的旅游项目，又带动了农村经济的发展。

上图为6种建筑模式设计，作为开发旅游参观时维吾尔族艺术展示的场所。

莫尔佛寺遗址简介：

莫尔佛寺遗址是国家级文物保护单位，位于今喀什市东28公里胡玛力塔格山山崖底部，背靠群山，面对荒野。“莫尔”也译为“莫热敦”或“莫拉提木”，维语中就是“烟道”、“烟囱”之意。这是因为当地人们一直视遗址内的两座高土塔为古代的烽火台，“莫尔”也就因此而得名。而其实这是西域古疏勒国都附近的一处著名佛寺遗址。莫尔佛寺遗址现有两座残存佛塔。两座佛塔中东南的一座，底如方形托盘，圆柱形腰，塔身用麦草调和黄土脱出的方形和梯形土坯砌成。塔体中空，上部可见攀登的脚踏坑。顶上有圆孔。该塔即佛教建筑中的“窣堵波”，是专门用来安放“舍利子”的。西北面的那座佛塔犹如倒置的大斗。底大顶小，底面长25米，宽23.6米；顶平，底部边长14.2米，宽12.5米塔身残高7米。塔身正面和两侧留有佛龛遗址，里面还有当年雕塑的小佛像，现已剥蚀一空。此塔应是当年寺院的中心建筑。在佛塔的东部有一组僧房遗址，坡下的沙地上有一排古代的坎儿井，蜿蜒1公里，估计是当年寺僧的水源。10世纪初，当伊斯兰教正式传入喀什后，寺院才在战火中消亡。莫尔佛塔也可以作为研究西域佛教源流的窗口，具有重要的史学意义。

保护规划控制要点：

1. 莫尔佛寺遗址距离市区二十多公里，人迹较少，目前继续遭到人为破坏的可能性比较小，因此保护应重点解决自然灾害的破坏。
2. 莫尔佛塔主体遗存应增加护栏，不允许参观者攀爬和进入室内，以保护遗存不遭到人为损坏。
3. 为展示其宏伟的规模，可在遗址地面处理上有所示意，如按文物考证的主要院落铺砌部分庭院地面。
4. 条件允许时进行一定的考古发掘，按考古发掘成果情况进行一定的展示，并增加说明性标志。

古迹遗存意义：

1. 莫尔佛寺遗址是喀什地域内十世纪以前少数几个宝贵遗存之一。
2. 现存遗址规模很大，历史又非常悠久，具有重要的历史文化价值。

保护规划控制要点：

1. 由于三仙洞距离市区较远，进洞又比较困难，一般情况下不会遭到人为的继续破坏。

2. 按照《中华人民共和国文物保护法》对其进行保护。

3. 除自治区文物管理部门批准外一般参观者不允许以各种方式进入洞中。

4. 对已被劫掠到国外的壁画原件和佛像等文物，应通过外交途径予以追索，如暂时不能达到追索的目的，应复制或拍照绘图原文物复制品存档。

三仙洞简介：

三仙洞是新疆维吾尔自治区重点文物保护单位，位于喀什市荒地乡东北7.5公里处恰克玛克河南岸峭壁的半腰间。维吾尔族人称“玉素布尔坑”，意为三个佛教洞窟。洞离地面20余米，离峭壁顶部8米。开凿于东汉时期（公元140年前后），是中国西部保存最好、最古老的佛教壁画洞窟。

朝正北方所开凿的三个并列的洞口，宛若门框，以中洞为最大和最高。三个洞窟均分前后二室，都是前大后小，后室仅有前室一半。窟顶皆呈纵卷式，这是以砂石质为主的佛画洞窟的常见形式。中洞前室内空无一物，其后室正中有一座佛像，佛身彩色泥塑已剥蚀殆尽，仅留一座石胎，头部也不知何时被何人割去。西洞在开凿之初可能就未完工，因此没留下任何有价值文物。东洞最为壮观，其后室中尚遗一石床，上有40厘米左右的长方孔，应是当年固定数座佛像的插座，只是佛像早已荡然无存。这座洞窟的四壁绘满了大小不同的各种佛像，藻井的四周也绘满了大小不同的各种佛像，其中有一坐佛所披袈裟用彩色方格描绘，背后有菩提树叶衬饰，此佛所着服饰为佛教早期壁画中所仅有。在东洞后室中还保留着一尊立佛，造型极其优美、生动。立佛所着服饰更为奇特与众不同，腹部以下为绿、红、蓝三色相间的横纹绘成，造型和用色在我国目前所知的佛窟壁画中可说是极为罕见的。洞中色调典雅、质朴。图案造型独特、生动，充分体现了当时西域疏勒国人民高超的想象力与创作技巧，可惜洞中有不少精美绝世的壁画被揭去，佛像也被窃走。

玉素甫·哈斯·哈吉甫麻扎保护控制原则

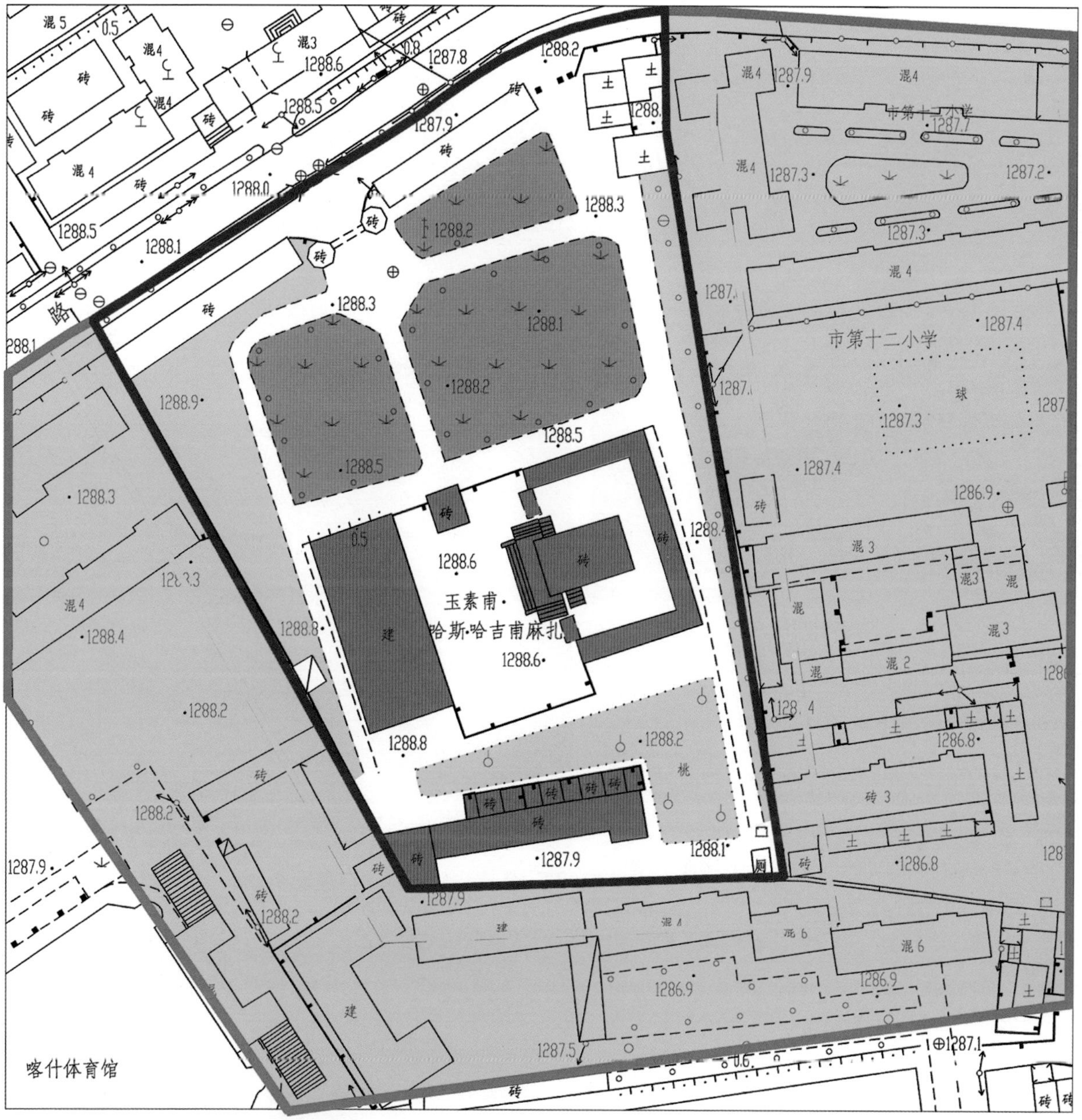

玉素甫·哈斯·哈吉甫麻扎

市第十二小学

喀什体育馆

图例：绿地　建筑　保护区　建设控制地带

保护区 S=1.28ha　建设控制地带 S=1.97ha

1. 玉素甫·哈斯·哈吉甫是维吾尔族著名的诗人、学者和思想家，公元1018年生于巴拉沙衮（今吉尔吉斯斯坦的托克马克附近）。本陵墓是1986年由国家拨款按原貌复建的。

2. 重点保护区，界墙外35～60米为环境控制区，今后新建建筑高度不得高于9米，现存高于9米的8幢建筑今后不得加层扩建，如今后拆除重建要退离陵园边界9米以外（作为杨树栽植区）。重建建筑不得高于拆除前建筑高度。

3. 环境控制区建筑性质以文化内容为主，不得改变为工厂及其他有污染的企事业用地。

周边建筑应予以控制

▼ 公元 1983 年的南门遗址

徕宁城遗址位于距喀什市中心以北一公里处，地处公安局院内，隶属吾斯塘博依街道办事处。其为椭圆形，城墙原来城南北有门，南门（含瓮城）保留至今，城门以南向东斜度 30 拱形，其过道宽 4 米，长 4.4 米，走廊 39.5 米 ×19 米 ×75 米。

徕宁城原址原来由 16 世纪著名学者诗人，赛伊德王朝驻喀什军政官员艾依德尔库尔甚建造的“花园”。后被阿帕克・霍加信徒捣毁，清朝初期改建为城防军营。

乾隆三十七年（公元 1772）年，清高宗为此城正式赐名为“徕宁城”，当时本地人称其为喀什噶尔新城或满城。乾隆五十九年（公元 1794 年）徕宁城南门外又修建大批商肆店铺，由内地迁来的满、汉商民开业经营。喀什噶尔旧城仍由维吾尔族的阿奇木伯克驻守治理。

1826 年，发生张格尔战乱军营被毁坏。1838 年，左尔东・艾史木克搞城区扩建时，在花园以东打城墙。1898 年，满官陆一吉重新修复后，进驻该地，因周围都有椭圆形城墙而得此名，以东为城市，西北临东建一个衙门，后被人称为“乌太衙门”。

1912—1924 年间执政的官员马富生之子（旅长）马吉武进驻此地，并在东南部开一个大门，后被称为“新大门”，此门通往色满、夏马勒巴格乡，城墙上面修建四层楼，后被称为“乌太楼阁”。其四周都是玻璃造成的，楼阁前有一个涝坝（云木拉克夏湖），其景优美宜人。

“乌太衙门”大门前有两个狮像，门对面影壁墙有一幅龙的图像，城东广场对面是兵营和练兵场，中间是审判厅。衙门旁有一所汉族学堂（建于民国年代），向大小官员上“两个主义”课，后收官员子女学习，学堂旁有一座清真寺，供过往群众做礼拜。

1933 年乌斯满何尔克孜扩建，于 1937 年拆毁。1937 年 5 月 1 日乌斯曼艾力，阿布都卡德尔阿吉配合哈密起义冲入该地，捣毁了这里的赌场、当铺、妓院等。1934 年 8 月以买合木提・穆依提为首的省军六师进驻此地，变成师部，后被人称为“师部”。

1940 年国民党进驻此地，此城为国民党驻疆 42 师骑兵第 9 旅司令部。1949 年新中国成立后，民主军 13 师进驻此地，称为“师部”。1954 年后成为原地区公安处。

从远期城市发展与文物古迹的形态来看，古城墙周边内 20m 应拆除现有家属住宅，仅保留地区公安处的办公建筑，拆除后的城墙边留出 10m 宽步道，另 10m 改为草坪。这是一处中央政权对西域进行有效行政管理的实物例证。现作为社会主义教育基地。

云木拉克协海尔（徕宁城）

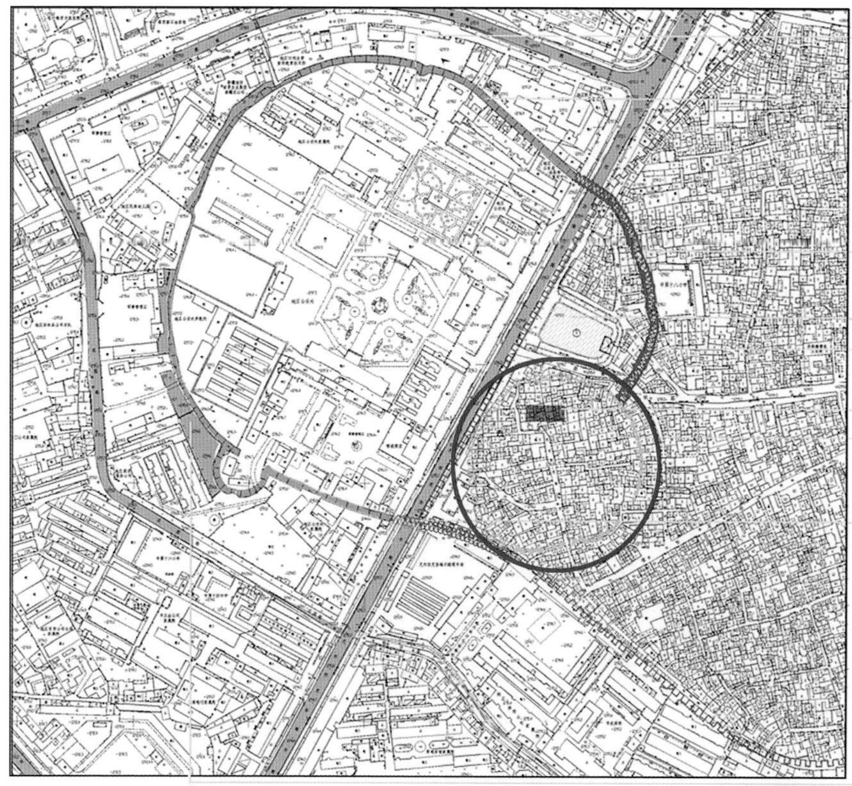

从航空摄影中可以看到北门的遗迹

建于乾隆三十七年（公元 1772 年）的徕宁城墙

清兵守军的东城墙

原为城堡中的水源地（涝坝）

1912—1924 马吉武部建“乌太楼阁”

推测为长官部建筑位置

徕宁城中有特殊用途的圆形用地（推测为驻军长官部）1945 年即已变民居用地

1912—1924 年新辟南大门

1945 年尚存的旧城西城墙

应为护城河遗址

图例：

现存土城墙

涝坝

1945年尚存的旧城西城墙

推测驻军长官公署内城堡东墙

推测驻军长官公署内城堡西墙北墙位置

推测东城墙位置

注：维语“云木拉克协海尔”汉译为“圆城子”“圆形城堡”。

对遗址的现状进行勘察分析，有助于在规划中确定予以保护的原则和相应技术手法。

徕宁城保护规划说明：

1. 不得继续破坏古城墙，包括挖土建房，挖洞储物等。
2. 唯一的瓮城要坚决保护好。墙外增加 6 米宽绿化带，墙内加环路，宽 4 ~ 5 米。
3. 保护好古建筑的遗址和各种具有历史信息价值的遗存。
4. 控制花园路、色满路至徕宁城之间的建筑物，不得新建、扩建，并逐步拆迁至异地。
5. 历史文化名城保护规划一经批准，即应由名城保护规划执行部门调查由色满路、花园路、云木拉克协海尔路围合区的建筑情况，使用单位、居住者情况，以便逐步安排拆迁。

道路

保护区界线

建设控制地带

云木拉克协海尔（徕宁城）遗迹保护规划要点

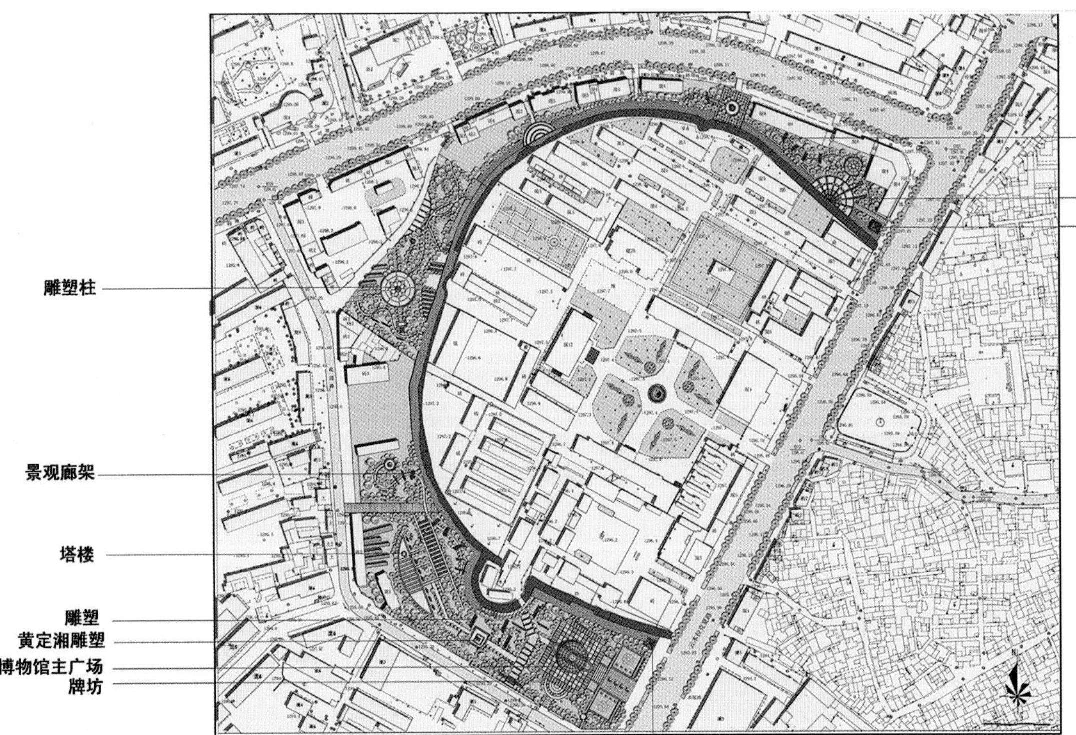

设计着重体现徕宁城重要的历史文化地位，将徕宁城打造成喀什乃至新疆重要的文化古迹和满足人民休闲生活的重要场所。

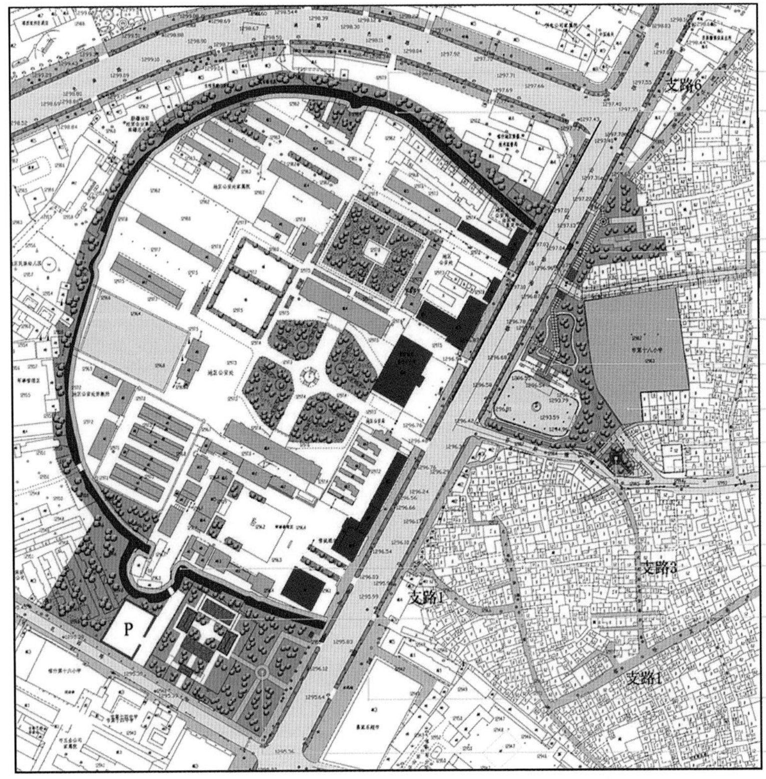

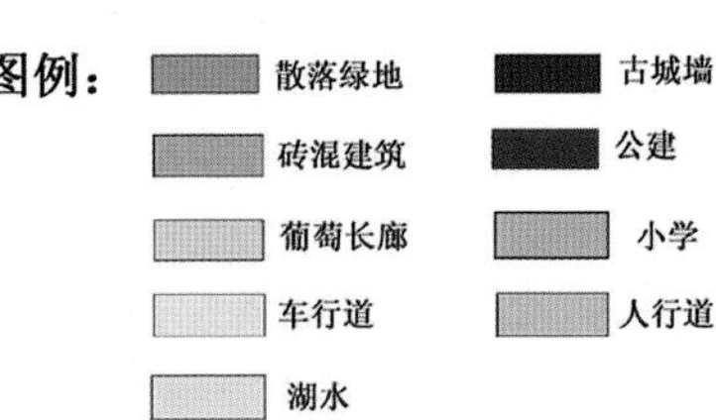

规划要点：

云木拉克协海尔（徕宁城）重点要保护好残存的土城墙，城墙外要留出平均 6 米宽的绿化带，城墙内辟 3.5 米内环路（防止继续侵蚀古城墙），南门外按 2001 年名城保护规划预留的方神庙预留绿地，东侧沿街绿地新建徕宁塔（观景用高位驻景点）。云木拉克协湖周边按上图拆迁出绿地，其中南部为公共绿地；北部为可对外经营的果园。十八中学的拆迁范围如图，兼作地震发生时避难旷地。

历史文化名城的城市风貌特色塑造暨历史文化风土的保护

名城喀什的城市特色塑造

《现代汉语词典》对城市进行了这样的描述："城市是人口集中、工商业发达、居民以非农业人口为主的地区，通常是周围地区的政治、经济、文化中心。"我国在《中共中央关于经济体制改革的决定》中描述："城市是我国经济、政治、科学技术、文化教育的中心，是现代工业和工人阶级集中的地方，在社会主义现代化建设中起主导作用。"

可以这样理解，城市是人才、物资、资金、科技、信息等生产要素的集合体，是人类社会政治、经济、文化、科技、生产和生活的中心。它的物质和精神凝聚作用使得它在一定区域内处于中心地位，起支配和主导作用。所谓城市，"城"是其"形"，"市"是其"根"，而文化乃其"魂"。

十一届三中全会以后，我国的城市建设如火如荼，快速的城市化进程以"旧貌换新颜"使中国大地"脱胎换骨"。不可否认的是这确实带动了我国经济和城市的快速发展，但在城市建设的同时，一方面不注意城市特色的维护，文物古迹、历史街区，甚至一些历史文化名城等似乎都成了经济发展的绊脚石。本来富有地方特色和人情味的旧城区，也都经受不住利益冲击而消失殆尽了；另一方面又热衷于修建新的标志性建筑、城市广场等形象工程或是复制"假古董"。正如前英国皇家建筑师学会会长帕金森所言："全世界有一个很大的危机，我们的城市正在趋向同一个模样，这是很遗憾的，因为我们生活中许多情趣来自多样化和地方特色。"

城市特色是一座城市存在的在文化、历史、自然、人文方面所独具的优势。而一个没有历史的城市是没有底气、特色和内涵的，有历史的东西存在，才会感受到其风格及其真正的文化价值，在城市特色发展中，认识历史和社会以及自然的结合是城市特色出现、发展、演变和千差万别的客观依据，城市是历史中形成的，每个城市的历史不同，保护好历史，延续好历史风貌，城市特色也就形成了。

我国西部边陲重镇喀什是一座历史古城，是丝绸之路上一颗璀璨的明珠，它位于南疆铁路的终点，是我国西部的门户。喀什见诸文字记载已有2100余年。约公元前128年，通西域的西汉使者张骞从大月氏返回途经此地，这里已是西域三十六国之一的疏勒国首府——疏勒城。

1. 文化本位——城市特色建设的原则

城市特色是一个城市几十年、几百年甚至上千上万年的历史和文化的积累和沉淀，它是不能移动和相互替代的，是一个城市历史文脉的继承和延续。一个城市的文化积淀越深，这个城市就越有特色。

喀什历史悠久，由于地处欧亚大陆心腹地带，在古代曾是著名的"丝绸之路"中国段的南北诸道在西端的总汇之点。在我国明代海运大开之前，喀什是沟通东西方物质交流的国际性文化城市。正是这座边陲桥梁把汉唐文化传向西方，同时也把欧亚次大陆的西方文明带进中原。公元10世纪，维吾尔人建立的喀喇汗王朝皈依伊斯兰教。其王城喀什噶尔的位置在汗诺依古城一带（"汗诺依"，维吾尔语意为"皇宫"）。今日喀什市城区恰萨和亚瓦格两大居民区当时为王都的卫星城。元、明时期，喀什先后成为西辽和元朝、蒙古察合台部与元中央政权争夺的据点。公元1264年，喀什噶尔遭受大规模洗劫，城区几乎沦为废墟。公元1438年以喀什为首府的"喀什噶尔汗国"建立，但首府从沦为废墟的吐曼河以北迁到吐曼河以南现址。汗国后期即清初，喀什噶尔城已占有今恰萨和亚瓦格两街区地域，四周有土墙，城区"不圆不方，周围三里七分余，东西两门，西南两面各一门。城内房屋稠密，街纵横"，为喀什噶尔旧城，亦称"回城"。其范围在今喀什市东北部，北临吐曼河，西沿今解放北路，南界为协尔克阿克奥达巷，今阿热亚路和阔纳代尔瓦扎巷。从喀喇汗王朝至十六世纪，有统一语言文字、共同信仰和习俗的维吾尔民族以喀什噶尔为摇篮和中心形成了。公元1759年，清朝平定大小霍加之乱收复喀什噶尔，翌年在此设置参赞大臣府。公元1794年，参赞大臣永保等奏请于南门外建盖房屋如关厢之制，迁内地商民居之列市肆焉。乾隆赐名"徕宁城"。公元1839年，喀什旧城的阿奇木伯克（即地方官）祖赫尔丁主持拓宽艾提尕尔清真寺以西以北地带，把旧城与徕宁城旧址连成一片，形成以艾提尕尔为中心的城市格局。公元1867年阿古柏占领时期，喀什城"围墙长约四公里。城墙从外形看是一个不规则多边形，许多炮塔从侧面保护着护城河"。此时的疏附县城比直隶州府疏勒，甚至比省府迪化还要大，规模为全疆之首。新中国成立前夕，其城区面积已达25平方公里。

大漠绿洲的地域环境和悠久厚重的历史文化，在多民族不断融合交流的过程中，形成了伊斯兰文化与中原文化的荟萃点，演绎出喀什独特的古城特色和传统街区形态，呈现出了独特的"天方夜谭"式的城市空间形态和建筑艺术特色。这种街区形态，在历史上的中亚、西亚及我国古西域地区存在较多，但在近代以来

已消失殆尽，可以说，喀什历史街区是我国目前唯一保存下来的一处具有典型古西域特色的传统历史街区，对于研究古代西域文化发展史，研究古代西域城市变迁史和新疆发展史具有无与伦比的价值。喀什的维吾尔族文化，从建筑艺术、纺织艺术到宗教文化、民俗民情（如节日、舞蹈等）都极富特色，充分反映了维吾尔族人民的天才和巨大的创造力，很值得珍视和保护。

2.城市形态和空间结构的保护——城市特色建设的基础

城市形态和空间结构是人类社会经济活动在空间上的投影，是人类各种活动与自然因素相互作用的综合结果，它是城市的肌理，代表着一个城市的成长和演变，也代表着该城市的地理和空间特色，是城市特色的一部分。

作为新疆伊斯兰教的发源地，喀什传统城市街区形态及其构成要素不可避免地受到伊斯兰教的制约，具有典型的伊斯兰化城市形态特征；此外，维吾尔族的先民是由漠北的游牧民族西迁而至，因此，游牧民族的许多生活习性也在聚落生活中有着明显的遗存。

从城市总体形态脉络上，喀什古城体现了宗教文化与特殊地理环境相结合的特点。中原城邑建筑极讲究中轴对称，街区规范整齐，而喀什古城却无轴线可寻，它以艾提尕尔清真寺为中心向外放射扩展，街道小巷随意布置而无规律，其灵活多变，顺地理而遂人意，并且蜿蜒而伸，密如织网，进入其间难辨方向。

● 街巷

喀什古城的街巷，蜿蜒曲折，时隐时现，密集而幽深。人在其中行走，宛若走进了一座迷宫。街巷的封闭性和曲折自由，使人很容易丧失方向感和方位感。架在小巷上空的过街楼，充分利用了有限的空间，并为夏天的小巷起到了一定的遮阴作用，使街巷增添了深远与宁静的气氛。

喀什古城的街巷可分为街、巷、尽端巷三种。街指形成居住区或居住邻里界限的街道和居住区内较宽通道，这样一种城市公共性空间，有较大的交通作用，两旁有店铺、作坊和住宅等，也是集市交易的场所，往往成为市民社会交往活动的场所；尽端巷是指朝该巷开门的住户共有的交通和储藏空间，具有较强的团体私密性；巷是指介于街与尽端巷之间的团体公共通道空间，两边多为住宅院门和院墙，除供居民交通联系外，也是聚落内邻里交往的重要场所，一定意义上有邻近居民共同占有的性质。街与巷共同组成交通网络，密如蛛网似地延伸到聚落的各个角落。这种网络形成树状结构，以街为主干，贯穿于整个聚落，而巷则如同树枝，由主干向四面八方延伸，并通过它来连接千家万户。

在喀什古城传统聚落中，巷道空间的丰富多变成为喀什传统聚落最大的景观特点。巷比街窄，而且界定这种空间的界面多为二层楼的建筑或高高的生土墙，由于宗教习惯、气候、防火等原因，几乎都是不开窗的实墙，即使二层有窗，也极少、极小，致使巷道空间成为一种很狭窄、超封闭的带状空间，且范围明确。喀什的这种高窄型巷道显然为过街楼的产生提供了方便。

巷道空间平面形态的曲折多变是聚落中的一大特色，曲折的巷道两个侧界面在画面中所占地位有很大差别：其中一个侧界面急剧消失，而另一个侧界面则得以充分地展现。出现不对称的构图，随着人视点的移动，巷道空间逐一地展现，显得神秘幽深。人们在其中往往会产生一种期待的情绪，希望能走到尽头看个究竟。高台聚落中的巷道，不仅从平面上看蜿蜒曲折，而且还有标高变化。这样，不仅两侧建筑因地形起伏而高低错落，而且巷道地面也将随之做成台阶或缓坡道形式。从景观方面看，由于巷道空间又增加了一维变化，所以景观效果极其丰富。在这样的巷道空间之中既可以出现仰视的画面，又有俯视的画面。如果在连续走动中来观赏街景，视点忽而升高，忽而降低，间或又走一段平地，必然会强烈地感受到空间的起伏变化。

● 广场

广场的设置，以及它在聚落中所处的地位、规模的大小、布局形式、周围的界定情况等，往往和这一地区人民的宗教信仰、伦理道德观念以及生活习俗有着紧密的联系。由于维吾尔族人信奉伊斯兰教，在传统聚落内建有大小不一的清真寺供教民礼拜、宗教聚礼及节庆聚会等活动。这种寺前广场必不可少，却并非完全自发形成，而是在建造清真寺时就有所考虑并借助各种手段来界定广场的空间范围。这类广场都与街道、清真寺以及其他公共建筑结合得很巧妙。此外，在整体布局上既主次分明又分布均匀，从而被誉为“城市的户外客厅”。

喀什古城的广场主要分为寺前广场和街巷交汇结合点两类。寺前广场即清真寺前的围合空间，形状大小不一，一般都有巴扎（集市）的作用。较大的清真寺如艾提尕尔清真寺和加米清真寺寺前广场则还有宗教聚礼及聚会欢庆的作用。街巷交汇结点为住宅围合在街巷交叉点放大自然形成，是介于街巷和广场之间的形态，一般较封闭，含小店铺，“馕坑”和取水处等。

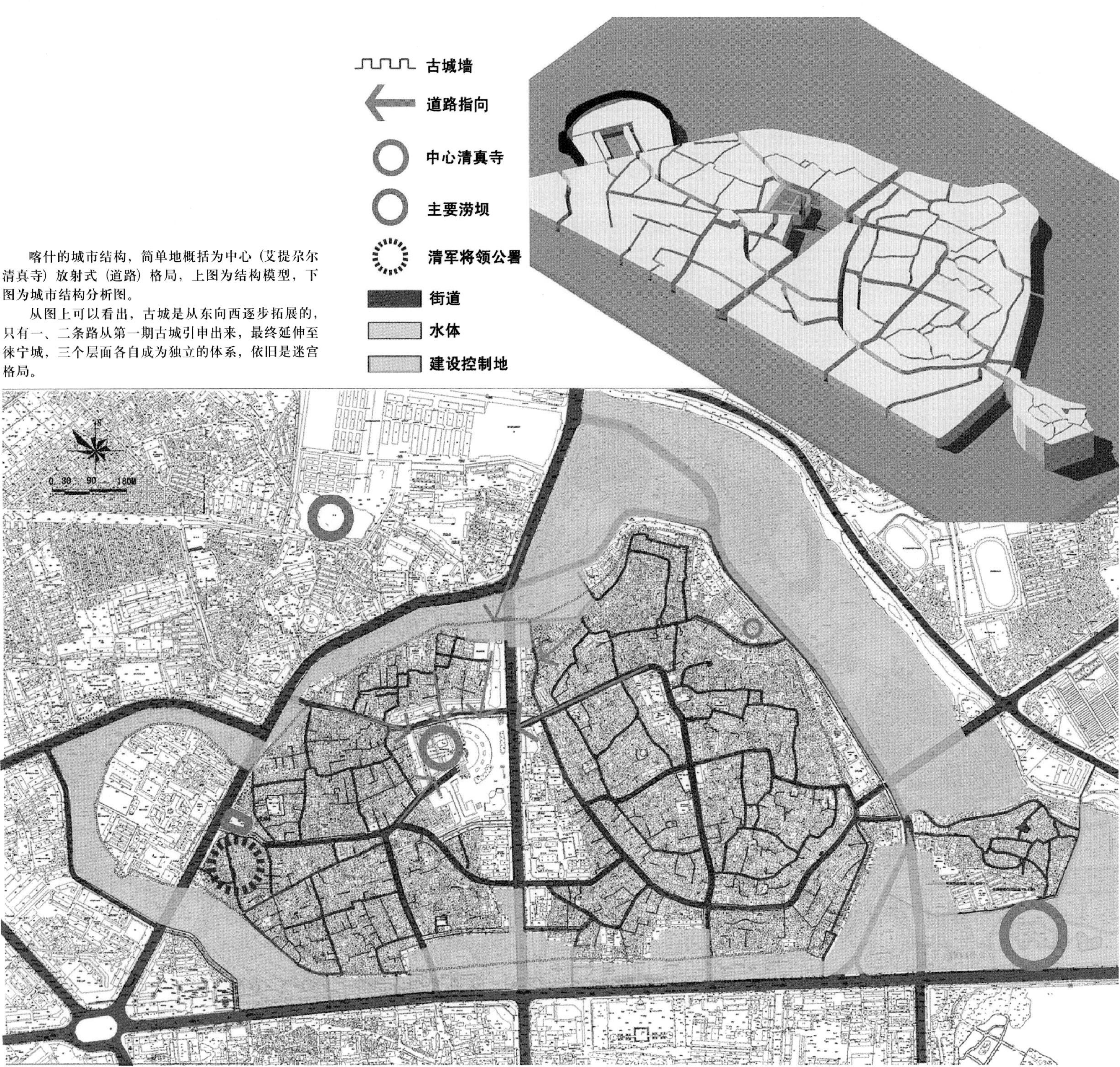

喀什的城市结构，简单地概括为中心（艾提尕尔清真寺）放射式（道路）格局，上图为结构模型，下图为城市结构分析图。

从图上可以看出，古城是从东向西逐步拓展的，只有一、二条路从第一期古城引申出来，最终延伸至徕宁城，三个层面各自成为独立的体系，依旧是迷宫格局。

有些寺前广场，空间未加严格的围合和界定，但位于广场一侧的建筑物的体形和外轮廓线却很富有变化。这对于广场来讲无疑可以起依托和背景的作用。广场内摊棚林立，人流如潮，各种农产品和手工业产品在此交易。

上述广场多与文化、宗教信仰等有千丝万缕的联系，除此之外还有一种主要用来进行商品交易的集市性质的广场，又分两类：其一是与街巷相结合，为住宅围合在街巷交叉点稍稍扩展街巷空间而自然形成，介于广场和街巷之间。这种广场规模不大，一般较封闭，但地位却十分重要。由于街道和巷道空间均是封闭、狭长的带状空间，人们很难从中获得任何开敞或舒展的感觉；而穿过街巷来到这种小广场，顿觉豁然开朗。至于广场本身是否也有商品交易活动，则要看广场的规模大小而定。另外一种类型的小广场由于种种条件的制约，并未精心加以推敲处理，往往因陋就简，仅在聚落边缘划出一块空地权当做广场，这类广场一般只进行各种农副手工产品的交易。这样的巴扎广场虽和整个聚落的形态没有多少联系，但是对外的交通却十分方便，对于这一类的广场来说，城市聚落只是给它提供一个依托作用。

3. 标志性景观的塑造和保护——城市特色建设的荟萃点

标志性景观是一类具有标志、象征意义的重要城市景观，是一个城市的“眼”。标志性景观是一个城市历史文化的积淀，反映出城市固有的个性风貌。喀什在漫长的历史中遗留了大量的维吾尔族建筑艺术珍品，并以它们悠久的历史、独特的形态成为这个城市的标志性景观，其中最为典型的莫过于艾提尕尔清真寺。一个城市，尤其是一个古老的大城市，是思想和艺术品的宝库，其中包括建筑、空间和各种场所。喀什的城市形态、形象风貌、文物古迹为我国悠久的文化史谱写了优秀的篇章。而其中尤为具有特色与地方色彩的当首推喀什古城的传统民居和清真寺。喀什古城保存下来的大小清真寺有112座，这是伊斯兰民族进行礼拜宗教活动以及婚丧嫁娶活动的重要场所，这些历史上的清真寺建筑形成喀什一大文化特色。古城的民居多为以土木、砖木构成的平顶方形平房，外观朴实无华，上开天窗，房顶可做晒台或用于乘凉。房屋就在黄色的泥土地上用黄色的泥巴和杨木筑起，木头和泥土的颜色一样，构架和支撑着屋顶、阳台和阁楼，以泥筑墙、以泥抹地、以泥涂顶，全是泥土的颜色，泥土的气息。住宅多自成院落，聚集构成完整的庭院式和尽端式街巷，古城民居大多已保留80—150年，最古老的民居已有360余年历史，历经沧桑而存其原貌，是研究少数民族生活习俗和建筑特色的重要物证。喀什的建筑艺术是我国建筑艺术中最宝贵的财富之一，在“丝绸之路”形成的文化圈内，它汲取了中西亚地区和古罗马建筑文化韵味，继承了中原汉唐建筑艺术手法，融汇出喀什独特的建筑风格，其立面造型、花饰色彩等形式仍为今天城市建筑所采用。其中清真寺建筑最具特色，虽是砖土结构，她那雄浑的斗门塔楼，大跨度的拱顶拜厅，精巧的砖木装饰技巧深为当今建筑界所赞叹。

喀什古城民居、艾提尕尔清真寺、班超城、莫尔佛塔、香妃墓、麻赫穆德·喀什噶里墓等因在喀什历史文化中占有重要地位而成为喀什的象征之一。

4. 城市天际线——城市群体韵律特色建设的“线”

以天空为背景的一幢或一组建筑物以及其他物体所构成的轮廓线或剪影称为天际线，它是城市发展的视觉记录，独特的城市天际线表达一种城市群体的音乐式韵律，是动态观赏的特色景观。

喀什北依天山山脉，西靠喀喇昆仑山脉。吐曼河、克孜勒河一北一南绕城而过，东湖位于城中。喀什古城建在吐曼河和克孜勒河交接的高山上，陡坡、河流形成天然屏障。古城山环水绕，湖光山色。远望雪山耸入云，近观清流润绿荫。高山千仞、雪峰摩天、大漠无际、绿洲绵延。

喀什城市天际线主要有：

- 从天鹅湖（东湖）公园看四周（主要观赏区为阔孜其亚贝希台地）；
- 从人民广场看周边建筑群；
- 从艾提尕尔广场看周边建筑群；
- 从天轮广场远眺城市天际轮廓线；
- 从西域广场看周边建筑群。

5. 历史街区、历史文化名城——城市特色建设的“面”

当历史保护从文物建筑的单体保护扩大到对历史环境、城市特色的保护时，只有完整地保护具有历史特色的历史街区，进而保护历史文化名城，重视传统格局与古城特色，保持历史文化和风貌的统一性、延续性才能真正保护喀什历史文化名城的历史文化信息。

6. 建筑文化：建筑·建筑群·地标或标志性建筑

对城市特色而言，建筑与建筑群因其体量巨大而成为城市最重要的观赏客体，其中位于城市重要地标点的高大或特色建筑则

《喀什噶尔号》彩船，规划可安排在东湖或某个风情园内水边。其功能为露天冷饮厅、咖啡厅和纪念品销售亭。设计意图：为喀什提供一处精品地标性景观，把维吾尔文化、塔吉克文化、哈萨克文化与汉文化升华为一种和谐的艺术建筑，为城市特色的强化做出贡献。（方案设计：李雄飞　　表现图制作：赵军）

成为城市方位的识别物。喀什建筑风格简单归结起来有三个历史阶段：十世纪以前的以佛教文化样式为主的生土建筑；十世纪以后逐步增加中亚、中东伊斯兰教建筑文化符号（含穹顶、宣礼塔等要素）的生土建筑；二十世纪开始的现代建筑。从二十世纪七十年代开始，新疆广大建筑工作者开始探讨新疆城市特色的同时，开始研究新疆建筑风格，吸取了世界上以生土建筑为主体的一些国家的建筑，如中亚地区、中东地区及非洲地区，并在建筑符号研究方面取得了很大的进展，涌现了一批优秀建筑。由于伊斯兰教的教堂最初是借鉴古希腊—罗马的“巴西利卡”平面样式，以后加以改进，为了扩大空间，容纳更多的信众，出现了较大跨度的穹顶结构，也促进了建筑技术的发展。因此，从文化传播源头出发，中亚、中东直至新疆的建筑风格极易与欧风建筑样式相融合，这就是二十世纪四十、五十年代及六十年代出现了大批“苏式建筑”的原因，它们的共同点是，都有一个古希腊—罗马风格的大山花、罗马式巨柱，以忍冬、卷草、涡卷为主要装饰题材的柱头和三段式的立面。喀什则以大十字四栋建筑为代表。近年来，喀什的建筑设计除借鉴欧洲一些新思维的建筑风格外，更多地学习世界级建筑大师在中亚、中东进行艺术创作的设计手法，尽管还仅仅停留在符号的部分借用上，但随着学习的不断深入，会有一批更好的作品涌现出来。

喀什建筑风格的特色可从如下五方面予以探索：

● 认真研究国外著名建筑师在沙特阿拉伯、埃及、中亚、中东地区的作品，从中吸取设计手法。由于上述地区是发展中国家，各国建筑师蜂拥涌入，在激烈的竞争中出现了一大批具有文化内涵、设计构思独到、形象新颖、令人振奋的好作品，如阿卡汗建筑奖的那些作品。通过向国外建筑大师学习并本土化，结合喀什的历史，创作一批批优秀的建筑作品，从而提高城市文化品位，逐渐形成建筑特色。

● 重视地标性建筑的设计。地标性建筑可以是高大体量的个体，也可以是艺术价值非常高的低层建筑，即精品建筑。以公共建筑，特别是文化建筑为主体，邀请国内外著名建筑师来完成，形成城市优美的方位标志，其中以航空港、火车站、汽车站、博物馆、图书馆、影剧院、购物中心、宾馆、饭店最为重要。

● 城市中最能完整体现某个街区特色的是建筑群，以商业（含步行街）区和宾馆区、文化中心、行政中心、交通枢纽、学校等为主体。建筑群的设计应突出一种文化的或符号学意义上的设计“母题”，含造型符号、材质、色彩等因素。近年来喀什的一些宾馆建筑群正在形成特色，为城市特色的塑造做出了贡献。而其他大型群体，由于不能一次性设计难于形成具有震撼力和视觉冲击力的高艺术价值的群体。今后应尽可能地以群体方式进行规划设计，以增强城市艺术特色。

● 探讨本土的地方风格，在建筑材料的使用上也应逐步本土化，如近年来出现的磨砖拼花，都是本土化的进步，艺术价值很高。喀什石膏较多，除在民居装饰壁龛和公共建筑内装修上较多使用外，还应在艺术领域上有所拓展，并在图案与造型研究方面借鉴国外经验，逐步形成喀什风格，形成新的理念、新颖的造型，并成为世界文化领域内的奇葩。

● 研究建筑与雕塑配置、壁画镶嵌、彩绘、书法与其他工艺制作的紧密关系。一座精美的建筑艺术精品，必然是各种艺术和谐统一的集大成者。艺术设计应与建筑设计同步进行，不是附属品，而是有机融合的完整作品。

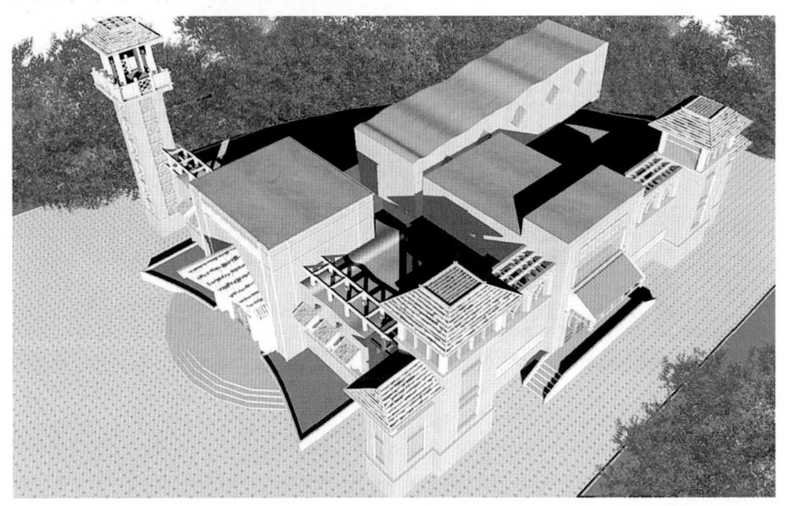

喀什维吾尔族文化博物馆设计（方案：陈坚　李昊）

7. 城市绿文化与水文化

如果把城市文化划分为若干个文化的子项，我们可以认为城市具有如下八个子项文化：

● 历史文化（由历史古迹和历史文化风土景观构成的历史文化区）；

● 建筑文化（若干世纪文化积累，每一步台阶都有一定的痕迹）；

● 地标文化城市名片（标志性景观与可以代表城市特色的建筑群）；

● 绿文化（由色相、季相变化形成的特色绿地、公园、巴格和专项绿地）；

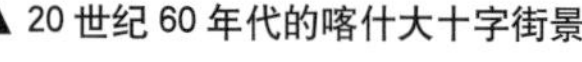

▲ 20 世纪 60 年代的喀什大十字街景

20 世纪 80 年代如果采用该种模式，不仅保留了历史文化的阶梯，也使城市空间更为生动。历史的教训值得注意

1983 年地区供销社建筑，底层为地毯商场，位于解放北路与欧尔达希克路交叉口上，面向西南。

花格采用了流行于中亚及前苏联阿塞拜疆一带的窗花样式，北侧一楼使用了流行于土耳其奥斯曼风格的飘窗。该照片显示了喀什受东西方文化影响的情况。

（摄影：李雄飞）▼

二十世纪八十年代，世界各国的建筑专家云集伊朗与伊拉克首都巴格达，为保护古波斯和古巴比伦与萨珊王朝的文化遗产。右图为法国专家对清真寺的保护方案，将原清真寺保护在新建大酒店的庭院内，作为一种模式是保护古建筑的有价值的手法，天津大学师生曾试图用这种手法保存原邮电局一幢特色建筑。▶

实例分析 1：喀什宾馆设计中的民族特色创造评析

其尼瓦克宾馆、色满宾馆的外部与内部装修，形成了继承传统建筑文化第一阶段的设计水平。

这一时期的主要特点：

（1）穹顶的使用，作为主要景观符号。

（2）尖拱券用于门窗部位，完全采用传统风格样式。

（3）室内石膏花饰的使用。

（4）柱廊与传统风格的柱式。

（5）色彩以米黄色调为主。

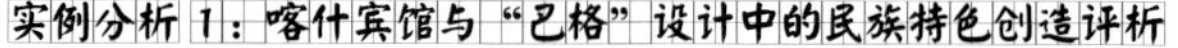

▲ 喀什噶尔宾馆的建筑形象、室内装修与环境设计中，注意了地域与民族特色。在绿化配置上，随着近年喀什地区局部小气候的改善，树种改良，使绿化水平进入了更高层次的绿文化阶段，景观形象得到了提升

随着旅游业的大力开发，喀什各类风情园的建设方兴未艾，是集中体现民族建筑与园林艺术的荟萃点。特别是磨砖拼花技术的兴起，为风情园的建设提供了大量有艺术价值的特色单元。

图为麦富德餐厅和米兰餐厅的室内外装修照片。

喀什的餐饮文化，特别是民族餐厅，始终保持了强烈的地方特色，尤其是在室内装修方面，运用新疆特色、壁画、柱式、吊顶、小穹顶等符号，营造了西域绿洲文化的格调。这些建筑继承了传统文化的优秀遗产，将逐渐形成一种特色产业，并对城市特色充实完善，形成城市特色系统中的文化单元。

商业味道太浓

虚实对比的面积比例失调

▲ 借鉴沙特阿拉伯建筑的设计手法，以突出沙漠绿洲文化特色，同时亦折射出当地居民的景观意向，是较成熟的符号设计实例 （刘谓设计）

建筑主体有地域文化特色，采用横三段式，避免了体量过大形成的臃肿

色彩不太协调，造形比较牵强

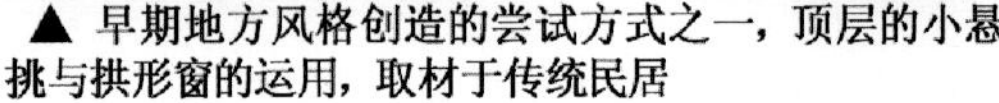

▲ 早期地方风格创造的尝试方式之一，顶层的小悬挑与拱形窗的运用，取材于传统民居

令人联想到晾晒葡萄干房的式样，是提炼传统民居样式的成功范例

凸窗（飘窗）是传统民居的一大特色，是一种符号化的设计手法

随着艾提尕尔广场改造而建设的商业街区，总体上提高了建筑群设计的文化品位，细部处理上也有很多独到之处，色彩上亦以沙漠绿洲米黄色为主调，并汲取了国外大师在沙特阿拉伯、中东作品的一些精华，同时建筑材料的运用也有创新，创造了一个非常好的城市特色综合体单元。

实例分析4：城市艺术建筑风格分析

符号化手法之一，令人联想到光塔形象

局部的连拱起到凸显地方特色构件的作用

二十世纪八十年代开始注重地方风格，以穹顶和尖拱作为建筑特色构件，是早期手法之一

▲ 尽管伊斯兰文化背景有许多共通之处，穆罕默德创造伊斯兰教之始，亦使用了不少欧风建筑加以改造，但在喀什这种欧风建筑不提倡，它对塑造地方建筑风格是无益的，有时也会严重冲击城市特色的最终形成

▲ 创造地方建筑风格较为成功的范例之一，传统文化符号应用比较成熟，同时又完全采用了现代建筑材料

▲ 色彩使用上比较贴近地域文化主调，造型上偏于笨重，尖券下的二开间亦不符合构图法则

欧风建筑样式，但在檐口下加了一条装饰，仍能令人联想起清真寺的铭文饰带

▲ 借鉴传统民居的样式设计，总体风貌上较为成功，但对喀什来说，在色彩上仍要以米黄色为主，不宜使用强光下极易眩目的白色

转角处处理较有特色，地域风格比较突出

▲ 试图探讨地方建筑风格模式，但由于细部设计粗糙，没能达到创造目标

▲ 前海宾馆设计，是较成功地运用传统建筑符号的实例

深灰色与城市主色调不符，如改土黄色又与东湖门柱冲突，可按罗曼风格改造

缺少地方符号，但在新城区可做一两栋，多则不宜

选址不好遮挡了天轮，总体设计较有特色

如加尖拱铸铁花格，特色会更浓，
应选深色玻璃

错落变化令人想起旧城，神似实例

西域大道的公寓建筑

近年来的新建筑，就单体而言，都比较好。但要体现喀什浓郁民族特色，则均显不足，只要适当做一些简单装修，稍加一些符号即可形成贴近喀什的风格。在创建喀什现代具有民族特色的建筑风格上，可借鉴中亚、中东一些建筑大师们的创作，特别是符号的提炼，进行学习和研究。

李雄飞、陈坚、陈田英、李昊为探讨新疆喀什建筑风格，先后为喀什噶尔民族风情园、东湖小区设计了喀喇汗王宫酒店和幼儿园方案。

该方案设计力图使维吾尔族建筑文化得以发扬并探索新的思路，将内院设计成一组组阿拉伯式的敞开廊式包厢，内院中设维吾尔、塔吉克、哈萨克、蒙古、达斡尔等民族表演歌舞的场地。

立面设计上充分汲取中亚、中东、阿拉伯文化的精华，形成新的风格，从而增加城市特色的元素。

喀什各种风情园和巴格是丰富绿文化的一种积极方式，今后可向多样化与主题化方向发展，促进绿文化向更深层次发展。

- 水文化（线状的、面状的、流动的、静态的、奔腾的、潺潺的不同的水形态）；
- 广告文化（现代社会不可或缺的城市特色景观）；
- 雕塑、壁画与城市家具小品；
- 城市夜景灯饰文化。

城市的绿文化与水文化是城市环境文化的重要元素，绿色是生态特色的表征，水则是城市灵性与智慧的反映。

之所以称城市绿化为文化，是因为它不是原始的杂乱无章的树木群，而是人类根据美学原理在符合树木花卉天性自然和生长规律之下精心构思的有一定意境、文化内涵的绿色艺术精品。喀什有着新疆地区独到的绿文化景观资源，白杨树的挺拔与“纪律性”、圆冠榆的浓密与厚道、红柳的轻纱曼舞、沙枣花、石榴花的迷人风采，葡萄藤、无花果树的蔓延覆盖，旺盛的果实与花蕾等，都可以构成一幅幅迷人的画卷。喀什的一些“巴格”，巧妙地应用了这些树种花卉的特色，形成了令人流连忘返的宜人的诗意环境。因此可从如下几个方面形成绿文化的独特魅力特色：

- 根据道路的功能与交通职能种植不同的树种，强化可记忆的道路特色；
- 点状与树阵组合形成街道的林荫路；

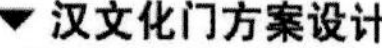
▼ 汉文化门方案设计

喀什噶尔风情园设计方案中，对维吾尔建筑文化符号进行了再探索，以期强化城市特色。上图为乐器展出中心入口大门及围墙设计；中图为风情园大门；下图为风情园总图。重点放在保护喀什这一非常重要的湿地，这一湿地对调节喀什城市局域性小气候大有裨益。除南部安排大量人流活动并有一定数量的服务建筑，北端安排影视基地外，中间大部分保护原湿地形态。

（方案设计：李雄飞）

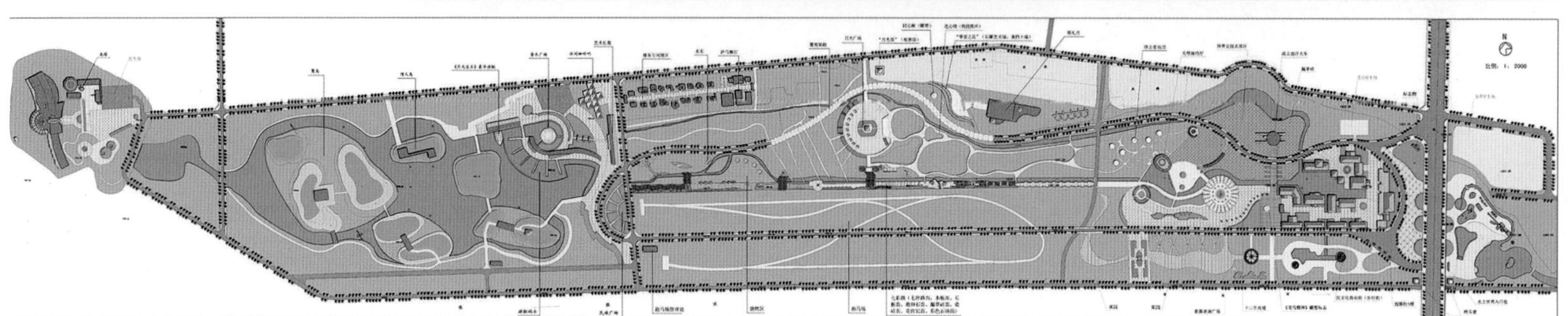

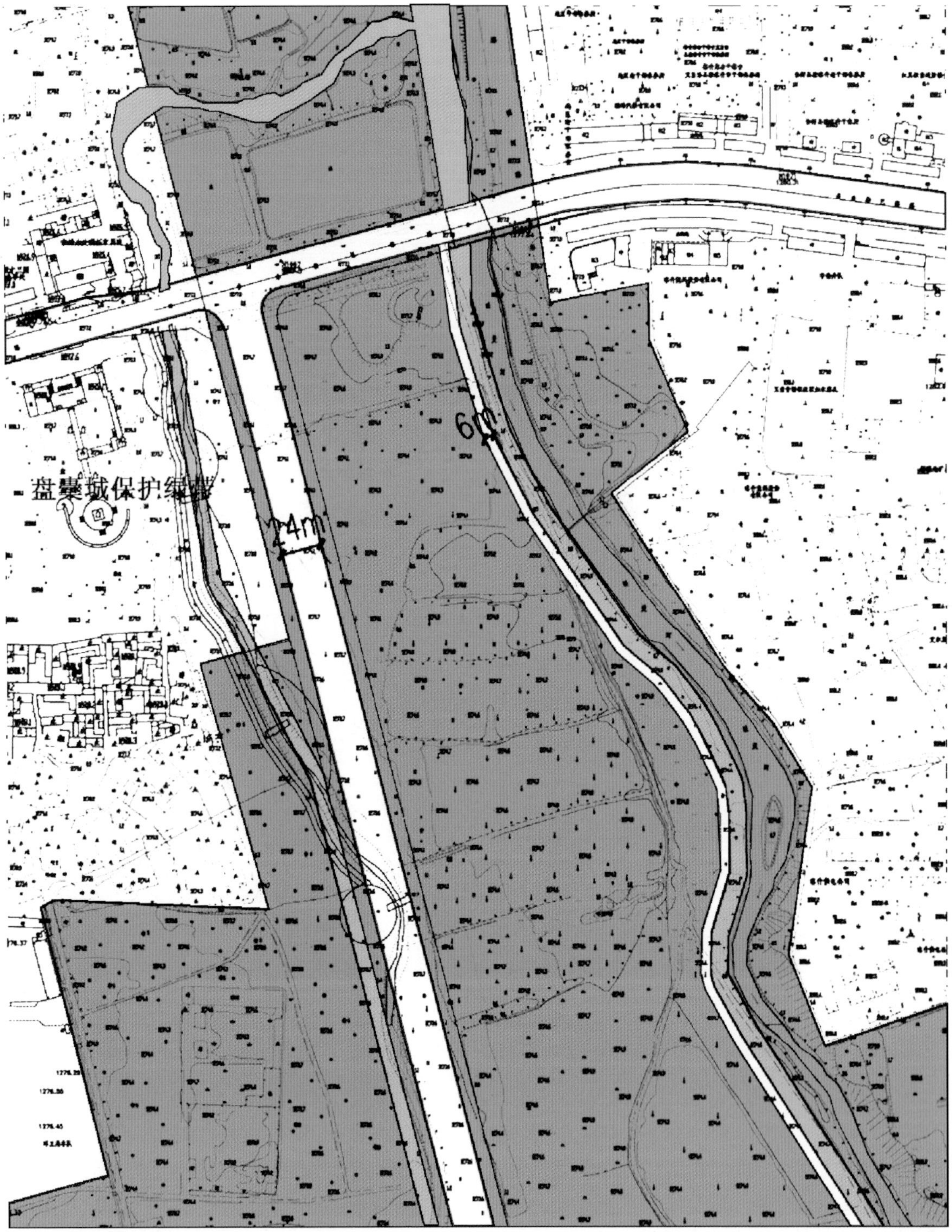

●●● 吐曼河城市楔形绿化带内，2006 年由班超路向东至二环路修建了一条 24 米宽的城市道路，该路位置是总体规划中没有的，现已成事实，特作如下规定：

该段路仅作为交通使用（含吐曼河游步道 6 米宽），两侧不得安排任何建筑，以保证该区段仍旧作为城市生态廊道，任何单位不得占用。

● 分别使用各种精心设计的树池：路旁的、有木池的、硬塑的圆形树等；

● 充分考虑果树上街的可行性。

● 充分发掘城市深层文化内涵，鼓励喀什各方创办的风情园，尽可能多地展现不同风格与特色，资助与鼓励那些在绿文化方面有创意的“风情园”、“巴格”，形成多样化特征，并与民族歌舞、民族器物和谐地组织在一起，达到全面展示喀什绿文化的风采与特色魅力。

水文化方面是喀什更应特别关注的文化形态。

新疆是以沙漠、戈壁为主的大环境，水在新疆是最为宝贵的生态资源，因此，特别为民众所钟爱。阿帕克霍加（香妃）墓前大涝坝被人称为“仙勒拜赫”，即“含有蜜糖的水”，足见人们对其的喜爱，并充满敬意。喀什目前有吐曼河和克孜勒河（红河）、水面有天鹅湖（东湖公园）、云木拉克协湖、布拉克贝希（泉）等。还有近 2 平方公里的湿地（喀什噶尔民族风情园内），这些是喀什水文化的重要而珍贵的元素。水的观赏与利用，是喀什城市特色塑造极应重视的内容。历史文化名城保护规划中对布拉克贝希的环境进行了控制构思，意图在于保护好这一历史文化景观，制定严格的保护制度，使之不再萎缩。吐曼河也正在编制规划，使之成为城市的风景线。

吐曼河与克孜勒河向北延伸作为城市楔形绿化带，这条生态链是不允许破坏的，要制定严格的法律规定，使城市得以可持续发展。对已开辟的道路（从班超路至二环路）规划拟改为林荫大道，两侧不得兴建建筑，以弥补开路的失误（见插图）。

8. 广告文化

广告是现代城市无法避免的文化现象，但目前世界的许多城市由于广告泛滥而使城市沦为杂乱无章的“钢筋混凝土沙漠”。在历史文化名城中，必须坚决制止广告泛滥成灾的做法，规划确定广告布局原则如下：

● 国家级、自治区级、市级文物保护单位的重点保护区和建设控制地带内一律不得使用广告类招牌，尤其不得使用霓虹灯广告；

● 历史文化街区以及建设控制地段内一律不得布置大型户外广告；

● 历史文化街区内的店铺招牌一律采用木制招牌和匾额，不得使用不锈钢、霓虹灯、瓷砖、有机玻璃等现代材料；

● 尽可能使用历史上使用过的传统招牌、店铺名牌、商品广告牌等。

9. 城市夜景灯饰文化

最近几年，城市夜景工程被提到了议事日程，许多城市开始安排夜景灯光设计，重点在城市河道两岸、主干道、商务中心区、步行商业街大型公园和街头重要绿地等位置上。

喀什市政府最近几年做了大量工作，在城市重要路段上都作了安排。随着城市经济的高速发展，夜景工程的规划设计会更加深入，赋予更为深入的文化内涵，并由此塑造和加强城市魅力空间的夜间景观艺术特质。针对喀什的具体情况，建议采取如下措施：

● 按主干道的性质，分别采取不同样式和规格的路灯，形成易记的地标；

● 重要的公共建筑，都要安排投射灯；

● 公共绿地和大型公园的灯光设计要依据绿化的设计意图进行安排，庭园灯、古树投射灯、重要休息亭的灯光宜柔和，创造一种温馨的气氛；

● 雕塑与壁画要与创作者共同商定灯光布置方式，达到能够渲染作品的目标。

10. 雕塑、壁画与城市家具小品

好的生态环境与人文景观环境是现代人对城市环境的两大追求。生态环境是人类得以生存并持续下去的基本要求，包括土

新疆泽普县中心广场设计中，水面作成尖券形，中心雕塑广场为缺角正方形（维吾尔族最常用的图案）；靠近市人民公园一侧安排了歌舞表演台。广场四周安排了四组维吾尔族风格的休息亭，并在靠近市政府一侧安排一对华表，升旗台庄严肃穆，以此组合充分展现民族大团结的主题。

（设计：李雄飞）

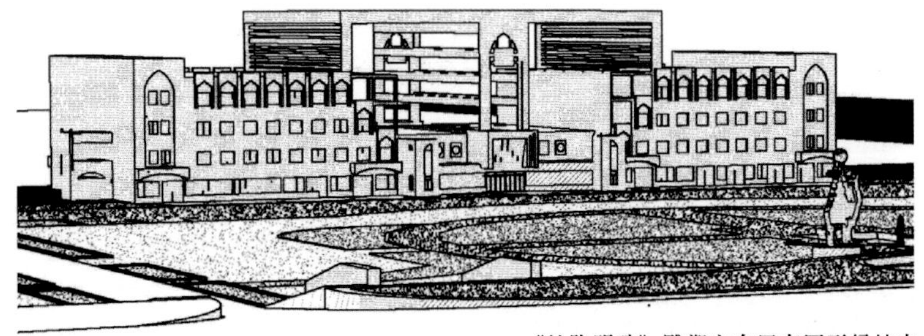

《丝路明珠》雕塑宜布置在圆形绿地内，使广场形成一个完整的艺术品。

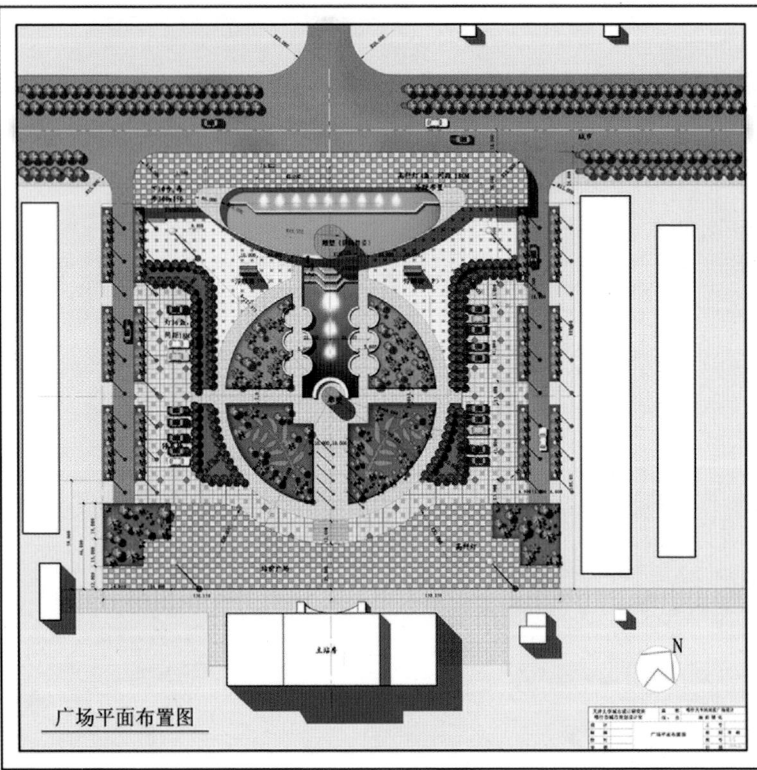

喀什火车站广场环境艺术设计

广场设计之初，喀什已在中心安排了一个圆形大绿地，此方案只能在现有情况下进行调整和艺术化设计。拟在广场北侧结合地形安排一组叠水和喷泉（节假日定时开启），除中心“丝路明珠”主雕塑外，另有两排浮雕墙，墙体两面镶新疆出土陶俑复制品，以突出地方特色，使广场成为游人一到喀什，就能感受到浓厚的西域文化风貌的展示窗口。

壤、水系、植被、空气的质量要求和保护；而人文景观环境则是社会历史文化积淀产生的激发人类美好良知的综合性文化氛围。既是抽象的心理感受，也包含具体的视觉、听觉、嗅觉、身心感知的实在客体。目前我国人文景观环境的概念还只是局限于下述诸方面：

- 历史文化古迹与地下遗存；
- 视线所及的道路、绿化、水体；
- 城市环境所必需的艺术品，如雕塑、壁画、人工景观、标志；
- 城市“家具”类，如公园座椅、路灯、垃圾箱、广告等。

上述四项中雕塑、壁画本属于艺术品范畴，但在城市设计中，经常用于与建筑结合起来作为人文景观的重要组成部分。目前我国城市都非常重视雕塑与壁画在城市中的布局，许多城市都编制了城市雕塑布局规划，还有些雕塑作品被作为市标加以宣传。喀什目前雕塑还不多，仅限于宾馆院内和公园内，应尽快编制城市雕塑体系及布局规划，确定雕塑主题文化的原则。综合上述喀什城市雕塑与壁画的特色应强调和注意如下几个问题：

- 确定城市主题雕塑，其主题应为：体现陆上丝绸之路文化内涵、强调喀什是一座历史悠久、多民族、多文化类型（含多宗教文化）的南疆中心历史文化名城；
- 广场、公园绿地内的雕塑应以反映喀什名城历史、各民族大团结共同建设繁荣的新疆、反映维吾尔族聪明智慧、能歌善舞的文化风貌；
- 玉素甫·哈斯·哈吉甫的名著《福乐智慧》是一部充满维吾尔族文化智慧的百科全书，在全世界都有一定的影响，特别是在中亚、中东地区更是如此，可以此为题兴建《福乐智慧刻石公园》，因原著都是格言、警句、诗章，较短，均可各自成篇，以维、汉文对照、比较适宜在巨石上雕刻，对青少年道德、科学、文化教育有很大的意义；
- 建立一个“维吾尔文化大观园”，可选址在阔孜其亚贝希台地（东高台地）周围，以图案与人物形象系统地介绍维吾尔族文化的各个方面，向世界介绍维吾尔族文化悠久历史与成就，使之走向世界；
- 在重要的公共建筑设计中，有计划地预留出一定面积的墙面，宣传喀什悠久的历史文化、古迹名胜、山川风物、地方特产、民俗风情，使建筑创作一开始就与环境艺术完美地结合

在一起。

城市“家具”与小品设计，均应突出喀什地方风格，形成完整的 CI 系统（城市识别系统），可采取丽江模式，城市花池、花盆、小桥、店铺招牌、灯具均为古色古香，以旧木料加工完成，看似粗拙，实则清秀。特别是喀什的生土要很好地加以利用，有些广告、介绍牌等均可以土坯作基座与木制介绍牌结合，会十分生动、自然。

城市历史风貌的内涵主要体现在有重要价值或典型意义的文物古迹、历史遗存文化遗址、建筑、历史街区等。不同的城市具有相对不同的历史风貌，以中国的情况来看，凡是被列为国家历史文化名城的城市，其历史风貌都很突出。而被纳入历史文化名城保护范围的城市街区也都在不同方面、不同程度上彰显了城市的文化精神。对历史文化风貌的保护，正是对历史文化名城中历史文化精神内涵的继承与延续。

近几年，随着我国经济的快速发展，城市建设的速度非常快，其中旧城受到的冲击最大，因此城市历史风貌正在日渐消逝。历史文化名城，是国家授予一个城市的最高荣誉，也是一个国家和民族几千年丰厚历史文化积淀的结晶。因此，名城保护事业，不仅是一个城市传承历史、延续文明的责任，更是见证博大而精深的华夏文明全面复兴的重大工程。

历史文化名城的外部空间环境是感知城市传统风貌的一个重要方面，也反映了人们内心对城市的记忆和发展的体验。因此，对那些具有历史文化和艺术价值的传统街区环境的分析和研究，是为了激起人们对传统艺术风貌的记忆、怀念以及民族文化的认同感、归属感。恢复和再现这些特定的文化和传统形象，是极具社会文化价值的事业。这不仅因为人类需要一种精神家园，作为一个民族和城市都需要保存这种人类共同的记忆。作为传统风貌环境研究系统的构成则包括节点（标志）、轴线、区域、肌理四部分，它们在空间格局上相互联系，共同承载着历史街区浓郁的文化底蕴。节点是指历史街区的空间枢纽、重要标识性空间和转折点，也是人流聚集的核心，为人们较多关注的重要历史文化遗产，如城墙、古河道、寺观、园林、古建筑、古井、古木等都是古文化遗存的一种精神体现的标志物；轴线是指组织空间的较为抽象的线体，亦是人们体验传统建筑群风貌的中心地位；区域是指在空间构成方面，有独到艺术价值并能代表某一历史阶段生产力发展水平的地段或街区；肌理是指构成传统风貌的主体——传统街区的空间的构成方式。这些元素构成了历史文化名城具有传统风貌特色的外部环境的逻辑系统。

我国历史文化名城的保护经历了由点到面、由浅到深、由部分到整体的发展过程。在保护内容上，也从对单项历史文物古迹的点式保护发展到对历史文化名城传统风貌的整体保护，进而提出历史文化保护区及历史街区传统风貌保护问题。所谓“整体风貌的保护”是指那种因各种原因无法原装原貌保护的，如濒危建筑过多，必须大面积落架大修；又如本文本所示的喀什旧城，因地道塌陷的普遍性而必须大面积整修，而大面积整修就意味着将失去大量的历史文化信息，但为了抗震的要求又必须这样，因为一旦古城震毁，人民生命安全没了保障，名城亦将不复存在。

因此，整体形象的保护，在这种特殊情况下，就有了应对现实的可能性。随着对城市历史街区保护认识的逐步深入，对历史街区保护内容的分析研究也越来越深入。由此可见，风貌保护要着眼于整个街区的整体形象，而不是局限于几条街道立面或单体建筑形象的保护。此外，在对整个整体风貌保护地区进行综合评价的基础上，还要对土地利用、房屋使用、房屋质量、建筑风貌、外部空间环境以及基础设施等方面进行深入的调查，进而对保护的范围进行分等分级。但在某些问题上，由于思想的局限性往往会造成保护手段的单一性与城市功能需求的多样性之间的巨大差别，也就不能完全满足保护的社会需求。因此，不能单纯采用一种普遍适用的模式，而要根据传统风貌环境研究的每一项工作进行判断和选择，并通过对特定街区的城市环境和建筑环境进行历史的、系统的分析，针对具体的街区提出相对应的应对措施。

如今，历史文化风貌的保护和发展，已不是单纯依赖政府部门就可以办到的，应该在政府保护政策的框架下，依据特定环境的需求寻求相应的保护方式与途径。制度往往是历史文化风貌区保护的一个重要制约因素，如土地管理政策、城市规划管理政策、房屋管理政策等方面。从土地出让政策来看，如果完全以市场价格为导向，就会较少考虑历史文化价值，这将严重损害历史街区的保护；从城市规划管理政策来看，规划技术管理规定主要是针对新城区开发而制定的，包括红线控制、道路红线退让、开发强度、绿化率设计等等，缺少对不同个案的个性化处理；从房屋管理政策来看，置换政策也缺少细致化的处理。城市改造过程中的价值取向需要各项政策的配套支持，而现有的政策制定主要倾向于新建项目，与历史文化整体风貌的保护有所冲突。除此之外，历史文化风貌的保护与发展，还面临着保护的原真性与资本的逐利性、保护的整体性与建设的阶段性、保护的分门别类与政策的单一性之间的一系列矛盾。因此，当务之急是应当制定强制性、协调性、引导性、细致性的发展政策，以便解决历史文化风貌保护过程中的种种矛盾。

衡量一个国家和民族的文明程度，一个重要尺度就是看其对历史文化风貌保护工作的态度和相应的举措。而历史文化风貌则是一个城市几千年丰厚历史文化沉淀的缩影，也是保护城市文化遗产的重要载体。因此，我们在提高全社会依法保护城市历史文化遗产的同时，还应加强每一个公民的参与意识，只有在制度的约束和公众的参与下才能真正实现合理保护的目的。

历史风土保护区，是二十世纪六十年代由日本学者和从事古都保存研究的教授针对京都、奈良名城保护中存在的问题所提出的。由于这一理论具有一定的普遍意义，此后也被日本建筑界在编制各市景观条例时所采用。所谓“历史风土”系指历史文化名城、名镇中对某一特殊地域的称谓，该地域应是历史文化遗存丰富，能够较为典型地反映该地区历史上某一阶段的山川风貌、民俗风情和文化艺术特色，可以很好地展示原汁原味的民族特有的生存方式与民俗、语言以及艺术活动。

对历史风土的保护，是历史文化名城保护的重要内容之一，因为“风土”不仅真实地反映了城市的环境气候条件和风俗习惯，同时还是蕴含着人与环境关系的生命体。城市是人类社会经济文化发展的产物，是标志人类所处时代和所处地域的社会缩影，它反映了某个时代和地域在政治、经济、文化上的最高成就，而城市风土则是伴随着城市的发展而形成的具有承载文明和传承文化的非物质形态，是完整保护历史文化名城不可分割的一部分。

为保护这些具有历史、艺术、科学价值的文化遗产，世界上许多国家采取了保护政策，加强保护规划，并专门为之立法。意大利的威尼斯基本保持了原来的风貌，法国巴黎旧城区基本保存了原有的布局；美国恢复和保护了威廉斯堡十八世纪殖民地时期的古镇；前苏联在 1949 年公布了历史名城名单，把这些城市置于建筑纪念物管理总局的特殊监督之下。

而关于保护历史风土方面，日本于 1971 年发布了《关于古都历史风土保存的特别措施法》，对历史文化名城加强了保护。此外日本还有一些民间组织，也在致力于历史风土的保护，如 1977 年，日本有关部门决定将元町的“旧北海道厅函馆支厅（建于 1909 年）”迁建到札幌的“北海道开拓村”，而听到这个消息的田尻聪子却提出现地保存的意见，并组织了反对迁建的联署运动。这个运动渐渐得到大众的关心，从单纯的反对延伸到“提出还不为人知的，与文化遗产（文化财）、自然人文相关的问题，广泛地‘学习’、‘了解’函馆的历史风土，并且‘保护’它”。并于 1978 年创建了“函馆历史风土保存协会”，还发行了一本名为《历风》的杂志，而且每年都会选出“历风文化奖”。其中包括“原风景”、“建筑物保存”、“建筑物再生保存”、“杰出团体”等几个奖项。第一届（1984 年）得奖的原风景是“从七财桥看金森仓库群”，历风文化奖宣言中有这样的一段话：“函馆港的风景，是留有港都诗情的原风景……它也是函馆发展的象征，带给居住在这里的人们以勇气、挚爱和光荣。我们希望能永远保护函馆的这些原风景。”

诚如上言所述，一个地区的风土的确可被看做为这一地区的发展象征，同时也是环境和风俗的产物，并且又与现实生活相关联。在 A·罗西（A·ROSSI）的建筑类型学和类似城市的理论里，试图找到生活赖以存在的恒久空间形式，即所谓“基本原型”、“类似的”这样的词汇来形容那些具有当地传统空间形式的新建筑。意思无非是生活空间应该更加适意，更有定位感和认同感，而决非简单意义上的所谓传统形式的继承。我们虽不必去套用欧洲人的概念，但是应该承认，类型学的思想在风土建筑保护与发展的探索中，的确是一种很有启发性的方法论。

而对于规划设计来说，最主要的是要在保护和利用的技术措施上有所作为，而不是单纯形式上的仿古。在保护的过程中除了功能策划设计和外表的整修工艺以及结构的安检和加固外，更主要的则是要全民参与到对风土文化的保护工作中，也只有这样，才能真正做到对历史风土完整、真实的保护，从而实现保护与利用的目标。

日本的历史文化风土保护区

全体イメージ（都市景観の構造化）

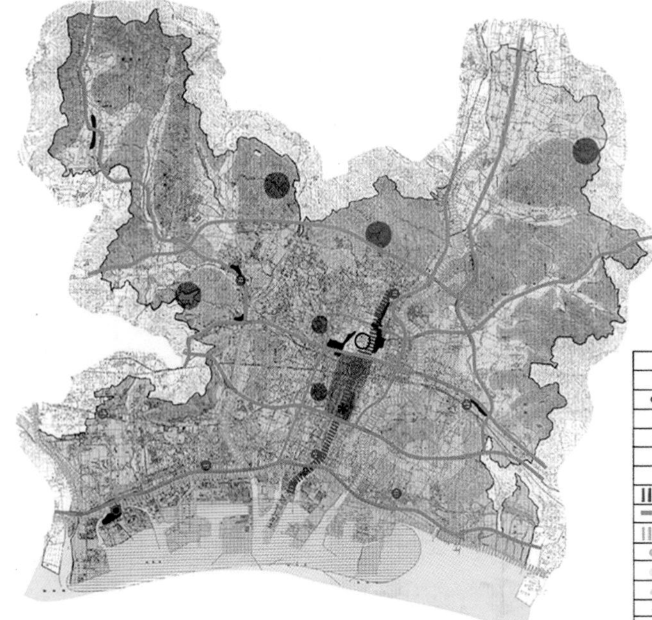

凡　例	
⊙	歴史都市核（姫路城跡）
▬	歴史文化核（歴史的町並み）
◎	都市商業核
⊖	地域商業核
*	行政サービス核
●	水際・緑地核
▥	都市軸（シンボル道路）
▬	産業活動軸（広域幹線道路）
▥	水緑軸
▬	自然地域景観形成ゾーン
▬	姫路城周辺景観形成ゾーン
▬	住宅地景観形成ゾーン
▬	田園集落地景観形成ゾーン
▬	商業業務地景観形成ゾーン
▬	工業地景観形成ゾーン
⊖	港湾景観形成ゾーン

日本的每一座城市都有一个《城市景观条例》（法律强制性文件）和历史文化风土景观保护区。

日本的景观条例中明确规定了各种明确的“城市美观地区”，其中“工业特色美观地区”独具特色。

景观条例详细规定了建筑退让及高度控制与街宽比（*D/H*）的计算公式。其中绿化与停车场面积都是硬性指标，一律不得突破。左上为日本姬路市的景观构成规划图之一；左下图为神户市地域景观资源分类地区标示图；右图为神户市公园绿地周边与河川沿线的景观规定图示。

景観ガイドライン

「緑の拠点」にふさわしいゆたかな景観をつくろう！
公園・緑地の周辺

公園・緑地をはじめとする大規模オープンスペースは市街地の中に緑をとりこむすぐれた景観資源です。今後、緑の核としての性格を一層もりたて、周辺地区全体がゆたかな空間となることをめざしたいものです。

①公園・緑地からの視線に留意する

公園などに正面を向けたすぐれた意匠にするとともに、接する部分での緑化を図るなど、オープンスペースとの有機的つながりをもたせる配慮が必要です。

（ポートアイランド・南公園）

②オープンスペースの機能を補完する

公園等における大空への拡がりや展望を確保できる形態とするなどの配慮が必要です。

（東遊園地）

景観ガイドライン

「水と緑」のうるおいある快適空間をつくろう！
河川沿い

山と海にはさまれた神戸の既成市街地の多くの河川は、急勾配の南斜面を流れており、南北方向の緑の軸として市街地に変化を与えるとともに、貴重なオープンスペースとなっています。ここでは特に、市民が楽しく散策できるような景観を形成することが求められています。

（新生田川）

①緑豊かな河川軸を形成する

水と緑の軸にふさわしく、河川沿いの敷際での緑化を積極的に推進する必要があります。

（石屋川）

②河川に沿った景観に連続性や変化をもたらす

河川に向けて建築物の表情をつくると同時に、軸としての連続性や変化にも十分留意すべきです。

（妙法寺川）

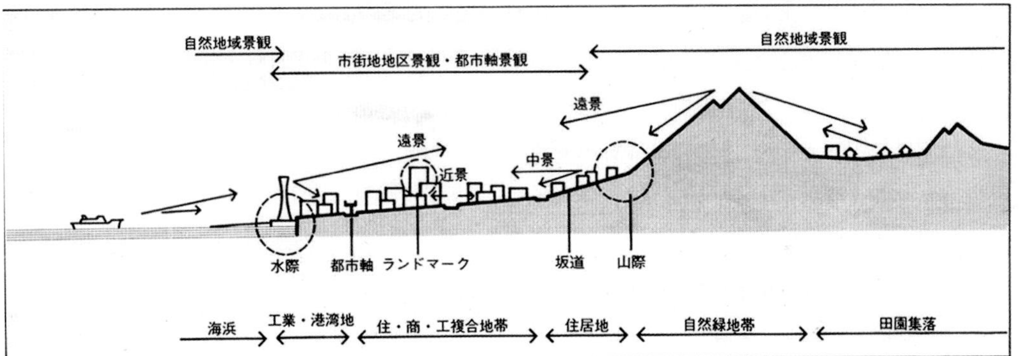

（神戸駅前ゾーン）

商業地区にふさわしいにぎわいと統一感のあるまち並みを形成するように誘導する。

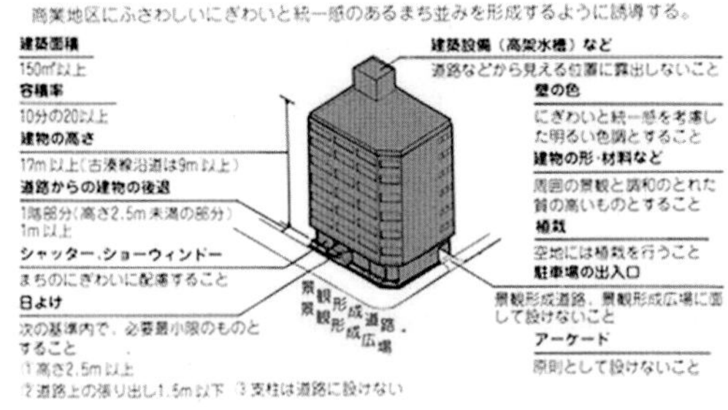

（相栄ゾーン）

駅前地区にふさわしい風格とゆとりのあるまち並みを形成するように誘導する。

建築面積
500m²以上
容積率
10分の20以上
建物の高さ
17m以上
道路からの建物の後退
2m以上
シャッター、ショーウィンドー
まちのにぎわいに配慮すること
日よけ
次の基準内で必要最小限のものとすること
①高さ2.5m以上
②道路上に張り出さない
景観形成道路、景観形成広場
うるおいある空地（有効空地）
・角地——敷地の7%以上
・角地以外—敷地の5%以上
建築設備（高架水槽）など
道路などから見える位置に露出しないこと
壁の色
風格ある重厚な色調とすること
建物の形・材料など
周囲の景観と調和のとれた質の高いものとすること
アーケード
原則として設けないこと
駐車場の出入口
景観形成道路、景観形成広場に面して設けないこと
植栽
空地には植栽を行うこと

本图引自日文版《神户市都市景观形成基本计画》（神户市都市计画局发行 1982 第 54 号 A-1 类）、《姬路市都市景观形成基本计画》（姬路市都市局计画部都市计画课发行 1988 年）

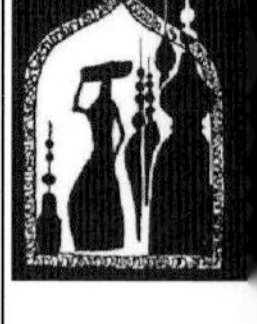

喀什历史文化风土区保护规划图

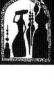

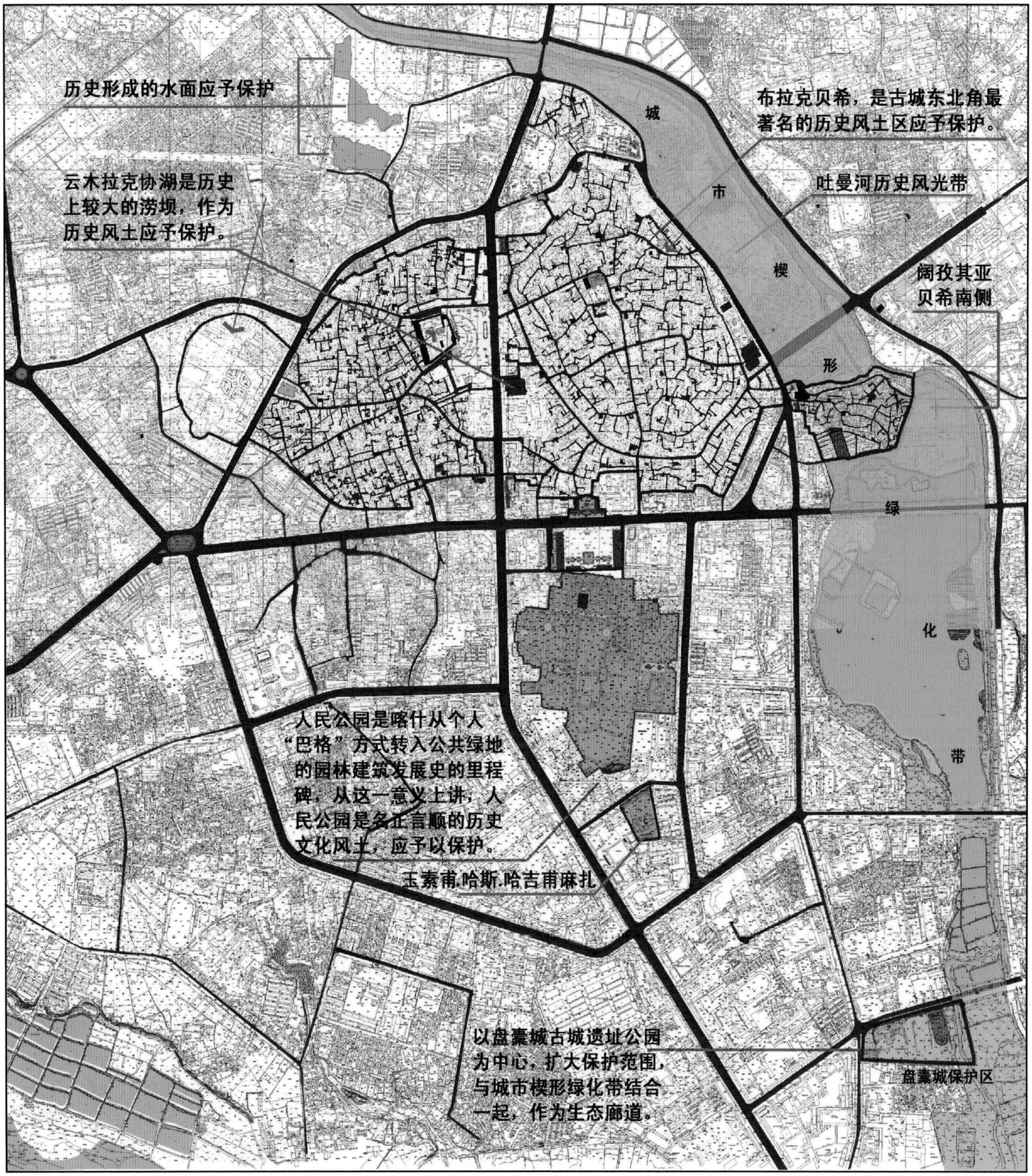

历史形成的水面应予保护
布拉克贝希，是古城东北角最著名的历史风土区应予保护。
城
市
楔
形
绿
化
带
吐曼河历史风光带
云木拉克协湖是历史上较大的涝坝，作为历史风土应予保护。
阔孜其亚贝希南侧
人民公园是喀什从个人“巴格”方式转入公共绿地的园林建筑发展史的里程碑，从这一意义上讲，人民公园是名正言顺的历史文化风土，应予以保护。
玉素甫.哈斯.哈吉甫麻扎
以盘橐城古城遗址公园为中心，扩大保护范围，与城市楔形绿化带结合一起，作为生态廊道。
盘橐城保护区

所谓“历史风土”是指城市中历史悠久而又特色鲜明的自然景观区域，在一定的历史时期内曾为人类生活留下了深刻的烙印，形成某种地域象征性的形象景观。

喀什的历史文化风土主要应含有：

1. 吐曼河风光带；
2. 克孜勒河风光带；
3. 布拉克贝希；
4. 云木拉克协湖；
5. 人民公园；
6. 盘橐城古遗址所在区域；
7. 吐曼河周边的河道遗址存的小水面景观区域；
8. 克孜勒河北岸湿地。

值得指出的是艾提尕尔广场既是文物区也是历史风土景观区，因文本论述较多，此页不再将其列入。

历史风土景观区是历史文化名城中不可缺少的重要文化元素，应予以高度重视，并认真保护好。

图例：

- 文物保护单位
- 优秀传统民居
- 清真寺
- 公共建筑用地
- 广场用地
- 绿地
- 边坡险段加固区
- 河流水域
- 保护区界线
- 0.2 土房.层数
- 1.2 砖石结构.层数

N
0 30 90 180M

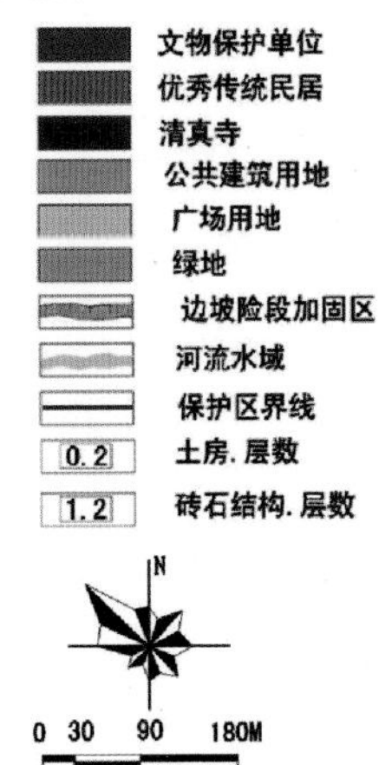

喀什历史风土湿地保护规划

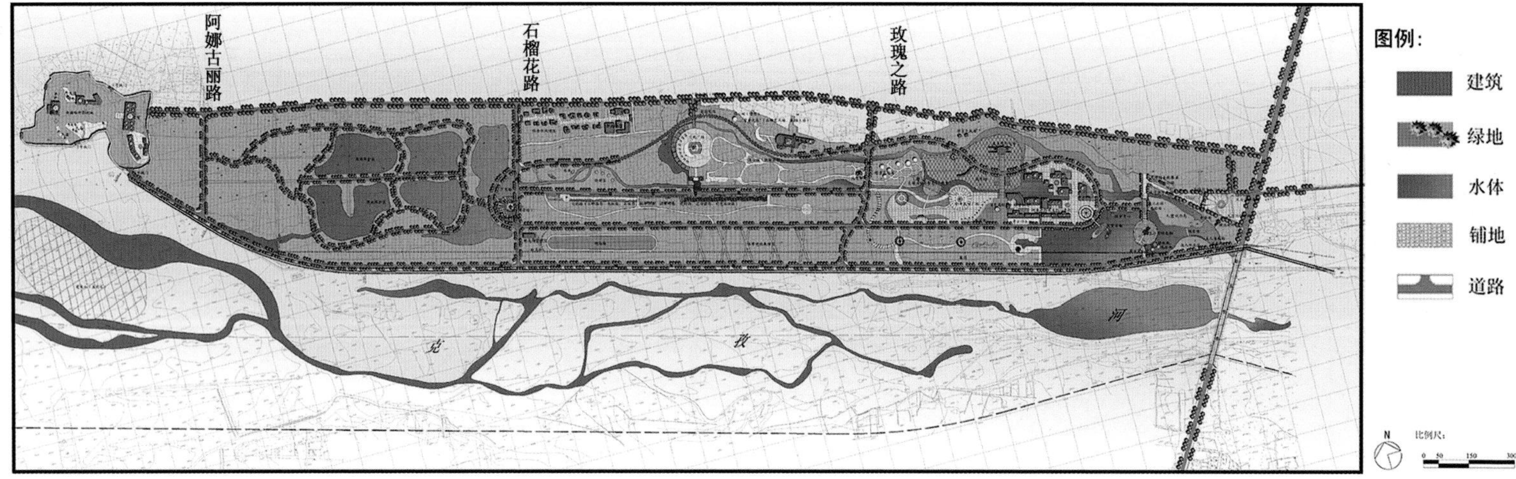

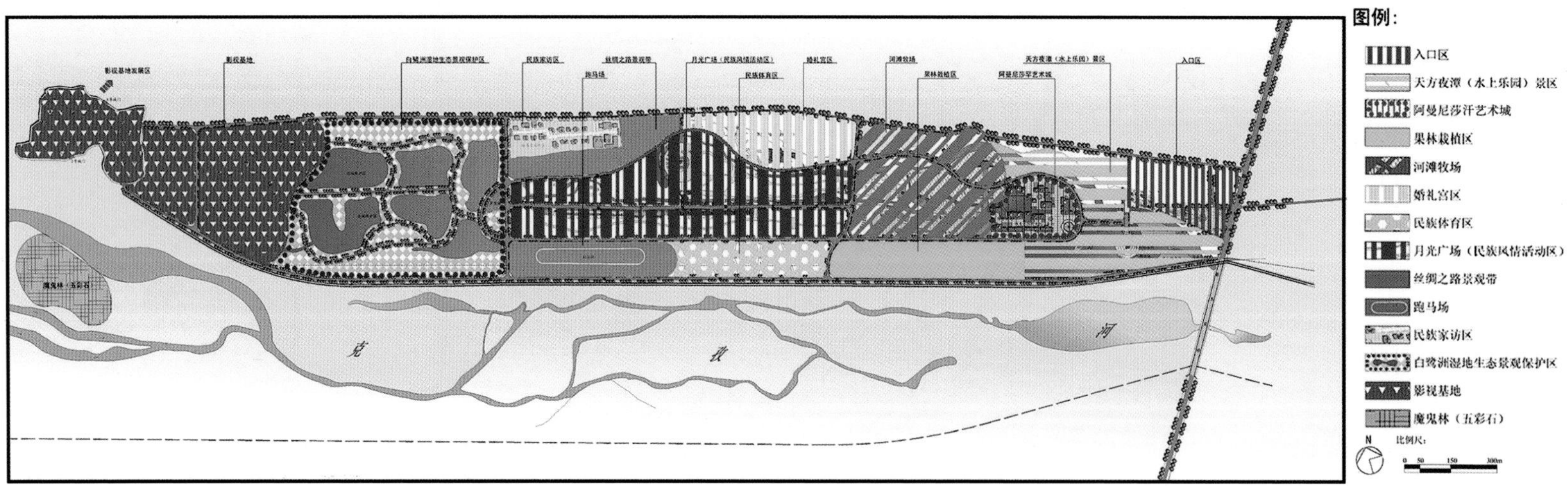

在研究和保护历史文化名城时，必须对历史文化风土和非物质文化遗产予以高度重视。在茫茫戈壁之中，有着丰富的地下水的湿地是非常珍贵的，喀什的西南角克孜勒河北岸，有一块约234公顷的大型湿地，是克孜勒河的河道淤积地，湿地上目前有三条常年溪水通过，水源十分充足。规划为喀什噶尔风情园，目的在于重点保护好喀什这块十分宝贵的湿地。

按照现行法律、法规和国务院有关文件精神条例（草案）规定，湿地保护实行林业部门负责组织协调，渔业、水利、国土资源、环境保护等部门实施的管理体制。条例（草案）主要从湿地面积、生物多样性、水质、物种等多方面采取措施，加强对湿地的保护。在湿地利用方面，条例（草案）主要强调开发利用湿地资源，必须坚持经济发展与湿地保护相协调，维护湿地生态平衡，不得超出湿地资源再生能力，不得破坏野生动植物的生存环境，不得擅自占用湿地或者改变湿地用途。鼓励按照湿地总体规划开发利用湿地资源。

规划侧重于保护生态环境和动植物的多样性，特别是珍稀动物灰鹭的保护，三十余种珍稀植物也是重点保护的内容。

喀什噶尔风情园的主要建筑形象设计（占总用地面积0.5%）

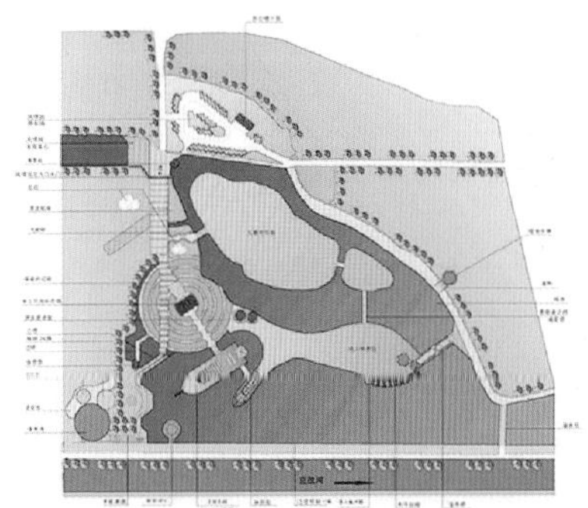
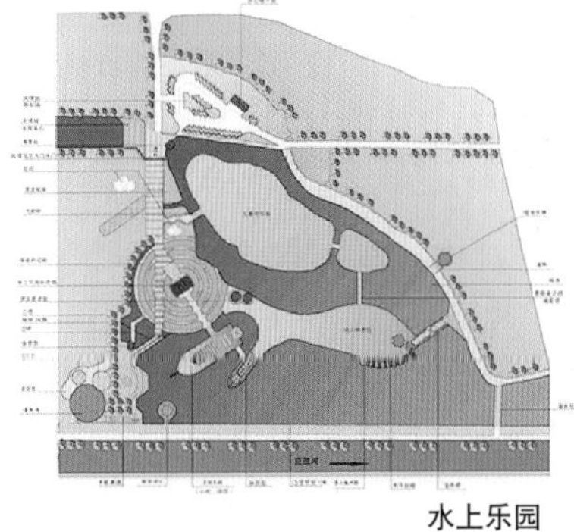

水上乐园

过桥

滤水坝

塔吉克族毡房

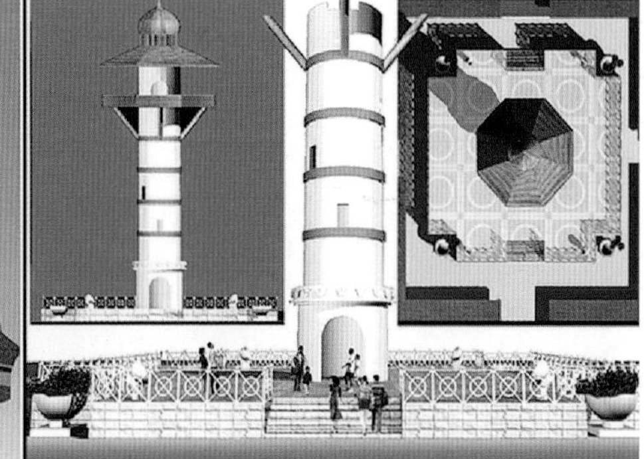

花神木塔

阿不都拉铜锡房

十二木卡姆桥

中心水带歌舞表演区

麦西来甫乐器精品屋

西域明珠标志物

皇宫马车

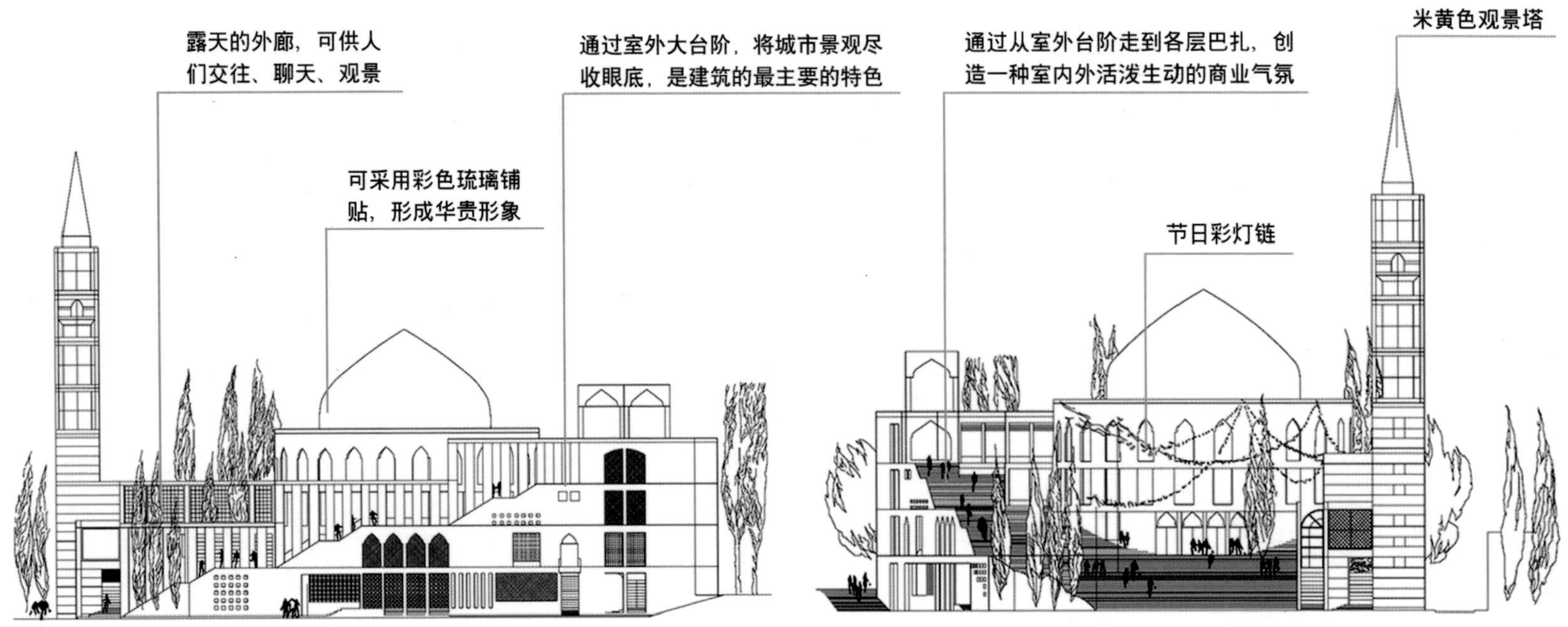
露天的外廊，可供人
们交往、聊天、观景
可采用彩色琉璃铺
贴，形成华贵形象
通过室外大台阶，将城市景观尽
收眼底，是建筑的最主要的特色
通过从室外台阶走到各层巴扎，创
造一种室内外活泼生动的商业气氛
米黄色观景塔
节日彩灯链

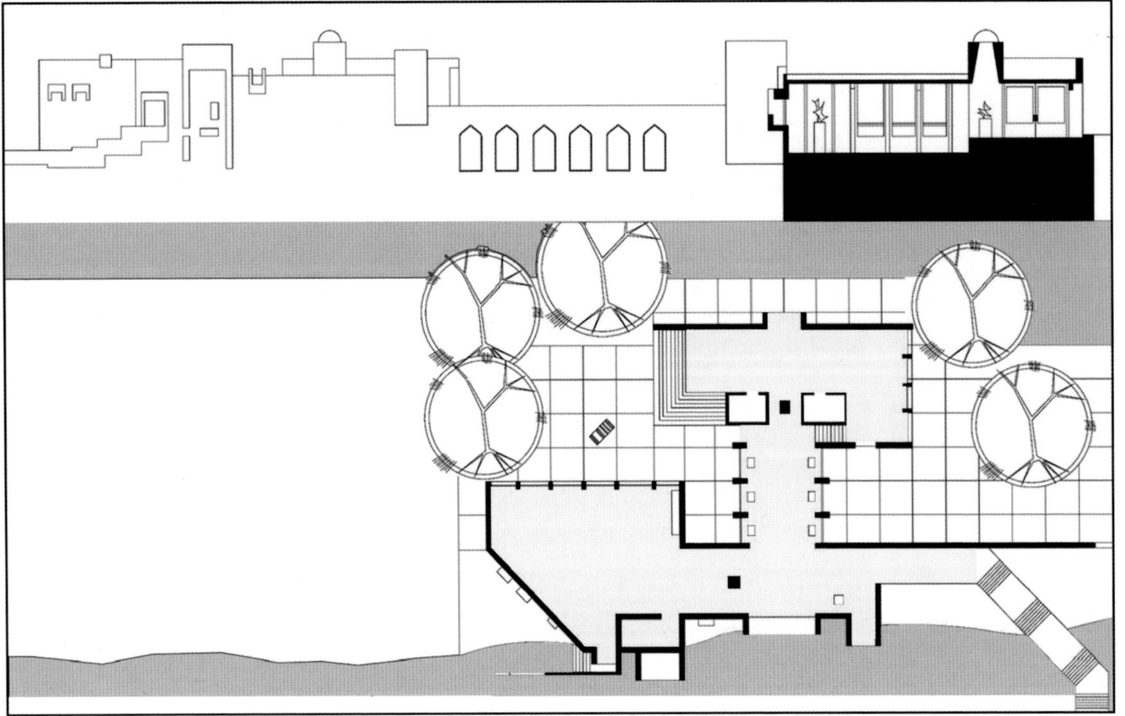

建议安排在吐曼河风光带内，作旅游工艺品大巴扎，但在风光带中最多安排一座，其他均应为小品点缀在绿带中。

滨水冷饮厅模式设计作为绿带公园中的点缀性小品建筑。

(周恺设计)

买得里斯整修方案

买得里斯整修方案

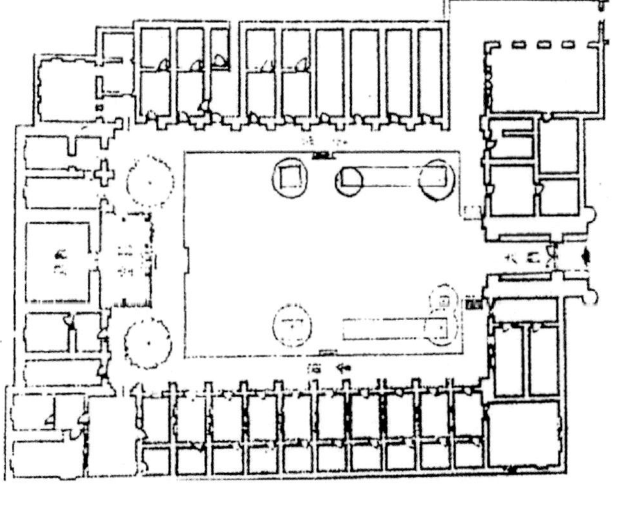

平面图

买得里斯位于喀什市中心东北0.8千米，亚瓦格街道办事处驻地南侧，北靠欧尔达希克路。

汗勒克买德里斯，维吾尔语意为皇家经文学校，经文学校始建于公元十七世纪左右，为喀什最古老的建筑之一，原是专门为学子们教学经文的地方，新疆历史上很多名人都曾在此求学。

经文学校现为一四合院，已成为喀什地区政治学校所在地。所存最早的内寺，也就是经堂，教室、住宅为一体。坐西向东，南北长7.7米，东西宽6米，总面积为46.2平方米。砖木结构，青砖尺寸38厘米×18厘米×5.5厘米。经文学校两侧为左右厢房，各10间。原来全是内外套间，“文革”中将南边套间拆除。厢房供学员和阿訇们起居之用。院内地面铺设砖（新中国成立后整修所为），绿树成荫，给人以清新爽快之感。

城市雕塑设计组图

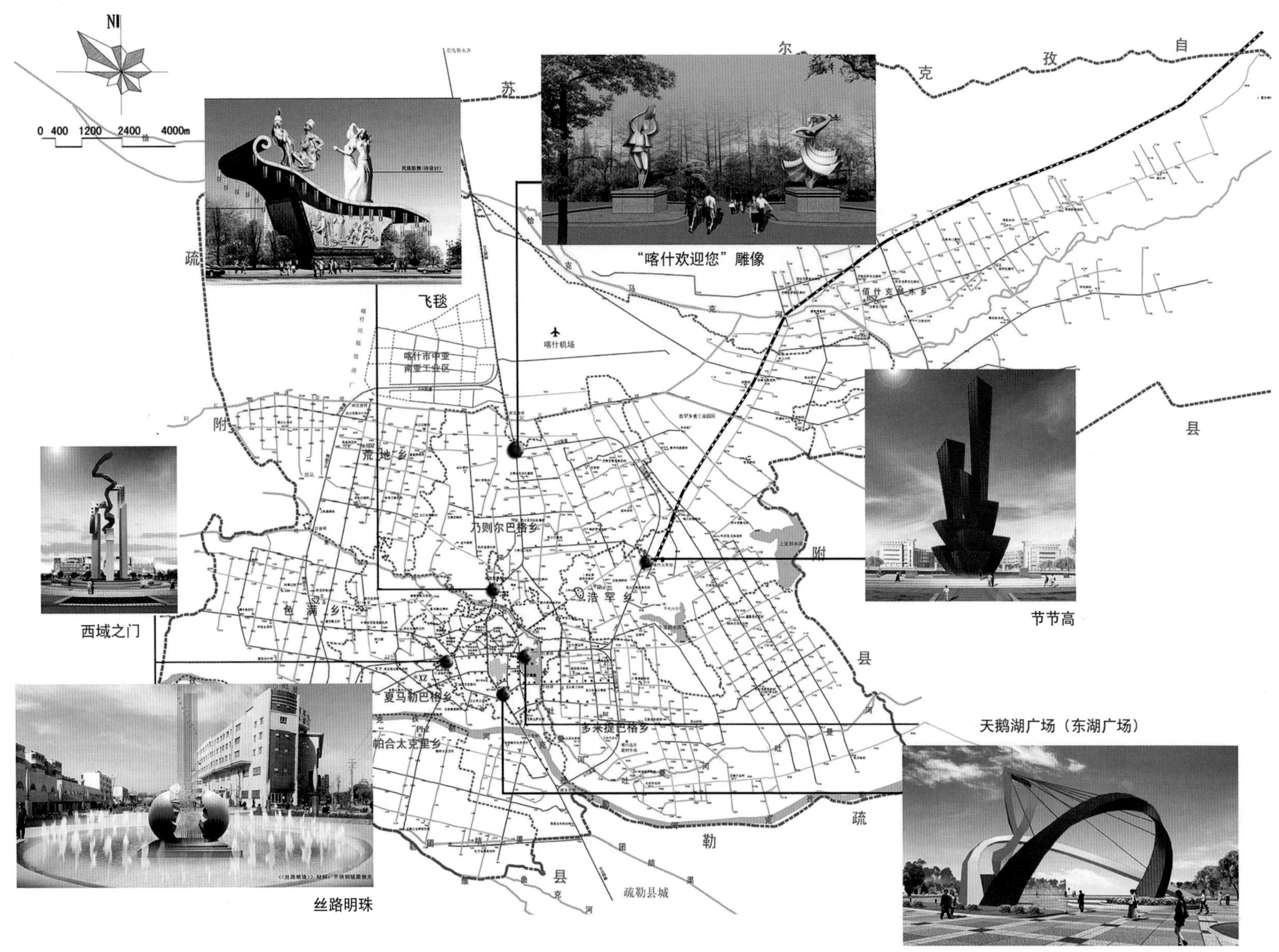

飞毯

“喀什欢迎您”雕像

西域之门

节节高

丝路明珠

天鹅湖广场（东湖广场）

丝绸之路

城市雕塑是城市文化品位构成的重要元素，世界各国都以城市雕塑作为宣传城市文化的一种手段。在古希腊—罗马时代，大学建筑系是设在艺术院校内的学科，设计建筑都要考虑安排雕塑的位置，雕塑是建筑的重要组成部分。只是到近代，建筑学科才开始划入工科院校。这就是为什么我们走在罗马大街小巷上都可以看到建筑中有雕塑，雕塑和建筑相得益彰的原因。

一座城市完整的规划，都含有城市雕塑体系规划。如俄罗斯首都莫斯科二十世纪七十年代总体规划中明确了城市二环路的雕塑以纪念反法西斯战争胜利纪念性雕塑为主题。我国各历史文化名城也都有大量当地历史名人的雕塑，丰富了城市文化的内涵。

喀什的雕塑，以模式性图纸为例，应以西域浪漫之都、丝路文化名城、充满神秘色彩的大漠边陲城市三大主题为基调。

示例中飞毯是浪漫；西域之门、丝路明珠、丝绸之路是历史；节节高、“喀什欢迎您”是现代。

城市雕塑——民族团结的明珠

设计意图：

以互相缠绕、包含的基座象征中华各民族团结，形成坚定的牢不可破的国家基石。

顶部为金刚石，隐喻民族团结成一人，则无坚不摧。

可改为四色，象征不同民族融为一体。

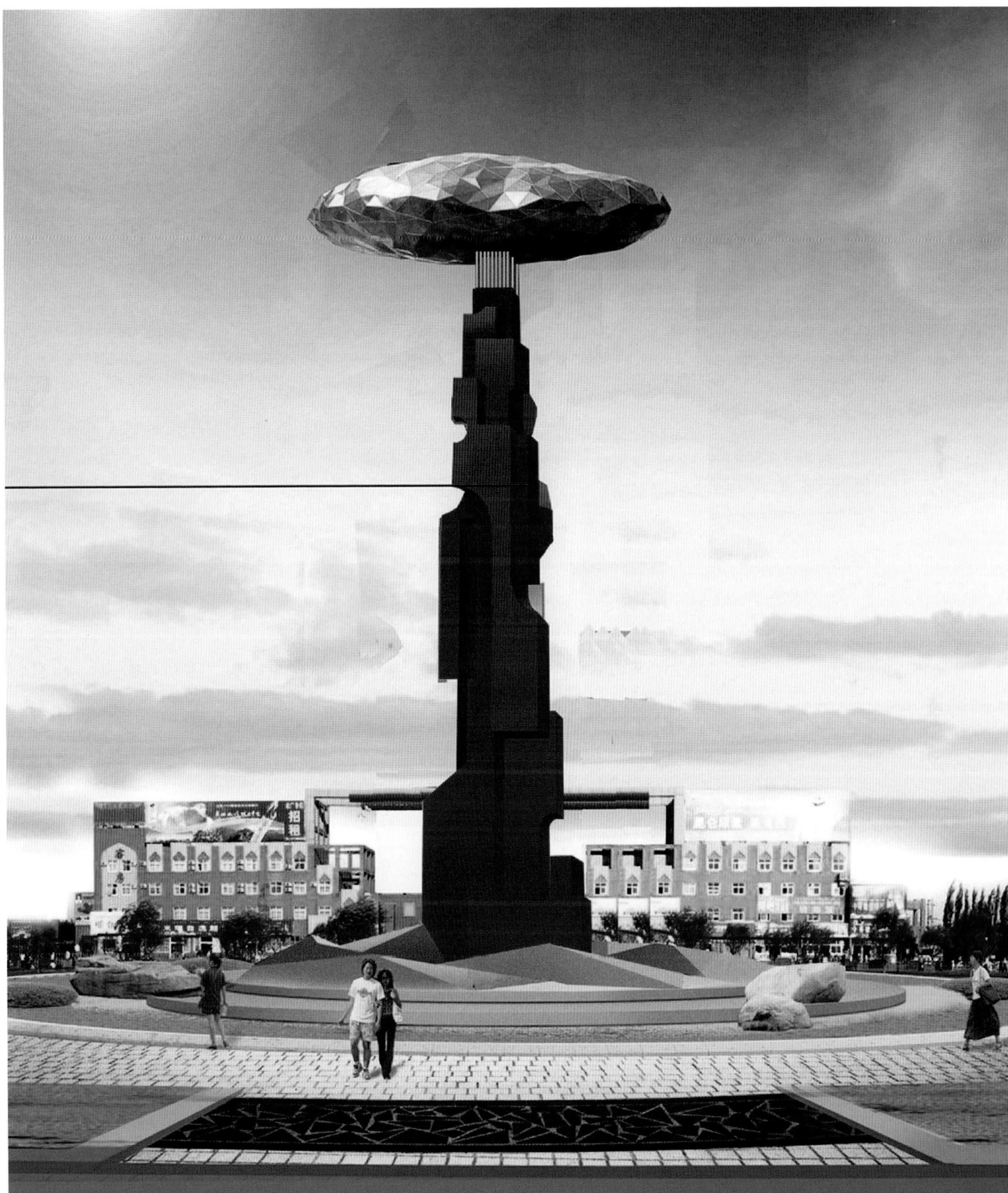

国家一级雕塑家汪苇设计方案

设计地点：火车站广场
题　　目：民族团结的明珠
高　　度：28 米
材　　质：印度红石材、不锈钢

城市雕塑——西域之门

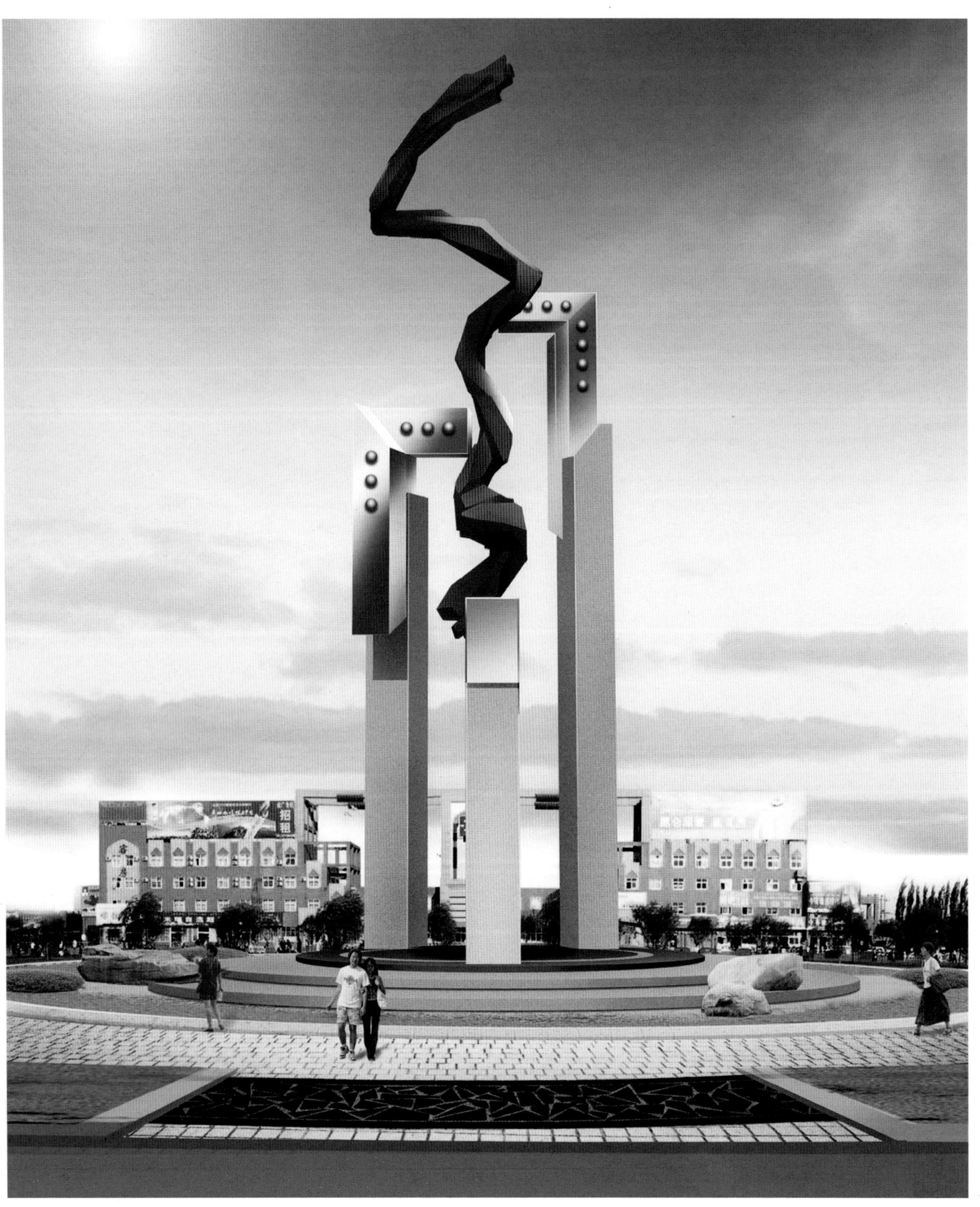

创意说明：

该方案整体造型似一个“门”字，寓意通向外部世界的大门、联系欧亚的大门，上部舞动的红色彩绸像弯弯的路以及似延绵不尽的沙丘，象征丝绸之路。另一方面，该雕塑采用了多种材料结合，材料上动静结合、视觉上刚柔结合，以现代构成的手法创作了此方案，同时该雕塑还寓意了过去、现在和将来：石头象征过去，不锈钢代表现在，动感的红色丝绸象征着未来。由于该雕塑立于车站广场前，红绸的热烈气氛还象征着喀什人民欢迎八方来客。

国家一级雕塑家
王建新方案设计

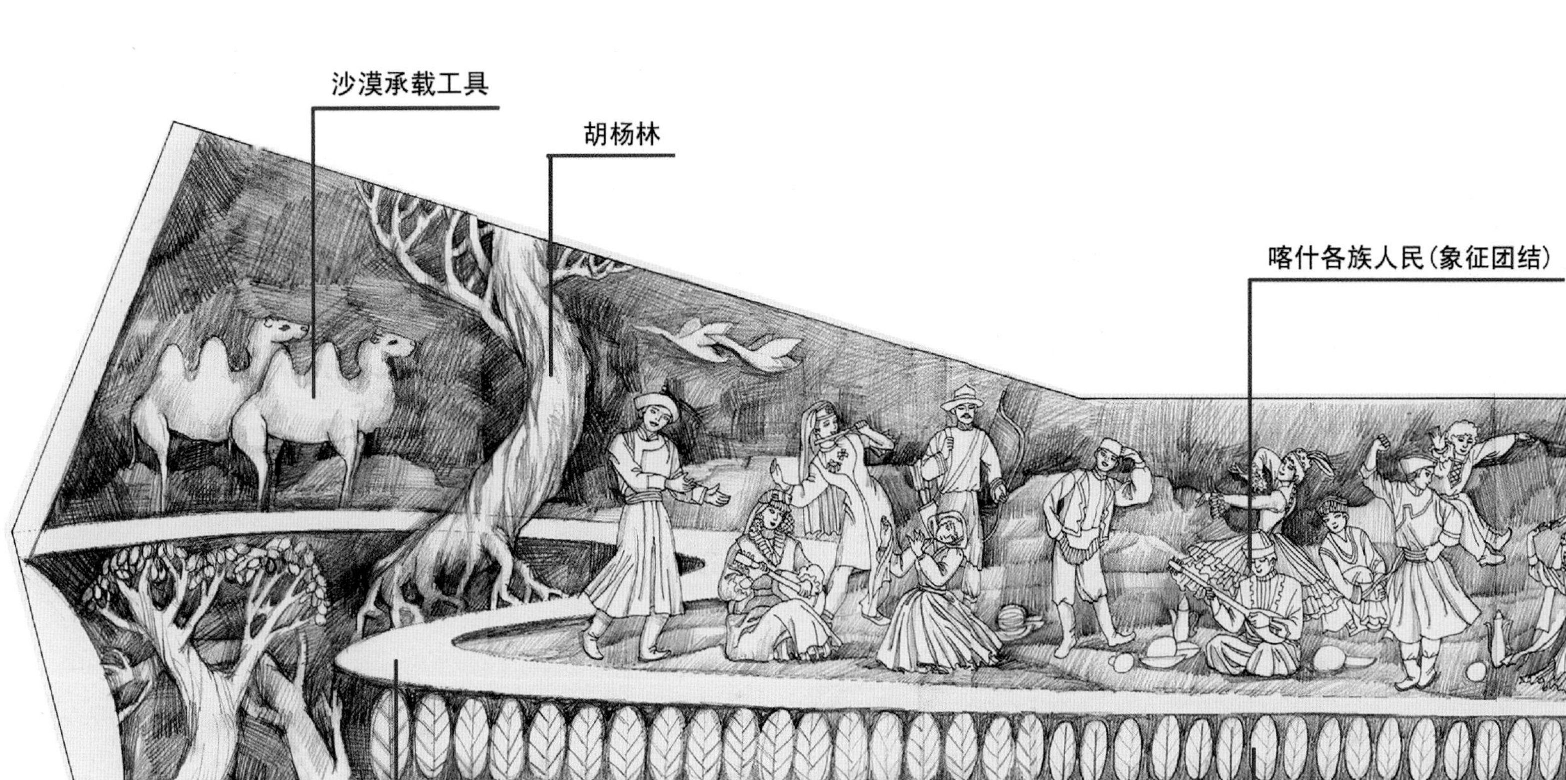

创意说明：

本方案为喀什市火车站广场中心标志物设计，题目可定为《大漠之舟》，船象征着喀什市是丝绸之路上的重要名城。象征着新疆各族人民同舟共济、共建美好家园的愿望。

在船的侧弦上，曲线代表着丝绸之路，曲线的下方为新疆的典型绿色文化钻天杨和胡杨林，曲线上方为各民族歌舞浮雕墙，象征着喀什各民族的团结。船的上方分别有两组标志，船首为"丝路明珠"，通过金色的合金球表示丝绸之路明珠的意向。碑身的正面用维、汉两种文字刻写《丝路明珠——喀什》。顶部的红色巨柱象征着中国共产党对新疆建设的有效领导。船尾由四个金字塔式的尖锥体构成，象征着四大文明，每面金字塔上分别用古埃及、古罗马、古希腊、古巴比伦文字装饰，象征着该区域的历史文明，中华文明则用甲骨文来表示，说明喀什是四大文明的汇聚点。两个主体之间用彩色不锈钢、空间网架予以连接，象征着欧亚大陆桥。

该雕塑的船体通过楼梯可上人，形成一种车站广场万众欢欣的热烈气氛。

设计地点：喀什火车站广场

题　　名：大漠之舟

高　　度：20 米

材　　质：钢筋混凝土外贴石材彩色不锈钢等

国家一级雕塑家汪苇设计　铸铜制作

西域广场现状分析图

广场太旷，缺少主题雕塑

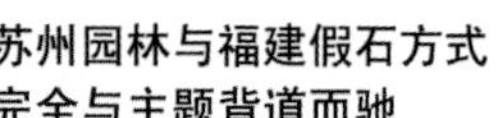

由于设计人对喀什历史文化缺乏了解，广场命名为“西域广场”，但没有任何西域文化特色，也没有相应的点题体现文化内涵，是内地住宅间绿地模式，失去了城市特色构件作用。

灯具不适合选成品灯，而应单独进行设计，使之有西域特色

远景的欧风建筑和西域文化毫无关系

水面图形与喀什文化无任何关系

苏州园林与福建假石方式完全与主题背道而驰

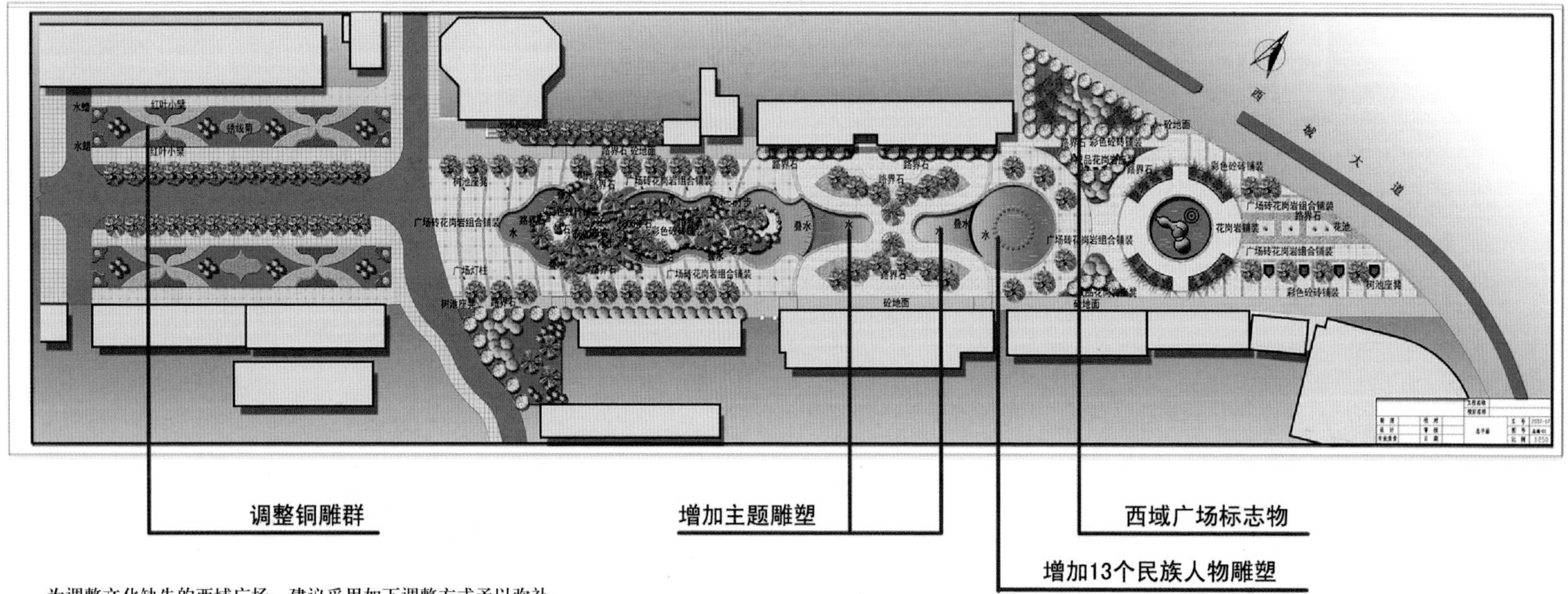

为调整文化缺失的西域广场，建议采用如下调整方式予以弥补：

1. 以喀什地区出土文物复制品放大，展示西域文化3000年来的文化典例。
2. 以喀什历史文化名人为主题作12尊雕塑，展示西域人物，如玄奘、张骞、班超、麻赫穆德·喀什噶里、玉素甫·哈斯·哈吉甫、阿曼尼莎汗等。
3. 以西域历史故事为主线，安排3～5组铜雕塑。
4. 利用周边建筑外墙作高浮雕、以西域文化为主题。
5. 以西域各种乐器为主体形成系列铜雕。

西域广场位置图

▲新疆喀什13个民族人物图腾装饰柱设计

▲唐玄奘西行碑雕

▲喀什地区出土文物作雕塑模式

《丝路明珠》材料：不锈钢镜面抛光、镀钛金

设计意图：

两个半球象征着欧洲与亚洲大陆，中部钛金象征丝绸之路是连接欧亚大陆文化的纽带。

国家一级雕塑家王建新方案设计

建造地点：西域广场水池内
题　　目：丝绸之路
高　　度：6 ~ 8 米
材　　质：不锈钢抛光喷色、镀钛金

《水景小品》材料：花岗岩、锻铜、玻璃　创作：王建新

国家一级雕塑家王建新方案设计

设计意图：

以四种不同的材质象征四大文明在喀什西域通道上交汇，形成喀什噶尔文化。

建造地点：西域广场
题　　目：四大文明
高　　度：8～12米
材　　质：玻璃钢
　　　　　花岗岩
　　　　　印度红
　　　　　玻璃砖

国家一级雕塑家汪苇方案设计

依照“喀什历史文化名城保护规划”规定，要逐步完成喀什雕塑体系规划中的各项雕塑项目。本方案拟在迎宾路上（机场路）中心三角地游园内完成“迎宾歌舞”雕塑，材质为彩色不锈钢，高 8 ~ 12m，以典型维吾尔舞蹈抽象化。

（厦门艺术学院教授，国家一级雕塑家汪华先生方案之一）

喀什东湖公园浮雕设计方案

丝绸之路（4.5米×3米）

设计创意：

通过对“丝绸之路”典型情景的提炼塑造，并组合重要地域节点代表景物、史料地图等表现要素，借鉴图景叠映的电影蒙太奇语言，构成三个丰富而清晰有序的表现层次：

画面中心主题性的情景人物，衬于丝绸之路陆路线路图，使主题传达以认知的直接性、形象化情绪感染力，构成赏读点题鲜明印象；

画面远景如广袤的历史地平线，从西安大雁塔到欧洲经典建筑，象征丝绸之路的历程，作为背景烘托，令人遥想往昔；

中景分左右，展现丝绸之路往来的多样情景，通过独具风情的渲染演绎，丰富并深化赏读印象。构图结构线如大漠起伏，似丝绸飘扬，而山峦叠层，是瓷器的装饰，也是丝路路景，恰如历史长歌的线谱，印刻着曾经的苍茫与繁盛。

一路通八国（6米×3米）

设计创意：

喀什通往相邻八国的路是一条纽带，也是一路风情，《一路通八国》以此作为创意线索展开设计。

画面中心以相邻八国地图展开直观的“导读性”介绍：

从喀什引出的“路”形，蜿蜒于起伏山间，悠扬延展如飘带，随山形而层叠，别具意味；

“路带”叠为八个段落小画面，依次展现八个国家的标志性建筑，以深刻印象；

画面两侧“路景”风貌，以中亚特色图样为装饰，既是山野林木的浪漫表现，又是地域风情的象征展现，寓意及形式优美，画面整体直观而又富于浪漫的诗画意味，装饰与巧意相济，品读审美兼得。

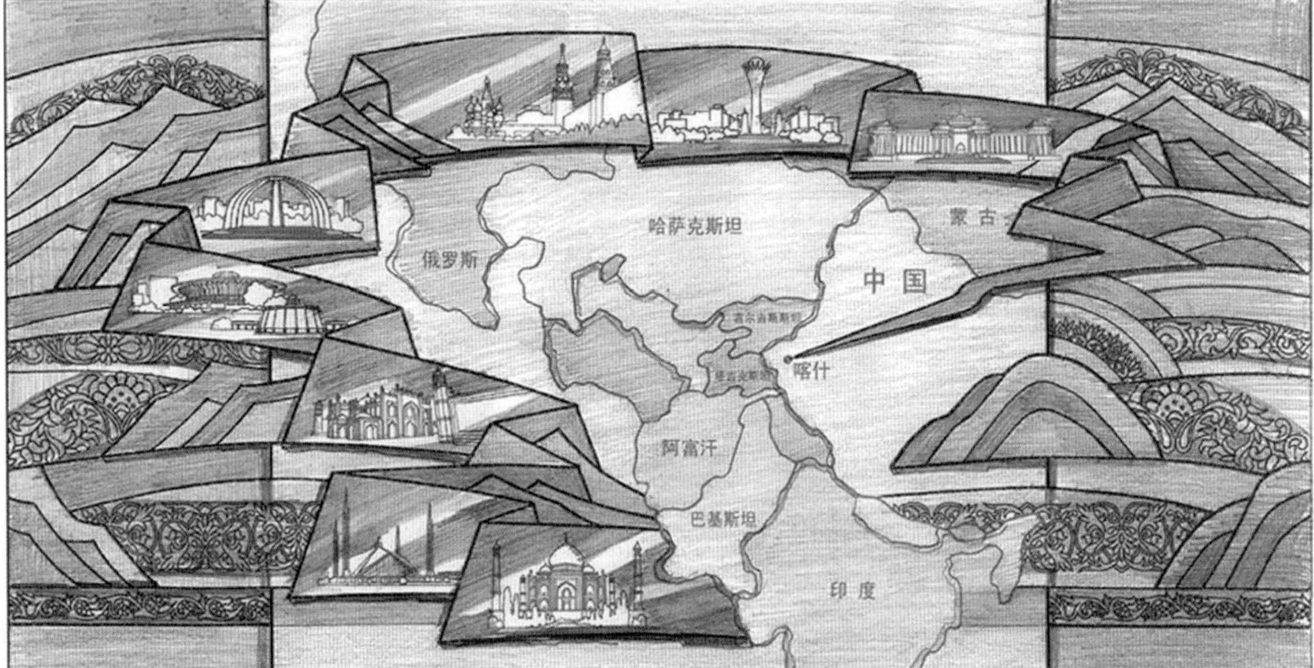

东湖公园浮雕设计——和谐社会

和谐社会·歌（6 米 ×3 米）

创意设计：

“歌”是和谐社会的心情，以此为创意点。此浮雕以“木卡姆”为素材，展开画面；

以“木卡姆”经典情景的表现为中心，组合生活化的装饰图案及物件，营造独具地域特色艺术镜像；

中景层次展示的是花木盛茂的生态图景，突显“新疆是个好地方的画意”，并成为美好生活的写真；

远山和如意祥云是主体诗韵化的浪漫渲染，是画面情绪的象征性引导，与《和谐社会·舞》相对应。此作以“和美大地”为主线，因而采用高地平线群山突出大地的壮阔，使“好地方”花锦簇拥着美好生活欢歌，呈现和谐社会盛世图景。

和谐社会·舞（6.5 米 ×3 米）

设计创意：

“舞”是和谐社会的动态表情，画面以“舞”为创意点，运用写意抒情的手法，展现“舞”的欢乐图景。

以一组经典舞蹈组合为中心形象，衬于远山群峰及祥云虹拱，构成主题特色鲜明的画山中心主体；

群舞相伴，以如舞扭转的维吾尔族特色图案映衬，延伸舞的形意美感，渲染情绪；

扭动的阳光与祥云和飞鸟，让舞的欢乐之情更为舒展，成为美好的景象；

作为“和谐社会”主题组画之一，《和谐社会·舞》以“祥和天空”为主线，因而以低地平线群山突出“穹拱”式构图特征，使舞蹈动态与装饰图样构成欢乐和美的彩虹，成为和谐社会的象征性诗画。

国家一级雕塑家汪苇设计

丝路名城的形象标志——喀什之门

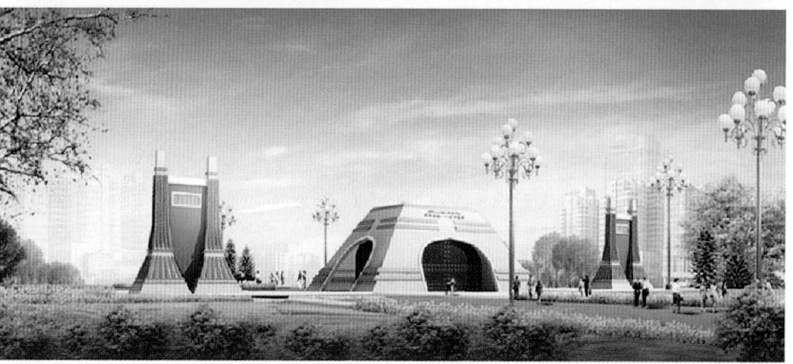

喀什作为新疆维吾尔自治区首批国家级历史文化名城，为我们留下了丰富的文化遗产和宝贵的精神财富。为更好地体现喀什深厚的历史文化底蕴和衬托其作为“丝路明珠”的历史地位，将在市内四个较为显著的位置建造四座以西域文化为背景、结合喀什地域文化特色，以现代设计理念为指导的标志性建筑——喀什之门。四座大门分别命名为“丝绸之路重镇——名城喀什噶尔”、“国家历史文化名城——喀什”、“丝路明珠——喀什噶尔”和“世界四大文明荟萃点——名城喀什噶尔”，以体现喀什作为历史文化名城的特殊地位。

喀什之门庄重而富有变化，雄健而又不失雅致的建造特色，无疑将为喀什这片古老、神奇而又美丽的土地注入新的文脉，为城市景观增加新的亮点。此外，喀什之门的建造不仅可以提高喀什的城市活力和人文魅力，还将为“打造喀什在中亚经济圈重心地位”的发展战略和确立“贸易先行，产业联动”的发展思路带来新的生机，从而为喀什人民带来欢乐与福音。

作为民族和文明的个性体现，喀什之门不仅将成为现代喀什最具代表性的建筑之一，相信，若干年以后将同艾提尕尔清真寺和阿帕克霍加（香妃）墓等其他历史古迹一样，成为喀什历史文化遗产中的一部分。

丝绸之路重镇——名城“喀什噶尔”

为塑造名城风貌景观特色，名城保护规划中建议在四个进入喀什的入口处，设立四座具有浓郁民族特色的城门标志。本方案采用喀什民族特色的曲线，叠涩构造的简化方式，受东西文化交流而产生的拱券与柱式，形成独具场所感的标志物，与名城特色风貌相呼应，展示丝绸之路文化在喀什的印迹（方案之一）。

喀什之门（二）

国家历史文化名城——喀什

喀什作为古陆上丝绸之路的重镇，东西方文化交流在喀什留下了大量的本土建筑与欧风建筑相融合的实例。本方案以独特而简化的尖券与简化的古希腊—罗马柱式相结合，形成东西方合璧的建筑样式，穹顶与角亭体现着丝绸之路主体文化的外在形象，为名城开发旅游奠定一个符号化的标志性形体（方案之二）。

丝路明珠——“喀什噶尔”

以典型中国汉代的生土承台式基本样式，配以汉唐以来的钉式红门，形成华夏文化为根基、地方本土文化为主体的理念，形成民族特色鲜明的文化广场，大红门内有喀什的历史简介。

两侧的题记墙以维、汉两种文字记叙城市形成的简史，以汉风“状元柱”加维吾尔图案装饰形成配套标志性群体，主门以尖拱与铭文食布带模式装修台式主门，形成维、汉两种文化和谐交融的艺术性极强的现代标志纪念建筑，反映丝绸之路文化的交融性、包容性，以及开放的心态（方案之三）。

喀什之门（四）

世界四大文明荟萃点——名城“喀什噶尔”

以民居样式为主体，运用解构美学原理与技巧形成的方案（方案之四），适宜安排在距名城较近的城市入口通道上，形成独立于交通干道的绿地，作为一个纪念性广场。

主门设小卖部，提供维吾尔茶品、咖啡、饮料，供游人休息与品味喀什文化，主门屋顶上、两侧休息廊、两侧现代标志塔（从唤醒塔样式演变而来）均可上人、休息与驻足，远眺城市。形成一处独具特色、令人振奋的场所建筑。

喀什之门（五）

喀什之门（六）

设想在名城旅游主入口处，安排一组引导性建筑小品，与商店、餐饮相结合。建筑以喀什的传统艺术符号以集大成方式组合而形成外部装修，与老城建筑风格相一致，是一组充满浪漫色彩的旅游建筑。

喀什之门（七）

本方案适用于主题公园的入口大门，以古埃及、古波斯、叙利亚大马士革、古印度的典型图案融合解构而成，并融入了早期西班牙摩尔建筑（中东阿拉伯建筑风格的起源）风格而成，适宜表现丝绸之路主题的公园、建筑群等的入口样式。

（注：本书所提供的方案设计，凡有志于为喀什旅游作贡献的开发商、个体业主以及社会团体，均可以联系作者无偿提供设计图纸与方案图纸。）

喀什旧城街巷入口门廊都很有特色，不拘一格。大体上有如下几种模式：

1. 从主街上通过过街楼（过街楼多数为小清真寺的祈祷室）进入。

2. 街巷门作为清真寺入口样式。

3. 拱门形式或两柱有边柱形式的街巷入口。

左图为从主街上进入巷道的两个入口方案，作为引导性设计。街巷的居民会自行设计一些更具民族风格的入口门廊。

东湖公园七彩门设计方案

为与天伦广场相协调，天鹅湖（东湖）公园亦做了一些以方、圆为题的设想方案。从主入口进入公园，设想安排七彩门，以象征喀什文化的丰富多彩。球形展厅以及七星拱月灯门均以圆形与周边相呼应。原设想在入口处形成一处栽满鲜花与果树的浮雕墙围合的休息空间，形成历史上大漠土墙的意向。浮雕墙以亚欧丝绸之路桥、大中华一统、民族团结为主题，体现一种祥和的、充满朝气的城市意境。七星拱月门以发光体与彩色不锈钢制作，有七盏不同高度的楞柱式吊灯，夜晚可发七彩光或单色变幻光(GLD)，形成东湖公园之魂。

世界著名的代表性城市之门实例

1. 中国・天安门

2. 法国・巴黎凯旋门

3. 俄罗斯・莫斯科凯旋门

4. 德国・勃兰登堡门

5. 朝鲜・平壤凯旋门

6. 德国・海德堡大学城之门

7. 俄罗斯・圣彼得堡凯旋门

8. 印度・德里印度门

9. 印度・班加罗尔印度门

喀什非物质文化遗产现状、保护条件与保护原则

非物质文化遗产是指各种以非物质形态存在的与群众生活密切相关、世代相承的传统文化表现形式，包括口头传统、传统表演艺术、民俗活动和礼仪节庆、有关自然界和宇宙的民间传统知识和实践、传统手工艺技能等以及与上述传统文化表现形式相关的文化空间。非物质文化遗产是以人为本的活态文化遗产，它强调的是以人为核心的技艺、经验、精神，其特点是活态流变。

一、工艺特产

喀什的民族工艺品，历史悠久、品种繁多，具有独特的民族风格，因而被中外学者盛赞为“维吾尔族民间艺术中心”。喀什的工艺品不仅受到当地群众的喜爱，而且经由“丝绸之路”销往西亚、欧洲等地，在国际市场上享有较高的声誉。

（一）地毯：喀什传统手工艺品之一，以精湛的工艺和鲜明的风格著称于世。喀什地毯品种繁多，花色斑斓，花纹图案千姿百态，鲜艳夺目。喀什地毯质地精良，色调明快，美观大方，柔软舒适，坚固耐用，不仅具有较高的实用价值，而且具有较高的艺术价值。

（二）小刀：喀什地区的传统名牌手工艺品之一，约有 400 多年的历史。它选料精良、做工考究，造型美观，纹饰秀丽，具有浓郁的民族风格。目前已发展到 16 个品种 30 多种花色。主要有维吾尔族喜爱的凤尾式、百灵鸟式、黄鹂式；哈萨克族喜爱的红嘴山鸦式；汉族喜爱的龙泉剑式；蒙古族喜爱的兽角式等。喀什小刀既是人们日常的生活用品，又是具有较高观赏价值的工艺品，其中以英吉沙小刀最为著名。

（三）艾德莱斯绸：是维吾尔族妇女十分喜爱的丝绸料。它是使用蚕丝，采用古老的蜡染法工艺，按照图案的要求进行染色，其工序是非常细致而繁琐的。喀什的艾德莱斯绸，以色彩绚丽、鲜艳著称，用色反差大，对比强烈。它的色彩常用翠绿、宝蓝、黄、青、桃红、紫红、橘、金黄、艳绿、黑、白等色。它的图案结构细腻、紧凑、严谨、色彩强烈、透明、逼真，再现了大自然中光和

色的美感。艾德莱斯绸质地柔软、富于弹性，轻薄柔韧，美丽无比，具有鲜明的维吾尔民族文化特色，深受少数民族群众的青睐。现在人们不仅把艾德莱斯绸视为衣料，还有不少人把它作为工艺品买回去制作成室内装饰品。

（四）花帽：维吾尔族称为“朵巴”，是维吾尔族特需商品之一。它做工精细，均采用民族传统的绣花、挑花、伴金、镶银、串珠等方法，用手工绣制而成。喀什花帽品种繁多，有巴旦杏花帽、奇曼（绿底白花）花帽、塔什干（绿底白花）花帽、玛力江（红色镶珠）女花帽，均质地精良、色泽绚丽、图案精美。它不仅实用，而且是一种具有装饰美感的工艺品，是馈赠亲朋好友的珍贵礼品。

（五）木模彩色印花布：维吾尔族传统手工制品。这种花布主要用于制作墙围、壁挂、腰巾、餐单、褥垫、窗帘等。它具有物美价廉、经济实用等特点。这种花布采用凸版木戳印制而成，颜色多用大红、粉红、果绿、中黄、淡黄等，图案多以花卉、瓜果、植物、家用器皿为素材设计而成。这种花布具有浓郁的民族风格和地方色彩，给人以古朴、素雅、大方之感。

（六）土陶：喀什土陶历史悠久，远在新石器时代就有生产，汉晋时代发展到彩陶，具有古老独特的民族风格。在喀什的陶器中，尤以仿古土陶最为著名，它继承了传统工艺又有创新，兼有观赏和实用价值。喀什土陶的主要品种有碗、碟、盘、壶、罐等。特别是一种供少数民族群众洗手用的水壶，形状有大小、高低、扁圆之分，可称为喀什土陶的代表。喀什土陶造型古朴、素雅，给人以特殊的美感和艺术魅力。

（七）红铜器具：是喀什重要的民间工艺品之一。它历史悠久，别具特色。其主要种类有：盛水用的阿都（手壶）、接水用的其拉布其（盆）、盛饭用的里干（盘）等等。喀什红铜器制作工艺高，造型美观大方，图案纹饰秀丽，具有显著的民族风格和地方特色，不仅是良好的生活用品，而且具有较高的观赏价值。

（八）腰巾：维吾尔族男子的传统长袷袢，一般没有扣子，特别寒冷的冬季一般总要扎腰巾。除当腰带用外，腰巾还有多种用途，如携带小物体、食品等；又是男子服装的重要装饰品。做工一般都比较精细，富有独特的民族风格，表现了维吾尔族人热爱生活的审美情趣。它可分为两种式样：（1）方形腰巾：使用时折成三角形系在腰间，图案花纹向外，它多是用各色布、绸缎、织锦料绣制而成，有些青年人的腰巾色彩艳丽，而中老年的较雅淡；（2）长形腰巾：是一种线织长腰巾，多是黑色或黑绿色，用艳丽跳跃的色彩在两端织上数层几何形纹样，别具特色。

（九）马靴：新疆的各少数民族，几乎都有比较悠久的游牧生活的历史。为适应这种生活，他们逐渐养成了喜穿马靴的习俗。虽然人类生活在不断进步、发展，但这些民族依然保留着穿马靴的习惯。它已成为新疆许多少数民族群众男女老少都十分喜爱的特需用品。在喜庆的节日里，欢快的舞会上，新婚日子里，他们仍喜足登油光铿亮的马靴，配上独特的民族服装，将民族剽悍英武的体魄和豪爽开朗的性格表现出来。

二、民俗风情

（一）服饰：喀什维吾尔族的服饰多样而美观，具有独特的风格。男子多在衬衣外面穿右衽斜领、无纽扣、长及膝盖的“袷袢”（长袍），腰系方形长带，带中可存放零星物件，随用随取。妇女喜穿色彩鲜艳、有领无衽、从头上套着穿的衣裙。男女老幼都喜戴绣工精致的四楞小花帽，爱穿长筒皮靴，有时靴外还加套鞋。妇女喜戴耳环、手镯、项链、戒指等饰品。围花色头巾，讲究画眉、染指。未婚少女梳有七八条或十几条小辫，以多和长者为美。宗教职业者多用长的白布缠头。

（二）饮食：喀什市民大多以面食为主。日常食品有烤馕、拉面、抓饭、包子、汤面、曲曲等。喜食牛肉、羊肉、鸡、鸭、鱼肉。瓜果是维吾尔族群众生活中的必需品，还喜欢喝奶茶和红茶。

（三）居住：喀什维吾尔族人居住的房屋，一般为土木结构的平顶方形平房，上开天窗，房顶可做晒台或乘凉。维吾尔族群聚居村落中，沟渠纵横，果木成荫。住宅多自成院落，院内宅旁遍植花草，栽培桃、杏、梨、葡萄、无花果等。室内砌土炕，墙上挂壁毯，还开有大小不等的壁龛，饰以各种花纹图案。

（四）礼仪：维吾尔族是一个热情好客、崇尚礼仪的民族。家里来了客人，即使过去素不相识，也能热情接待。亲友相见，握手

问候，邻居间注意和睦相处，互相帮助，谁家有了红白喜事，邻里们争相协助。

（五）禁忌：维吾尔族对禁忌非常严格。饮食方面禁食猪肉、驴肉及其他自死牲畜，禁食一切动物的血；忌户外着短裤；住宅大门忌朝西开。坐下时，要求跪坐，禁忌双腿直伸、脚底朝天；接受物品或奉茶时，要用双手，禁忌单手。未经主人同意不得擅自动用他人物品。禁止携带污浊之物进入墓地和清真寺。到维吾尔族人家作客，饭前饭后要洗手，只限三下，洗后用毛巾擦干，不能乱甩。吃馕时，应将馕掰成碎块，不要囫囵啃。进餐时，不要随便拨弄盘中食物，不要随便到锅灶前面去，不要让饭屑落地。共盘吃饭时，不要将已抓起的饭菜再放入盘中。餐毕，等主人收拾餐具后方可离席。如长者坐“都瓦”时，不要东张西望或站起来。

（六）家庭：维吾尔族的家庭一般为小家庭，成员包括祖孙三代以内的直系亲属。独子不分家。多子女的家庭，子女长大成婚后，即与父母分居，另立门户。父母常把幼子留在身边，作为养老送终的依靠。维吾尔族的亲属范围比较狭窄，亲属称谓只在祖孙三代直系血亲之间才有。同辈间，比自己年长的男性称“阿喀”（哥哥），女性称“阿恰”（姐姐），比自己年幼的男性称“吾喀”（弟弟），女性称“森额尔”（妹妹）。维吾尔人的名字一般由本名加父名组成，简称时可以省略父名。

（七）婚俗：维吾尔族的婚姻为一夫一妻制。过去男女结婚多由父母包办，现在多为自由恋爱。在生育方面，家中生了男孩特别高兴，但对女孩也不歧视。小孩40天后在家中举行起名仪式，第二天进行剃头和洗礼。男孩满7岁时要行割礼（割去阴茎前的包皮），这被视为家中一大喜事，当地人称之为“小结婚”，办得十分热闹，亲朋好友都前来庆贺。

三、民族乐器

（一）弹布尔：其声铿锵、悦耳，十分独特。弹布尔常用作独奏乐器，在家庆宴乐中与热瓦甫、手鼓等乐器组合，为歌舞伴奏。

（二）都塔尔：是维吾尔族民间唯一的指弹弦乐器。这种乐器音乐柔美，可独奏，也可与手鼓一起为歌舞伴奏。尤以南疆喀什一带盛行。相传十四世纪已出现。记载见毛拉·艾斯木吐拉穆吉孜《乐师史》。都塔尔用桑木或杏木制成，全长120至130厘米。琴杆细长，指板缠十五至十八个丝弦品。音箱呈瓢形，用十一或十三块两端窄、中间宽的木板条拼粘而成。面板用桐木，上部开五个小音孔，组成花朵状，下部支有琴码。琴杆上端为琴头，平顶无饰，正面和左侧面各置一双角状弦轴。有两条肠衣弦。琴身周围用贝壳和驼骨嵌以黑白相间的精美花纹图案。

（三）热瓦甫：是维吾尔族、塔吉克族和乌孜别克族等少数民族所喜爱的弹拨乐器，比较普及。弹奏时左手握颈斜滑走弦，右手持牛角片或竹片弹拨演奏。热瓦甫又称拉瓦波、喇巴卜。相传创制于十四世纪。毛拉·艾斯木吐拉穆吉孜《乐师史》中记载，热瓦甫起源于喀什，民间流传的喀什热瓦甫，全长130厘米，音箱呈半球形，用整块桑木挖制，面部蒙羊皮或驴皮。琴头的弦槽部位向后呈直角弯曲。琴杆上缠有二十八个丝弦品位。琴杆与音箱连接处两侧各设一弯角。琴杆、音箱上镶有驼骨、贝壳等装饰。主奏弦和四至六条共鸣弦，均用钢丝弦。新型热瓦甫全长93厘米，音箱较大，采用多板拼合，蒙蟒皮，琴杆较短，上黏指板，嵌二十四或二十五个铜制品位，按十二平均律排列，不置共鸣弦。演奏时，琴横于胸前，左手

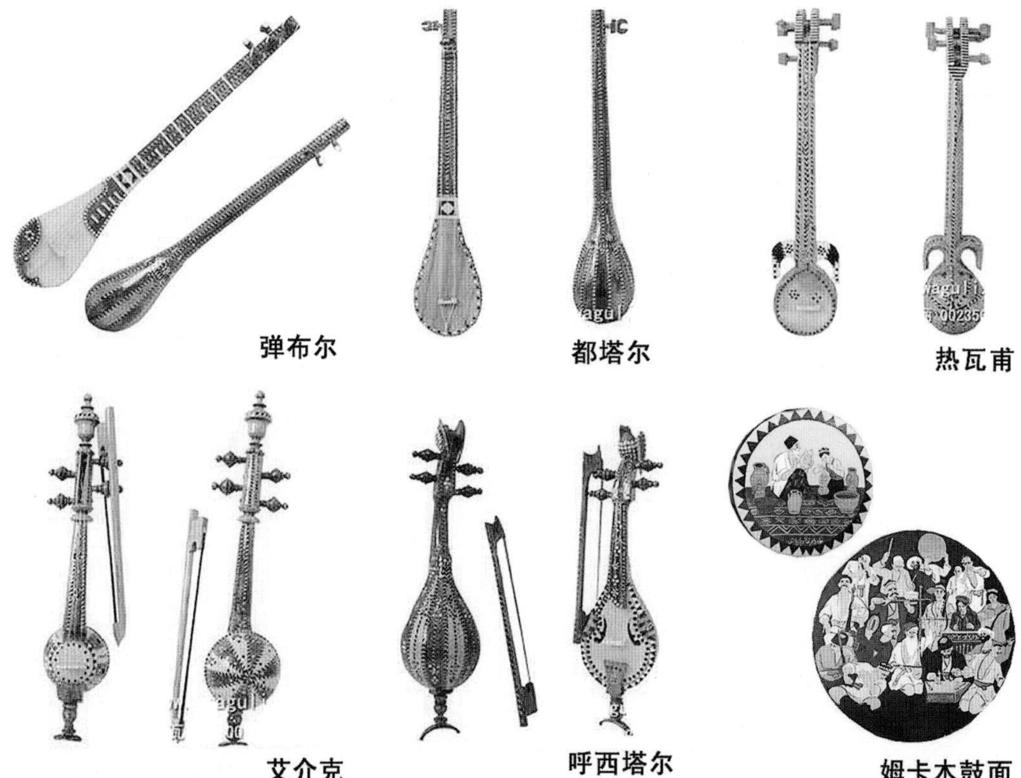
弹布尔　都塔尔　热瓦甫
艾介克　呼西塔尔　姆卡木鼓面

纳歌热

扶琴杆，食指、中指、无名指按弦，右手腕部挟着音箱，拇指、食指，执三角形牛角或塑料拨片弹奏。用于独奏、合奏、伴奏。

（四）呐格拉：是以木槌敲击演奏的乐器，汉语称铁鼓，主要用于盛大节日和婚礼。它与唢呐相配合，创造出一种欢快、喜悦的气氛，令人情不自禁地手舞足蹈起来。鼓腔用生铁铸成，近年有用铸铜或厚铜板制作的。上口宽大，两侧设环。鼓面蒙羊皮、驴皮或骆驼羔皮，鼓皮四周由皮条或绳索绷紧并拴系于身中腰。通常两个组成一对，鼓面直径大者 27.5 厘米，小者 20.5 厘米，鼓高 20 至 30 厘米。两鼓音高为四度或五度关系。

（五）达甫：汉语称手鼓，是维吾尔族民间广泛使用的古老的打击乐。为合奏和伴奏不可缺少的乐器，它声音脆亮，在乐队中起着统一节奏和速度的作用。它是波斯阿拉伯文化东传的产物之一。达甫，因敲击发出"达"、"甫"两重音而得名。在敦煌北魏时期（公元 439—535 年）壁画中已见其形象。鼓框为桑木制成，单面蒙羊皮、小马皮或驴皮，鼓框内侧缀小铁环。改革的达甫则蒙蟒皮。有大、中、小三种形制，直径 20 至 52 厘米。

四、歌舞与民族体育

喀什素有“歌舞之乡”的美称，远在一千年前，喀什歌舞就传到了中原，隋唐时期，喀什的音乐和舞蹈誉满长安。现在，喀什的民族歌舞更是独放异彩，成为中华民族乐舞艺术不可或缺的一部分。能歌善舞可以说是维吾尔族的天性，他们无论男女老幼，情之所动，兴之所至，都会翩翩起舞，引吭高歌。维吾尔族舞蹈有的质朴短小，富有乡土气息；有的规模宏大，具有现代色彩；有的以粗犷豪放、鲜明跳跃见长，有的以浓郁雍容、深沉悠长显胜。维吾尔族舞蹈有流行广泛、自由多变的“喀什赛乃姆”，还有“刀郎舞”、“萨玛舞”及“买西来甫”等。驰名中外的维吾尔族古典音乐《十二木卡姆》集维吾尔族音乐之大成，是维吾尔族乐舞艺术的稀世瑰宝。《十二木卡姆》是源于喀什的维吾尔族民间古典音乐，继承融合了疏勒乐、龟兹乐、于阗乐的传统，集中体现了维吾尔族歌、舞、乐三种艺术高度统一的特征，是维吾尔族音乐之母，也是中华民族音乐文化的无价瑰宝。“木卡姆”原为阿拉伯语，意思是“地点”、“地位”、“法律”，作为音乐术语，意为成套的民间古典音乐。维吾尔族的《十二木卡姆》产生于公元14—16世纪西域音乐的融汇时期，经过多次的整理、规范，才成为今天的《十二木卡姆》。十二木卡姆，由拉克、且比亚特、木夏吾莱克、恰尔尕、潘吉尕、乌孜哈勒、艾介姆、乌夏克、巴雅提、纳瓦、斯尕、依拉克十二套套曲，245首乐曲组成。每一套都分为大乃额曼、达斯坦、麦西垫甫三个部分。每一套木卡姆演奏时，大乃额曼苍劲深沉，蕴蓄无穷；达斯坦流畅欢快，抒情优美；麦西垫甫则载歌载舞，把演奏推向高潮。

喀什的民族体育活动也非常丰富，最有特色的当属“达瓦孜”和“斗羊”。

达瓦孜：汉语意为高空走绳，是维吾尔族具有悠久历史、浓厚民族特色的传统体育项目之一。据史料记载，达瓦孜已有几千年历史。关于“达瓦孜”有很多美丽的传说。相传，古时，有一种在空中活跃的妖怪，经常呼风唤雨，残害百姓。后来一位青年，为消灭妖怪，在地面上竖起一根30多米高的杆子，用一根60多米长的大绳连结杆顶，他赤脚沿着大绳走到杆顶，与妖怪展开搏斗，将妖怪杀死，为民除了害，受到群众的爱戴。后来人们为了纪念他，便开展了“达瓦孜”这项体育活动。表演“达瓦孜”时，要选择一个空旷的广场，在场地的中心竖一根八九层楼房高的长杆，四周要用许多钢筋和绳索牵制，使之不至于倾斜和栽倒。一根长35米左右的粗大绳子从木杆的顶端斜拉到地面，使之与地面形成约45度夹角，在大绳上还系了许多作装饰用的红色布条，使观众可以从远远的地方清晰地看到这条引人注目的大绳。现在的达瓦孜，已兼有体育、杂技和民间艺术的特色。表演者身着民族服装，骑着经过修饰打扮的高头大马，宛如古代勇士，绕场一周，向观众致意。然

后，不系保险带，光着脚，在唢呐、羯鼓声中开始走绳，表演侧身走绳、蒙眼走绳、倒立、踩碟走绳、飞身跳绳、骑独轮车等高难动作，不时出现各种惊险场面，让观众拍手叫绝。

斗羊：是新疆维吾尔族群众的一种群体体育活动项目，历史悠久也是群众喜闻乐见的休闲生活方式之一，喀什的斗羊是最具民族特色和原始风味的。斗羊多流行于农村，农闲时或茶余饭后，或在农贸集市的热闹处，常常围拢一些人，观看两只肥壮的羊在斗架。只见两只体魄相当的羊在各自主人的牵引下，在场边两头相向摆好迎战姿态，一位裁判员发出吆喝和手势，两只羊忽然从主人手中跑出，向对方冲去，咚！咚！两只羊头猛烈地相撞，每撞击一次，斗羊均往后退几步，鼓尽力气，再往前冲顶，1次，2次，5次，8次，10次……哪只羊的气力足，撞劲大，就可能取胜；哪只羊的气力弱，撞劲小，就可能败北；胜者，主人当场给它喂几块白面馕，以示犒劳，观战的群众也纷纷围拢上来，抚摸羊头，算是一种鼓励和赞扬。而战败者，似有羞涩之意，怄怄地躲在主人身后，一声不叫。自然，主人不会施以犒劳，但也不给它什么惩罚。有时，两只羊势均力敌，斗二三十个回合难见胜负，为了保存各自的实力，为了爱惜自己的斗羊，经过裁判和两位羊主的商议，可以握手言和，结束斗局。

五、饮食文化

（一）烤馕：馕是新疆各民族喜爱的主要面食之一，已有两千多年的历史。馕的品种很多，大约有五十多个。常见的有肉馕、油馕、窝窝馕、芝麻馕、片馕、希尔曼馕等。据考证，“馕”字源于波斯语，流行在阿拉伯半岛、土耳其、中亚各国。维吾尔族原先把馕叫做“艾买克”，直到伊斯兰教传入新疆后，才改叫“馕”。

馕的一般做法跟汉族烤烧饼很相似。在面粉（或精粉）中加少许盐水和酵面，和匀，揉透，稍发，即可烤制。添加羊油的即为油馕，用羊肉丁、孜然粉、胡椒粉、洋葱末等佐料拌馅烤制的乃为肉馕；将芝麻与葡萄汁拌和烤制的叫芝麻馕等，皆因和面和添加剂成分、面饼形状、烤制方法等各不相同，馕的名称也就相应而别。传说当年唐僧取经穿越沙漠戈壁时，身边带的食品便是馕，是馕帮助他走完充满艰辛的旅途。通过这个美好的传说，各族人民把馕看作日常生活必备的食品。馕含水分少，久储不坏，便于携带，适宜于新疆干燥的气候；加之烤馕制作精细，用料讲究，吃起来香酥可口，富有营养，各族人民喜爱烤馕就不足为怪了。

（二）油馓子：油馓子是信仰伊斯兰教的少数民族的风味名点之一。在古尔邦节和肉孜节，家家户户的餐桌上都有一盘黄澄澄的多层的圆柱形的油馓子。当客人来到的时候，宾主互致节日问候。客人入座后，笑容可掬的主人首先掰下一束油馓子递到客人面前，然后斟上香喷喷的奶茶或茯茶，殷勤地给客人泡上新疆石河子产的方块糖。油馓子色泽黄亮，香脆味甘。现在过春节，有的汉族人家也请少数民族邻里巧手帮做油馓子，用以招待兄弟民族客人，可见油馓子亦成为各族人民共同喜爱的名点美食了。

（三）油塔子：顾名思义，油塔子形状似塔，是维吾尔族人喜爱的面油食品。一般做早点配合粉汤吃。塔子色白油亮，面薄似纸，层次很多，油多而不腻，香软而不沾，老少皆宜。

油塔子的制作很不简单，需要一定的技艺。有经验的厨师先用温水和好面，加些许酵面揉成软面，热处发约1小时，再加碱水揉好稍饧，视制作需要，揪成若干个小团，外抹清油待用。制作开始时，先取其中的一块，平铺在面板上，擀薄拉开，利用面团良好的延展性和韧性，拉得越薄越好。然后再在薄如纸的面上抹一层羊尾油。这里有讲究：天热时，要在羊尾油里加适量羊肚油，因羊肚油凝固性大，不至于天热油溶化而流出面层；天冷时，羊尾油中加少许清油，清油不易凝固。这样制作的油塔子油饱满，且不流不漏，保持了油塔子浓香丰腴的独特风味。在里面撒少许精盐和花椒粉，将面边拉边卷，卷好后搓成细条，再切成若干小段，然后拧成塔状，入笼屉蒸25分钟，即可启笼食用。

（四）抓饭：抓饭的原料是新鲜羊肉、胡萝卜、洋葱、清油、羊油和大米。做法是先将羊肉剁成小块用清油炸，然后再放洋葱和胡萝卜在锅里炒，并酌情放些盐加水，等二十分钟后，再将洗泡好的大米放入锅内，不要搅动，四十分钟后，抓饭即熟。做熟的抓饭油亮生辉，味香可口。维吾尔族群众把抓饭视为上等美餐。“抓饭”维吾尔语叫“波糯”，是维吾尔族、乌孜别克族等兄弟民族接待宾客的风味食品之一。逢年过节、婚丧嫁娶的日子里，都必备“抓饭”待客。他们的传统习惯是先请客人们围坐在炕上，当中铺上一块干净餐布。随后主人一手端盆，一手执壶，请客人逐个淋洗净手，并递给干净毛巾擦干。待客人们全部洗净手坐好后，主人端来几盘“抓饭”置餐布上（习惯是二至三人一盘），请客人直接用手从盘中抓吃。故取名为“抓饭”。现在有些家庭接待汉族客人，一般都备有小勺。

（五）薄皮包子：薄皮包子，维吾尔族叫“皮提曼塔”，选用上好的羊肉作馅制成，是维吾尔族人民喜爱的美味食品。薄皮包子的特点是色白油亮，皮薄如纸，肉嫩油丰，伴有新疆洋葱（皮牙子）浓郁的香甜味，非常爽口好吃。制作时，先将上好的羊肉切成筷子头大的肉丁，再把洋葱剁碎，加胡椒粉、盐水（适量）拌匀成馅。在面粉中加凉水和成硬面，切成面剂子后用走槌擀成薄片，甩去面粉，包馅成鸡冠形（少带花褶），入笼屉用旺火蒸二十分钟即成。

（六）烤包子：烤包子（维语叫“沙木萨”）和薄皮包子都是维吾尔族喜爱的食品。城乡巴扎的饭馆、食摊，多销售这两种食品。烤包子主要是在馕坑烤制。包子皮用死面擀薄，四边折合成方形。包子馅用羊肉丁、羊尾巴油丁、洋葱、孜然粉（孜然，是新疆地产的一种香料，带有特殊的辣味，为制作羊肉类菜肴时的调味佳品）、精盐和胡椒粉等原料，加入少量水，拌匀而成。把包好的生包子贴在馕坑里，十几分钟即可烤熟，皮色黄亮，入口皮脆肉嫩，味鲜油香。

（七）烤全羊：烤全羊是新疆最名贵的菜肴之一，之所以如此驰名，除了它选料考究外，就是它别具特色的制法。新疆羊肉质地鲜嫩无膻味，在国际、国内肉食市场上享有盛誉。技术高超的厨师选用上好的两岁阿勒泰羯羊，宰杀剥皮，去头、蹄、内脏，用一头穿有大铁钉的木棍，将羊从头至尾穿上，羊脖子卡在铁钉上。再用蛋黄、盐水、姜黄、孜然粉、胡椒粉、上白面粉等调成糊。全羊抹上调好的糊汁，头部朝下放入炽热的馕坑中。盖严坑口，用湿布密封，焖烤一小时左右，揭盖观察，木棍靠肉处呈白色，全羊成金黄色，取出即成。

全羊烤成后即放置餐车上，烹制者在羊头上挽系红彩绸，打成花结，羊嘴放置香菜或芹菜。餐车备有小刀，服务人员推车围绕餐桌转动，恭请客人启刀食肉。烤全羊色泽黄亮，皮脆肉嫩，鲜香异常，是维吾尔族人民招待贵宾的佳品。

（八）串烤肉：新疆维吾尔民间传统的串烤肉，既是街头的风味快餐，又是可以上席待客的美味佳肴。正宗的串烤肉也和烤全羊一样色泽焦黄油亮，味道微辣中带着鲜香，不腻不膻，肉嫩可口。用料的讲究不似烤全羊那样严格，二者的区别在于烤制规模的大

小和具体方法上。串烤肉，首先将净肉剔下来切成薄片，每一片有瘦有肥最好。然后将它们肥瘦搭配，一一穿在铁钎子上。过去，做串烤肉用的钎子都是用红柳的细条截削而成的木钎。现在，这种原始的木钎不容易看到了。把肉穿好之后，便将它们疏密均匀地排放在燃着木炭的槽形铁皮烤肉炉子上，一边扇风烘烤，一边撒上精盐、孜然和辣椒面，上下翻烤数分钟即可食用。

（九）米肠子和面肺子：新疆盛产牛羊，是我国主要畜牧业基地之一。信仰伊斯兰教的民族以食牛羊肉为主。牛羊肉风味小吃名类繁多，自不待言，就是以羊的内脏做原料，也能烹制出鲜香异常的美味来。米肠子与面肺子便是其中的代表。

制作米肠子和面肺子，一般都在宰羊之后，细心地将羊内脏完整地取出，用清水灌洗羊肺至白净无色，羊肠翻洗干净备用。将羊肝、心和少量肠油切成小粒，加适量胡椒粉、孜然粉、精盐与洗净的大米拌和均匀作馅，填入羊肠内。再将白面洗出面筋，待面水澄清后，滗去大量清水，留少量清水搅动成面浆，再取小肚套在肺气管上，用线缝接，然后把面浆逐勺舀出倒入小肚，挤压入肺叶。再将以少许精盐、清油、孜然粉、辣椒粉调好的水汁用上述办法挤压入肺叶。然后去小肚，用绳扎紧气管封口。再把米肠子、面肺子、洗净的羊肚和卷有少许辣椒粉用绳扎的面筋入锅煮。煮时还须在肠子中的大米半熟时，用钎子遍扎肠壁，使之放气放水，以防肠壁胀破。熟后取出，稍凉切片，混合食用。

1984年天津大学师生访问制陶人之家拍摄的照片。老制陶人就地取材，有一个旋转制胎工具，手刮下的泥落到下沉地下室内，老人的孩子则负责去地下室将多余的泥和拌好，再提上来。已制作好的陶碗则排在作坊顶上阴干。这样的作坊在阔孜其亚贝希有许多家。2000年中央电视台采访时，已所剩无多，因为台地的土已基本用光了。

喀什古巷的土陶人家

图/石树森　文/潘黎明

1 上过釉烧制成的土陶
2 土陶小店
3 祖农·阿西木的老伴孜乃洪。伊米汗在土碗上绘画
4 土陶窑是他们共同的希望
5 瞧，这些土陶制品让日本游客爱不释手
6 祖农·阿西木的女儿回娘家时也不忘帮助父亲干活
7 制作好的陶器装窑前个别的地方修补是必不可少的
8 祖农·阿西木精心制作土陶

附录：《喀什古巷的土陶人家》

喀什是一个古代文明发达的地方，据史学家考评，大约六七千年前这里就进入了新石器时期，与我国内地的仰韶文化同期。在喀什市附近，疏附县乌帕尔一带，还出土了大量新石器时期的文物，其中就有不少土陶，这些土陶都是手工捏制的。有盆、罐、钵等，透视着古喀什绿洲的高度繁荣。

寻找土陶传人

土陶代表了一个时代，土陶延续了绿洲文明的血脉。掠过历史的断层，我们走进喀什深处，寻找土陶的踪迹。在喀什市东湖一带，美丽的吐曼河之上，有一处高地。这里曾是喀喇汗王朝的王宫旧地，如今这儿已是维吾尔族人欢乐的家园，这个地方叫“江浩汗”。

这里的居民都是世代在此繁衍的，传承着古老的习俗和文化。据说土陶就是在这里生存至今的。

经过几千年的变迁，土陶世家已分成了两派，一派是专做花盆等大型器皿的，一派是制作碗、壶、罐等小型器皿的。我们将要拜访的是后者。夏日的一个午后，我们沿着陡峭的石级，攀过层层叠叠的生土建筑，向江浩汗深处前进。在几处悬崖上，我看到了用架子搭晾着的土陶花盆，原色的、不十分规则的样子，混在一大群土的房屋间，更衬出古城的拙朴与原始。古巷曲折幽深，让人恍如穿过了时空隧道一下子从现代都市回到了中世纪的伊斯兰古堡。小巷里有三两个倚门而立的少女和光着屁股玩耍的幼童，听说我们要找土陶传人，他们很热情地指向江浩汗的最高处，告诉我们，那就是有名的土陶之家祖农·阿西木家。他们祖祖辈辈都是以制作土碗为生的。

3

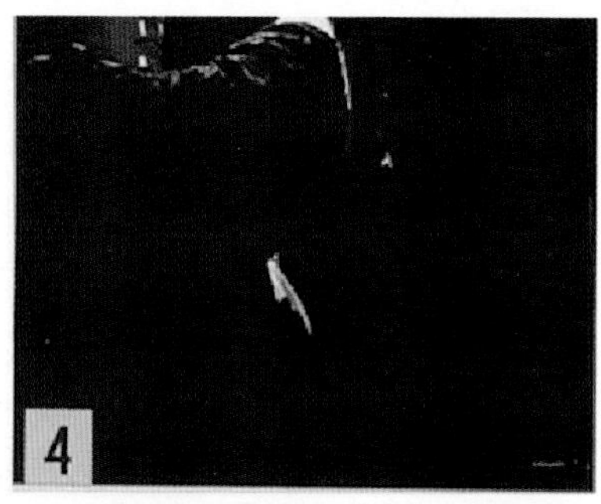
4

5 6

绘画的老阿妈

推开院门，我们顿觉视野开阔，迎面就是一个没有围栏的平台，站在上面可以看到滔滔的吐曼河和东湖的千顷碧波。平台的一角坐着一位维吾尔族老阿妈，老阿妈脚前伸展开去的是一大片还没有烧制的土陶碗。老阿妈坐在白晃晃的烈日下，聚精会神地给手里的泥巴碗画上花纹，打上彩釉，那些花纹细腻而奇特，有的像摇曳的葡萄枝蔓，有的像半开的石榴花瓣，有的像吐曼河的水波，落笔之处无不显示出主人的灵动和纤巧，让人觉得维吾尔族真是一个爱美的民族。

经过交谈，我们得知，老阿妈是土陶传人祖农·阿西木的妻子，名叫依明娜汗，看她娴熟的绘画手法，我以为她一定也是祖传的手艺，或者经过了专门的学习。可依明娜汗笑着告诉我们，她在嫁入这个土陶人家之前，根本不懂得绘画，但是一接触这些充满了灵性的泥土，就好像成了天生的画家，大自然的各种景观装满了胸膛，树叶、花草、山河都呼之欲出，随手画来了。

我们看了看那些颜料，发现只有青、白、锈红等简单的几种。依明娜汗解释说，这些颜料都是自然的，红的是铁锈和赭土，淡绿、纯白的是河中的青泥和山中的彩石，在一间土屋的角落，我们看到了一大堆从昆仑山采回的石料，一盘沉重的石磨就搁置在石堆旁，这些彩石就是通过石磨磨成石粉，变成了与泥土为伴的美丽图案。

祖农·阿西木的土陶生涯

在我们和依明娜汗说话的时候，祖农·阿西木回来了。他是一个看上去不善言谈的、木讷的、瘦小的老人，留着花白的山羊胡子。见到我们，他微笑着把右手放在胸前，向我们施礼，然后领着我们去参观他的土陶作坊和土陶陈列室。土陶作坊紧挨着一间老屋，老屋是他的祖父母留下的，大约有近200年历史了，屋里还保留着老式的壁炉和灶台。顺一座木梯爬上阁楼就到了制陶坯的地方。这里光线昏暗，四壁的木架上摆着脱好的土陶坯，猛然望去，宛若油画。

我摸了摸这些陶坯，润泽中略有沙性，更让我肯定这和远古时代喀什的夹沙土陶同出一辙。

祖农·阿西木站在他自制的陶机上，在木制轴盘下装上陶泥，用脚使劲一踩下面的木轮，轴盘就开始转动起来，然后他下面不停地踩着脚踏板，上面用手贴着陶泥，凭几十年的经验和手感向我们展示了他制陶技艺的精湛。几分钟后，一个土碗就脱好了。他把土碗放上架子，告诉我们，他从九岁起就跟着父亲学艺了，和他一块学的还有他的哥哥，现在，他的哥哥已经不在了，但侄子仍然在做

7

8

土陶，而且用上了电动制陶机，不用再拿脚踩了。

来之不易的陶土

在采访中，我看到祖农·阿西木的儿子在揉着一大团陶土，揉的过程中掉下来了一块，大约只有手指肚那么大，但他立即停下来，把这块陶土捡起来，放进土团重新揉起来。

祖农·阿西木老人告诉我们，在做土陶的时候，最重要的就是陶土，喀什地处沙漠边缘，一般的地方土壤沙性都太大，根本烧不成土陶，要找陶土，必须要到几十公里外的河道里去寻觅洪水冲下来的淤泥，这种泥细腻柔软，沙性小，是做土陶的上品。但是由于路程太远，土陶艺人必须要雇上驴车一车一车往回运，运到江浩汗边缘时，驴车攀不上悬崖，又要靠人一袋一袋往上背。

正因为陶土来之不易，所以凡是制作土陶的人都惜土如金。

差一点成了最后的传人

土陶陈列室原是祖农·阿西木父母的卧室，进门有一个小小的门厅，门厅里放着一个洗手壶，细颈、大肚、弯柄，没有上色，样子古拙可爱。祖农·阿西木告诉我，那是他父亲烧制的，至今有七八十年了。

陈列室的土炕上摆满了各式各样的土陶，有碗有壶，大小不一。祖农·阿西木感叹地说，自己差一点就成了最后的土陶传人了。在喀什经济不发达的时候，维吾尔族人都习惯碗罐盛饭装水，可后来喀什发展得越来越快，瓷器因其美观价廉夺走了土陶的市场，虽然土陶有很多优点，比如盛食物比瓷碗凉得快、不易腐败等，但终因古老而遭人遗弃了。他的12个子女都另谋生路，没有一个跟他学做土陶的，最后只剩下他们老两口在坚持，因为他们没有别的技术。最惨淡的时候一天他们也卖不出去一个陶碗。

可最近两年喀什的旅游业发展了，许多外国游客都来到了他们居住的古巷，看上了他做的土陶，纷纷掏钱购买，让沉寂了十几年的土陶生意一下红火了起来，看到有利可图，六儿子已经放弃了做生意，回来跟他学手艺了。

走出古巷，我们重新回到了喧嚣的城市，但是那土陶依然留在我的脑海里，我祝愿这个传统而古老的手工艺品永远不要被岁月的烟尘埋没，永远不要成为历史。

原载《假日旅游》
2005年11月刊

喀什历史文化名城抗震安居工程规划

历史文化名城中心区抗震安居工程项目分布图

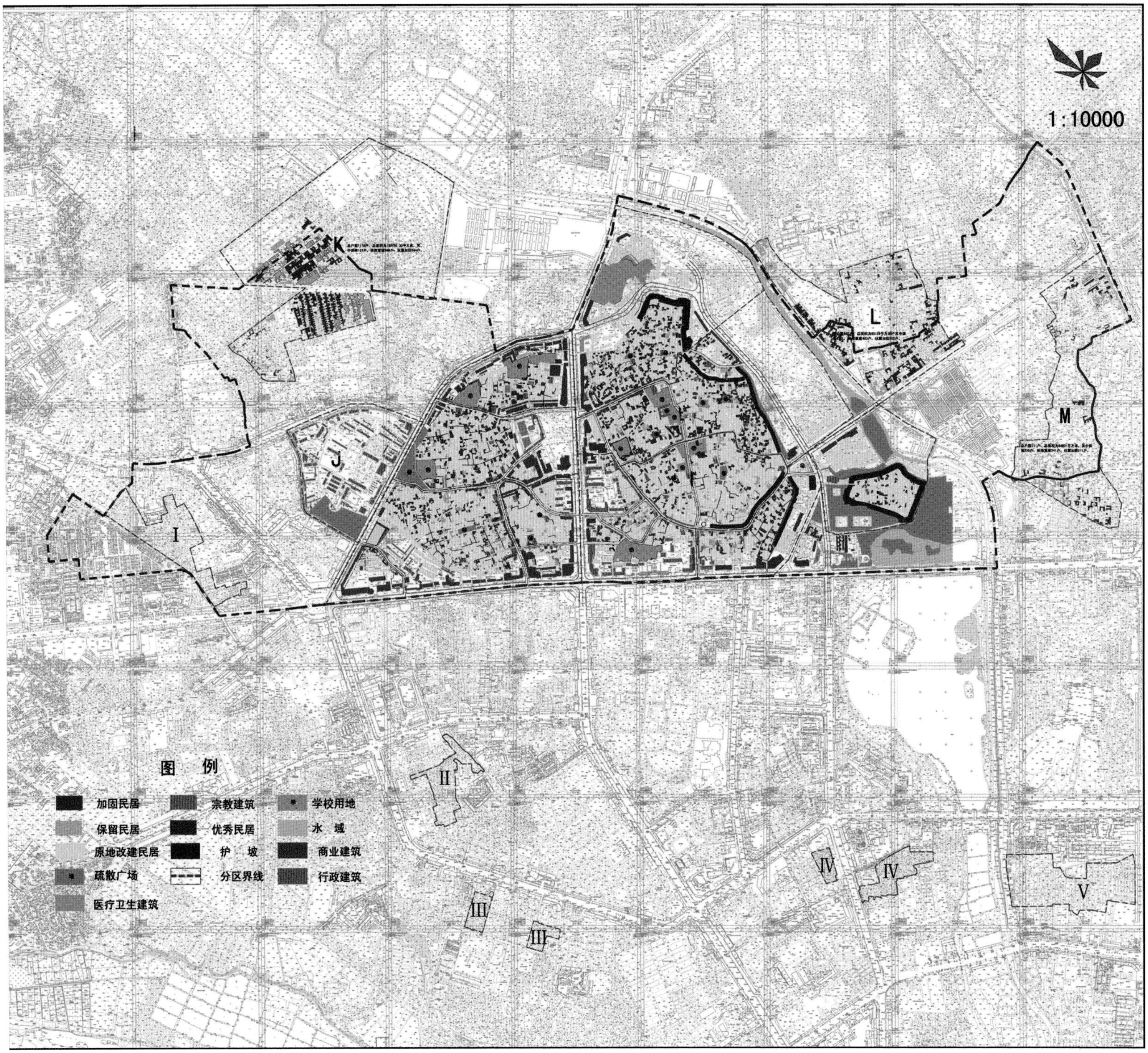

1:10000

图例

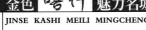

加固民居
宗教建筑
学校用地
保留民居
优秀民居
水域
原地改建民居
护坡
商业建筑
疏散广场
分区界线
行政建筑
医疗卫生建筑

历史文化名城中心区抗震安居工程项目分布图局部

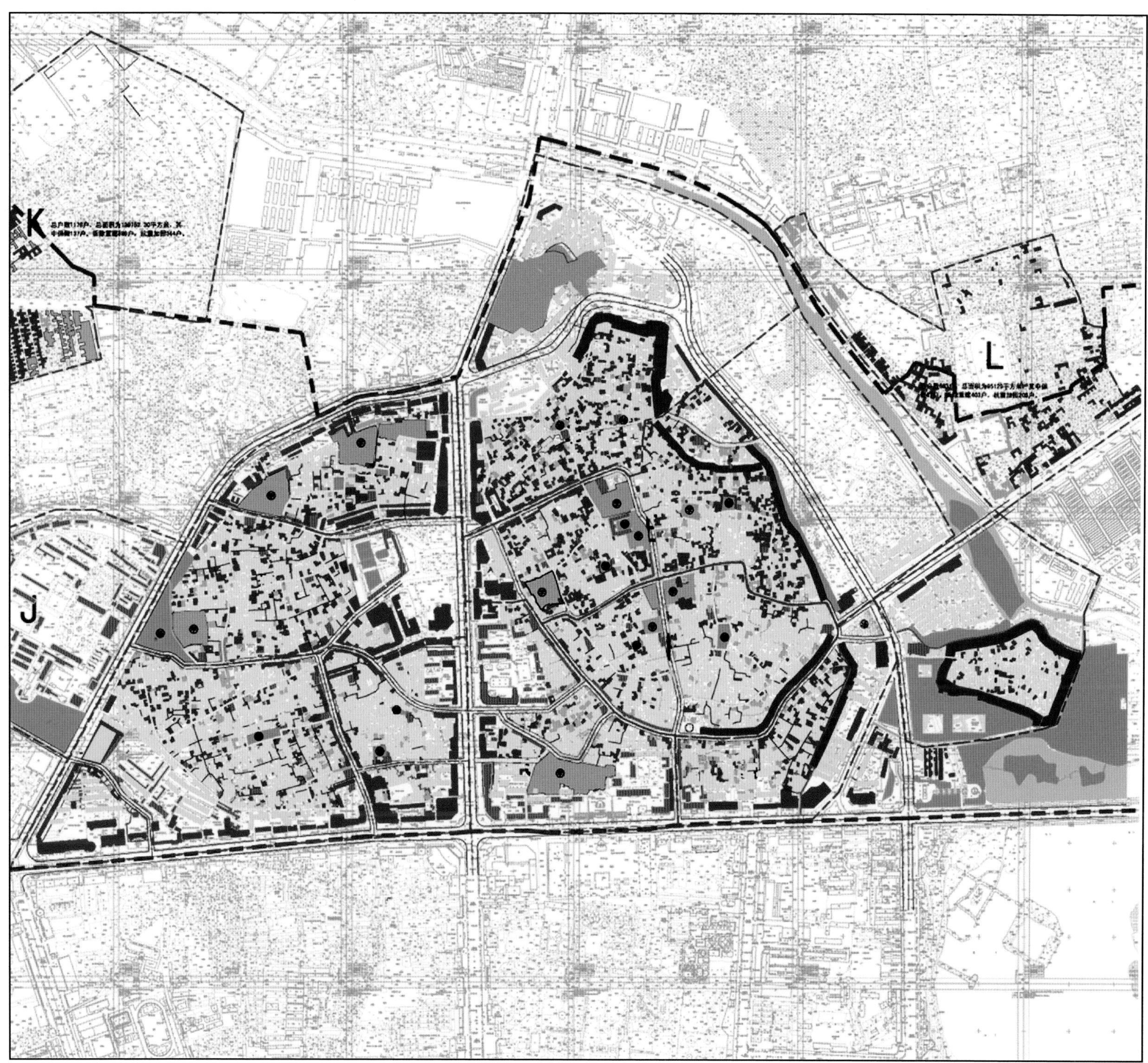

▲ 挑楼过大，受力挑梁弱，易在地震时塌落

挑楼太长，对抗震十分不利，震倒后堵塞道路

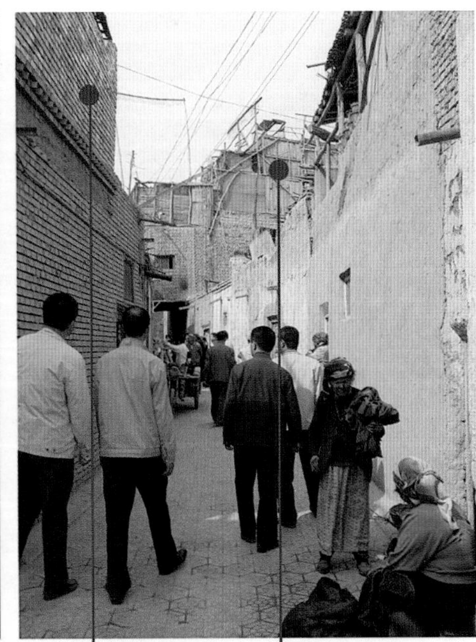

单墙过高，极易倒塌

屋顶杂物太多，既不美观，也十分危险

在历史文化保护街区内，由于管理上的问题，居民私搭乱建现象比较严重，加之贫困户较多，存在着许多安全隐患。在建筑方面，主要反映如下几个方面：

1. 多数建筑由于转卖多次，户主多数不知道原建时的结构状态，特别是墙体围护结构的做法与施工质量，导致无法判定建筑的抗震与承重能力。

2. 屋顶堆积杂物太多，乱建栅栏，以及毫无支撑条件的单墙，不用说地震，就是日常生活这些墙体也会因偶然的震动倒塌。

3. 悬挑出的飘窗过多，无章可循，多数受力极不合理，立在挑梁上的原为木篱笆抹泥轻墙，现多改为砖墙，重量很大，超出30厘米的多数为不合理的结构承重，一旦遭受撞击就有倒塌的可能，极易伤害行人。

▲ 单墙过高，没有任何扶壁，极易震损

挑楼小，墙过重，虽未地震，但已出现裂隙

4. 高台上，尤其是阔孜其亚贝希为制陶人世居之地，地下室多数已掏空，随时都有塌陷的危险。

5. 屋顶上有许多不按建筑结构设计的不合理临时性高墙，为一字形单墙，抗风抗震性能很差，极易倒掉伤及行人。

6. 许多房屋的基础立在湿陷性黄土上，室内漏水以及下水设施不完善的情况下，极易发生塌陷。

7. 建筑群体勾连搭接，较少独立建筑，抗震加固工作很难展开。

8. 过街楼从1996年以后剧增，许多巷道形同坑道，无阳光，既影响居民健康，也容易产生治安问题。过街楼的做法十分简易，多数由扒钉连接，没有任何抗震能力。

9. 新建房屋缺乏抗震加固指导，结构设计亦不合理，使城市形成不断生长，又不断增加新的安全隐患的恶性循环。

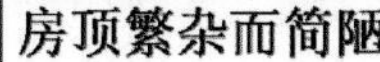

房顶繁杂而简陋

建筑基墙已十分脆弱，随时可能坍塌

悬挑很大，受力极不合理，随时可能塌落，造成人员伤亡

基础已不均匀沉降，引发墙基开裂，屋顶已危险

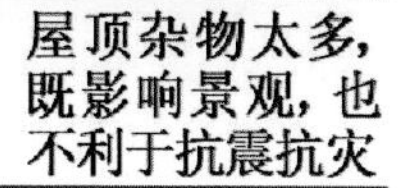

屋顶杂物太多，既影响景观，也不利于抗震抗灾

▲ 从已塌陷的旧房可以看出，屋顶结构有一定抗震能力，但墙体却十分脆弱，也没有十字拉结

坡高小，坡度大，容易处理的边坡

▲可结合景观设计进行边坡处理

▲建筑与挡墙结合，宜采取一定的加固措施

▲急需处理的边坡，并应结合景观，形成有特色的坡墙

▲陡立峻峭的边坡典型地段

◀陡峭的建筑基底，急需加固处理，近期可采用锚杆加钢丝网水泥面层方式固化，远期再结合景观设计进行二次加固

已经加固处理的边坡，目前看效果较好

▲陡峭边坡出现大量剥蚀面， 安全隐患严重

历史文化名城核心区的一个重要工程项目是抗震加固边坡，边坡是旧城台地最为薄弱的地带。地方政府已聘请了专家采取深锚杆加固表面喷涂固化方式试作了几个地段，目前看效果很好，远期再进行艺术化处理。

因周边土地清理后露出的地道口

地道的无序开挖，扰乱了基底土壤的稳定性，填埋工作亦十分困难，造成了抗震性能的急剧下降，严重威胁着房屋的整体结构安全。地道的填埋已成了抗震安居工程的第一要务，应认真吸取历史的经验教训，科学地建设、保护、整治旧城。

由于“文革”期间，按“战略”要求开挖了大量地道，一种为政府有组织挖的质量较好的地道，另一种为街道办事处和居民自行组织开挖的地道。经过政府组织专业人员进行两年多的细致调查，已基本查清了现状地道位置（参见本页图）。这些地道随时都有造成顶部房屋塌陷的隐患，必须及时予以填埋，考虑喀什市区均为湿陷性黄土，回填时应以戈壁土回填进行，以增加土质抗压能力。填埋方式可以两种方式进行：政府组织回填街道下面的主干地道；由市民回填自行在室内地下开挖的地道，以保证房屋基础的稳定性。

公元2007年由于地道塌陷引发房屋倒塌的状况

名城历史中心区地道填埋位置图

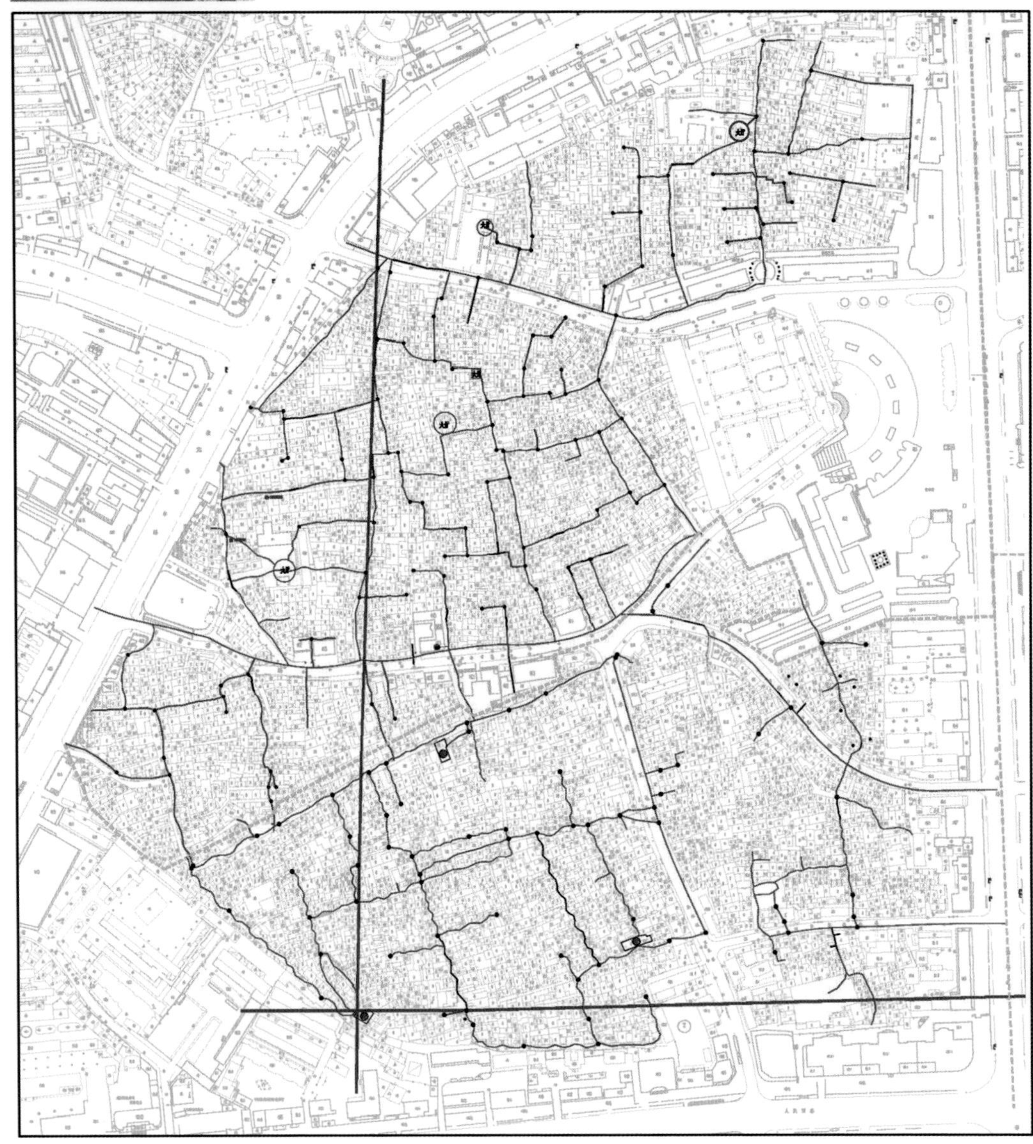

名城历史中心区地道填埋位置图

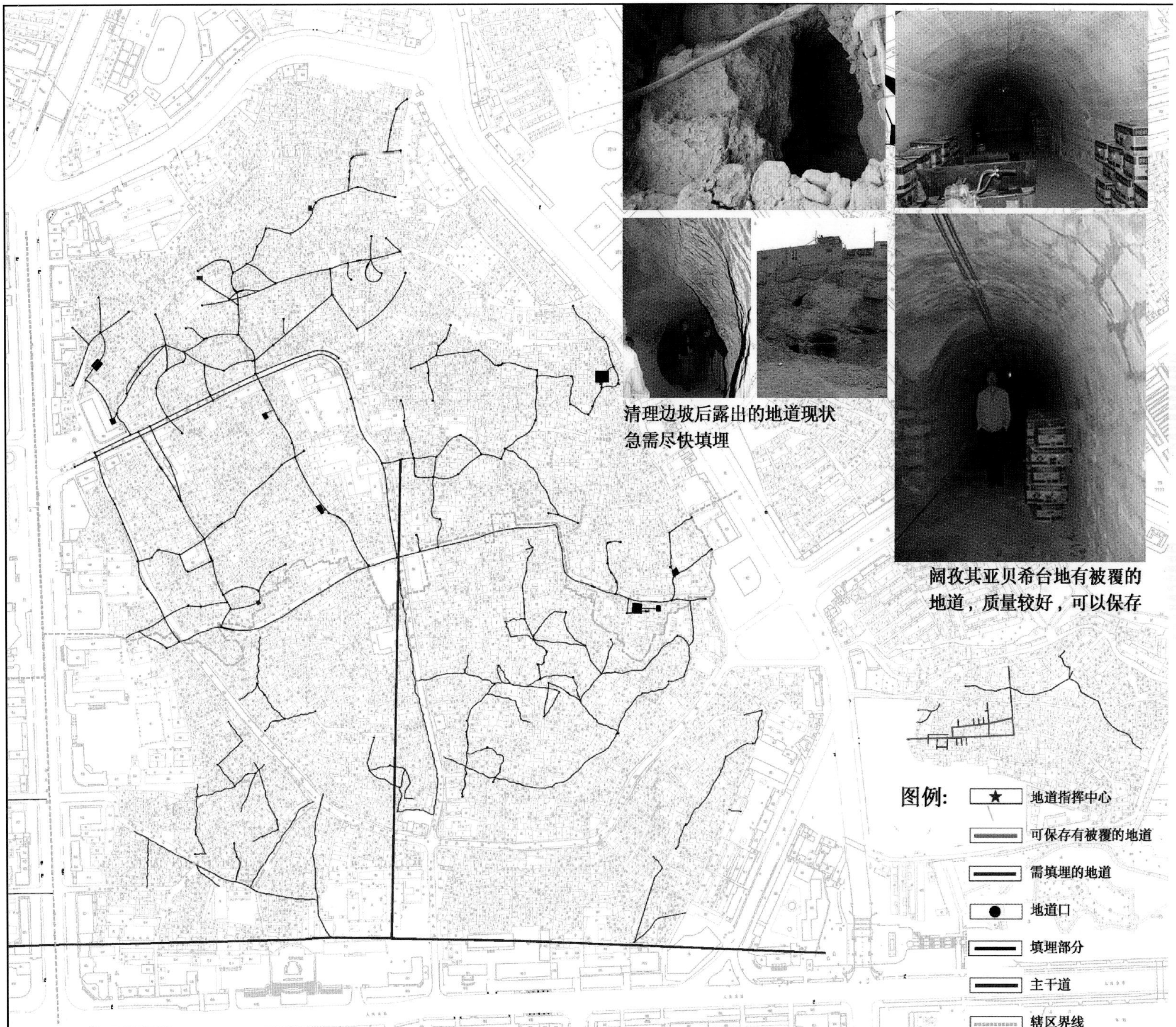

清理边坡后露出的地道现状
急需尽快填埋

阔孜其亚贝希台地有被覆的
地道，质量较好，可以保存

外表面贴瓷砖是保护条例明令禁止的外饰材料

由某开发公司开发的旅游区，由于不懂历史文化采用水泥抹面，是名城风貌保护所不允许的

白瓷砖是名城风貌保护的大忌，这是由于公司操作中脱离市规划局、市文物局的管理而造成的

水泥抹面完全背离了古城风貌，是保护规划明令禁止的做法

拥有400余年历史的土陶人家，现仍保存完好。目前为第六代传人吐尔逊卡日。

中央电视台和日本NHK电视台历时四年共同拍摄的大型纪录片《新丝绸之路》解读喀什土陶时说“喀什的陶艺享誉中亚，它的花纹细腻，做工精美，在市场的销售价格甚至高于瓷器”。

由某开发公司进行的阔孜其亚贝希台地（标名为高台民居）保护规划，由于缺乏历史与文物保护知识，造成了对该区的一系列“建设性破坏”，其中突出问题是白色瓷砖的使用（在新疆日照强度高的情况下应较少使用这种炫目的白色）背离了历史文化名城保护的基本要求。

为解决旧城抗震安置中低收入人群的住房问题，市人民政府采用了廉租房方式解决了拆迁中的暂住区（周转用房），这一政策有效地解决了旧城中特别贫困户的住房暂住问题。上图为廉租房居住区现状照片。

文化史学家Lucy Hghes Hallett说，在终日被阳光拥抱的沙漠之国——阿曼，可以看到沙浪延绵的奇妙景色

尽管城市全部为砼外墙，但由于使用统一的白色、米黄色涂料，城市总体风貌是统一而谐调的

根据原新疆维吾尔自治区党委和建设部汪光焘部长的意见，“确定了改造原则，我们请专家开了论证会，是原样保护还是风貌保护？最终注重风貌保护。”“我们组织专家论证了生土建筑加固问题，对单个房子进行加固是必要的，更主要的是适应新情况，叫做改进新的生土建筑，这可能是将来我们共同研究的，也为更好地维护历史文化风貌和加固提供了基础。”“生土建筑结构原样保护是很困难的，那么生土建筑加固到底可不可行？技术方案请自治区共同研究，保护的旧城风貌是生土风格的，如果都改成混凝土结构了，人家说你原来是生土结构，显然不行。如果里面是混凝土，外面是生土结构，我看是可行的，这是实事求是。”

根据上述领导与专家们研究的成果，古城风貌侧重于整体风貌保护，可采取里面加固，外立面不动的方式（改用土坯墙砌外墙），应该说更合适一些。因此，不具备抗震性能的土房可采取原拆原建的模式进行，在专家组的严格指导下，可采取两种模式进行：

• 内墙采用砖混结构（作抗震处理）外墙包土坯的方式，请当地工匠完全可以保证原风貌，但不得使用铝合金门窗及玻璃幕墙和瓷砖；

• 全部采用砖混结构，但结构外表处理后，外墙采用当地磨砖拼花方式（此类数量应少一些）。

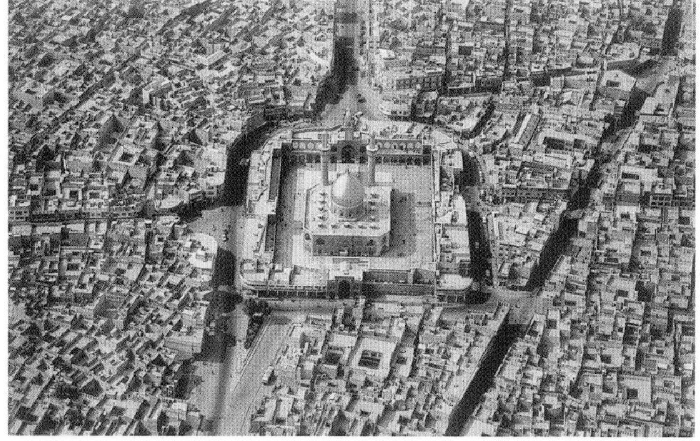

伊朗的城市与喀什更为相像，但由于屋面整洁干净没有乱搭盖现象，则比喀什老城看起来整洁统一

乌尔法城市中心区，绿化水面广场的整理十分清晰，显得对老城区风貌特色十分有益

印度贾伊萨梅尔，尽管材料使用上与喀什相似，但由于第五立面干净整洁，城市总体风貌非常协调。远处为城堡

麦加禁寺后山的城市建筑群，建筑立面材料为砖、黄土、部分混凝土，涂料以土黄色调为主，总体看还是和谐的

也门萨那市容景观鸟瞰。列为联合国教科文组织确定的世界文化遗产之一，大部分建筑由砖、石结构建成，门窗全部为拱券式，镶窗边风格非常统一

借鉴价值：

总体风貌突出，关键在于运用统一的装饰主题，如果管理严格，喀什做到这一特点是很容易的。一般应注意如下几个得以协调统一的元素：

• 有石榴垂花拱券或拱廊；

• 中间入口和宴厅突出檐口；

• 统一的米黄色；

• 如果全城形式为统一的磨砖拼花外墙，相信可能达到总体风貌保护的目标；

• 建材均采用本土化材料，不使用现代瓷砖、玻璃幕墙、铝合金、不锈钢等现代材料。

2006年6月27日～11月13日民居新型结构抗震模拟实验

地梁绑扎钢筋

地梁钢筋分布情况

起吊地梁板

地梁与底板施工完后

砌筑泥坯墙体

墙体抹灰

喀什民居的抗震设计历来是建筑设计部门着力探讨的首要问题。据我调查，有一些古民居建筑最初建时有一定的抗震措施，如在底木梁水平向加斜撑、墙体立柱之间加十字斜撑等，屋面采用密肋檩条等，可做到“房倒屋不塌”的效果。但由于古城区内房屋多数由于交易频繁，几易其主，很少有人详细了解房屋初建时的结构方式，这给保护优秀的传统民居带来一定的困难。

2006年，喀什市政府委托中国建筑科学研究院工程抗震研究所作了抗震房标准单元和抗震试验，该试验成果可作为优秀传统民居的抗震加固保护方法。

中国建筑科学研究院工程抗震研究所对抗震试验报告提出结论性意见。

对少量年代较久的有文物保护价值的民居，在尽量减少对现有房屋正常使用影响的前提下，采取必要的加固手段解决其抗震构造措施方面存在的主要问题，达到预期的设防目标。具体如下：

1. 加强墙体与木构架的拉接，防止墙体外倒塌；

2. 加强木构架节点的连接；

3. 设防目标：在8度（0.3g）地震作用下约为中等破坏，墙体出现裂缝，但避免墙倒架塌，经修理全可继续使用。

据建设局《老城区抗震安居工程科研报告》，提出进行加固的木框架房屋以钢带、斜撑、扒钉、扁钢带等施工工艺进行抗震加固措施，可满足房屋在地震作用下的变形能力，使地面加速度0.3g（相当于8度半）的强度下，对墙体开裂具有较强的约束力，可满足抗震目的。

从本次试验模型所采用的墙体材料和试验结果权衡，对老城区已确定的原址拆除重建的项目，在实施中，建议借鉴试验模型所采用的生土土坯和结构方式，一是取材容易，可继续延用当地的生土利用，恢复历史建筑风格；二是造价经济实惠，预计每平方米造价比砖木结构造价低28%左右，群众容易承受。

屋面檩条

墙体角钢加固

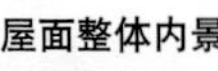

屋面整体内景

屋角角钢加固

置于地震实验台上

墙体完工后照片

实验后墙体震损情况

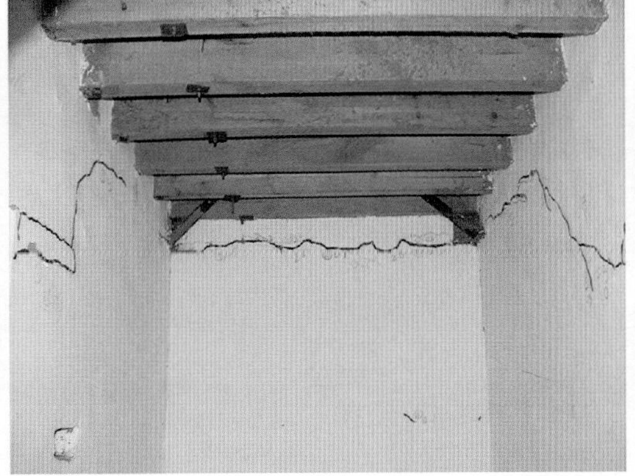

门窗部分震损情况

室内震损情况

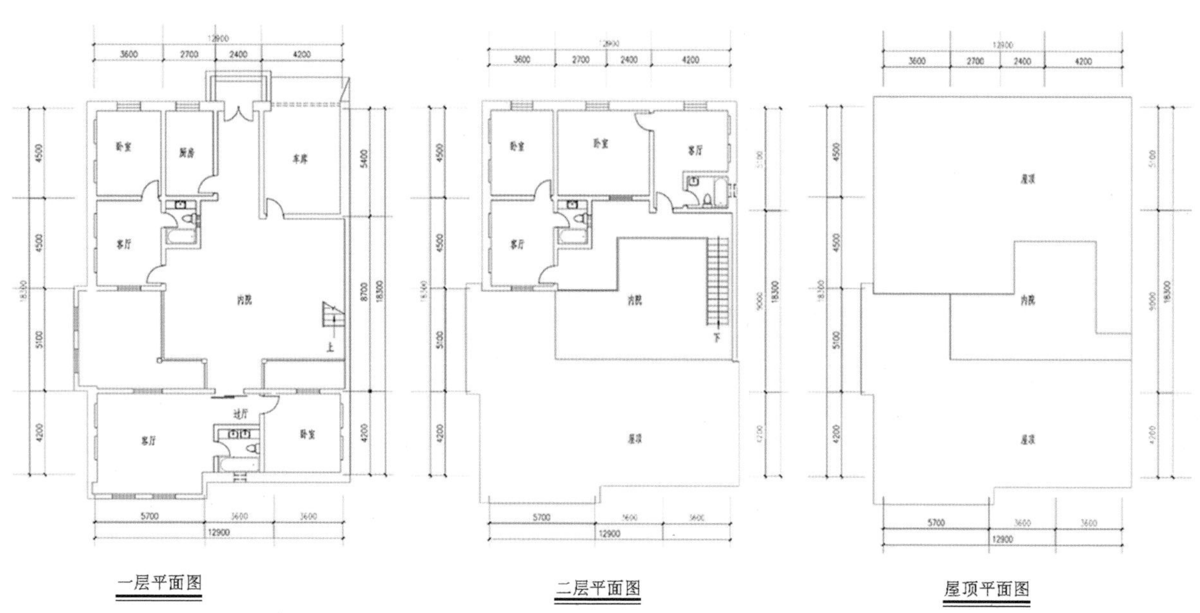

一层平面图　　二层平面图　　屋顶平面图

抗震安居工程示范设计

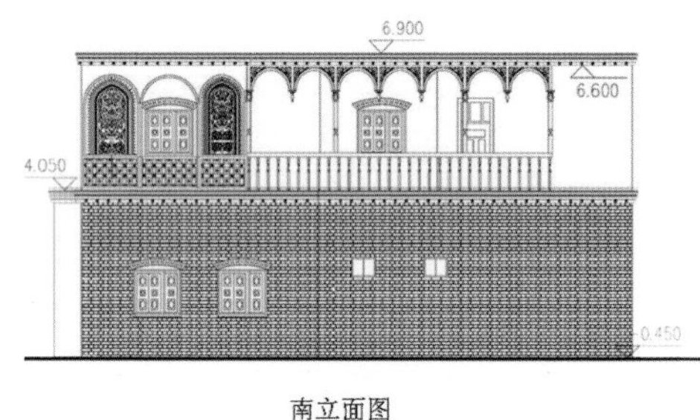

南立面图

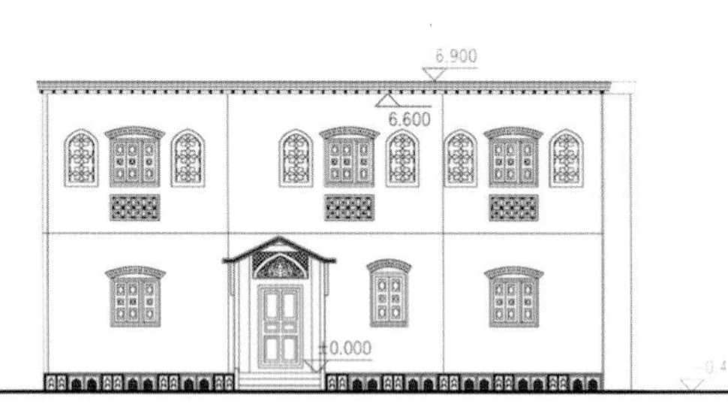

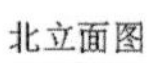

北立面图

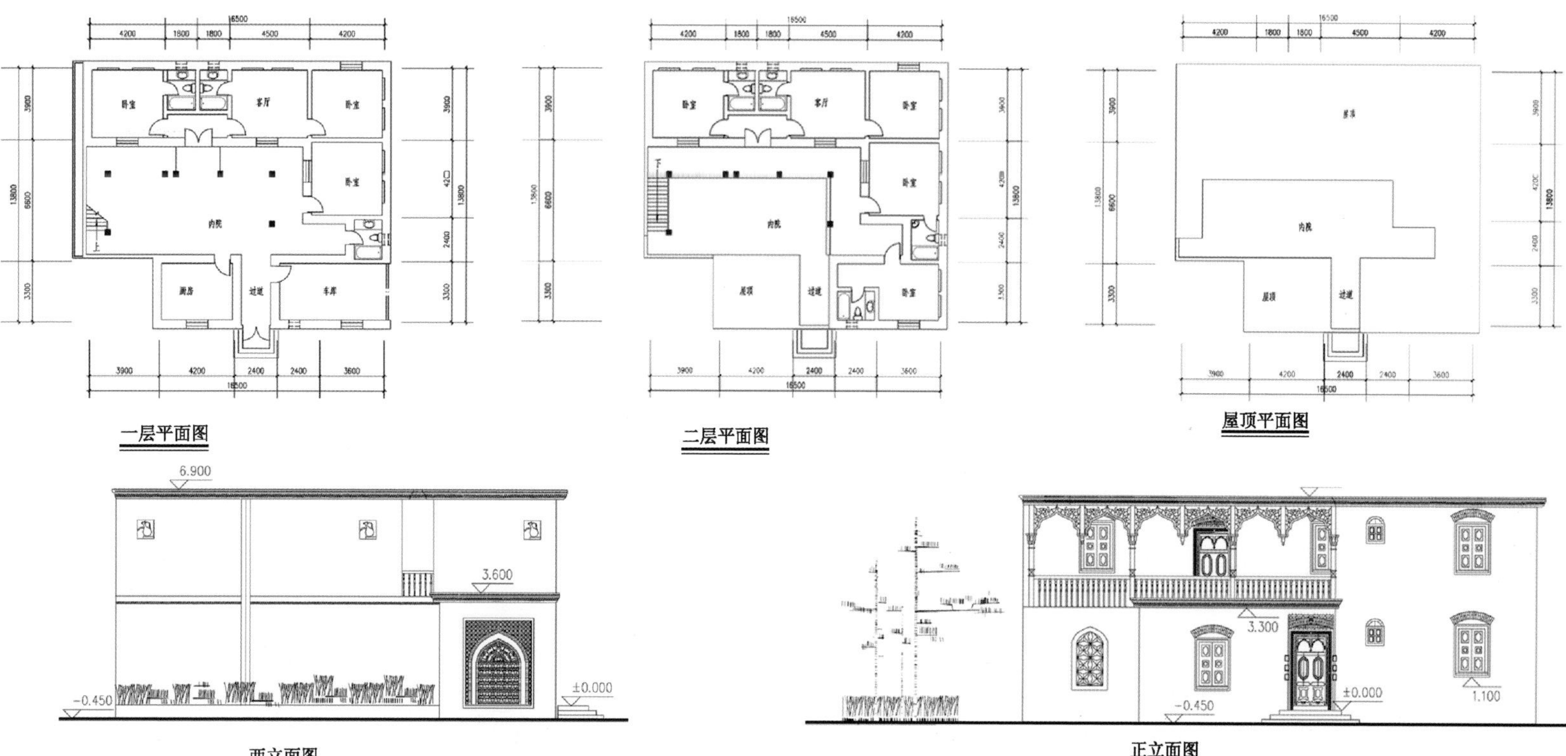
一层平面图
二层平面图
屋顶平面图
西立面图
正立面图
6.900
3.600
3.300
±0.000
−0.450
1.100

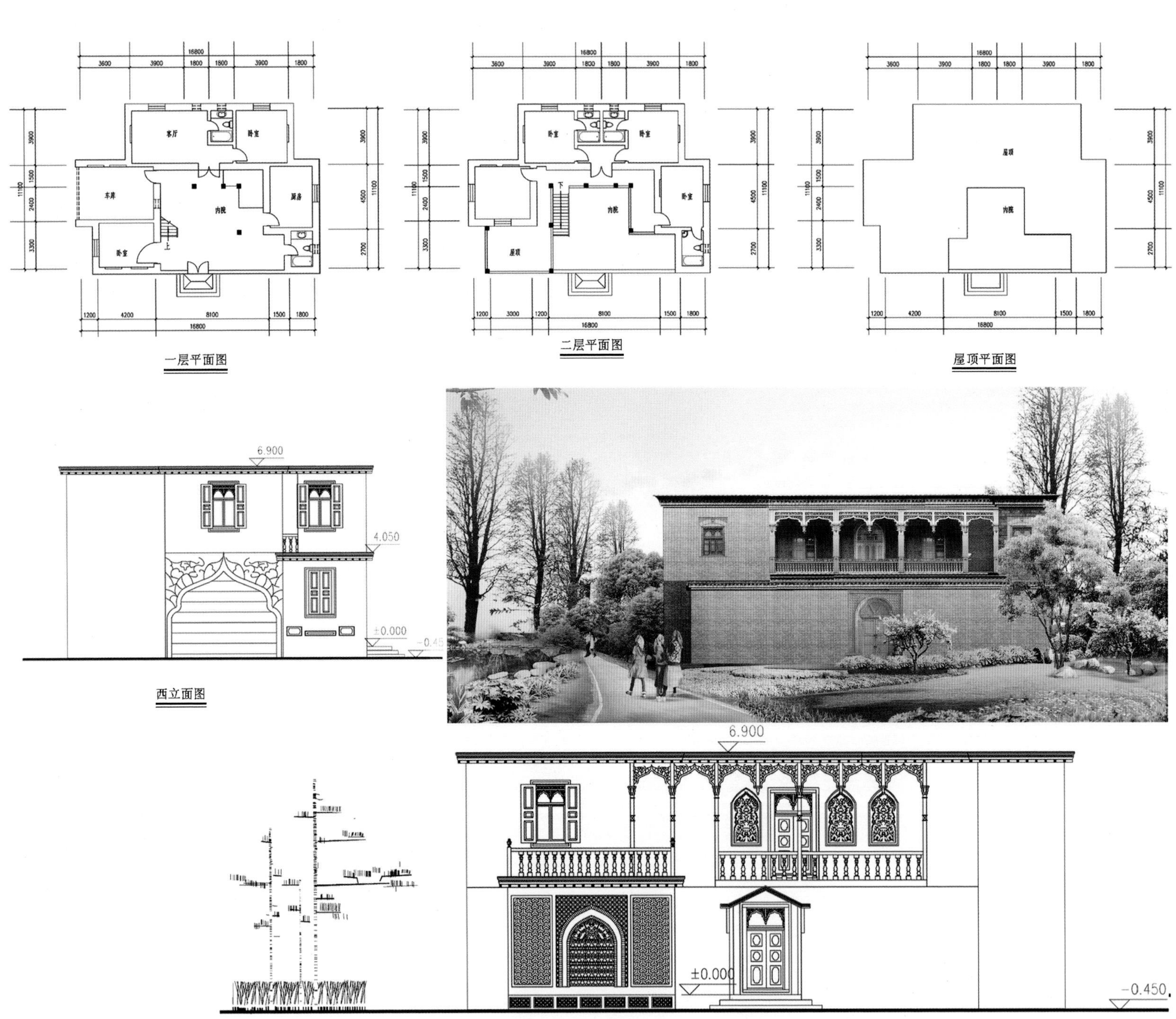

一层平面图

二层平面图

屋顶平面图

西立面图

正立面图

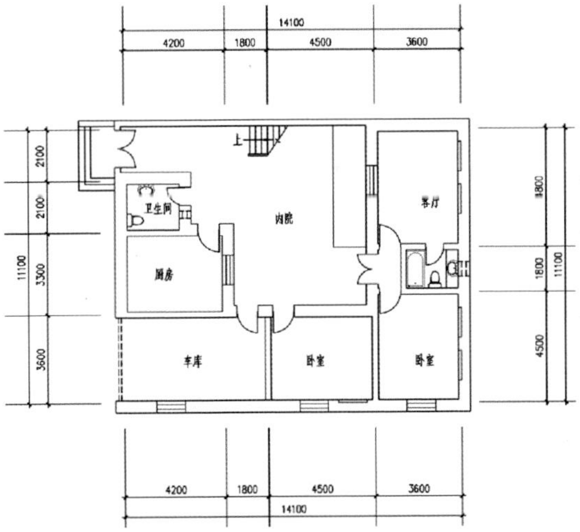

一层平面图

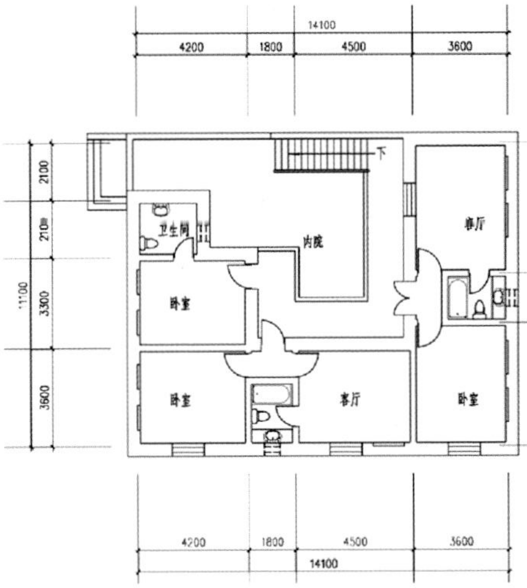

二层平面图

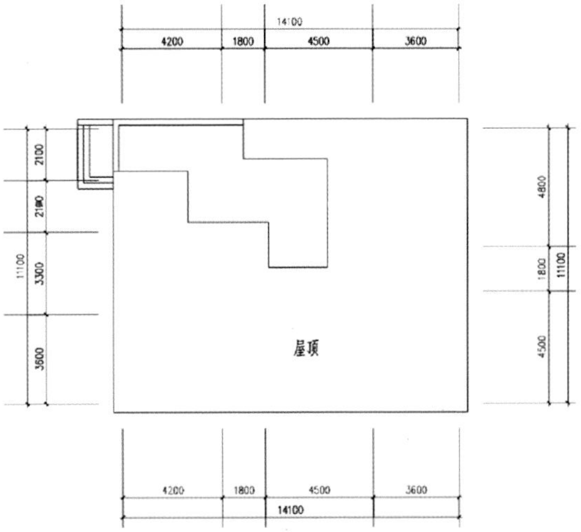

屋顶平面图

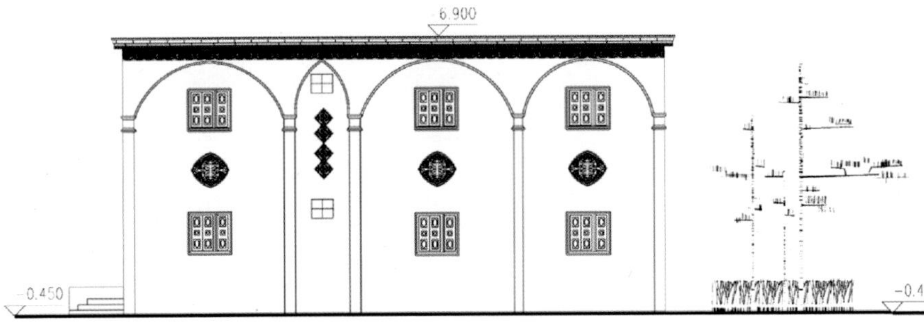

正立面图

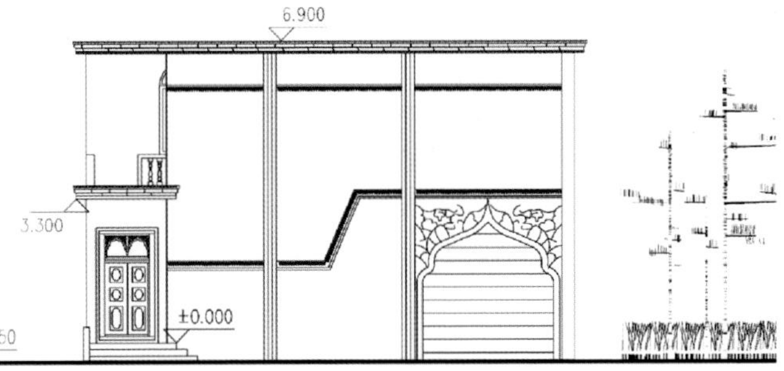

西立面图

喀什民居示范设计图

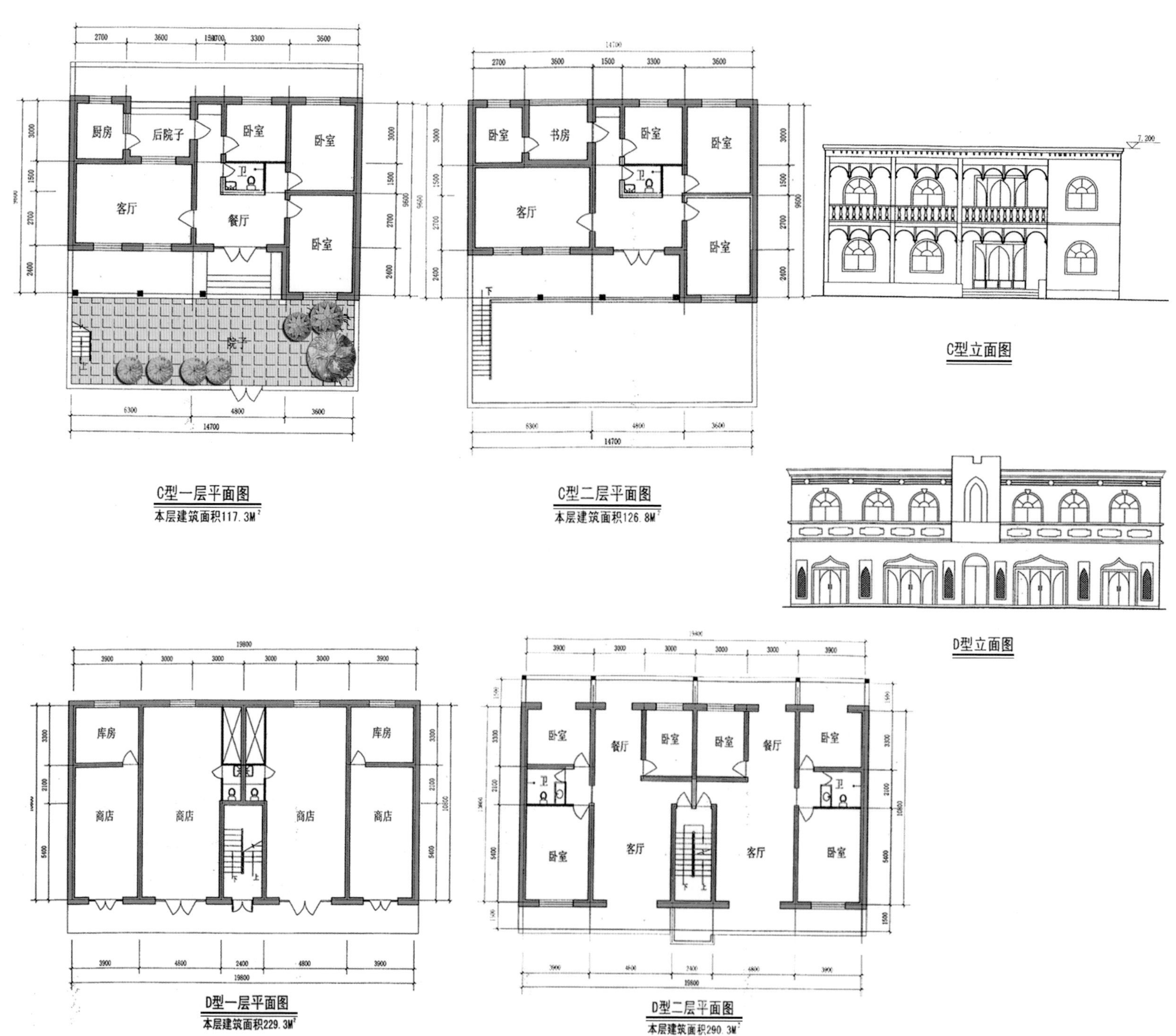
厨房
后院子
卧室
客厅
餐厅
院子
书房
卫
库房
商店
C型一层平面图
本层建筑面积117.3M²
C型二层平面图
本层建筑面积126.8M²
C型立面图
D型立面图
D型一层平面图
本层建筑面积229.3M²
D型二层平面图
本层建筑面积290.3M²

喀什民居示范设计图

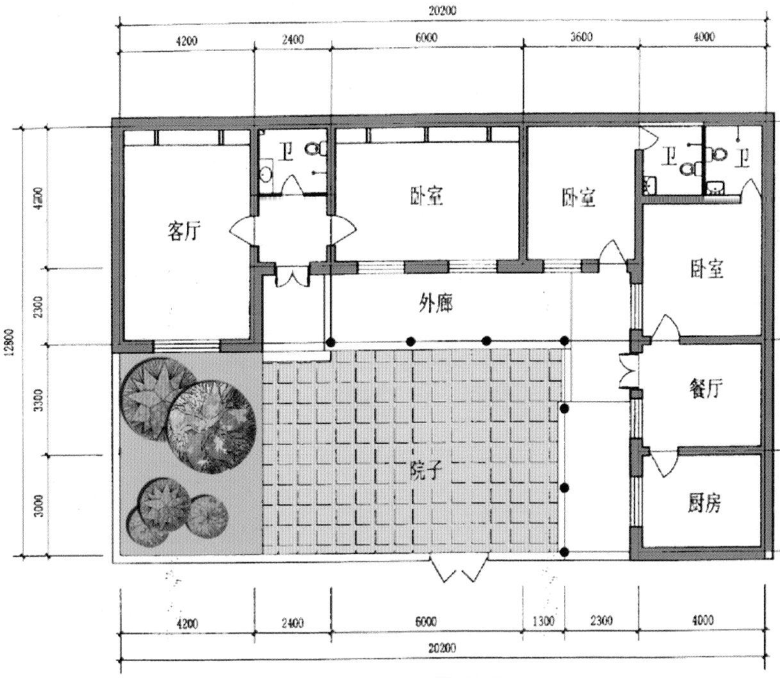

A型一层平面图

本层建筑面积146.4M²

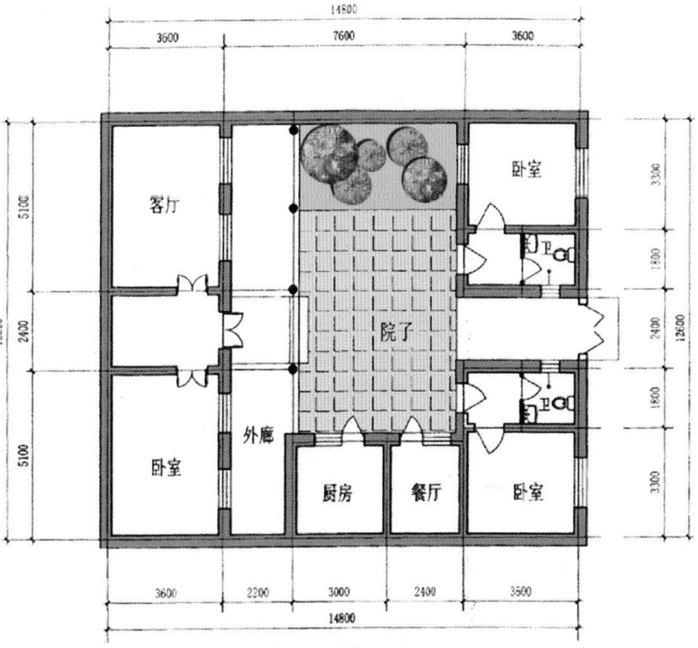

B型一层平面图

本层建筑面积130.2M²

A型立面图

B型立面图

喀什民居示范设计案例

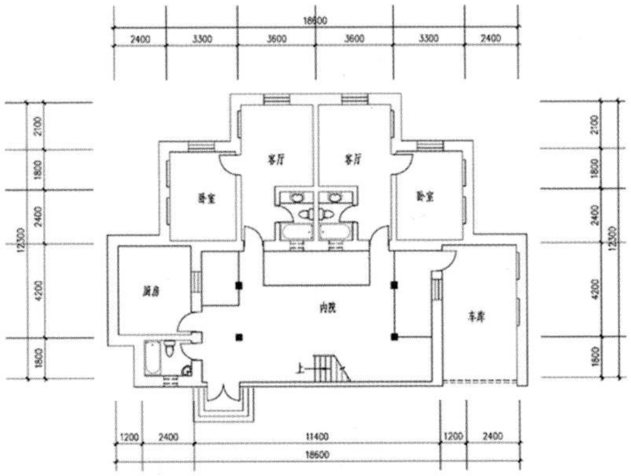

一层平面图

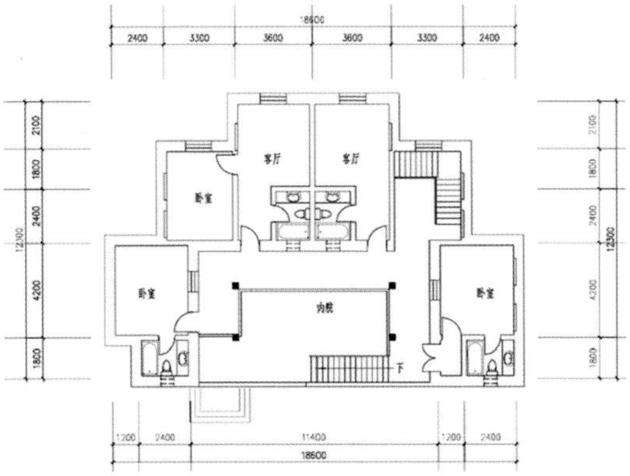

二层平面图

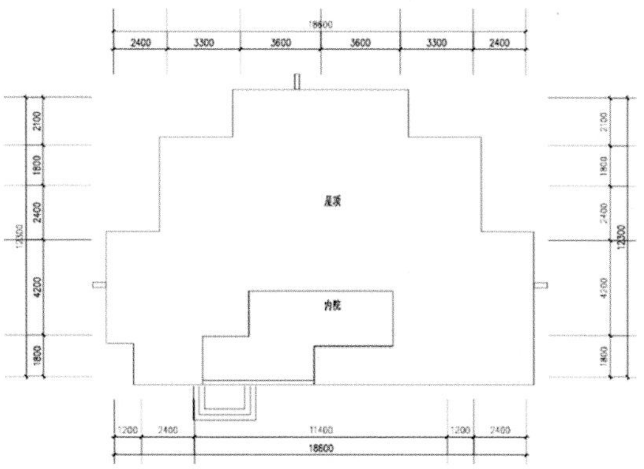

屋顶平面图

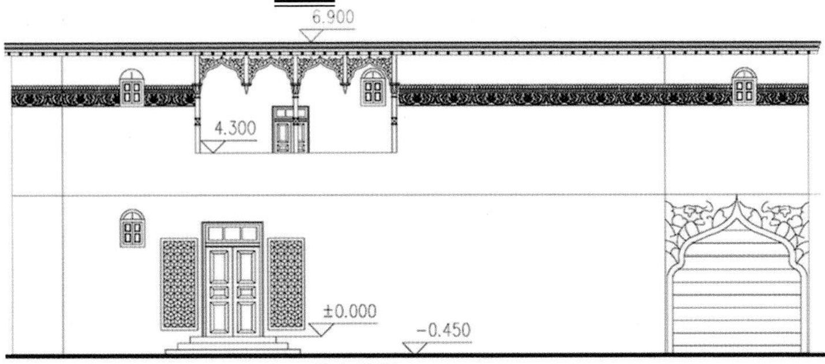

正立面图

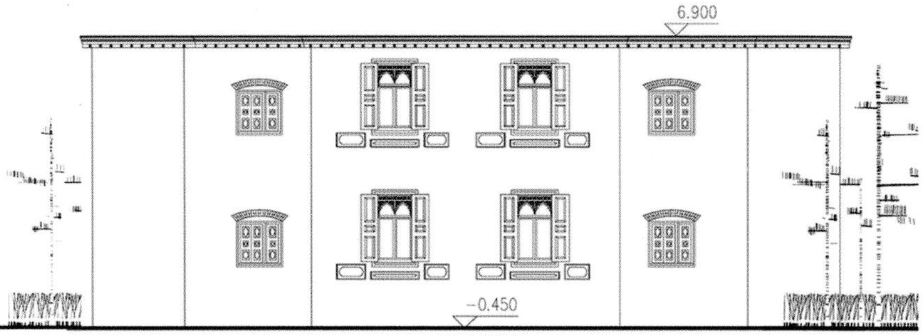

背立面图

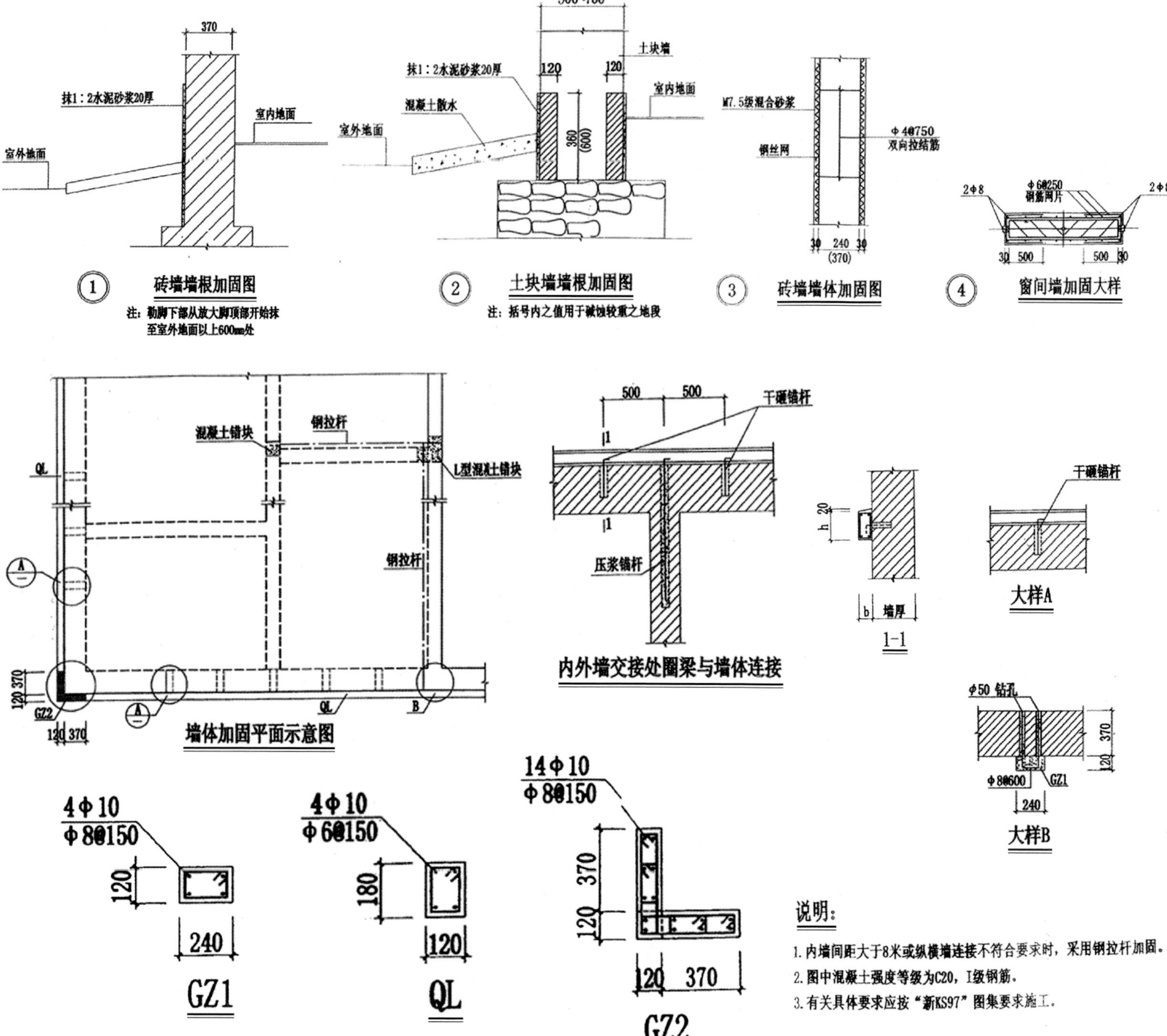

说明：

1. 内墙间距大于8米或纵横墙连接不符合要求时，采用钢拉杆加固。
2. 图中混凝土强度等级为C20，I级钢筋。
3. 有关具体要求应按“新KS97”图集要求施工。

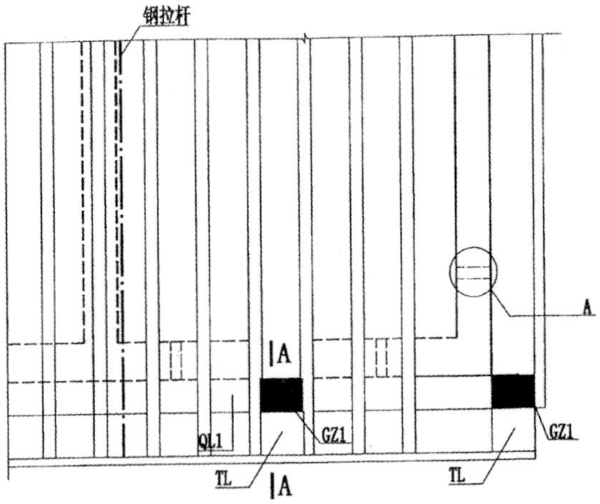

二层悬挑房屋抗震加固平面示意图

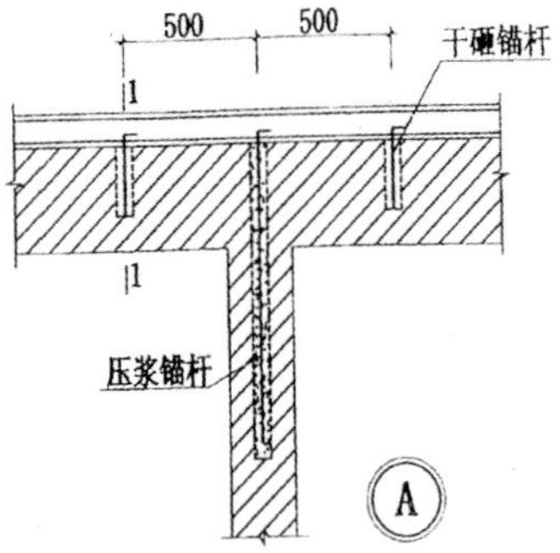

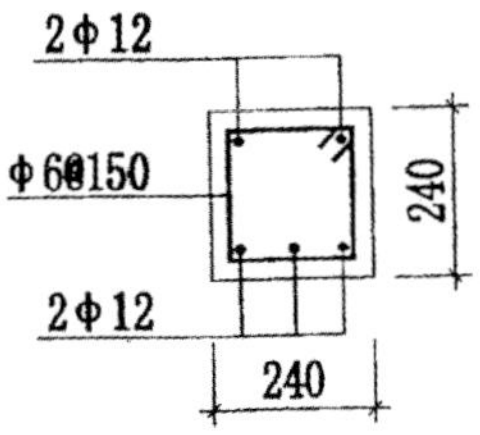

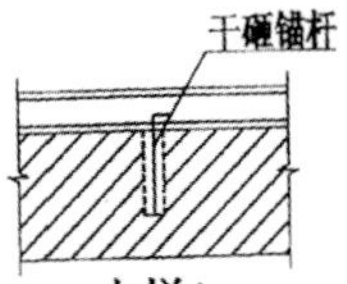

大样A

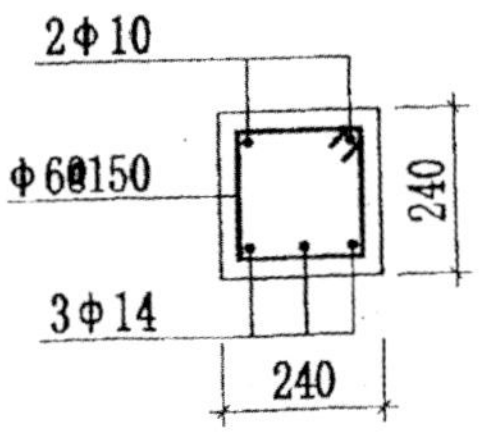

GZ1

QL1

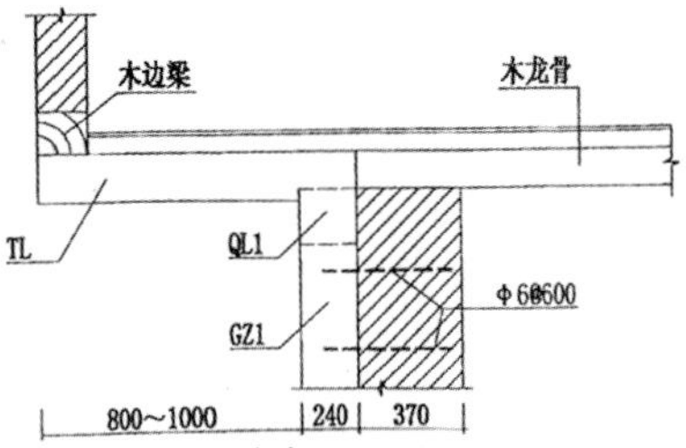

A-A

说明：

1. QL1顶标高位于木龙骨底部，TL梁顶应紧贴木边梁底。
2. 悬挑长度不得大于1m，混凝土为C20
3. TL应按计算确定。

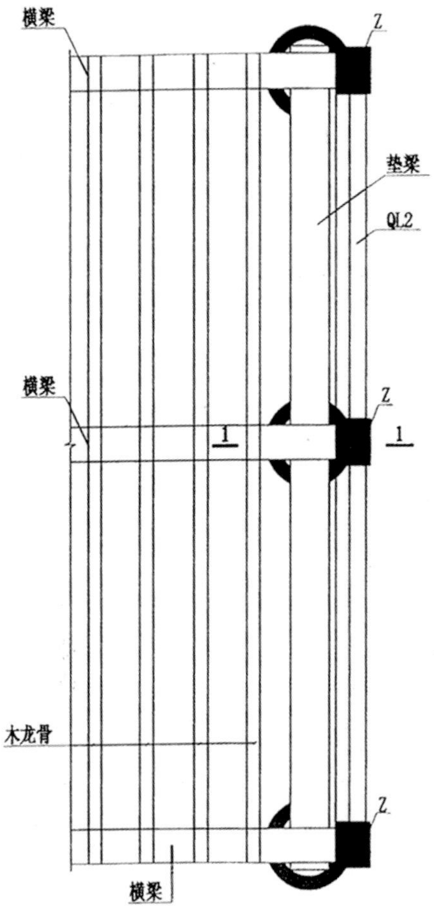

过街楼抗震加固平面图

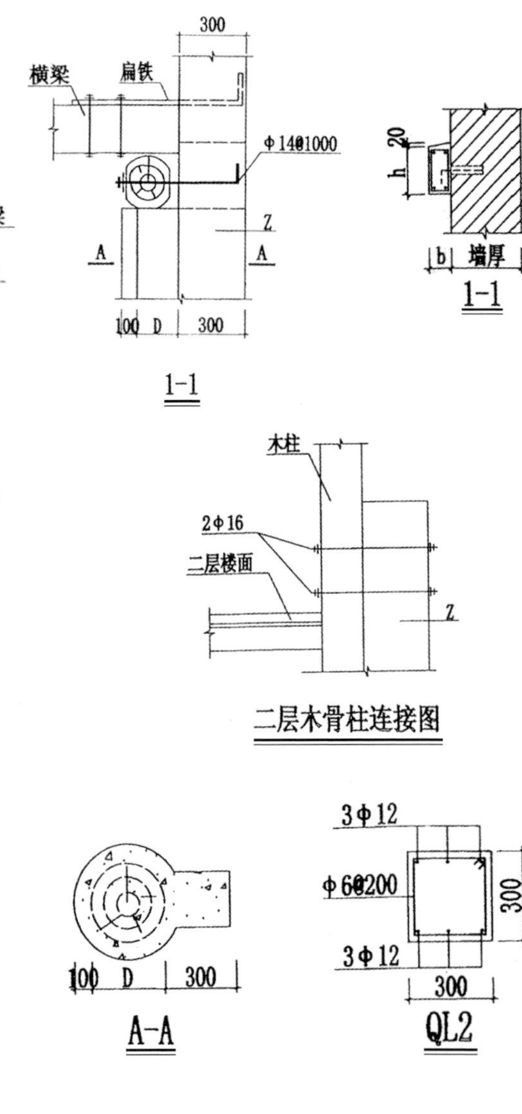

说明：

1. 混凝土柱截面为300×300，在高度超出二层楼面标高1m以上之柱在内侧预埋2Φ16螺栓用以固定二层木骨架之木柱。
2. 沿街方向在木柱以及构造柱之间砌筑500厚抗震砖墙
3. 圈梁截面300×300，混凝土为C20，钢材采用一级钢。

喀什市2号安置小区调整建议方案平面图

2号安置小区建成后的景观全貌

2号安置小区内大面积的绿地可以拿出一部分用来解决当地居民就地就业问题，以改善生计基础条件

较宽大的绿地平台，可适当安排反映历史文化的雕塑与小品，强化历史文化特征，提高艺术品位

2号安置小区内的设计，由于缺乏对旧城社会群体结构与生产生活方式的研究，因此在拆迁安置时新区的设计缺乏居住者就地解决生计的场所，也没有注意到旧城前店后厂的生活方式应预留用地。根据这一缺憾，建议在图示橘红色地段安排前店后厂的手工业商业用房，以解决居住者的生计用地，使小区从单纯的“卧城”变为生气勃勃的新城区

用地平衡表

名称	面积(ha)	比例(%)
小区总用地	47.6	100
公建用地	11.53	24.22
住宅用地	25.09	52.71
道路用地	4.51	9.46
公共绿地	6.47	13.59

经济技术指标

项目	单位	数量
总用地面积	公顷(ha)	47.6
总建筑面积	平方米(m^2)	342108.93
住宅建筑面积	平方米(m^2)	296310.82
公共建筑面积	平方米(m^2)	45798.11
居住总户数	户	3704
居住总人数	人	18520
平均每户建筑面积	平方米(m^2)	80.00
建筑密度	%	16.6
容积率	-	0.72
绿地率	%	35.0

总平面图

图例

居住建筑 公共建筑 绿地 建议改为商业街用地

垃圾收集点 公厕 建筑层数 道路

规划范围 地上停车位 地下车库入口(远期规划)

恰萨路铁匠铺风貌整治前

恰萨路铁匠铺风貌整治后

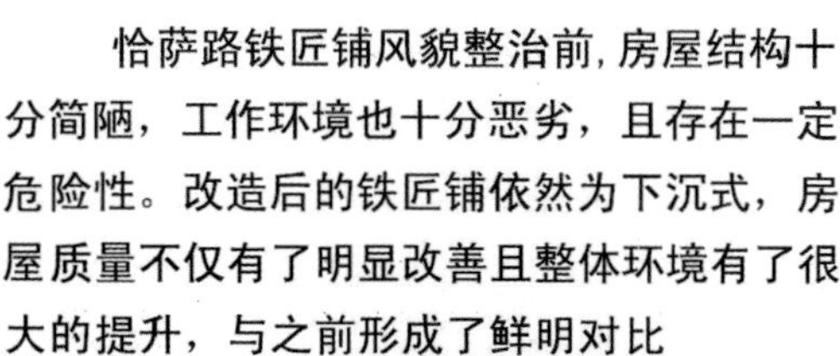

恰萨路铁匠铺风貌整治前，房屋结构十分简陋，工作环境也十分恶劣，且存在一定危险性。改造后的铁匠铺依然为下沉式，房屋质量不仅有了明显改善且整体环境有了很大的提升，与之前形成了鲜明对比

房屋外部管线设施一律埋入地下或置于墙体内部，以使整体环境整洁美观。房屋外墙均已从重新涂刷，既统一了整体色调又起到了一定的保温效果

抗震安居工程已完成的E-8片区

恰尔巴格路社区某民居

该民居原为开敞式院落，经过主人在屋顶加装透明顶棚后，变为了封闭式庭院，这样既能使民居内部不受外界环境及气候的影响，又增加了一定的使用空间，使原来的院落变成了现在的起居室，可谓一举两得。

中篇　喀什历史文化街区保护规划

砖混结构建筑

砖木结构建筑

现状建筑质量分析图

图例：

- 砖混结构建筑
- 砖木结构建筑
- 土木结构建筑
- 水 体

现状建筑质量分析图

土木结构建筑

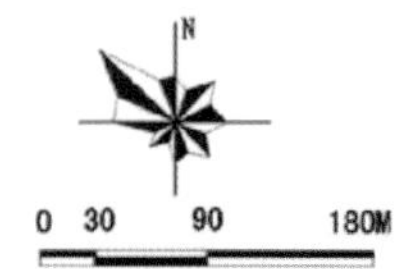

人防工程（地道）现状图

近年来，因气候变化雨量较为丰富，因防空洞被覆不善而坍塌的住宅时有发生，且有逐渐上升的趋势，上三图为2005年坍塌的民房。

时任徐建荣副市长在坍塌前曾严令住户搬家，第二天即坍塌，挽救了几十个人的生命。政府领导高度重视危房处理工作，现场督促群众及时搬迁，避免了重大伤亡事故发生

人防工程（地道）现状图

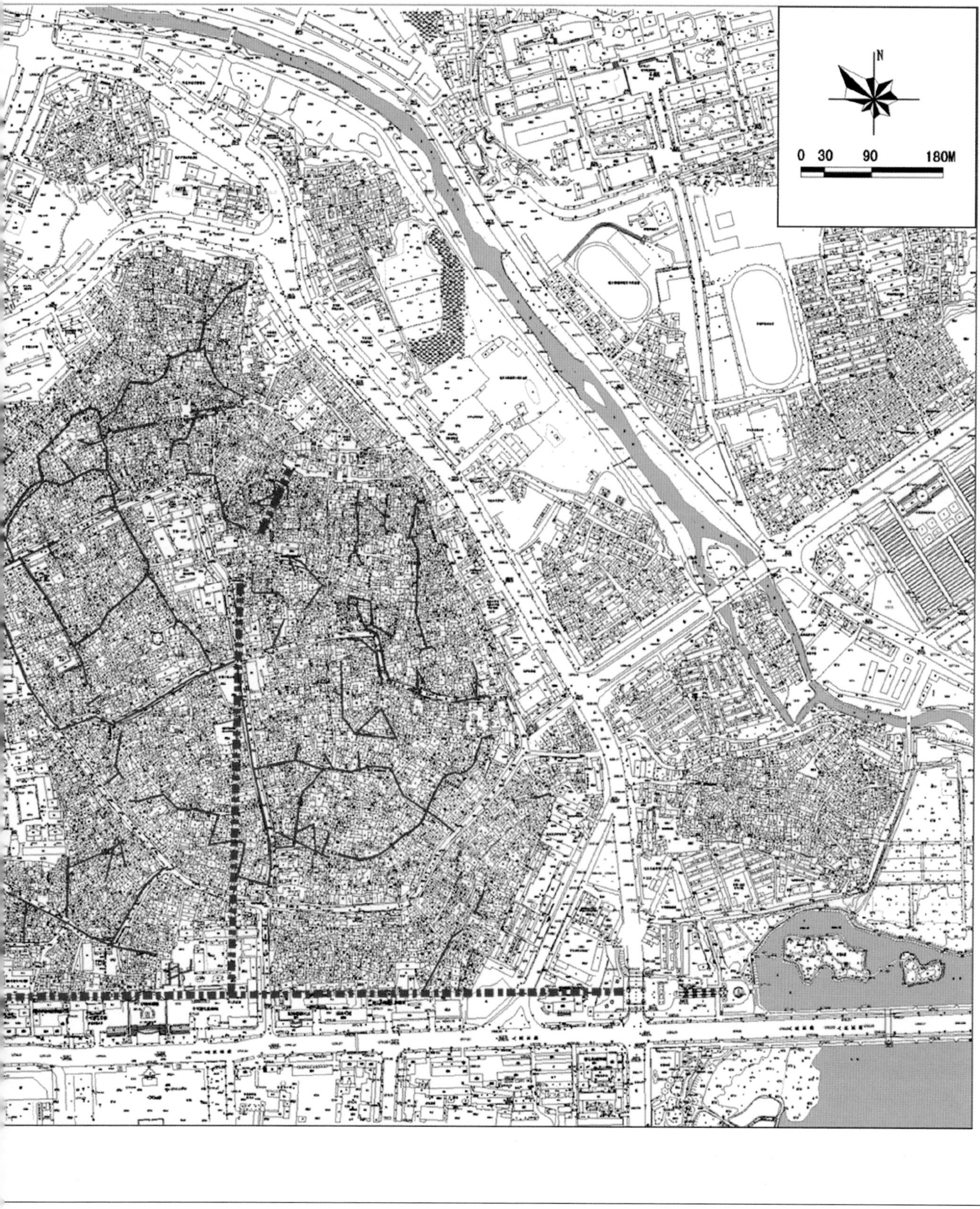

N

0 30 90 180M

图例：

主干地道（浮土深度11米，宽、高2米）

支干地道（浮土深度7米，宽1.2米、高2米）

历史文化名城区位图

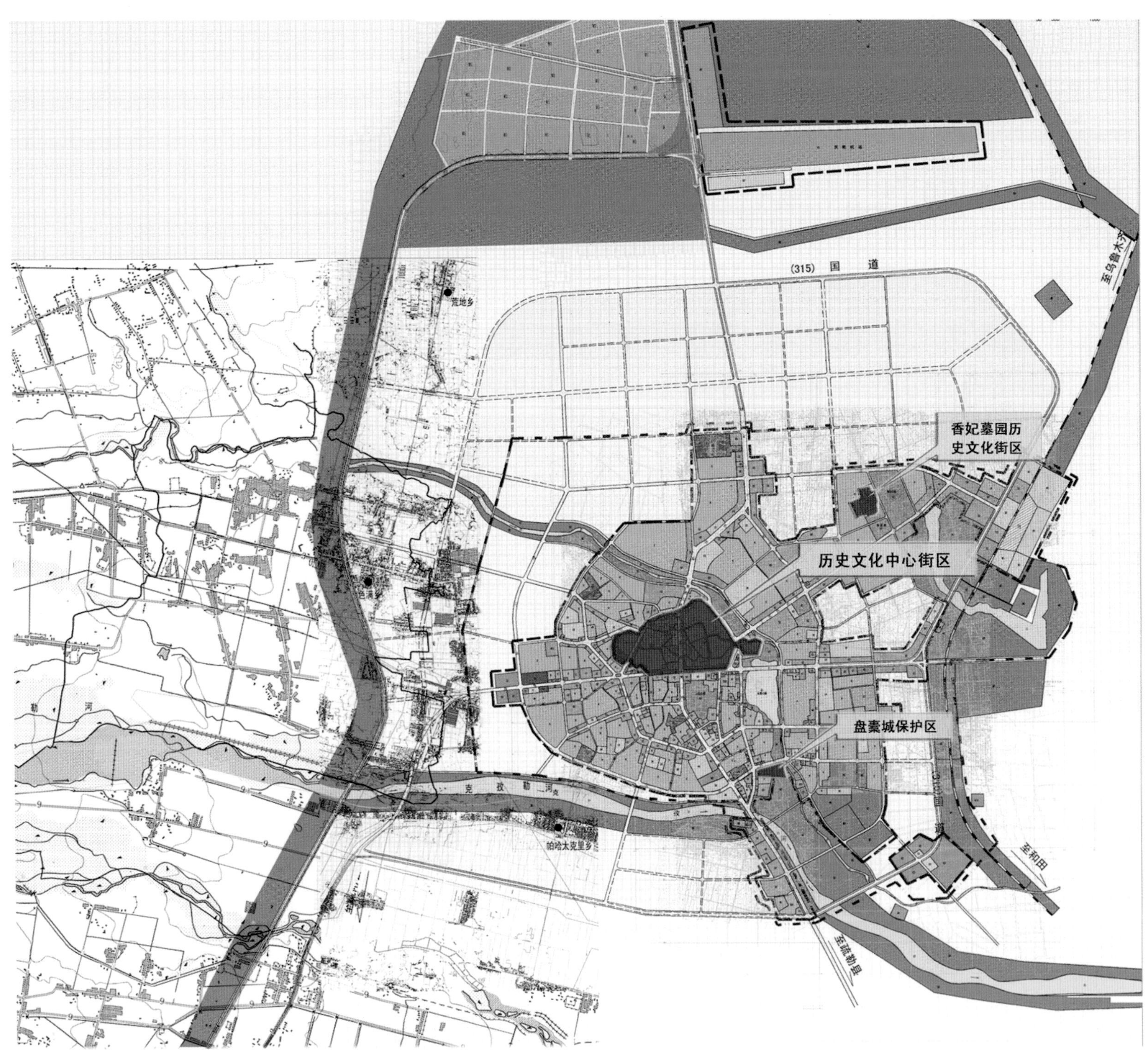

主要用地指标：

1. 城市总体规划用地总面积 S_1=4763 公顷
2. 历史文化核心保护区用地总面积 S_2=143.31 公顷
3. 历史文化建设控制地带总面积 S_3=239.43 公顷
4. 历史风土文化展示区用地总面积 S_4=211.94 公顷
5. 非物质文化保留专用地（艾提尕尔清真寺广场节日文化活动场和人民广场歌舞表演场）S_5=2.38 公顷

历史文化名城区位图

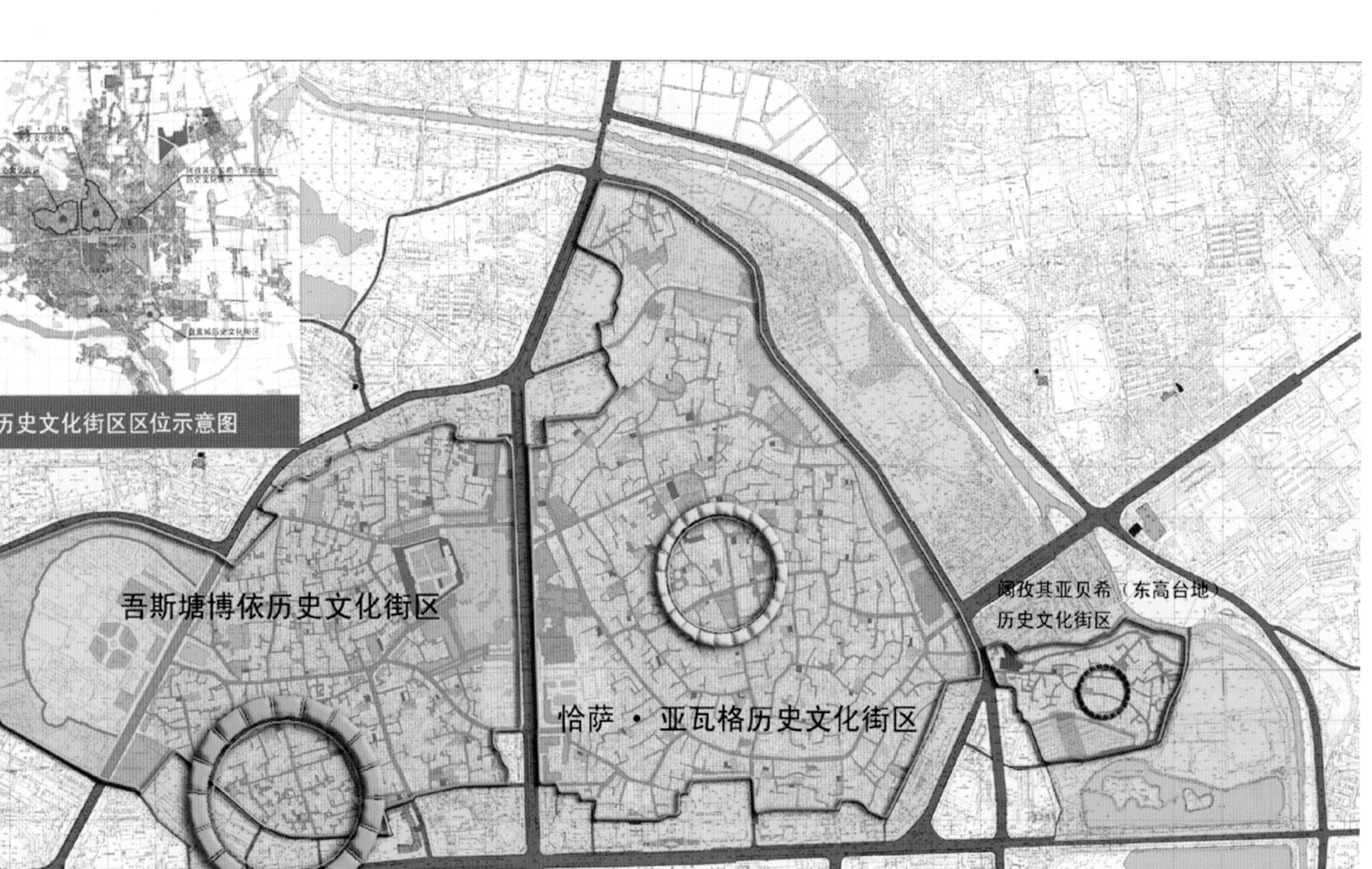

图例：

吾斯塘博依历史文化街区 保护区面积：655965 平方米 控制区面积：79573 平方米

恰萨 · 亚瓦格历史文化街区 保护区面积：758573 平方米 控制区面积：120025 平方米

阔孜其亚贝希（东高台地）历史文化街区 保护区面积：79741 平方米 控制区面积：46034 平方米

建设控制地带

保护规划紫线

历史地名释义总图

01．色满路
因通往疏附县色满公社而得名。

02．云木拉克协海尔路
“云木拉克协海尔”意即圆形城市。以前此地为喀什外城，因其形状呈圆形而得名。

03．吾斯塘博依路
“吾斯塘博依”意即水渠边，因地处水渠两边而得名。

04．京其巷
“京其”意即制秤者。

05．诺尔贝希路
“诺尔贝希”意即引水渡槽的上边，因此地有一引水渡槽而得名。

06．塔哈其巷
“塔哈其”意即织麻袋者，因以此为业的苏皮拉洪曾居此地得名。

07．切克曼其巷
“切克曼其”意即织土布者。

08．阿图什巷
“阿图什”即今克孜勒苏柯尔克孜自治州驻地。从前，因有部分阿图什人迁居于此而得名。

09．磨坊巷
因曾设有加工豆制品的磨坊而得名。

10．巴格阔恰巷
“巴格”意即果园，“阔恰”意即巷子。

11．巴格其阔恰巷
“巴格”意即果园，“阔恰”意即巷子。

12．达莫拉阿吉木巷
“达莫拉”即伊斯兰教经文学者阿吉木，此巷因宗教学者阿吉木居此地而得名。

13．安江阔恰巷
“安江”即古代中亚名城安集延的维语读音。“阔恰”意即巷子，昔日，因由中亚安集延移居喀什的部分乌孜别克族富人住此巷而得名。

14．艾提尕尔饮食街

15．亚尕其巷
“亚尕其”意即木匠。

16．艾格孜艾日克巷
“艾格孜艾日克”意即水渠。

17．克拍克其巷
“克拍克其”意即售麸皮者

18．依民海普提木巷
“依民海普提木”维族人名，此人威望较高，以其名为路命名。

19．库木代尔瓦扎路
“库木代尔瓦扎”意为“沙门”（即喀什旧城南城门），此路原无路名。

20．喀尔玛克巴扎巷
“喀尔玛克巴扎”即奶制品集市。

21．菜巴扎路
“菜巴扎”意即卖菜的集市。

22．菜巴扎加纳尼巷
“菜巴扎加纳尼”意即卖菜的街市。

23．盖孜尼其拜克巷
“盖孜尼其拜克”意即财政大臣，因此地曾住有一位财政长官而得名。

24．亚瓦格路
“亚瓦格”意即河崖上的果园。

25．江库尔干巷
“江库尔干”意即生命的堡垒，从前战争中，人们因避身于此地一片坟地而得幸免，后人将此坟地称为生命的堡垒该巷因此得名。

26．墩美其特巷
“墩美其特”意即土丘上的清真寺，因此地土丘曾有一座清真寺而得名。

27．吐热亚尔巴格巷
“吐热”意即富翁，“亚尔巴格”意即河崖上的果园，从前，吐曼河河崖上有一富翁的果园而得名。

28．吐克扎克代尔瓦扎阔恰巷
“吐克扎克代尔瓦扎”意即城门洞，即喀什古城东大门。

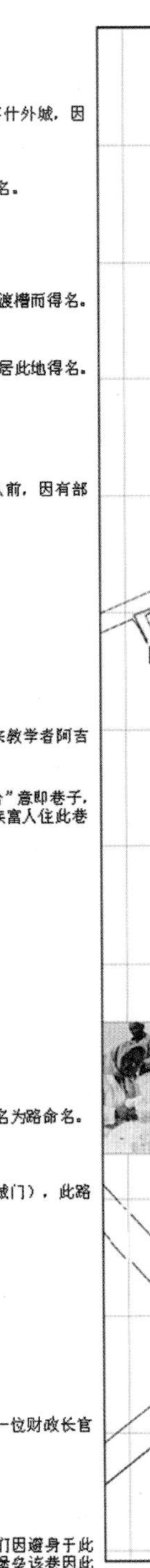

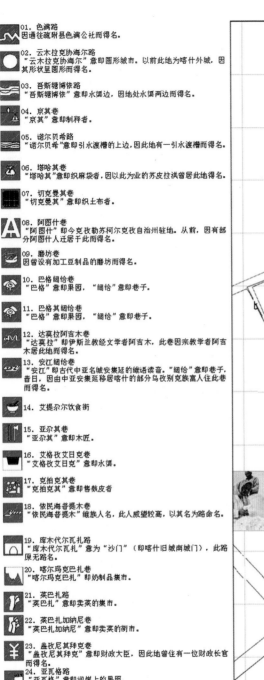

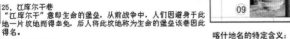

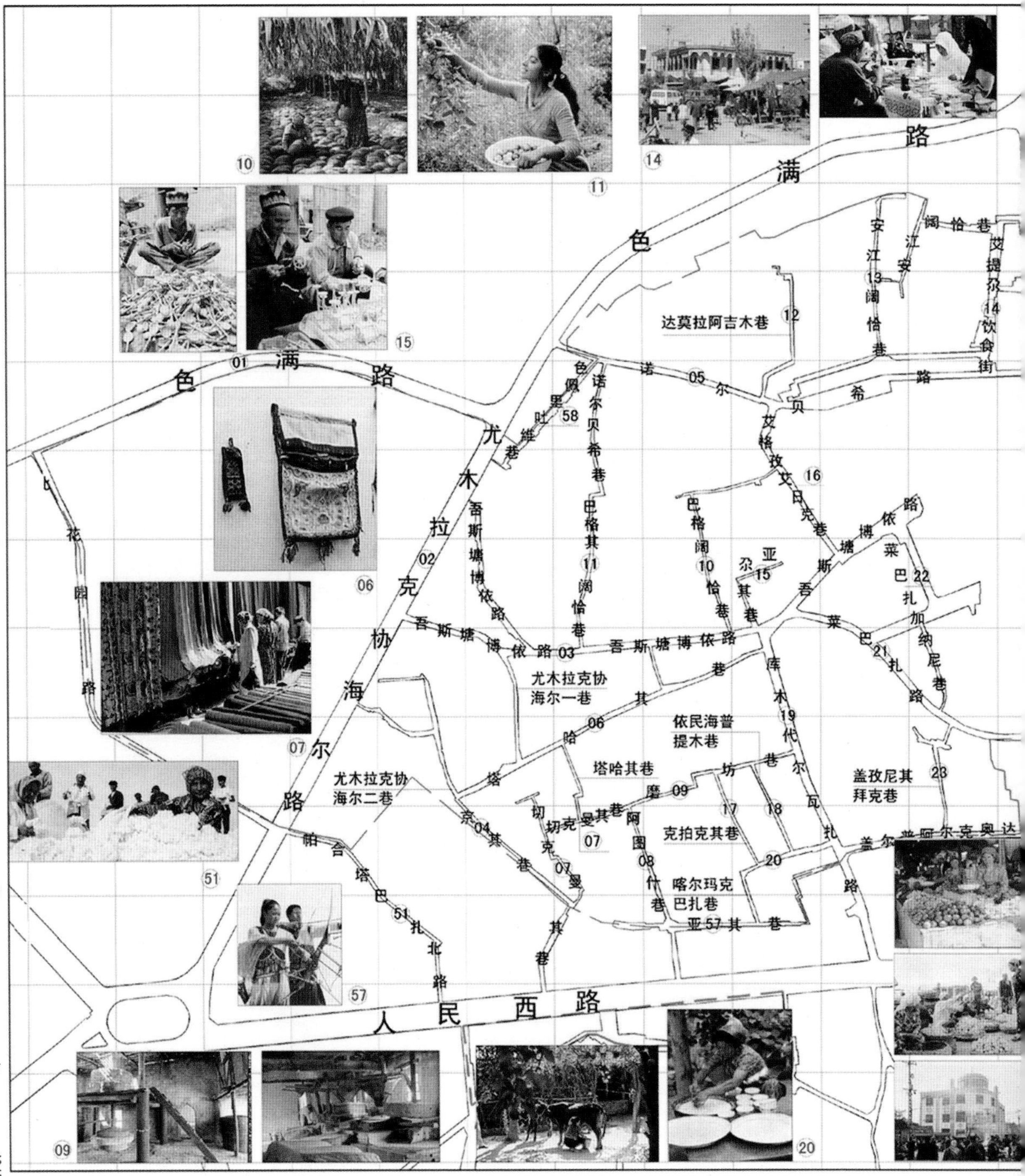

喀什地名的特定含义：

喀什地名，都存在着特定的含义。有如下基本构成方式：

1. 以当时存在的建筑命名，如盖尔普阿克奥达巷，意为“古王府后”（王府街）；
2. 以城墙或重要设施命名，如色佩里吐维巷，意为城墙下；
3. 以居住的名人或官吏命名，如艾克木阿格恰木阔斯巷，因艾克木阿格恰木集资于此集建了清真寺，为纪念其人而命名；
4. 以生产和销售某种产品而命名，如塔什巴扎巷，意为磨盘集市；
5. 以不同性质的人群居住于此而命名，如安江阔恰巷，因中亚集延移居喀什的部分乌孜别克富人多数居住此巷而得名；
6. 以天然环境命名，如巴格艾日克村，因水渠通往村内大果园而得名。巴格：果园；艾日克：水渠。

喀什作为名城，这种命名方式保存了当地民族原始质朴的认识自然、认识城市的行为模式。

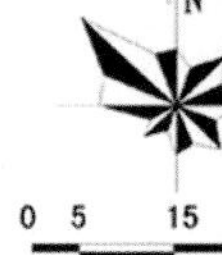

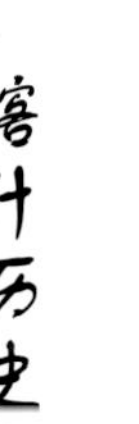

历史地名释义总图

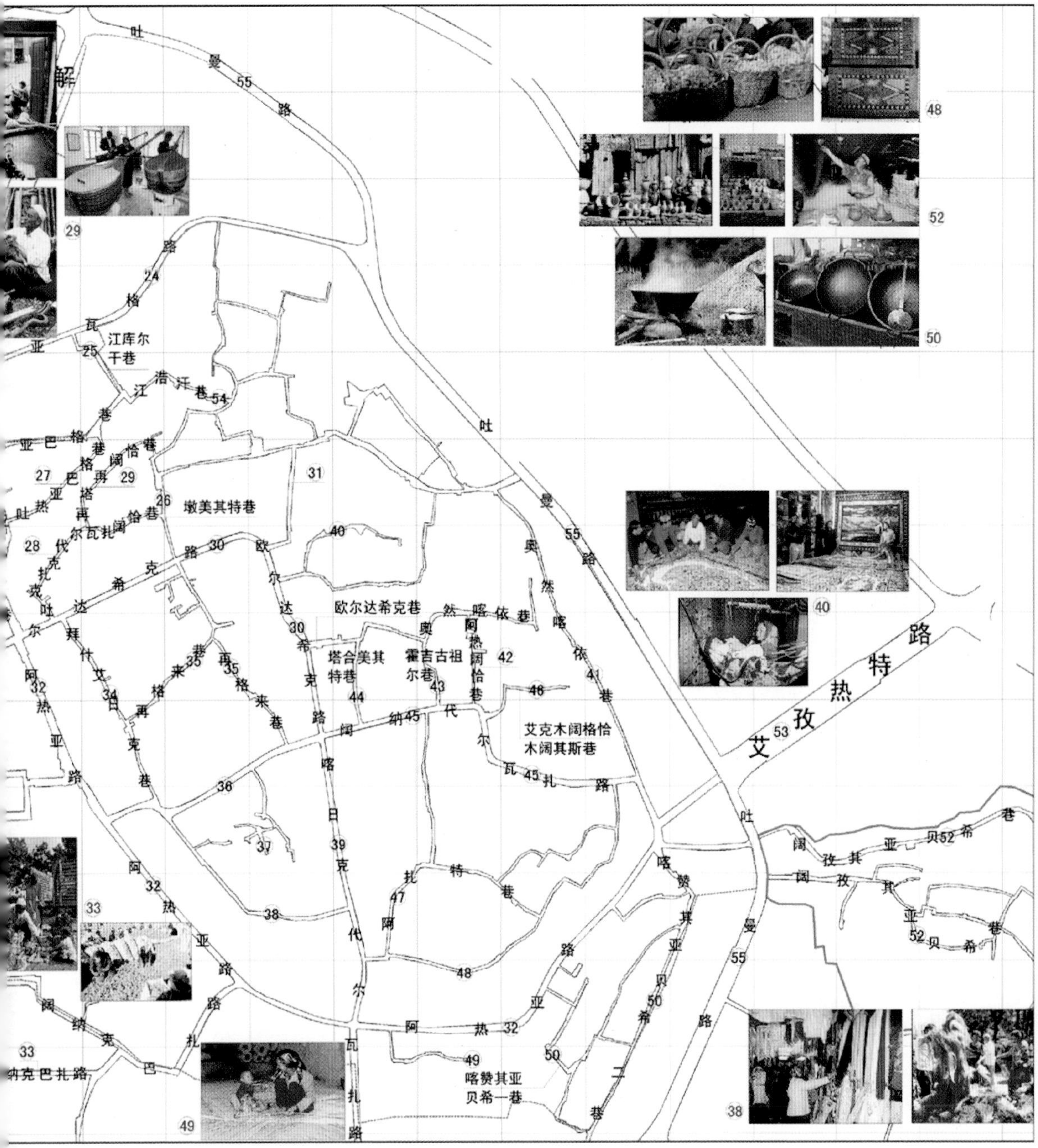

29．再塔再阔恰巷
又称再塔甫巷，意为制作乐器弦的街市。

30．欧尔达希克路
“欧尔达希克”意即王宫之门。古时，因王宫侧门设此巷得名。

31．布拉克贝希巷
“布拉克贝希”意即泉的周围，因地处布拉克泉四周得名。

32．阿热亚路

33．阔纳克巴扎路
“阔纳克巴扎”即玉米集市。

34．拜什艾日克巷
“拜什艾日克”意即五条水渠。因此地从前有五条水渠而得名。

35．再格来巷
“再格来”意即金银匠。从前，因金银匠聚居于此而得名。

36．恰萨巷
“恰萨”意为“四方形”。相传古时在该区中部的今恰萨路十字路口处，有一座石砌木顶的凉亭，以维吾尔族传统建筑样式筑成，因亭呈四方形（占地 25 平方米）而闻名，此亭成为该区标志。

37．吾其拉巷

38．艾维热希木喀巷
“艾维热希木喀”意即丝绸工，据传，此地居民自古以丝绸制品为业而得名。

39．喀日克代尔瓦扎路
系古城老街，曾名喀库勒克代尔瓦孜街，1982 年改名为喀日克代尔瓦扎路，因此地从前有喀日克代尔瓦扎（城门）得名。

40．孜里其巷
“孜里其”意即织毯者。从前，因织地毯工人居此巷内得名。

41．奥然喀依巷
“奥然喀依”，为蒙古族人名。从前，因蒙古喀依曾居住此巷而得名。

42．阿热阔恰巷
“阿热阔恰”意即中间的巷子。因此巷位于阔纳代尔瓦扎巷和阔纳欧尔达巷之间。

43．霍吉古祖日巷
“霍吉古祖日”意即“圣人后裔”经售杂货的集市。相传从前此地有“圣裔”经售杂货的市场而得名。

44．塔合美其特巷
“塔合美其特”意即清真寺的木梯。

45．阔纳代尔瓦扎路
“阔纳代尔瓦扎”意即老城门。因此地曾有古城门得名。

46．艾克木阿格恰木阔其斯巷
“艾克木阿格恰木”即维吾尔族人名，“阔其斯”意即巷子，从前，因艾克木阿格恰木集资于此修一清真寺，为纪念她，故以其名命名。

47．阿扎特巷
“阿扎特”意即解放，原名米孜勒（即秘书）巷，因王府书吏居住于此而得名，1953 年改名阿扎特巷。

48．艾格来克其巷
“艾格来克其”意即制箩筛匠聚居于此而得名。

49．博热其巷
“博热其”意即编苇席者，因此地居民以编织苇席为业而得名。

50．喀赞其亚贝希巷
“喀赞其”意即制锅者，“亚贝希”意即河崖上；因地处吐曼河崖上，居民世代以铸造铁锅为业，故名。

51．帕合塔巴扎路
“帕合塔巴扎”意即棉花集市。

52．阔孜其亚贝希巷
“阔孜其亚贝希”意即河崖上的土陶工，因此地世代居住生产土陶制品的手工艺者得名。

53．艾孜热特路
通向阿帕克·霍加墓之路。

54．江浩汗巷

55．吐曼路
因位于吐曼河西岸河滩而得名。

56．盖尔普阿克奥达巷
“阿克奥达”意即王府后面，“盖尔普”意即西面。

57．亚其巷
“亚其”意即弓匠

58．色佩里吐维巷
“色佩里吐维”意即城墙，因地处城墙下而得名。

0 5 15 30(M)

地名的意义：
过地名，有助于认识名城的空间结构和平面格局，并了解到当地民众对这座城市空间形态的认识，从而深刻地理解城市结构形态的历史文化意义；
了解重要建筑物的位置和基址，特别是已消失的历史名胜，有助于理解决定城市空间构成的重要地标点。
以更准确地了解古城当时城墙、城门、排水渠道的位置，了解城市的发展变迁规律；
水渠、河道、沙丘、山岗、台地的命名获得城市自然状态改变的规律；
好地了解人文景观构成，更充分了解对社会发展有一定影响的政治家、宗教人士、科学文化人士精英的力度及其生活环境；
确地摸清街道历史由来，特别是商业用专业市场（巴扎）形成发展与变迁的原因，是否构成文化遗产和特色构件单元；
中获取人文景观的大量历史信息。

清真寺平面位置图

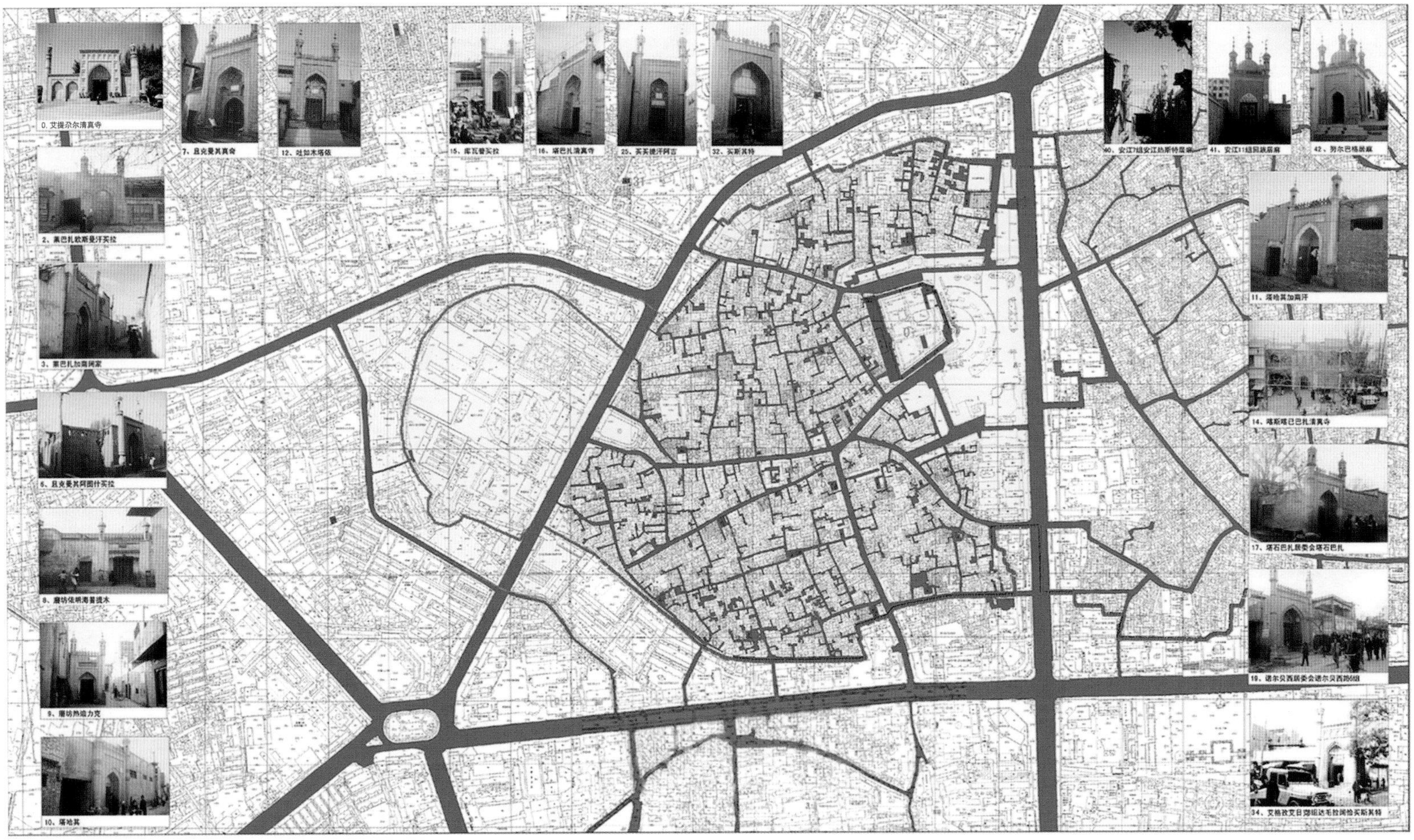

0. 艾提尕尔清真寺
1. 如克提日克清真寺
2. 莱巴扎欧斯曼汗买拉
3. 莱巴扎加南阔家
4. 莱巴扎海孜尼其贝格
5. 切克曼其
6. 且克曼其阿图什买拉
7. 且克曼其真奇
8. 磨坊依明海普提木
9. 磨坊热迪力克
10. 塔哈其
11. 塔哈其加南汗
12. 塔斯坎巴扎吐如木塔依
13. 塔斯坎巴扎苏提喀依玛克
14. 喀斯喀尼巴扎清真寺
15. 塔斯坎巴扎库瓦普买拉
16. 塔巴扎清真寺
17. 塔石巴扎居委会塔石巴扎
18. 诺尔贝西居委会东阔恰
19. 诺尔贝西居委会诺尔贝西路5组
20. 巴格阔恰3组坡拉提尚玉贝格
21. 巴格阔恰6组巴格阔恰毛拉哈皮提木
22. 巴格阔恰8组阿贝尔夏阿胡努木
23. 巴格阔恰4组加马力顶阿胡努木
24. 巴格其阔恰4组热合米吐拉阿胡努木
25. 巴格其阔恰3组买买提汗阿吉
26. 云木拉克协海尔7组尤木拉克夏海尔步塘买里斯
27. 云木拉克协海尔5组
28. 云木拉克协海尔1组塔克其买拉
29. 古里巴格2组古丽巴格据马买斯其特
30. 古里巴格11 组其尼格据马买斯其特
31. 其尼巴格1组买拉买斯其特
32. 其尼巴格锅厂买斯其特
33. 其尼巴格3组买斯其特
34. 艾格孜艾日克8组达毛拉阔恰买斯其特
35. 艾格孜艾热6组乃尔胡加
36. 吾斯塘博依6组坡拉提米拉普
37. 吾斯塘博依8组再改巴扎
38. 吾斯塘博依2组肉孜买塔木居麻
39. 安江3组
40. 安江7组安江热斯特居麻
41. 安江11组回族居麻
42. 努尔巴格4组努尔巴格居麻
43. 吾斯塘博依3组提买其巴扎
44. 吾尔达西克清真寺
45. 再格来居委会阿布都希里普江
46. 再格来居委会库入克阔力贝希
47. 墩买斯其特居委会真买斯其特
48. 墩买斯其提居委会墩买斯其提
49. 墩买斯其特居委会阿布力孜多哈贝格

图例：

清真寺
清真寺用地
38 清真寺编号
河流水域
现状道路
保护区界线
0.2 土房、层数
1.2 砖石结构、层数

清真寺平面位置图

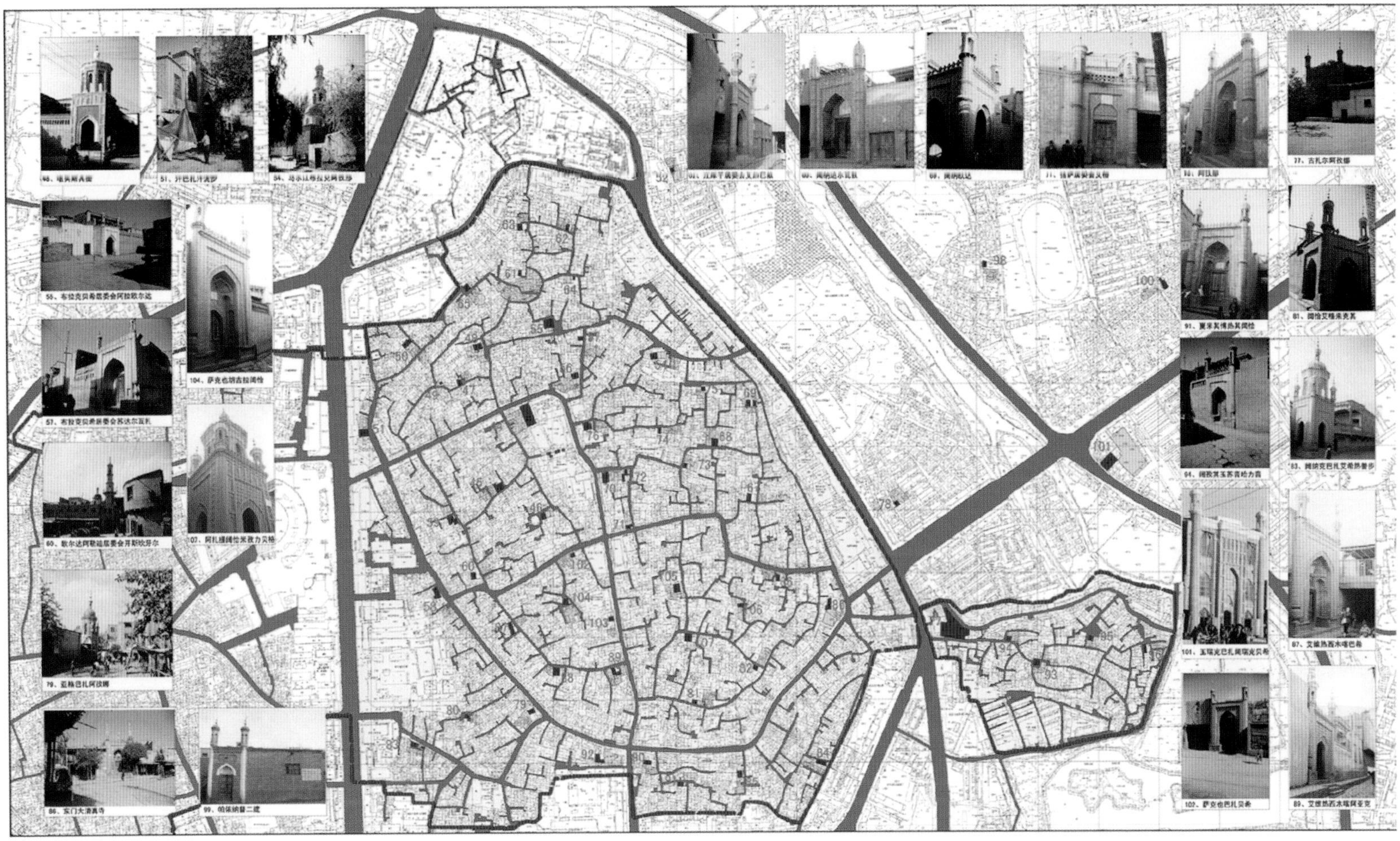

50. 吐尔亚瓦格居委会托热亚瓦格莎胡其
51. 吐尔亚瓦格居委会汗巴扎汗泥步
52. 吐尔亚瓦格居委会恰瓦克买里斯
53. 亚瓦格居委会郭买里斯
54. 布拉克贝希居委会马尔江布拉克阿孜那
55. 布拉克贝希居委会阿拉欧尔达
56. 布拉克贝希居委会吾依阔恰
57. 布拉克贝希居委会苏达尔瓦扎
58. 欧尔达阿勒迪居委会哈萨普巴孜热
50. 欧尔达阿勒迪居委会罢什依热克买里斯
60. 欧尔达阿勒迪居委会开斯坎牙尔
61. 江库干居委会托尔亚瓦格
62. 江库干居委会艾热巴依
63. 江库干居委会库木希坡台吐尾
64. 江库干居委会崇买斯其特
65. 江库干居委会欧斯曼阿吉
66. 阔纳代尔瓦扎居委会阔纳达尔瓦孜
67. 阔纳代尔瓦扎居委会依克木阿合恰木
68. 阔纳代尔瓦扎居委会阔纳欧达
69. 阔纳代尔瓦扎居委会阔纳欧达
70. 恰萨居委会艾格来克巴孜热
71. 恰萨居委会艾格
72. 恰萨居委会塔合塔
73. 恰萨居委会阔克
74. 欧尔达希克居委会喀拉买拉
75. 欧尔达希克居委会阔纳欧尔达
76. 欧尔达希克居委会阿孜那
77. 古扎尔阿孜娜
78. 古扎尔阿拉
70. 亚格巴扎阿孜娜
80. 亚格巴扎依力克其阔恰
81. 艾格来克其阔恰艾格来克其
82. 艾格来克其提尾哈那
83. 阔纳克巴扎艾希热普步
84. 喀赞其亚贝希
85. 喀赞其亚贝希郭尔马格
86. 东门大清真寺
87. 艾维热西木喀巴希
88. 艾维热西木喀中
89. 艾维热西木喀阿亚克
90. 夏米其阿孜娜
91. 夏米其博热其阔恰
91. 夏米其克排巴扎
93. 阔改其克热木崇
94. 阔孜其玉苏音哈力音
95. 阔孜其阿希木贝格
96. 阔孜其吾买尔贝格
97. 帕依纳普3组
98. 帕依纳普2组
99. 帕依纳普二建
100. 玉瑞克巴扎英加依
101. 玉瑞克巴扎阔瑞克贝希
102. 萨克也巴扎贝希
103. 萨克也斯尔
104. 萨克也胡吉拉阔恰
105. 阿扎提阔恰阿力吾其贝格
106. 阿扎提阔恰喀赞其
107. 阿扎提阔恰米孜力贝格
108. 阿扎提阔恰真尼古扎尔
109. 塔尔博胡孜英加依

图例：

清真寺

清真寺用地

58 清真寺编号

河流水域

现状道路

保护区界线

0.2 土房、层数

1.2 砖石结构、层数

优秀传统民居位置图

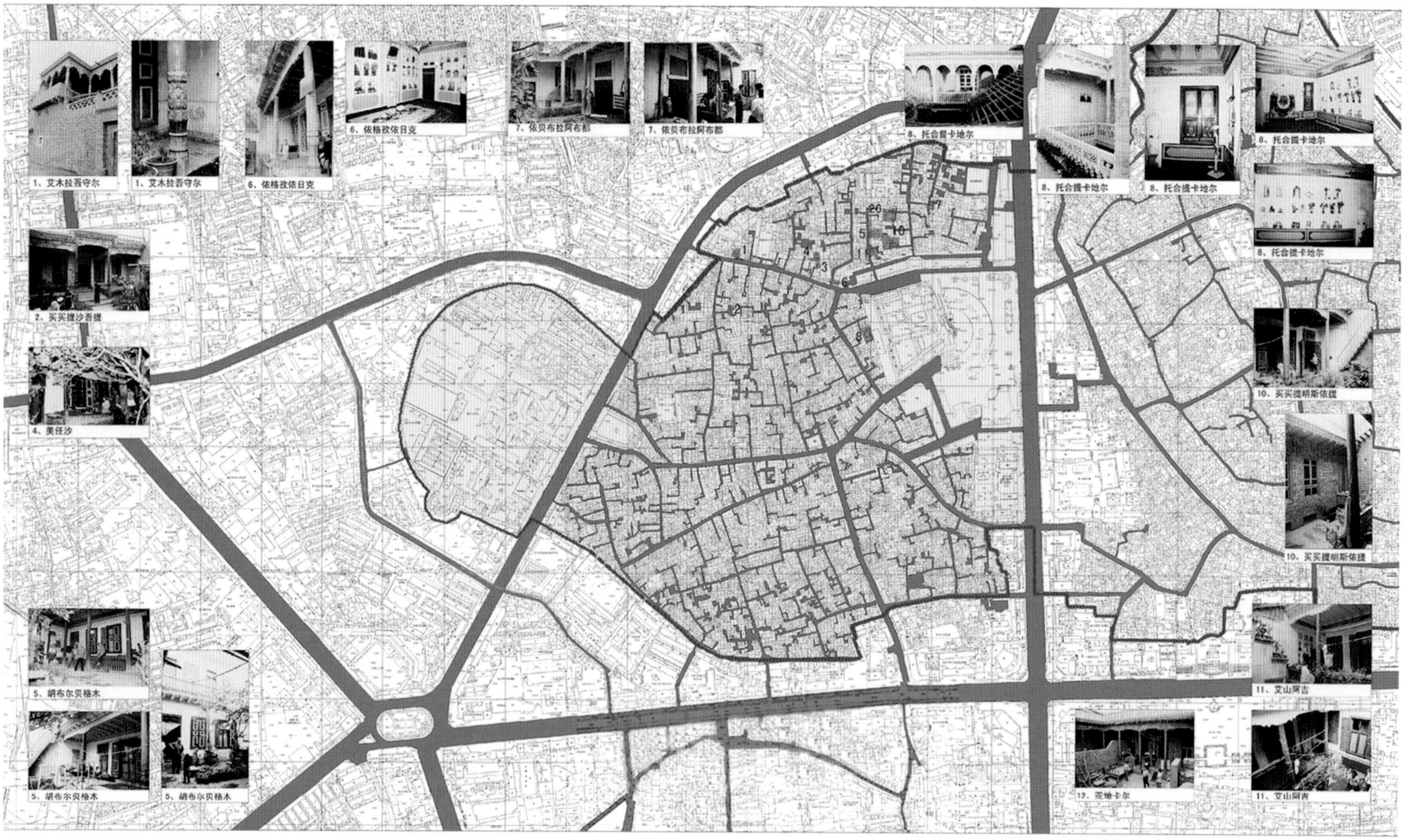

1. 艾木拉吾守尔
2. 买买提沙吾提
3. 美任沙
4. 美任沙
5. 胡布尔贝格木
6. 依格孜依日克
7. 依贝布拉阿布都
8. 托合提卡地尔
9. 塔金沙依孜木
10. 买买提明斯依提
11. 艾山阿吉
12. 亚地卡尔
13. 阿布都海力阿吉
14. 木合太尔买买提

图例：

（灰色块）	优秀传统民居
8	民居编号
（波纹线）	河流水域
（双线）	现状道路
（粗线）	保护区界线
0.2	土房、层数
1.2	砖石结构、层数

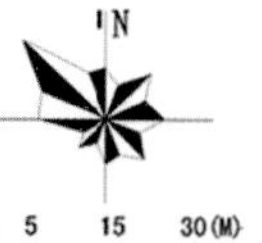

优秀传统民居位置图

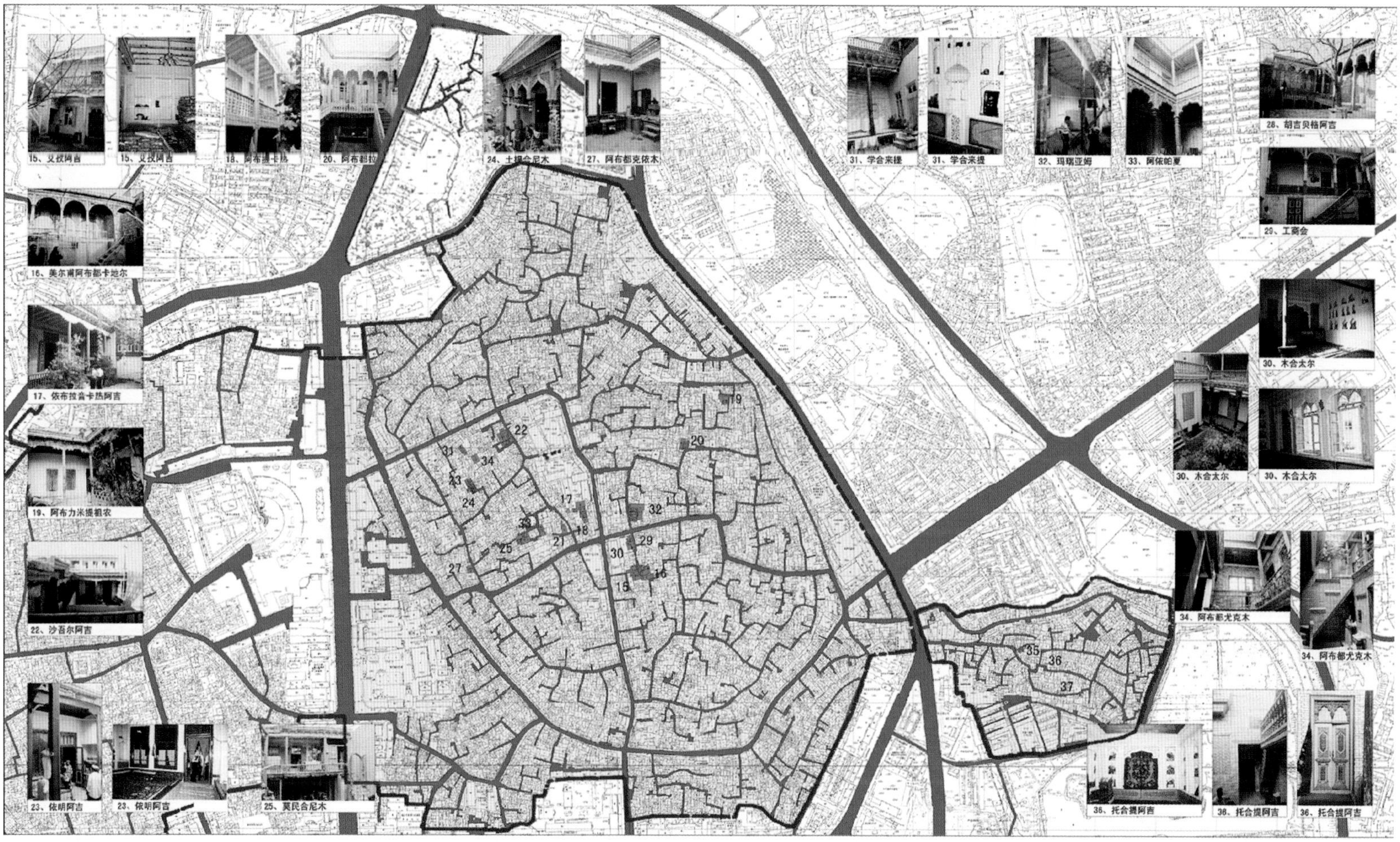

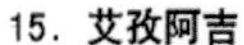

15. 艾孜阿吉
16. 美尔甫阿布都卡地尔
17. 依布拉音卡热阿吉
18. 阿布提卡热
19. 阿布力米提祖农
20. 阿布都拉阿吉
21. 孜孜力居委会
22. 沙吾尔阿吉
23. 依明阿吉
24. 土提合尼木
25. 莫民合尼木
26. 买买提汗阿吉
27. 阿布都克依木
28. 胡吉贝格阿吉
29. 工商会
30. 木合太尔
31. 学合来提
32. 玛瑞亚姆
33. 阿依帕夏
34. 阿布都尤克木
35. 买买祖农阿吉
36. 托合提阿吉
37. 卡斯木托合提案

图例：

优秀传统民居
27 民居编号
河流水域
现状道路
保护区界线
0.2 土房、层数
1.2 砖石结构、层数

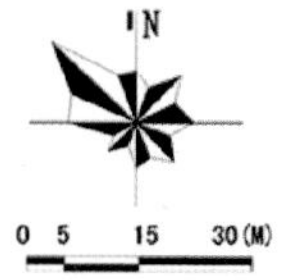

1 吾斯塘博依街区现状分析图

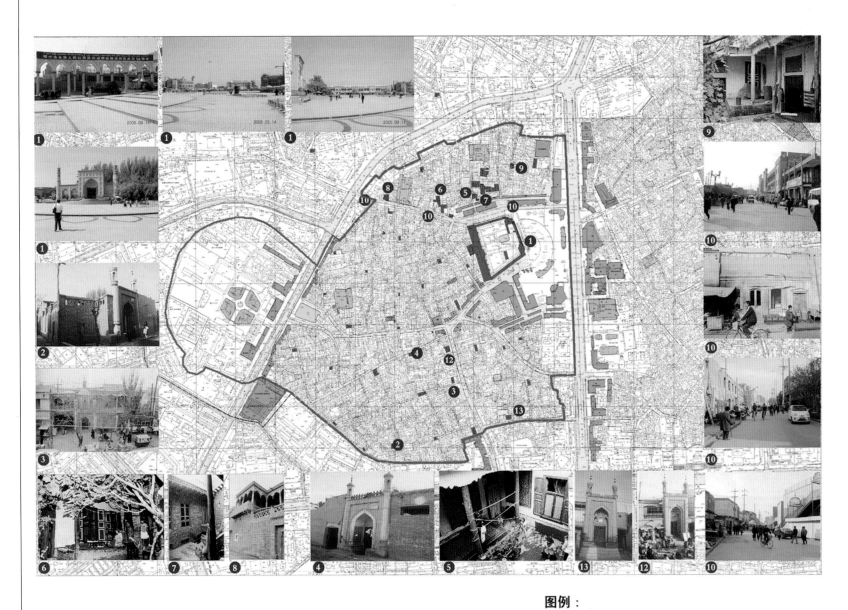

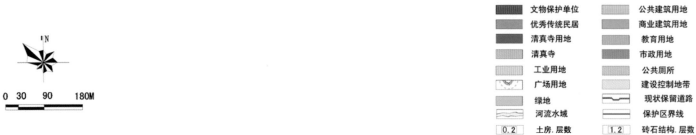

云木拉克协海尔（徕宁城）

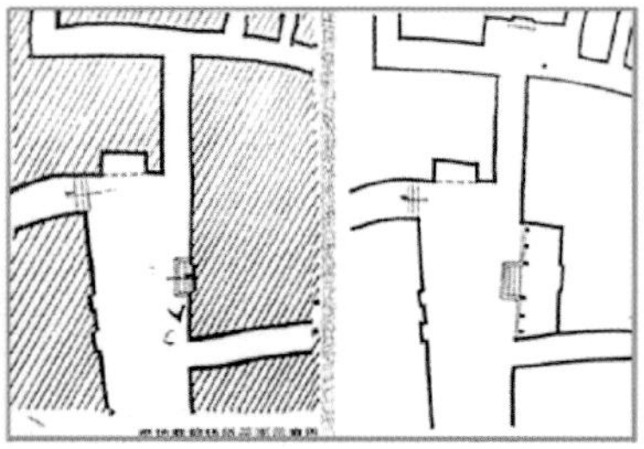

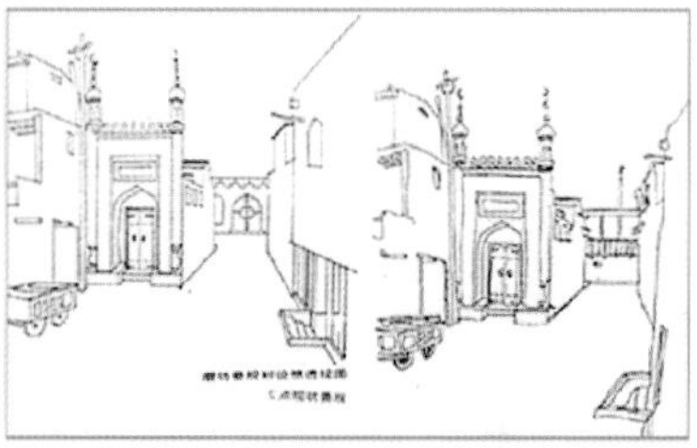

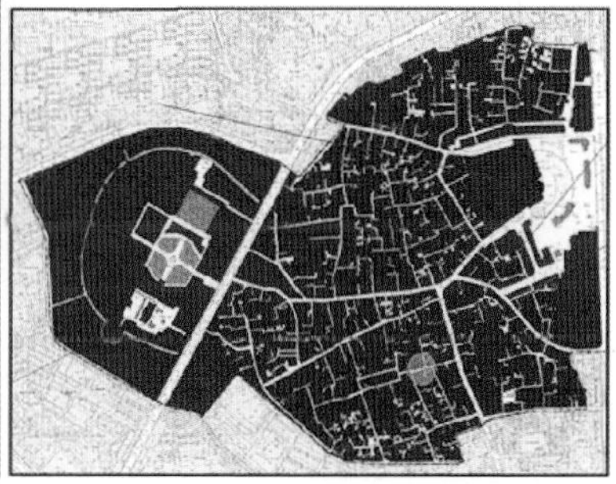

图例：

缺乏抗震功能的建筑
抗震功能较好的建筑
清真寺建筑
优秀民居
学校用地
绿地（兼作旷地）
一般性保护建筑
公共建筑
商业建筑
街巷
需要打通与加宽的巷道
护坡
水体
建设控制地带
保护区界线

N

0 30 90 180M

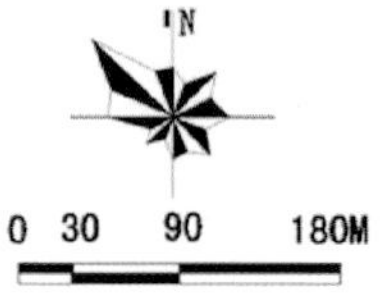

吾斯塘博依A区保护规划图

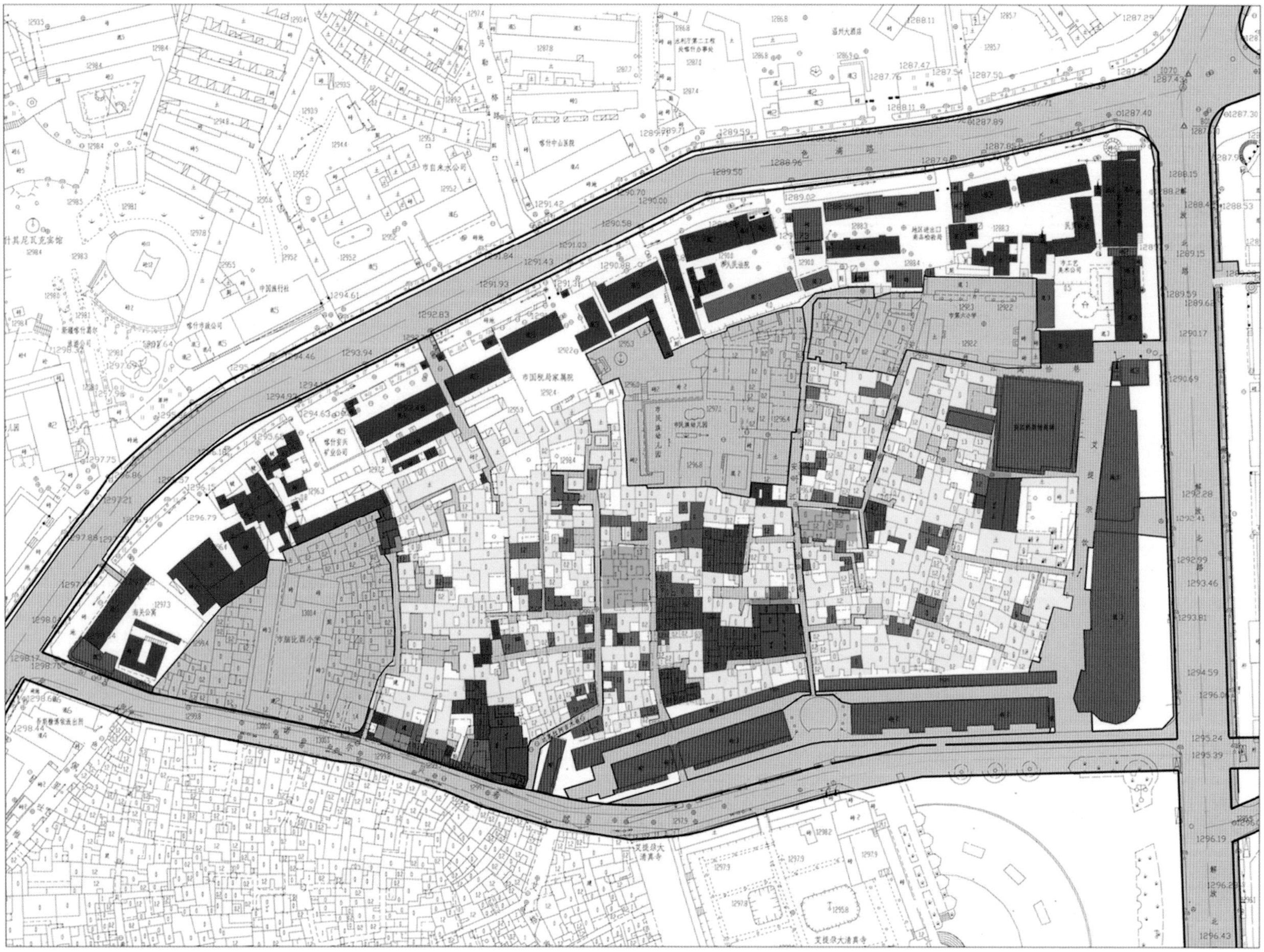

图例：

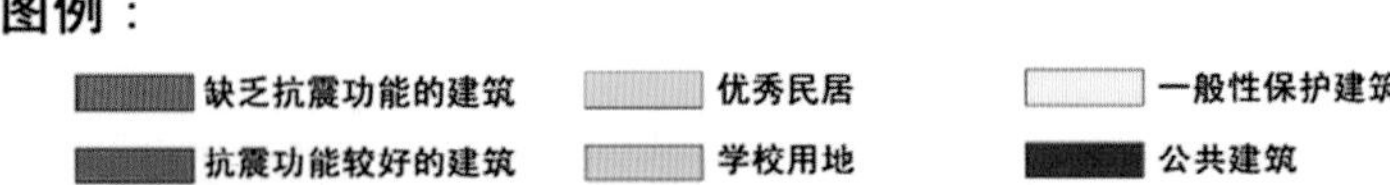

注：区号是按喀什市规划设计院的区号标定的，以便于研究工作。

吾斯塘博依B区保护规划图

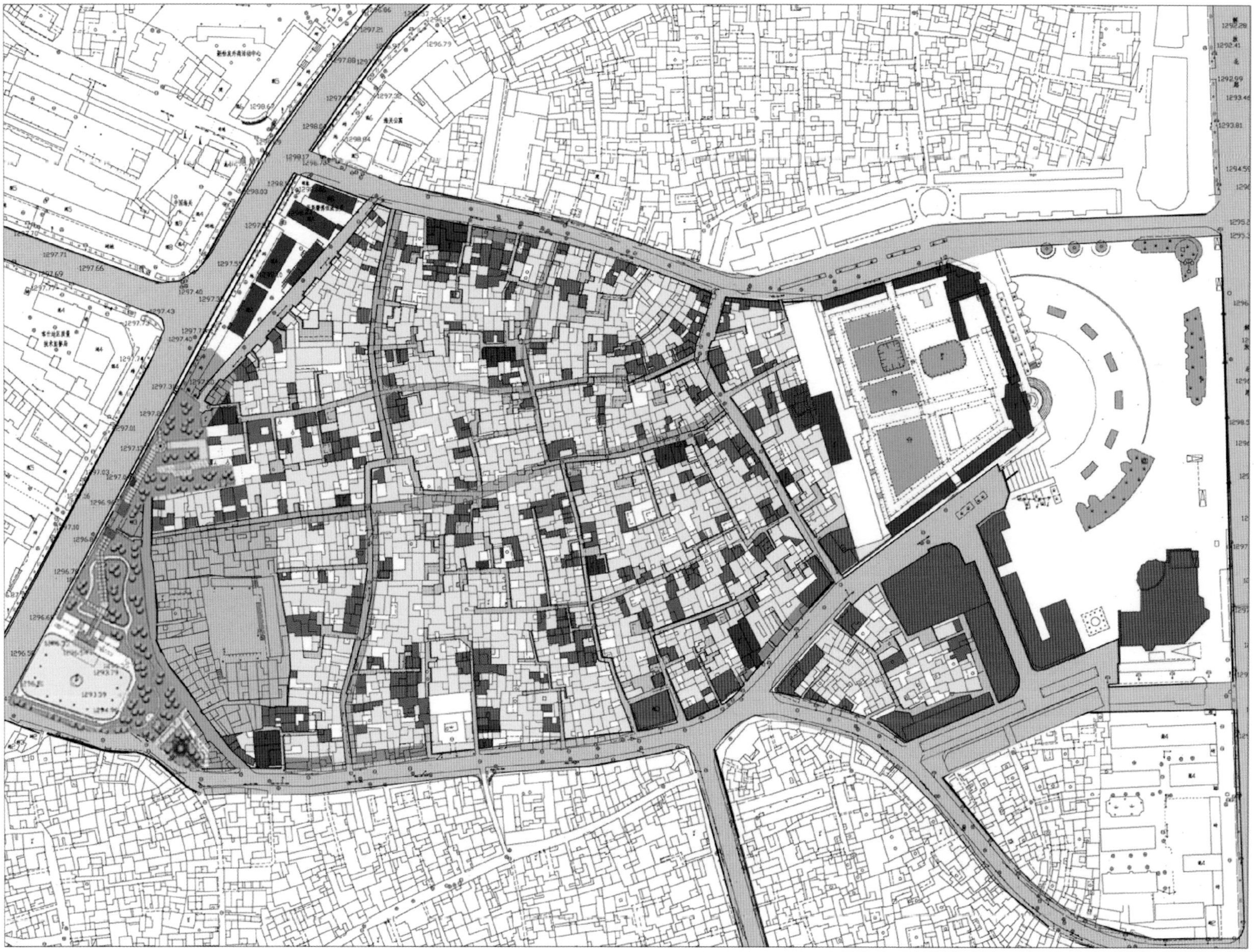

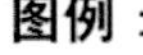

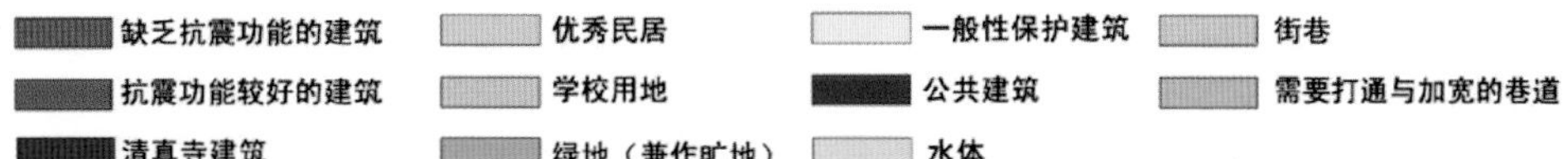

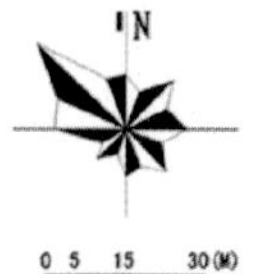

吾斯塘博依C区保护规划图

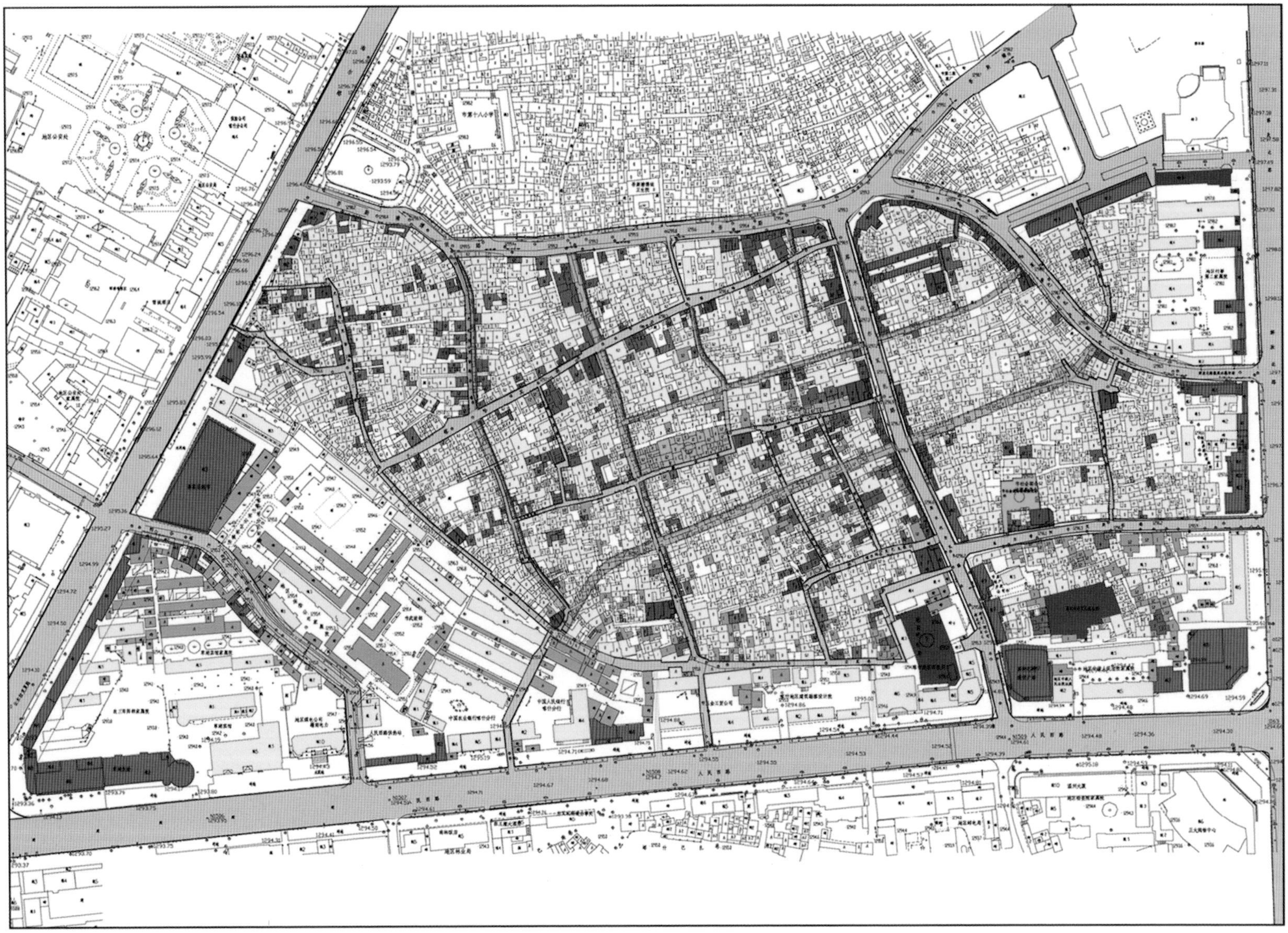

图例：

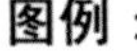

缺乏抗震功能的建筑　优秀民居　一般性保护建筑　街巷

抗震功能较好的建筑　学校用地　公共建筑　需要打通与加宽的巷道

清真寺建筑　绿地（兼作旷地）　商业建筑

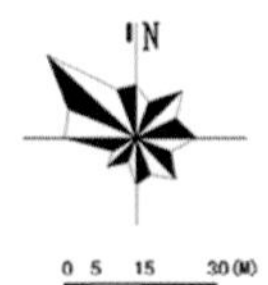

吾斯塘博依J区保护规划图

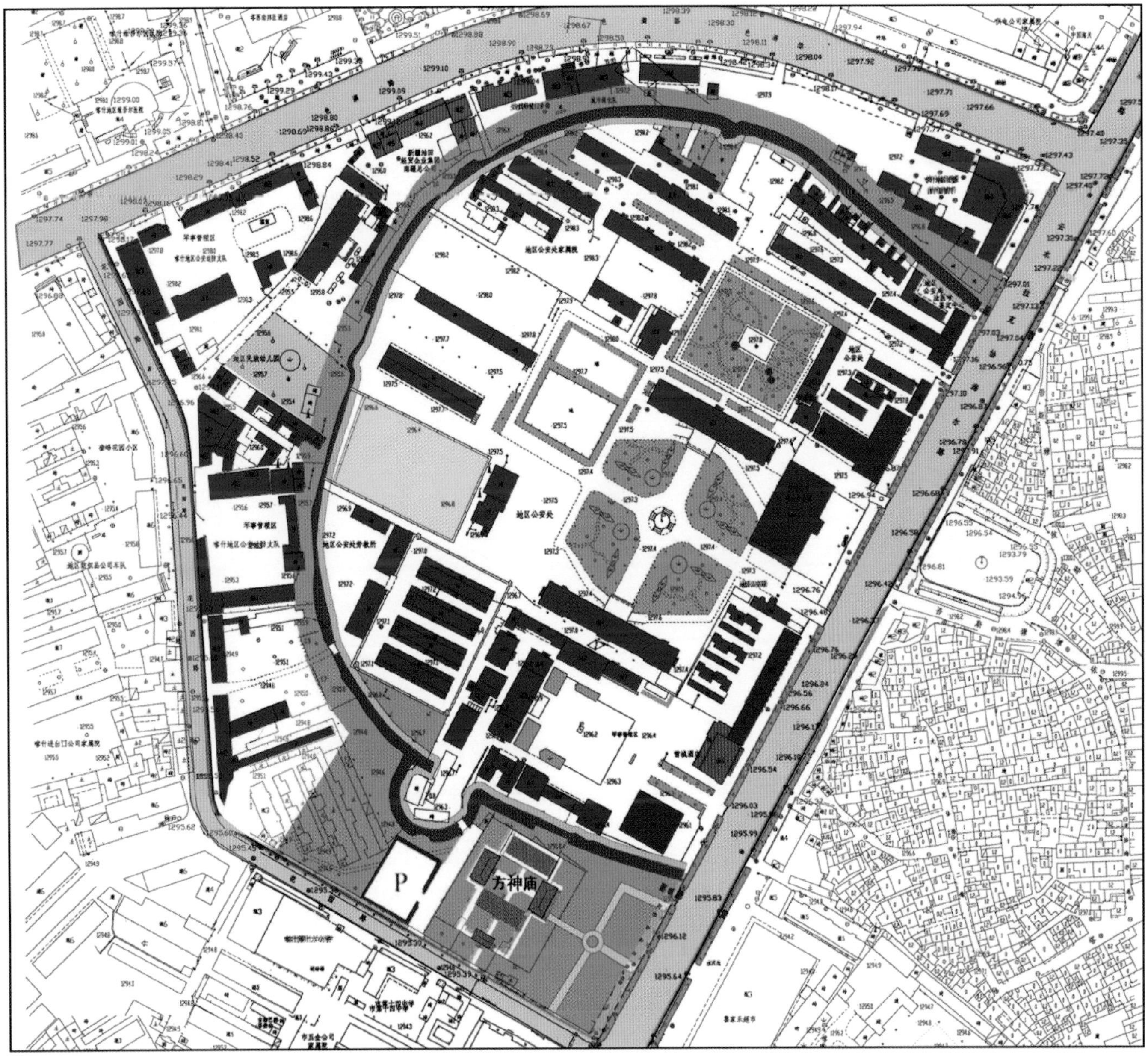

方神庙

P

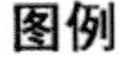

图例：

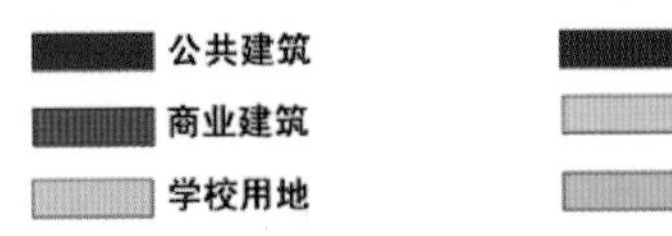

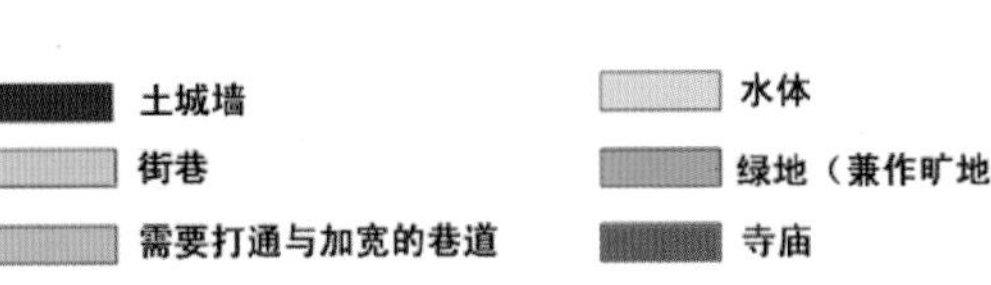

注：远期墙内20米（靠城墙一侧10米为观赏带步行路，另10米为草坪）拆除民房等建筑，以保护古城墙这一中央政府在清代已有效管理西域的实物例证

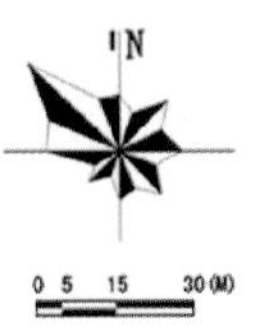

2 恰萨·亚瓦格街区现状分析图

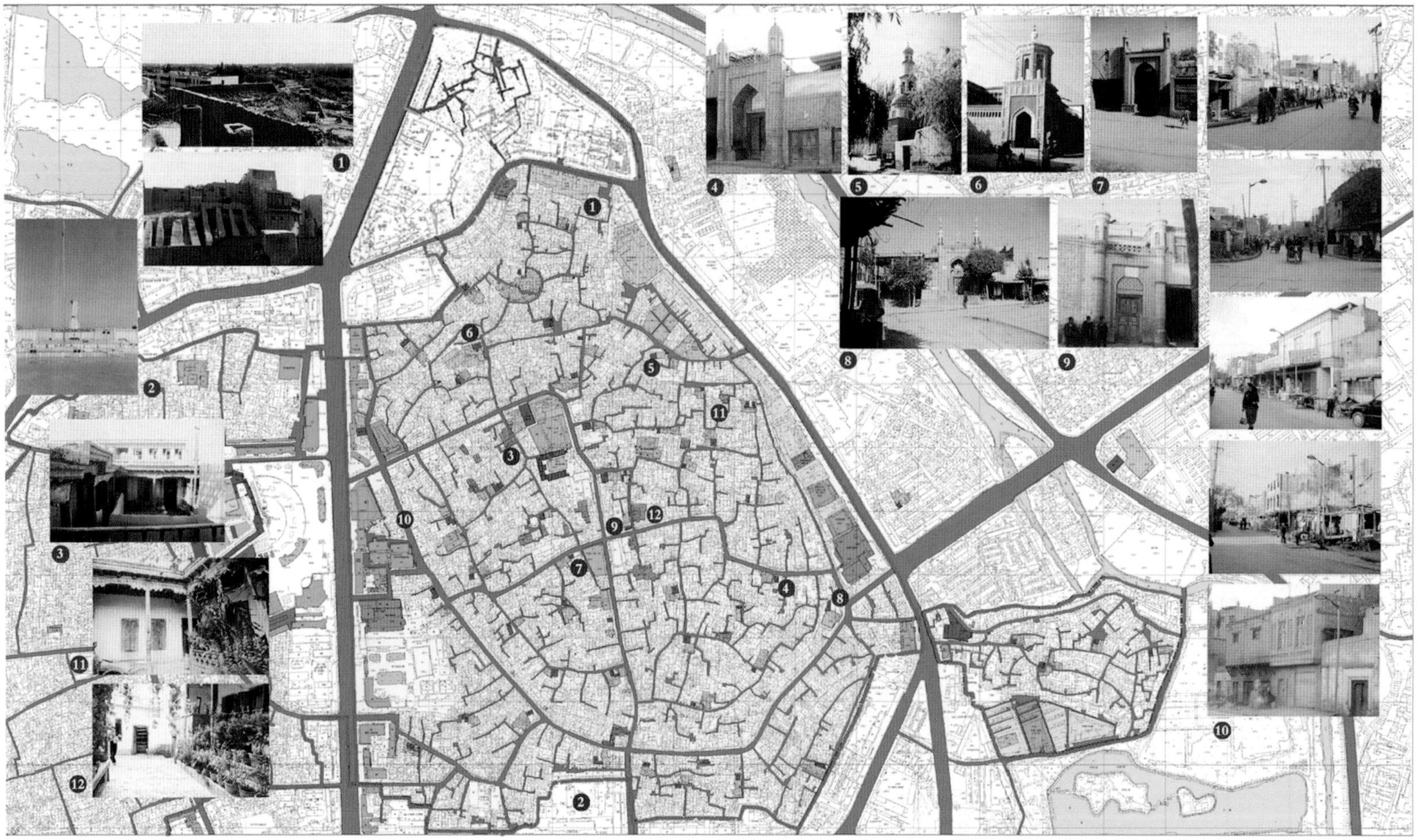

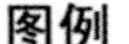

图例：

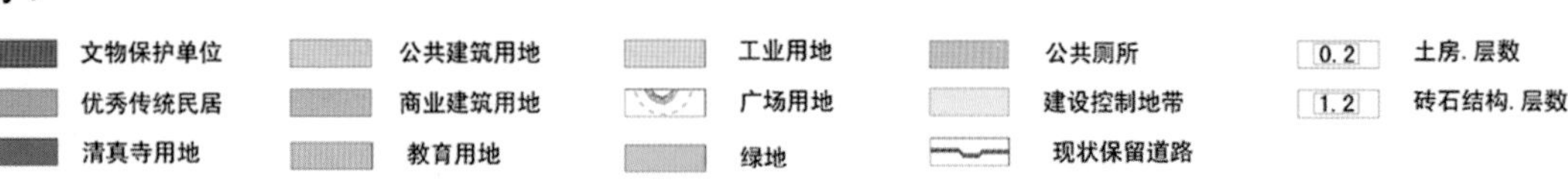

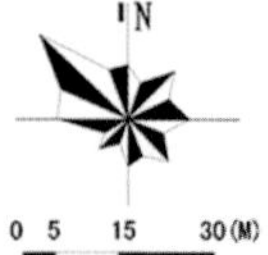

恰萨·亚瓦格街区空间形态分析图

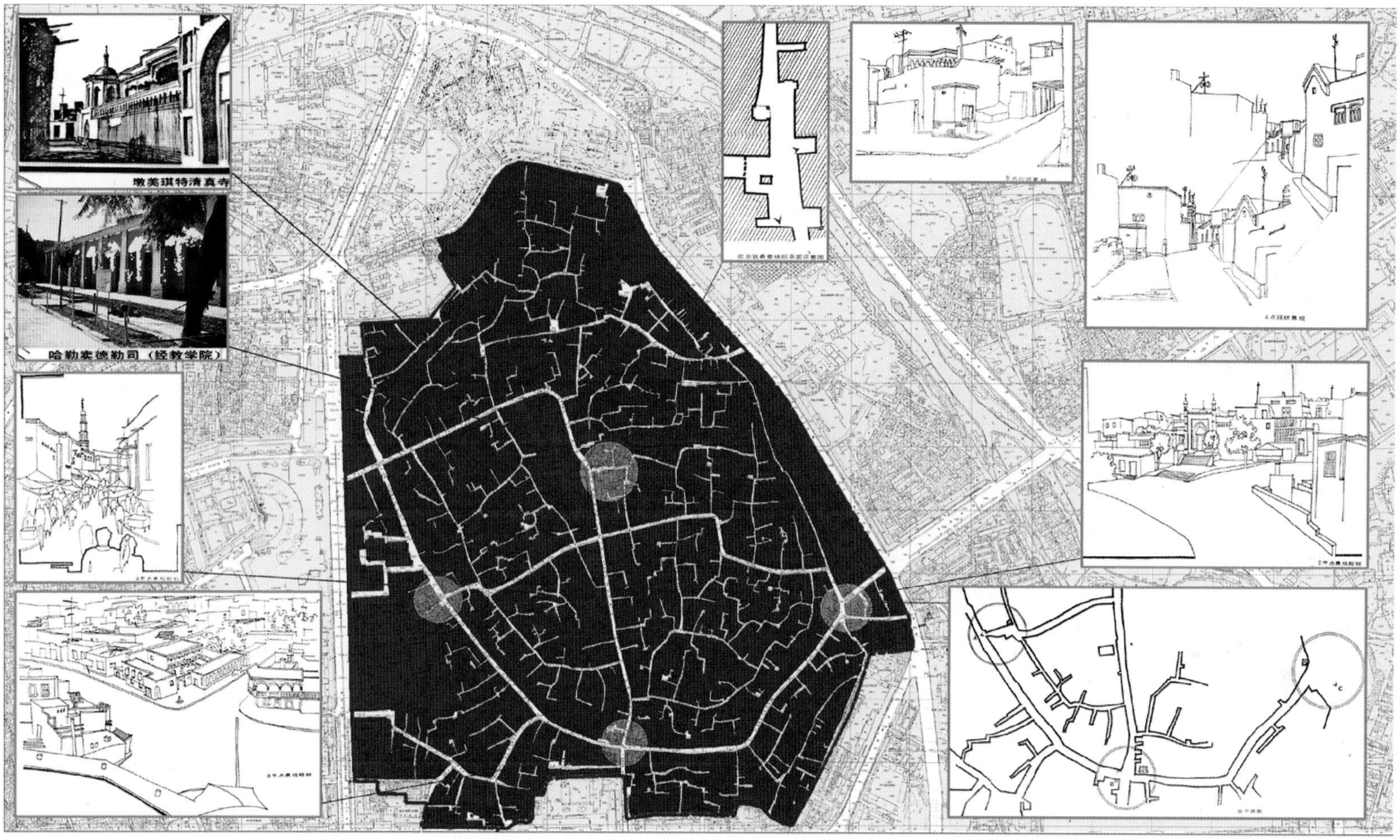

墩美琪特清真寺

哈勒克德勒司（经教学院）

说明：

喀什恰萨·亚瓦格历史文化街区从城市空间形态脉络上体现出宗教文化和特殊地理环境相结合的特点。街道小巷随意而无规律。其灵活多变，顺地理而遂人意，并且蜿蜒而伸，密如织网，进入其间难辨方向。靠小巷地砖铺设分辨，地砖为小长条砖、称为“活路”，六角砖小巷为“尽端”，展示出喀什人在城市建设中的智慧与创造力。

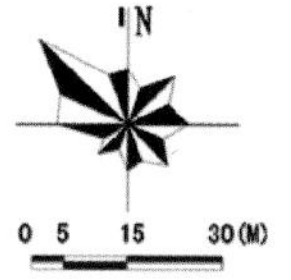

恰萨·亚瓦格街区保存·保护规划图

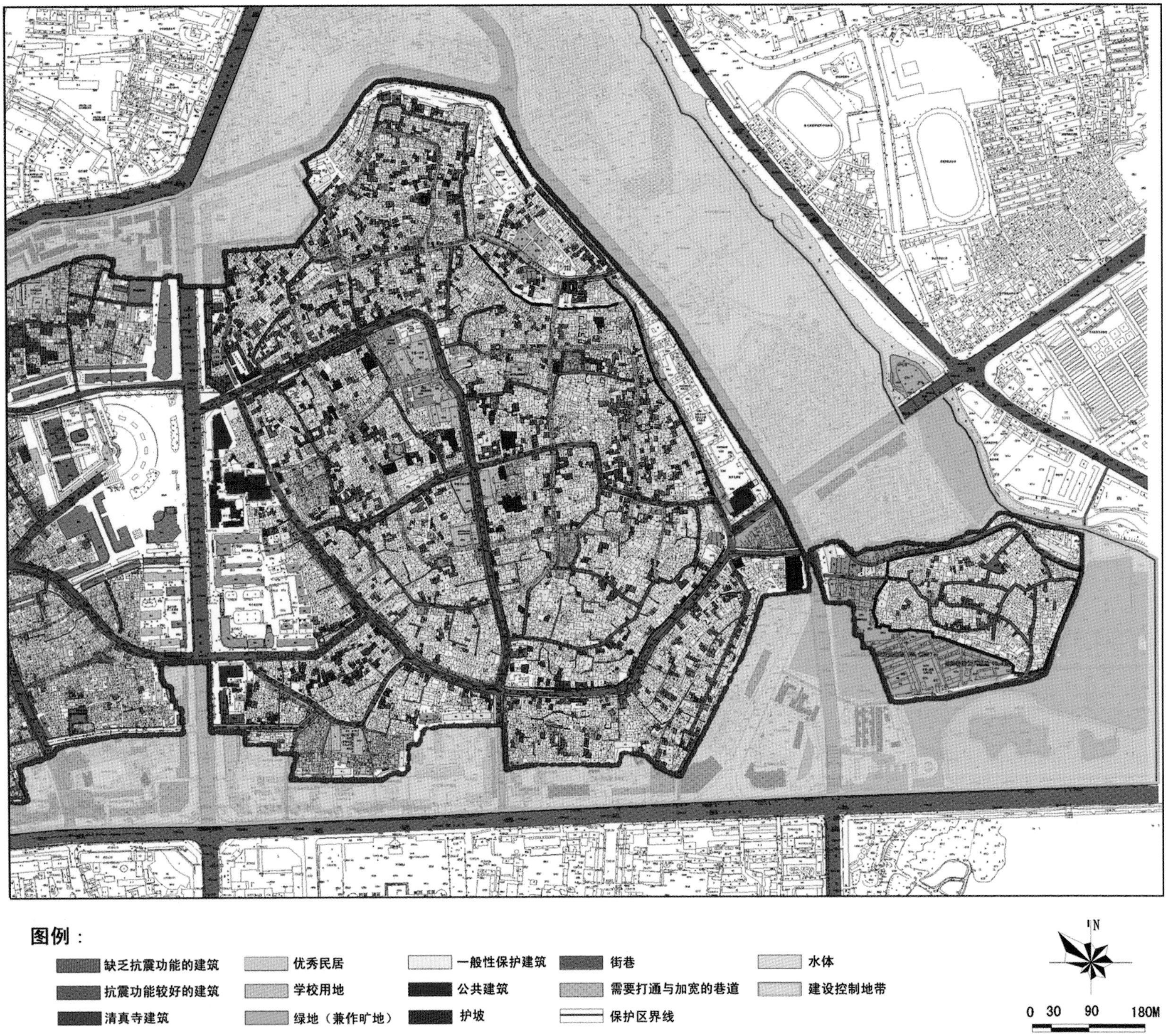

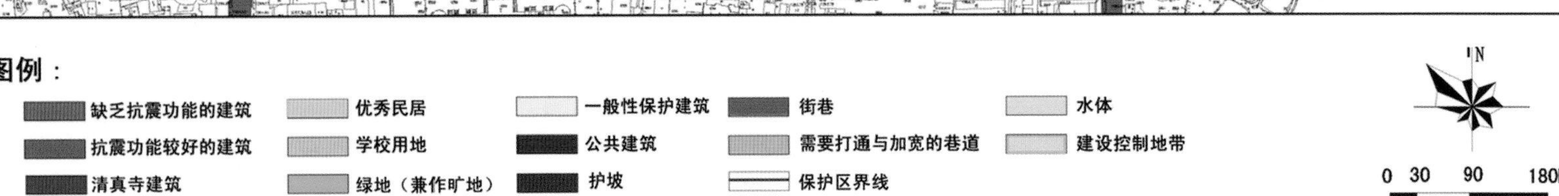

恰萨·亚瓦格D区保护规划图

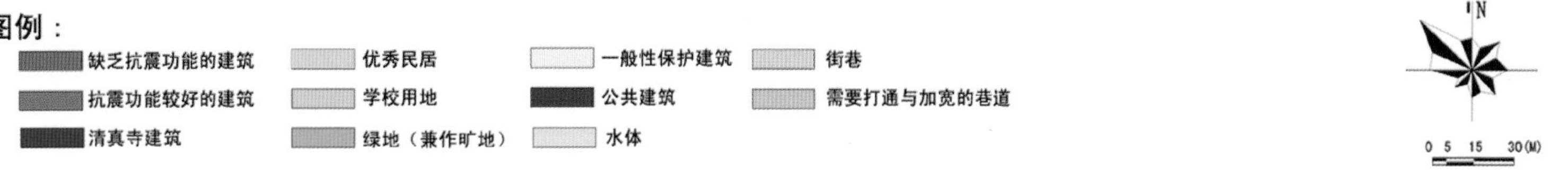

恰萨·亚瓦格E区保护规划图

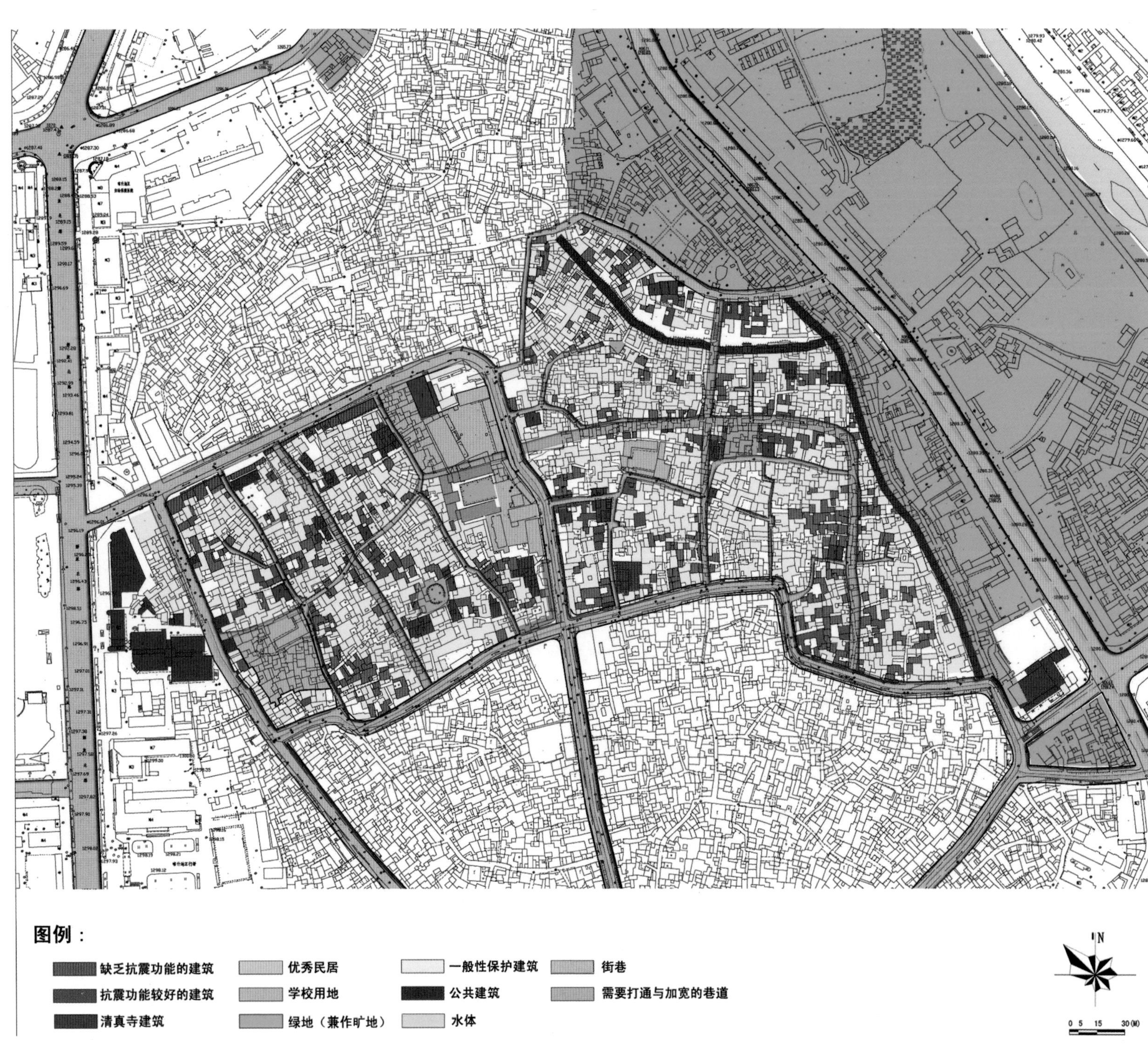

恰萨·亚瓦格F区保护规划图

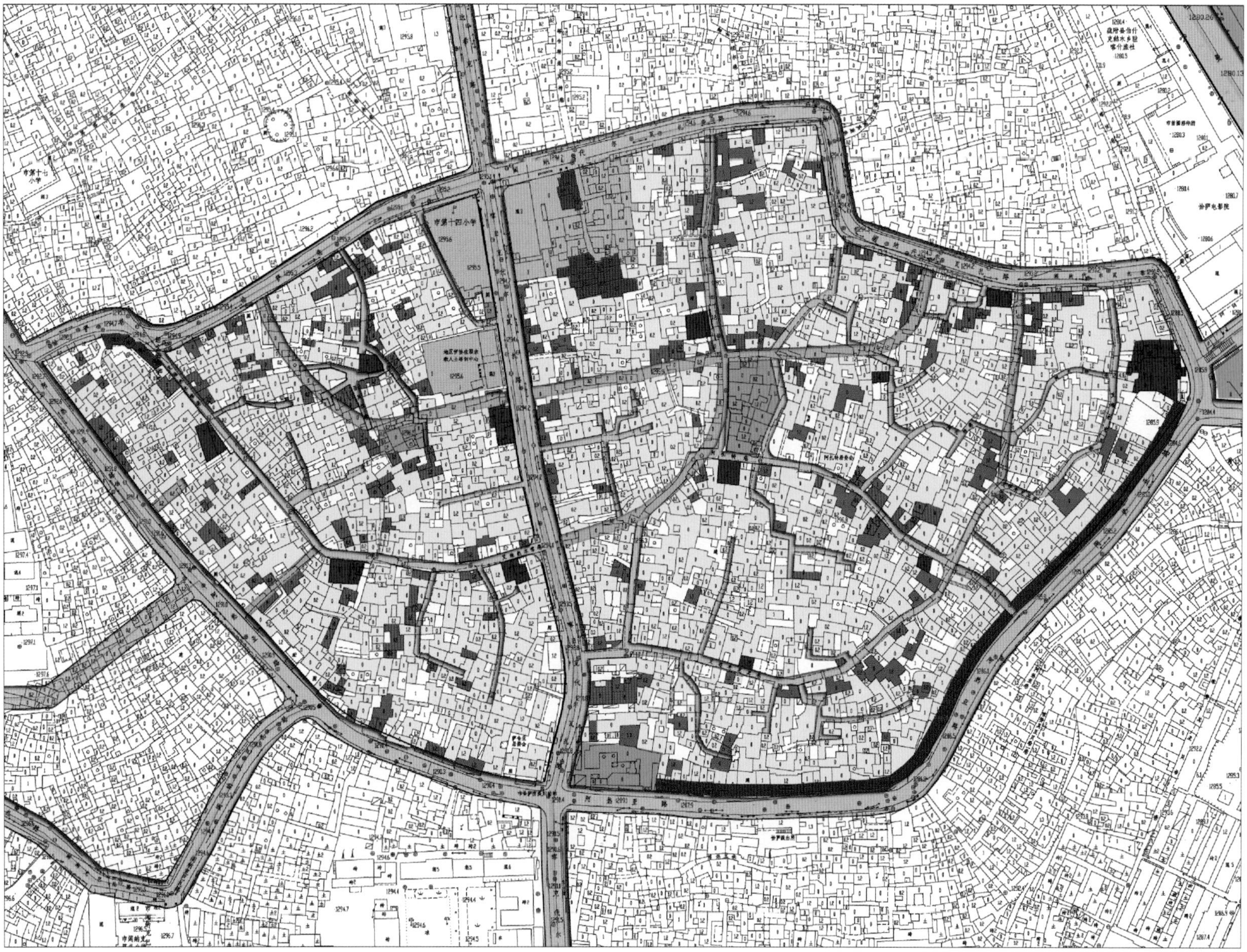

图例：

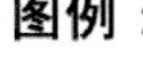

缺乏抗震功能的建筑	优秀民居	一般性保护建筑	街巷
抗震功能较好的建筑	学校用地	公共建筑	需要打通与加宽的巷道
清真寺建筑	绿地（兼作旷地）	护坡	

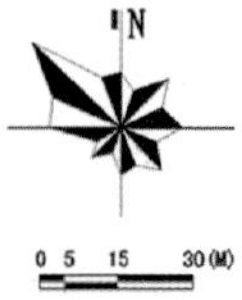

N

0 5 15 30(M)

恰萨·亚瓦格G区保护规划图

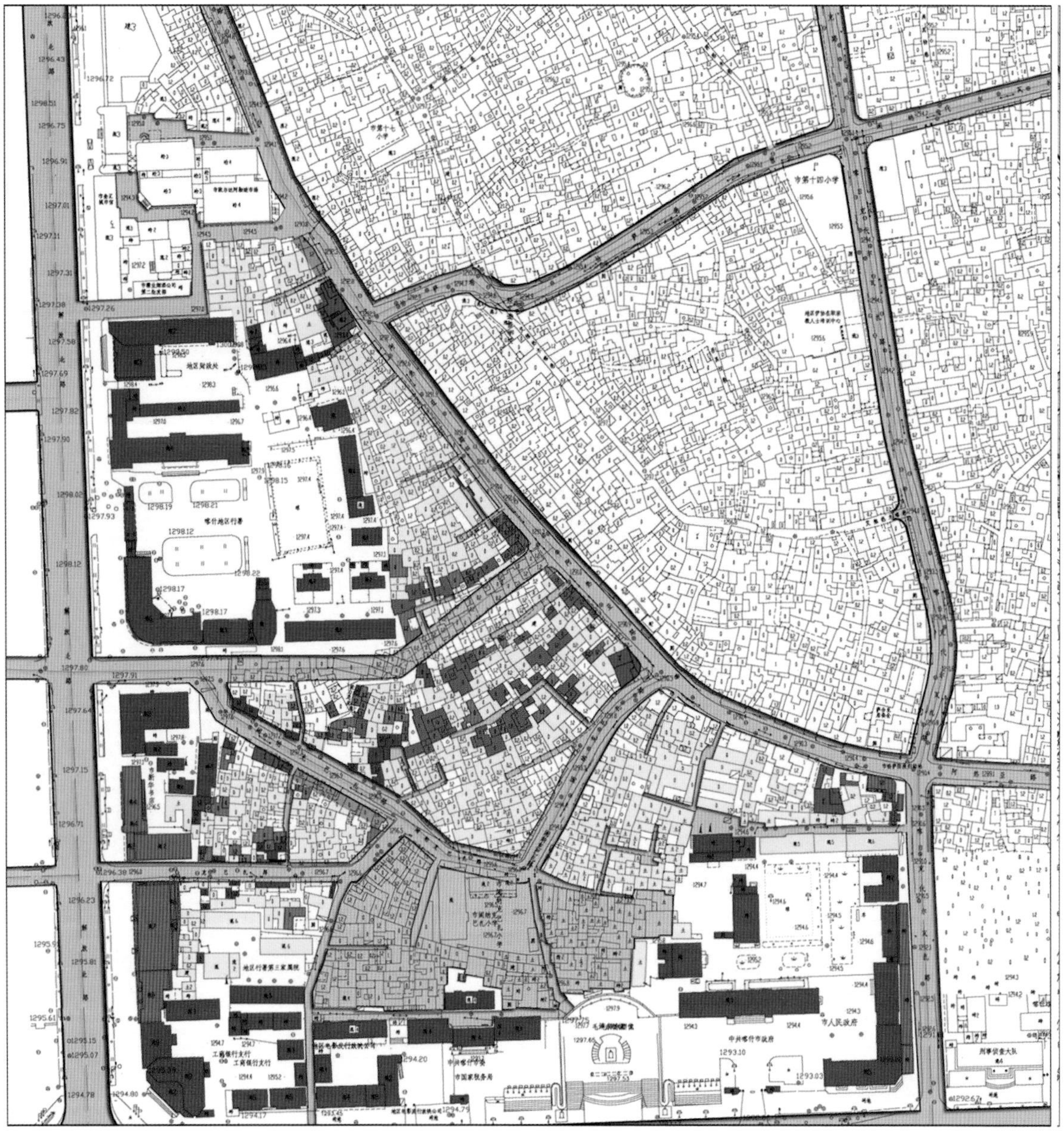

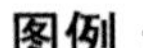

图例：

缺乏抗震功能的建筑	优秀民居	一般性保护建筑
抗震功能较好的建筑	学校用地	公共建筑
清真寺建筑	绿地（兼作旷地）	街巷

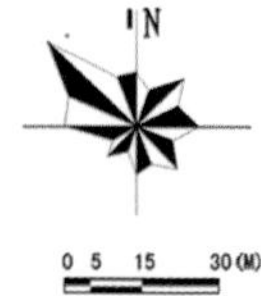

恰萨·亚瓦格H区保护规划图

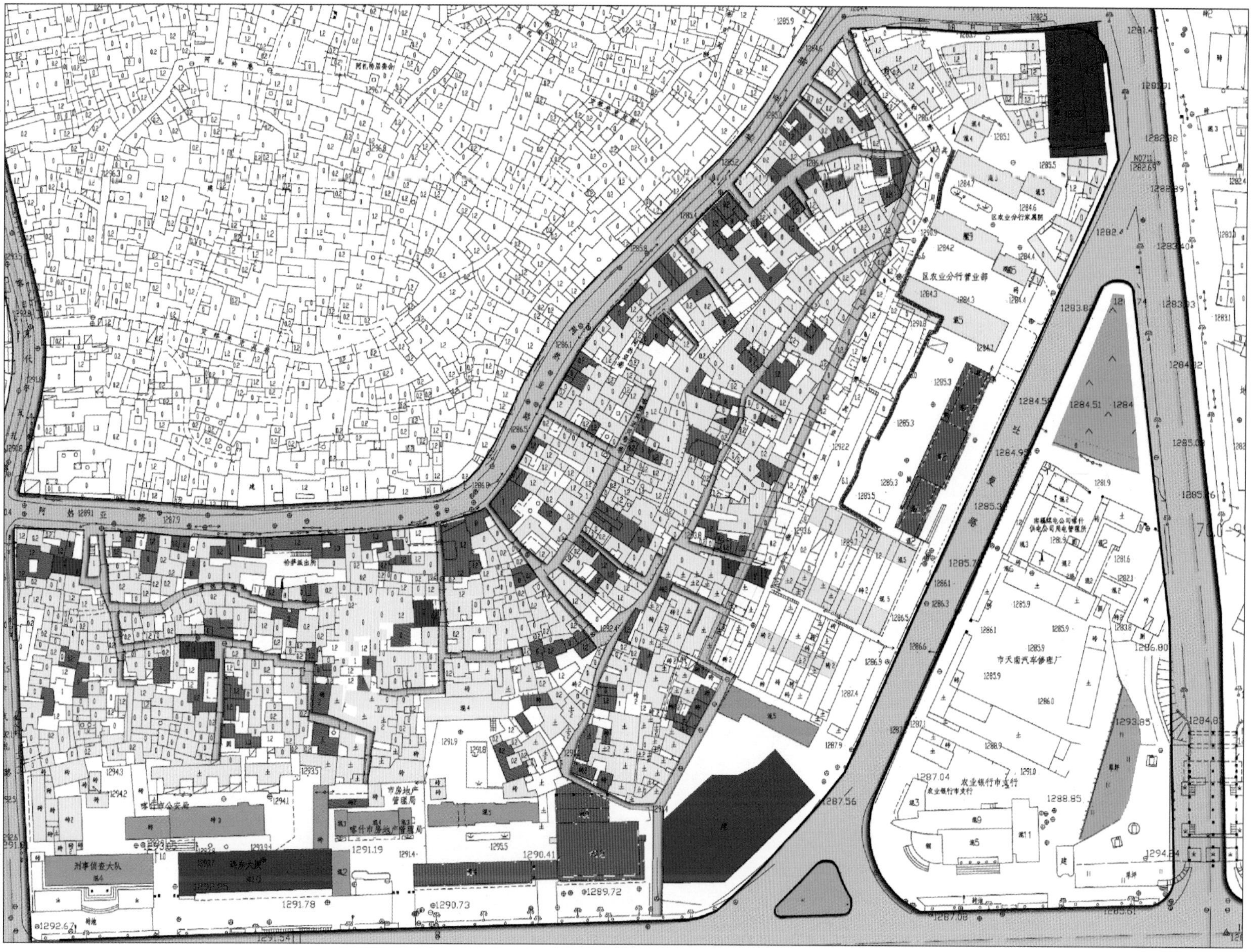

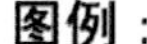

图例：

缺乏抗震功能的建筑	优秀民居	一般性保护建筑
抗震功能较好的建筑	护坡	公共建筑
清真寺建筑	绿地（兼作旷地）	街巷

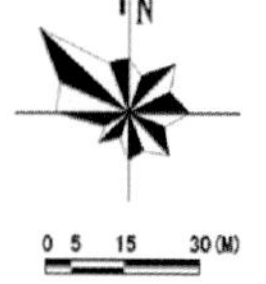

恰萨·亚瓦格Ⅰ区保护规划图

图例：

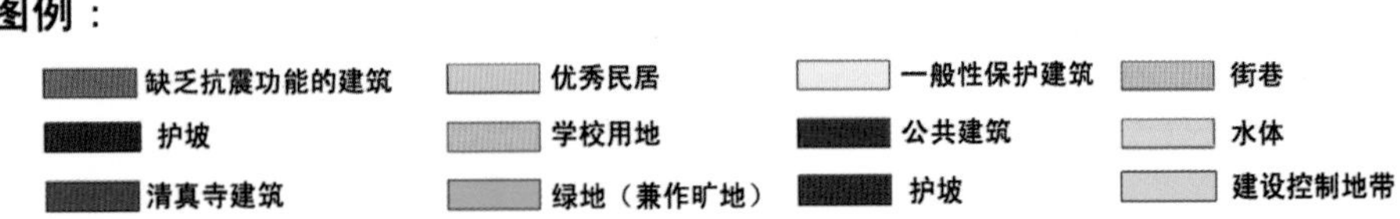

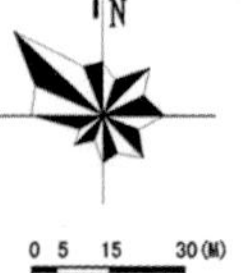

3 阔孜其亚贝希（东高台地）街区保存保护规划图

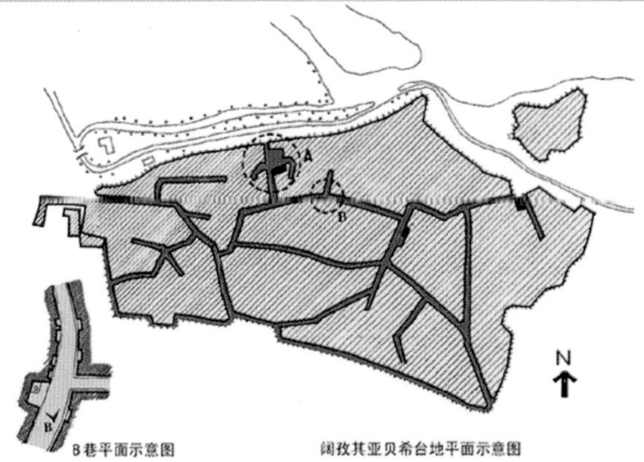

B巷平面示意图

阔孜其亚贝希台地平面示意图

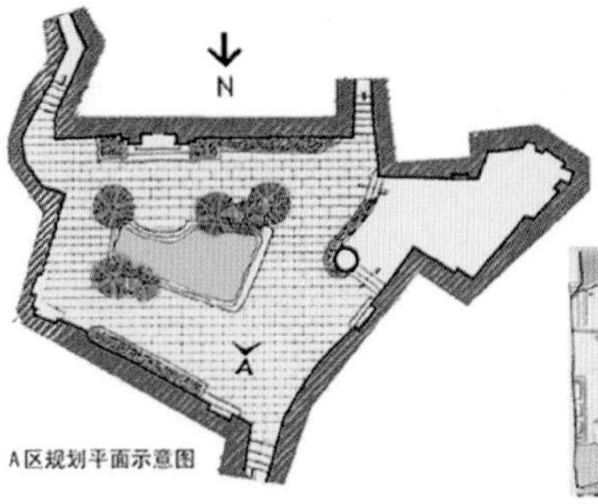

A区规划平面示意图

B点透视

A点透视

图例：

缺乏抗震功能的建筑	优秀民居	一般性保护建筑	街巷	水体
抗震功能较好的建筑	学校用地	公共建筑	需要打通与加宽的巷道	建设控制地带
清真寺建筑	绿地（兼作旷地）	保护区界线	护坡	

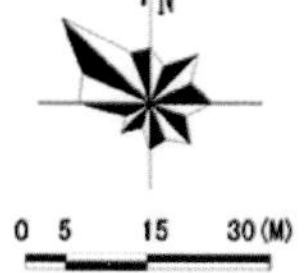

0 5 15 30(M)

阔孜其亚贝希（东高台地）建筑质量分析图

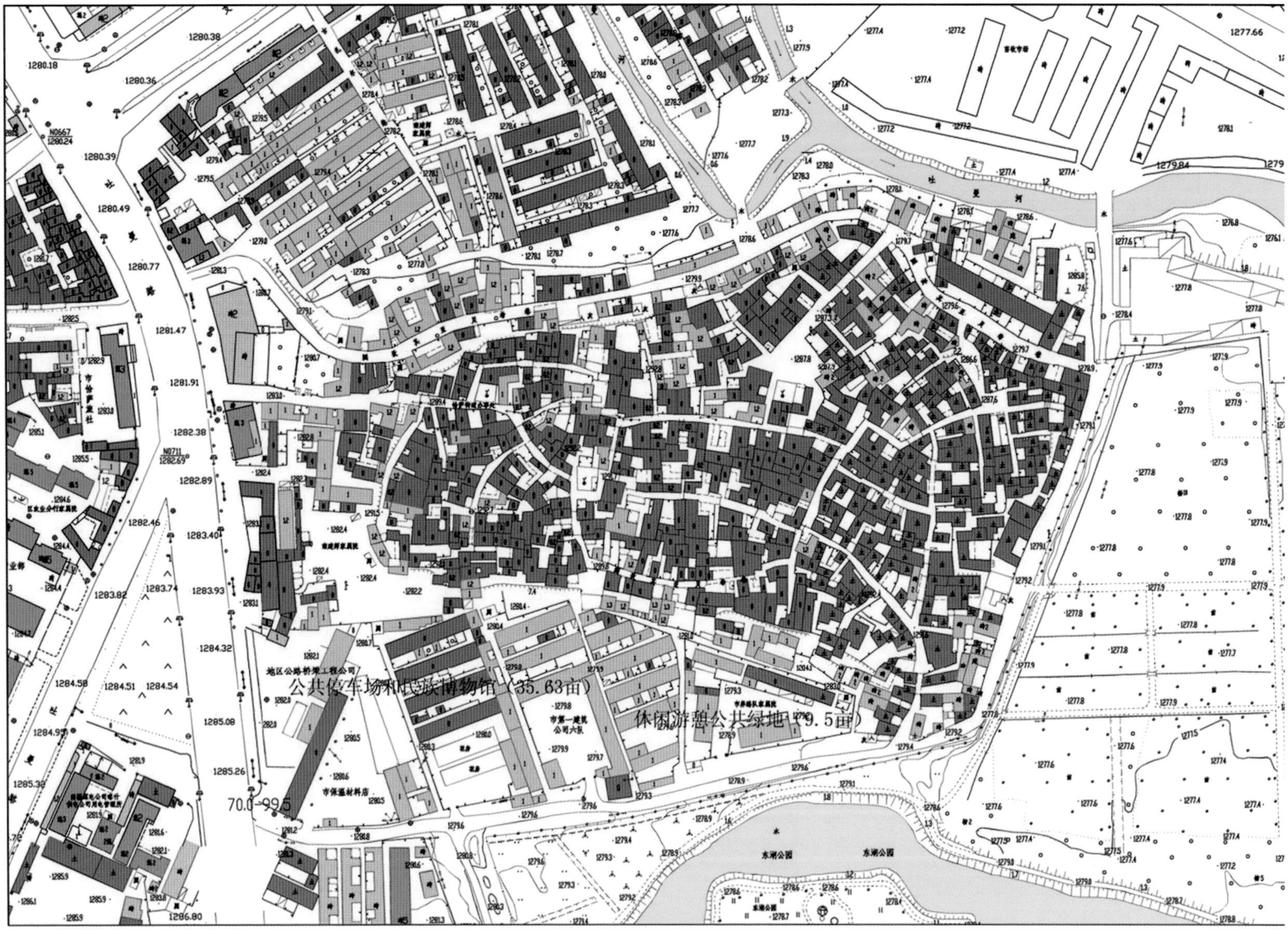

公共停车场和民族博物馆（35.63亩）
休闲游憩公共绿地（9.5亩）
70.0-99.5
东湖公园
地区公路桥梁工程公司
市保温材料店
市第一建筑公司六队

图例： 砖混结构建筑　砖木结构建筑　土木结构建筑　水　体

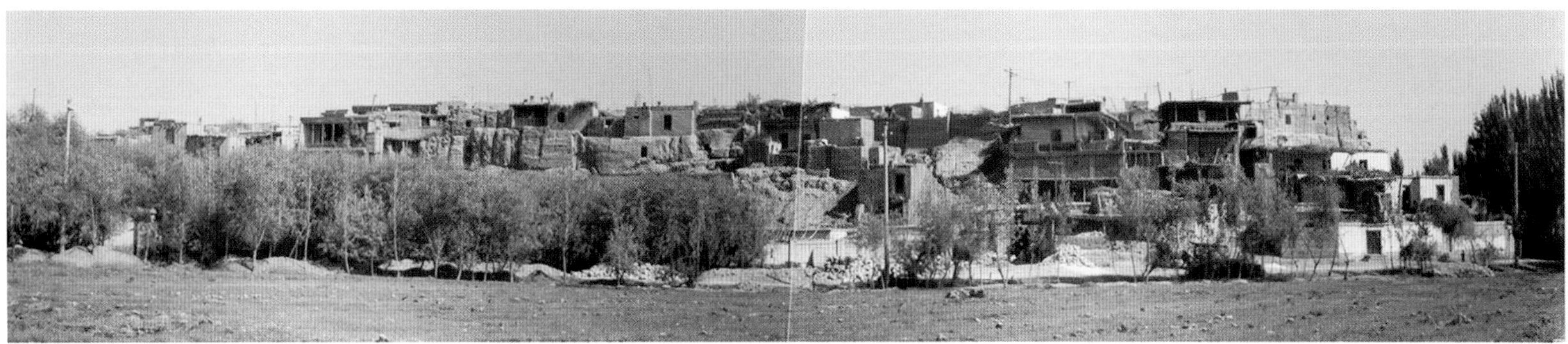

阔孜其亚贝希（东高台地）街区形态空间分析图

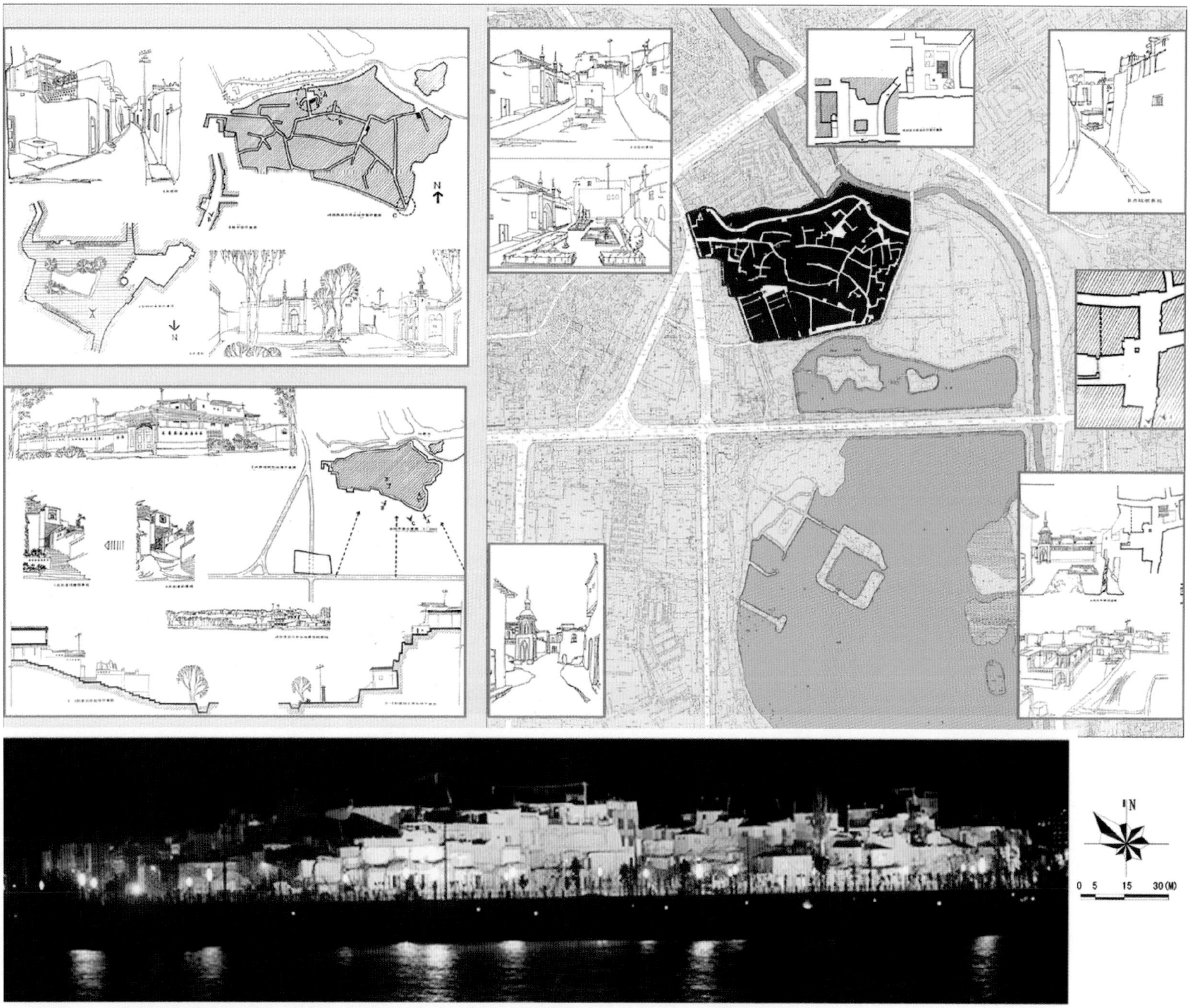

N

0 5 15 30(M)

阔孜其亚贝希（东高台地）历史文化街区传统民居多为土木结构的平顶方形房，外观朴实无华，上开天窗，住宅多自成院落。集构成完整的庭院式各尽端式街巷，形成深邃的步行空间，连续而又互相渗透，过街楼、楼顶楼，层层叠叠，密而有序，因其曲折复杂的街巷而形成较多的阴影区，以提供人们适宜的生存空间。

阿卡·汗建筑奖

变化中的
农村民居建设

第一卷：实例研究

1981年由联合国教科文组织召开的“伊斯兰教世界中的建筑变革”国际会议在北京召开，论文集选用了喀什阔孜其亚贝希作为封面照片。

阔孜其亚贝希台地保护与修建

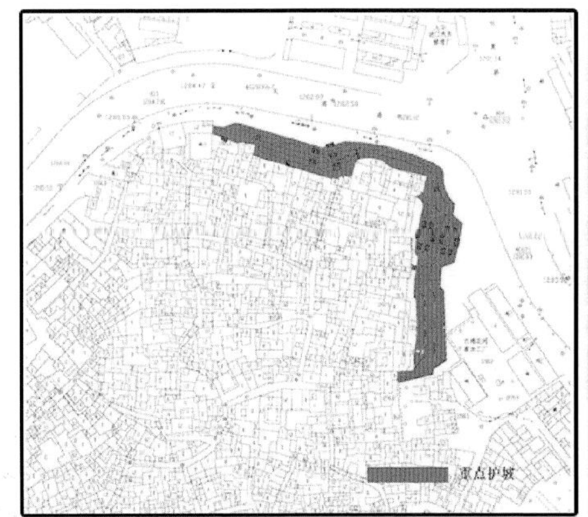

亚瓦格路南侧危险护坡

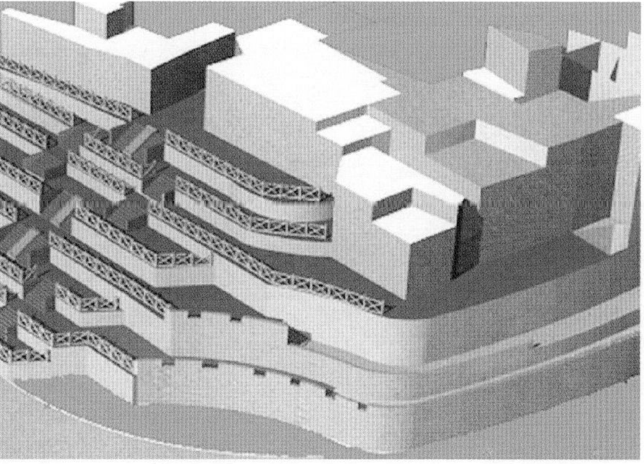

护坡模式设计 1

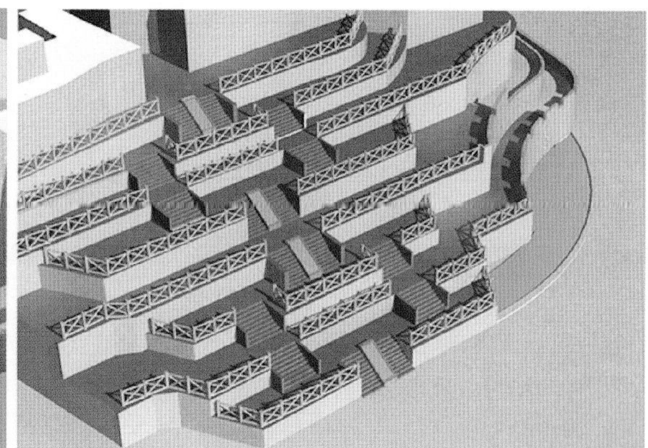

护坡模式设计 2

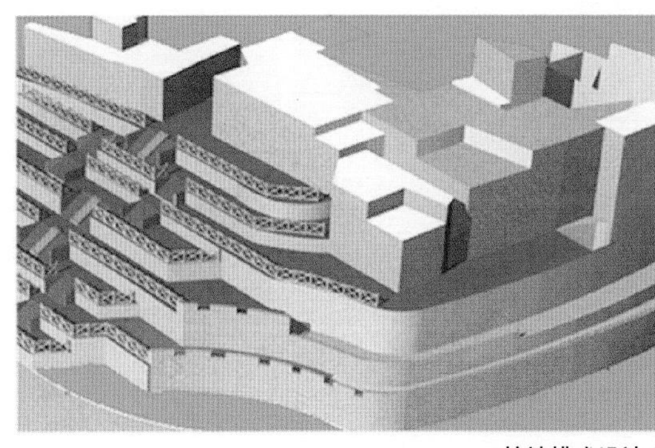

护坡模式设计 3

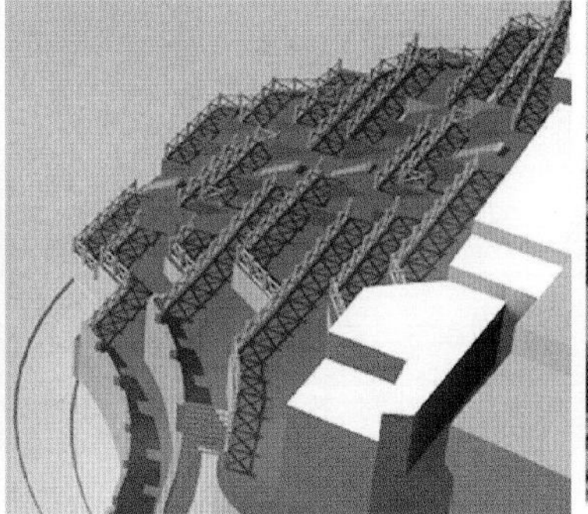

护坡模式设计 4

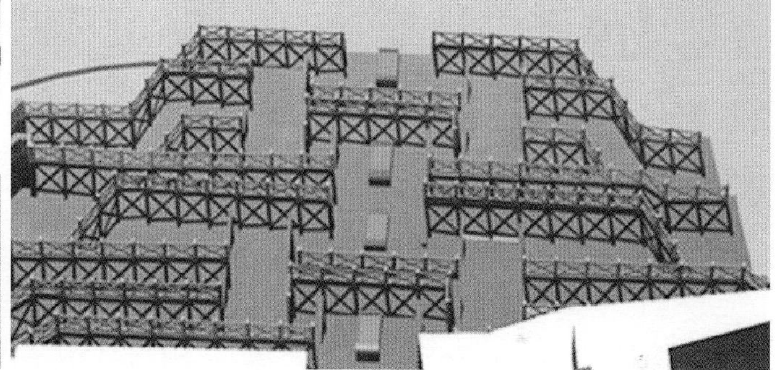

护坡模式设计 5

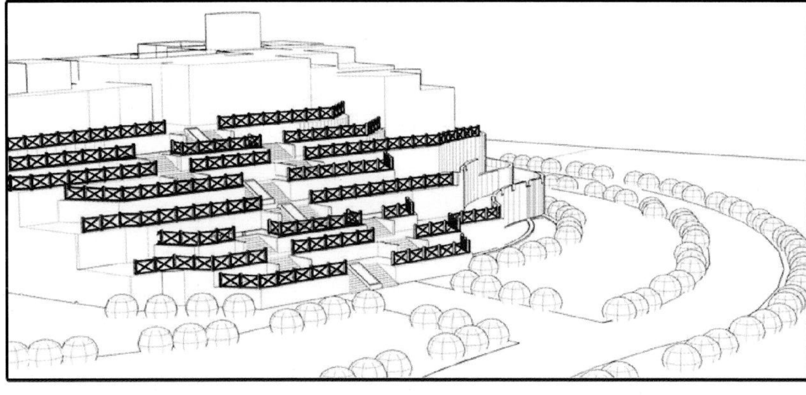

设计说明：

坡度较小，但高度较大的古城墙段可采取此模式，即由若干个平台与台阶组成景观台，各平台以绿化为主，辅以台阶，形成城市特色单元。

不需要上人的护坡可按此模式形成台阶段绿化平台，并可引入部分藤蔓植物（参考韩国首尔大东方模式）形成绿墙，这样比设计成单纯的挡土墙更具景观价值，可把城市建设成为一个有机和谐的艺术品综合体。

阔孜其亚贝希台地保护与修建

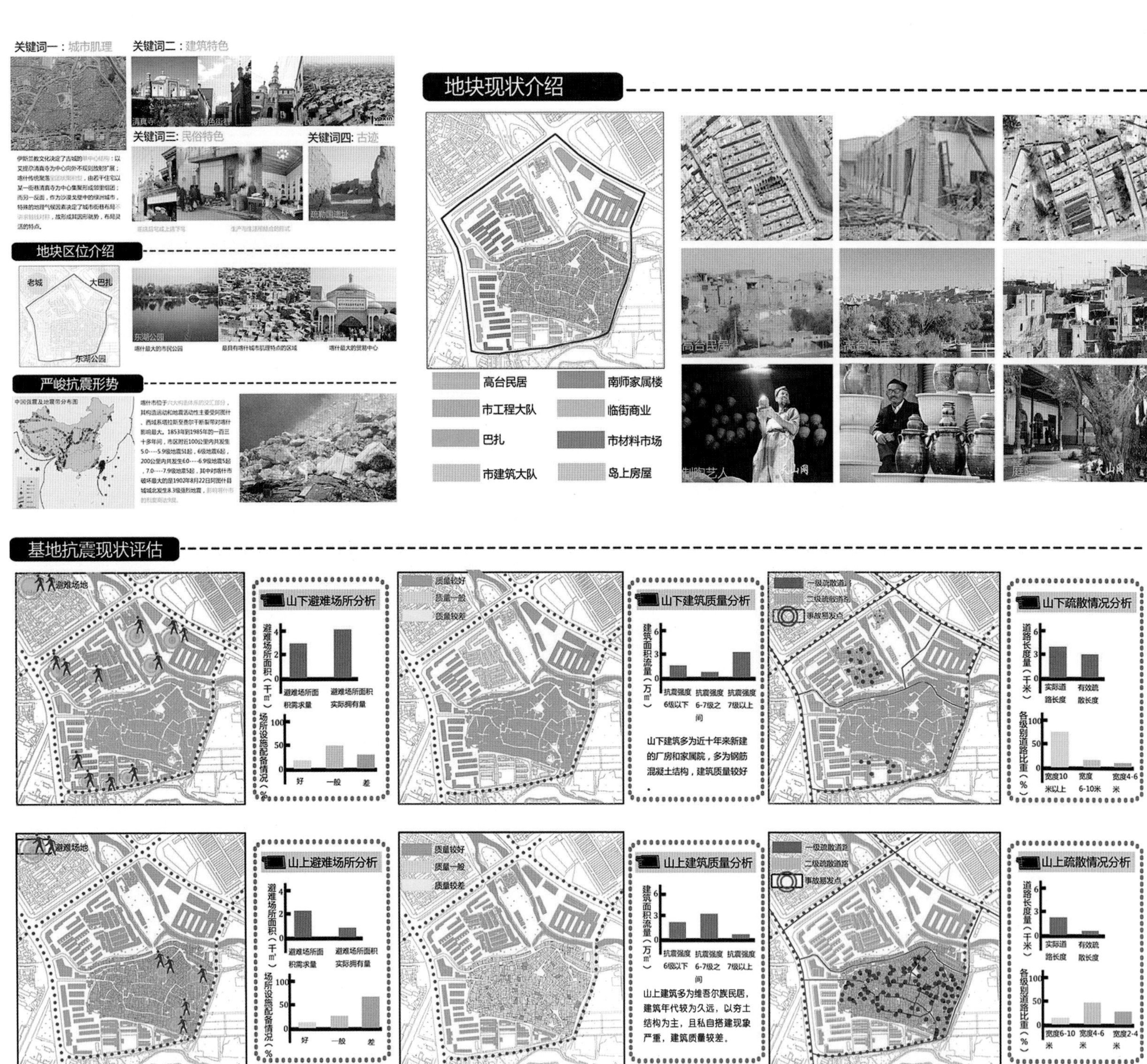

天津大学本科生丁寿颐对喀什老城阔孜其亚贝希——东高台地保护、保存与整修的规划研究，获 2009 年全国城市规划专业设计作业评优一等奖，合作者：白继明 P224—P229（硕士研究生毕业，现在广州工作）。

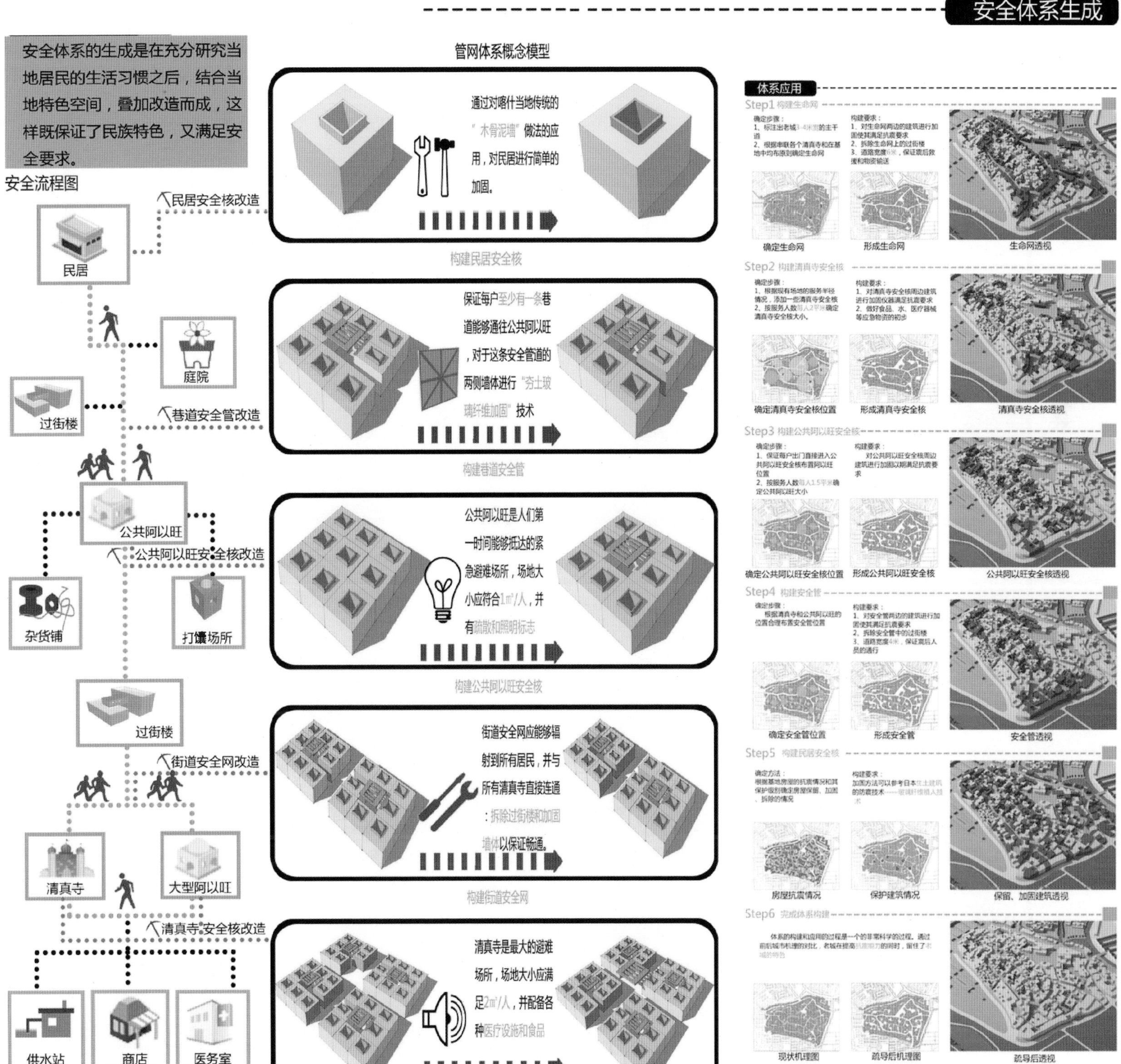
安全体系生成
安全体系的生成是在充分研究当地居民的生活习惯之后，结合当地特色空间，叠加改造而成，这样既保证了民族特色，又满足安全要求。
安全流程图
民居安全核改造
民居
庭院
过街楼
巷道安全管改造
公共阿以旺
公共阿以旺安全核改造
杂货铺
打馕场所
过街楼
街道安全网改造
清真寺
大型阿以旺
清真寺安全核改造
供水站
商店
医务室
管网体系概念模型
通过对喀什当地传统的"木骨泥墙"做法的应用，对民居进行简单的加固。
构建民居安全核
保证每户至少有一条巷道能够通往公共阿以旺，对于这条安全管道的两侧墙体进行"夯土玻璃纤维加固"技术
构建巷道安全管
公共阿以旺是人们第一时间能够抵达的紧急避难场所，场地大小应符合1㎡/人，并有疏散和照明标志
构建公共阿以旺安全核
街道安全网应能够辐射到所有居民，并与所有清真寺直接连通：拆除过街楼和加固墙体以保证畅通。
构建街道安全网
清真寺是最大的避难场所，场地大小应满足2㎡/人，并配备各种医疗设施和食品
体系应用
Step1 构建生命网
确定生命网
形成生命网
生命网透视
Step2 构建清真寺安全核
确定清真寺安全核位置
形成清真寺安全核
清真寺安全核透视
Step3 构建公共阿以旺安全核
确定公共阿以旺安全核位置
形成公共阿以旺安全核
公共阿以旺安全核透视
Step4 构建安全管
确定安全管位置
形成安全管
安全管透视
Step5 构建民居安全核
房屋抗震情况
保护建筑情况
保留、加固建筑透视
Step6 完成体系构建
现状机理图
疏导后机理图
疏导后透视

规划总平面图

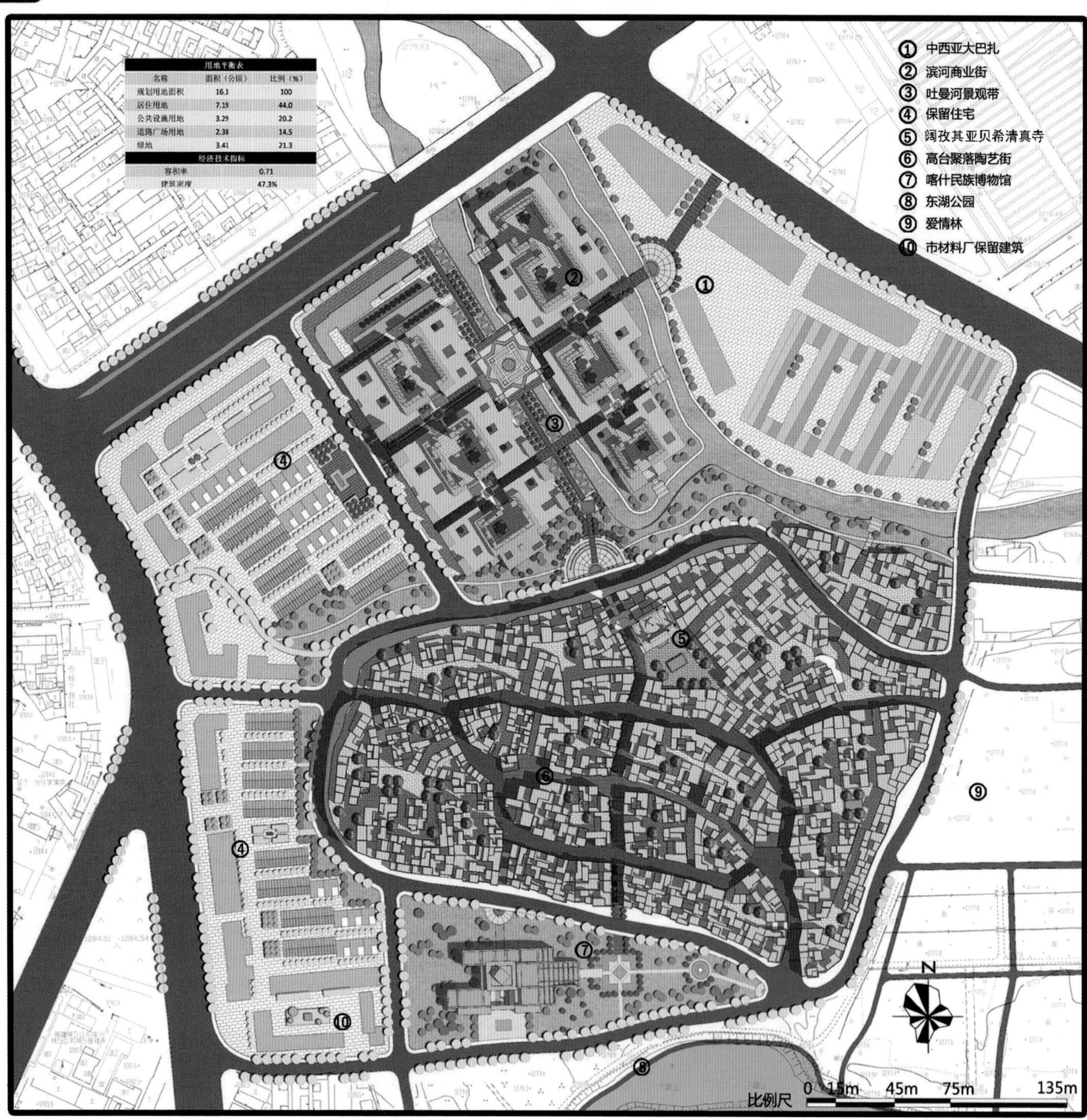

用地平衡表		
名称	面积（公顷）	比例（%）
规划用地面积	16.3	100
居住用地	7.19	44.0
公共设施用地	3.29	20.2
道路广场用地	2.38	14.5
绿地	3.41	21.3
经济技术指标		
容积率	0.71	
建筑密度	47.3%	

阔孜其亚贝希规划鸟瞰图

总体鸟瞰图

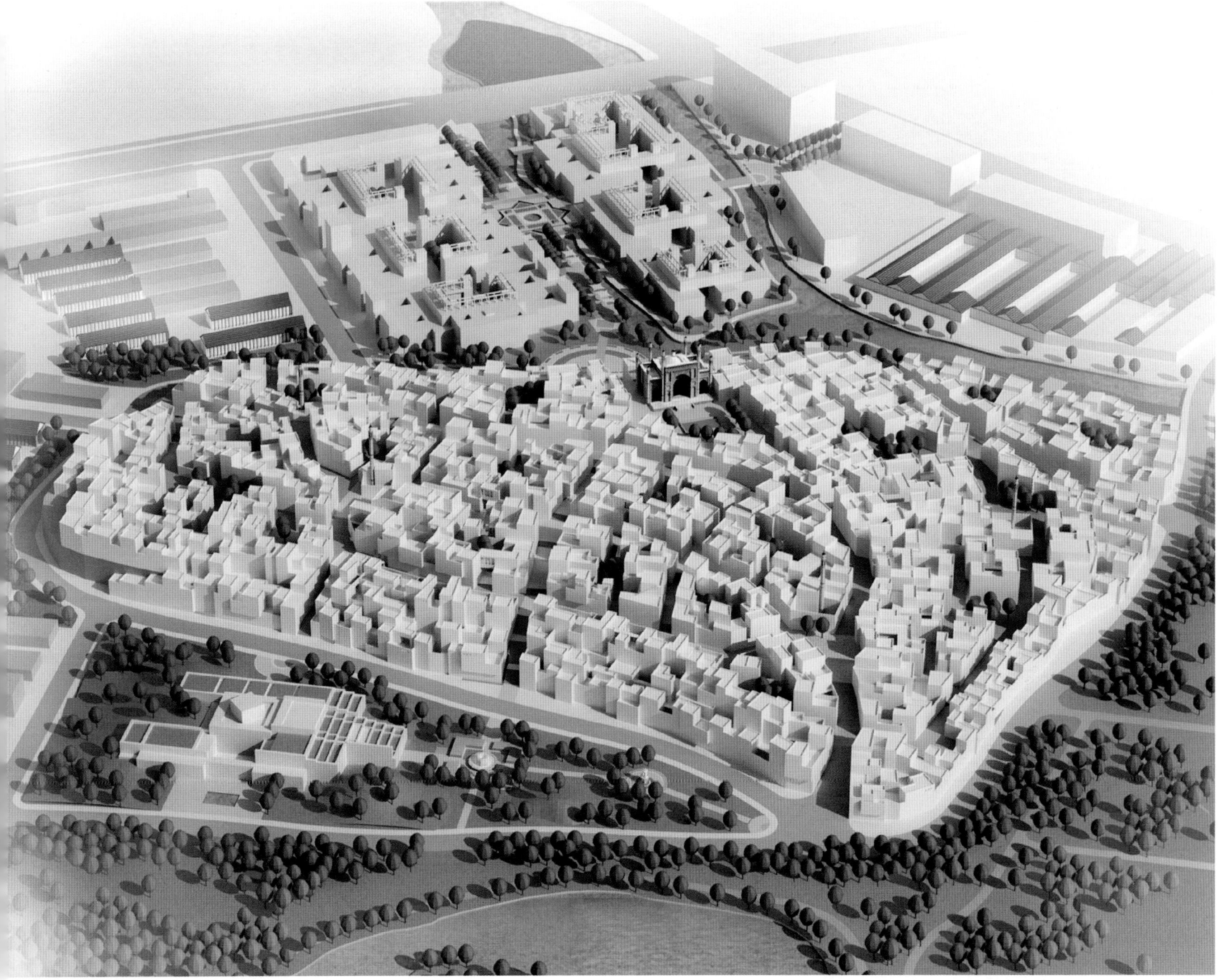

规划成果分析图

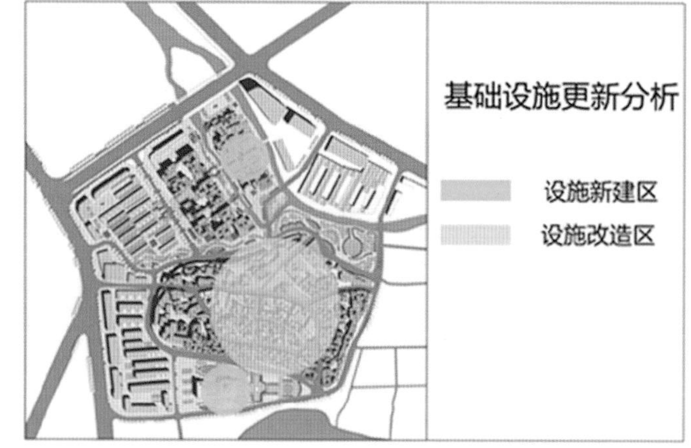

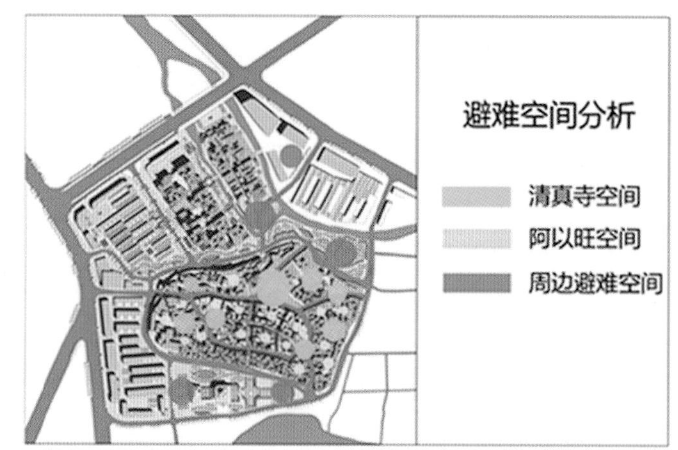

台地主立面图

安全更新激发老城活力

step1:山下建设新住区，疏散老城人口

根据总规的要求，我们将高台上的部分居民迁至山下，缓解老城巨大的人口压力。在营建新区的时候，我们注重保留老城的肌理和独特的生活模式，强调当地家族关系网的建立，并建立阿以旺式的公共活动中心。

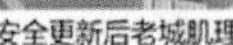

安全更新后老城肌理

老城安全单元

台地处更新设计

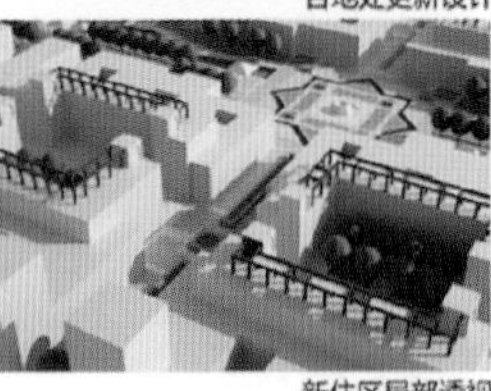

新住区局部透视

step2:适当开发特色商业，增加就业机会

开发吐曼河滨河风情带、陶艺街，带动当地旅游产业的发展

民俗博物馆的开发既丰富游览项目，又增加就业机会

step3:配合旅游开发，改善基础设施

加固护坡：利用当地的夯土技术，对于特殊地段的护坡进行全面加固，确保山体不滑坡。

疏通街巷：将地面上私自搭建的房屋进行拆除，并加固房屋顶部，避免地震时堵塞道路。

整修房屋：将破坏建筑形态的额外搭建的棚架进行整合，并加入新的功能空间。

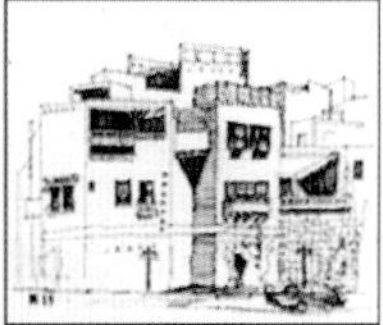

丰富建筑形态：对建筑的形体组合进行重新设计，通过控制开窗比例来丰富效果。

场所空间安全改造示意

清真寺广场

清真寺广场：最高级别临时避难场所，开阔的空间，并备有医疗救援和生活设施。

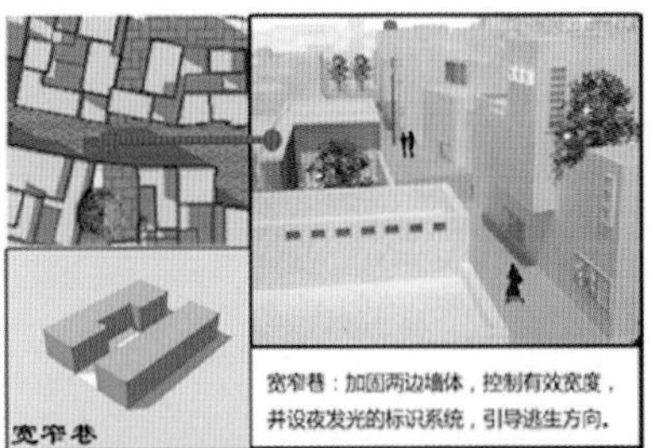

宽窄巷

宽窄巷：加固两边墙体，控制有效宽度，并设夜发光的标识系统，引导逃生方向。

主要街道

主要街道：拓宽道路，拆除过街楼，确保车辆通行，保障实时的救援，物质运输。

休息平台

休息平台：疏散过程中的缓冲区域，确保人群疏散过程安全。

民居

民居：以更新为契机，对优秀历史建筑进行修缮加固，确保地震时有一定的抵抗力。

叠院

叠院：灾难发生时的最先能到达的紧急避难场所，控制有效面积，完善标识系统。

上山梯道

上山梯道：将原有上山坡道改为梯道，保障生命安全，防止滑倒摔伤。

过街楼

过街楼：择优保留部分过街楼，并进行加固，保障地震时不坍塌。

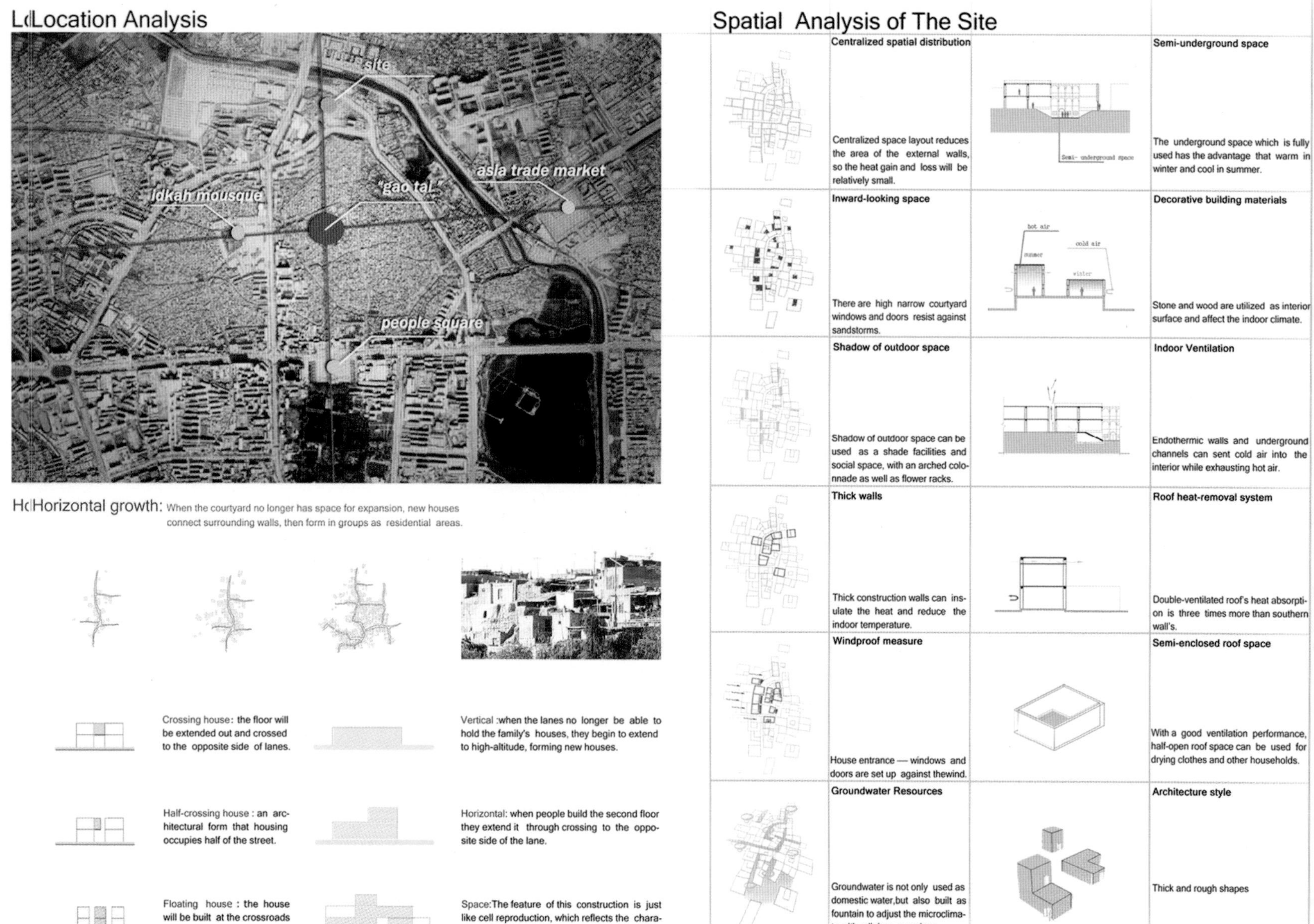

Location Analysis
site
asia trade market
"gao tai"
Idkah mousque
people square
Horizontal growth: When the courtyard no longer has space for expansion, new houses connect surrounding walls, then form in groups as residential areas.
Crossing house: the floor will be extended out and crossed to the opposite side of lanes.
Vertical :when the lanes no longer be able to hold the family's houses, they begin to extend to high-altitude, forming new houses.
Half-crossing house : an architectural form that housing occupies half of the street.
Horizontal: when people build the second floor they extend it through crossing to the opposite side of the lane.
Floating house : the house will be built at the crossroads in the alley.
Space:The feature of this construction is just like cell reproduction, which reflects the characteristic of GaoTai residential areas.
Spatial Analysis of The Site
Centralized spatial distribution
Centralized space layout reduces the area of the external walls, so the heat gain and loss will be relatively small.
Semi-underground space
Semi- underground space
The underground space which is fully used has the advantage that warm in winter and cool in summer.
Inward-looking space
There are high narrow courtyard windows and doors resist against sandstorms.
hot air
cold air
summer
winter
Decorative building materials
Stone and wood are utilized as interior surface and affect the indoor climate.
Shadow of outdoor space
Shadow of outdoor space can be used as a shade facilities and social space, with an arched colonnade as well as flower racks.
Indoor Ventilation
Endothermic walls and underground channels can sent cold air into the interior while exhausting hot air.
Thick walls
Thick construction walls can insulate the heat and reduce the indoor temperature.
Roof heat-removal system
Double-ventilated roof's heat absorption is three times more than southern wall's.
Windproof measure
House entrance — windows and doors are set up against thewind.
Semi-enclosed roof space
With a good ventilation performance, half-open roof space can be used for drying clothes and other households.
Groundwater Resources
Groundwater is not only used as domestic water,but also built as fountain to adjust the microclimate with religious meanings.
Architecture style
Thick and rough shapes

英国留学生樊珞（喀什人）对喀什阔孜其亚贝希——高台民居的研究与设计

● 喀什高台民居由于其独特的建筑形式和民族文化环境，造就了世界上独一无二的人文景观。本设计结合高台民居环境，在现有民居群中设计了一座民族文化展览馆，使它成为展示当地文化的窗口。设计首先以调查研究喀什高台民居历史文脉、肌理，单体建筑的造型及当地建造手法的研究分析为出发点。

高台民居是新疆喀什市老城东端一处建于高 40 多米、长 800 多米黄土高崖上的维吾尔民族聚居区，距今已有 600 年历史，是喀什展示维吾尔古代民居建筑和民俗风情的一大景观。高台民居所在地，维吾尔语叫“阔孜其亚具希”，汉语意思是“高崖土陶”。优越的地形可免受洪水和暴雨灾害。千百年以来，维吾尔先民最早一千多年前就来此定居，在此后的岁月中，陆陆续续有很多维吾尔人先后来高崖建房安家。在修房中就地取土和泥。房屋依崖而建，世世代代形成了错落有致的民居群。

民居的生长主要有横向和竖向两种趋势。维吾尔族人居住文化中最核心的一点就是对家和故土的依恋，最早开始在高台落户的祖祖辈辈在这里生息繁衍。随着家族人口增多，增建的房间占去院落的一部分，再沿墙体扩建加高一层甚至两层。房子顺着山势，充分利用地形和空间，在院落内水平式发展。当院落内再无地方扩展修房，于是就向院落四周连接墙体扩建住房，到了四周已形成民居群体。当小巷再也无法扩大家族的住宅，便开始向高空延伸，形成了土楼房。有些人在修二楼时，将楼延伸出去，跨过小街小巷搭建到对面，这种建筑形式渐渐形成了喀什小巷特有的“过街楼”景观。由此形成的建筑细胞式繁殖，体现了高台民居群自下而上的自然发展方向。

这样有趣的生长方式形成了十分有特色的平面布局：自由灵活，不受对称概念的束缚；庭院有强烈的封闭性。满足家庭生活的要求，防风遮雨；建筑外形简朴，墙面大方流畅；客厅建有大小不同的壁龛，放置生活用品；庭院屋前一般有回廊，回廊里有土炕，葡萄藤依架爬上回廊顶，用于夏季纳凉。还有如过街楼，半街楼和悬空楼这样特别的建筑形式的出现，都激发了创作灵感。

阔孜其亚贝希高台民居设计案例

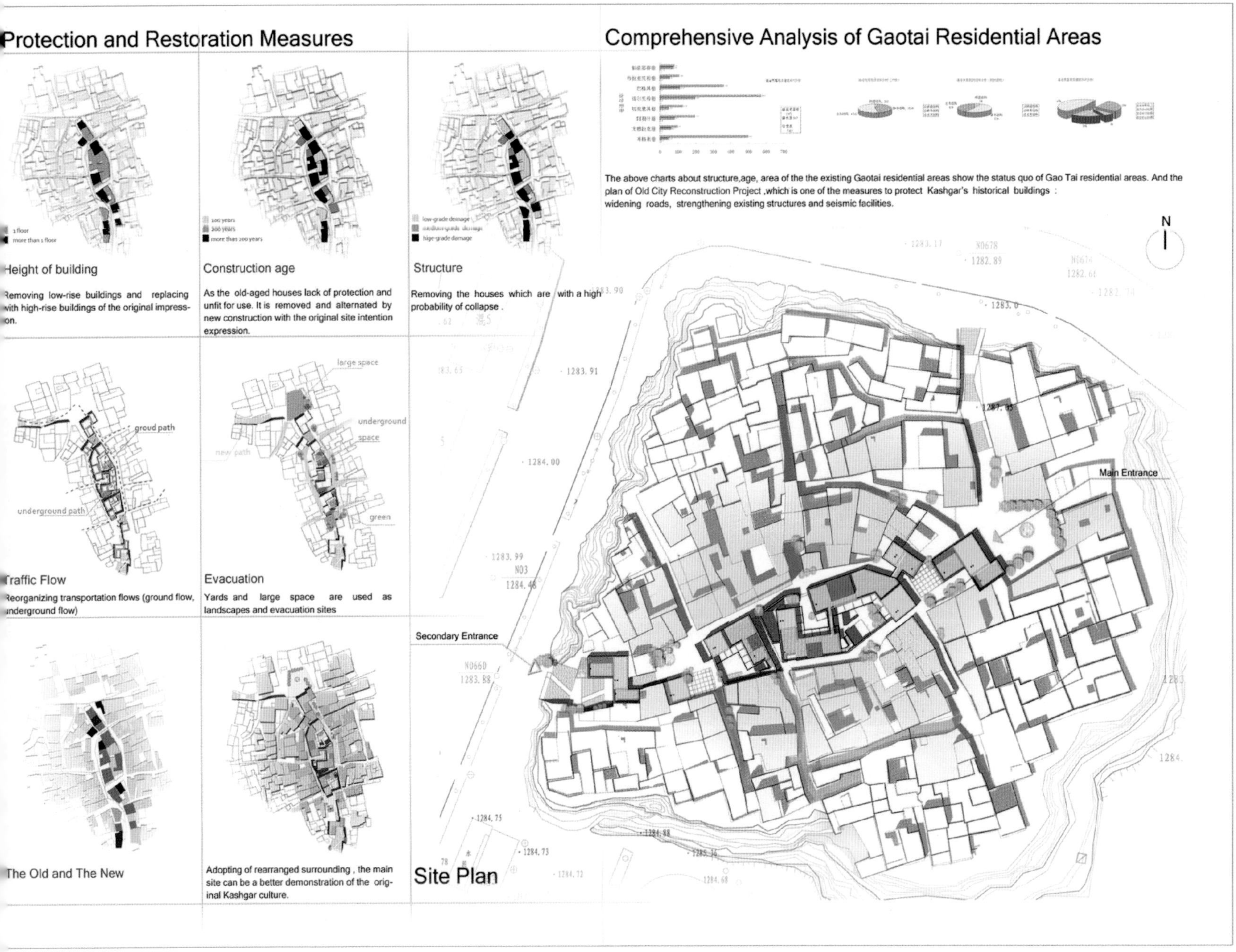

Protection and Restoration Measures

1 floor
more than 1 floor

Height of building

Removing low-rise buildings and replacing with high-rise buildings of the original impression.

100 years
200 years
more than 200 years

Construction age

As the old-aged houses lack of protection and unfit for use. It is removed and alternated by new construction with the original site intention expression.

low-grade demage
medium-grade damage
hige-grade damage

Structure

Removing the houses which are with a high probability of collapse .

groud path
new path
underground path

Traffic Flow

Reorganizing transportation flows (ground flow, underground flow)

large space
underground space
green

Evacuation

Yards and large space are used as landscapes and evacuation sites

The Old and The New

Adopting of rearranged surrounding , the main site can be a better demonstration of the original Kashgar culture.

Comprehensive Analysis of Gaotai Residential Areas

The above charts about structure,age, area of the the existing Gaotai residential areas show the status quo of Gao Tai residential areas. And the plan of Old City Reconstruction Project ,which is one of the measures to protect Kashgar's historical buildings : widening roads, strengthening existing structures and seismic facilities.

N

Main Entrance

Secondary Entrance

Site Plan

● 通过考察基地周边建筑的高度，建造年代，结构，部分状况良好的建筑被保留，改造为新建筑的一部分。建筑结构脆弱，倒塌可能性高的建筑提议进行加固处理。

新建筑整体为东西向条状布局，并以东西两端为建筑主要入口。游览人群穿过新的过街楼，沿着新旧建筑共同围合的狭窄街巷展开博物馆式参观。建筑的交通流线分为地上和地下两条，地上流线以蜿蜒的古老街巷为主要特征，使参观者体验行走在百年历史老城中的感受。地下流线是由串联下沉庭院形成的，丰富不同高度的参观体验。由于原有民居布局紧密，因此存在极大的消防疏散隐患。在新建筑设计中，放大的空间作为疏散广场，也作为绿化庭院，把建筑功能和民居庭院建筑特色有机结合。新建筑的整体肌理完全融于高台民居，尊重历史环境，也改善了现有问题。

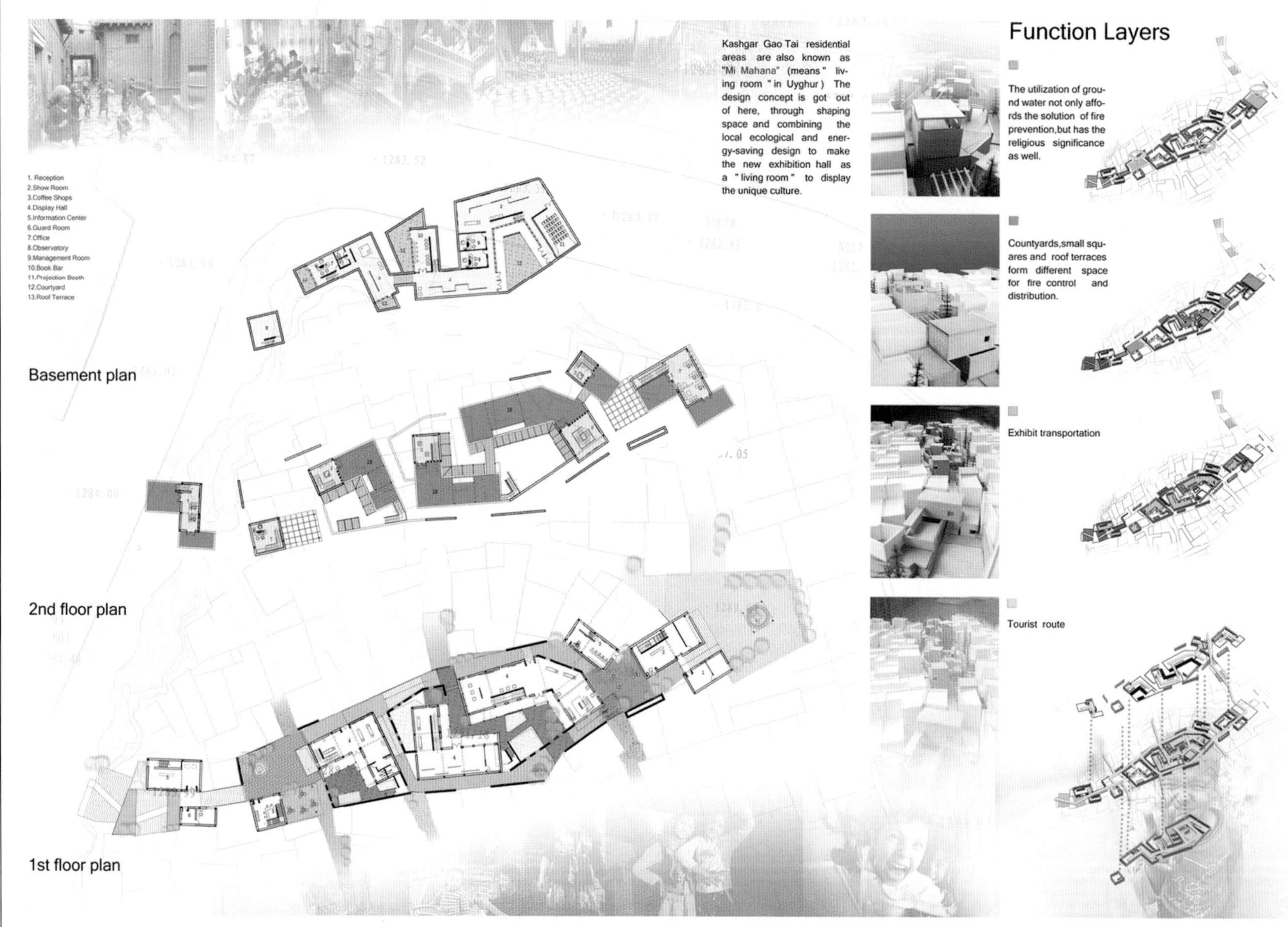

Kashgar Gao Tai residential areas are also known as "Mi Mahana" (means " living room " in Uyghur) The design concept is got out of here, through shaping space and combining the local ecological and energy-saving design to make the new exhibition hall as a " living room " to display the unique culture.
1. Reception
2.Show Room
3.Coffee Shops
4.Display Hall
5.Information Center
6.Guard Room
7.Office
8.Observatory
9.Management Room
10.Book Bar
11.Projection Booth
12.Courtyard
13.Roof Terrace
Basement plan
2nd floor plan
1st floor plan
Function Layers
The utilization of ground water not only affords the solution of fire prevention,but has the religious significance as well.
Countyards,small squares and roof terraces form different space for fire control and distribution.
Exhibit transportation
Tourist route

● 高台民居能历经百年风雨依旧屹立如初，也和当地许多原始的生态建造技术的应用有关。因此，在这座新建筑中，这些古老的生态手法也得到了新的诠释：

1. 集中式的空间布局
减少外墙面积，吸热与失热相对较少
2. 内向型空间——高窄型内院
门窗洞口尽量朝向内院以减少风沙侵害
利用高墙遮阳，在夜间起拔风散热作用
3. 室外阴影空间
可作为遮阳设施及社交空间，配有券廊和花架
4. （半）地下空间
充分利用地下空间，冬暖夏凉
5. 厚重的围护结构有隔热作用，并能减少室内外温差
6. 材料
就地取材，夯土材料的运用
木材作为内饰面
7. 建筑入口、门窗、庭院背风设置
迎风面设置实墙，开窗面积尽量减少
8. 水景
利用地下水设置喷泉，可调节小气候，也作为宗教象征

Motif Analysis
By the investigations of the plan layout and environmental organizations of Gaotai residential area, we abstract them for several forms: point, strip,"L" shape, "田"shape. And infiltrate these forms as a typical motif applied to our design.
Point-building unit
Strip-building unit
"L"shaped enclosing courtyard
"田"shaped small square as a space node
Structure
Panoramic Bird's Eye View

● 高台民居的建筑形式也被称为“米玛哈那（维语意为“客厅”）”式。本设计理念由此而发，通过建筑空间的塑造及和当地生态节能设计相结合，使建筑成为了展示民族文化的大“客厅”。

通过调查分析高台民居的平面布局方式及民居群环境组织，将其抽象为点式，一字形，“L”形，田字形几种母题，再根据功能需要，将几种母题灵活组织，形成了具有高台民居平面特色的新建筑。

Eco-energy Saving System

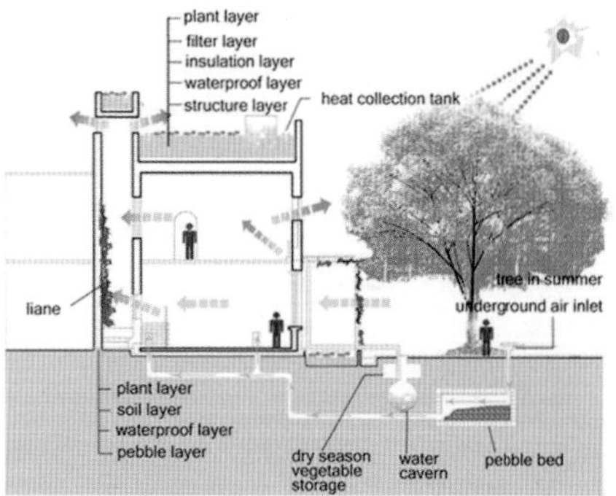

Summer

The use of ecological energy-saving window for natural ventilation and trees,rattan plants for shade. When the vents open, natural wind comes indoors . After heat exchanging , the wind will be pulled out by the exhaust ventilation shaft.So indoor air can be cooled down through the underground pipelines. The back wall has a very good insulation factor with the advantage of heat preservation in winter and heat insulation in summer.

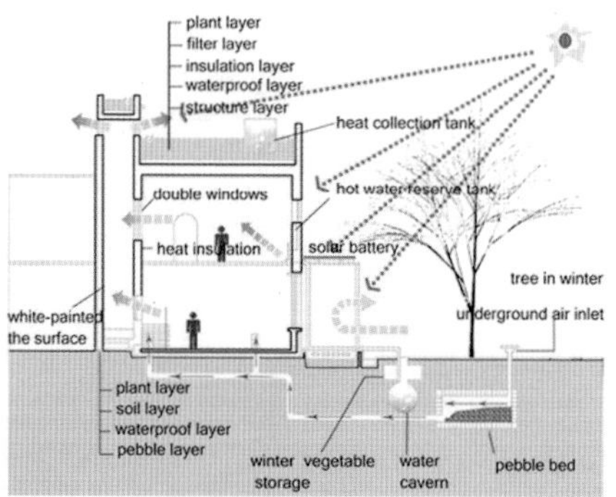

Winter

In winter, trees wither and sunlight radiation heating, ventilation holes send hot air from sunlight house, to ground floor. Water heating collector provides hot water. The exchanged gases are vented by the ventilation shaft. Thick walls have very good insulation property to keep warm in winter.

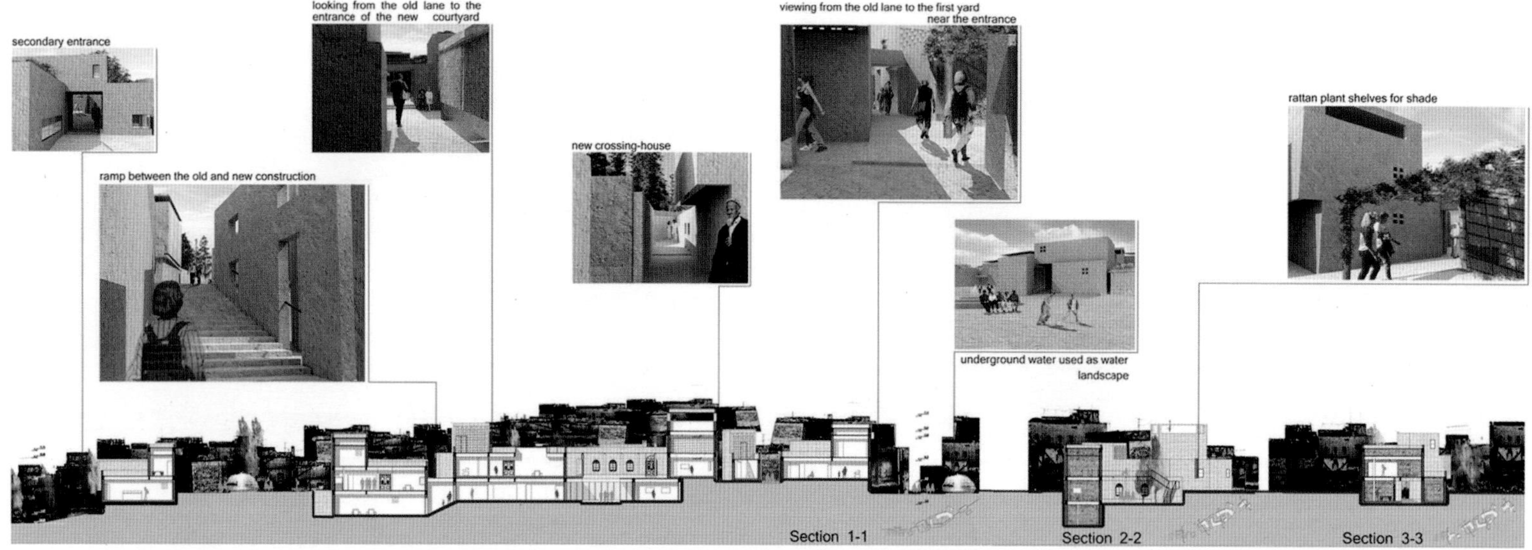

生态节能的运用

夏季　开窗进行自然通风，树木、爬藤植物遮阳，通风口开起，自然风送入室内进行热交换后将废气由拔风井送出。室内空气经地下管道降温后进入室内，后墙有很好的隔热系数，夏季隔热，冬季保温。

冬季　树木干枯，太阳光辐射供热，通风口送入阳光间的热空气，地下恒温空气照常送入室内，集热水箱供热，气体交换后的废气由拔风井排出。

从剖面来看，地下空间，地面展示和屋顶阁楼，形成了一个收放有致的展览空间，极具特色的设计元素是地域性与现代性的完美结合，使参观者能在一座现代博物馆建筑中感受到当地建筑文化的魅力。

喀什历史文化街区价值分析

喀什街巷（刘凤兰　第九届全国美术作品展览水彩作品）

一、穆斯林世界

公元七世纪至十七世纪，在伊斯兰的名义下，曾经建立了倭马亚、阿拔斯、法蒂玛、印度德里苏丹国家、土耳其奥斯曼帝国等一系列大大小小的封建王朝。经过一千多年的历史沧桑，这些盛极一时的封建王朝都已成了历史陈迹。但是作为世界性宗教的“伊斯兰”却始终没有陨落。起初，伊斯兰作为一个民族的宗教，接着作为一个封建帝国的精神源泉，然后又作为一种宗教信仰、意识形态和一种文化体系以及一种人们生活的方式，传入世界各地后在那里不断地发展着，它与当地传统文化相互影响和融合，在不同的历史条件下，对许多国家和民族的社会发展、政治结构、经济形态、文化风尚、伦理道德、生活方式等都产生了不同程度的影响，乃至成为21世纪世界的三大宗教之一。

伊斯兰（al-Islam）系阿拉伯语音译，公元七世纪由麦加人穆罕默德在阿拉伯半岛上首先兴起，原意为“顺从”、“和平”。信奉伊斯兰教的人被称为穆斯林，穆斯林是真主意志的顺从者。伊斯兰教的基本神学观念是认主学，即一神论，认为人生的唯一目的是崇拜安拉，“安拉”即阿拉伯语真主的意思。五功之一的认主学在清真言里有述，宣称除了安拉以外再也没有其他的主宰，穆罕默德是安拉的使者。在传统伊斯兰神学里，真主是不可理解的，穆斯林不会将真主形象化，而只会作为一名顺从者崇拜、敬畏及喜爱他。顺从真主的意志，就是遵奉曾启示于众先知，最后在麦加和麦地那降示于封印先知穆罕默德的一系列天启。穆罕默德去世后不久，这些启示被收集、汇编成《古兰经》，这部伊斯兰教的根本经典，被视为真主的言语。《古兰经》同时也鼓舞了广大穆斯林求知的愿望，从公元七世纪开始，阿拉伯穆斯林就沿着海陆交通线到达了世界各地。他们或是进行贸易，又或是旅行，伊斯兰教亦跟随着他们传播着。

伊斯兰教主要传播于亚洲、非洲，以西亚、北非、西非、中亚、南亚次大陆和东南亚最为盛行。第二次世界大战后，在西欧、北美、澳洲和南美一些地区也有不同程度的传播和发展，是上述地区发展最快的宗教。在亚非50多个伊斯兰国家中，穆斯林占全国总人口的大多数，有30多个国家将伊斯兰教定为国教。2009年一个调查232个国家及地区的人口统计发现，全球人口的23%，即15.7亿的人口都是穆斯林，在穆斯林当中，阿拉伯人占大约20%。全球穆斯林约62%都住在亚洲，超过6.83亿人分布在孟加拉、印度、印尼及巴基斯坦。非洲的埃及和尼日利亚拥有人口最密集的穆斯林社群，在许多欧洲国家，伊斯兰教是第二大宗教，仅次于基督教。尽管穆斯林们分布于世界各地，国籍，民族、肤色和语言各不相同，却共同恪守着那古老而纯洁的教义，即宇宙间只有一个主宰——“安拉”，并且依照各自的理解，遵循着《古兰经》的教义。可以说，伊斯兰教由阿拉伯地区性单一民族的宗教发展成世界性的多民族信仰的宗教，是阿拉伯伊斯兰国家通过不断对外扩张、经商交往、文化交流、向世界各地派出传教师等多种途径而得到广泛传播的结果。

伊斯兰教传入中国内地的年代，学术界尚无定论，一般认为是在公元651年（唐朝永徽二年）从阿拉伯传入中国的泉州、广州等地。据《闽书》记载：“（穆罕默德）有门徒大贤四人，唐武德中来朝，遂传教中国。一贤传教广州，二贤传教扬州，三贤、四贤传教泉州。”另据《旧唐书》与《册府元龟》记载，这一年

伊斯兰教第三任哈里发奥斯曼(公元644—656年在位)派使节到唐朝首都长安，觐见了唐高宗并介绍了伊斯兰教义和阿拉伯国家统一的经过。阿拉伯帝国第一次正式派使节来华，对后来中阿两国在政治、经济和文化上的广泛交流，以及穆斯林商人的东来都产生了重大影响，故历史学家一般将这一年作为伊斯兰教传入中国的开始。

唐、宋、元三代是伊斯兰教在中国传播的主要时期，且在不同历史时期有不同的称谓。宋、元称“大食教”，明代称“天方教”或“回回教”，明末至清称“清真教”，民国时期称“回教”，1956年起统称伊斯兰教。伊斯兰教在中国已有1000多年的发展史，经长期传播、发展和演变，不仅成为中国五大宗教信仰之一，而且已形成具有民族特色和地域特点的伊斯兰信仰体系。据统计，我国现有伊斯兰教信徒约3000万人，遍布全国各省(区)的大多数城乡，主要聚居于新疆、宁夏，甘肃、青海、陕西、河南、河北、云南、山东、山西、安徽、北京、天津等地区。台湾、港澳地区亦有穆斯林分布，以大分散小集中为特征。在回族、维吾尔族、塔塔尔族、柯尔克孜族、哈萨克族、乌孜别克族、塔吉克族、东乡族、撒拉族、保安族等少数民族中，大多数信仰伊斯兰教，在其他的汉、满、蒙古、藏、傣等民族中也有信仰者。

历史上，由于伊斯兰教传入各民族地区的时间、途径以及各民族的社会历史环境和文化背景不同，伊斯兰教在中国的传播与发展又分为内地伊斯兰教(汉语系)和新疆地区伊斯兰教(突厥语系)两大系。约于五代北宋之际，伊斯兰教从中亚开始传入新疆地区，并于十五至十六世纪得到长足发展，不仅信仰的人数增加和地区扩大，而且成为各民族的主要意识形态。在新疆的吐鲁番、哈密地区伊斯兰教占据优势，成为不同地区维吾尔族人的统一宗教，对其语言文字、风俗习惯、道德规范和心理素质等方面产生了深刻影响。

1949年中华人民共和国建立，中国各民族穆斯林在政治上获得平等权利。由于共同纲领和宪法规定的宗教信仰自由政策的贯彻，首先废除了历史上对伊斯兰教的各种贬称、蔑称及不正确的称谓。穆斯林的宗教信仰、宗教活动和风俗习惯受到法律保护和尊重，促进了民族团结和社会进步。

伊斯兰教对各穆斯林民族的历史文化、伦理道德、生活方式和习俗产生了深刻影响。伊斯兰文化同中国传统文化交流融合，成为各穆斯林民族文化不可分割的组成部分。伊斯兰教适应了中国文化，也影响着中国文化，并丰富了中华民族的历史文化宝库。

二、清真寺

清真寺（Masjid）是伊斯兰教建筑群体的型制之一，是穆斯林举行礼拜、举行宗教功课、举办宗教教育和宣教等活动的中心场所，亦称礼拜寺，系阿拉伯语“麦斯吉德”（即叩拜之处）意译。《古兰经》云：“一切清真寺，都是真主的，故你们应当祈祷真主，不要祈祷任何物”（72 ： 18）。中国唐宋时期称为“堂”、“礼堂”、“祭堂”、“礼拜堂”，元代以后称为“寺”、“回回堂”，明代把伊斯兰教称为“清真教”，遂将“礼堂”等改为“清真寺”，沿用至今。西北地区回、东乡、保安、撒拉族等族穆斯林，至今仍沿袭原称“麦斯吉德”，或称“哲马尔提”(Jam ā ’at 即寺坊)。

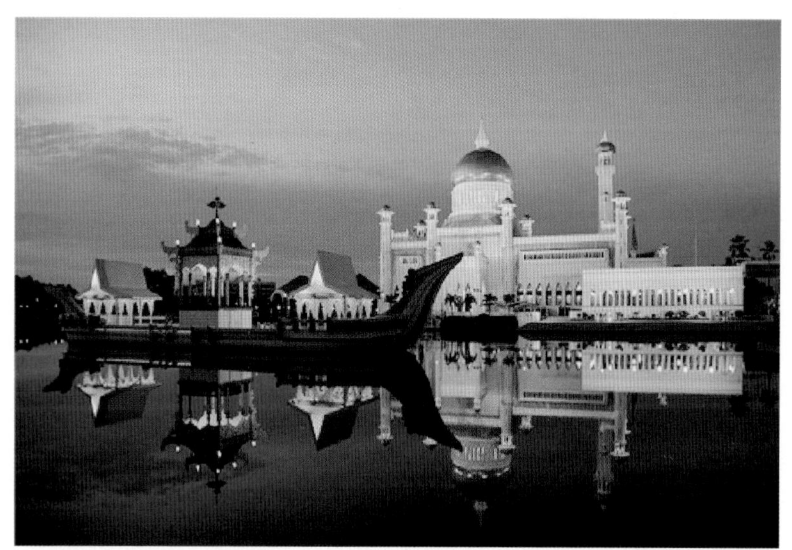

文莱国家大清真寺

伊斯兰教兴起之初，未有专门礼拜的场所，只是选择一洁净之处供叩拜之用。622年9月，穆罕默德迁徙麦地那时，先在城东南三公里处的库巴，修建了第一座简易的库巴清真寺。到达麦地那后，才建造一座正式的清真寺，后称“先知寺”，营建时穆罕默德亲自参加劳动，随后率众在寺内礼拜。637年，第二任哈里发欧麦尔下令远征，凡开拓一个新地区，首先要在该地兴建清真寺，作为宗教活动的中心。据此，欧太白·伊本·盖兹旺于637—638年在伊拉克巴士拉兴建了第一座营地清真寺；638—639年，塞尔德·伊本·艾比·瓦嘎斯在库法城兴建了清真寺；642

年阿莫尔·本·阿斯在埃及福斯塔特（开罗）兴建了非洲大陆第一座清真寺；670—675 年欧格白·本·纳菲尔在突尼斯凯鲁万兴建了欧格白清真寺。从此，兴建清真寺被视为穆斯林神圣的宗教义务和信仰虔诚的体现，哪里有穆斯林，哪里就建有清真寺。后历经伍麦叶王朝（661—750）和阿巴斯王朝（750—1258），政府拨巨款修建规模宏伟和华丽壮观的寺院群体建筑，使清真寺遍布亚、非、欧各地。据历史学家伊本·拉斯塔统计，891 年仅巴格达地区就有清真寺 3 万多座。十二世纪中期到十三世纪初期，埃及亚历山大城及周围地区有 1 万多座清真寺，致使阿巴斯王朝时期成为清真寺建筑的鼎盛时期。此后伊斯兰国家将兴建清真寺作为宗教制度和国策之一。

巴格达清真寺 1

巴格达清真寺 2

清真寺与穆斯林一生的生活息息相关，其职能表现在以下几个方面：（1）宗教活动中心：每日“5 时拜”，每周的聚礼，每年两次“会礼”，都到清真寺举行。宗教节日，如先知诞辰，都在清真寺庆祝。婴儿初生时命名和亡人的殡礼也要到寺内请阿訇主持举行。（2）宣教中心：自从先知穆罕默德在麦地那清真寺第一次“聚礼”时发表宣教演说后，清真寺就成为宣教的场所，此后在每周“聚礼”日和每年两次“会礼”中，通过“呼图白”（演讲）方式宣教成为定制；（3）宗教教育中心：在伍麦叶王朝时期各地清真寺开始附设学校，教读《古兰经》，阿巴斯王朝时期许多著名清真寺也是著名的同名大学所在地，如埃及的艾孜哈尔大学，摩洛哥非斯的卡拉维因大学，突尼斯的栽突那大学等；（4）文化中心：清真寺多附设有图书馆，也附设有医疗机构，如也门萨那清真大寺图书馆是阿拉伯世界清真寺最大的图书馆之一；（5）处理穆斯林民事的中心：一般穆斯林有关婚姻、遗产、商业等纠纷，都在清真寺内按教法规定解决或调处；（6）穆斯林联系交往的中心：平时忙于自身事务，礼拜时聚会一起，特别是每周的聚礼和每年的会礼时，共同礼拜，互致色兰，清真寺起到了凝聚和团结的作用。

历史上修建的清真寺种类较多，有：（1）圣寺，即先知穆罕默德时代有关的清真寺，如“三大圣寺”；（2）皇家清真寺，主要是以历代哈里发、苏丹、埃米尔名义兴建的清真寺，如伍麦叶清真寺；（3）主麻清真寺，在伊朗较多；（4）加米清真寺，为地区中心寺，亦称大寺；（5）陵墓寺，附属于陵墓主体建筑的清真寺，如侯赛因清真寺；（6）一般清真寺。

巴基斯坦大清真寺

伊斯坦布尔蓝色清真寺

早期清真寺的建筑朴实无华，如麦地那先知寺主要由围墙圈成院落供礼拜，房顶供唤拜，再设一简单讲台供宣教即可。其后随着穆斯林建筑艺术的发展，结构严整、雄伟壮丽和带有装饰艺术的建筑群相继出现。清真寺的主体建筑是礼拜大殿，方向朝向麦加克尔白。大殿正面墙中心有凹壁（米哈拉布），左前方有阶梯形讲坛（敏白尔）。较大的清真寺还有宣礼塔。塔顶成尖形，故称尖塔，系唤拜之用。一般清真寺有1—4个尖塔，土耳其伊斯坦布尔的苏丹艾哈迈德清真寺有6塔，麦加圣寺有7塔。还有淋浴用的水房。在伍麦叶王朝哈里发瓦利德时期（705—715）出现了穹隆建筑，多数是由分行排列的方柱或圆柱支撑的一系列拱门，拱门又支撑着圆顶、拱顶。建筑物外表敷以彩色或其他装潢。其后，清真寺建筑艺术形成四大流派和风格：（1）叙利亚—埃及派：主要以希腊—罗马和当地样式为范例；（2）伊拉克—波斯派：以萨珊式样、古代迦勒底式样和亚述式样为基础；（3）西班牙—北非派，即马格里布式样的马蹄形；（4）印度派：大多为圆顶形，有明显的印度建筑色彩。清真寺的管理在伊斯兰国家多由政府宗教基金部门领导，人员少，教长不一定住寺。清真寺一般都有宗教公产（瓦克夫）和基金。

中国唐、宋、元时期，清真寺的建筑风格主要是阿拉伯式，全部用砖石砌筑，平面布局，外观造型和细部处理多呈阿拉伯伊斯兰风格。广州怀圣寺、泉州清净寺、杭州真教寺、扬州礼拜寺，是始建于唐宋时期的清真寺，并称中国四大古寺。元代清真寺的建筑规模和数量远远超过唐宋。仅元大都（今北京）就有清真寺35座。其外观造型基本上保留阿拉伯建筑形式，但已逐步吸收了中国传统建筑的布局和砖木结构体系，形成中、阿混合形制。北京牛街礼拜寺、西安化觉巷清真寺以及定州礼拜寺、松江清真寺等都是典型的中、阿合璧式建筑艺术形制。明清两代所建的清真寺，受中国传统建筑的影响，形式变化很大，整体结构除礼拜大殿和邦克楼外，又增置讲经堂和沐浴室，总体结构多为传统的殿宇式。大殿结构复式化，由前卷棚、中大殿、后窑殿三部分组成，多为砖木混合结构。礼拜大殿内的窑殿墙，做成拱形卷筒式的“米哈拉布”，装饰精美华丽，有的后端封闭，有的安装两扇门。邦克楼大多采用砖木结构的亭台式建筑，很少为尖塔式，有的置于大门之上，既是门楼又是邦克楼，颇具中国古典建筑艺术特色。二十世纪初，河南穆斯林首先创建女寺，其后河北保定、山西太原等地起而仿效，或单独建立，或附设于某一较大的寺内。新疆喀什的艾提尕尔清真寺与库尔勒县的礼拜寺，其建筑形式更多地保留了阿拉伯伊斯兰特色，多用木料、土坯、砖及琉璃砖砌成圆拱顶或平顶式建筑，采用敞殿堂与封闭殿堂结合。吐鲁番地区多为上下礼拜殿形制。西南地区清真寺的建筑，也有采用当地民族形式的，拉萨市河坝林清真寺，整体建筑结构和细部装饰为彩画，主殿及邦克楼外的石砌和色彩、线条、花式，完全采用当地藏式建筑艺术手法。云南西双版纳地区的回族清真寺，采用傣族的竹楼形式，别具一格。

清真寺是穆斯林群体活动的中心，唐、宋时期的“蕃坊”和明、清以来的“教坊”，都是以清真寺为中心，聚合周围村庄、街巷和居民点而形成的社区。每个清真寺在经济上、管理上自成一体，一般互不隶属。有的门宦在某一地区某个寺内派驻“热依斯”（即教主的教务代理人）行使管理，下辖若干寺坊；有的教派有“海乙寺”（即中心寺），下辖“稍麻”小寺，形成较大的教坊。撒拉族地区历史上实行总寺，形成教坊统辖制。唐、宋、元、明、清时期，有的大寺实行“卡迪”掌教制，明、清以来实行伊玛目掌教制，民国以来实行阿訇掌教制，在管理形式上设“学董会”，当代则设“民主管理委员会”，负责管理寺务、财务，聘请阿訇执掌教务。以清真寺为中心的教坊，把分散的穆斯林凝聚为自然的整体，成为一个坊的宗教、教育、经济、文化中心，凡有关该坊穆斯林的宗教生活、经济大事或教育、文化、民事纠纷、婚丧礼仪、欢庆节日等等，都离不开清真寺。清真寺在穆斯林心目中具有崇高、神圣的地位，成为伊斯兰文化的象征。清真寺的经济主要来自教民的捐赠及亡人遗嘱捐献的地产、房产作为宗教基金，用以支付阿訇、经生的生活费、日常寺务的开支和节日的用度。

宗教建筑清真寺为典型代表，它由七大元素构成：

（1）入口门廊，有一个带叠涩结构的尖券。

（2）唤醒楼（亦称光塔，或宣礼塔，维语音译为“木那”，供阿訇登塔呼唤教众之用）。

（3）祈祷堂（维语音“扎鲁”，面西的墙体称之为“奎布拉甫墙”，中心为麦加的象征，称之为“米哈拉布”，旁有一个供讲经阿訇坐的“麦末”。

（4）穹顶（维语音“拱拜孜”，设于门洞入口之上或祈祷堂上）。

（5）铭文饰带（国内只有泉州清净寺有铭文饰带，其他地区尚未发现）。

（6）净手、净身设备〔大清真寺设“穆斯塔卡那”(净身房)，小则以阿布都（小水壶）作简单净身〕。

（7）正门前的条状水池。

由于地域自然条件与建筑材料的不同，清真寺建筑群可以呈现出不同的地域特色，许多元素也随之改变或简化。如门洞拱下叠涩（钟乳石状结构）多数均在近代予以简化为三重逐步缩小的拱门；现在的扩音器也使宣礼塔成为纯装饰性建筑；祈祷堂则因各国各地财力的不同而夸大，形成带穹顶的空间或改造的屋面结构。

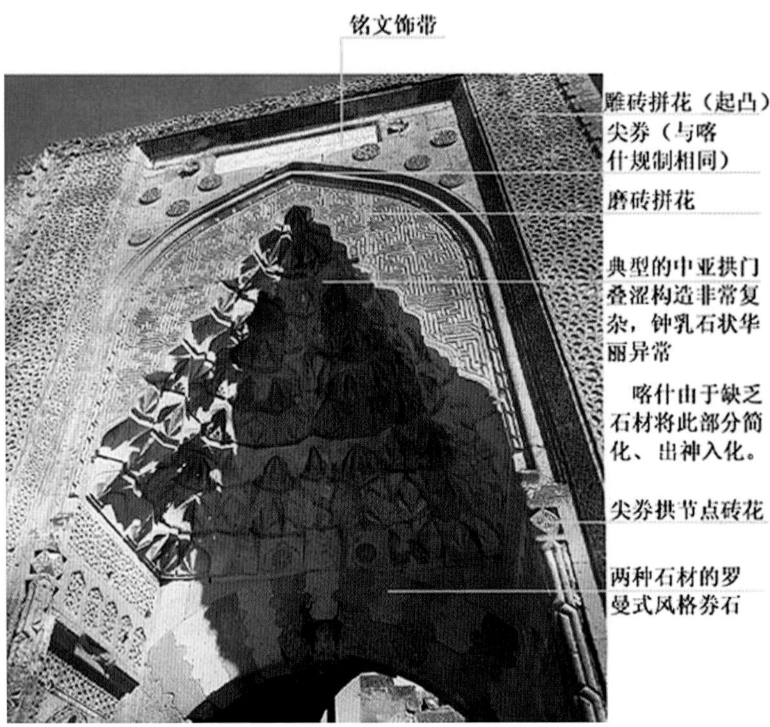

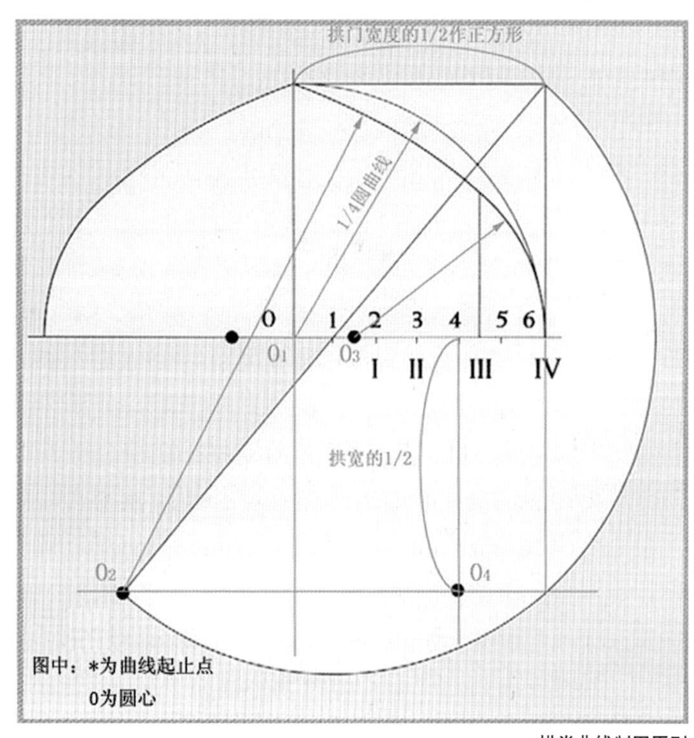

拱券曲线制图原则

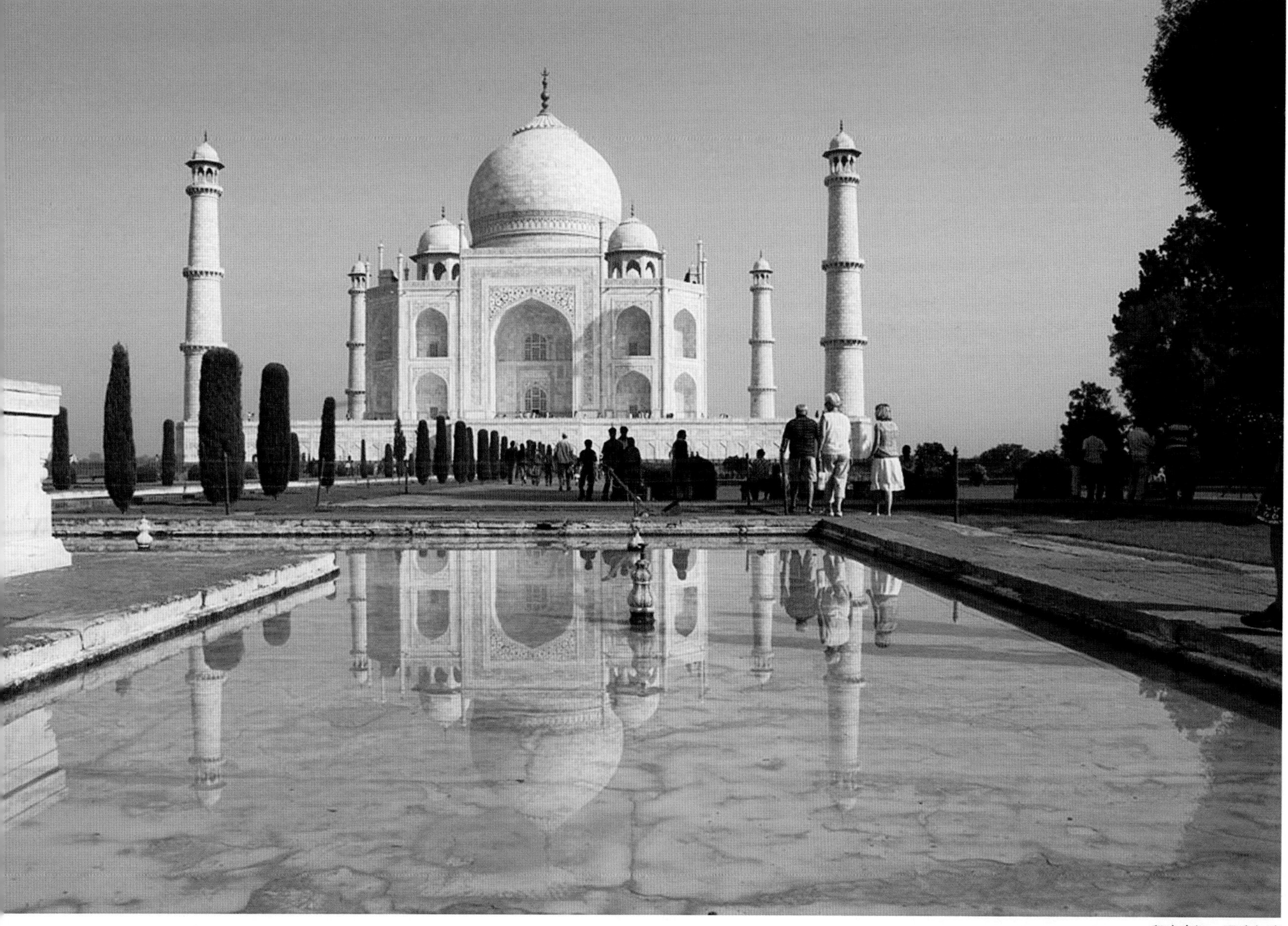

印度泰姬·玛哈尔陵

世界十大建筑奇迹之一的印度泰姬·玛哈尔陵（Taj Mahal），1983 年被列入世界文化遗产名录。位于就德里东南约二百公里的阿格拉市郊、亚穆纳河南岸。公元 1631 年，莫卧尔王朝第五代皇帝沙·贾汉为纪念其爱妻阿姬曼·玛哈尔而动工兴建，费时 22 年（公元 1653 年完工），耗资四千多万卢比，用工两万余人。陵墓主体通高 75 米（含台基 7 米高），由白色大理石砌成，陵园总占地为 17.1 公顷（576 米 ×297 米）。

对于这一组伟大建筑，美国前总统克林顿曾说过："世界上有两种人，一种是到过泰姬·玛哈尔陵的人，一种是没到过泰姬·玛哈尔陵的人。"其评价之高，堪为印度建筑艺术之幸。

西安化觉巷中庭

西安化觉巷清真寺

宁夏固原清真寺

山东青州真教寺

山东青州真教寺 2

银川南关清真寺

清真寺建筑样式，传至中国之后，与本土建筑样式的结合，有三种模式：

1. 将原大屋顶建筑屋顶部分拉高；
2. 采用拼贴方式，将圆穹顶拼贴在大屋顶上；
3. 模仿中亚样式，但在立面构图尺度上不遵循严格的立面划分模式

中国的典型清真寺（2）

2000 年按照李雄飞 1983 年规划作了入口下沉 80 厘米的广场，恢复了历史上的真实地坪。该寺建于宋代，由波斯色拉子人建造，为中亚风格

海上丝绸之路——名城泉州清净寺

银川纳家户清真寺

昌吉陕西大寺

泉州的清净寺，为伊朗的色拉子建筑，估计是由于“亦思法杭”之乱而停工，从门的缩位建造到预留了穹顶支撑墙体（实为 80cm），都可以证实该建筑中途停工，其实际通高应为 21 米（参见李雄飞、李昊“伊斯兰文化东渐的遗踪”《华中建筑》2008.9 期）（上二图）

伊斯兰寺院创立了不同于其他宗教的穹顶，它借鉴欧风半圆拱创造了抛物线形拱顶，喀什的拱顶与伊朗、伊拉克基本一致，形成了一种标志性图形。喀什花帽与穹顶惊人地一致。

鼓座

钟乳石状拱门下叠涩结构，它既是结构半露的构件，也是精心砌筑的复杂支撑性承重构件。这种做法又如剖切面，是一种极富创意的建筑做法，并为现代建筑的创作提供了一个非常精彩的范例。

清真寺墙外的底商，与清真寺结合成建筑综合体，这是其他宗教文化所没有的

宣礼塔是清真寺形制发展中期的产物

正方形（模数制）

正门一般均符合黄金比模式

在世界四大宗教中，除了伊斯兰教以外，其他宗教的教堂都是独立存在的，基督教、天主教、佛教都是如此。商业是在教堂前广场或商业街进行的。中原佛教有“庙前富、庙后穷”的俚语，这是因为庙前的地价高，又朝阳，容易形成繁华的商业街区。

只有伊斯兰教允许商业可以和清真寺结合建设形成综合体。在喀什，除阿帕克霍加（香妃）墓外，如艾提尕尔等清真寺均允许在墙外或与清真寺建筑联合作商业用房。

喀什清真寺建筑艺术价值分析——平面格局特色（1）

世界史告诉我们，任何一个民族都把她自己的财富和精力贡献给民族的宗教信仰上，并为此以最大的热情和高度的虔诚，用于兴建寄托信仰的物质实体——宗教活动场所，喀什清真寺从中亚传入了一种崭新的建筑样式。喀什地方材料仅有黄土和戈壁石，没有可供雕琢的石材，因此，清真寺除了土坯以外，最昂贵的材料则是琉璃，大量的清真寺则不可能像中亚一样华贵雍容，但喀什的清真寺自有一番朴素之美。以生土和木结构、简单的砖雕构成的清真寺在形制上和中亚是完全一致的，它由光塔的门楼和祈祷堂两个主体建筑构成。除了艾提尕尔清真寺、阿帕克霍加（香妃）墓内的清真寺较大，有一定规模的院子、绿化外，喀什一百余处清真寺都位于旧城拥挤的街道中，大部分只有两个主体元素。

旧城内的小型清真寺尽管规模小，但由于空间狭小，必须非常有创造性地安排才能达到使用要求，正是这种环境条件苛刻地限制，极大地激发了建造者的灵感，使之千姿百态，形成了各具特色的小型宗教建筑群。其最大的特点是空间的组织；适应地形条件，巧妙安排空间，不拘一格的布局适应宗教活动用途的功能体块。

喀什旧城的清真寺，在街道位置上有如下五种方式：

1. 并列型——道路一侧平行于街道的清真寺。
2. 路口型——道路交叉口处，一般是丁字路口的一侧。
3. 附贴型——街道变化宽度的拐点处，一般在较宽的位置。
4. 对景型——位于丁字路或变道拐点，形成路的对景。
5. 尽端型——位于小巷的尽端（居住区内没有其他用地）。

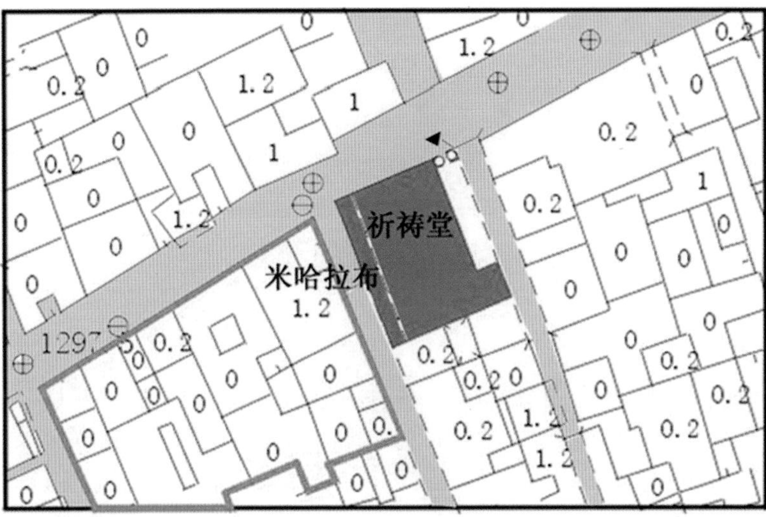

1. 并列型

位于城市干道上，一般镶嵌在街道两侧的建筑中，这种布局方式在喀什应用很多，随着街区的建设，沿街立面也会相应变化。(塔哈其巷 221 号塔哈其清真寺，总编号 10 号)

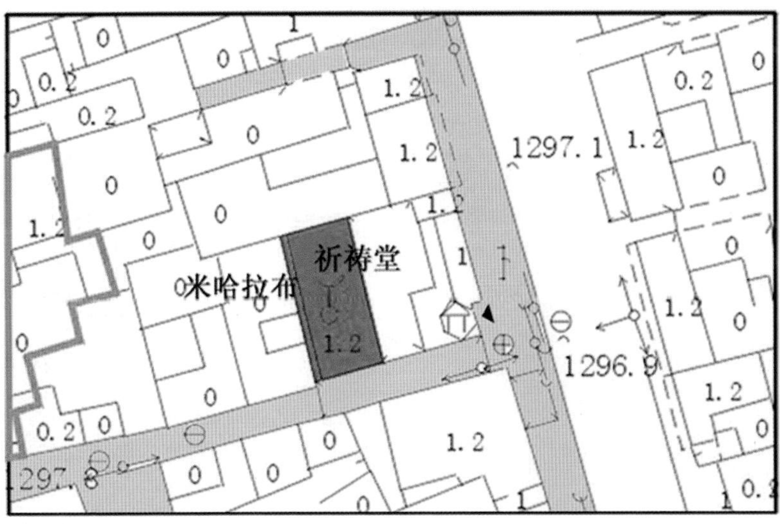

2. 路口型

位于两条街道交叉口侧，形成街巷的标志性建筑。从交通上看也非常方便。(库木代尔瓦扎路 27 号塔斯喀巴扎清真寺，总编号 14)

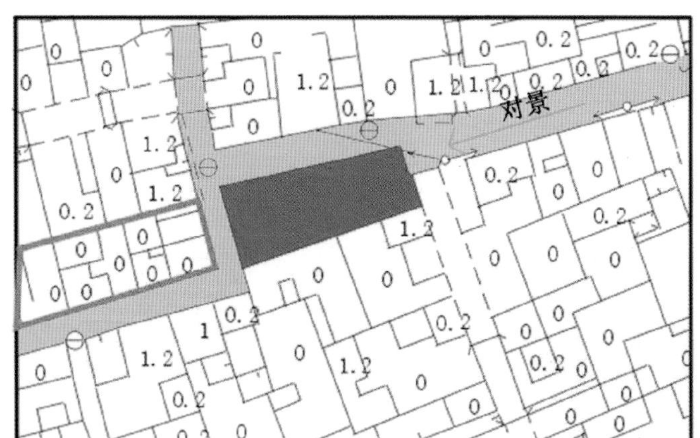

3. 贴附型

贴附在较宽的路段上，从巷道入口望去，可看到门楼的一半，起到空间提示作用。由于这种贴附，形成了很有趣的空间。

（图为磨坊巷 25 号清真寺，总编号 9 号）

4. 对景型

和世界上所有的宗教建筑一样，较多的都是置于街道的对景处，既可丰富城市景观，又可起到提示地点的空间导向作用。

（喀尔玛克巴扎巷 270 号磨坊依明海普提木清真寺，总编号 8 号）

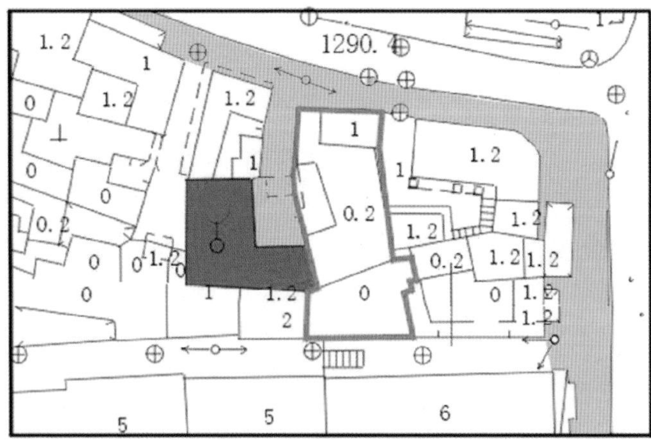

5. 尽端型

由于城市改造住宅区贴近古城，在旧城内无法再寻找其他的位置安排清真寺，则缩小了清真寺的规模，作尽端式处理。

（阿热亚路 746 号夏米其克派克清真寺，总编号 92 号）

喀什清真寺建筑艺术价值分析——空间构成特色（1）

阳光与阴影使建筑形象生动
祈祷堂建在过街楼上
意在扩大祈祷空间
门柱宝顶喀什有两种形式
（即实心与空心两种）本图为实心
白色墙面正好衬托黄色的清真寺
艺术家更喜欢手工的质朴之美
檐廊柱支在木梁上
商店依附在清真寺旁
空间构成模式祈祷堂作过街楼型

吾斯塘博依路 454 号肉孜买塔木居麻，祈祷堂部分居于过街楼上。

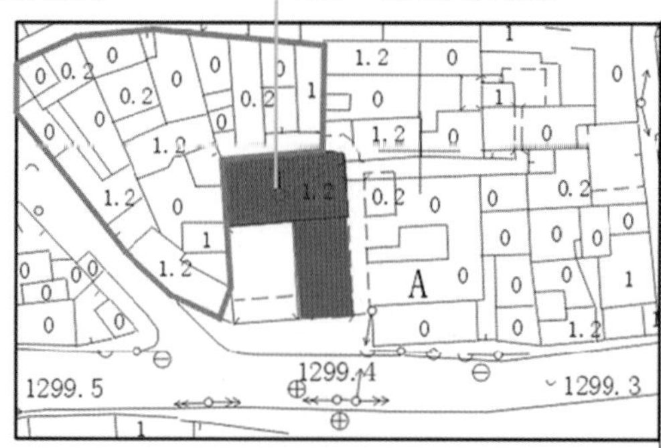
L 形祈祷堂和民居一
致，增加了亲切感

清真寺柱式

清真寺门角柱砖雕花饰

清真寺构件局部与特种空间

民族与地域建筑风格的形成，檐口及柱头细部是经数百年逐渐形成一种规制、制式和做法。在喀什可以看到许多工匠在加工时无需在木材上画线，直凭感觉进行加工，但加工件却出奇地一致，其纯熟程度是喀什手工业者的惊人绝技。

朝觐者休息廊

空间构成模式临街平行并列型

现存过街楼

标准化女儿墙饰件

外祈祷堂形成临街的虚实空间

透花墙连续使之不致太过封闭

内院

诺尔贝希路

外祈祷堂

诺尔贝希路 211 号清真寺（总编号 19），门楼及祈祷堂均临街，街景轮廓线则比较丰富。

（摄影：曲菱雁　1995 年）

街道宽窄变化使景观生动

外廊

很有特色的阿热亚路

穹顶与祈祷堂外廊形成形体、色彩与虚实的对比

压低的底商层高，衬托了清真寺外廊的华美

阿热亚路 310 号，哈萨普巴孜热清真寺，祈祷堂与拱门高低错落，为城市景观作出了很大的贡献。

（摄影：于俊琴　1995 年）

群体组合十分优美，形体与虚实对比鲜明，祈祷堂色彩艳丽、门楼简洁朴素，加之祈祷堂下的商店，形成人气很旺的活泼空间，极具艺术价值，是城市特色构成的重要艺术构件。

“巴扎”是中亚各国普遍存在的市场集市样式（类似于欧美地区的“SHOPPING MALL”），一部巴扎，就是中亚、阿拉伯世界的大百科全书，它承载了中亚、阿拉伯地区的人文、历史、习俗宗教的全部内涵。土耳其伊斯坦布尔的大巴扎最为典型，它位于城市的核心区，由多幢建筑组成，在二十世纪四十年代又将所有道路加盖了由穹顶支撑的屋面，形成室内步行街，体现了一种欧洲与亚洲风格谐调统一的个性

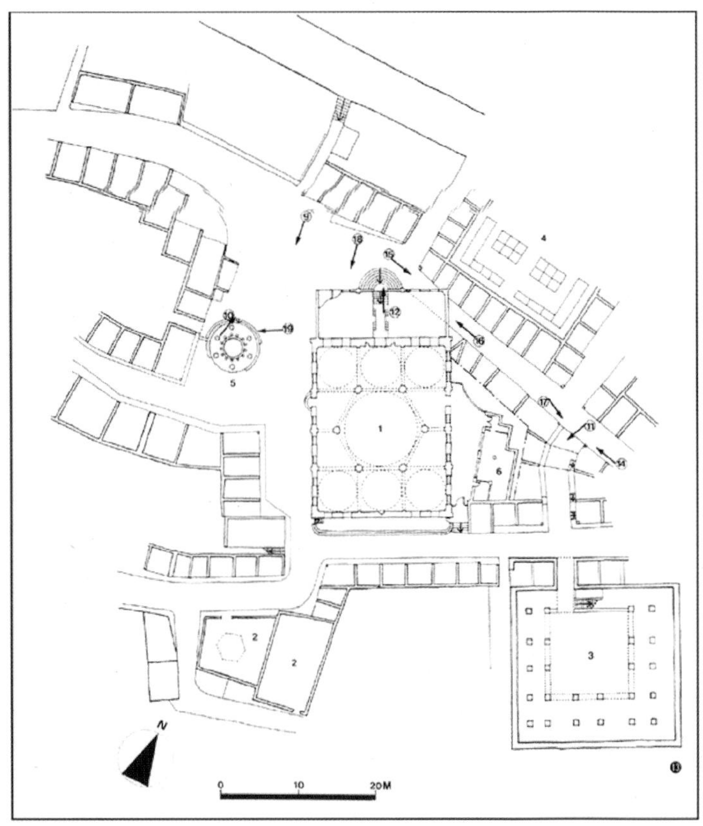

从平面图可以看出，市中心的巴扎由如下元素构成：1. 清真寺；2. 喷泉；3. 商业步行街；4. 公共广场。由于土耳其是海洋性气候，建筑多为石构，地面也由石块铺砌。出售的商品种类与我国相似。这一空间构成模式与佛教庙前商业街模式是完全一样的，即宗教建筑与商业紧密结合在一起的空间构成方式。

艾提尕尔清真寺历史沿革及建筑简介

艾提尕尔清真寺始建于公元 1442 年（回历 846 年）左右，是目前全疆乃至全国最大的伊斯兰教礼拜寺之一，在国内外宗教界均具有一定影响。1962 年 7 月被定为国家级重点文物保护单位。该清真寺坐落在喀什市中心的艾提尕尔广场西侧，南邻吾斯塘博依路，北抵诺尔贝希路，西界艾格孜艾日克路，占地面积 25.22 亩（合 16820 平方米）。

艾提尕尔清真寺是一个富有浓郁民族风格的伊斯兰教古建筑群，坐西朝东，由寺门塔楼、庭园、经堂和礼拜殿四大部分组成。作为入口的寺门塔楼，巍然高耸，宏伟壮丽，在造型艺术上位列整个建筑群之首，堪称维吾尔族古建筑艺术的典范，为艾提尕尔广场平添了一种奇丽的民族色彩，已经成为古城喀什的地方象征而闻名中外。装饰着镀金圆钉、漆成天蓝色的寺门，宽 4.3 米，高达 4.7 米。在寺门上方，半圆形拱顶之下悬挂着一块 2 米长、1 米宽、饰有彩色图案并写有《古兰经》文的大牌匾；寺门两侧屹立着两座各 12.5 米高的米黄色砖砌圆柱，底大顶小，一律白灰泥勾缝，其上部四周有石膏雕饰的彩色图案，柱顶又各有一筒形“召唤楼”，为掌教阿訇召唤穆斯林们起身祈祷礼拜之用。两侧塔楼与寺门之间均以高达 6 米的短墙相接，构成一个整体门面。寺门内穿厅上方的穹隆顶部，石膏抹面漆成白色（从地面至拱顶通高 17.1 米），上面亦有一筒形小塔楼，三个塔楼之上铁杆高擎的三个绿色月牙（塔楼至月牙通高 4.6 米），形成鼎足环抱之势；站在广场东端望去，整个寺门塔楼显得特别巍峨庄严，古朴肃穆，在四周现代建筑物陪衬之下别有一种风味。寺门上方的顶部是一条长达 8 米、离地面高 10.5 米的平台，每逢盛大的民族节日主要是古尔邦节与肉孜节，平台上就会传来通宵达旦响彻云霄的羊皮鼓和唢呐奏乐声，为云集于艾提尕尔广场的数万群众制造节日的欢乐气氛。这里既是宗教的“圣地”，又是节日喜庆的场所，因此清真寺才取名“艾提尕尔”——即“节日礼拜与集会之所”，艾提尕尔广场也因寺而得名。

进入寺门是一个八角形的穿厅，左右两边均有甬道可入寺内的巨大庭园。园内方砖铺设的甬道十字交叉，南北两端各接一小门通向寺外，由东向西的甬道可通往设有礼拜殿的院落。整个庭园面积约 20 亩，北半部有两个东、西并列的水池，东池有 400 平方米，西池 200 平方米，池水碧绿清澈，这是伊斯兰教宗教建筑群中必有的设置；园内白杨参天，桑榆繁茂，显得格外清静幽雅。庭园南、北墙下，各有一排共 36 间教经堂，供主教阿訇讲经和穆斯林学习经文之用。

礼拜殿设在寺院西端一个用围墙隔开的大院落里。礼拜殿又分为内外殿和殿堂入口三部分。礼拜殿设在半人多高的巨大平台之上，南北总长 140 米，东西进深 19 米，总面积达 2660 平方米。殿堂入口是个向东凸出的平台，后面是砖木结构的厅式室内殿，东西宽 10.5 米，南北长 36.5 米，室内殿南北两侧是外殿，由 140 根高达 7 米的绿色雕花木柱成网格状排列，支撑着白色的密肋天棚，宽敞整齐，气势雄浑。两侧墙壁中设有上尖下方的神龛，并饰以色彩鲜艳的石膏民族雕饰。天棚上按一定间距整饰出数十个绘有各种花卉图案的藻井。殿堂地面上全铺以地毯和布单，可供六千人跪拜祈祷之用。寺内平时每天有二三千人做礼拜，“居玛日”（星期五）有六七千人；逢节日时在寺内外跪拜的穆斯林则可达二三万人之多。

艾提尕尔清真寺历史悠久。相传在建寺之先，寺址所在地尚是苇滩边的一片坟地，该坟地以安葬喀什噶尔历代王公贵族及其亲属而有“圣地”之称。公元 1442 年，赛亦德·阿里的长子桑尼斯·米尔扎为了给自己亡故亲属做祈祷，在今礼拜殿室内殿位置上修建了一所小清真寺，这便是今日艾提尕尔清真寺之雏形。公元 1538 年（回历 944 年），喀什噶尔统治者吾布里哈德尔伯克为了报答其叔父尔扎艾则孜外里生前对自己的恩德，就将原来仅能做日常礼拜的小清真寺扩建为能在“居玛日”做礼拜的较大的礼拜寺。1787 年（回历 1201 年），今疏勒县罕南力克地方的一个名叫祖鲁裴叶海尼姆的妇女，前往伊斯兰教圣地麦加朝圣，因当时波斯内战路不通而返，便用所余旅费再度扩建该寺。1798 年又有一名叫古丽拉米娜的外地妇女前往巴基斯坦，途经喀什后病故，当地人遵其遗嘱用她所余资财拓展原小寺旧址与门前空场，并正式定寺名为“艾提尕尔”(即不仅可供日常礼拜之用，而且主要可用来举行宗教节日之际的盛大礼拜活动)。1809 年（回历 1224 年）喀什噶尔阿奇木伯克郡王伊斯坎德尔因在城南郊帕依纳普村（今市委家属院内）为自己预建了一座宏大的穹顶式陵墓，耗资数万，引起朝野人士谴责，为平息民愤，转移民众视线，才又对艾提尕尔清真寺进行了一次全面整修，并在庭园内开掘水池，栽植树木。1839 年（回历 1225 年）喀什噶尔的地方官阿肯木左尔东开拓城西区时，把一直处在城外的艾提尕尔清真寺纳入城内，并整治苇滩，美化环境，部分整饰了寺内建筑，使礼拜殿大致有了现今规模。1872 年（回历 1290 年）阿古柏统治时期，在寺院内正式修建了寺门塔楼，并在庭园东、北、南三侧建起了 24 栋 72 室的经文教堂，可供 400 名学生居住学习；庭园东北角上还设有可容百余人净身的浴室，此时全寺现有规模已完全形成。1903 年喀什地震，清真寺内殿和塔楼拱顶倾塌，两年后由喀什的坎地巴依阿吉木、克热木巴依等富豪出资加以整修维护。1934 年，在当时喀什教育局局长阿不都克日木汗买合苏木的主持下，整修该寺并在庭园四周围上木栅栏。1936 年由喀什宗教组织动员民众再度维修，并在寺院南北两侧增辟便门。1937 年城区街道扩展时将经堂和澡堂拆除。1955 年新疆维吾尔自治区成立时，曾由政府拨专款进行过全面维修。十一届三中全会之后，党的民族宗教政策得到进一步落实，从 1980 年到 1982 年的三年中，国家每年均拨发专款用于寺院修缮、补建和管理。

如今古老的艾提尕尔清真寺焕发了青春，整饰一新，分外壮丽，不仅是喀什市少数民族群众宗教、文化活动的中心，也是国内外来喀观光者的必游胜地。

在二十世纪五十到八十年代，中国建筑学专业教科书中，艾提尕尔清真寺一直是《建筑构图原理》课教材中，作为构图原理“统一中求变化”“不对称平衡”设计手法的重要实例，从而在建筑艺术领域形成一个非常著名的建筑，并被列入中国和中亚现存并使用着的十大清真寺之一。

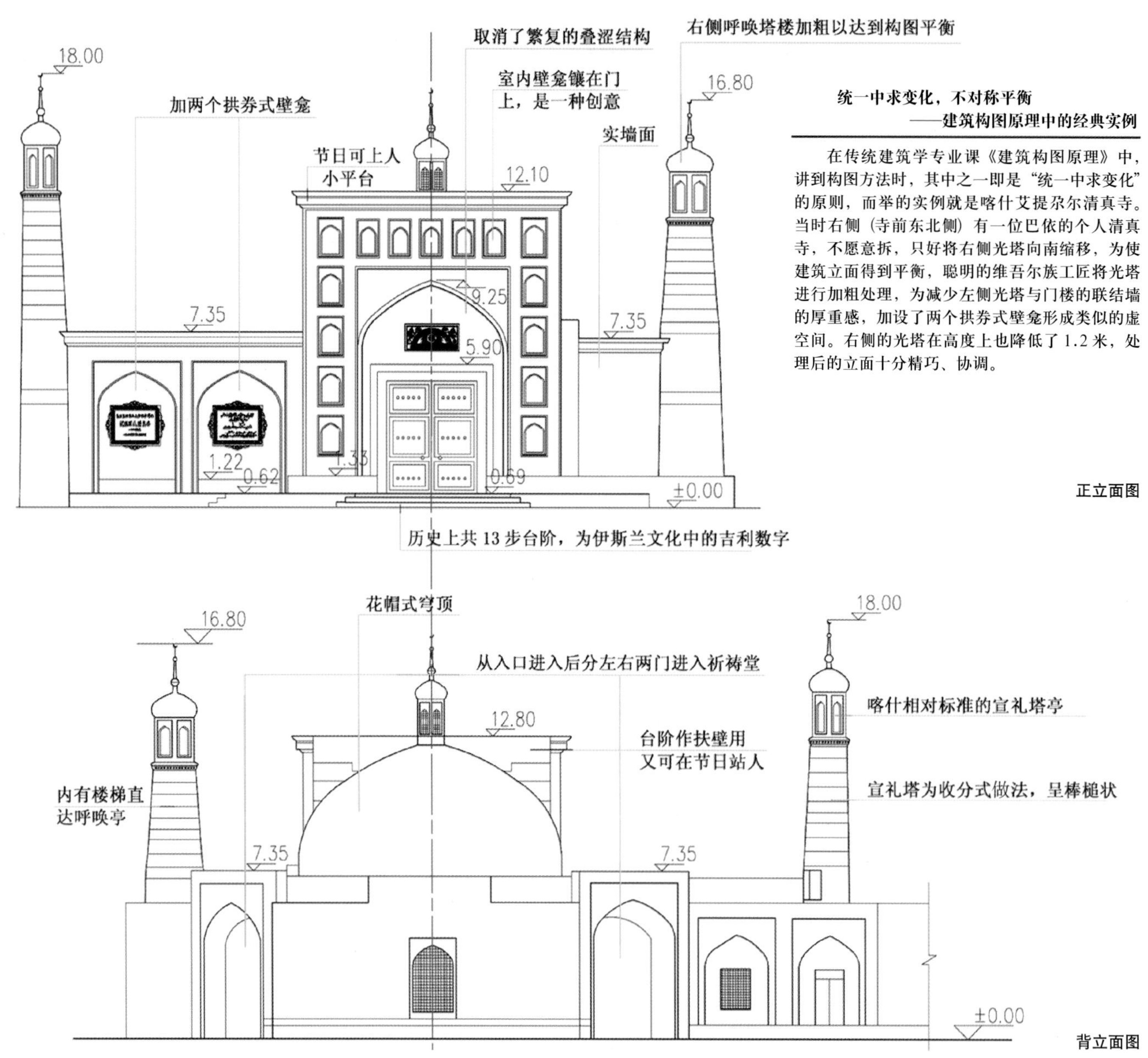

统一中求变化，不对称平衡
——建筑构图原理中的经典实例

在传统建筑学专业课《建筑构图原理》中，讲到构图方法时，其中之一即是“统一中求变化”的原则，而举的实例就是喀什艾提尕尔清真寺。当时右侧（寺前东北侧）有一位巴依的个人清真寺，不愿意拆，只好将右侧光塔向南缩移，为使建筑立面得到平衡，聪明的维吾尔族工匠将光塔进行加粗处理，为减少左侧光塔与门楼的联结墙的厚重感，加设了两个拱券式壁龛形成类似的虚空间。右侧的光塔在高度上也降低了 1.2 米，处理后的立面十分精巧、协调。

正立面图

背立面图

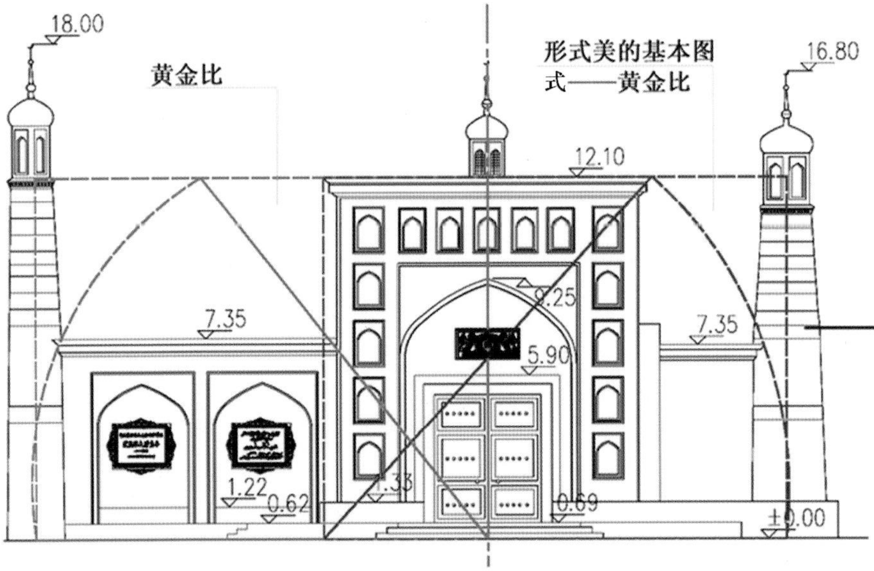

清真寺建筑艺术价值分析——艾提尕尔清真寺立面、平面构图分析

18.00
黄金比
形式美的基本图式——黄金比
16.80
12.10
9.25
7.35
7.35
5.90
1.22
0.62
1.33
0.69
±0.00

中轴线

正立面构图美学分析图

宣礼塔内的砖砌旋转楼梯

平面图形呈叠涩拱券形式，精彩地将同一母题运用在平面图形上
入口穹顶进入门厅后分左右两侧进入庭院
2004 年前埋入的台阶（共 10 阶）总数为 13 阶
北侧宣礼塔

一层平面构图美学分析图

节日乐队用地台阶，形成广场上下一体热烈氛围
穹顶是清真寺的主要造型元素
按伊斯兰文化设 13 步台阶，符合吉利数

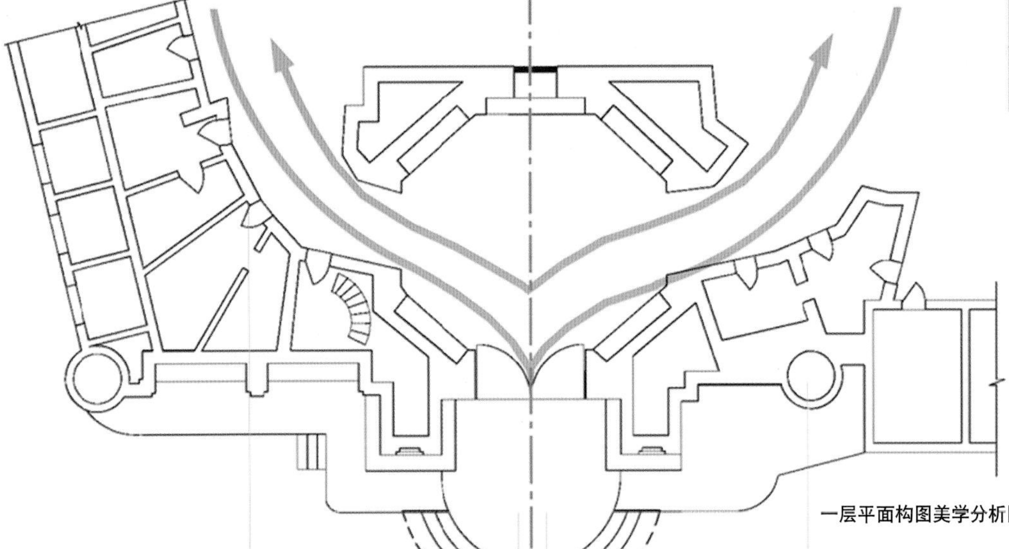

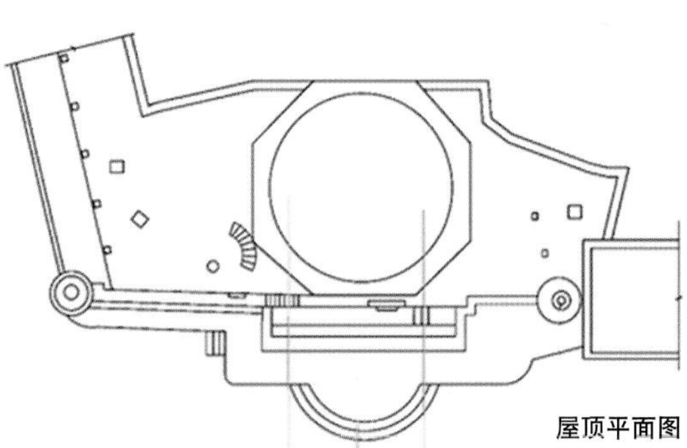

屋顶平面图

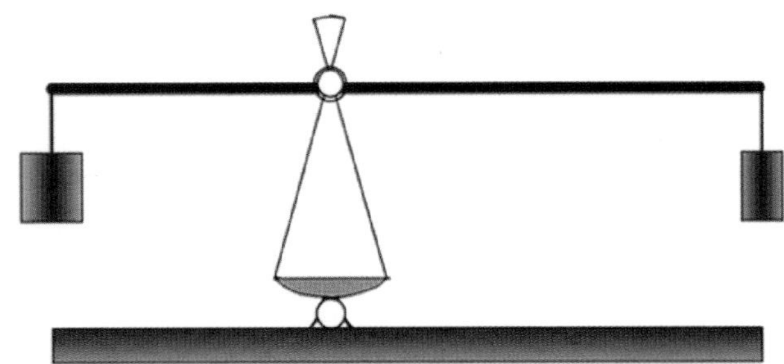
平衡原理示意图

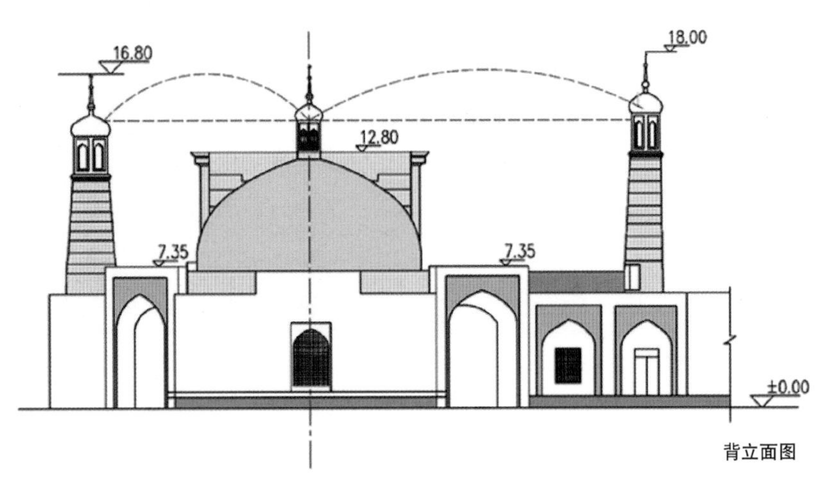

背立面图

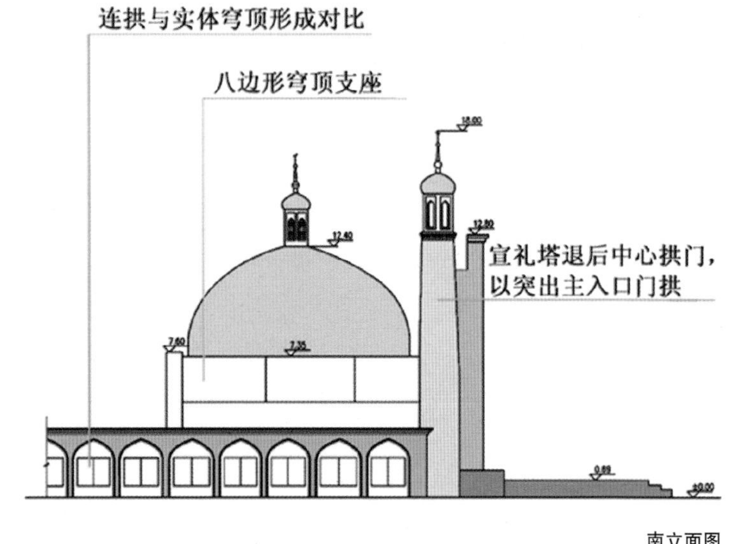

南立面图

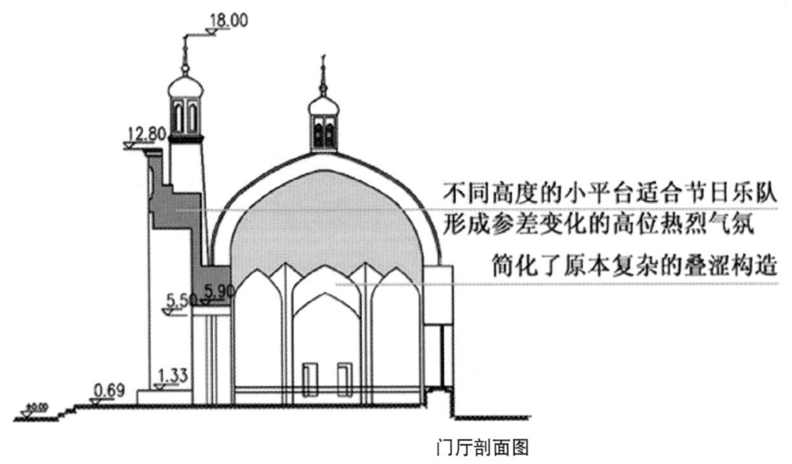

门厅剖面图

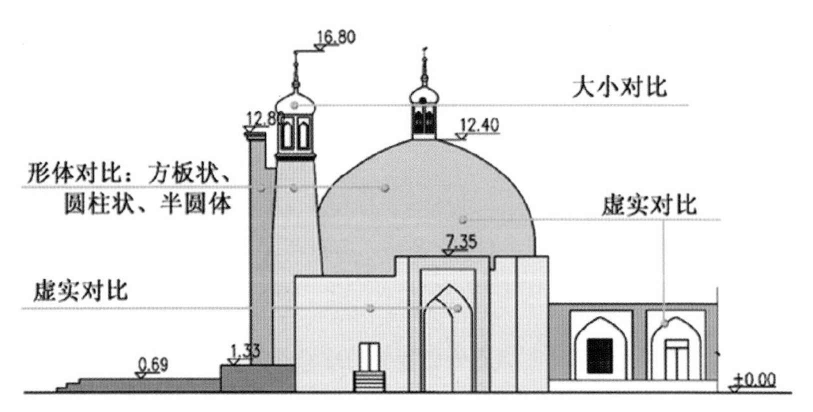

北立面图

清真寺建筑艺术价值分析——艾提尕尔清真寺剖面特色

福建泉州清净寺入口剖面图

门两侧各有一棵作光塔的石柱，高约4米，至今仍埋门侧地下

1980年在清净寺看到的台阶状拱顶捧壁补砌时的明显痕迹

这一部分均为1979年以后补砌的砖砌体

桃形拱（可能源自印度）

突缩2厘米,据分析考证可能设计规模较大而因现实情况缩小

精致而简化的叠涩青石雕花镶贴

18.00

12.80

5.50

5.90

1.33

0.69

台阶状扶壁

喀什的穹顶是以一个标准符号演变而成的，可以称为花帽式穹顶

艾提尕尔清真寺入口剖面图

泉州清净寺与喀什艾提尕尔清真寺入口的比较

绚丽多彩的艾提尕尔清真寺祈祷堂

◀ **祈祷堂内木柱是建筑的主要构件，特别有趣的是粗看柱子全是一样的，细看则花饰雕刻全不一样，形成精彩的“统一中求变化”的艺术品。所以形成这样的情形是由于精明的维吾尔族工匠每人制作一棵柱子，并在大的结构形态上按照统一的规则而制作**

祈祷堂米哈拉布墙中心花窗，它由复杂的边框、券洞壁龛构成，花饰极其复杂，但色调却非常统一和谐调 ▶

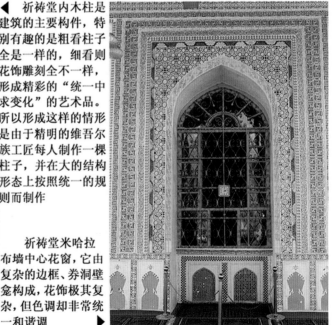

祈祷堂内米哈拉布窗

通过两幢建筑的比较，从陆上与海上两条丝绸之路伊斯兰建筑式样传播的方式和形态可以看到，由于气候与环境的不同形成的不同样式

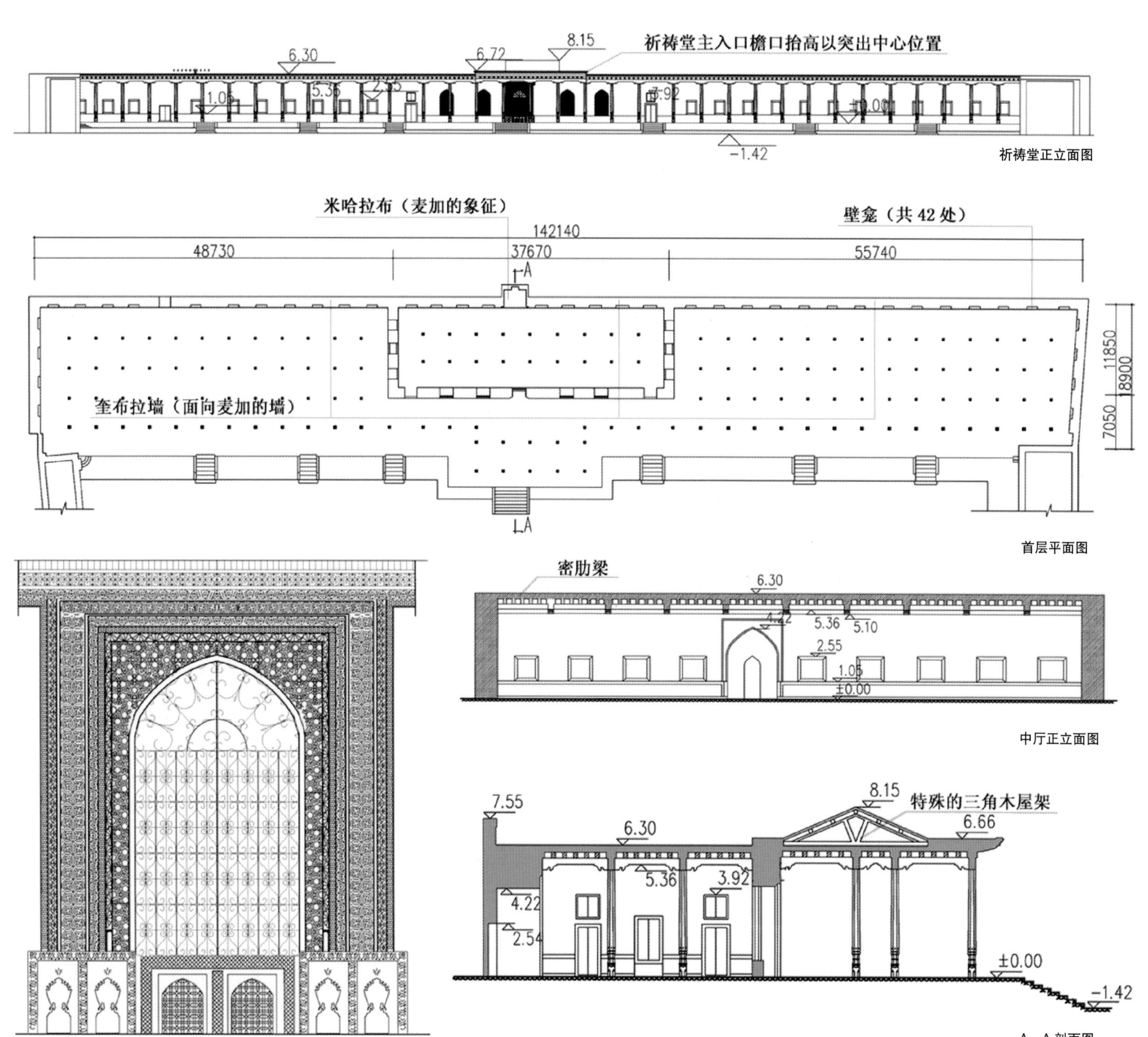

祈祷堂正立面图

首层平面图

中厅正立面图

A—A 剖面图

1983 年的艾提尕尔清真寺（李雄飞摄）

中亚十大清真寺之一，国家级文物保护单位，每个时段都有自己的风采，无论周边环境如何改变，她始终坚持着自己的本色——世界上著名的生态型生土建筑，是喀什的乡土本色。

喀什艾提尕尔清真寺（王健武绘　曾任新疆师范大学美术系主任）

从资深画家的作品中，可以了解艺术家对文化古迹美学价值的理解，金黄色的墙面与极富层次的树木相辉映，形成色相与形体的丰富变化。穹顶、墙面、拱形门廊与光塔之间构成体量形态多样化。从伊斯兰教铭文饰带演变出来的光塔饰带包含蓝底白花的琉璃饰带、磨砖叠涩的柱头饰带，砖雕镶拼的网花饰带，突出两翼的华丽壮观，形成雍容华贵而庄严的意向。总体的色彩又与喀什生土建筑的黄色形成微差变化，与城市总体意境融为一体

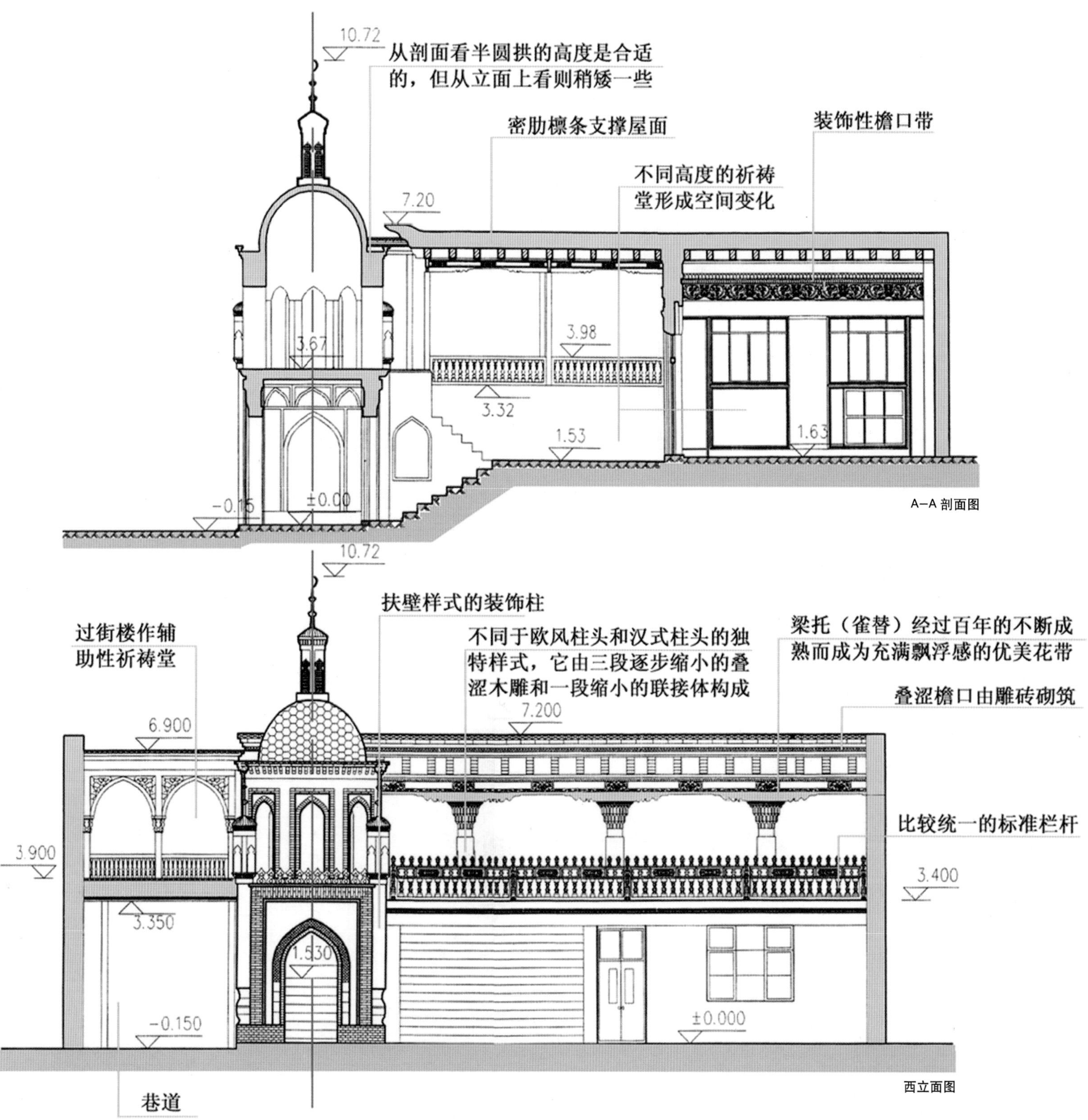

A–A 剖面图

西立面图

始建于 1928 年，位于库木代尔瓦扎路 27 号，喀什清真寺总编为 14 号。可容纳 600 人同时礼拜

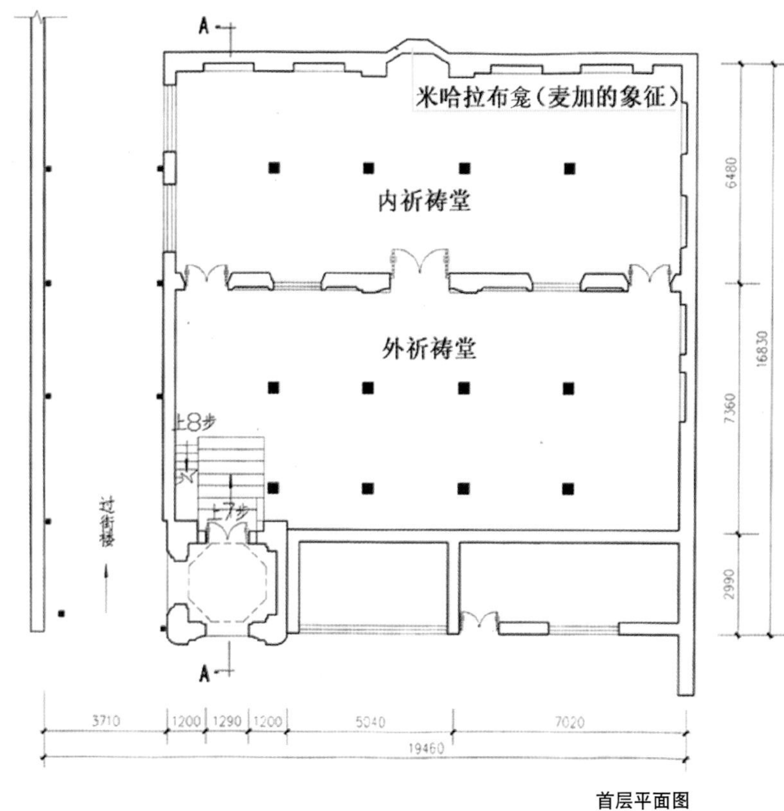

首层平面图

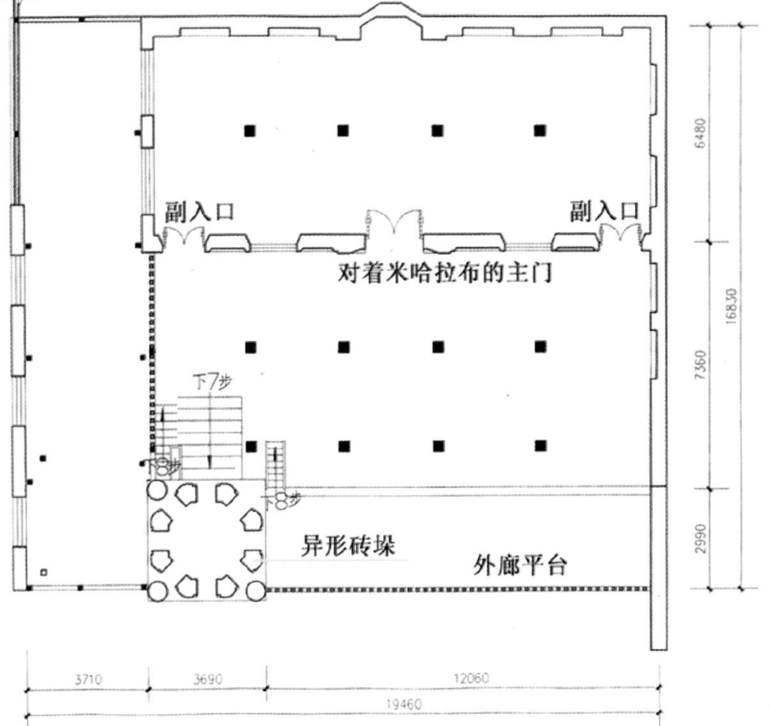

二层平面图

栏杆大样图

米哈拉布花饰大样

米哈拉布花窗，麦加圣地的象征，是跪拜的方向（面西）。周边为主体花砖拼贴，拱门内为铸铁花格加玻璃

正门大样图

朝向米哈拉布的大门装饰，周边为镶贴立体砖，门为木门，花饰复杂而华丽

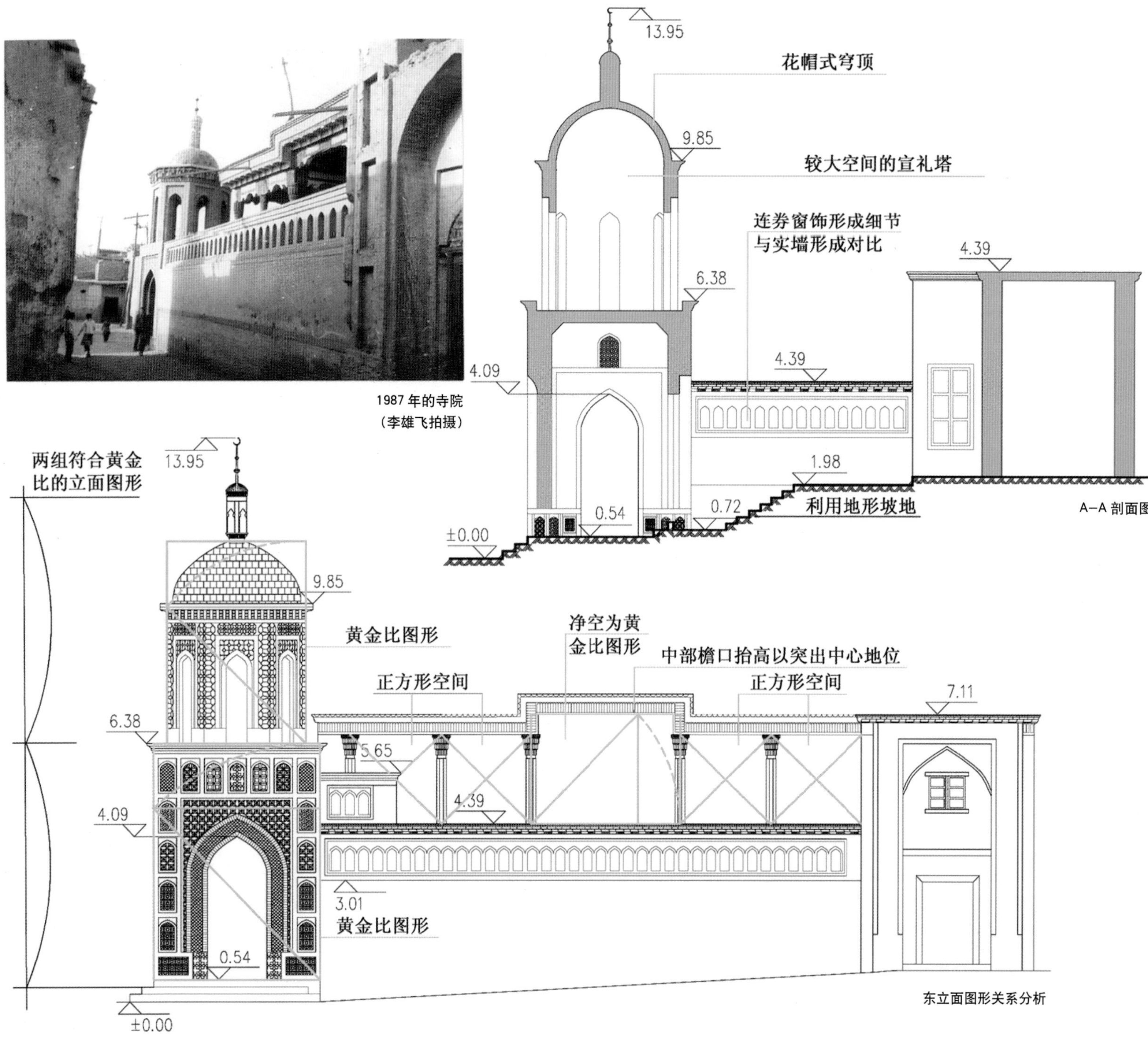

1987 年的寺院

（李雄飞拍摄）

墩买斯其提清真寺，是喀什始建年代很早的大寺。它始建于公元 1703 年，2000—2004 年间进行了较大规模的整修，但其风格和样式仍保持着原有型制。它位于广场中部，北侧和南侧各有一条巷道，地势西北高、东南低，因此室内采用了上三步、七步、十七步台阶以顺应地势，立面构图十分严谨，是以正方形和黄金比尺寸确定建筑构件空间的，艺术价值很高

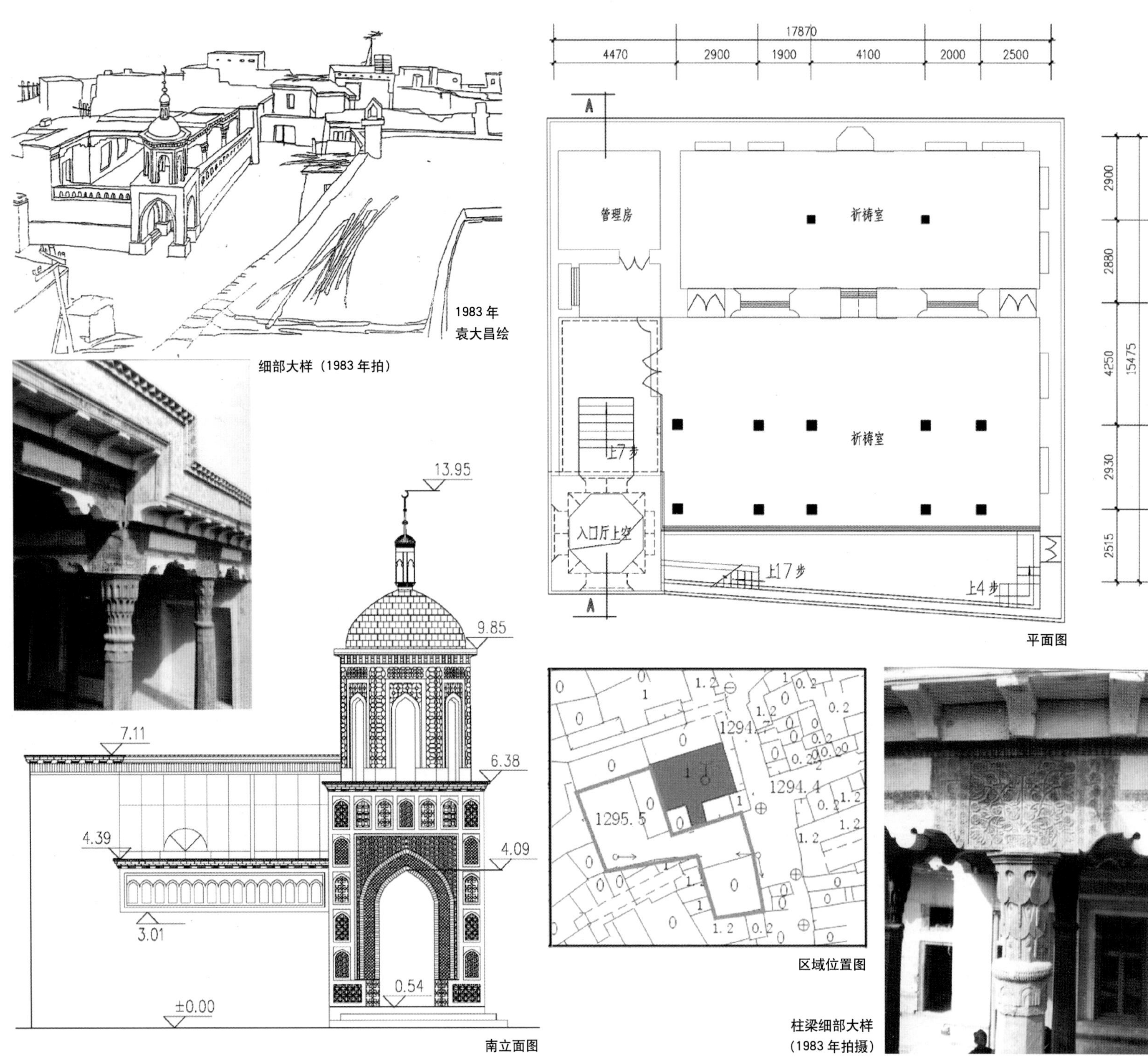

1983 年
袁大昌绘

细部大样（1983 年拍）

平面图

南立面图

区域位置图

柱梁细部大样
（1983 年拍摄）

欧尔达希克路 200 号欧尔达希克清真寺，建于公元 1119 年，为市级文物保护单位清真寺（总编号 44 号）。清真寺为一单层祈祷堂，长 35.56 米，宽 20 米。该清真寺建设年代较早，限于当时的财力，建设比较简单，外墙通体为土坯砌筑

欧尔达希克大清真寺简况

欧尔达希克大清真寺位于欧尔达希克路 200 号，因该清真寺建在皇宫大门前，故冠以“欧尔达希克大清真寺”之称，后来因商人在此经商，主营维吾尔族衣服即袷袢，形成了袷袢巴扎（衣服市场）的称呼。该清真寺也就逐渐改称“袷袢巴扎大清真寺”，至今仍用该名。该清真寺建于 1119 年，是喀喇汗王朝的玉素甫卡德尔汗皇派建的。1875 年由亚库伯克重建，1872 年和 1904 年进行维修。当时该清真寺占地面积为 1560 平方米。1968 年三边的前廊、外清真寺前廊、大门、台阶、塔柱和圆包顶被砸毁。1973 年亚瓦克街道办事处占用 760 平方米的部分。

该清真寺占地面积 788 平方米，内部有院子和内殿，内殿面积为 690 平方米，一次能容纳 700 多人做祈祷。

内殿是砖混结构的，神龛中用石膏雕刻了精美的图案。该清真寺已有 900 多年的历史，对研究探讨当时历史，研究维吾尔族建筑工艺和艺术具有重要价值。所以，喀什市人民政府于 1996 年 2 月宣布为“市级文物保护单位”。2003 年自治区人民政府将此清真寺定为“自治区重点文物保护单位”。

周边环境位置图

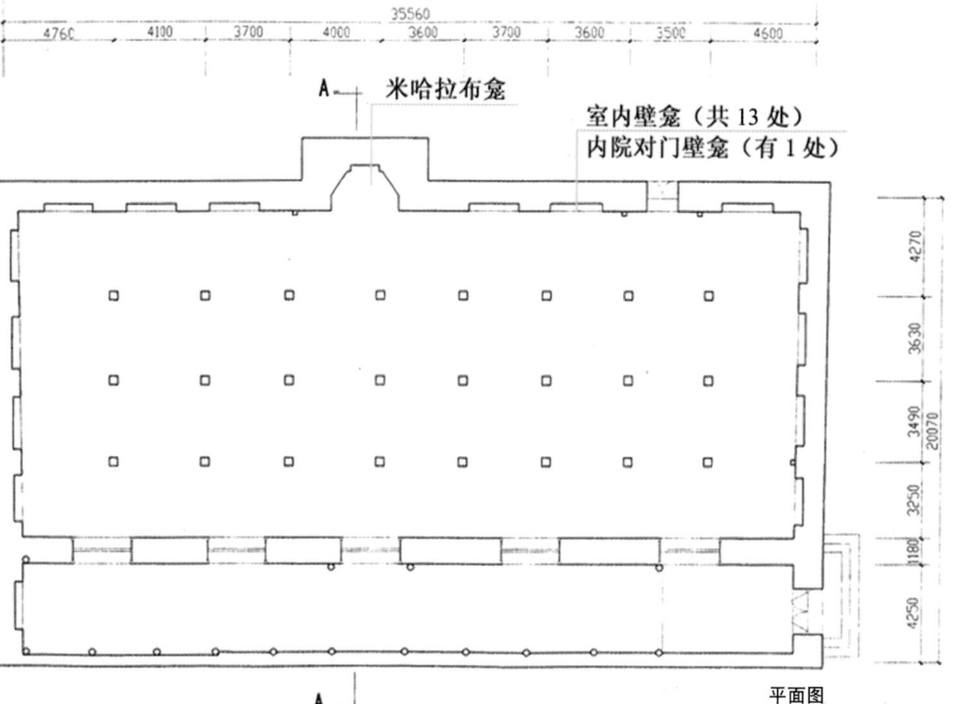

平面图

正方形图案，吸取了印度犍陀罗艺术的精华，创造性将中心圆形图案幻化成了伊斯兰典型符号——尖拱，正是这一改变与创意，升华为伊斯兰建筑文化的符号标志
外边框柱础部分图案采用收缩模式处理形成收尾
边柱图案底脚处理典型中亚风格饰带

正中壁龛大样艺术特色分析

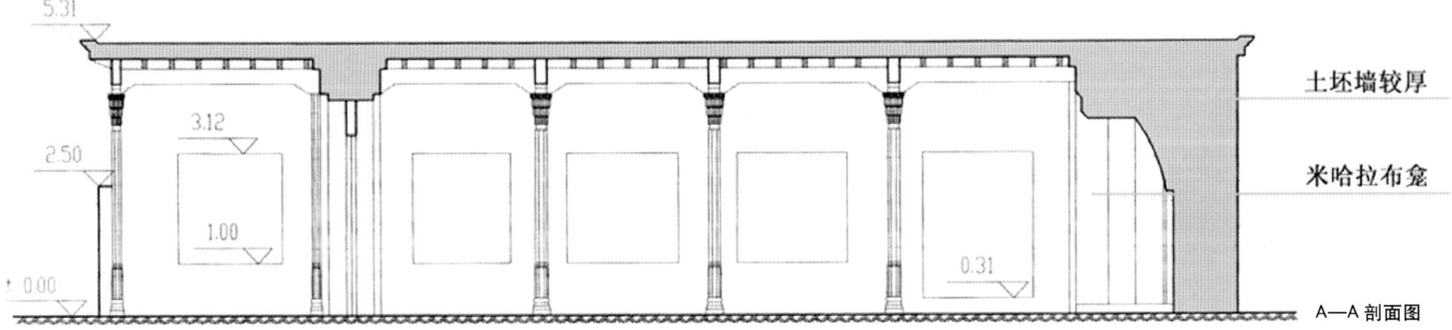
5.31
3.12
2.50
1.00
± 0.00
0.31
土坯墙较厚
米哈拉布龛

A—A 剖面图

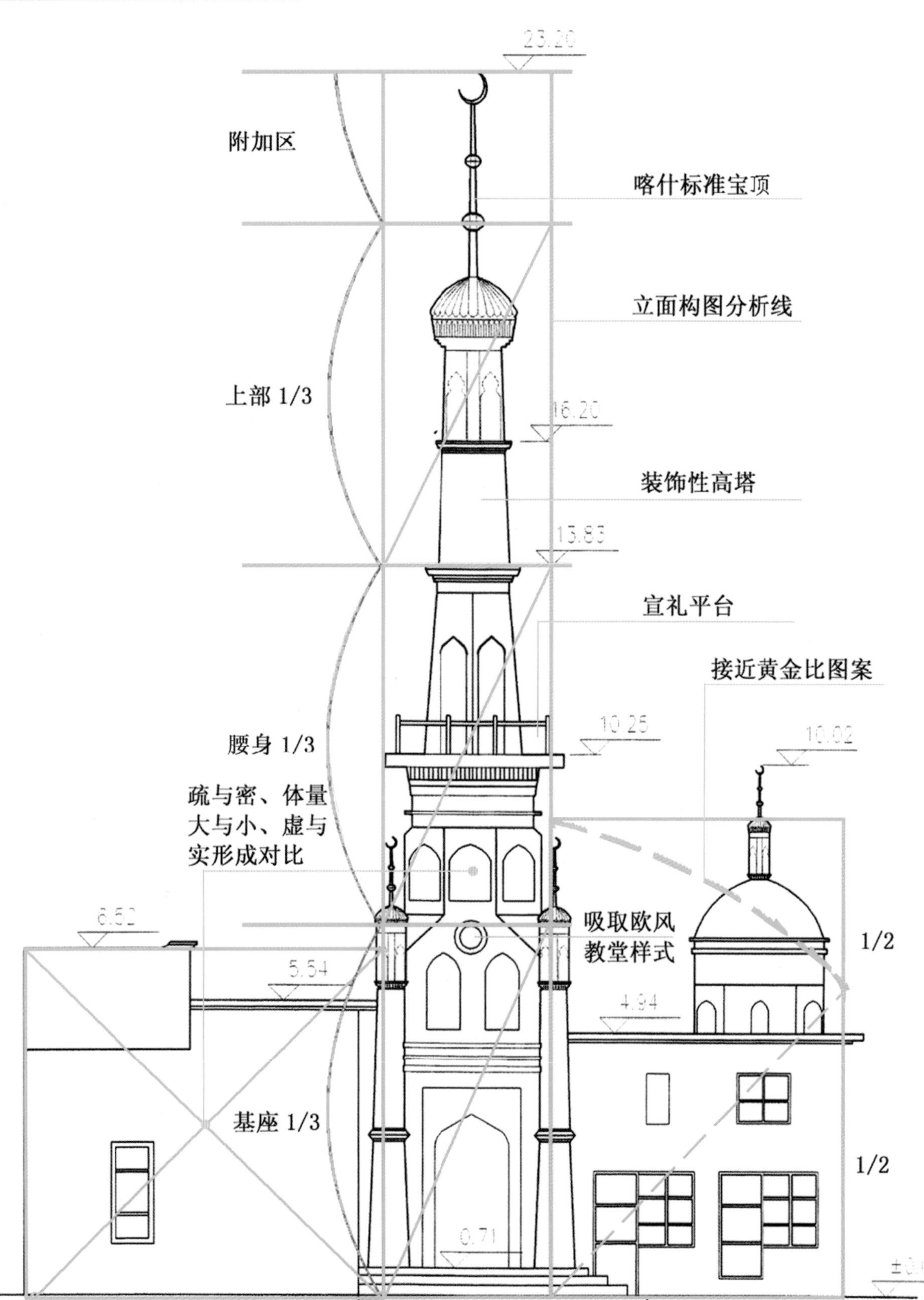

清真寺总编号：60 号

欧尔达希克阿勒迪巷开斯坎牙尔清真寺，始建于公元 1289 年，宣礼塔改建于 2002 年。

该寺艺术价值很高，平面为几乎对称的船形，但门庭塔楼却不位于中轴线上，这是巧妙应用地形条件的结果，同时也使内院更加完整。

平面由东向西依次为三进：庭院、外祈祷堂、内祈祷堂，空间层次递进，起伏有序，正立面（东立面）设计十分精彩，既有体量的对比，也有形体、虚实、色彩的对比，正方形、黄金分割、三段式有机地组合在立面中，丰富而动人。宣礼塔由 3—5 个标准构图元件组合而成，基座、腰身、上部各占 1/3 高，而每一个 1/3 部又分别含两个构图单元，如基座含入口大门、门上拱窗两个单元；腰身为塔座和塔脚两部分；上部是塔筒和宣礼窗两部分。结构逻辑清晰明确，受力合理。

在建筑风格上，借鉴了埃及的宣礼塔样式，在基座部分又吸收了欧洲教堂的券间圆窗的手法，使整个立面丰富多彩，显然是一幢经过深思熟虑，同时又精于美学构图法则的民间建筑师之手的上乘作品。

采用埃及宣礼塔的正立面构图分析

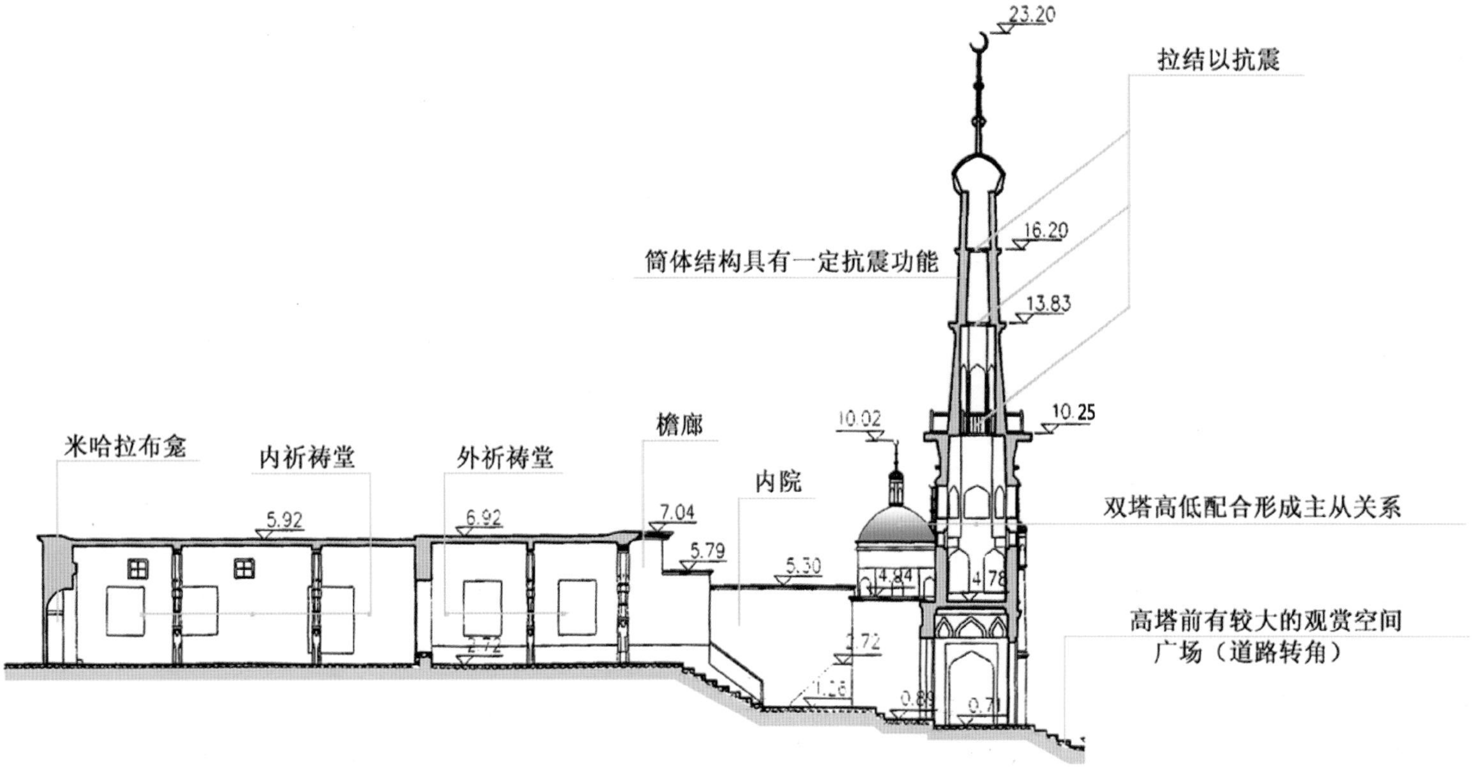

23.20
拉结以抗震
16.20
筒体结构具有一定抗震功能
13.83
10.25
10.02
檐廊
米哈拉布龛
内祈祷堂
外祈祷堂
内院
双塔高低配合形成主从关系
5.92
6.92
7.04
5.79
5.30
4.84
4.78
高塔前有较大的观赏空间
广场（道路转角）
2.72
2.72
1.26
0.89
0.71

A—A 剖面图

米哈拉布龛
利用地形加台阶
高塔偏向一侧更具艺术性，也使内院更为完整
壁龛（共 10 个）
门庭
A
A
上
上
8600
内祈祷堂
外祈祷堂
内院
进深大强调神秘感
11740
17340
2930
32010

平面图

1295.3
1294.7
1294.8

平面位置图

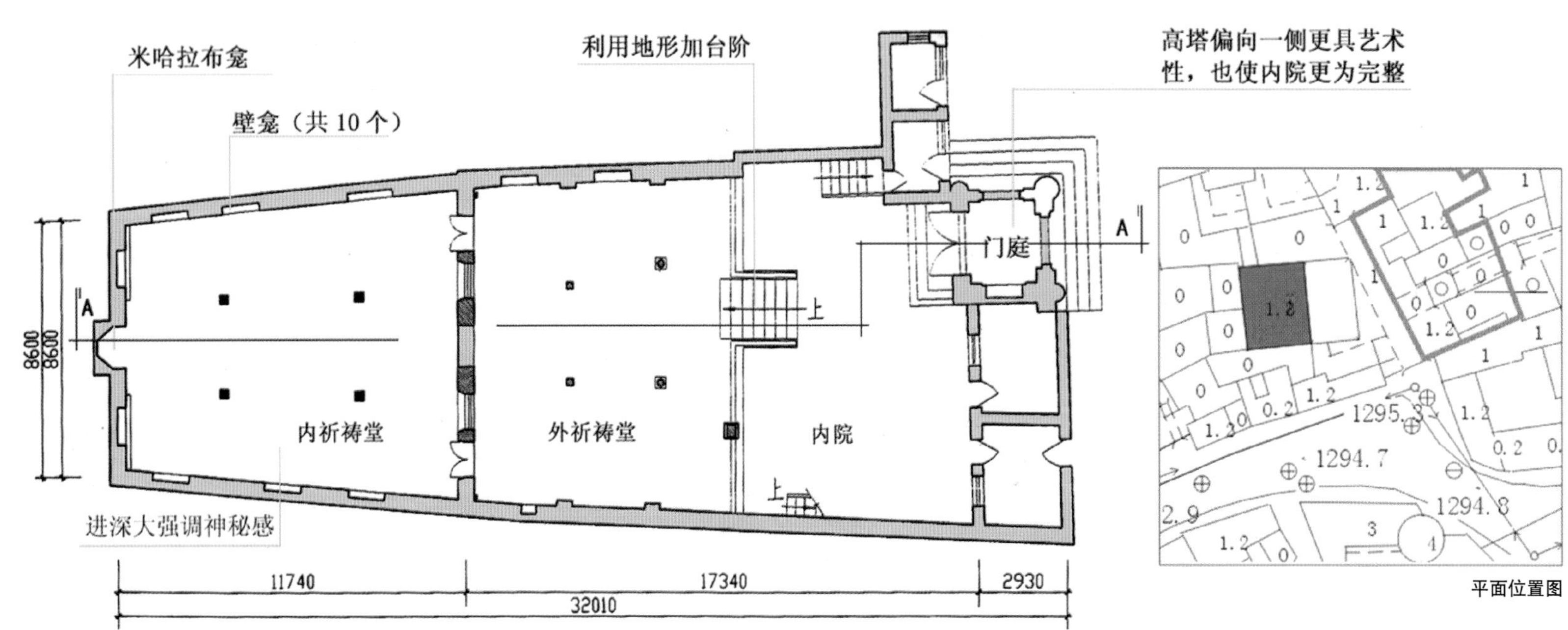

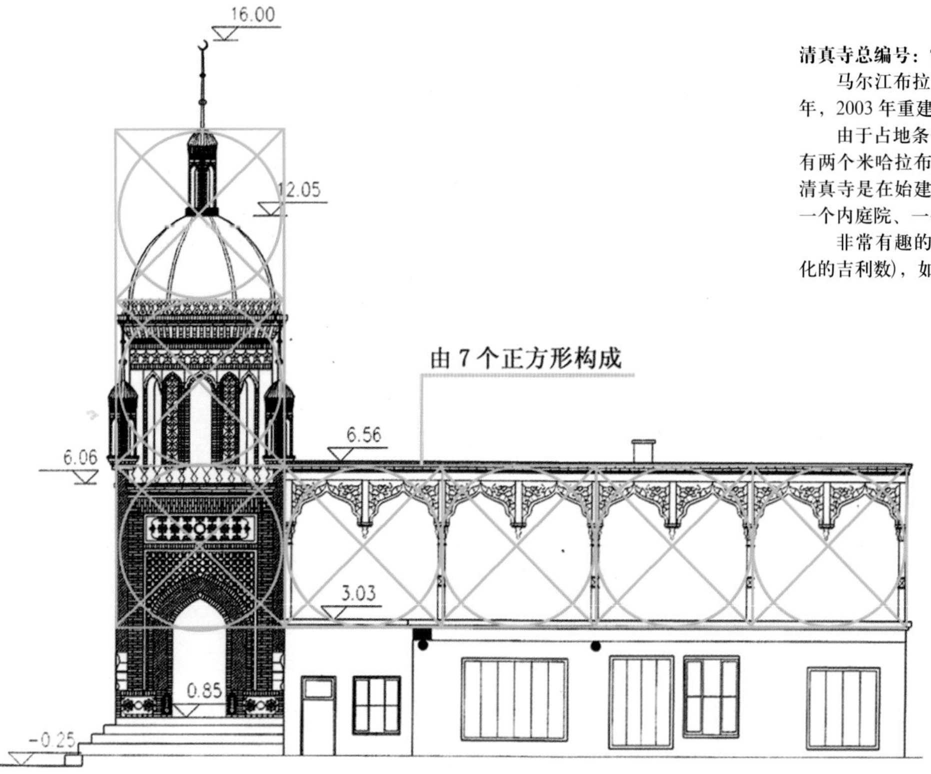

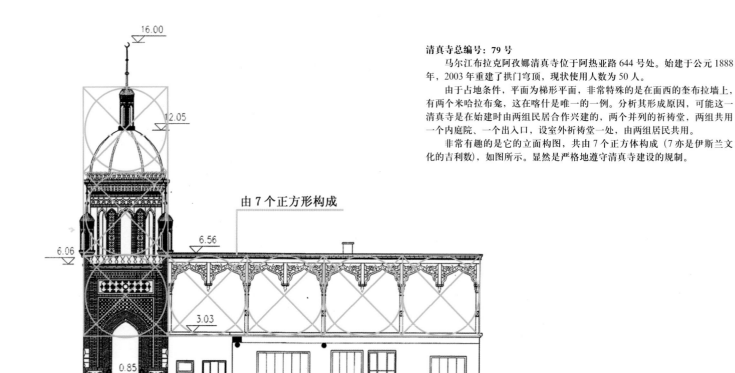

清真寺总编号：79 号

马尔江布拉克阿孜娜清真寺位于阿热亚路 644 号处。始建于公元 1888 年，2003 年重建了拱门穹顶，现状使用人数为 50 人。

由于占地条件，平面为梯形平面，非常特殊的是在面西的奎布拉墙上，有两个米哈拉布龛，这在喀什是唯一的一例。分析其形成原因，可能这一清真寺是在始建时由两组民居合作兴建的，两个并列的祈祷堂，两组共用一个内庭院、一个出入口，设室外祈祷堂一处，由两组居民共用。

非常有趣的是它的立面构图，共由 7 个正方体构成（7 亦是伊斯兰文化的吉利数），如图所示。显然是严格地遵守清真寺建设的规制。

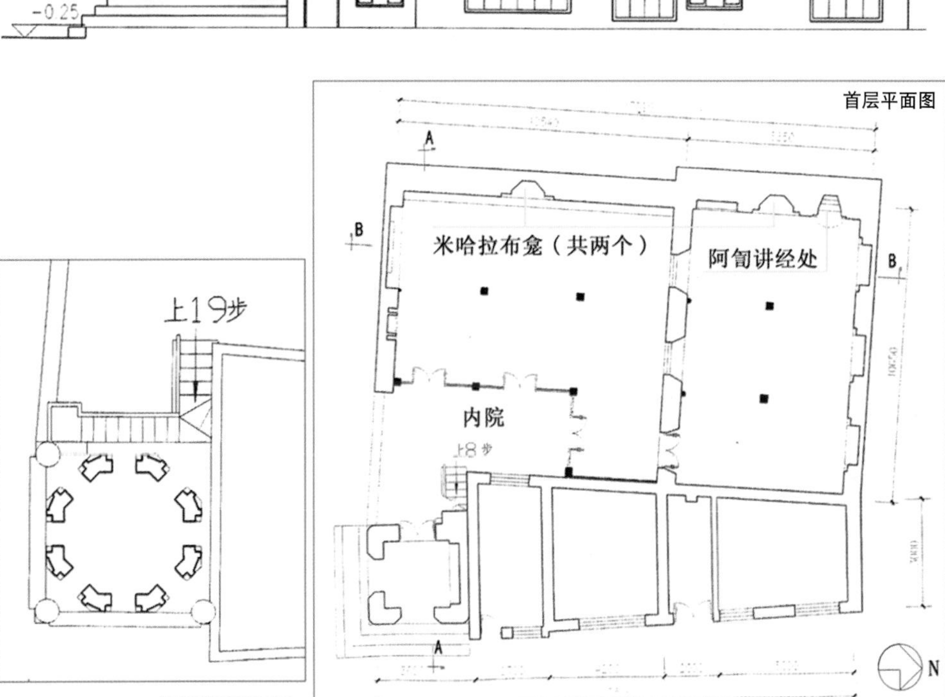

门洞穹顶平面图

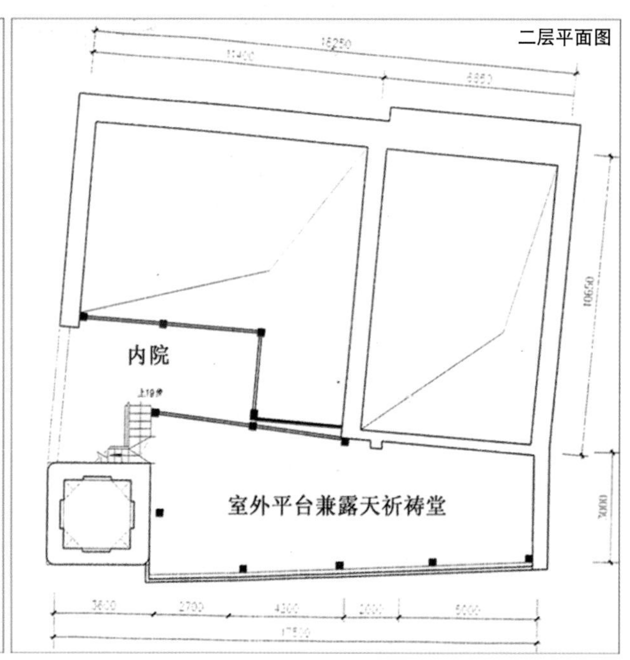

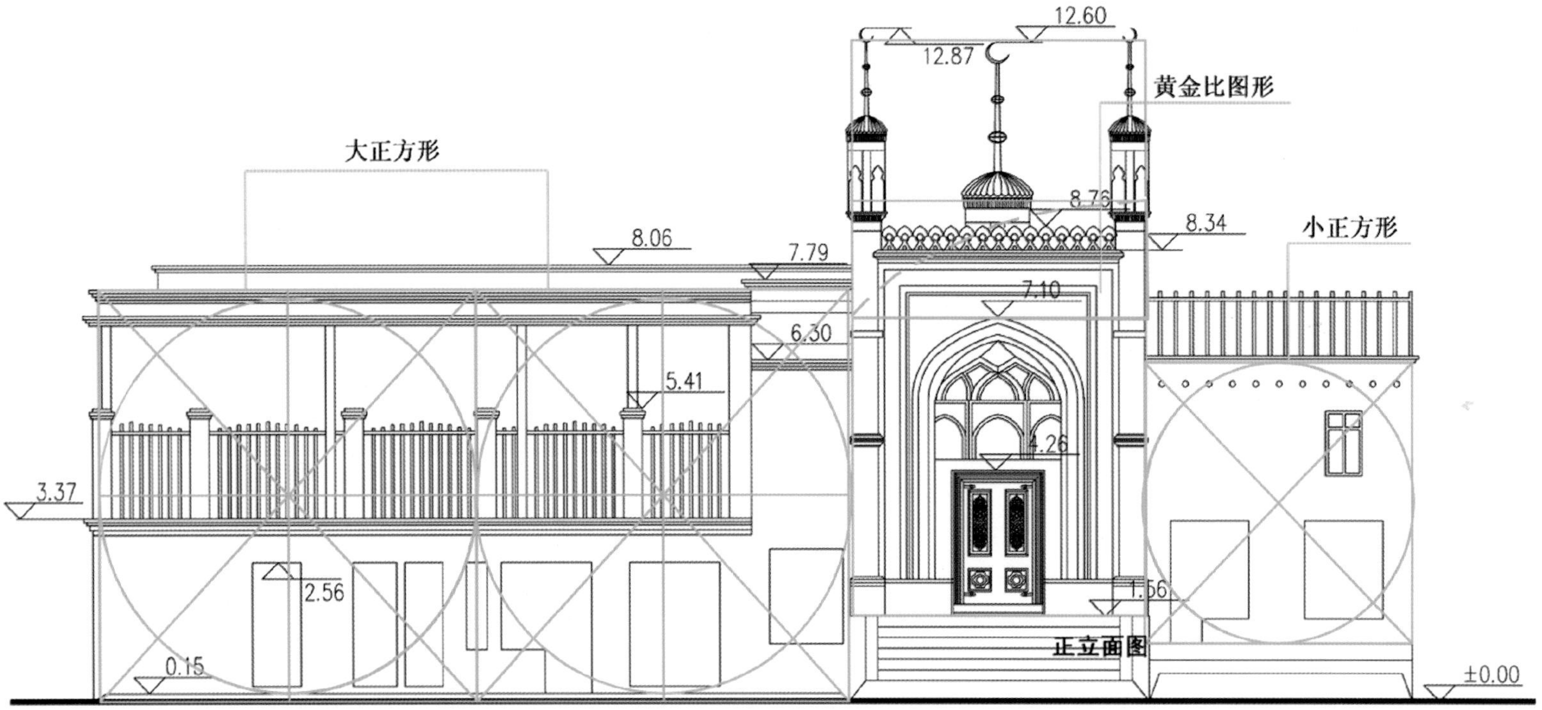

12.60
12.87
黄金比图形
大正方形
8.76
8.34
小正方形
8.06
7.79
7.10
6.30
5.41
4.26
3.37
2.56
1.56
0.15
正立面图
±0.00

东立面构图分析

12.60
12.87
天
际
轮
廓
线
主入口天花抬高
米哈拉布龛
8.73
8.48
8.28
8.03
7.46
8.32
7.29
7.02
6.88
5.96
简化叠涩凹壁龛
侧拱门
4.77
3.37
2.93
2.96
1.56
1.72
1.77
2.28
庭院
外祈祷堂
内祈祷堂

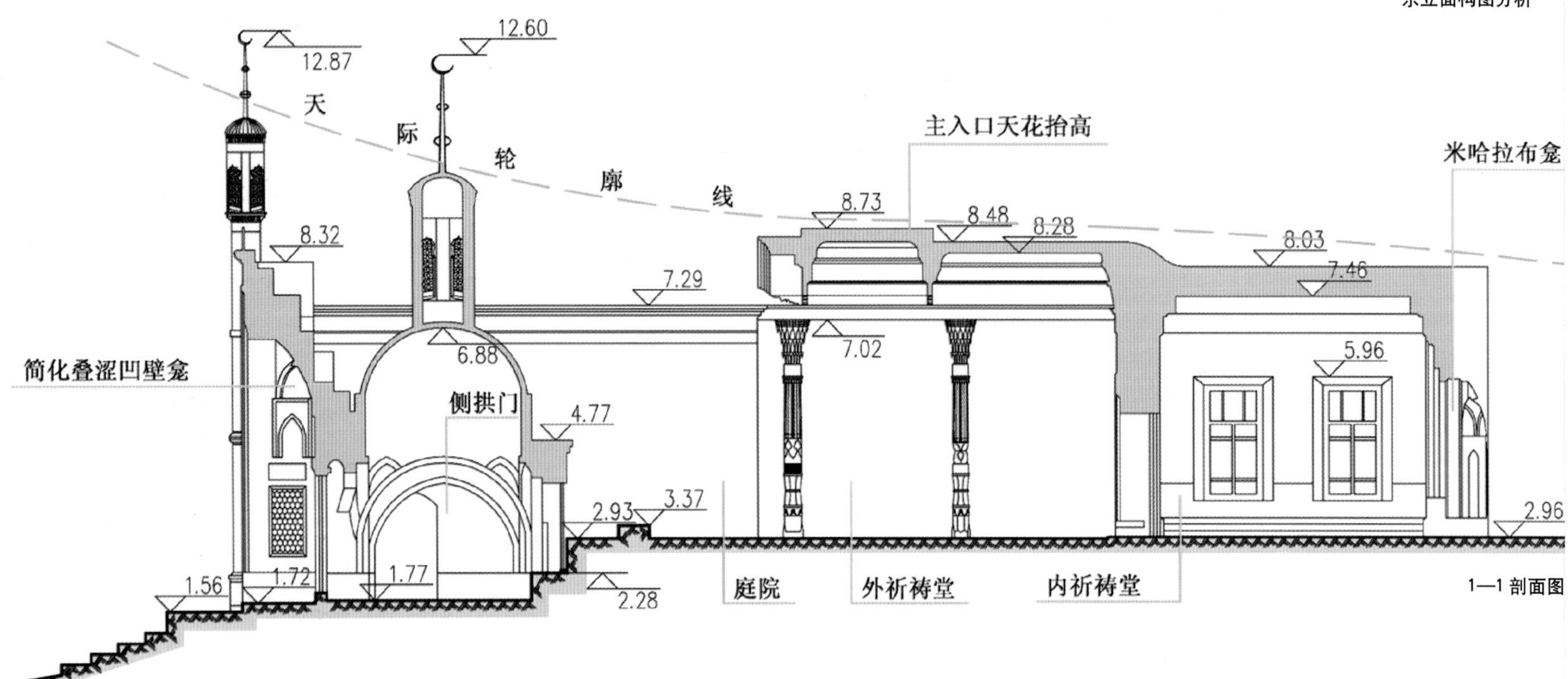

1—1 剖面图

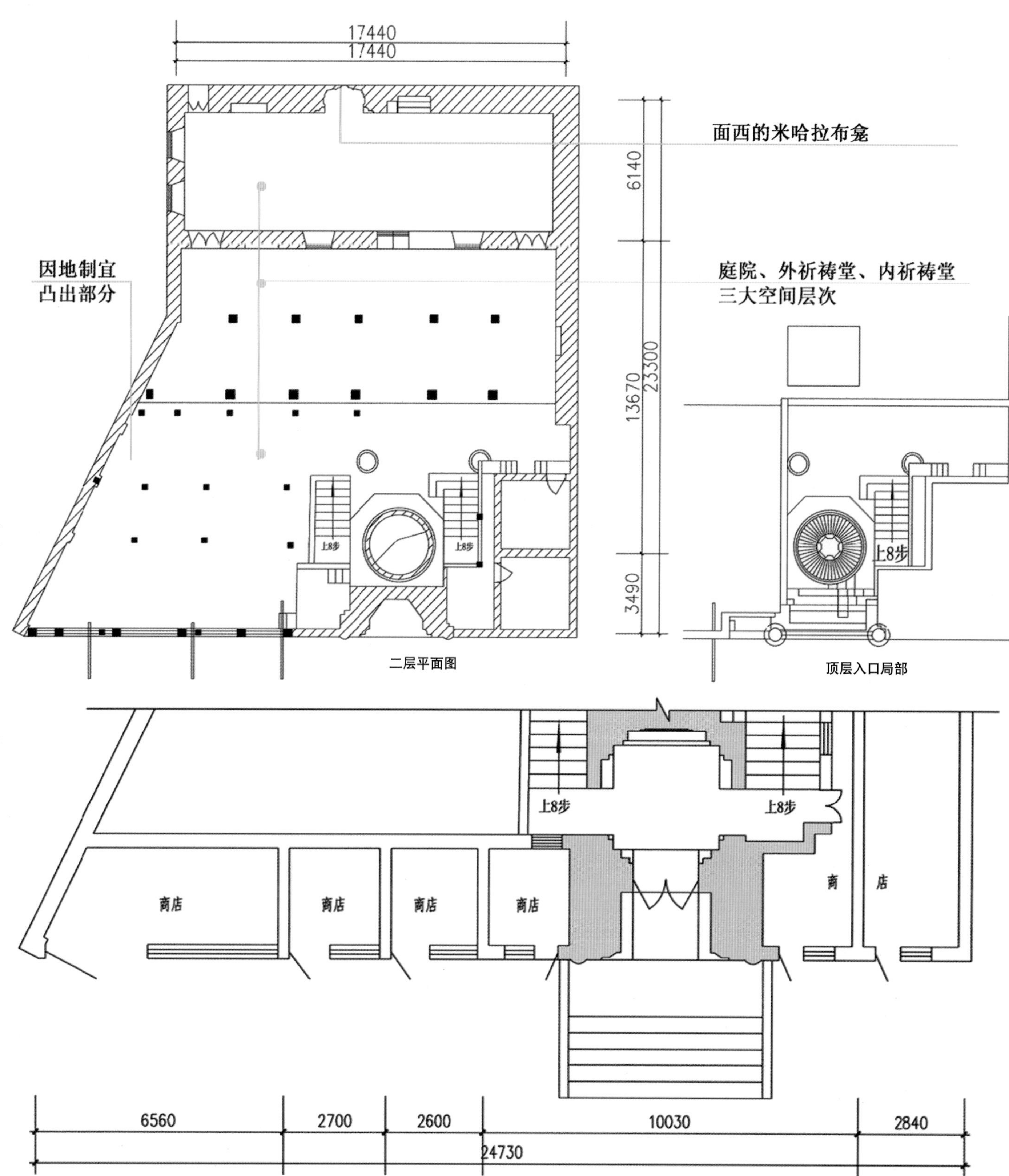

清真寺总编号：86 号

东门喀斯木恰克清真寺，位于艾孜来提路的西对景点上，视野开阔，景观条件好，是旧城的重要节点。位于阿热亚路 249 号。

因寺处于圆形弯道的拐角处，因地制宜平面东部呈梯形，底层带有 6 个店铺，与清真寺融为一体。门洞入口位于米哈拉布龛中轴线的北侧。

运用图解分析方法，可知正立面为黄金比例图形（门楼）与 3 个正方形立面（祈祷堂北侧商场），构图十分严谨。从喀什清真寺的构图分析中得知，喀什的清真寺建筑都是按一定规制建设起来的，遵守一定的建设制度，并在这种非常严格的限制条件下发挥极大的创意灵活性，与周边环境和地形条件结合得非常自然、顺畅

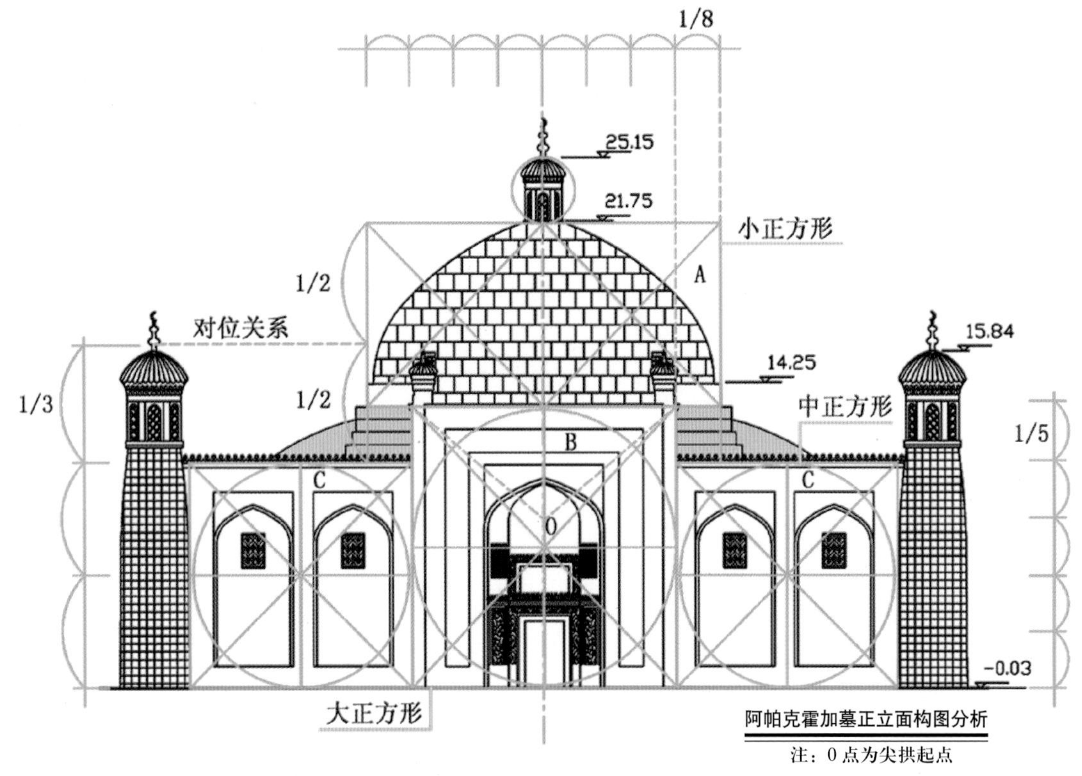

阿帕克霍加墓正立面构图分析

注：0 点为尖拱起点

阿帕克霍加（香妃）墓

（简介略，参见阿帕克霍加（香妃）历史文化街区关于墓室主体建筑的介绍）

从立面分析图上可以看出，阿帕克霍加（香妃）墓室完全遵循着古典建筑构图原理和设计规则。每一部分都有严格的逻辑对位关系，其图形关系都是遵循着正方形设计的母题。

穹顶（A）由两个正方形构成，主入口（B 区）由一个正方形组成，两侧各一个正方形（C 区），这些正方形体之间又严格遵循着固定的数字关系，如 B 区与 C 区高差是 C 区高度的 1/5，即使是两侧宣礼塔也与 C 区有个高出 1/3 的严谨关系，而两侧宣礼塔则严谨地对位在两侧檐口上至穹顶高度的 1/2 处。出现这些绝不是偶然的，是按照严格的构图原则设计的。

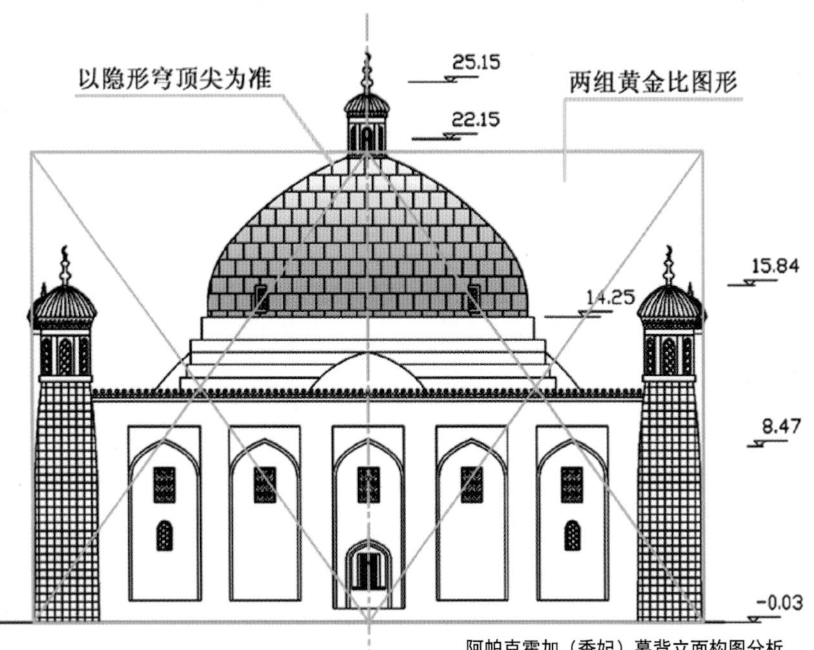

阿帕克霍加（香妃）墓背立面构图分析

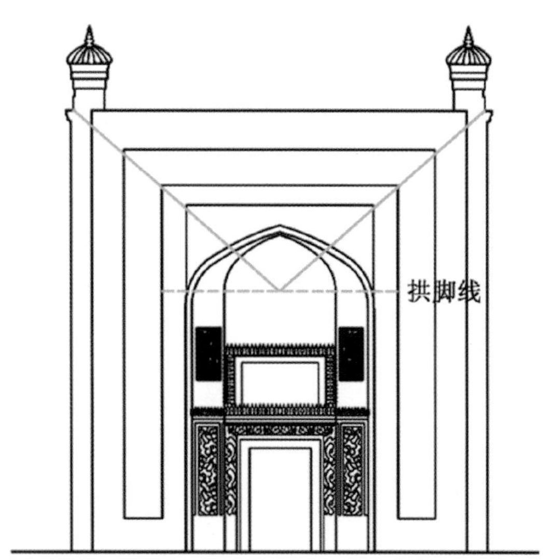

拱脚线中心点与边框的位置是同时确定下来的

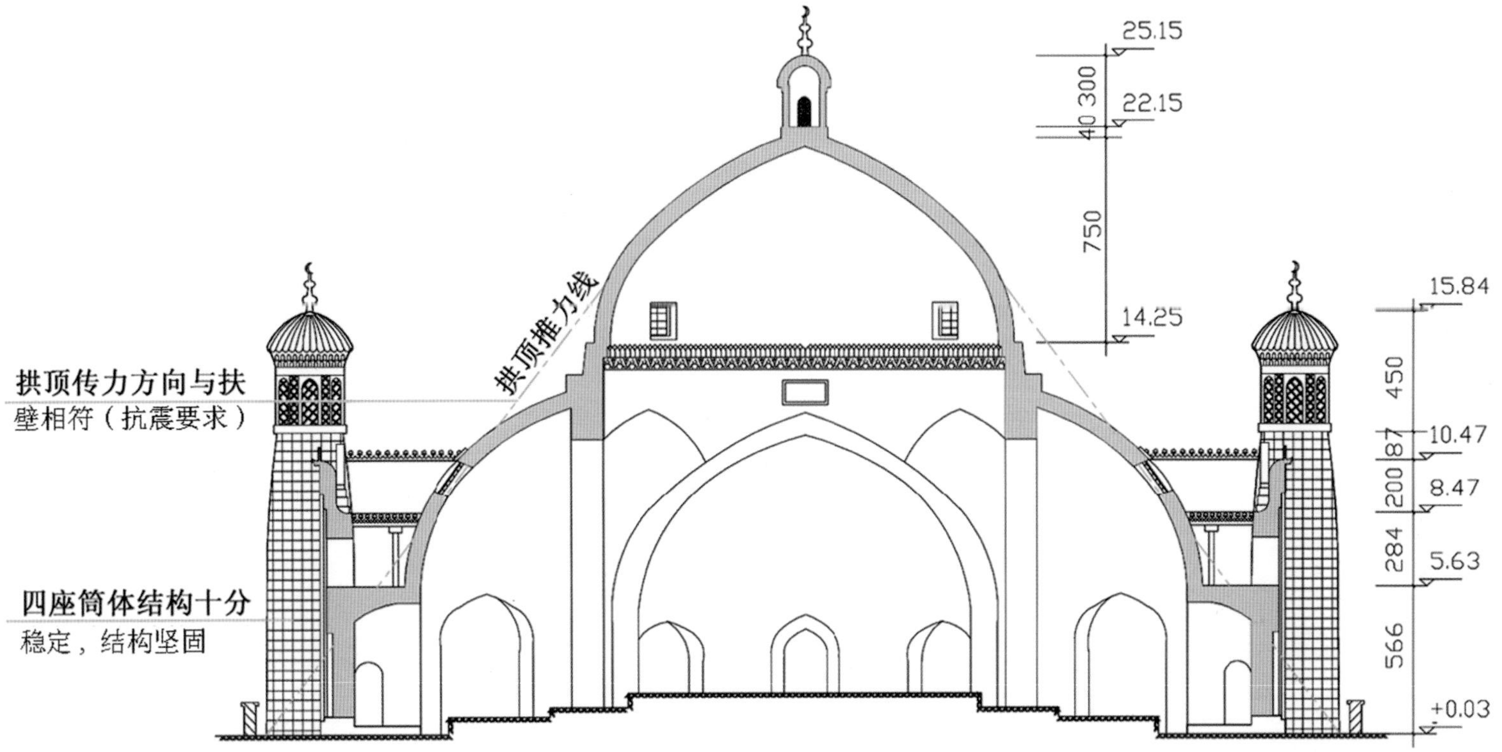

拱顶传力方向与扶
壁相符（抗震要求）
拱顶推力线
四座筒体结构十分
稳定，结构坚固
25.15
22.15
300
40
750
14.25
15.84
450
10.47
87
200
8.47
284
5.63
566
+0.03

1—1 剖面图

结构边线处均有饰带
扶壁
支撑拱座推力
为支撑拱座推力而加厚
主入口拱顶凹入
门侧壁龛
平台存各代霍加棺木标记（以彩绸覆盖）
25.15
22.15
300
40
750
14.25
15.84
450
10.47
87
200
8.47
284
5.63
566
-0.03

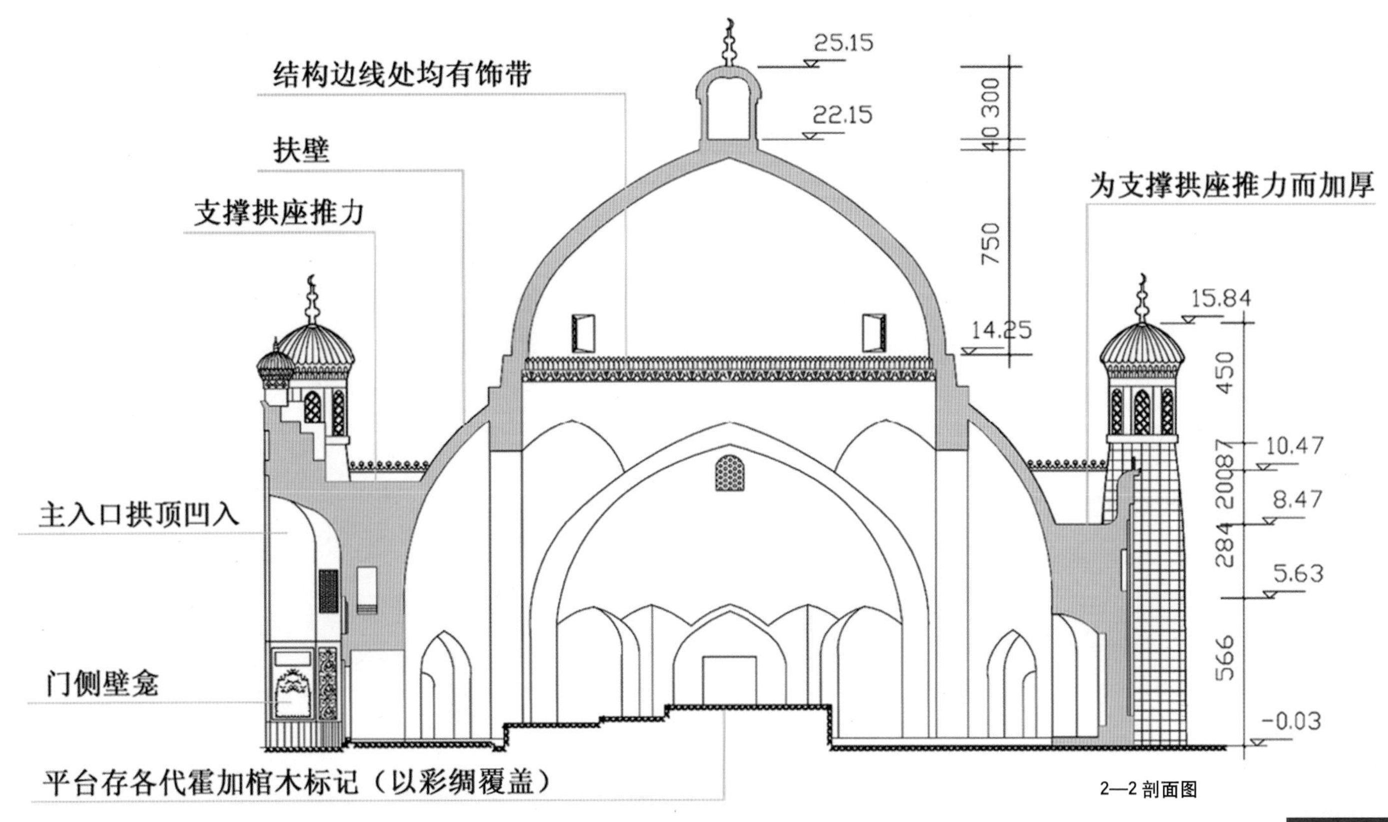

2—2 剖面图

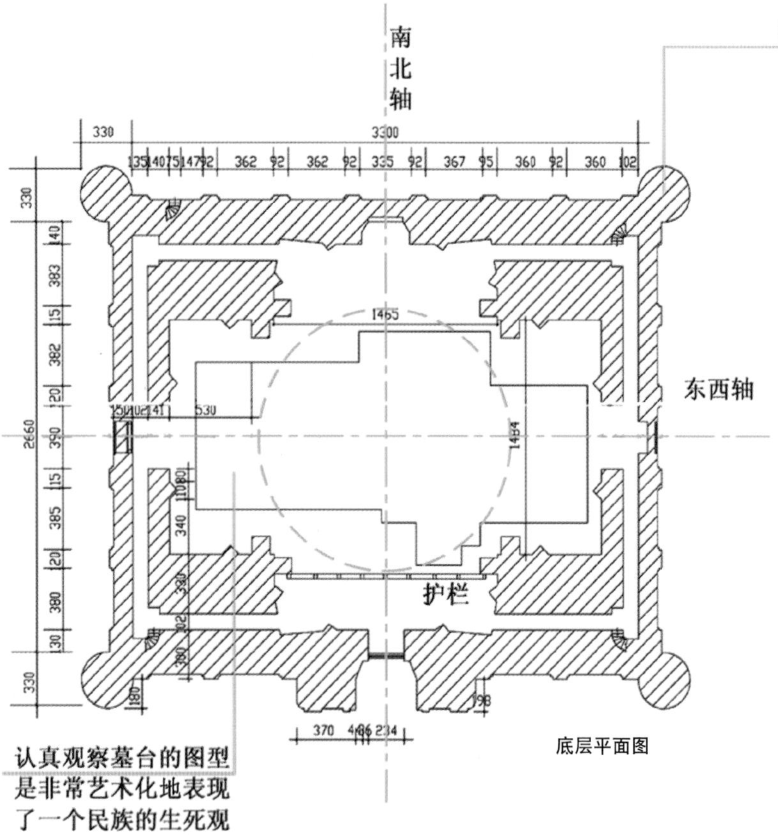

南北轴

东西轴

护栏

认真观察墓台的图型是非常艺术化地表现了一个民族的生死观

底层平面图

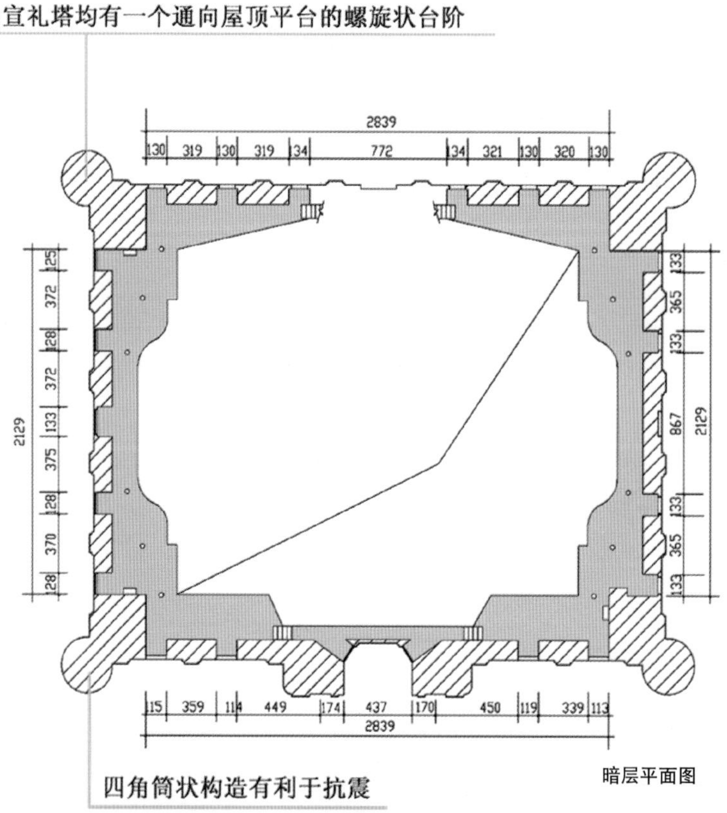

四角宣礼塔均有一个通向屋顶平台的螺旋状台阶

四角筒状构造有利于抗震

暗层平面图

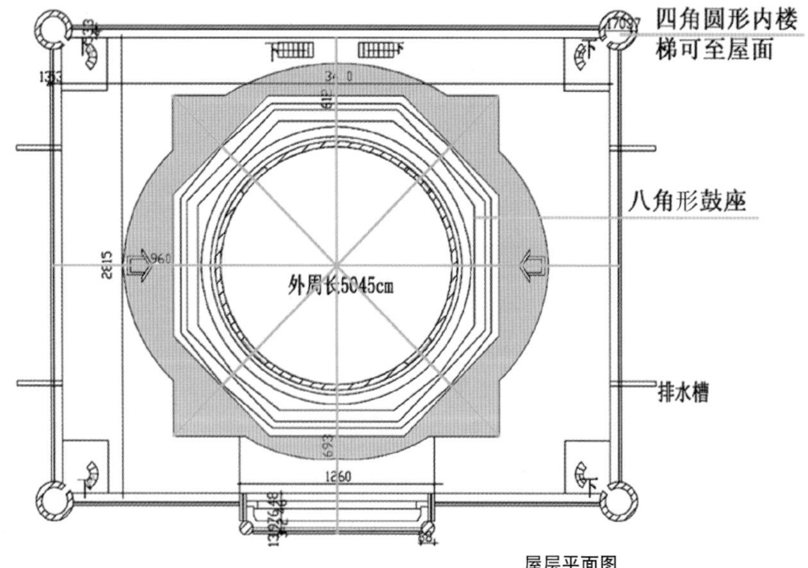

屋层平面图

1983年的阿帕克霍加（香妃）墓远景照片（李雄飞摄）

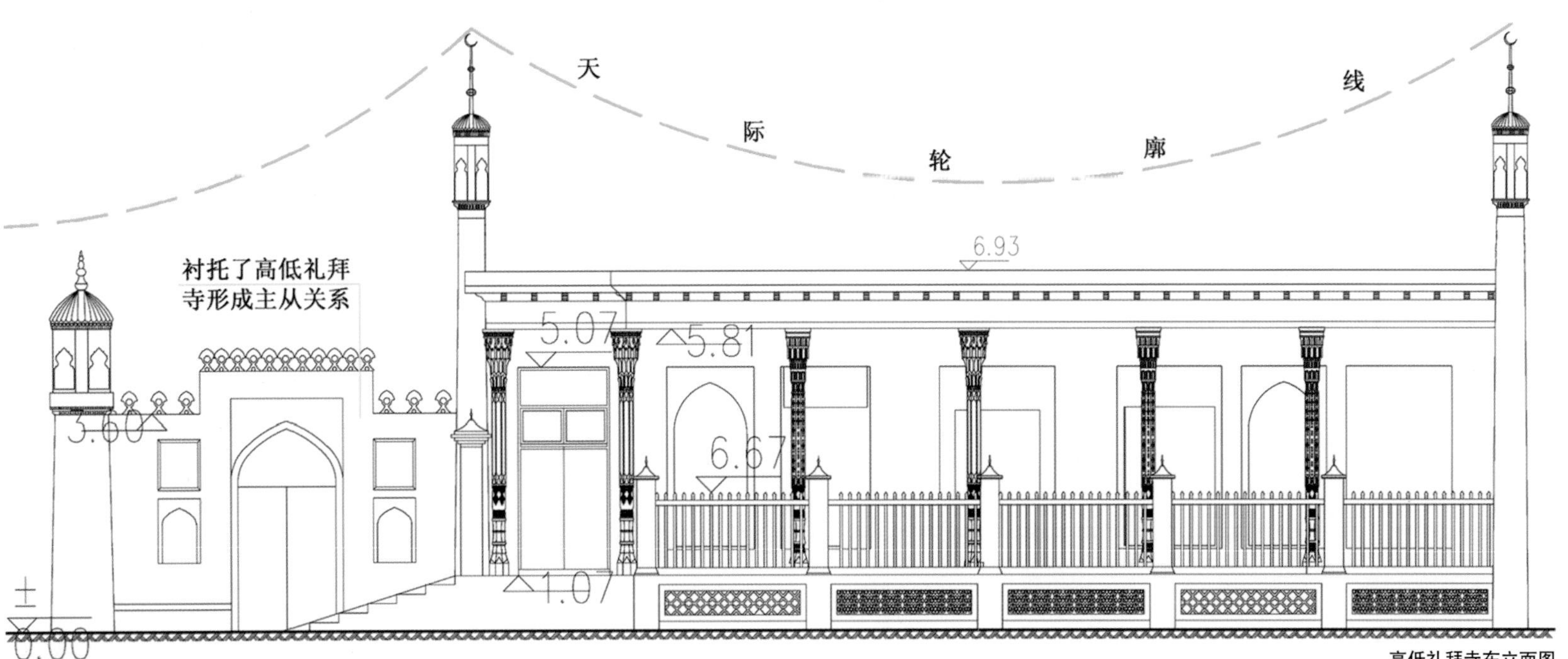

高低礼拜寺东立面图

在喀什众多的清真寺中，阿帕克霍加（香妃）墓群内的高低礼拜寺，如果从建筑艺术价值来分析，是最精彩的设计之一，它巧妙地利用了不同标高的地形，从而形成了高低错落的建筑群体，特别出色的是这种高低错落使宣礼塔（在这栋建筑中已变为装饰性光塔）也形成了高低错落的极具景观价值的装饰构件。正是这些装饰构件使建筑群的总体形象十分精致协调，并与周边环境融为一体，形成非常幽静、舒适的环境氛围。

高低礼拜寺的天际轮廓线设计，外祈祷室的灰空间，对现代建筑设计的启迪是非常有益的。

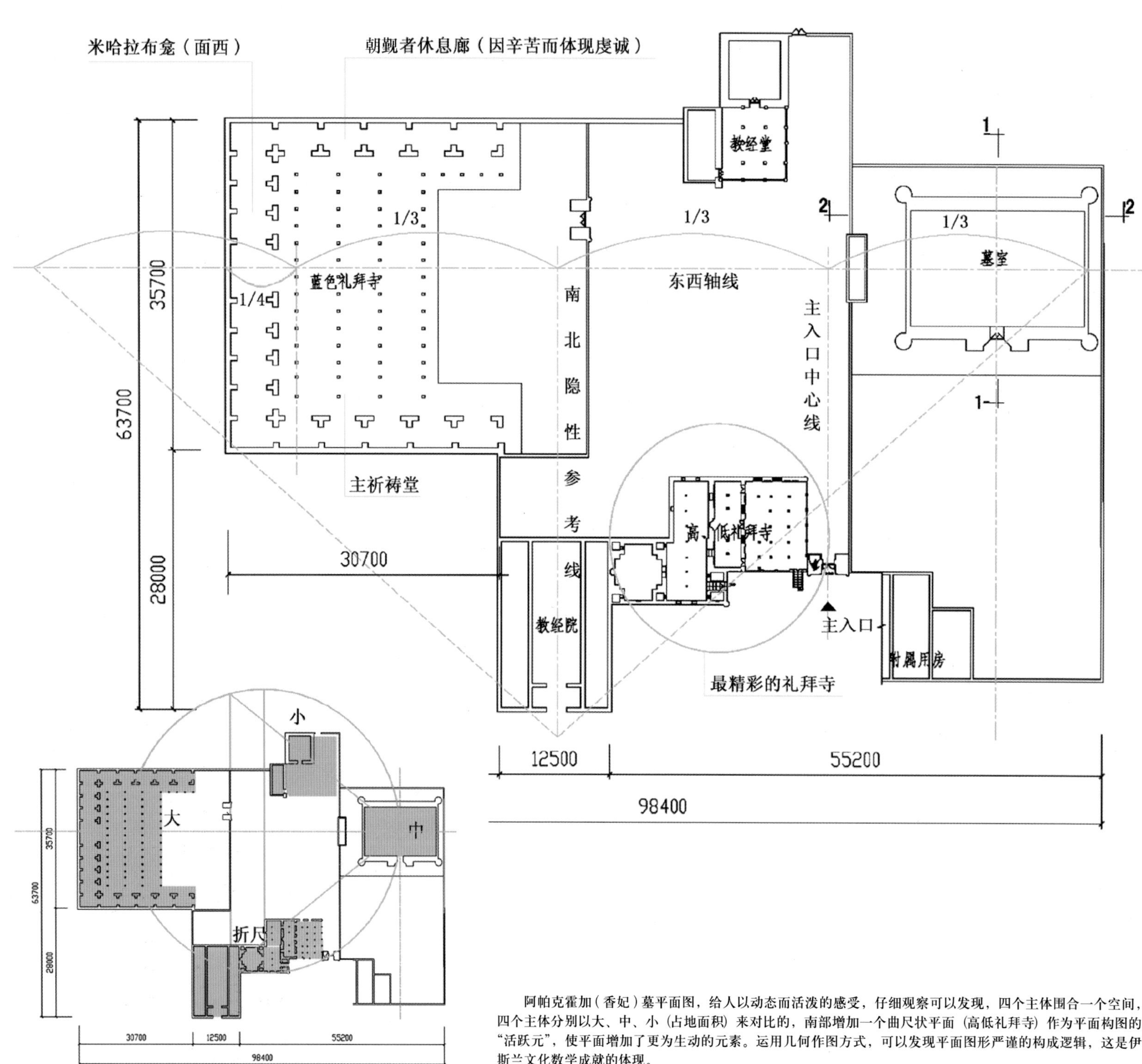

阿帕克霍加（香妃）墓平面图，给人以动态而活泼的感受，仔细观察可以发现，四个主体围合一个空间，四个主体分别以大、中、小（占地面积）来对比的，南部增加一个曲尺状平面（高低礼拜寺）作为平面构图的“活跃元”，使平面增加了更为生动的元素。运用几何作图方式，可以发现平面图形严谨的构成逻辑，这是伊斯兰文化数学成就的体现。

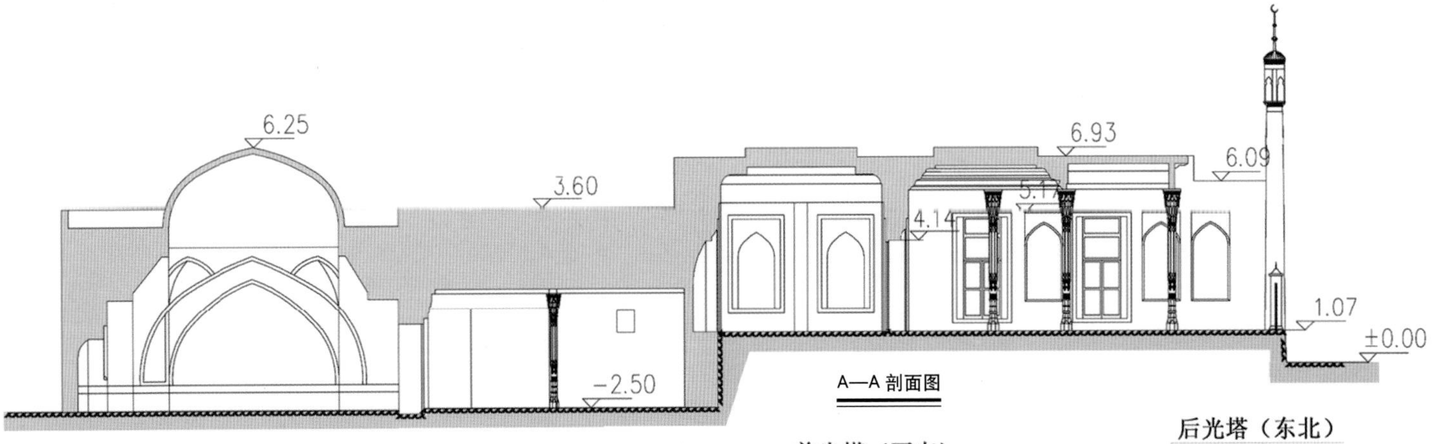

6.25 3.60 6.93 6.09 5.17 4.14 1.07 ±0.00 −2.50

A—A 剖面图

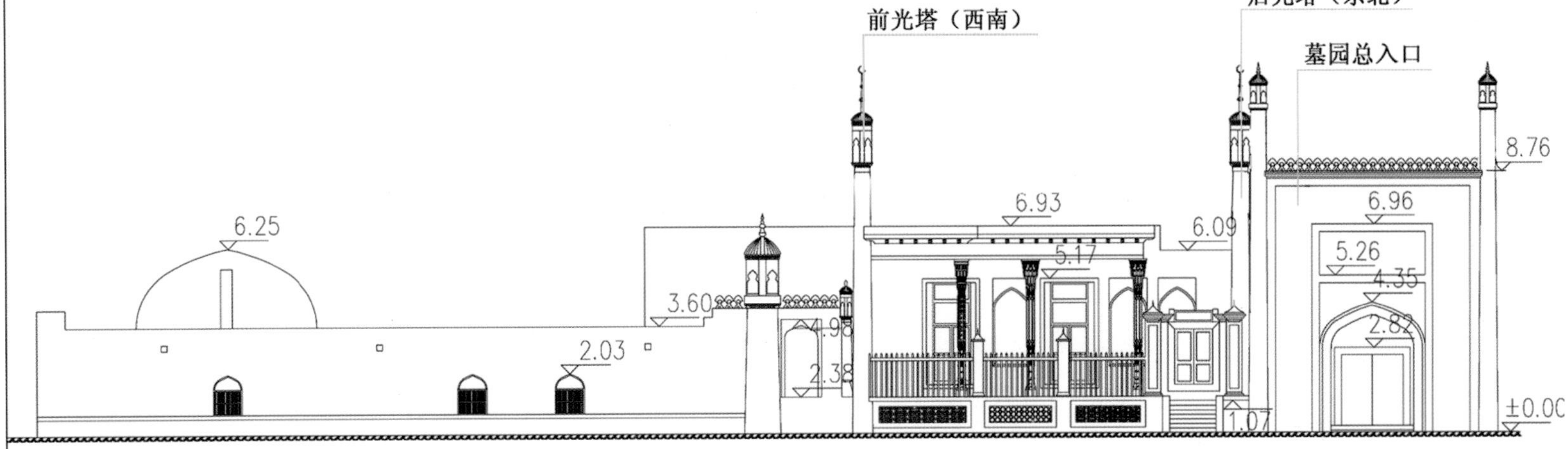

前光塔（西南） 后光塔（东北） 墓园总入口

6.25 3.60 2.03 4.95 2.38 6.93 5.17 6.09 8.76 6.96 5.26 4.35 2.82 1.07 ±0.00

B—B 剖面图

东北角光塔

教经院背面

高低礼拜寺南立面

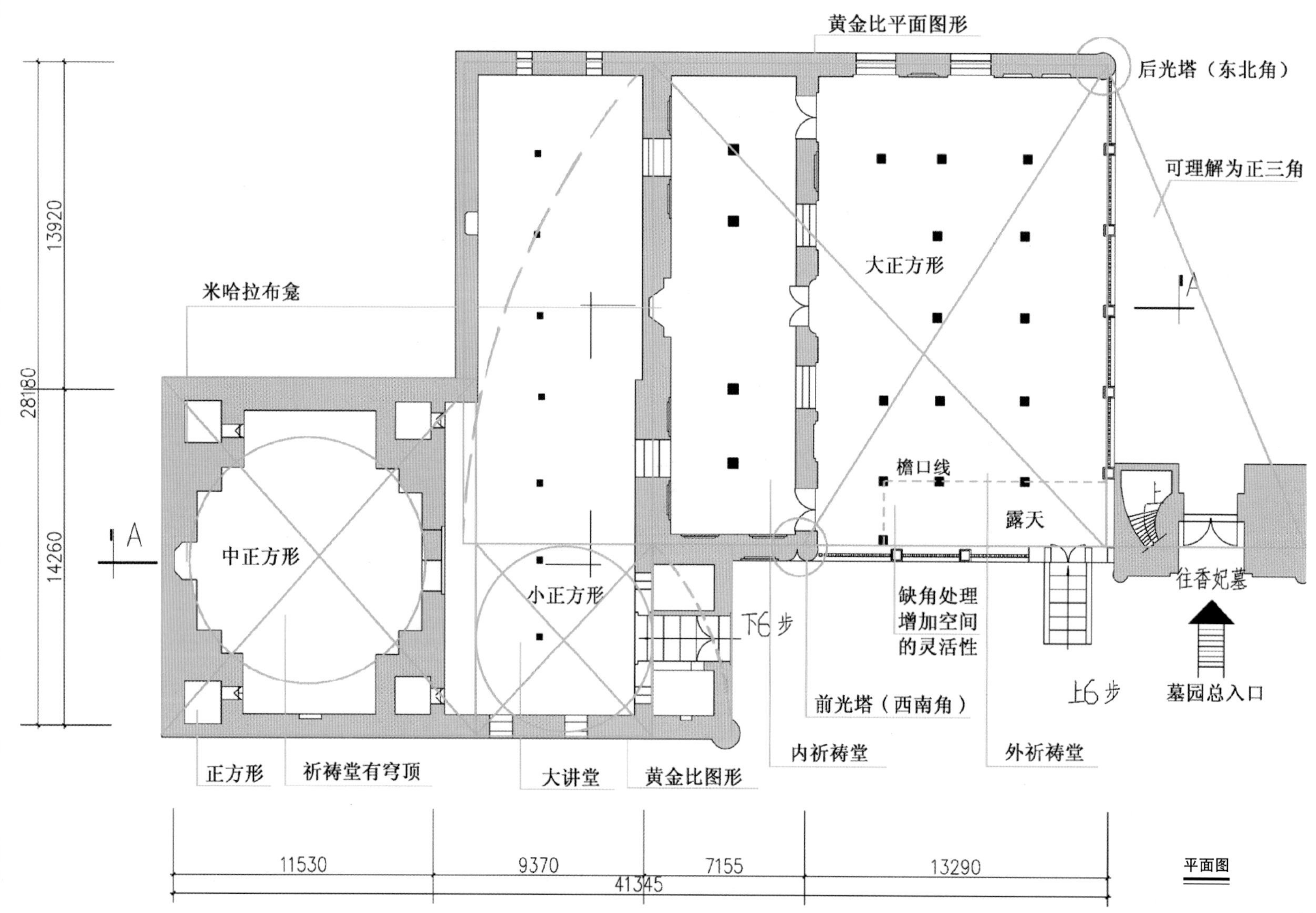

平面图

高低礼拜寺由三个平面体组成，在平面体上形成大、中、小三个不同形体，形成一种图形的对比，其平面大小两个功能块均为黄金比图形，有穹顶的祈祷堂则为正方形，严谨地遵循美学构图原则，完全符合清真寺平面格局的规制。从上述构图分析看，这座建筑令人感到空间变化很丰富，是匠心独运的佳作，其原因则在于设计人非常精通美学原理，并巧妙创造性地运用到它的每一细节的创作上。令人称奇的是这些美学原理最初都是源自公元前五世纪希腊的，可知伊斯兰文化在吸取欧洲文化方面的积极态度。

喀什传统街巷广场（旷地）的功能

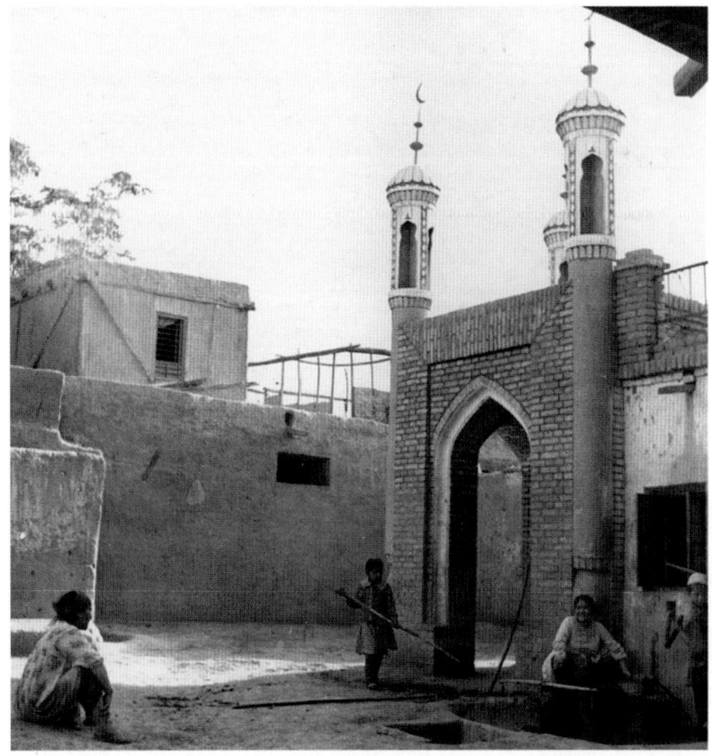

喀什传统街区的广场主要分为寺前广场和街巷交汇结合点两类。寺前广场即清真寺前的围合空间，形状大小不一，一般都有巴扎的作用。较大的清真寺如艾提尕尔清真寺和加满清真寺寺前广场则还有宗教聚礼及聚会欢庆的作用。街巷交汇节点为住宅围合在街巷交叉点放大自然形成，是介于街巷和广场之间的形态，一般较封闭。包括小店铺，“馕坑”（一种烤制叫“馕”的面饼的烤炉）和取水处等。

有些寺前广场，空间未加严格的围合和界定，但位于广场一侧的建筑物的体形和外轮廓线却很富有变化。这对于广场来讲无疑可以起依托和背景的作用。广场内摊棚林立，人流如潮，各种农产品和手工业产品在此交易。

上述广场多与文化、宗教信仰等有千丝万缕的联系，除此之外还有一种主要用来进行商品交易的集市性质的广场，又分两类。其一是与街巷相结合，为住宅围合在街巷交叉点稍稍扩展街巷空间而自然形成，介于广场和街巷之间。这种广场规模不大，一般较封闭，但地位却十分重要。由于街道和巷道空间均是封闭、狭长的带状空间，人们很难从中获得任何开敞或舒展的感觉；而穿过街巷来到这种小广场，顿觉豁然开朗。至于广场本身是否也有商品交易活动，则要看广场的规模大小而定。另外一种类型的小广场由于种种条件的制约，并未精心加以推敲处理，往往因陋就简，仅在聚落边缘划出一块空地权当做广场，这类广场一般只进行各种农副手工产品的交易，来到这里被称为“逛巴扎”。

二十世纪六十年代以前自来水尚未普及，居民饮水均以涝坝为主。以涝坝为中心的“市井”，主要含如下功能：

1. 生活用水的涝坝；2. 清真寺；3. 早餐蔬菜代售；4. 日常居住区小型活动的广场。

由上述四个元素构成的空间，事实上成了居住组团的“公共起居室”。

公共空间广场的主体建筑均为清真寺

广场是孩子们嬉戏的天堂

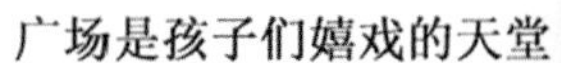

墩美斯琪特巷21号广场（八十年代素描　白智平作）

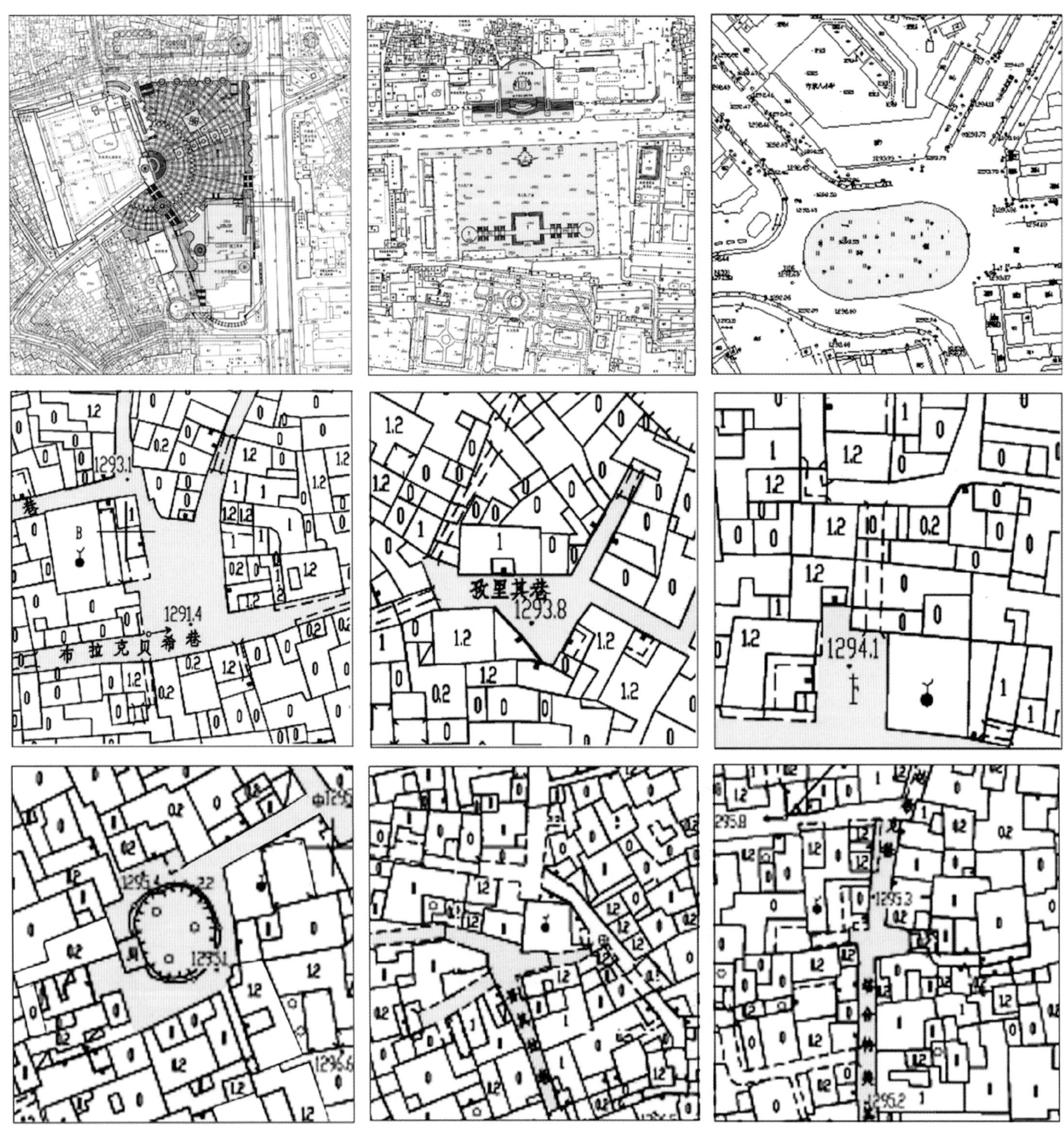

喀什街坊中的空旷地，通常是街巷的交叉口，本文中谓之为"广场"，实际上叫"场所"更为合适一些。

这些"广场"是由涝坝与清真寺为核心元素构成的旷地，成为居住组团的公共活动中心（因为清真寺是由一组一组的居民集资修建的，大多数又都位于组群中心），20世纪60年代以前，自来水尚不普及，涝坝为主要饮用水源，这里则成为卖早点、饮水、洗菜、交际问候、做礼拜、儿童戏耍的"公共起居室"。在旧城中，它们的分布十分均匀、自然。如果把旧城理解为一个有机体，则这些"广场"或称之为"场所"则是细胞核，是居民区族群生长的核心。

针对旧城历史形成的这一特点，有计划地整修拓展、改建这些"细胞核"，使之成为居民族群的社会活动与服务中心，会促进旧城的改造，使之日趋人性化，提高其便利度、舒适度、高情感度，达到人与生土建筑最大的和谐，为城市可持续发展奠定良好的物质基础。

设计中的黄金比理念

关于正方形与黄金比的理论渊源

建筑是一种极具文化内涵的技术产品，人类以最大的热情所投入的技术产品几乎都是在宗教信仰中集中体现——宗教建筑上。因此，宗教建筑寄托了人类的一切崇高理想。对世界理解的深度、对人与自然关系的探索等一切意识都寄托在这些建筑上。西方中世纪的美学家认为，只有体现出上帝光辉（人类信仰上）的艺术才最美。19 世纪俄罗斯文艺理论家赫尔岑说：“没有一种艺术比建筑学更接近神秘主义的了，它是抽象的、形象的、无声音乐的、冷静的东西，它的生命就在象征、形象和暗示里面。建筑物，教堂（庙宇）并不像塑像或者绘画、诗或是交响乐，它们在自己身上并不包含目的”（《往事与随想》）。

强调建筑美是客观存在的形式美，其代表人物可以上溯至公元前 6 世纪古希腊毕达哥拉斯学派，他们发现的“外中分割”即“黄金分割”的比例，对后世影响很大。所谓“黄金分割”（Golden section）又称“黄金比”，是造型艺术中的一种分割法则。亦称黄金分割率，简称黄金率。它的分割方法是：将某直线段分为两部分，使一部分的平方等于另一部分和全体之积，或使一部分对全体之比等于另一部分对这一部分之比。即：直线段 AB 上以点 C 分割，使 $(AC)^2 = CB \times AB$，或使 $AC : AB = CB : AC$。实践证明，它的比值 AC/AB 或 $CB/AC = (5+1)/2$，约为 1.618∶1 或 1∶0.618。这种比值被称为黄金比。黄金比最早是由希腊人在公元前后发现的，直到 19 世纪还被欧洲人认为是最美、最协调的比值。它广泛用于造型艺术中，具有美学价值，尤其在工艺美术和工业设计的长宽比例（如书籍开本）设计中容易引起美感，故称为黄金分割。20 世纪中，法国建筑师勒·柯布西埃发现黄金比具有数列的性质。他将其与人体尺寸相结合，提出黄金比有数列的性质，提出黄金基准尺方案，并视之为现代建筑美的尺度。法国产生了冠名为黄金分割画派的立体主义画派，专注于形体的比例。

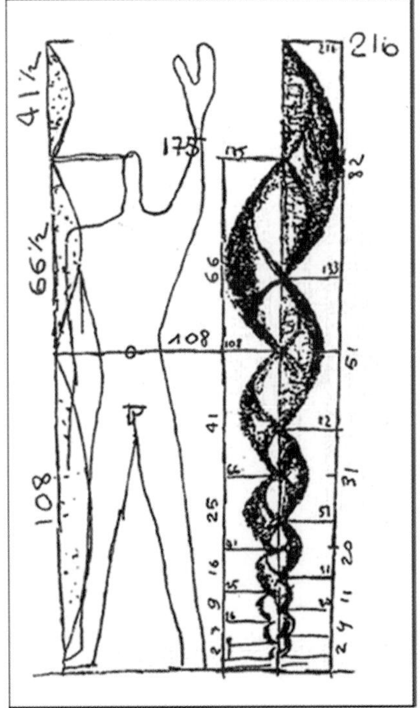

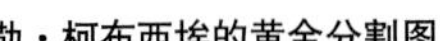
勒·柯布西埃的黄金分割图

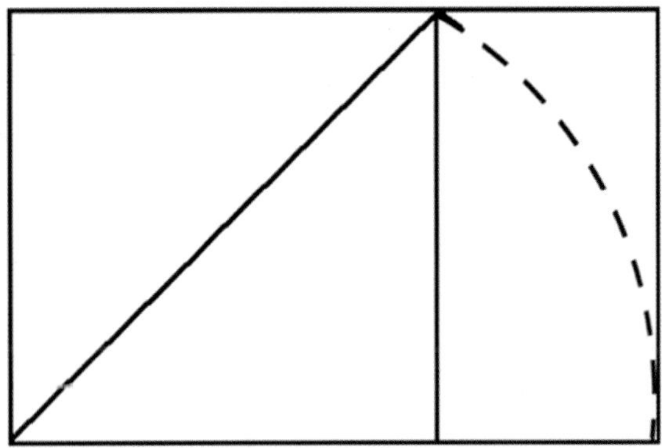
黄金比制图法

与黄金分割相适应的是矩形的最佳比例模式，通常称之为黄金比，其作法如上图。在清真寺设计上普遍采用了这一比例，使之达到最佳立面效果。

正方形图形的来源，是由游牧民族的帐篷引发的基本图形，穹顶要求基座是正方形时，最适宜在建筑的墙上安装穹顶，这一基本形首先在伊斯兰教兴起之初，穆罕默德下令麦加的天房作为圣寺，因此逐渐形成伊斯兰教建筑的基本图形。最早的清真寺则为倭马亚王朝定都大马士革将当地的巴西利卡的基督堂改做清真寺的寺庙，另一形制是集中式清真寺，它保持了横向巴西利卡的传统，将正殿正中辟为一个正方形大厅，架以饱满的大穹顶，成为外部形象的中心，并逐渐增加宣礼塔，叠涩状拱门扶券，而逐渐完成清真寺的完整结构形制，十世纪以后在伊朗、中亚、阿塞拜疆等地达到成熟阶段。

按照穆罕默德的说法“建筑是消耗一个信徒财富的真正无益处的东西”。但在历史的发展中，信徒为表示自己对信仰的虔诚，清真寺逐渐日益发展为最豪华、设计最精致、装饰最华贵的宗教建筑。

大马士革清真大寺建于公元 714 年，是把原圣约翰教堂除四个尖塔外的其余建筑拆毁后改建的。

喀什优秀传统民居的艺术价值

依地势而建成跌落式状

喀什老城区保留了古城的形态，城内 20 余条街巷是我国目前唯一保存十分完整的以伊斯兰文化为特色的迷宫式城市街区。老城街巷纵横交错，建筑参差不齐，房屋鳞次栉比，布局灵活多变，以著名的艾提尕尔清真寺为中心向外放射延伸，蜿蜒而行，曲径通幽。

老城区传统街区里的房屋连成一片，狭窄的小巷在土墙之间纵横交错，忽上忽下，盘旋陡转，有时又转入尽端式胡同，街区里的房舍紧密，户外两扇大门庄重而厚实，吊两个很大的门环，供上锁用。沿街外墙用土坯砌成，抹上麦草泥，数百年依旧如故。

街区里的建筑和装饰都有着浓厚的维吾尔族建筑风格。古老的民居大多有数百年的历史，有的甚至已经传承了七八代人，而房子的结构、屋顶、墙体、门窗，甚至颜色都依然如故。这些民居的院落布局灵活，建筑的室内外空间布置根据实际需要而定，充分利用地形和空间修建。

维吾尔族人居住文化中最核心的一点，就是对家和故土的依恋。随着代代繁衍生息，人口增多，院落内再无地方扩展修房，于是像现代楼房一样越修越高。当楼房实在不够用时，有些人在修二楼时便将楼延伸出去，跨过小街小巷搭建到对面——这便是喀什小巷中特有的“过街楼”景观。它是一种在有限的范围内最大限度地利用空间的建筑。但近年来，过街楼越建越多，个别巷道已变为坑道，使巷道采光全部失去，已成为破坏环境的严重问题，在急需要保护的同时，必须进行一定的清理，以恢复历史风貌。

迷宫式的街巷。喀什传统聚落中的街巷，蜿蜒曲折，时隐时现，密集而幽深。人在其中行走，宛若走进了一座迷宫。街巷的封闭性和曲折自由，使人很容易丧失方向感和方位感。偶尔出现架在小巷上空的过街楼，充分利用了有限的空间，并为夏天的小巷起到了一定的遮阴作用，使街巷增添了深远与宁静的气氛。

街巷可分为街、巷、尽端巷三种。街指形成居住区或居住邻里界限的街道和居住区内较宽通道这样一种城市公共性空间，有较大的交通作用，两旁有店铺、作坊和住宅等，也是集市交易的场所，往往成为市民社会交往活动场所；尽端巷是指朝该巷开门的住户共有的交通空间，具有较强的团体私密性；巷是指介于街与尽端巷之间的团体公共通道空间，两边多为住宅院门和院墙，除供居民交通联系外，也是聚落内邻里交往的重要场所，一定意义上有邻近居民共同占有的性质。

过街楼的典型做法，在两侧加扶壁、上架主梁二至三道，再架桁条，上铺地面梁和木板（摄影：王学斌）

喀什传统街巷街巷入口的特点

清真寺露一半门以提示
沿街只有门而无窗是中世纪模式
尽端巷

和国内外旧城街巷一样，宗教建筑位于街巷对景处

磨坊巷由过街楼与清真寺组成的入口

台阶坡道组成入口标志（布拉克贝希路）

诺尔贝希路过街楼入口

由街—巷—尽端巷和巷—尽端巷这两类基本组合形式，喀什形成了传统聚落的两种空间形态即入口空间和节点空间。

入口空间——街与巷的交汇处。喀什传统聚落的入口多具有明显的标志，常见的有以下几种形式：

(1) 利用住宅过街楼组织入口，开成“门”的意向。

(2) 把清真寺的礼拜殿（讲经堂，实际为敞厅）置于过街楼上（免去占用住宅用地），既方便穆斯林做礼拜，又增加了可识别性。

(3) 清真寺与住宅挑楼结合形成入口。

(4) 在高台聚落中利用坡道、台阶配合错落的院墙引导形成入口。

结点空间——巷与巷的交汇处，指聚落内部各种交汇处，包括巷与巷，巷与尽端巷的交汇处等。

街巷归全体居民使用和拥有，而事实上归临近者控制。历史上由于很少有特定规划的影响，其形成是由居民无数小规模自发营建行为随时间推移而逐渐随机成形的。任何居民对街巷所进行的各种行为，如设置入口、停放车辆物品、开店铺、修过街楼或挑楼等，都由其他有关居民的反映而确定其合法性。穿过街巷内的行为由经常使用该街巷的居民认可。若出现争执可由长者出面协商或由伯克裁决，一般是根据具体情况以不损害邻居的私密性和街巷通过需求而作出处理。由于伊斯兰文化具体限制生活的各个方面，而实际的情形又复杂多变，因此实际处理中时常按谁最先拥有和掌握使用时间的长短来判决。住户向街巷扩充的各种纷杂行为，加上时间的推移，户主的变化，裁决结果的不一致等所造成的混乱等原因，形成了街巷事实上的公共、半公共与私密空间界限的模糊性，同时，也是街巷空间形态弯曲错落，过街楼、挑楼鳞次栉比的重要原因。

阿热亚，维语汉译为山崖边，即黄土台地之边，是古城墙所在地。
图：袁大昌　白智平

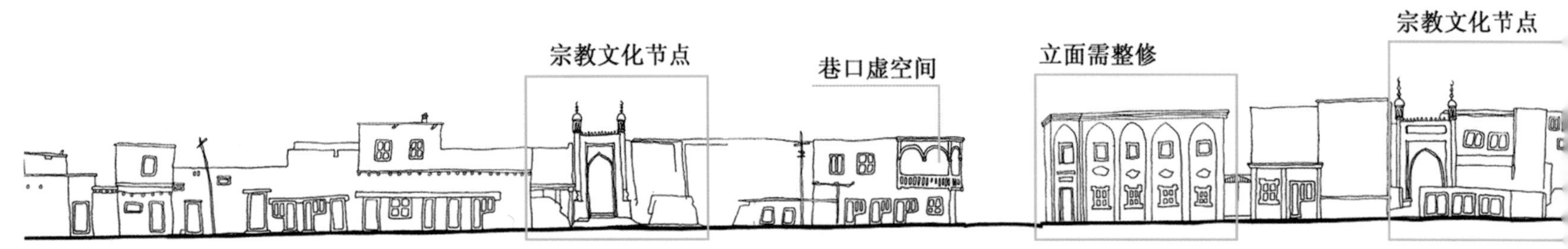

二十世纪八十年代当地阿热亚路居民改建的底商上住房屋式样

祈祷堂（虚空间

过街楼与清真寺结合的建筑样式，二层的祈祷堂空间对丰富街景作用很大。

喀什传统街巷阿热亚路东段 1984 年手绘立面图

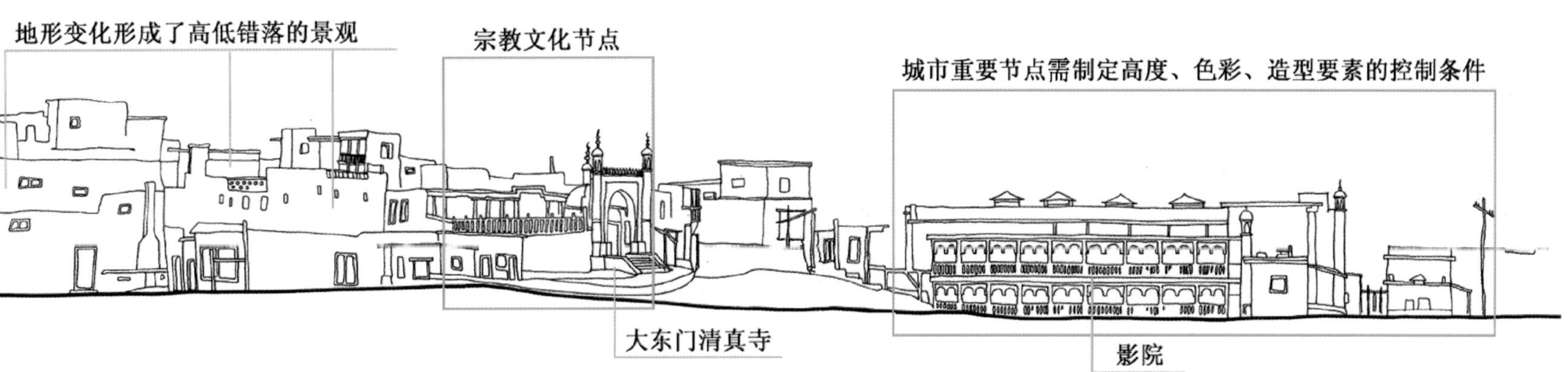

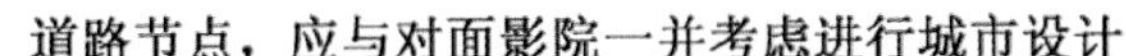

地形变化形成了高低错落的景观
宗教文化节点
城市重要节点需制定高度、色彩、造型要素的控制条件

道路节点，应与对面影院一并考虑进行城市设计

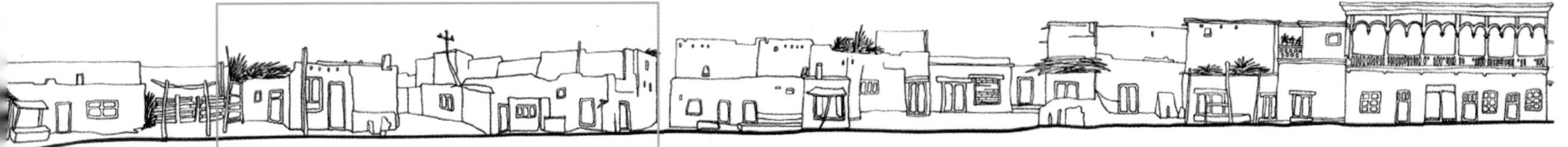

阿热亚路立面图
（袁大昌、白智平绘）

从大东门清真寺望谷草市场（摄影：李昊）

1988 年修建的大东门清真寺台阶（摄影：李昊）

传统街巷的特色与问题

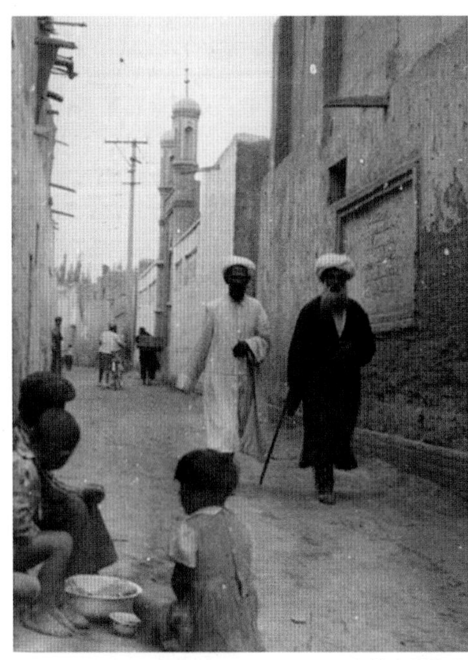

1983 年的小巷景观

唯一一条有杨树的小巷（摄影：李雄飞 1983 年）

清真寺是街巷的标志性建筑

住人的过街楼

二十世纪八十年代的巷道，过街楼很少，成为分割空间的界面。八十年代以后过街楼过多，使巷道变成了坑道。

有台阶的小巷（摄影：吴维佳，布拉克贝希 1984 年）

墙体过高缺乏抗震功能

临时支撑

存杂货的过街楼（需要整改）形成清真寺的地标

清真寺位于过街楼旁

除清真寺外，周边建筑为土墙

王其亨教授在画速写（当年为天大研究生）

喀什第一场雪（阿迪力江·阿布都卡地尔摄影）

◀ 研究喀什街巷的艺术特色和价值时，不可不研究本土艺术家对家乡景观的理解，因为艺术家是最敏感的群体，通过他们的作品更能体会其景观价值所在，也是保护规划重要的依据之一

▲ 从画家笔下的喀什小巷可以看出，喀什街巷具有极高的审美价值，生土建筑的艺术魅力与原生态的环境形成人与自然的和谐共存（作品为新疆师范大学王健武教授画作）

▲ 著名画家卓然木·雅森所画的喀什墩买斯其提清真寺广场的小巷景观，融合了西洋画法，描绘出夕阳下的喀什小巷景观

◀ 著名画家王永生教授的《古巷》，反映了一种迎面扑来的植根于大地的生命张力，一种强烈的原始和健康质朴的气息，令人感受到震撼人心的乡野泥土的粗犷之美，凝聚着人类旺盛生命力的精神气魄，柠檬黄的美感，犹如彩色的精灵之舞。

古街巷的魅力正在于此，她的价值将会随着时光的流逝而更加珍贵

喀什旧城鸟瞰（摄影：李雄飞 2006.6）

为使古城内道路可予识别,地方政府采用了两种铺地模式:A.八角砖显示可通达;B.条形土砖表示为尽端式小巷。

喀什老城区因其建在用地不十分富裕的台地之上，城市的肌理形态表现为一种十分顺其自然的状态，看起来很像无序状态的格局方式。二十世纪九十年代，为便于游人识别，凡可通的道路，均采用了八角形地砖铺砌主要街道，尽端式小巷道路则采用了当地土砖铺砌。由于人口的激增，邻里之间互借对方屋顶且形成多种过街楼现象亦十分普遍，由外人来看，进入古城则如进入迷宫一般。

局部悬挑以扩大面积，向地下要空间则多在院内有地下室。临街只有入户门，很像汉唐时代的里坊式街道，因此有城市活化石之称。

狭小的街道是居民们的日常交往空间，也是院内起居室的延伸，是全步行的城市空间形态。

题图：李密（天津博格林卡建筑规划景园设计有限公司景园设计师）

▲依照古城墙地势而修建的住宅，高低错落，形成极富特色的喀什景观（李仿　绘）

◀艺术家往往钟情于喀什台地，中世纪的风貌是自然而清新的，土气十足正是特色之所在，而这些正是现代人所缺乏的。当人类进步到顶峰时刻，也许会反思现代化的掠夺自然方式比起先民的土气与自然和谐（取法自然，效法自然）实在是逊色得多

巷道内典型入口大门

阿图什民居入口（内壁画的门廊）

两侧吸收印度曼陀罗式壁画，檐下双层彩画装饰带

喀什民居的艺术价值

喀什传统街区民居以土木、砖木结构并存，不少优秀的传统民居已有百年历史，个别民居已保留了 360 多年。维吾尔族人喜欢族群而居，单门独户的极少。院落为方形，院内平房或带地下室的 2 层小楼居多。房屋一般为有女儿墙的方形平屋顶。平屋顶上开天窗，屋顶作晒台或乘凉。地下室用作储藏或避暑。

维吾尔族民居院外墙简朴，而自成体系的院落内，却另有一番天地。几乎家家在自己不大的院内搭有葡萄架，种有葡萄、花草、无花果，栽培桃、杏、梨等。院内房屋外檐及梁、柱彩绘多种颜色的图案，显示出了极为浓烈的生活气息。

传统的维吾尔族民居室内砌土炕，墙上挂壁毯，还开有大大小小的壁龛橱，龛橱内摆设装饰品和实用器皿、餐具等，并饰以各种纹样和图案。喀什传统街区维吾尔族民居的共同点表现在以下几个方面：

1. 空间结构——有限制的自由性与立体性

喀什民居空间结构的生长呈顺应自然自由延伸的特点。没有预先划定的人为标尺，街巷走向、建筑朝向均因地制宜，不拘一格。符合地域自然规律。但总体上讲，仍是一种合院体制。早期缺乏规划，后期人们则见缝插针，形成了一些不规则的房屋，组成了一些不规则的小院落。这些小院又延伸开去，形成了一些成片的街巷小区。其中那些古老的小巷，弯弯曲曲、纵横交错、狭窄幽深，犹如进入了一个神秘奇特的迷宫一样。从传统的商业区到住宅区，大多是 1—3 米的小巷道，小巷内民居高低错落，紧紧相依。

与此对应的是，喀什民居空间结构却具有多层立体建构的特色。建筑、道路与地形密切配合形成三维的空间网络。交叉组织十分严密，喀什市北高南低，层层叠叠的民房顺山势而上，高低错落，有的地方后面的民居小院与前面的住房房顶取平，又由于顺山势蜿蜒而建，故上下、左右、前后、高低在总的合院形制控制下形成不规则格局，房屋造型各异，空间复杂，逐渐形成当地一个独具特色的人文景观——高台民居。

处于高地势的民居，许多院落由于人口的增多而需拓展空间，除向高空发展外，许多民居采用了向地下发展的方式，形成单层地下室。在阔孜其亚贝希（高台民居）由于生产需要、取土和工艺上的需求往往地下室更大，上层为作坊，预留胎具洞口，底层落泥或堆放原料。

早期民居的入口，雨篷为双坡顶，三角形山花、有两个斜撑，门的台阶下面为地下室入口，更接近于苏式风格

门直接对着门外，各民族都不喜欢，汉族与维吾尔族都是加一个影壁墙，装饰做法有区别

更早一些年代的民居，地下室可从地面直接进入，外廊不一定作L形，窗均设有外窗木门板，以防止风沙和日晒。屋面排水以支出较远的木槽杆来解决，院内按个人的爱好种植果树花卉

（本页摄影：李雄飞 2002 年）

2. 建筑布局——住房与庭院错落有序

喀什维吾尔族民居建筑在我国住宅结构类型中可分为上栋下宇类型。上栋下宇式房屋是我国住屋构造的主要民俗传承。“上栋下宇”式房屋是指有天棚、地窨和四壁的固定生活空间式的房屋。据《易经·系辞下》载：“上古穴居而野处，后世圣人易之以宫室，上栋下宇，以待风雨，盖取诸大壮。”

喀什传统街区民居建筑外观封闭。房屋都是土木结构的平房(间或有一些二三层的小楼)。喀什维吾尔族民居建筑在材料上一般多为土木结构或砖混结构的平顶方形或长方形以对称为主的平顶式房屋。喀什地区气候温和，少雨雪，房屋建筑除顶棚和门窗使用少量木材外，四壁多用土坯或砖石砌成。屋顶一般为平顶，多利用屋顶平台作憩息处和堆放杂物的场所，屋顶平台周围常安置有木栏杆。

喀什维吾尔族在选择民居建筑布局时尤其喜好带有庭院的民居，可以说，典型意义上的维吾尔族民居的全套建筑一般包括住房和庭院两个部分，住房部分由兼作居室的客室、餐室及后室、储物间、洗浴室等小间组成。面向庭院的居室前设有外廊，底层外廊前多有凉台，供户外起居。沿外廊在院内植有葡萄，搭有葡萄架，以便遮阴避暑，院内架下多做室外活动场所，又称庭院，庭院一般分为前院、后院、侧院。庭院的组合颇为精妙。小型低标准的采用单院、中大型高标准的采用复合院，且都注重按男女分开使用的需要精心处理。小院与主院联系方便，有的还单独对街巷有出入口，以满足宗教和民俗的需要。维吾尔族人不分男女老幼，是一个比较喜爱庭院生活的民族，因此民居空间中的庭院面积均比较大。有廊的庭院、无环廊的庭院、有顶的和无顶的庭院均有专用名词。在气候适宜的情况下，维吾尔族同胞都爱在庭院里活动。如春、夏、秋三季里，人们在庭院里待客、吃饭、纳凉、睡觉、做零活等，把庭院作为住室的扩大和延伸。由于这一特性，喀什市许多临街的维吾尔族民居小院院门大敞，但是在院门内一两米处，挂着一块花绸布门帘，形成一个软影壁，遮挡住过往行人的视线。它表明维吾尔族居民把庭院作为住宅的扩大，但这种延伸了的个人生活空间，又不想为外人所窥视或打扰，便出现了这种软影壁形式。

在干旱少雨的条件下，喀什的奥依拉不会像苏州住宅内园林一样，形成小桥流水，但应有一个适应性的设计探讨。可以通过举办庭院绿化大赛的方式，鼓励居民在庭院花卉树种搭配与布局上有所创意，作为推广的手段，从而带动居住区内院艺术的发展和环境空间的改善，并带动城市大环境的改善，为创造适宜人类居住的城市而努力

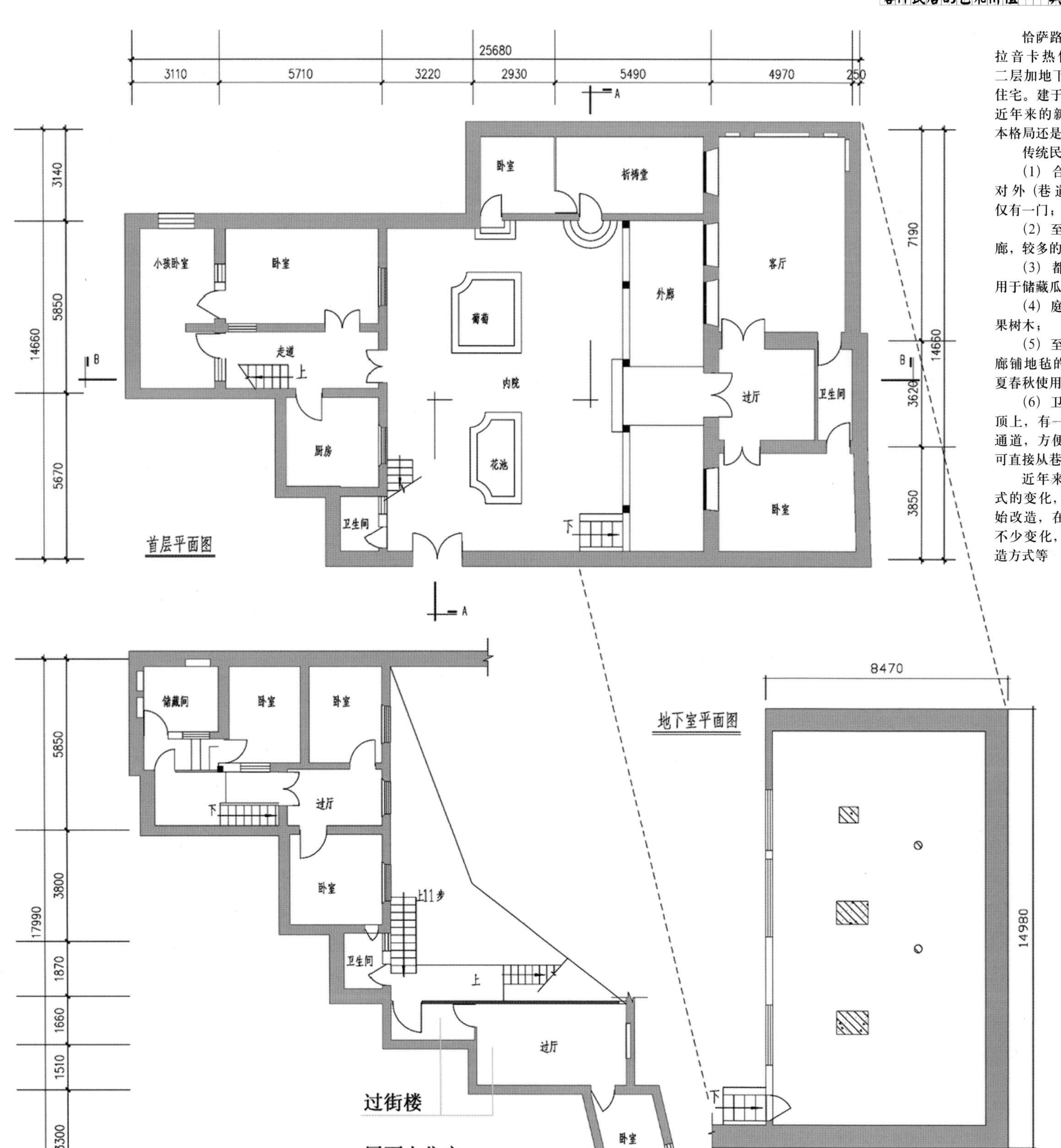

恰萨路22号的伊布拉音卡热住宅，是一、二层加地下室的组合性住宅。建于1988年，是近年来的新建筑，但基本格局还是传统样式。

传统民居布局特点：

（1）合院式布局，对外（巷道）不开窗，仅有一门；

（2）至少有一条外廊，较多的为L形外廊；

（3）都有地下室，用于储藏瓜果等物品；

（4）庭院中栽植花果树木；

（5）至少有一个外廊铺地毯的土炕，作为夏春秋使用的户外起居；

（6）卫生间多在屋顶上，有一个筒状竖向通道，方便乡下取粪人可直接从巷内取走。

近年来由于生活方式的变化，卫生间也开始改造，在装修上也有不少变化，如色彩、构造方式等

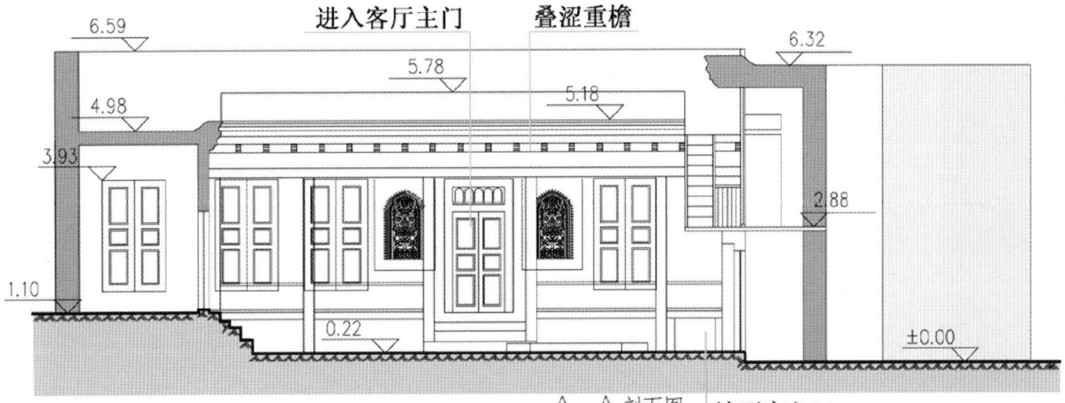

A—A剖面图 地下室入口

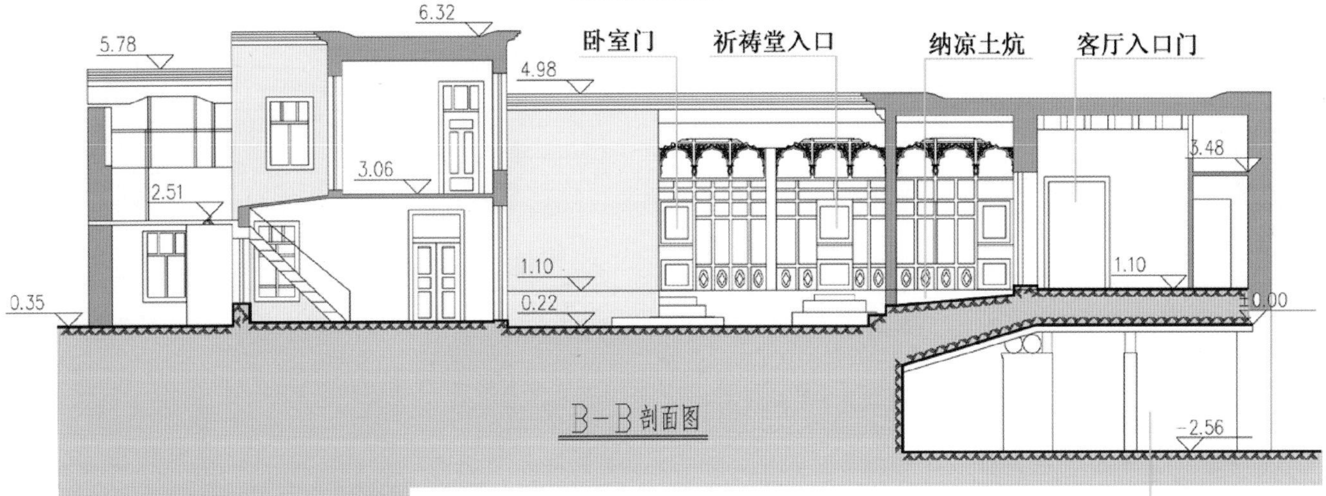

B—B剖面图

地下室

走廊花纹大样

壁花大样

测绘：虞隽芹
阿不都热合曼·吾曼
吴恩谷
翁丽红

纹样作者为喀什著名的石膏雕饰美术大师，阿不利孜·阿卜都拉一生作了几百余幅壁龛石雕花饰，据他介绍是自己在牛皮纸上设计图案，然后以扎针孔方式复制图案到底板上，然后再制作花饰

从剖面图上可以看出，恰萨路22号住宅充分利用了高台地上地势的高差，使建筑依空间用途的不同而分别安排在不同的地坪标高上，主厅面西，纳凉炕分设在出入口台阶的两侧。A—A剖面的右下为地下室的入口，与凉炕巧妙地结合在一起。地下室的结构柱根据受力情况而采用不同的截面，而支撑楼板的则为圆木柱。从左面平面上可以看出，主人为了扩大使用空间，通过一个安排在巷道顶部的（过街楼）过厅到巷对面的屋面上增加了一个卧室。在总的平面格局上，庭院（相当于现代建筑的中庭）地台高，两侧则达二层，是历史建筑的优秀空间，如果说现代建筑吸取其精华也不为过。其差别仅在于有顶和无顶（新疆少雨可无顶）之别，可见认真研究和借鉴中国古代民居的必要性

上二楼的台阶

3. 附属设施——居室外廊凉台利用率高

维吾尔族民居多是长方形或正方形房屋，房前往往设计有拱式前廊和平台等建筑。拱式前廊分为两类，一类在维吾尔族语中被称作“阿克赛乃”，即是有房盖壁墙的建筑；另一类在维吾尔族语里则被称作“散乃”，即一面无墙的敞开式建筑。拱廊在维吾尔族语中被称作“皮夏以旺”，是房屋与院落的过渡空间。维吾尔族居民一般在拱式前廊的下面建一个凉台，名曰“苏帕”，大约有1尺多高，6尺多宽，苏帕以方木为沿，红砖铺地，维吾尔族群众习惯在苏帕平台上铺上毛毡、地毯、摆上小桌，坐卧于上面，苏帕凉台往往成为维吾尔族民居中最为活跃、利用率高的空间部分之一，在苏帕上铺地毯供夏季乘凉，就餐招待宾客。

室外地炕（使用率最高的夏季起居间）

◀ 面积较小的庭院，栽植树木则比较困难，可因地摆设盆花，如阳台边、屋顶、楼梯边等

▼ 近年来，较富裕的人家也把墙面改建为砖拼贴的装饰墙，把墙面处理推向了极致

近年来由于生活水平的提高，环廊亦从单面和L形发展到三面或四面环廊，使空间更加丰富、中庭更为生动

（本页摄影：许朝文　张加武）

▶ 典型的L形环廊，是二十世纪九十年代以前喀什的标准样式

◀ 较大的内院、室外土炕也很大，特别适宜较多的客人聚集

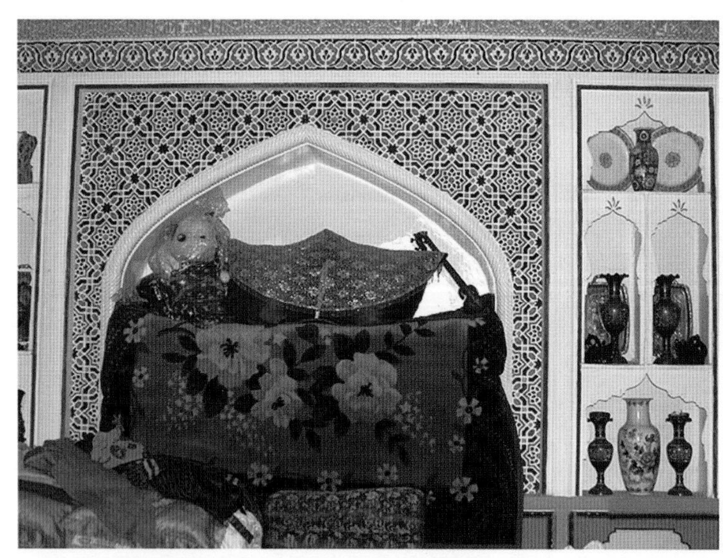

4. 室内结构——壁龛的开凿、美化与利用

喀什传统街区的维吾尔族民居内部整洁美观，色彩明亮鲜艳，气氛热烈、浓郁。维吾尔族人在室内不多用柜子，而喜在墙上开出许多壁龛，有的甚至多达100多个。装饰以几何图案和花草纹样的石膏花图案，顿使满室生辉。壁龛类似现代家庭中的“组合式高低柜”，主次分明，大小不一，形状各异，其中大的壁龛可以放被褥，小的可以放置日用品、工艺品、乐器及家用电器，不仅取用方便，而且配以墙面上的壁挂和石膏雕饰，具有美化居室的作用。旧式客厅在一端山墙面上设大壁龛，沿大壁龛做石膏雕花；新式客厅山墙面中间为大壁龛，两边为壁柜，或组合木壁柜。

维吾尔族民居中多使用火墙、壁炉采暖，房间空气较好，污染较轻，火墙是用火炉作火源。通过事先砌好的空心墙壁，使墙壁保持温度供人们取暖。在外屋烧火做饭，既卫生，又省材料，在天山南北普遍使用。不少喀什民居还使用壁炉。据说是从俄国引进的。可以烧茶，也可以取暖，炉旁还可以接待客人。但现在壁炉已不多见了，即使有也无使用价值，只起装饰作用。

室内向西山墙作大壁龛，可在家里做礼拜相当于米哈拉布，兼作放置被褥使用。

存放被褥的卧室内主壁龛

室内壁龛空间样式
摄影：色达曼

5. 室内陈设——壁毯地毯布褥具民族风情

维吾尔族民居内的墙壁多用织物如挂毯作装饰。其休息的土炕与其他民族不同的是其内部是实心的，并不烧火，上面铺满色彩鲜艳的地毯。喀什维吾尔族家庭一般都备有布褥，宽 1—2 尺，长 4—5 尺，作为起居和客人的坐垫。进餐或喝茶时在毛毡上铺上一块餐布，然后将饭食置于餐布上。总之，喀什维吾尔族住房室内布置比较讲究，壁龛和壁炉常施以石膏花，墙顶的丝带状石膏花或木雕花，与略施彩绘的顶棚连为一体，西墙凿有壁龛，居室内地面大多为砖地，水泥地或木板地。上面也铺有色彩艳丽的地毯，构成了维吾尔族特有的居住气氛。

室内陈设的装饰品

摇床与木箱

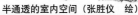

半通透的室内空间（张胜仪　绘）

餐桌，食品是长期摆放在餐桌上的

原壁炉现在大多改为装饰品

石榴树

6. 居住环境——葡萄架、花草、白杨树蕴涵绿洲特色

维吾尔族是爱美的民族，也是具有爱好园艺培植传统的民族。新疆南部是一个风沙危害严重，气候极其干旱，水源相对不足的区域。维吾尔族人民长期生活在这一地区，他们在改造自然的同时也养成了爱护环境、美化环境的意识。维吾尔族酷爱绿色，绿色对于长期生活在戈壁沙漠包围之中的维吾尔族居民来说，具有决定性意义。所以民居的外部空间，往往是他们进行绿化、美化的重要场所。维吾尔族喜欢在庭院内栽培各种花卉果树，较大的庭院种植葡萄、石榴、无花果等果树，小庭院种植盆栽花木。绿化自然成为庭院的中心，夏日里各种果树枝繁叶茂，浓阴铺地，各种花卉争芳夺艳，形成清爽的小气候。冬季树叶脱落，日光融融，产生温室效应。维吾尔族人民尤喜种植葡萄，当盛夏、秋季之时，全家人坐在满树绿阴，透风凉爽的葡萄架和一串串晶莹剔透的葡萄下面喝茶进餐，聊天话家常，不仅是在休息，而且是一种极大的精神享受。

葡萄架

庭院的空间得以充分地利用，由于气候干旱少雨，露天活动十分方便，在院内形成若干个“灰空间”，并与室外园林协调地成为相互渗透的空间，形成舒适方便的不同形态的起居室

无花果树

由于经济条件的改善，近年来许多居民在院内作方木葡萄架，使空间环境更加美丽
(摄影：李雄飞　2005 年)

院外是单调土墙，院内则繁花似锦，装饰精致的拱券的人工花饰与天然的植物花卉交相辉映，显示了对生活的热爱

高台民居旅游的定点参观院落，可参观住宅，可购买喀什特产，又可品味中庭的花果芬芳、幽静的艺术氛围

室内天花下檐装饰带，十分富丽（近年流行）

吊灯花饰，颜色较鲜艳（近年流行）

7. 装饰风格——“无限图案”的应用

伊斯兰装饰图案中最常见的形式是采用花草图案、几何图案或书法图案，这些图案以差不多是无限延续的方式被运用，并且其形状的变化几乎是无穷无尽的。在纺织品和陶器上，伊斯兰装饰艺术极为广泛地使用几何图案设计，包括诸如编结带形、星形、多边形、回纹波形、工字形、棋盘格形和几何图形之类的形式。阿拉伯文的手写体（它能不断改变写法）也适合于在装饰中使用，特别是以它的两种主要变体用于建筑和家具的装饰。这些变体是有棱有角的字体（古阿拉伯字母）和草体（其中包括24大类和若干小类）。由于伊斯兰教的禁律反对任何对神的描绘，也反对在宗教建筑中出现人类的形象，因此用文字和书法来装饰是必不可少的了。艺术家们由设计装饰性铭文而找到了一条发挥其创造力的出路，从带树叶和卷须形式的有棱角的字体到相互交错的字体，从多彩的草体字到基于汉字的几何形字体。源于希腊和罗马世界的枝叶形图案和萨珊王朝的棕叶饰也得到发展，显示出生活在荒漠边缘的民族对花卉和花园的特殊感情。在喀什，伊斯兰人用带花卉图案的陶制构件修筑建筑物，以至这些建筑物看上去像是由闪亮的装饰陶器构成的花园，同时这些基本图案中还穿插以书法图案。通常，花卉图案覆盖区要由带形书法图案沿其轮廓线和建筑物下部细分出的装饰区来镶边。由于后来伊斯兰艺术形式受到了其他艺术的影响，大约从公元1400年起，上述三种装饰形式即富于生命力的植物图案、几何图案和书法，就常常按同样的项目配合运用。“无限图案”的装饰风格使得伊斯兰建筑物的外表异常丰富，光彩夺目，这种装饰手段是伊斯兰世界所独有的，随时随地存在的设计手法，是伊斯兰建筑中取之不竭、用之不尽的宝库，至今仍有极强的生命力。

（摄影：王学斌　2003年）

桃形拱门边雕花饰，雕工精细（外廊）

拱边垂花柱

近年新装修的内院十分富丽堂皇

窗间墙石膏花饰，其总体风格是一致的，但每个图案都各不相同，常用的有卷草、编结带、星月形、回纹波形、工字形、棋盘形等。蓝底白花居多。近年又开始出现褐色、土红、焦茶等底色，花色也日趋多样化

丰富多彩的拱廊中墙、窗间墙的石膏花饰都非常精致

复杂的叠涩结构的中亚风格的柱头，更多的叠涩结构一般应用在拱券下部，但喀什因缺乏石材没有这一类型，而木材却可以做到

民居主厅堂檐口挑高一块，以土黄色砖拼花为主，以土黄为主色调

密肋天花板以棕色为主调，花饰为中亚与内地中原彩画融合而成

8. 建筑色彩——外粗内秀

喀什地区传统民居建筑系由生土所筑成，其色彩呈赭黄色，而当地的自然环境一般为沙漠戈壁或黄土，与建筑物呈同一色调，因此整个建筑色彩环境虽不免单调，却也能保持统一、和谐。就建筑本身而言，大面积的土黄色的生土墙与开得很小的门窗洞孔之间，可形成色彩对比。另外民居建筑的木门窗有的漆成淡蓝色，加之院内绿化延伸出来，更加丰富了民居建筑的色彩环境，使之富有勃勃的生机，避免了一些单调乏味的感觉。

喀什民居素有“外粗内秀”的特点，体现在色彩处理上更是如此。民居的外墙不加粉饰，任原材料直接暴露于外，随之而来的色彩关系抒发了一种粗犷、豪放的艺术风格，是戈壁荒漠自然生态的写照。与外墙的单调、简朴封闭形成鲜明对照的是民居庭院及室内装饰的多姿多彩。由花草果树、葡萄藤蔓、廊台雕柱所烘托出的内庭院，则是草原绿洲、海市蜃楼，《古兰经》中的“下临诸河的乐园”在人们心中意向的具体表现。廊、柱、门窗装饰得特别精致，纤细的柱子分割成几段后再装饰彩绘，多以蓝、绿色为主，白色勾线，形成美丽而有韵律的敞廊。门、窗也多涂以蓝、绿、白色勾线。院落周围丰富多彩的木柱、廊檐、彩绘、石膏雕花与院内种植的葡萄、石榴、无花果等绿化相映成趣，交相辉映，形成热烈优雅的氛围、舒适诱人的环境。维吾尔族传统建筑室内家具并不多，但幕帘、地毯、挂毯以及都达尔、热瓦甫等乐器、金光闪闪的铜壶、茶具、闪闪发光的丝织物、钩花的纱罩等在室内形成了一种极强烈的民族个性。在这里，丰富的色彩往往和洁白的墙面形成强烈的对比，在当代世界各民族的室内布置中色彩如此丰富者并不多。

维吾尔族人民在色彩喜爱方面是有一定的心理因素的。如蓝、绿色一方面由于在伊斯兰建筑中广泛应用而影响到喀什传统建筑，但由于喀什一带人民居住的地方是被干旱的沙漠和戈壁包围，“绿洲”成为人们生存的象征，因此对蓝、绿色的喜爱是很自然的。至于维吾尔族对白色的喜爱，则更是受伊斯兰教义中“纯真洁净”观念的影响所致。黄色、赭色由于同周围现实生活环境相一致，也被维吾尔族人民所认同并大量使用。

窗间壁龛早期均以蓝底白花为主，近年来已逐渐趋向更热烈，更加艳丽

L形拱廊，以灰绿色调为主，灿烂色彩的变化重点放在券拱垂花上，采用4种颜色（土红、蓝、黄、白）相间配置，而柱中节点则装饰有土红底色的金色凸花，温馨而平和。窗间墙壁龛虽然传统，但图案上变化较大，形成统一中有变化的构图法则

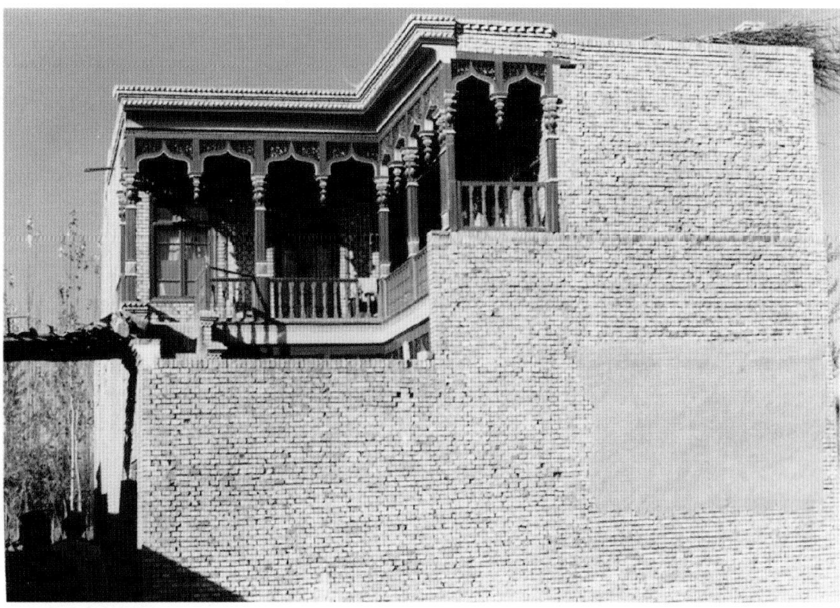

近年来改建的住宅，仍保持着朴素的外墙（已由土坯改为砖），重点装饰外廊，以土红色或棕色为主调，加入蓝色门板和栏杆柱，花色变幻的石榴垂花，与黄色砖墙形成强烈的对比

（本页摄影：李雄飞　2002年）

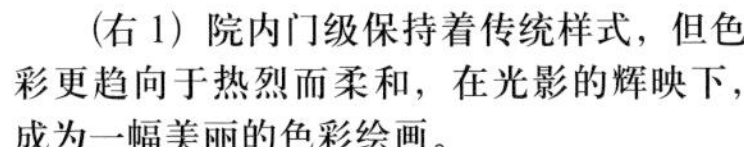

（右1）院内门级保持着传统样式，但色彩更趋向于热烈而柔和，在光影的辉映下，成为一幅美丽的色彩绘画。

（右2）走廊尽端墙体是重点装饰界面，这幅画面创意在于用镜子取代了蓝底白花的壁龛，形成一种动态景观

喀什噶尔民族风情园影视城内演员公寓：规划建设 13 栋，现已完成三栋，均为二层钢筋混凝土结构。考虑景观需要，外墙也采用了磨砖拼花方式，由当地维吾尔族工匠精心施工完成。内部庭院均按标准的民居格局样式进行设计。该栋民居已拍过《十二木卡姆往事》(新疆电影制片厂）和《走进喀什》等影视作品

内院是按照维吾尔族标准样式进行设计的，因地下水位较高的原因，未作地下室。墙面采用近年来喀什流行的磨砖拼花模式，门窗均按有外护窗板方式设计的。室内装修均由维吾尔族工匠按传统样式彩绘，地面铺毯。保存有喀什著名画家的原创作品多幅

下篇　重点地段城市设计研究

艾提尕尔广场简介

艾提尕尔广场是喀什市历史最悠久而又颇负盛名的一座广场。因坐落在广场西侧而名闻中亚的艾提尕尔清真寺而得名。“艾提尕尔”系维吾尔语，意为“节日礼拜和集会的场所”。平时为市内商业贸易场所，每逢维吾尔民族节日，则是广大少数民族的狂欢盛会之地，因此自古以来这里就是喀什各族人民公认的城区中心。艾提尕尔清真寺则被列为中国十大清真寺之一。

广场西侧的北段是艾提尕尔清真寺，其余三面均为喀什历史上最繁华的商业区域。整个广场呈长方形，城区的主要（七条）道路通向广场，总面积为14764平方米；场内绿化用地3530平方米，种植了二十多种树木和花卉，绿化覆盖率达广场总面积的24%。一眼望去绿树成荫、枝繁叶茂。广场中央由一条连接解放北路与吾斯塘博依路、宽9米的混凝土铺面道路从东到西将广场分为南北两部分：南部面积达7198平方米，正中是面积为2640平方米的椭圆形花坛，花坛四周围着彩色铁制栅栏；花坛正中坐落着一座高达8米的钟塔，花坛四周被长228米，宽4米的环形人行道所环绕；环形栏杆间树立着8根枝形吊灯；环形人行道外围又被宽9米的混凝土铺面道路所环绕。

广场原是一片坟地和苇滩，公元1442年左右创建了艾提尕尔清真寺之后，城内逐渐形成了以该寺为中心的宗教活动场所，随着艾提尕尔清真寺名声日增，南疆各地的伊斯兰教徒都常聚集在此做礼拜，寺内容纳不下，遂平整开辟了寺外的这片荒地，形成了著名的艾提尕尔广场。每逢古尔邦节和肉孜节，维吾尔族群众身着节日盛装，纷纷来到广场做礼拜，跳“撒玛舞”（一种只有男子参加的大规模节日集体舞蹈），唢呐、纳格纳鼓奏乐声昼夜不断，只见人头攒动，势如潮涌，盛况空前，为别地所罕有。由于艾提尕尔广场有显著的民族特点和地方色彩，来喀什的游人和外宾都爱在此游览并留影。

1959年，政府有关部门正式对旧有场地进行规划，修建了广场、花坛，中间建有飞跃奔马雕塑，并沿花坛铺筑了环形砾石路面；1964年又将环形道改建为混凝土路面，在花坛中央修建了钟塔，并扩大了花坛面积。1966年底，广场曾一度改名为“东方红广场”。1980年，在南面的广场中心铺设了沥青表面处理平场，并在广场四周种植了各类树木花草。1981年，宣布正式恢复“艾提尕尔广场”原称。

2003年，喀什市政府邀请了清华大学、同济大学、天津大学、自治区规划院等国内一流设计单位进行设计方案招标，最后天津大学的方案为中标方案，并委托新疆建筑设计研究院按中标方案进行了施工图设计，2004年底全部完工。

1964年艾提尕尔广场第一次改造，奠定了广场的基本格局。

新疆名城最壮丽的广场——艾提尕尔广场设计研究 1980～1982 年间第二次大规模改造后的广场形象

1984 年的艾提尕尔广场景况（由入口门廊形成），该设计很精彩

保持了近五十年的艾提尕尔广场：右图是从广场北侧拍摄的广场全景，远景建筑为喀什电影院

艾提尕尔广场从新中国成立初期即开始建设，包括其周边建筑，逐步形成二十世纪末的完整形象，该形象保持了近二十年。

二十世纪五十年代的艾提尕尔清真寺共有 13 级木台阶，后因修建解放北路，施工中标高失误，使广场填方增多，高出约 80 厘米，埋没了十级台阶，左图是二十世纪末的广场形象。

在新的规划设计中，首要解决的即是恢复历史地坪标高，以下沉广场方式再现当年清真寺的高大雄伟的外观形象

艾提尕尔广场设计研究——1988 年的改造设计方案

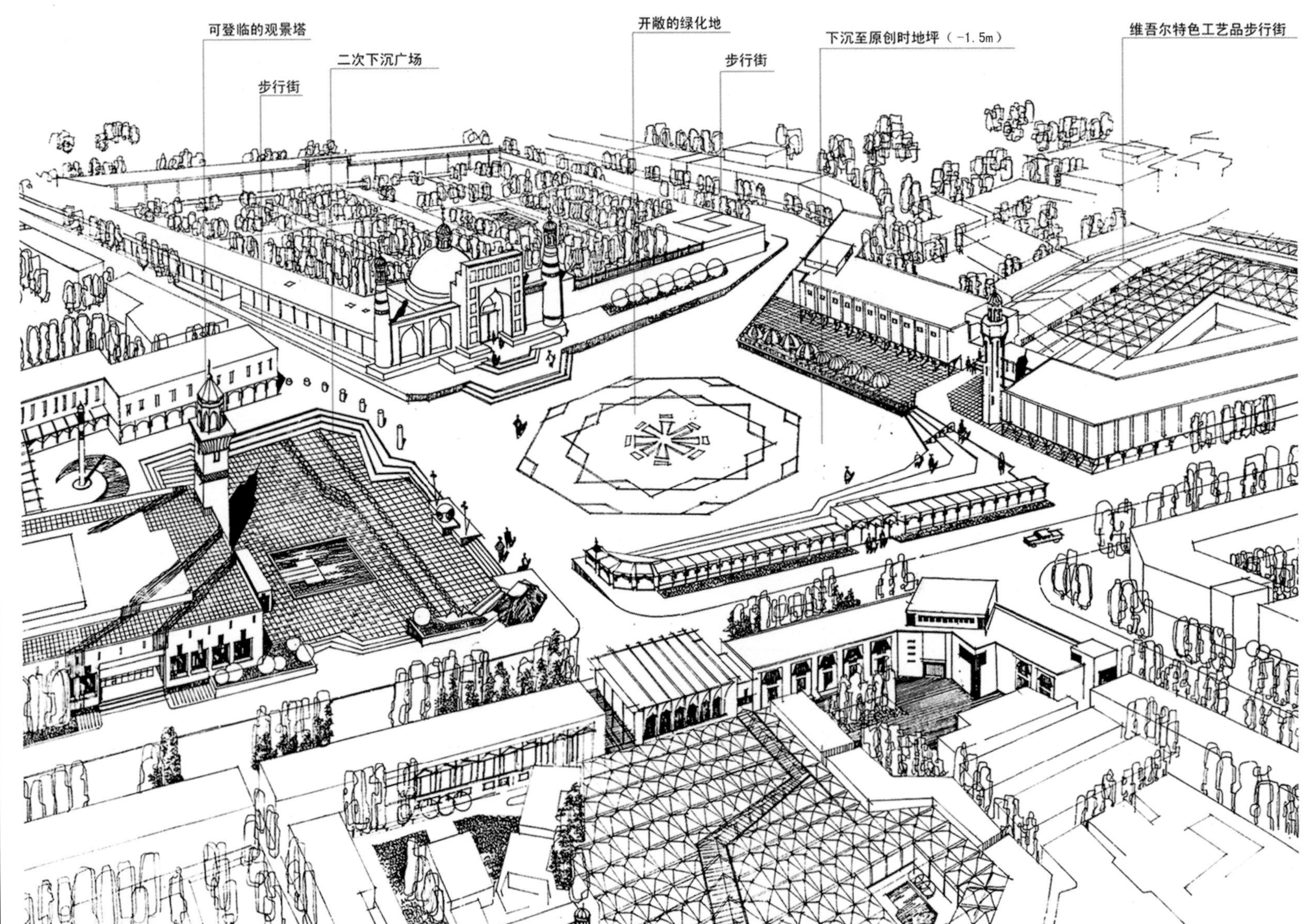

1988 年李雄飞在喀什调研期间，认真听取了原建设部王景慧、赵士绮副司长的意见，又研究了原西安规划局局长朝骥先生的建议草图，做出了对艾提尕尔广场改造的建议方案，该方案主要确定了如下基本理念。这些理念对十六年后的规划仍具有一定的参考价值：

1. 功能定位为节日聚会庆典性广场，是宗教与商业文化的中心；
2. 纠正由于解放路标高失误而埋设的历史地坪，恢复艾提尕尔清真寺的原有 13 级木台阶，以下沉广场方式再现当年真实高度；
3. 结合现状形成主副广场，增加一个标志性景观塔；安江热斯特步行商业街入口加一地标性装饰塔；
4. 重建艾提尕尔影剧院，但北侧的入口廊棚予以保留，使中国古建筑“景洞”设计手法得以延续；
5. 吾达力市场加玻璃顶棚，形成有特色的室内大巴扎，以保持原有露天市场的地方特色；
6. 广场东部安排了步行大台阶，兼节日庆典的观礼平台；
7. 在副广场上增加观赏性水池，完善清真寺的基本形制构成要素（上图为李雄飞原始设计墨线图）。

艾提尕尔广场设计研究——1988 年的改造设计方案

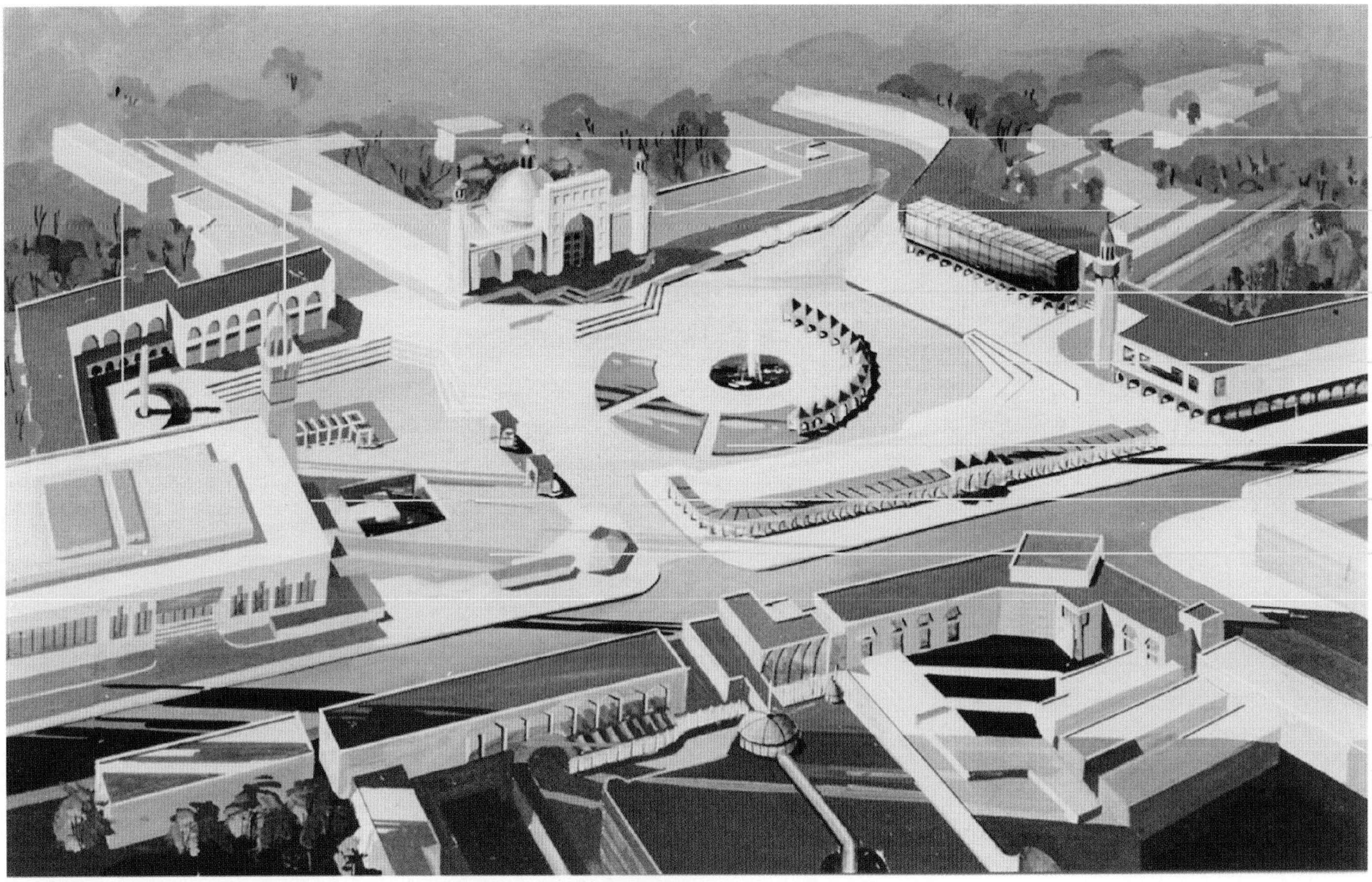

次广场

景观塔拍摄艾提尕尔最佳驻景点

主广场

周边台阶作观景平台

半月型草坪
（中心作音乐喷泉）

副广场

保留民族风格亭

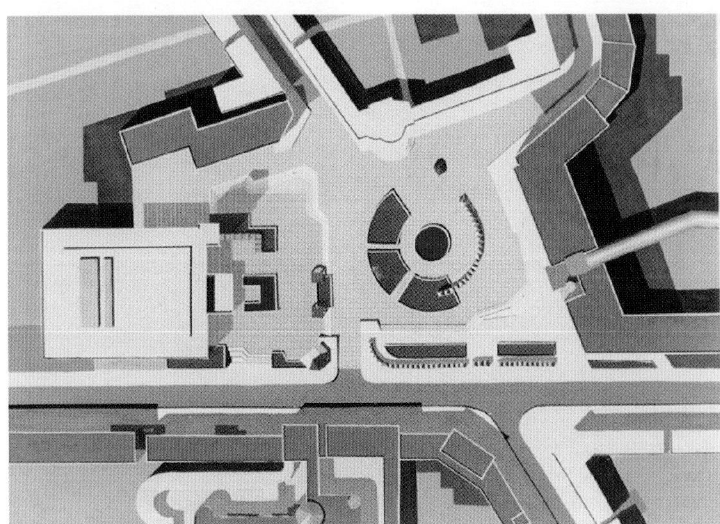

广场设计总的理念为三个面积不同，标高不同的下沉式组成丰富的空间层次（因有地下商场而形成的不同标高），四周有坡道进入广场。沿解放路一侧安排了休息廊。南北两座装饰灯塔，配合艾提尕尔清真寺两座光塔形成围合广场的三个界面。周边建筑控制在 7 米以下，以保证清真寺门楼的中心地位。广场中心为半月形喷水池。

广场东侧原吾达力市场规划改为室内大巴扎，与广场形成完整的古城中心区建筑群。

(水粉表现图，白智平作)

2003 年中标方案第一稿

第一稿的设计理念主要为四点：

1. 依据世界各地清真寺格局特色，在入口处设线状水池一座，平面呈维吾尔族的都达尔乐器形状，依高差形成跌水。以世界最美的印度泰姬·玛哈尔陵模式为参考蓝本。

2. 以入口为圆心，呈同心圆放射式，铺地作下沉广场。可在施工中按维吾尔族典型地毯花饰样式制作铺地地砖，可专门预制定作。

3. 南侧地下商场屋面作副广场，北侧从下沉广场开辟入口，与解放路东侧地下商场相通。

4. 广场在南侧增建维吾尔族艺术博物馆一座，以提高文化品位。形成完整的艾提尕尔广场的三个功能：宗教、商业、民俗文化。

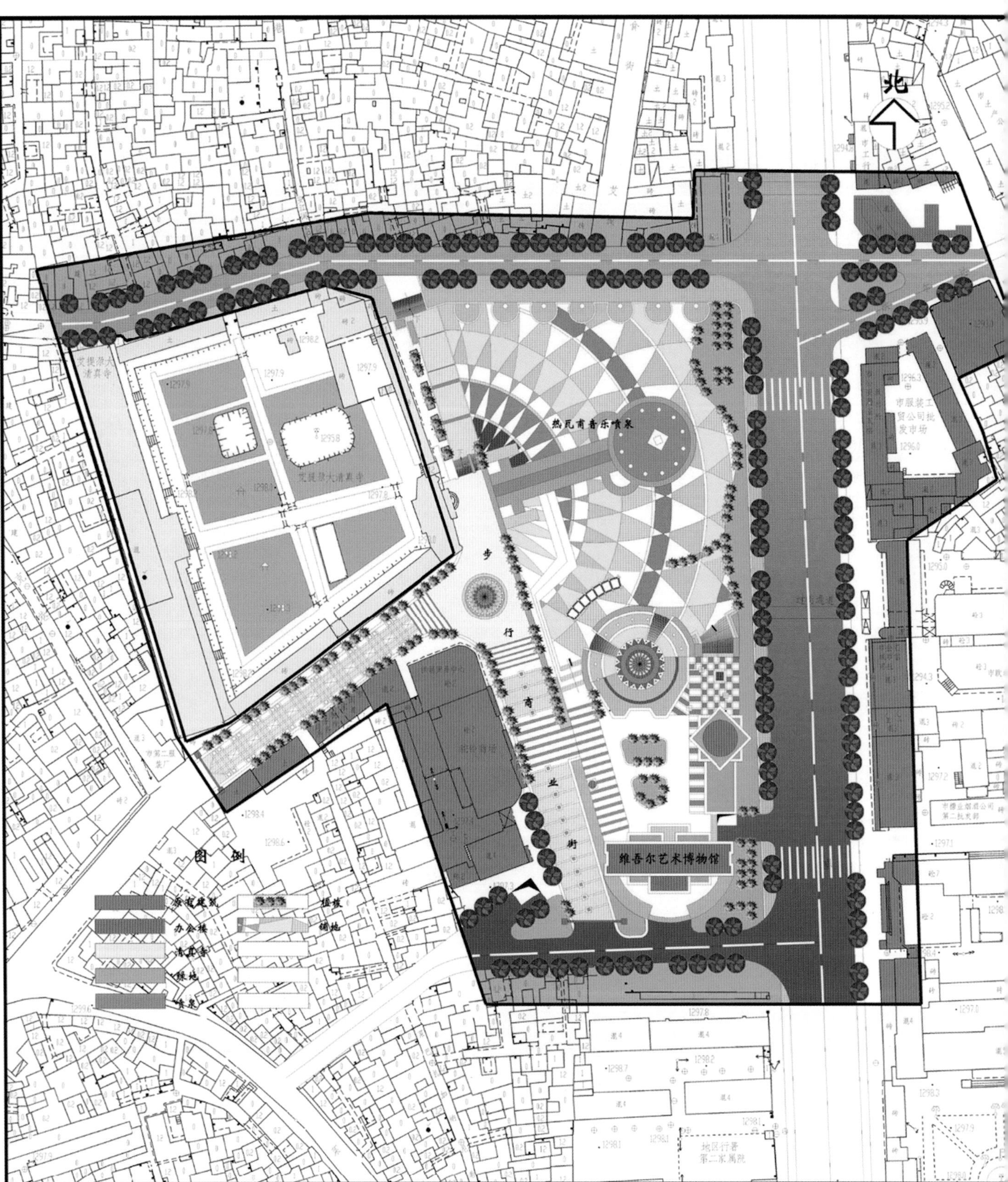

艾提尕尔广场设计研究——2003年中标方案第一稿

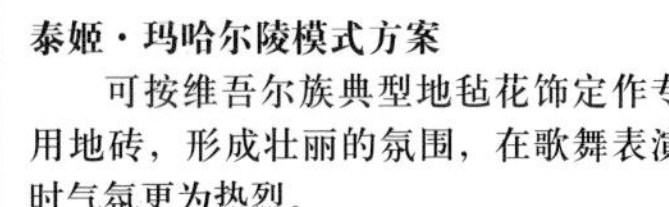

泰姬·玛哈尔陵模式方案

可按维吾尔族典型地毯花饰定作专用地砖，形成壮丽的氛围，在歌舞表演时气氛更为热烈。

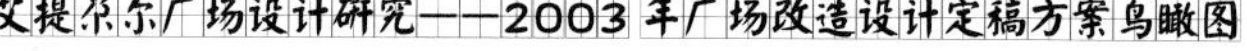
艾提尕尔广场设计研究——2003年广场改造设计定稿方案鸟瞰图

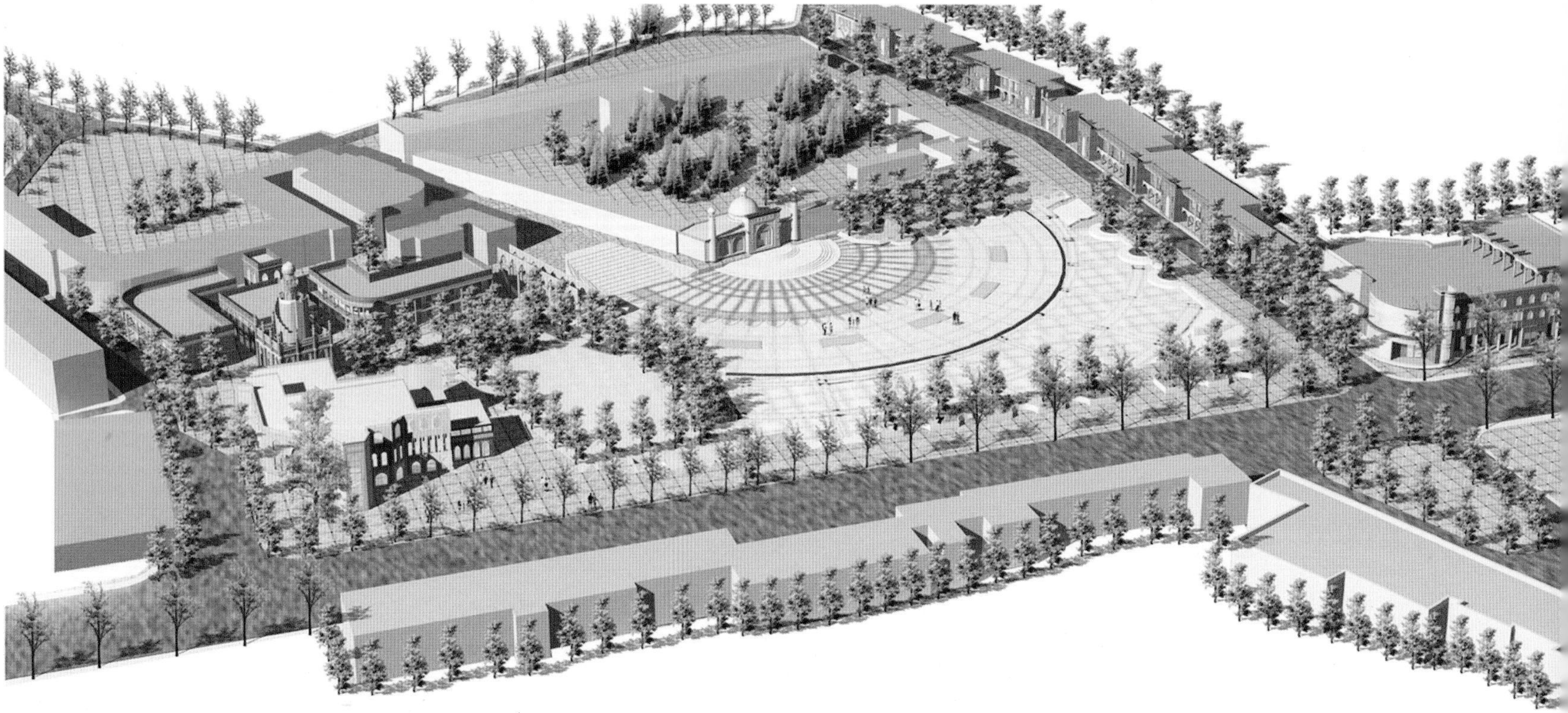

1988年的设计思路，经过十六年的广场观察与再思考，其中一些设计理念在2003年的方案竞标中得以改善与深化。

艾提尕尔广场设计研究——2003年广场改造设计定稿方案鸟瞰图

塑造新疆最富民族特色的优秀广场

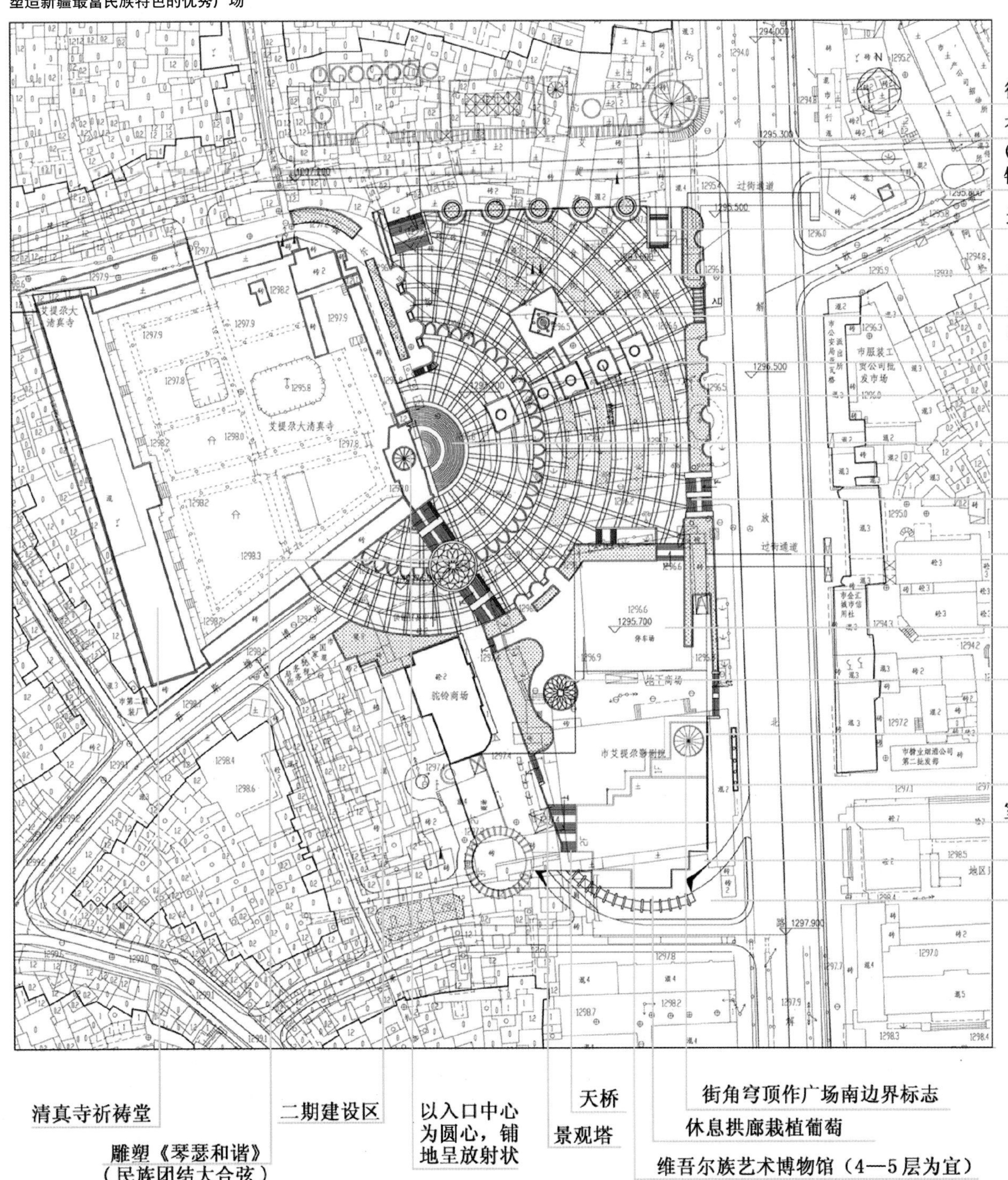

天津大学中标方案，突出艾提尕尔清真寺的标志性构件——门楼，以此为圆心，向周边放射作铺地，增加水池和维吾尔族典型器物“阿不都”，形成三个标高不同的广场，为节日提供最欢腾的环境气氛（设计：李雄飞　陈坚　李昊）

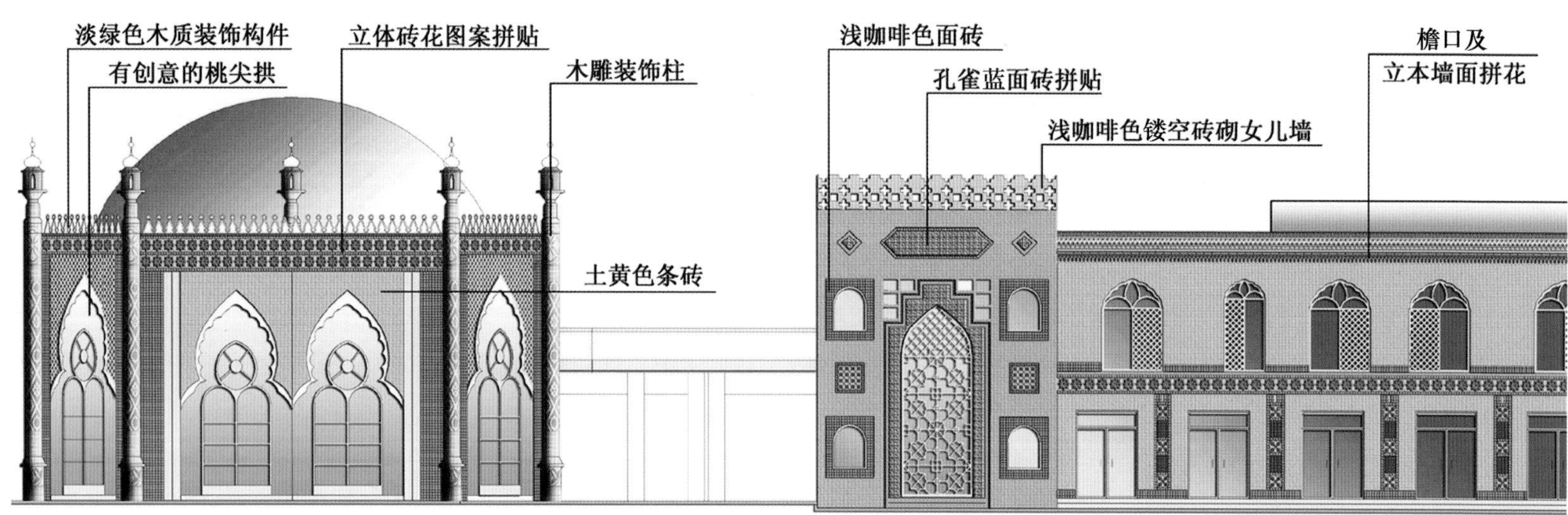

艾提尕尔广场北侧沿街建筑局部立面（自治区建筑院设计）

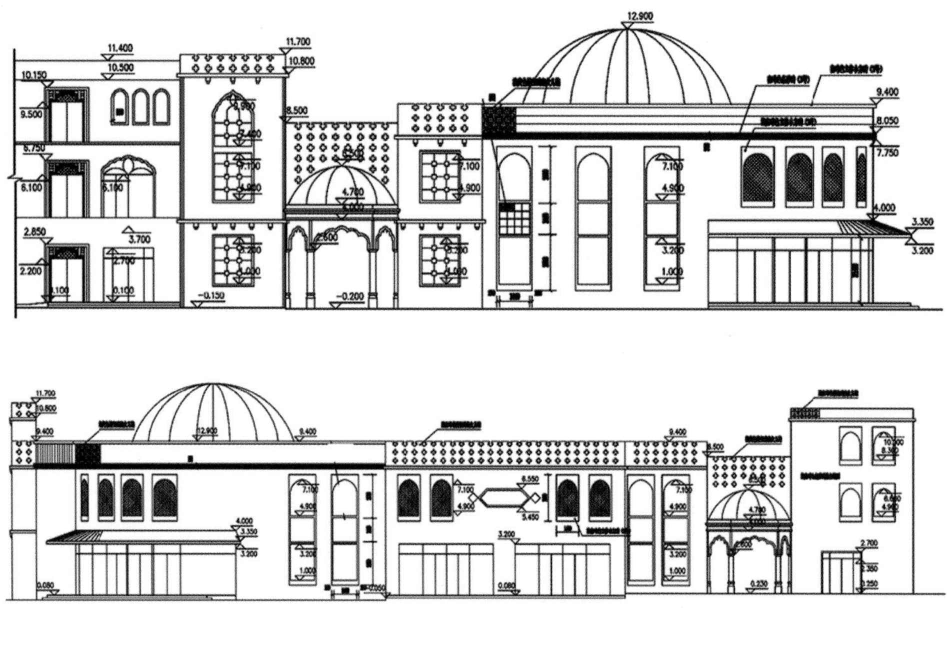

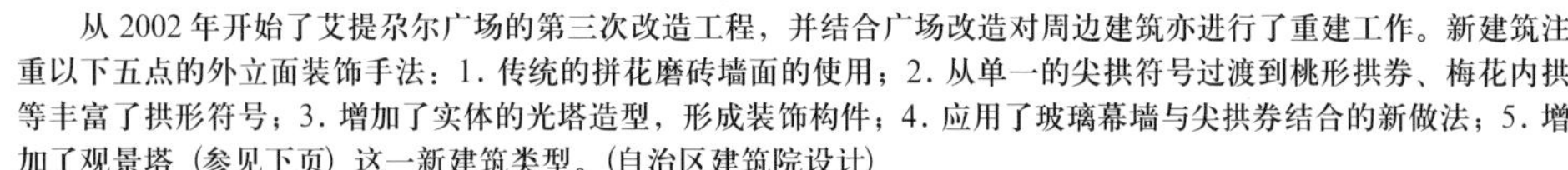

从 2002 年开始了艾提尕尔广场的第三次改造工程，并结合广场改造对周边建筑亦进行了重建工作。新建筑注重以下五点的外立面装饰手法：1. 传统的拼花磨砖墙面的使用；2. 从单一的尖拱符号过渡到桃形拱券、梅花内拱等丰富了拱形符号；3. 增加了实体的光塔造型，形成装饰构件；4. 应用了玻璃幕墙与尖拱券结合的新做法；5. 增加了观景塔（参见下页）这一新建筑类型。(自治区建筑院设计)

2005 年广场建成后航拍照片

艾提尕尔广场北侧
建筑立面照片

广场内观景塔（采用螺旋塔式形成特色）

原喀什电影院位置上的综合体建筑

沿解放北路的建筑

整修后的艾提尕尔清真寺侧面

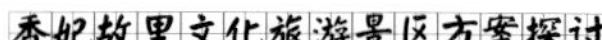

1988 年，天津大学师生在参观阿帕克霍加（香妃）墓之后，于同年确定了对香妃墓进行测绘的日程安排，并及时开展了相关工作。在建委测绘大队冷工的主持下，天津大学派出 7 人进行香妃墓主墓室的测绘工作，在测绘过程中发现主墓室的设计完全是按照古希腊—罗马的典型规制并结合伊斯兰宗教建筑进行建设的，布局严谨、对位关系明确，建筑立面和平面都完全符合古希腊—罗马的建筑构图原则，尽管是生土建筑，但是在尺寸控制上却是十分严谨的。

鉴于阿帕克霍加（香妃）墓的历史文化价值，又是国家级文物保护单位，从 1988 年开始，天津大学团队即开始研究阿帕克霍加（香妃）墓周边环境的整治和开展文化旅游所需要的各种要素，并做了初步的规划设计方案。以主墓室为半径 200 米以外增加一些旅游设施；20 年以后，随着改革开放大好形势的到来，阿帕克霍加（香妃）墓区周边必定成为喀什市的重点文化旅游区，因此从 2008 年开始，天津大学团队的有关专家和对喀什有兴趣的研究生即开始探讨开发旅游区的各种可行性方案；2009 年，受市政府的委托，天津大学团队开始正式编制国家一级文物的文化内涵延伸和风景旅游区的开发规划，因限于拆迁难度较大，第四稿以前的方案都是在保护的原则下以安排好拆迁户作为规划的要点。

2010 年，自治区党委、自治区人民政府正式决定把阿帕克霍加（香妃）墓的旅游发展规划定位为自治区旅游工作的重点之一。为保障规划方案的理想性，原 263 户需要动迁的居民可以进行异地安置，这为规划提供了一个非常好的基础条件。

香妃故里文化旅游景区保护方案第二稿

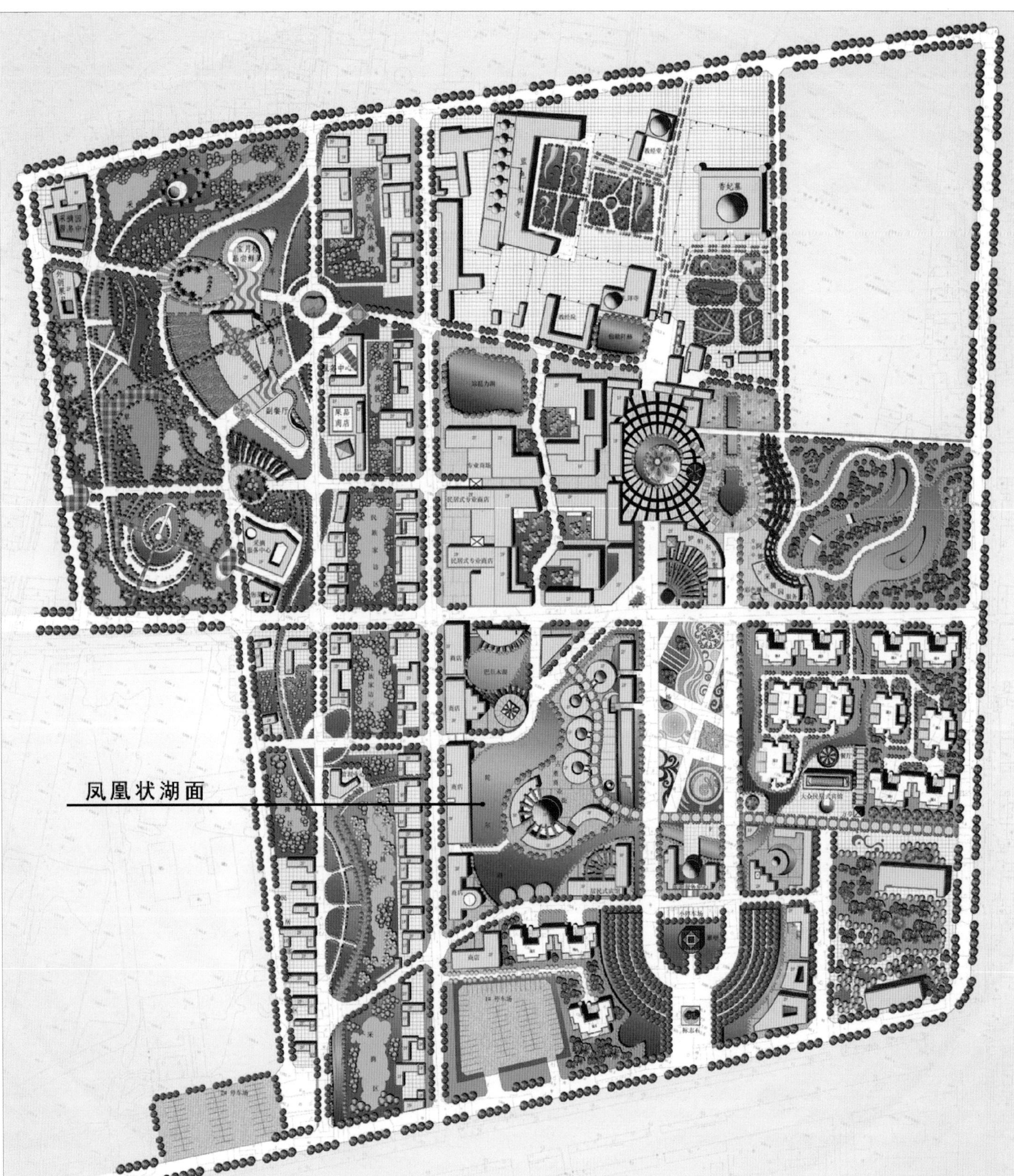

设计说明：

第二稿方案体现理想化设计理念，将水系贯通形成活泼的凤凰形水面（水源可以保证），中轴以两条路来象征地毯的铺地广场，把阿帕克霍加（香妃）墓与城市道路贯通起来。

除东部安排拆迁户外，围绕琼昆力湖形成可供参观、住宿的家庭旅馆商业居住区，西部结合现状形成家庭式采摘园和民族家访区，并安排了一个较大的由景区管理的采摘区。轴线西侧商业建筑群采用蒙古风格建筑，围绕陀尔湖形成集中的多民族风格的商业旅游区。全部图案均以体现维吾尔族文化为主体的多民族形式，使香妃文化园更具地方特色。

2008年稿

香妃故里文化旅游景区鸟瞰图

方案一鸟瞰图

入口广场鸟瞰图

文化广场鸟瞰图

香妃故里文化旅游景区改造第五稿方案二

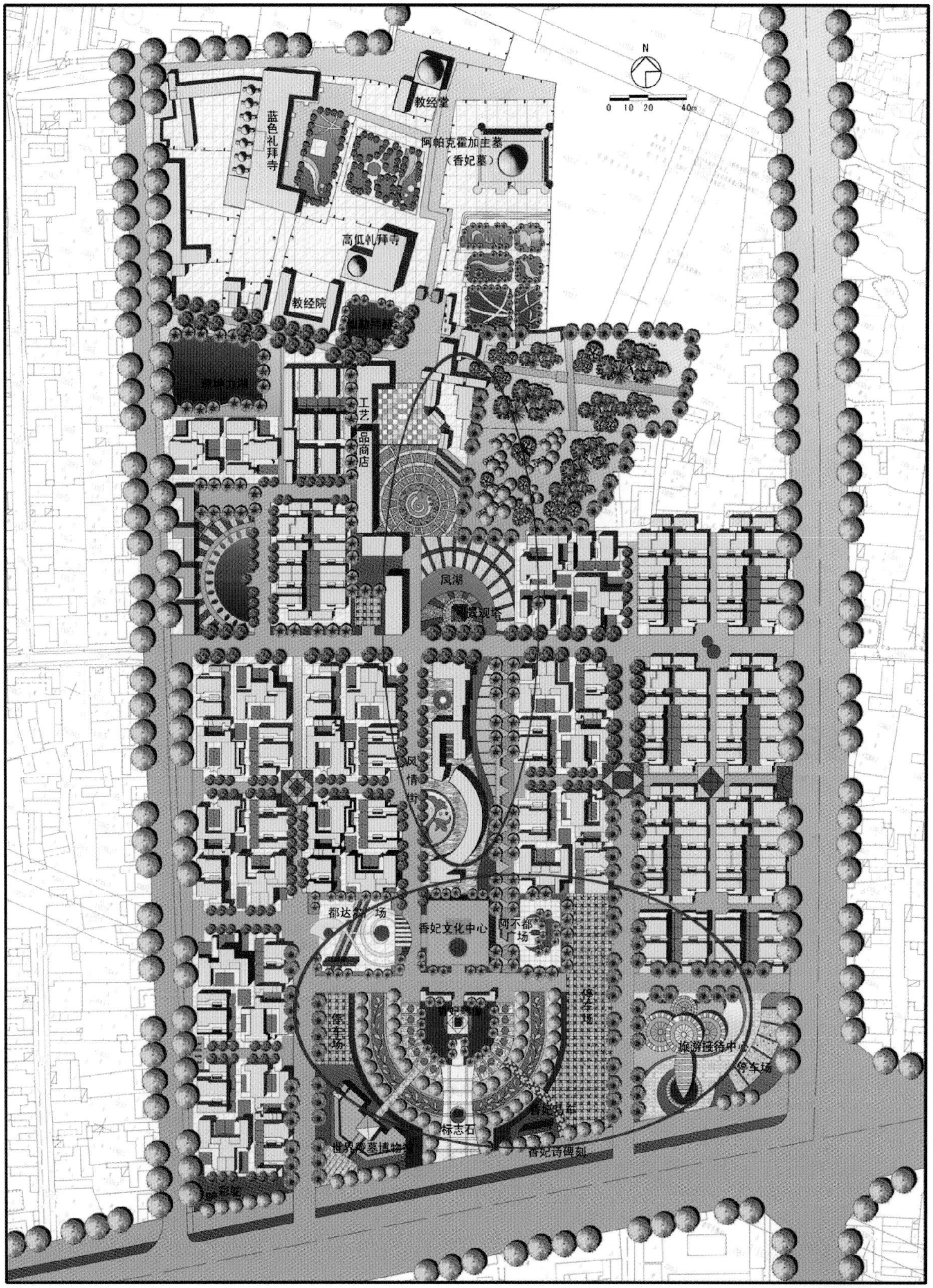

N

0 10 20 40m

教经堂

蓝色礼拜寺

阿帕克霍加主墓（香妃墓）

高低礼拜寺

教经院

工艺品商店

凤湖

风情街

都达广场

香妃文化中心

阿不都广场

停车场

旅游接待中心

标志石

香妃诗碑刻

第五稿方案二

设计说明：

方案二按照承建方的要求，规划片区分为三个部分：中轴线（含入口广场）、东部和西部拆迁安置区。中轴以南的水系形成活泼动感的空间形态，中轴由风情街和林荫大道两条道路构成，入口广场强调浓郁的民族文化特色，并配合参观主体兴建世界陵墓博物馆和巴旦木花形态的装饰带为今后轴线向南延伸留下了余地。方案中预留了较大面积的场地和休息林荫场所。

香妃故里文化旅游景区改造第五稿方案三

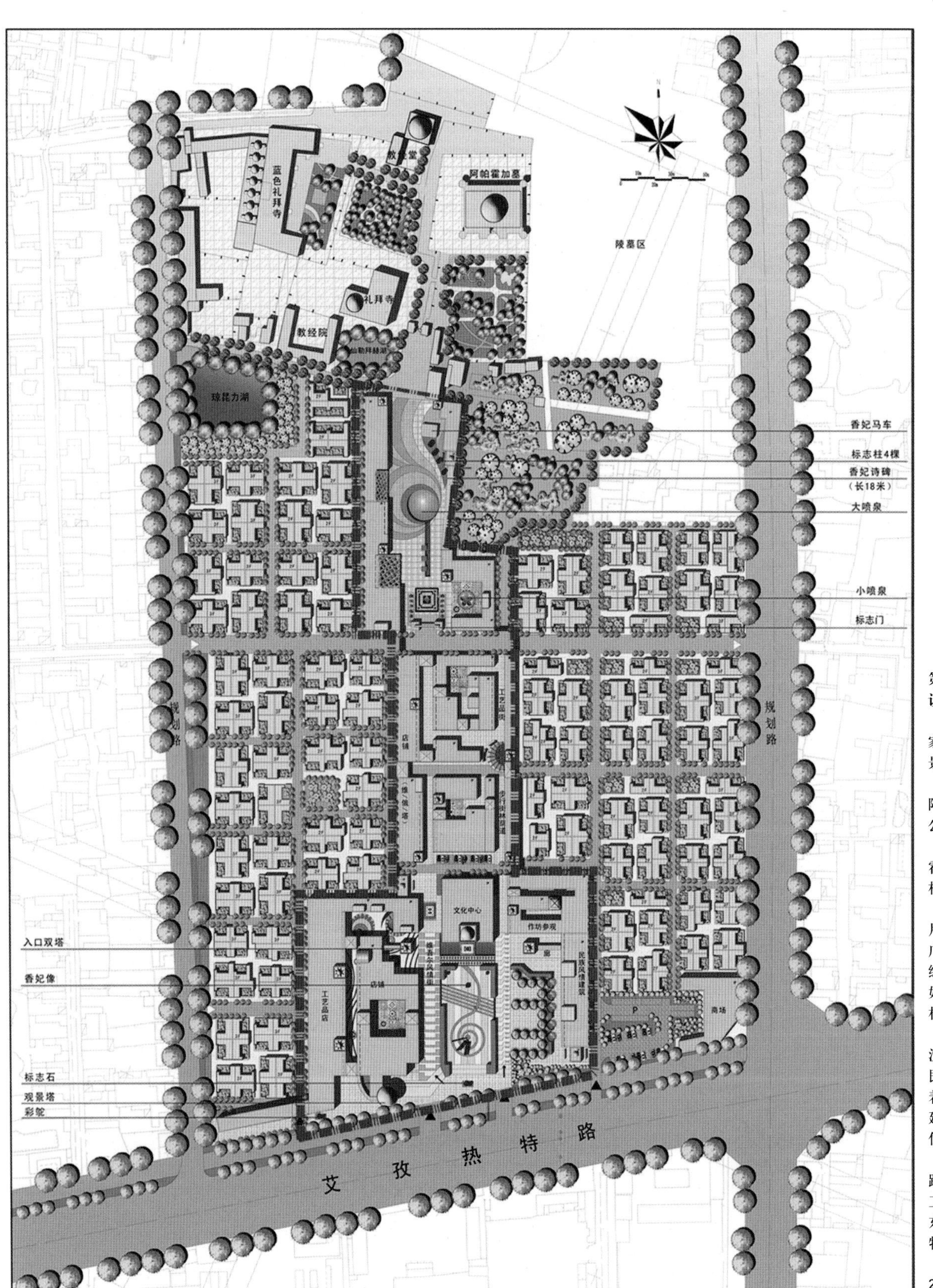

第五稿方案三

设计说明：

香妃文化园是以阿帕克霍加（香妃）墓（国家一级文物保护单位）为主体的申报国家4A级景区的文化旅游用地。

文化旅游景区一期工程的艾孜热特路北至阿帕克霍加（香妃）墓片区，总规划面积约为4公顷。规划结构为一轴两片区模式。

一轴：指从艾孜热特路入口广场至阿帕克霍加（香妃）墓大门，由一个广场和两条道路构成。

两片区：指主轴东西两侧的抗震安居住宅片区。中轴线入口广场安排在南邻艾孜热特路，广场净面积约为1公顷。广场由香妃雕像广场，绿化休闲区，标志石等主要特色建筑构成，香妃雕像高6米（含基座），由白色花岗岩或青铜材质制作而成。

广场中部主体建筑为香妃文化中心，采用汉、维两种典型构件形成特色，象征着新疆各民族文化的融合。屋面采用钻石型穹顶，象征着中华民族大一统的理念弥足珍贵，必须爱惜。建筑用途为集大型餐饮及歌剧表演为一体的喀什最具特色的文化中心。

进入阿帕克霍加（香妃）墓采用东西两条路模式，西路为餐饮一条街，东部为民族特色工艺品，西路采用骑楼、过街楼、连续廊模式，东路采用保证从艾孜热特路可直接看到香妃墓特色穹顶的无过街楼模式。

2009年稿

香妃故里文化旅游景区改造中标第五稿方案四

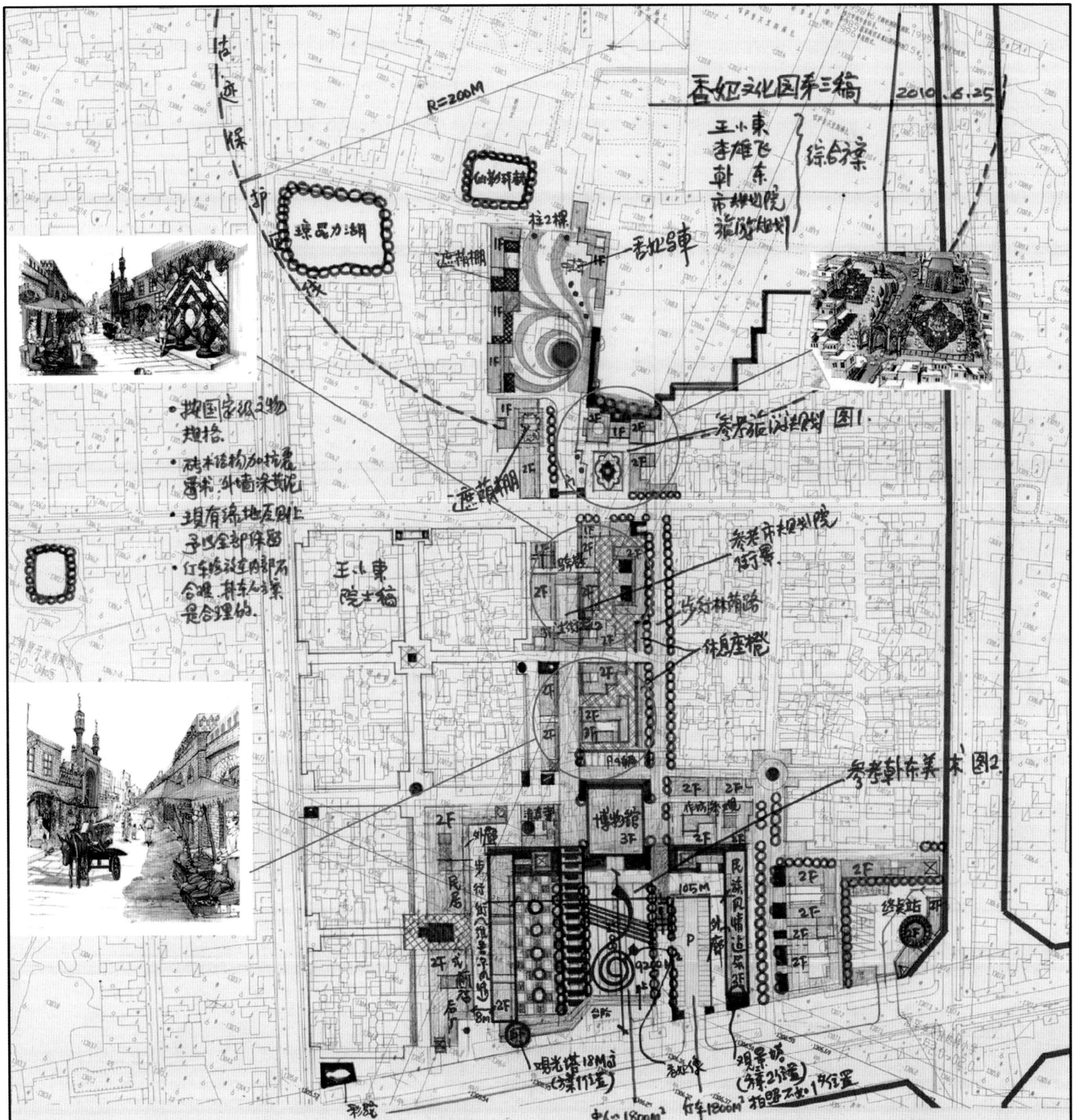

设计的香妃故里文化旅游景区第五稿方案四工作图，引用了三处“京师天成”的旅游规划意向。
两侧安置搬迁的居民住宅均采用王小东院士的设计方案。

香妃故里文化旅游景区改造第六稿

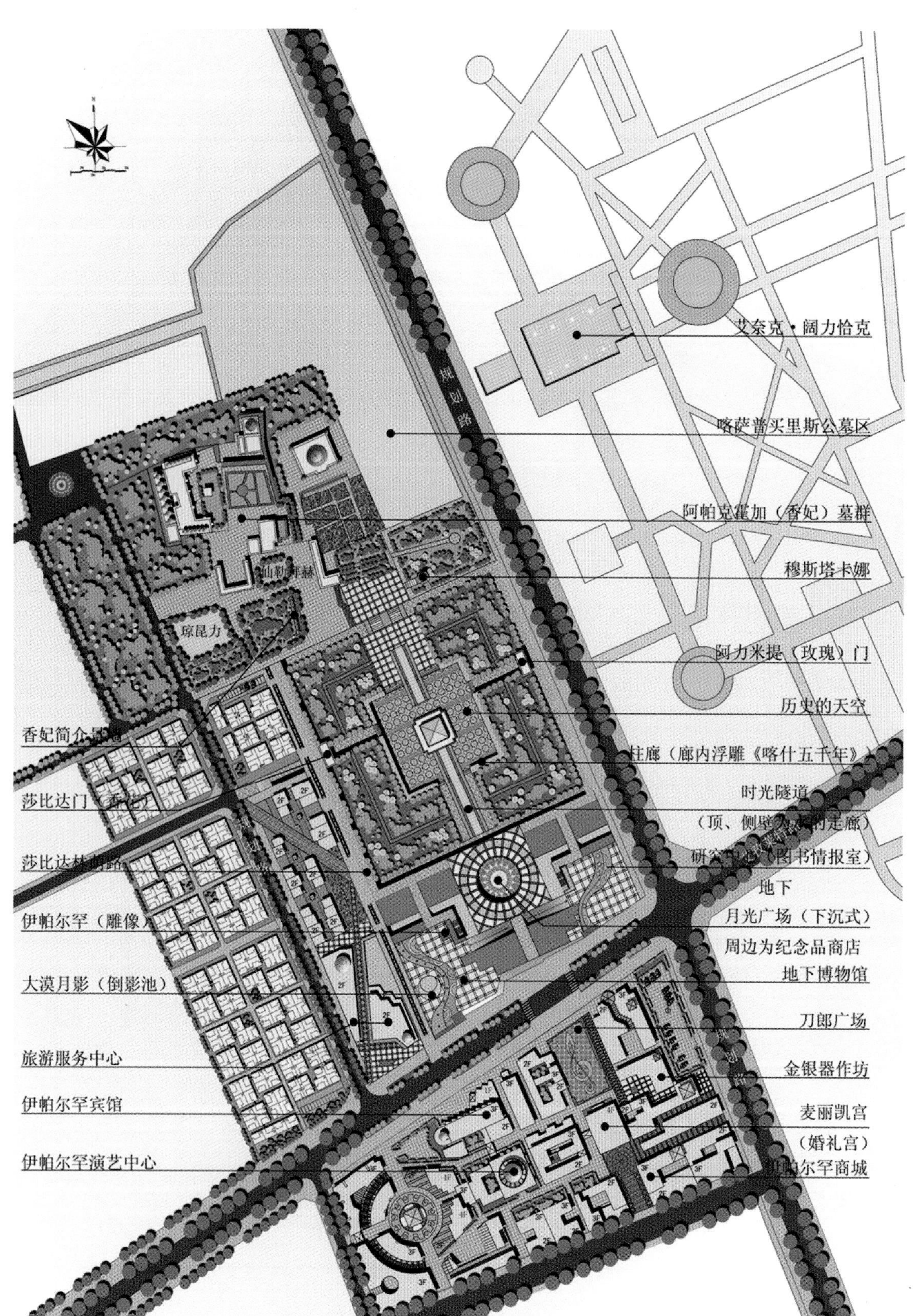

香妃故里文化旅游景区
方案第六稿

香妃故里文化旅游景区改造中标方案第六稿轴线布置

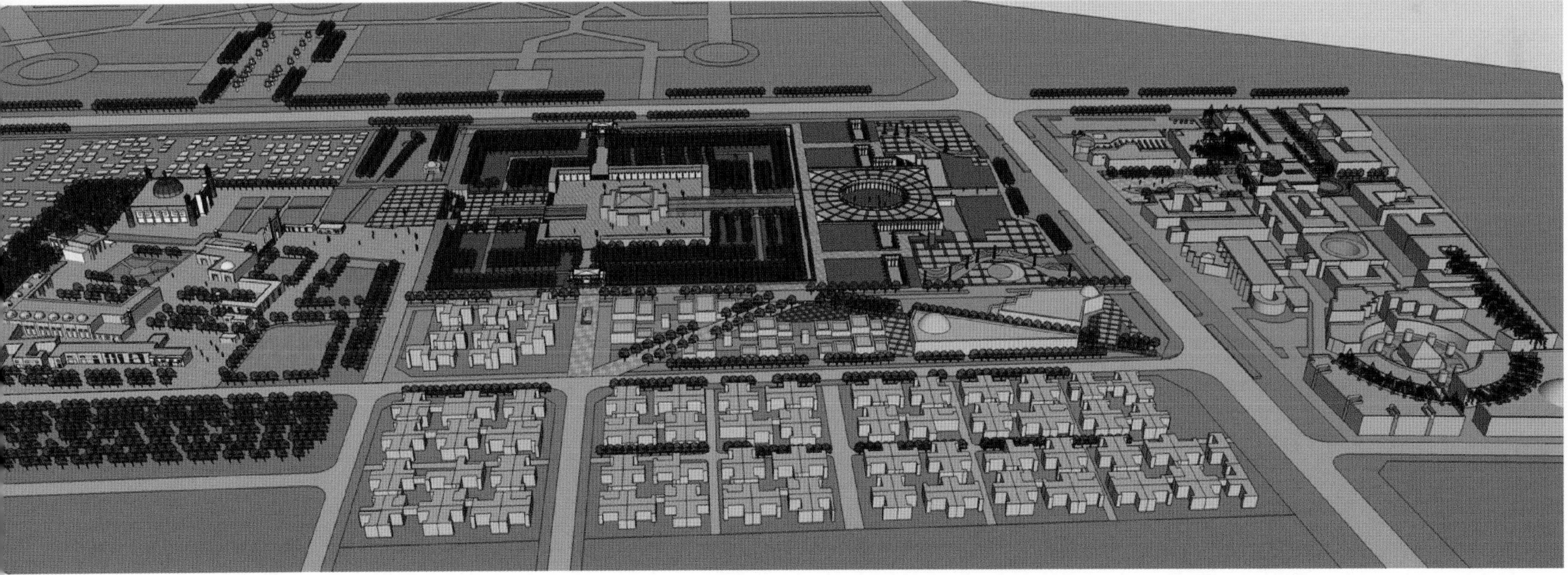

按照阿拉伯伊斯兰文化建筑艺术的特点，图形严谨，但在统一中又可求变化，结合现状开辟了东西轴线，以莎比达门和阿力米提门作为空间的限定使空间在严谨中有生气，规矩中求变化，与喀什浓郁的民族风格完全统一起来

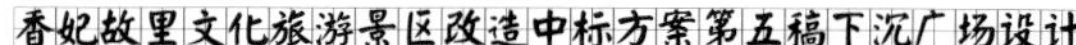

香妃故里文化旅游景区改造中标方案第五稿下沉广场设计

第五稿方案中，中心下沉广场周边由总长近 400 米的浮雕墙围合而成。广场为人流最集中的广场，从广场看主墓室使主墓室相对提高了 8 米，显得更加雄伟壮观。

入口广场以下沉式商业通道作为特色，形成地上地下相互渗透的空间序列，下沉式的通道与地面广场有非常方便的交通联系，既保证了主墓室空间开阔性，又使人联想到喀什民居地上地下都得到充分利用的传统特色。

香妃故里文化旅游景区改造中标方案第六稿时空隧道设计

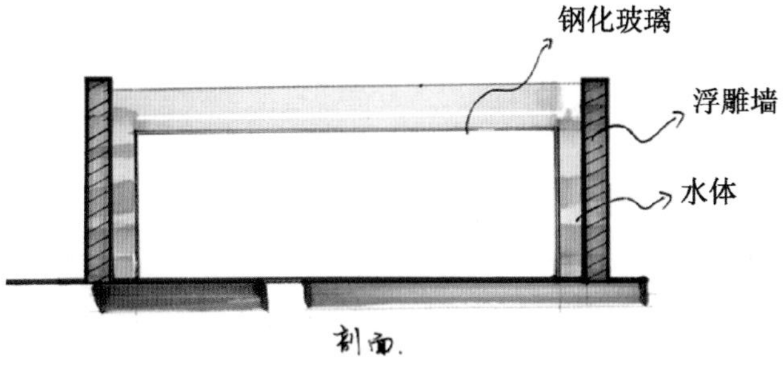

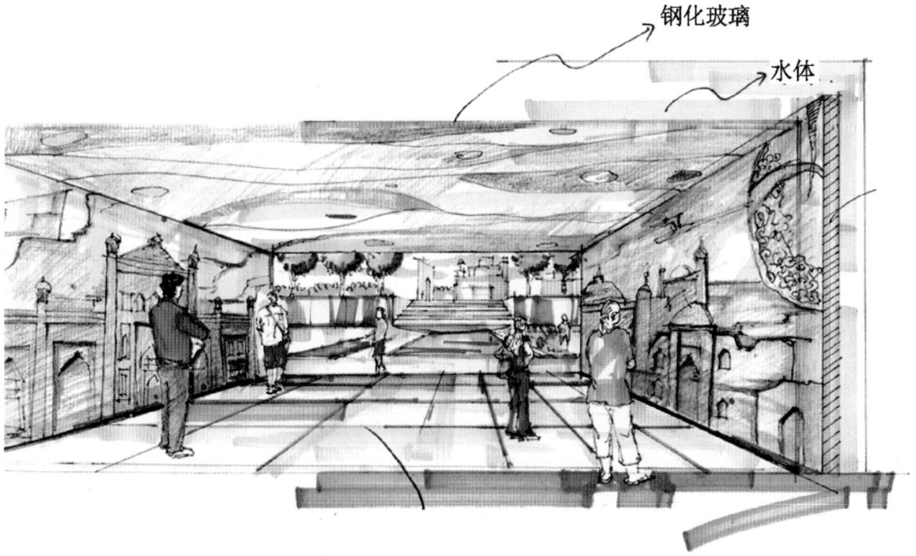

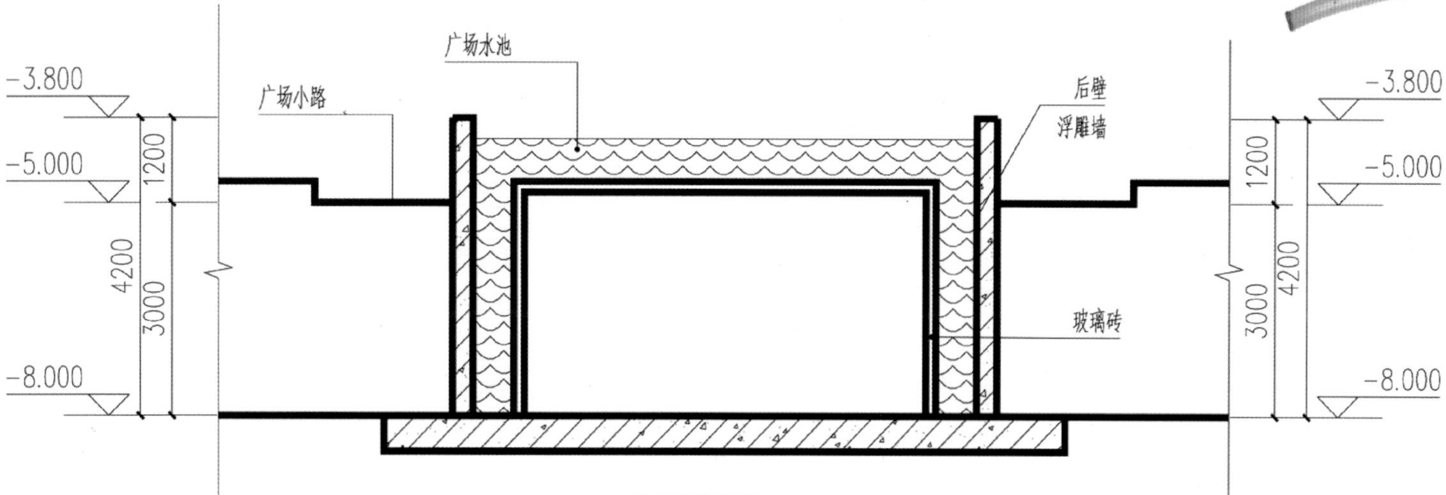

时空隧道剖面图1：100

（注：第六稿略）

时空隧道设计与构思：

借鉴国外古建筑保护的设计理念和本次项目的特点，确定香妃故里文化旅游景区——以时空隧道作为设计理念。

从香妃广场T字形坡道进入下沉广场，下沉广场由两个正方形谷地构成，外围台地下沉五米，以果树和灌木为主以确保从艾孜热特路上可以很好地看到阿帕克霍加（香妃）墓，不至于被树木遮挡，中心下沉广场再下沉两米，周边两米高的挡墙上以喀什五千年为主题做浮雕墙地面，按喀什地毯式样用瓷片和石材拼贴而成，使这一下沉广场成为充满传奇色彩与历史氛围浓郁的维吾尔族特色的开敞空间。进入中线下沉广场是一条玻璃方廊，方廊的左右两侧是玻璃墙面，玻璃的后面是宽为60米的水箱，水箱后面为石雕墙，其雕塑主题为喀什历史故事。人走在方廊里，透过两侧的玻璃可以看到水槽后面的浮雕，产生一种喀什五千年的梦幻般的感觉，玻璃廊的顶部同样由玻璃构成，玻璃的上面即为中心下沉广场的水池，使人行走在三面为水的玻璃廊中，透过顶上的玻璃和水面可以隐隐约约地看到主墓室随水波荡漾的绿色穹顶。

第七稿方案的形成

第五稿方案是由市政府指导，房地产开发商具体操作的方案，由于拆迁户有371户需要安置，安置难度较高，所以在第七稿中，中心广场和两条轴线（观赏主墓室及入口大门）安排了商业街，并以麦丽凯宫（婚礼宫）为广场主体建筑，两条商业步行街的功能是动迁安置户作为就业与生计来源使用的功能板块。动迁户均安排在东西两侧用地内。

自治区党委领导审查图纸并视察现场后认为这一方案没有充分发挥国家一级文物保护单位的历史与艺术价值，应很好地研究国内外处理这种历史文化悠久、内涵丰富的同类建筑方式的经验。因此，方案开始修改相继完成了第五稿、第六稿。第五稿、第六稿由于使用现代设计手法较多，并借鉴了国内外建筑大师的一些设计技巧，在自治区建设厅转接评审会议中专家们普遍认为现代材料与工业技巧的展示方法在建设控制地带内不太合适，更应贴近传统的、当地的、较原始的施工技术，因此经全面修改提出了第七稿。

春贤书记到新疆以来，亲自过问的艺术建筑项目中阿帕克霍加（香妃）墓旅游延伸区是第一个，努尔·白克力主席也亲自到现场召开研讨会。

春贤书记在会上提出的几条建议，天津大学专家团队及合作的国内外专家一致评价很高，一致认为这几条建议高瞻远瞩，同时又实事求是，政治家的气度与工程现实结合起来后升华了设计。

自治区党委春贤书记、努尔·白克力主席、努尔兰·阿不都满金常委、地区史大刚书记、艾克拜尔·吾甫尔专员、自治区建设厅、喀什地委委员兼市委书记曾存、买买提明·白克力市长的多次讨论，最终确定天津大学的香妃故里文化旅游景区方案为实施方案。

一、工作程序与方案的最终形成

1. 自治区党委张春贤书记和努尔·白克力主席的建议，根据会议记录主要归纳为四条：

（1）要很好地借鉴印度泰姬·玛哈尔陵的设计理念，从艾孜热特路上要能看到完整的阿帕克霍加（香妃）墓，不宜出现遮挡性建筑；

（2）在适当位置要有一条商业步行街，作为旅游商业服务一条街，为附近居民提供就业机会；

（3）安排一两座宾馆，可借鉴泰姬宾馆的做法，从每个客房的窗口都可以看到泰姬陵；还可有个表演艺术中心，放在哪里由设计单位考虑；

（4）可由地、市两级主管领导和技术人员共同前往印度、土耳其、迪拜考察。会后，由喀什地区专署艾克拜尔·吾甫尔专员作为团长，于2010年10月1日前往印度、土耳其、迪拜进行了为期十三天的考察。考察期间由买买提明·白克力市长和卢副市长、贾卫东局长、天津大学李雄飞教授初步讨论，认为可将中心广场绿化区做下沉式处理，这样既可达到绿化的目的（文物环境），又不遮挡古建筑群的完整轮廓，艾克拜尔·吾甫尔专员也首肯了这一构想。

2. 出国回来后，由天津大学团队完成了初步方案并在2011年3月2日召开的市委常委扩大会上进行了汇报，获得认可。与此同时，天津大学团队邀请相关文物保护专家、规划专家以及部分外国专家共同针对政府认可的方案进行了细节深入的探讨，提出了可将主要观赏点向前提的意见，根据这一意见，将观赏全景位置提至354米处，拍摄主体古建筑群倒影提至230米（第一倒影区）、125米（第二倒影区）。解决了距离过远，难窥全貌的问题。

3. 2011年3月14日，由天津大学团队和中规院团队分别向自治区建设厅作了专题汇报，会议由王小东院士主持，由自治区文物局乌布里·买买提艾力博士（处长）、原建设厅厅长陈震东、专家陈延琪、陆易农、王元新组成专家组对两个方案进行了审核，同意将天津大学团队方案作为上报方案，但对方案提出了如下修改意见：同意对历史文化的深层次分析并按照维吾尔族古建筑群形制进行；中心广场可适当缩小；维吾尔族丧葬文化要有一定的展示空间（喀什方面卢振地、任彦启、周跃武参加了会议）。

4. 2011年5月13日，自治区黄卫副主席亲临喀什阿帕克霍加（香妃）墓视察，史大刚书记重新审视天津大学的方案后指示把较现代的水廊（时空隧道）取消。

5. 2011年5月22日，自治区努尔兰常委再次来喀什视察，听取了天津大学团队的方案介绍，认可了天津大学提出的十一个设计理念，要搞一个项目指导手册，给施工人员落实；周边一定不要盖高层，要使古建筑群有气魄（原话为“气魄要体现出来”）。努尔兰常委离开喀什前，又一再嘱咐天津大学项目负责人一定要最后再让阿扎提校长等维吾尔族专家学者再审查一次。

史大刚书记在会上再一次明确方案设计由天津大学团队完成（喀什地区刘夏宁、徐建荣、周跃武、任彦启等参会）。

6. 2011 年 7 月 7 日，天津大学项目负责人专程去乌鲁木齐向阿扎提·苏立坦校长、阿布都克里木·热合曼教授等维吾尔族专家征求意见，根据他们的意见又进行了修改。

二、2011 年 5 月 22 日努尔兰常委听取方案主要修改意见记录

1. 大刚书记：两个方案，我已明确了两次，就是按照天津大学的方案作。喀什的旅游要做大做强。香妃故里文化旅游区要加快进度，现在已落实了 1200 亩地。

2. 努尔兰常委：完全同意史书记的意见，方案由天津大学继续深化。春贤书记对香妃故里文化旅游景区的三条意见和明确要求，天津大学的方案基本上都体现了。李老师介绍中所提的 11 个理念都很好，突出了重点，基本思路清晰，尽快研究下一步工作，尽快落地。请天大方面在落地过程中，给施工单位编一个较详细的项目指导手册，要详细。包括木料的使用，植被用什么树种，建筑颜色，文化方面也要统一，以维吾尔族文化为主。天津做得非常好，荷兰村就请了荷兰人来做。要尽早启动，施工队伍要选好。周边千万不要盖高楼，一定要控制好，要把气魄体现出来。

3. 孙昌华常委：我完全同意努尔兰常委和史书记的意见。同意采用天津大学的方案，这个方案简洁明了、实事求是，其他的方案包罗万象，这是不必要的，关键是把“香妃”本身做透。方案中，都不要进入现代化的东西，新疆的历史要集中到反分裂上。可以在香妃园内搞几个博物馆，讲清楚历史脉络。也可以有一些新疆政权更替与中央政权的关系以及民族发展史和宗教的演变史。

这次设计方案，由春贤书记提议，努尔·白克力主席主持，先后经过了自治区领导、喀什地区领导史大刚书记、艾克拜尔·吾甫尔专员的评议，自治区建设厅专家组的讨论，并在《喀什日报》上刊登项目公示，采用了群众、专家、领导的三结合评议方案模式，同时又专门征求了对国家级文保单位有研究的维吾尔族专家和知识界的意见，得到了新疆大学、新疆师范大学教授的认可，形成了较完善的第七稿方案。

三、方案修改的主要内容

1. 取消了原“时光隧道”等现代手法设计的部分。

2. 根据自治区建设厅专家组的意见，缩小了中心广场，为 100 米 ×100 米（15 亩）。

3. 根据孙昌华副秘书长的意见，安排了香妃文化博物馆、维吾尔族丧葬文化博物馆以及香妃传奇故事场景馆（蜡像）。

4. 坚持中心绿地花果园区为下沉方式，以便从艾孜热特路上能看到完整清晰的古建筑群总体形象，总面积为 66.8 亩（含中心广场）。

5. 西侧和前庭广场下部仍保留地下空间，为未来各种用途的使用要求作出预留，以避免二次开挖。柱距为 8.4 米 ×8.4 米，既可用于停车，也适于做各种专业博物馆。为战备、防灾、储存物资预留一定的空间用房。

6. 建筑一律采用当地磨砖拼花、木材、石膏等本土材料，形成完整的历史氛围。

香妃故里文化旅游景区总体规划及修建性详细规划说明书

一、项目概况

新疆是民族迁徙和文化交流的大舞台。在长达 5000 多年的历史进程中，世界四大文明——中华文明、希腊文明、印度文明、阿拉伯文明在这里交汇。世界三大语系——汉藏语系、印欧语系、阿尔泰语系在这里共存。世界三大宗教——佛教、基督教、伊斯兰教在这里聚首。这些都是新疆地域文化的包容性的体现，更是新疆可持续发展的保障。

我国的西部地区拥有最为丰富多彩的自然资源，而西部大开发的战略目标就是在完善西部基础设施、调整西部产业结构的同时，保护和开发这些重要的历史文化资源。随着西部大开发优惠政策的陆续出台，以及旅游环境的不断完善，为发展西部的旅游产业提供了千载难逢的历史机遇。

喀什是古丝绸之路南北两道的交汇点，它北倚天山，西枕帕米尔高原，南抵喀喇昆仑山脉，东临塔克拉玛干沙漠，是丝绸之路从中亚、南亚进入中国的第一大城市，也是通往西亚和欧洲的陆路通道。公元前 2 世纪，中国人民的友好使者张骞正式开辟了丝绸之路，使它成为贯通欧亚大陆的东西方交通要道。千百年来，喀什一直是天山以南著名的政治、经济、文化交通中心。

从现代人的角度看，喀什——这个从历史中走来的“十字路口”今天依然发挥着它的作用。2010 年 5 月，在中央新疆工作座谈会上决定设立喀什经济特区。这一决策充分展现了党中央国务院及自治区政府对喀什和谐稳定、蓬勃发展的美好愿景。

在这一契机下，自治区领导确立了将喀什市打造成为具有浓郁民族特色城市的目标，并首先确定了对阿帕克霍加（香妃）墓及周边环境进行改造与整治的任务。同时将其打造成为以香妃文化为主题的“香妃故里文化旅游景区”。

此次规划，旨在改善墓区周边环境和提升景区文化魅力，并以传统建筑符号为基础融入现代元素，将其打造成为喀什乃至全疆的文化品牌。

二、价值分析

1. 重要地位

香妃墓坐落在喀什市东郊 5 公里的浩罕村，系自治区的重点文物保护单位。这是一座典型的伊斯兰古建筑群，也是伊斯兰教派喀什创始人的陵墓，占地 2 公顷。据说墓内葬有同一家族的五代 72 人（实际只见大小 58 个墓穴）。

香妃故里文化园是打造喀什浓郁民族特色的重要组成部分。喀什浓郁民族特色体系主要是由喀什的历史文化街区、主要古建筑群、特色风景旅游区、民族风情园城市特色商业街与巴扎系列、特色广场群、城市风貌特色建筑群、拟建的重要特色建筑、规划确定要建设的城市特色构建项目以及雕塑体系构成的。

2. 历史价值

“香妃”原名伊帕尔罕，诞生在维吾尔族和卓族的一个家庭。乾隆二十五年，因其兄在平叛大小和卓之乱中立功而被选入宫，册封为和贵人即香妃。阿帕克霍加墓是其家族墓地，始建于明崇祯十三年（公元 1640），传说香妃死后也葬于此，故又称香妃墓。现为国家级文物保护单位。

第一代墓主是伊斯兰著名传教士玉素甫・霍加，他死后其长子阿帕克霍加继承了父亲的传教事业，成了明末清初喀什伊斯兰教“依禅派”著名大师，并一度夺得了叶尔羌王朝的政权。他死于 1693 年，亦葬于此，由于其名望超过了他的父亲，所以后来人们便把这座陵墓称为“阿帕克霍加墓”。传说，埋葬在这里的霍加后裔中，有一个叫伊帕尔罕的女子是乾隆皇帝的爱妃，由于她身上有一股常有的沙枣花香，人们便称她为“香妃”。香妃死后由其嫂苏德香将其尸体护送回喀什，并葬于阿帕克霍加墓内，因而人们又将这座陵墓称作“香妃墓”。不过据考证，香妃并没有葬在这里，她确切的葬地是在河北遵化清东陵的裕妃园寝。

3. 景观价值

阿帕克霍加（香妃）墓经历了三百多年的风雨历史的洗礼，以其坚韧不屈的精神固守其古朴的建筑风格，来此地的游客有慕香妃之名而来的，也有为朝拜而来的，更多的是为目睹阿帕克霍加（香妃）墓高超建筑技术和艺术风格而来。香妃墓实际上是阿帕克霍加家族陵墓的俗称，是典型的伊斯兰风格的宫殿式陵墓建筑。

阿帕克霍加（香妃）墓就像一座富丽堂皇的宫殿，高 25.5 米，由门楼、小礼拜寺、大礼拜寺、教经堂和主墓室 5 部分组成。穹隆形的圆顶上，有一座玲珑剔透的塔楼。塔楼之巅又有一镀金新月，金光闪闪，庄严肃穆。陵墓高大宽敞的厅堂里，筑有半人高的平台，依次是香妃家族五代 72 人，大小 58 座坟丘。香妃的坟丘设在平台的东北角，坟丘前用维文、汉文写着她的名字。墓丘都用蓝色琉璃砖包砌，上面再覆盖各种图案的花布，既表示对死者的尊敬，又有保护墓丘的作用。陵墓左边，建有大小两座精致的伊斯兰教礼拜寺。陵墓后面，还有一大片公墓，景色十分壮观。

4. 文化价值

丝绸之路的开辟距今已有 2000 多年的历史。喀什是丝绸之路上的一颗璀璨明珠，对中西经济文化交流发挥了重大的作用。喀什在古代中西交往中的巨大作用和保存的大量文物古迹，仍然吸引着成千上万的中外游人。因此，构建喀什地区特色鲜明又易传播的丝路旅游形象是激发潜在游客来此旅游的重要环节。

5. 旅游价值

民俗旅游资源是指客观地存在于一定地域空间并因其所具有的旅游功能和旅游价值，而使旅游者为之向往的民族民间物质的、社会的、精神的习俗及物质载体。它是一个民族在特定的地理区域中，历经多年的发展和变化所形成的涉及政治、经济、文化、社会和环境等方面的多重复合体，通常将其归入人文旅游资源的范畴。其内容主要包括风俗习惯、居住建筑、神话传说、音乐、舞蹈、戏曲文艺、绘画雕刻、民族工艺、婚丧嫁娶、传统节庆、文娱体育、宗教仪式、服饰饮食、待客礼仪、集市贸易、耕作技术等。民俗旅游资源的开发，就是把散落在民间或各地的民俗旅游资源变成吸引游客的资源。

民俗旅游是喀什地区大旅游业中最活跃、最具发展潜力和最富有民族特色的内容，对其进行合理的开发与保护不仅可以带动当地农牧民尽快脱贫致富，而且也能够尽快解决喀什地区的“三农”问题，推动喀什地区社会经济的全面发展。喀什地区少数民族众多，主要有维吾尔族、塔吉克族、乌孜别克族、柯尔克孜族、回族、哈萨克族、俄罗斯族等少数民族。这里的绝大多数民族群众信仰伊斯兰教，这里是维吾尔族最集中的地方，所以这里最能体现维吾尔民族风情和伊斯兰宗教文化，也最具代表性。针对喀什地区的民族特色，对广阔的国际、国内旅游者做这样的形象定位，不仅会为喀什带来巨大的经济效益，也为周边居民提供了更广阔的就业机会。

三、规划依据

1.《中华人民共和国城乡规划法》(2008 年)

2.《城市规划编制办法》(2006 年)

3.《中华人民共和国土地管理法》

4.《中华人民共和国环境保护法》

5.《喀什历史文化名城和历史文化街区保护规划》(2006 年)

6. 新疆维吾尔自治区建设厅关于香妃故里文化旅游景区的评审意见（2011 年 3 月 14 日）

7. 关于喀什市七大历史文化景区规划工作汇报（2011 年 1 月 19 日）

四、保护规划的原则与目标

1. 原则

（1）规划应在满足功能布局的前提下，尽量节约用地，应结合历史街区的保护，避免大拆大建。

（2）景区规划建设应注重改善民生，采取的规划措施应保证该区域内原有居民生活质量有所提高。

（3）结合历史对景区文化进行进一步挖掘，进一步充实旅游规划内容。体现非物质文化保护内容，提出相应保护措施，体现文化的多样性。

2. 目标

根据张春贤书记、努尔・白克力主席的意见，对艾孜热特片区以香妃故园文化旅游景区为核心进行总体规划的编制。

香妃故里文化园旅游景区是以国家级文物为基础进行文化的拓展与延伸，它与国家一级文物保护单位既联系又分割，形成历史文化的传承与发展的文脉序列。

根据喀什市政府多年来对艾孜热特片区的规划控制意见，要在该片区内建一处儿童公园和森林公园。根据现场实际情况确定儿童公园占地 42.3 公顷，吐格曼森林公园 61.9 公顷（928.5 亩）。新增伊帕尔罕主题公园用来保证香妃故园文化景区空间的完整性和一定的协调性以及历史的真实性，该公园占地 46.7 公顷（700.5 亩），位于香妃故园东侧；另外为配合景区开展文化旅游的需要，安排了一座宾馆，占地 3 公顷（45 亩），演艺中心一处，占地 3.5 公顷（58.5 亩），这两处用地均位于伊帕尔罕主题公园北侧；另外在香妃故园文化旅游景区南侧安排宾馆区用地，占地 6.3 公顷（94.5 亩）；在宾馆区的东侧安排伊帕尔罕国际大巴扎，占地 7.5 公顷（112.5 亩）；在香妃故园西侧安排旅游服务中心，占地 1.8 公顷（27 亩）；在旅游服务中心北侧安排步行商业街和民族家访采摘园，步行街占地 2.7 公顷（40.5 亩），民族家访采摘园可结合富民安居工程，改为旅游服务区，占地 42.5 公顷（637.5 亩）；塔台塔阔日克公墓区近期保留，远期改为森林公园用地。

五、规划功能分区

1. 入口广场区
2. 星光广场区
3. 商业步行街
4. 伊帕尔罕商城区

六、结构

香妃故里文化旅游景区位于阿帕克霍加（香妃）墓核心保护区南，总占地 78.8 公顷，广场和绿地占地为 11.4 公顷。景观格局由“一轴四片”构成，分别为中线轴线和星光广场区、入口广场区、商业步行街和伊帕尔罕商城区四个片区。这样的结构布局是根据当地维吾尔族建筑格局基本特点，有足够的历史依据参考，完全符合古建筑群的基本形制要求，平面布局由正方形和黄金分割图形构成。

七、各功能片区的主要用途、建筑性质及用地比例分配

1. 星光广场区

做一个二次下沉广场，一次下沉 5 米，二次下沉三级台阶，相当于给主墓室抬高 5 米左右。第一次下沉以绿化为主，栽植当地果树树种，形成果园。二次下沉（45 厘米）以维吾尔族典型图案进行铺地，形成维吾尔族特有的“阿夏以旺”模式，周边有柱廊，高为 3 米，上为 13 个小穹顶。柱廊内供休闲及有关展牌浏览使用。

2. 入口广场区

通过下沉式露天采光廊道将地下建筑和地上草坪广场连为一体，这样保证人们从艾孜热特路上可以直接看到阿帕克霍加（香妃）墓中主墓室穹顶不受视线遮挡，形成非常有文化情趣的渗透型空间，在中心广场左右两侧安排一个伊帕尔罕雕像，另一侧安排香妃故里文化园旅游景区标志石。为防止车辆进入前广场，广场地面高出道路地面 30 厘米。

3. 伊帕尔罕纪念品商业步行街区

以王小东院士为香妃故里文化园所做的第一轮方案的基本模式为基础，稍加调整，形成商业步行街地上两层、地下一层的格局。总建筑面积 15857.4 平方米，其中地上面积为 5199.2 平方米，地下面积为 10658.2 平方米。绿化率为 14.7%。

4. 伊帕尔罕商城

大巴扎由南北轴线和东西轴线构成建筑群体，南北轴线为婚礼轴，东西轴线为维吾尔族特色商品轴。其中除街道空间格局模仿喀什旧城，由街道、过街楼带廊柱外廊（骑楼）构成。在商业建筑内部形成风格迥异的室外空间，给人以喀什民居“阿以旺”和“巴夏以旺”的院落空间联想。除商业建筑以外，另外安排了伊帕尔罕宾馆和麦丽凯（婚礼）宫各一座，地上建筑除伊帕尔罕宾馆为三层外，其余均为两层建筑。地下空间为两纵六横街道构成，全部为商业建筑。

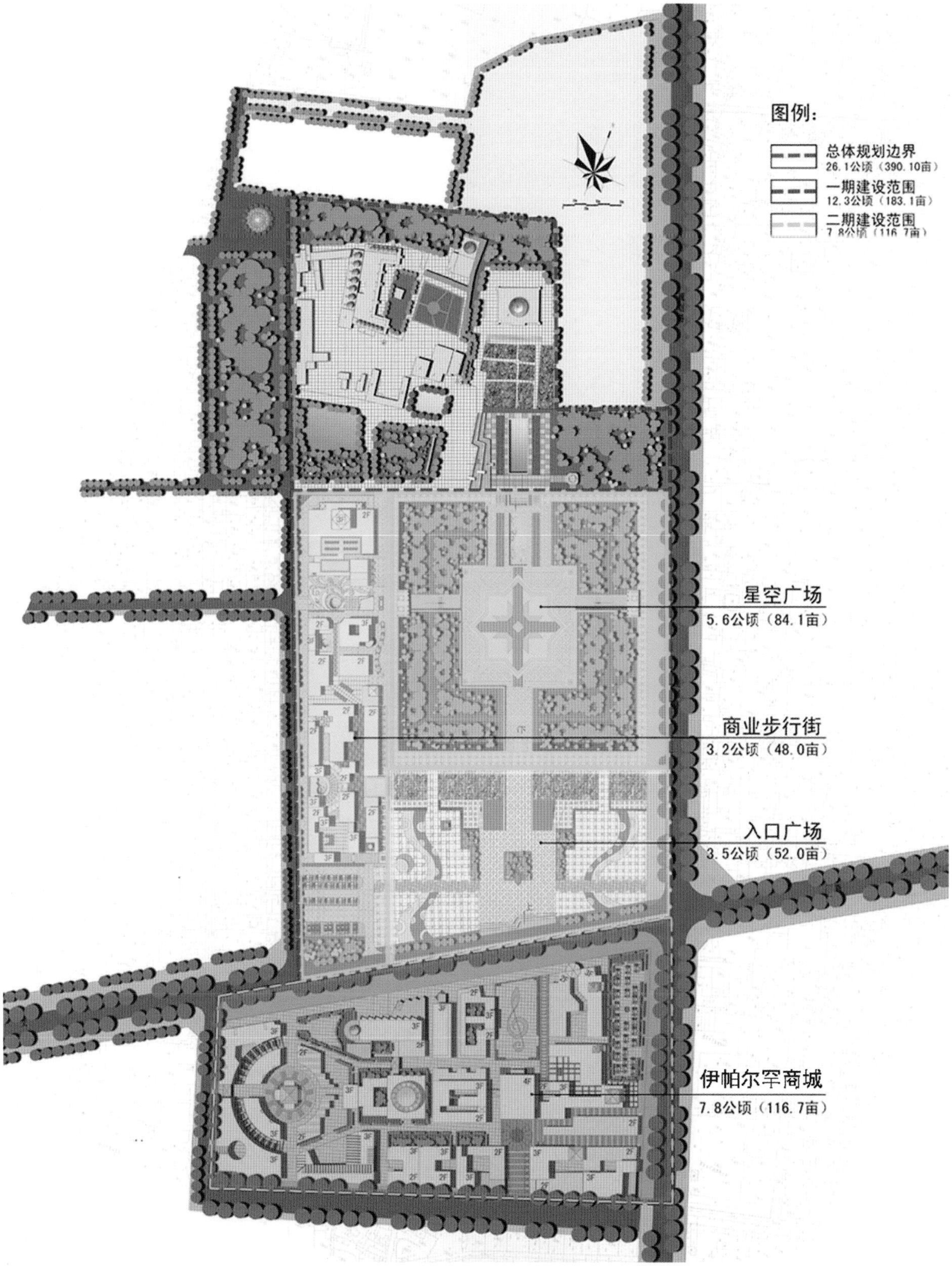

图例：

总体规划边界
26.1公顷（390.10亩）

一期建设范围
12.3公顷（183.1亩）

二期建设范围
7.8公顷（116.7亩）

星空广场
5.6公顷（84.1亩）

商业步行街
3.2公顷（48.0亩）

入口广场
3.5公顷（52.0亩）

伊帕尔罕商城
7.8公顷（116.7亩）

八、十三大景点

为了适合旅游的需要，使喀什市维吾尔族丧葬文化得以展示，作为非物质文化遗产的重要内容，充分体现维、汉两种文化交融与提升，确定阿帕克霍加（香妃）墓与该墓建筑群的文化延伸——香妃故里文化旅游区为国家一级文物，以使两个不同性质的片区形成文化的统一性。确定两大片区十三个景点（根据伊斯兰文化的特点，以十三为吉利数，以及汉文化的城市八景结合）。十三景点分述如下：

1. 苍穹夕阳【阿帕克霍加（香妃）墓】

阿帕克霍加（香妃）墓最好的拍照时间段是在下午五点到八点，绿色的琉璃瓦穹顶和在阳光照耀下金黄色的土墙交相辉映，在主墓前花丛的簇拥下显得十分壮观。

2. 清真遗韵（蓝色礼拜寺）

蓝色礼拜寺建设较晚，它的主要特点是所有的柱式都十分规范，总体看起来所有的雕花木柱都是非常一致的，但仔细辨认每个木柱在细节上又都完全不同，非常精彩地体现了统一中求变化的古希腊建筑构图原理，是伊斯兰文化传入喀什，由维吾尔族结合当地的环境特点，创造性地发展了伊斯兰建筑文化的精髓。

3. 凝固的音乐（高低礼拜寺）

高低礼拜寺是阿帕克霍加（香妃）墓中艺术价值最高的建筑，他把古希腊—罗马的建筑构图原理应用得十分巧妙，说它是“凝固的音乐”是非常恰当的。

4. 仙勒拜赫的朝阳

仙勒拜赫是阿帕克霍加（香妃）墓最重要的涝坝，它被当地称为含有糖和蜜的水。在历史上是维吾尔族最喜欢的涝坝，特别是它周边的倾斜的杨树和柳树，将整个涝坝上面全部遮挡起来，给人感觉亲密又神秘，特别是晨曦中太阳照在平静的水面上形成光与影的梦幻般的图景。

5. 瀚海琼琨力

琼琨力涝坝是阿帕克霍加（香妃）墓西南侧最大的涝坝，它是大漠文化中的珍宝，而大漠，内的人又常称之为瀚海。

6. 丹陛水云

“丹陛”汉语意为“辉煌的台阶”，它与条形水带形成非常好的景观。特别是秋季，晴空万里偶尔有几缕白云飘过，带给人极深的美好印象。

7. 星空广场（中心下沉广场）

中心下沉广场由两次下沉广场形成，两次下沉广场的斜坡很容易让人想起考古发掘的现场，而周边是廊柱及磨砖拼花的矮墙，站在广场眺望天空极易使人产生历史沧桑变化之感。

8. 香妃传奇（地下场景展示）

入口广场的通道两侧采用的是维吾尔族“阿以旺”模式的庭院通道式广场，周边的廊柱内安排12组香妃传奇场景式蜡像展厅，以香妃传奇故事为主题。

9. 姹紫嫣红（花圃）

在星光广场与入口广场之间设四组花圃，增加整个旅游区的景观效果，同时起到分区功能。

10. 明月出天山（圆形中心广场水面）

该广场位于商业步行街内，东与星光广场遥相呼应，可作为进入步行街前的一个休憩区，以唐代著名诗句“明月出天山”为创意主题。

11. 伊帕尔罕的华彩流芳（伊帕尔罕雕像）

正门入口处拟安放一尊香妃雕像，高为3米，用来纪念喀什这位文化信使。

12. 大漠月光（伊帕尔罕雕像前月牙池）

在伊帕尔罕雕像前西南方向开辟一个伊帕尔罕雕像倒影池，水面呈月牙形，从水边可以拍到香妃雕像倒影。

13. 刀郎舞姿

为配合婚礼宫的业务和经营需要，在婚礼宫前开辟一处以歌舞表演为主的广场，地面镶嵌五线谱符号，地面铺装拟采用印度红大理石。

九、旅游线路

游客可从艾孜热特路主入口进入入口广场区，且在入口广场区西侧设有停车场。游客由入口广场区进入星光广场区，之后穿过中心下沉广场（星光广场区）可到阿帕克霍加（香妃）主墓区，也就是该旅游景区的核心部分游览，参观完香妃主墓及两座清真寺后，可进入位于主轴线西侧的商业步行街，最后沿商业步行街可回到入口停车场。

香妃故里文化旅游景区总体规划图

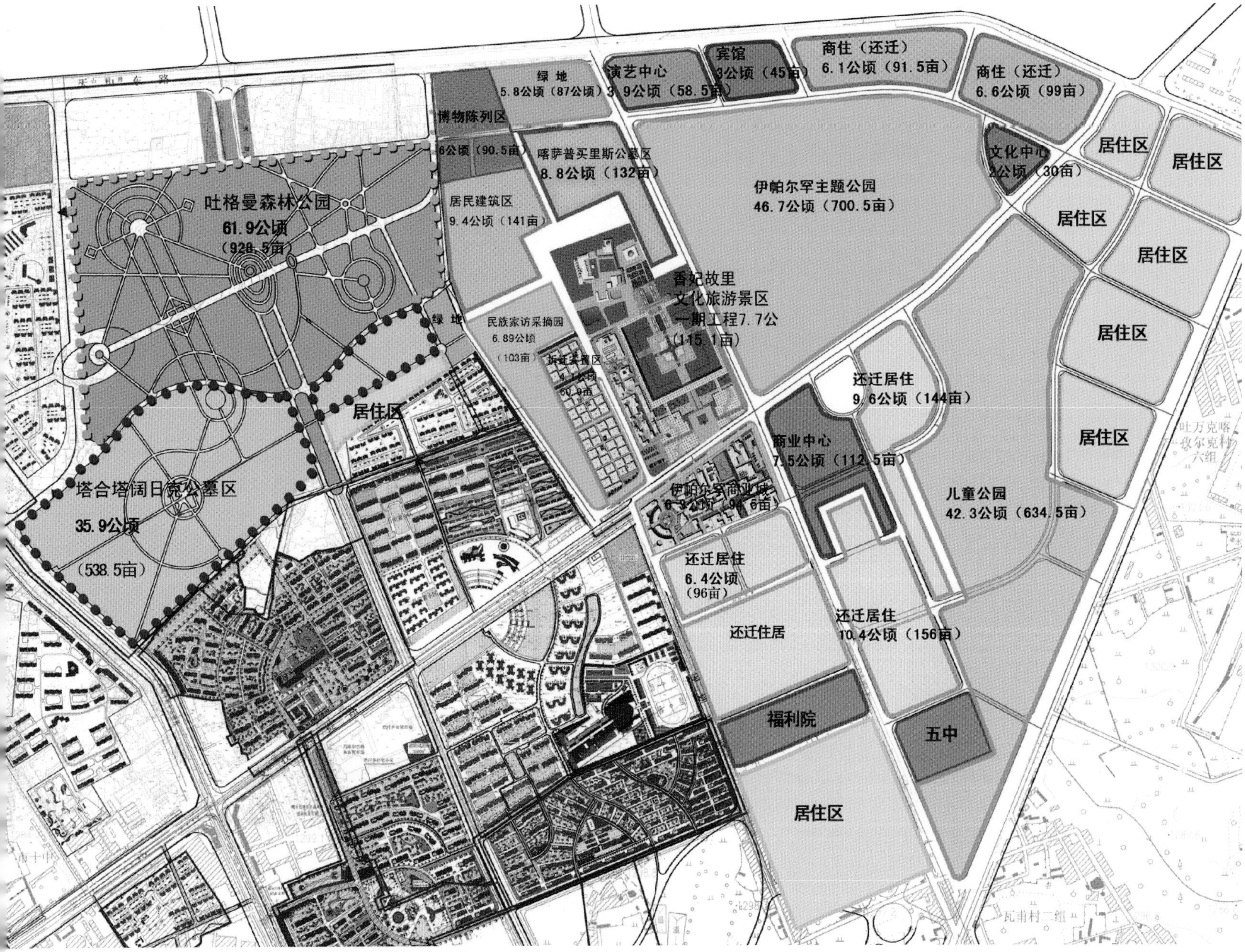

从文化角度来看，喀什有两大文化品牌：①丝绸之路喀什老城区台地文化；②香妃文化（类似于福建莆田的妈祖文化）。香妃文化的最终城市用地要以阿帕克霍加（香妃）墓为中心的地块来体现，该地块北起天山东路，东南至世纪大道，西至阔纳尔乃则巴格路，总占地 780 公顷（上图）。

该用地范围内，用于香妃文化展示的用地实际上只有伊帕尔罕主题公园（如图示），为 46.7 公顷，需严加控制。

香妃故里文化旅游景区局部规划图

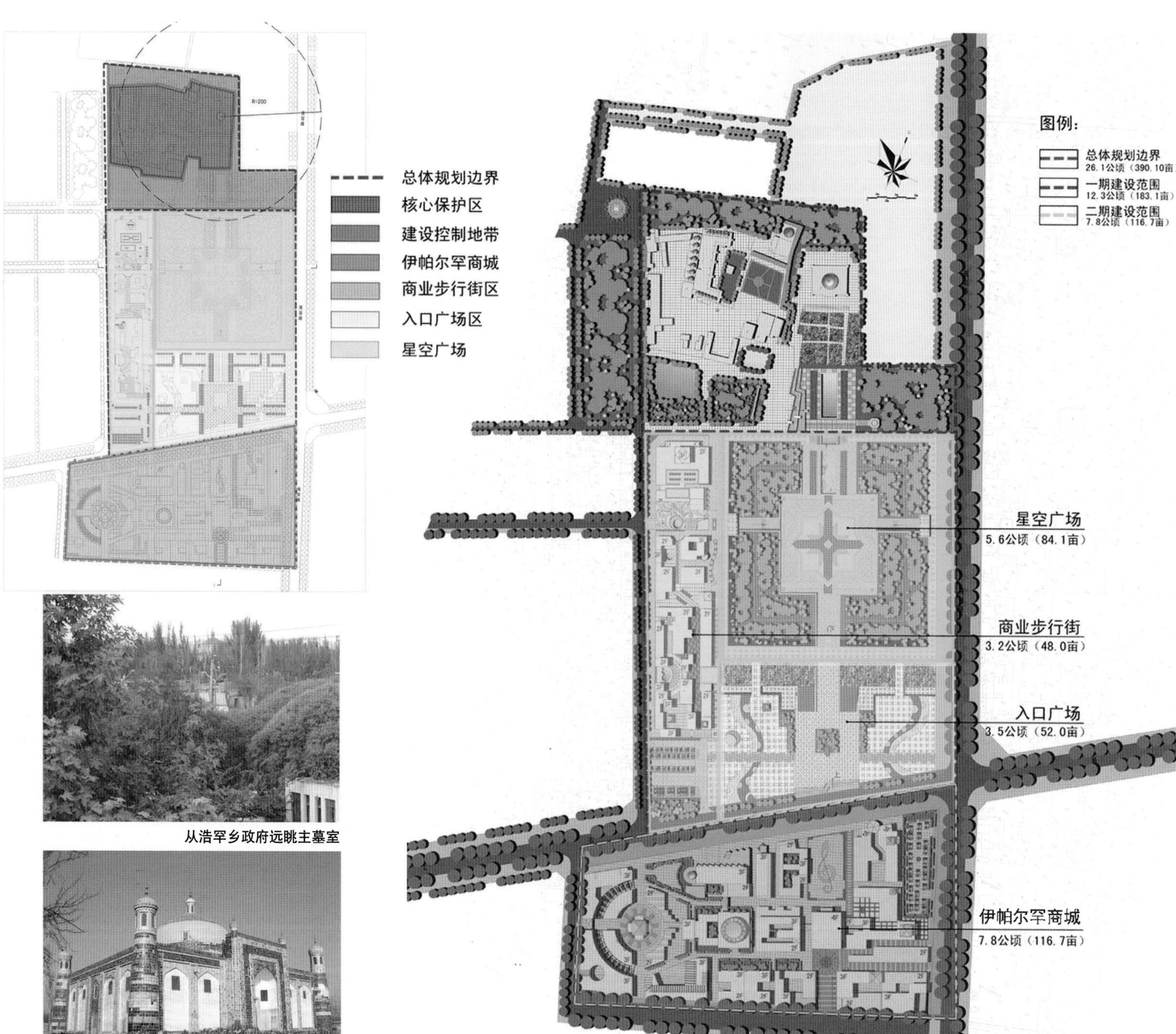

从浩罕乡政府远眺主墓室

阿帕克霍加（香妃）墓群

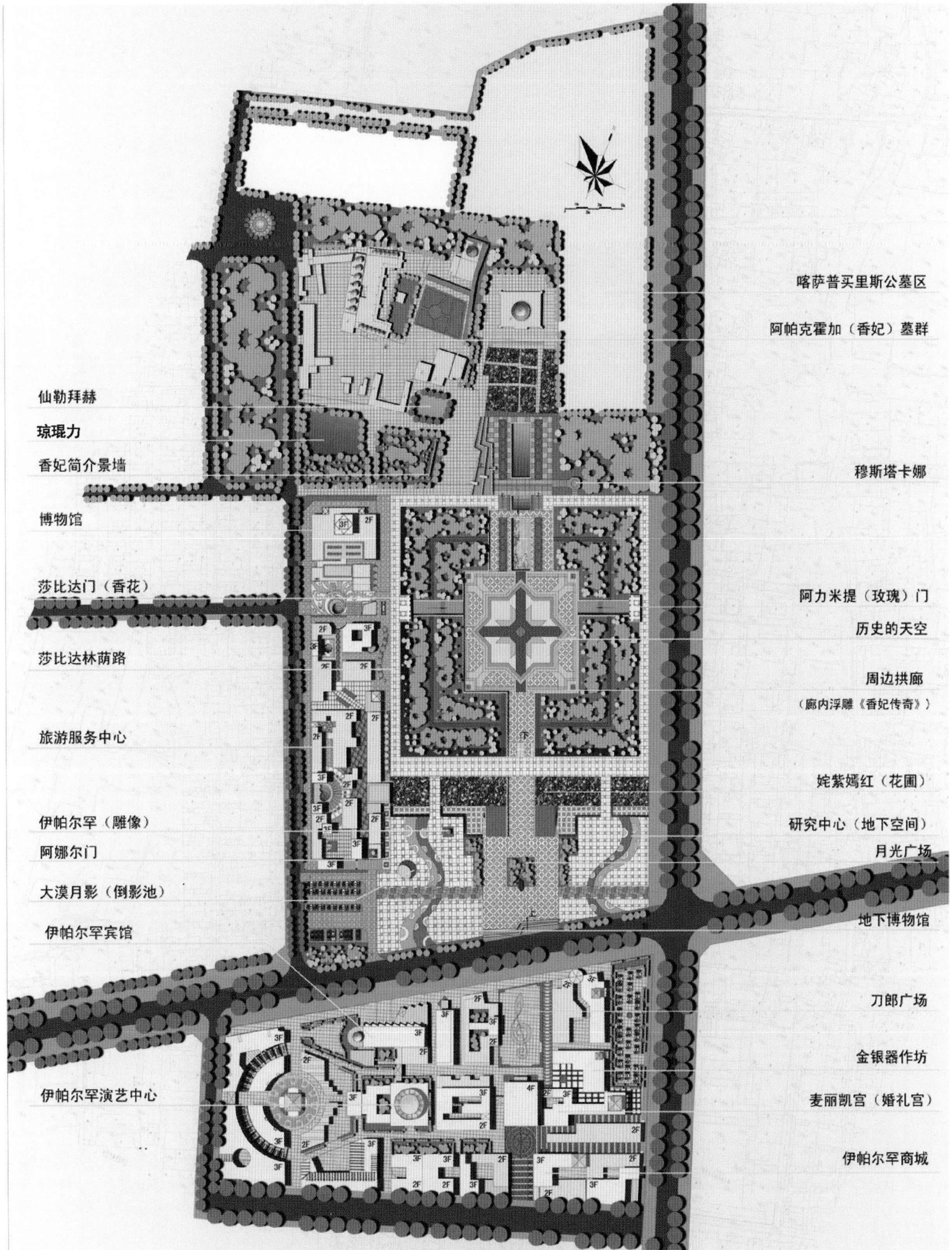

香妃故里文化旅游景区规划图释义

仙勒拜赫

琼琨力

香妃简介景墙

博物馆

莎比达门（香花）

莎比达林荫路

旅游服务中心

伊帕尔罕（雕像）

阿娜尔门

大漠月影（倒影池）

伊帕尔罕宾馆

伊帕尔罕演艺中心

喀萨普买里斯公墓区

阿帕克霍加（香妃）墓群

穆斯塔卡娜

阿力米提（玫瑰）门

历史的天空

周边拱廊

（廊内浮雕《香妃传奇》）

姹紫嫣红（花圃）

研究中心（地下空间）

月光广场

地下博物馆

刀郎广场

金银器作坊

麦丽凯宫（婚礼宫）

伊帕尔罕商城

绿化全部进入下沉广场，中心广场周边以维吾尔族风格的木制廊道围合

香妃故里文化旅游景区改造效果图

香妃故里文化旅游区婚礼宫建筑立面图

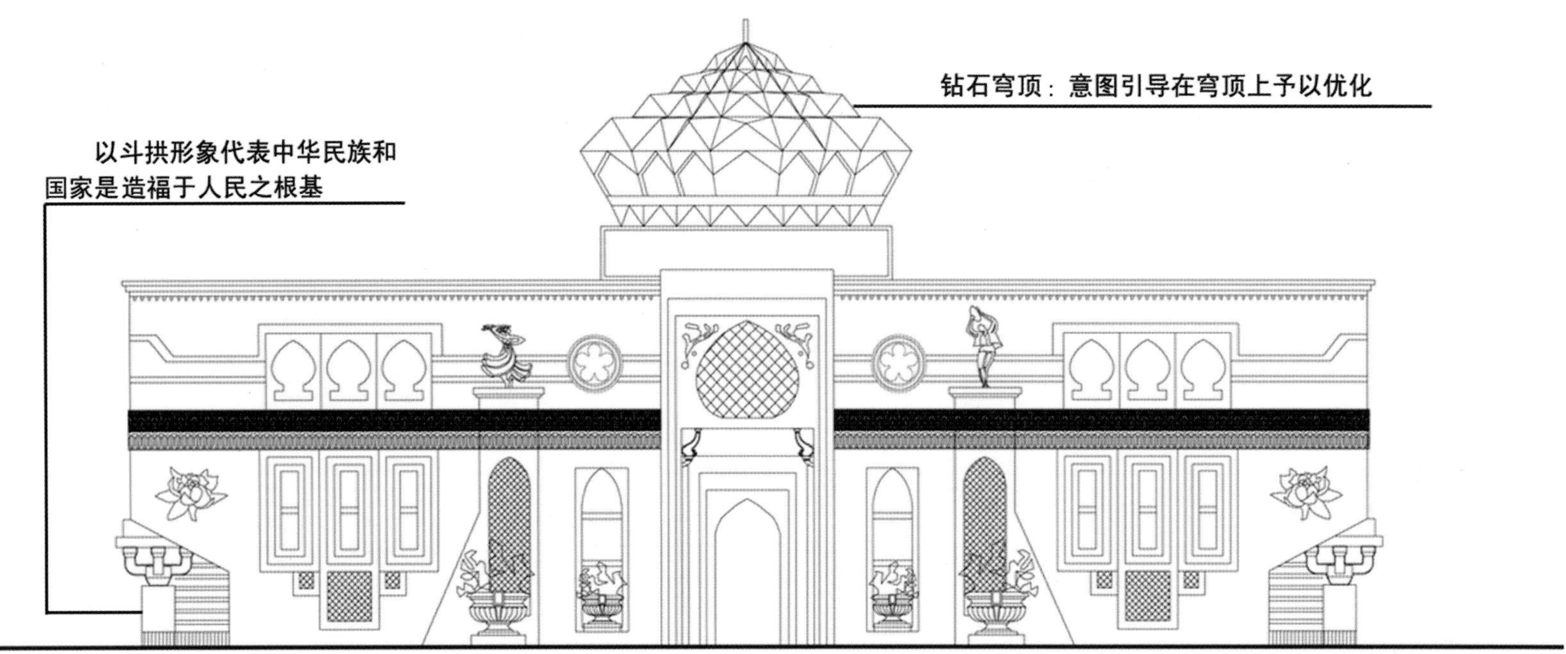
钻石穹顶：意图引导在穹顶上予以优化
以斗拱形象代表中华民族和
国家是造福于人民之根基

麦凯丽（婚礼）宫正立面图

麦凯丽（婚礼）宫正立面图

香妃故里文化旅游区婚礼宫设计方案

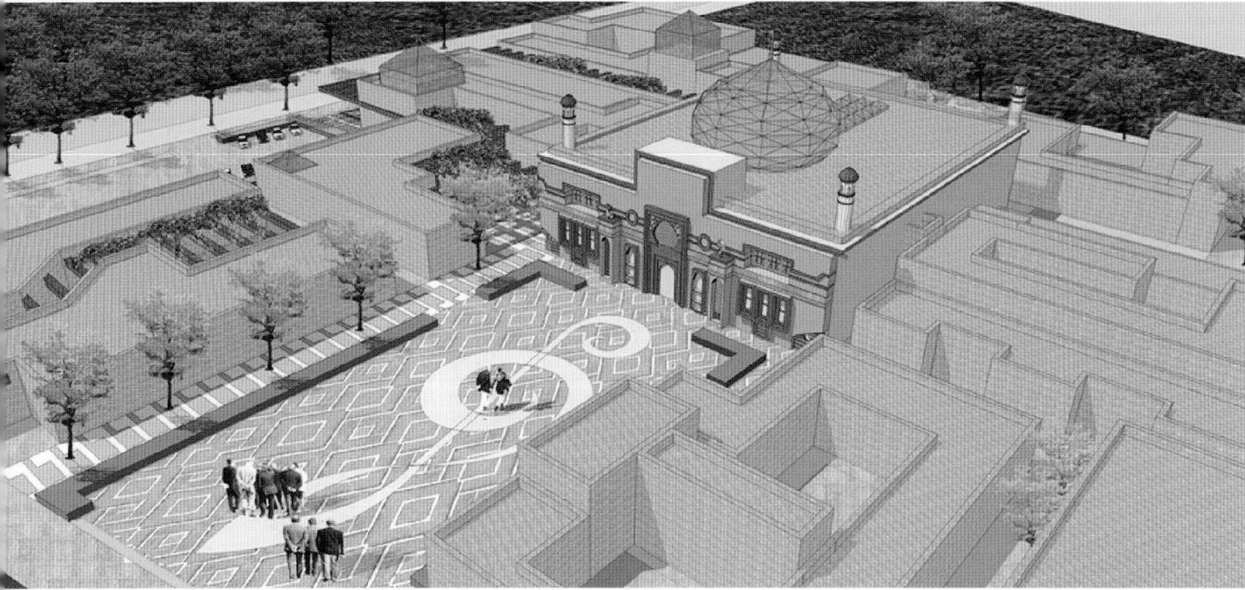

设计说明：

第七稿方案中拟在文化旅游景区南侧建一座民族婚礼宫，分别由维吾尔族厅、塔吉克族厅、汉族厅、回族厅等组成并配备相应的结婚用品设施，如专用车、全程录像、摄影、乐队等。另外在商业建筑内庭院安排建筑小品和雕塑

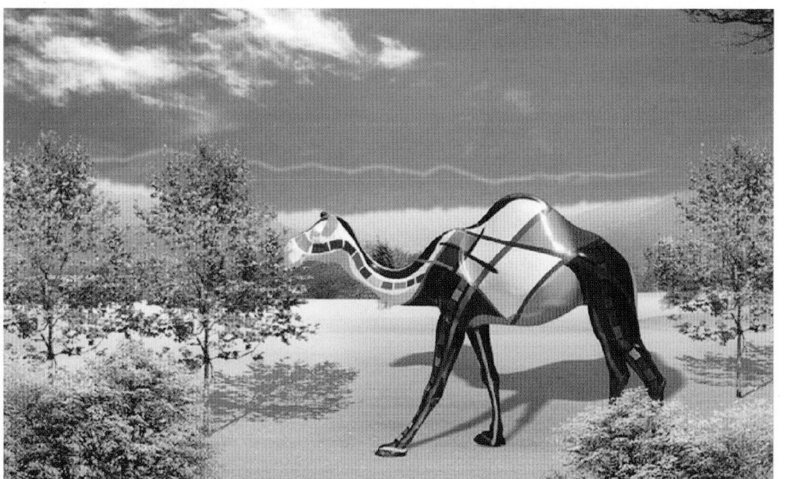

香妃简介

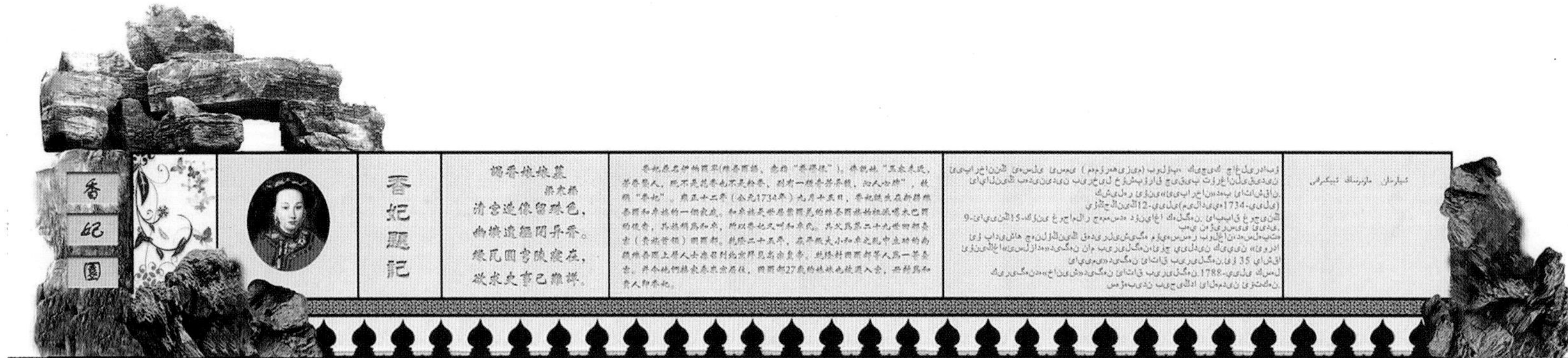

香妃像

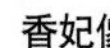

香妃旗装像

香妃洋装像

香妃戎装像

香妃原名伊帕尔罕（维吾尔语，意指“香得很”）。传说她“玉容未进，芳香袭人，既不是花香也不是粉香，别有一种奇芳异馥，沁人心脾”，故称香妃。雍正十二年（公元1734年）九月十五日，香妃诞生在新疆维吾尔和卓族一个家庭。和卓族是世居叶尔羌的维吾尔族始祖派噶木巴尔的后裔，其族称为和卓，所以香妃又称和卓氏。其父为第二十九世回部台吉（贵族首领），哥哥是图尔都。乾隆二十五年，在平叛大小和卓之乱中立功的南疆维吾尔上层人士应召到北京拜见乾隆皇帝。皇帝封图尔都等为一等台吉，并令他们接家眷来京居住，图尔都二十七岁的妹妹也被选入宫，册封为和贵人，即香妃

香妃故里文化旅游景区细部设计

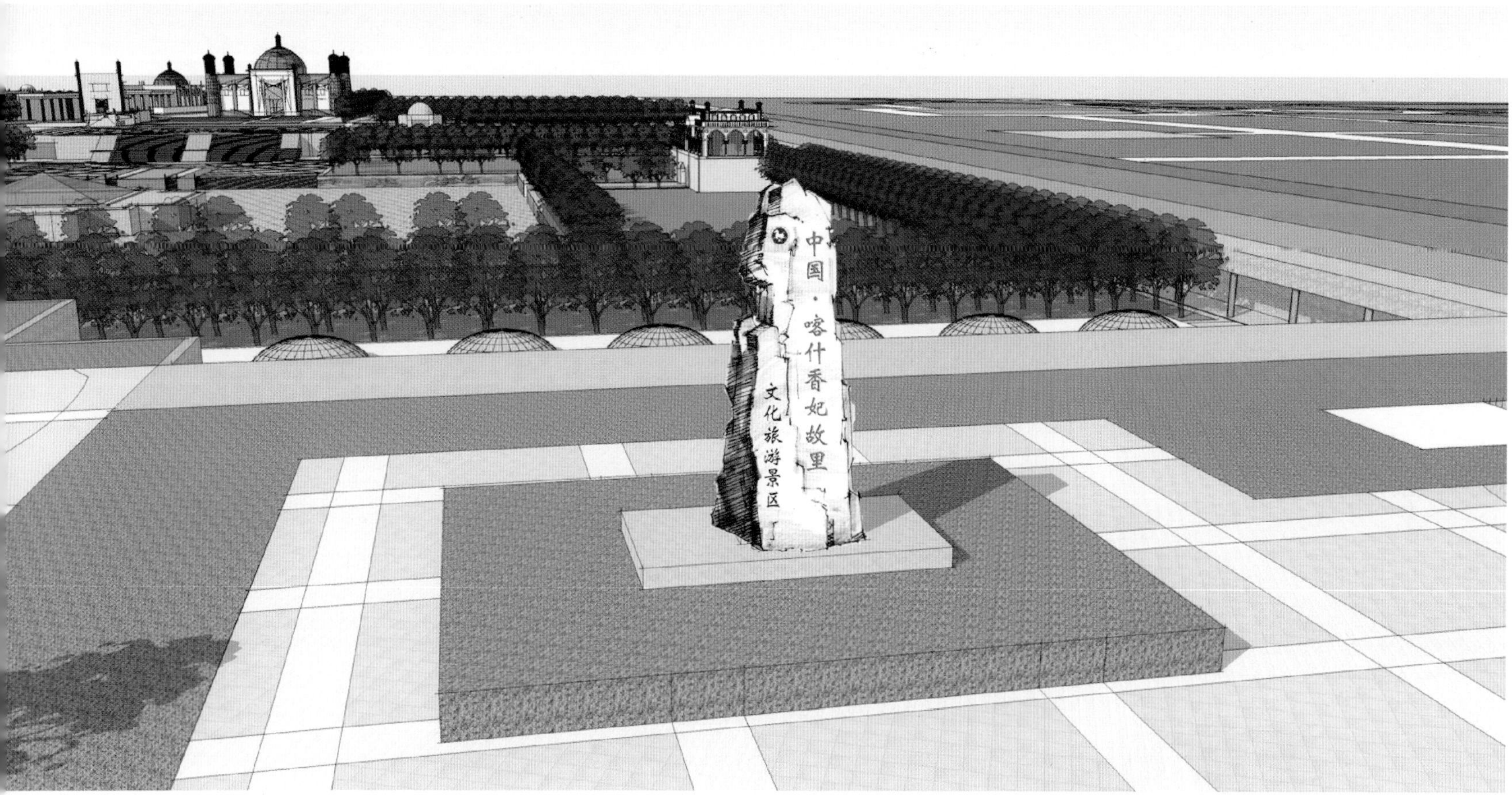

设计说明：

香妃故里文化旅游景区是一处极富有文化底蕴的文化项目，因此各个景点也是文化品位极高的设计作品。

入口采用标志石方式置于入口广场草坪之中，标志石高 2.8 米，采用大理石、水泥浇筑而成。正面阴刻“中国·喀什香妃故里文化旅游景区”字样，背面阴刻兴建香妃旅游景区的重要意义及为香妃故里文化旅游景区做出重大贡献的单位和个人等内容。

周边旅游道路采用香妃马车方式沟通，以增加旅游趣味

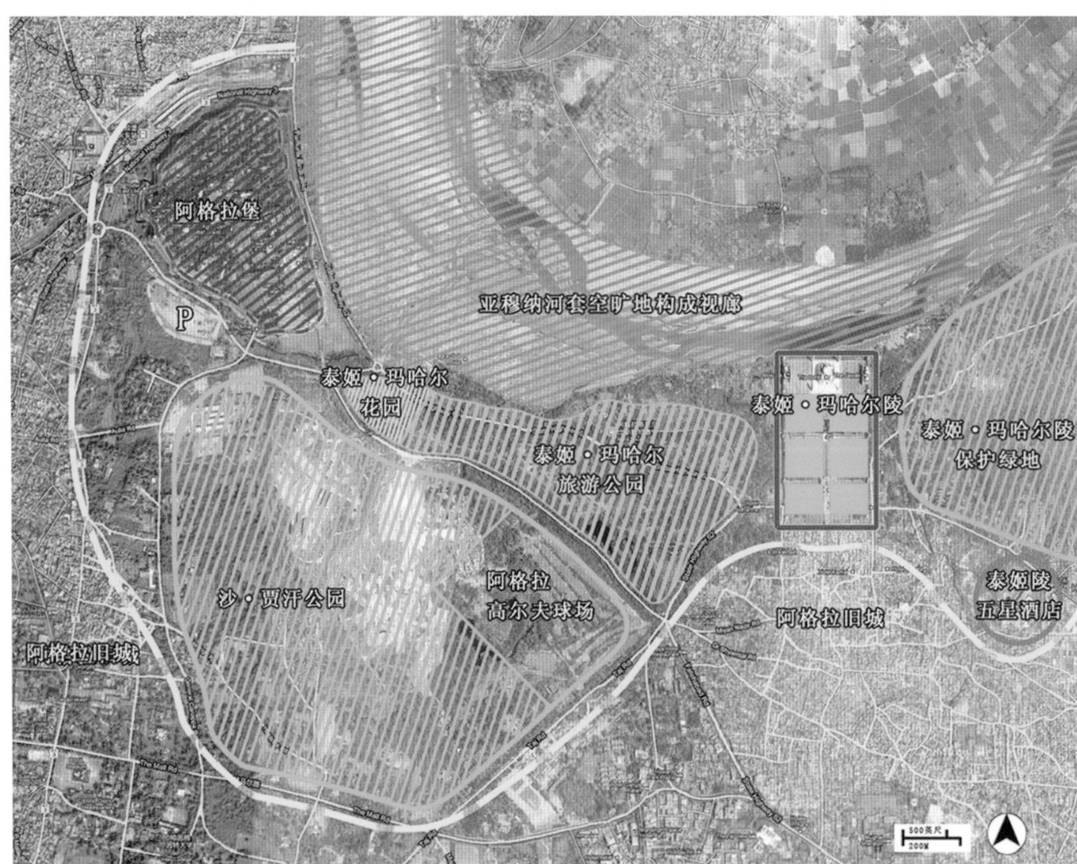

从阿格拉堡眺望泰姬陵照片

泰姬陵分析：

以泰姬陵为视觉中心，东侧和西侧均安排了大面积的绿地，南侧为古城，这种布局方式保证了泰姬陵的中心地位和景观环境，突出了泰姬陵的主体地位

泰姬·玛哈尔陵
五星级酒店

世界文化遗产——印度泰姬·玛哈尔陵的轴测图

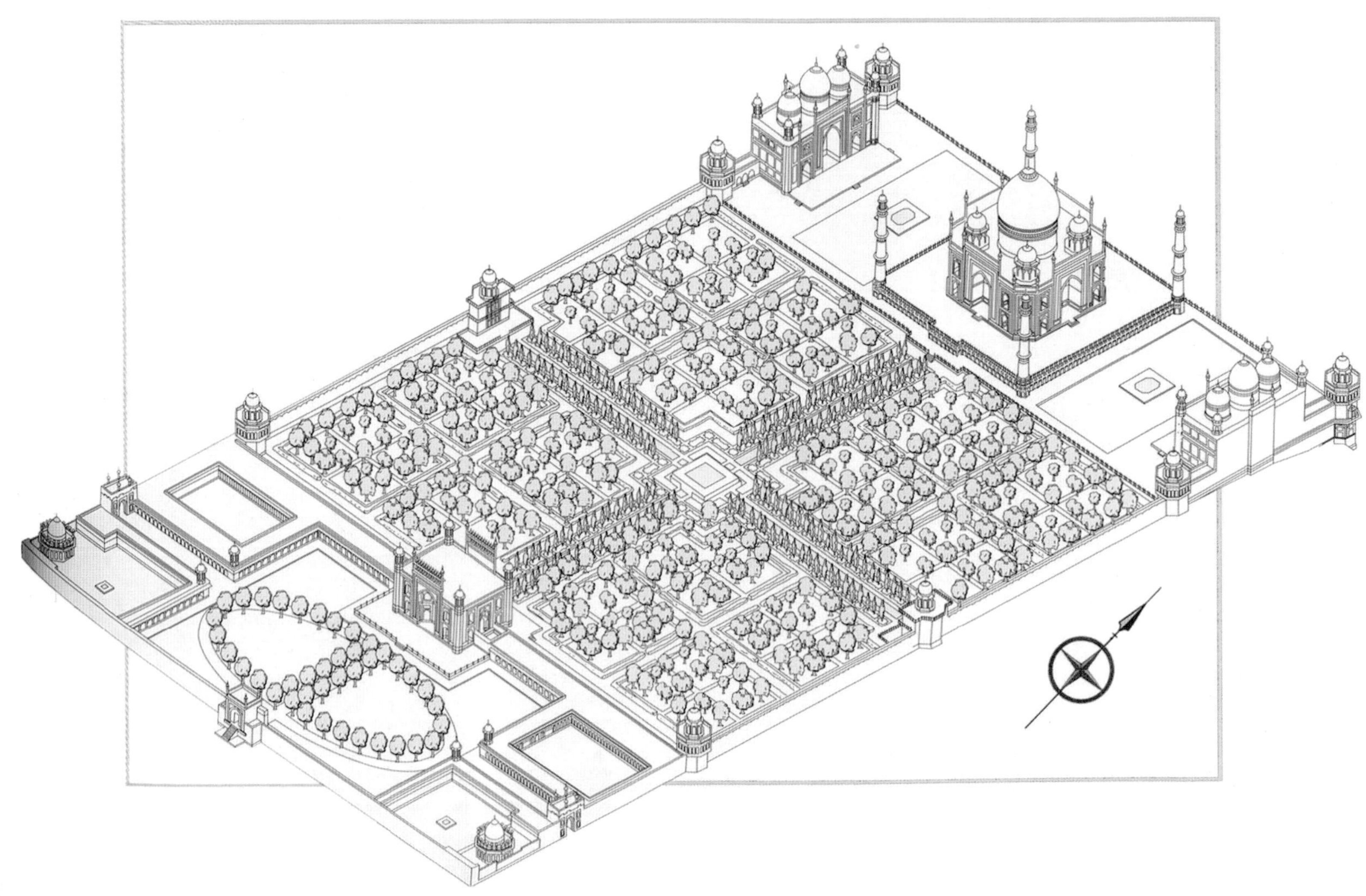

图为占地 24 公顷的印度阿格拉市泰姬·玛哈尔陵轴测图，由三部分组成，分别为前庭广场、中部绿地和草坪、后部主体建筑——泰姬·玛哈尔陵及附属东西配殿。

主体陵墓平面、中部绿地均为正方形制，前庭为黄金分割图形。

泰姬陵主体建筑的里面构图严谨对位，喀什阿帕克霍加（香妃）墓也是如此，尽管二者材质不同，但立面构图完全一致，严格遵守对位、比例分割、正方形和黄金比图形的位置安排，都是阿拉伯数学成就在建筑上的精确体现

从景洞看西门

从景洞看泰姬陵

正门

远看西门

西门

泰姬陵案例分析

泰姬陵占地甚广，由前庭、正门、莫卧儿花园、陵墓主体以及两座清真寺组成。陵墓主殿四角都有圆柱形高塔一座，特别的地方是每座塔都向外倾斜 12 度，若遇上地震只会向四周倒塌，而不会影响主殿。无论从任何角度望去，纯白色的泰姬陵均壮丽无比，造型完美，加上陵前水池中的倒影，就像有两座泰姬陵相互辉映，因此被誉为“世界七大奇观之一”。泰姬陵建筑集中了印度、中东、波斯的建筑艺术特点，整个布局完美和谐，是建筑史上不可多得的杰作

布拉克贝希（九龙泉）概况

布拉克贝希是喀什市区东北部的一处泉景，相传有上千年历史，距市中心约550米，位于喀什市亚瓦格街道办事处布拉克贝希居委会辖区内（居委会就因泉得名），其四周为该居委会第6、7、8等居民小组住宅所环绕；整个地势由西向东倾斜，坡度较大；东端低洼处有个占地约4亩的空地，中有几眼清泉，按一定间距排列，各地一池，泉水清澈见底，各池间又有小沟相通，最后由一道小渠将泉水引出至东边吐曼路西侧的柳林中，组成一个完整的泉景。现在除了供居民用水之外，已萎缩至几块小型湿地，由于多年来没有予以必要的保护整修，历代原有的各种极富有民族色彩的游览设施已不复存在。

“布拉克贝希”系维吾尔族语，直译则为“泉边”，这是当地少数民族对这片泉景的俗称。此外尚有阿拉伯语“渗渗泉”之称，来源于《古兰经》；当地群众也有“珍珠泉”这样的爱称。早年住在这里的汉族群众还称之为“耿恭泉”或“耿恭井”，这一称呼是对历史的误会，因为公元74年东汉王朝驻西域戍边校尉耿恭曾有“疏勒拜泉退匈奴”的典故，后人则将那个在今北疆奇台县一带的“疏勒城”附会成当时在今喀什一带的疏勒国了。比较通行的称呼还有“九龙泉”，因此处原有九股泉眼而得名。

这九股泉眼至今已有四股干涸，以致连名称也未能流传下来；其余五泉一是“马尔江布拉克（珠泉）”，相传早年当地人患耳疾时则以此泉水洗耳，并以面饼分散泉边诸人，之后口诵经文投珠子于该泉故名。二是“塔希布拉克”（石泉），因该泉底多铺以小卵石而得名；三是“艾依得尔哈布拉克（龙泉）”，因该泉以深不见底、幽寒可怖著称，迷信传说内藏有龙而得名；四是“诺尔布拉克”（渡槽泉），该泉原水位较高，可用渡槽（诺尔）引出；五是“拿瓦伊布拉克”（烤馕匠泉），因该泉边早年曾住过一位以乐善好施闻名远近并且技术高超的烤馕师傅而得名。

相传早在两千多年前因此处泉水富足、水草肥美，才开始逐渐有了定居的游牧人和城郭，以后才形成现今市内恰萨、亚瓦格一带古老居民区，堪称是喀什噶尔人的发祥之地；历代战争或政权变换均因此处有泉，才未能使喀什古城毁废。据传1526年，喀什噶尔的地方官米尔扎海代尔曾在泉边修建了三处设有栏杆、具有古代撒马尔罕建筑风格的高大楼阁。1839年，地方官阿肯木左尔东为解决市民用水，在泉西北处开了一座名叫“苏代尔瓦扎”（水门）的城门，并开通了一条叫“奥尔达也勒克”（宫廷水道）的水渠。十七世纪中叶阿帕克霍加在喀执政期间，曾在泉边修建了布拉克贝希大清真寺，至十九世纪六十年代阿古柏统治时期，其子司拉木库力拜克占据了泉边阁楼，并在附近奥依阔恰巷处起建监狱以镇压百姓；至十九世纪九十年代时清朝驻喀官员还在泉边高地修建了佛寺、茶馆、旅店等多处游览设施，并在泉边围上栅栏，开拓四周空地达15亩左右，种植了万株各类果木，并派有专人守护。至此，布拉克贝希泉景达到了鼎盛时期。目前，旧有设施或年久坍塌，或被拆除，场地也被征建居民住宅，只有五眼泉水保留至今。规划拟修复重建。

从1984年的老照片可以看出，布拉克贝希当时的泉水很丰富，水面亦有一定规模，近年来萎缩现象严重，破坏亦很严重。

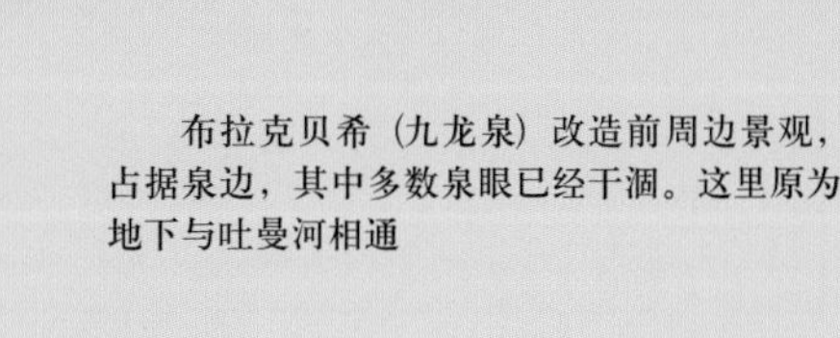

布拉克贝希（九龙泉）改造前周边景观，因大量违章建筑占据泉边，其中多数泉眼已经干涸。这里原为吐曼河的漫滩地，地下与吐曼河相通

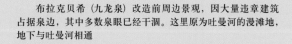

2009 年，为解决历史文化名城中布拉克贝希（九龙泉）历史风貌区的整治问题，天津大学喀什名城保护规划团队开始研究该片区的保护以及环境整治问题，课题经费由天津博格林卡设计公司赞助。

第一版方案是考虑现实条件下就地解决拆迁的原则而进行研究的。与亚瓦格街道办事处陈光明书记、帕霞古丽主任多次探讨后，形成这一方案。

方案以城墙意向为构思主题，围绕布拉克贝希泉边的墙体是以底商上住的形式布置的。即从吐曼路上看为完整城墙，内部则为动迁户安排生计用房。

这样可以避免多数居住区没有结合民居习惯、缺少生计用房的问题。

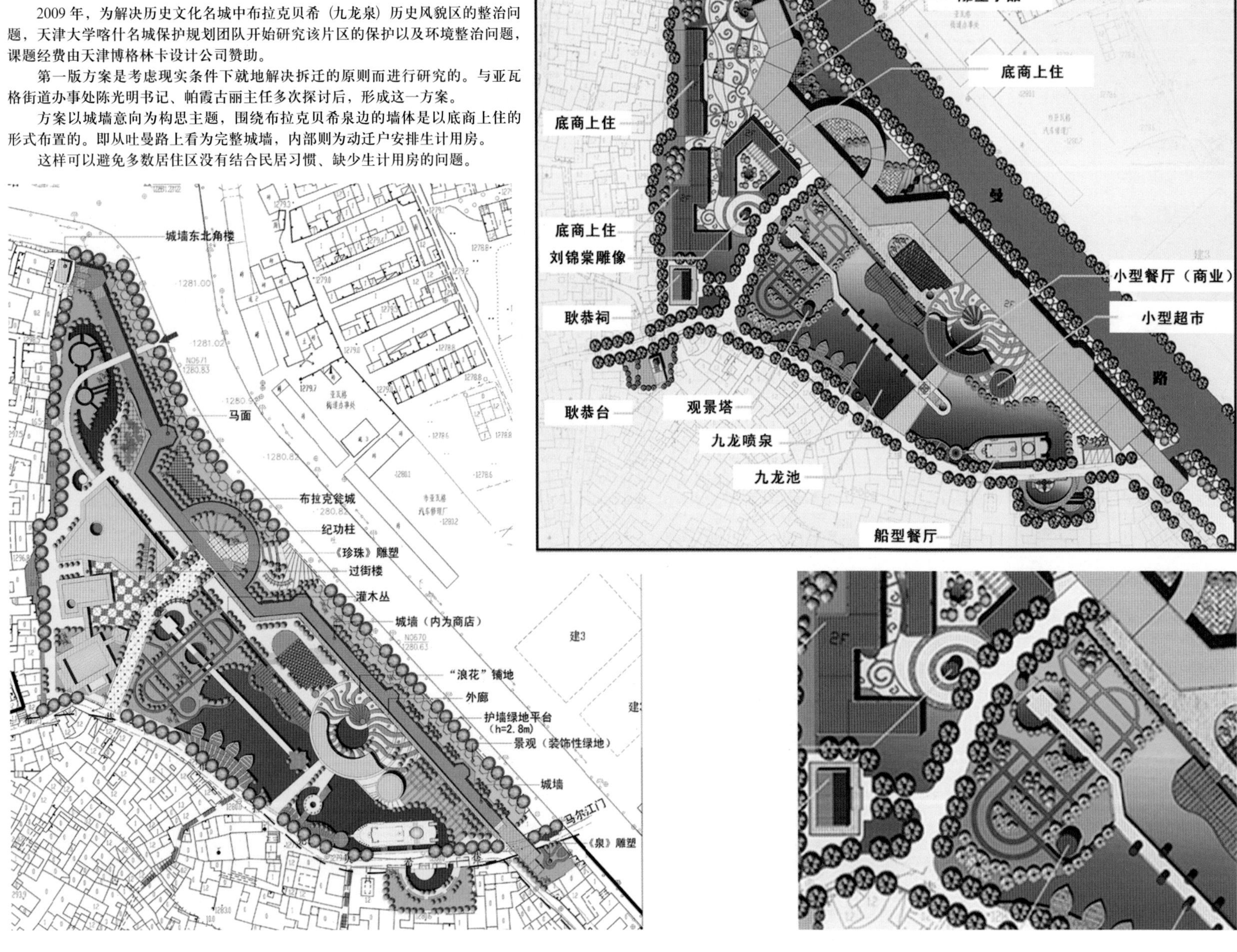

布拉克贝希（九龙泉）设计图

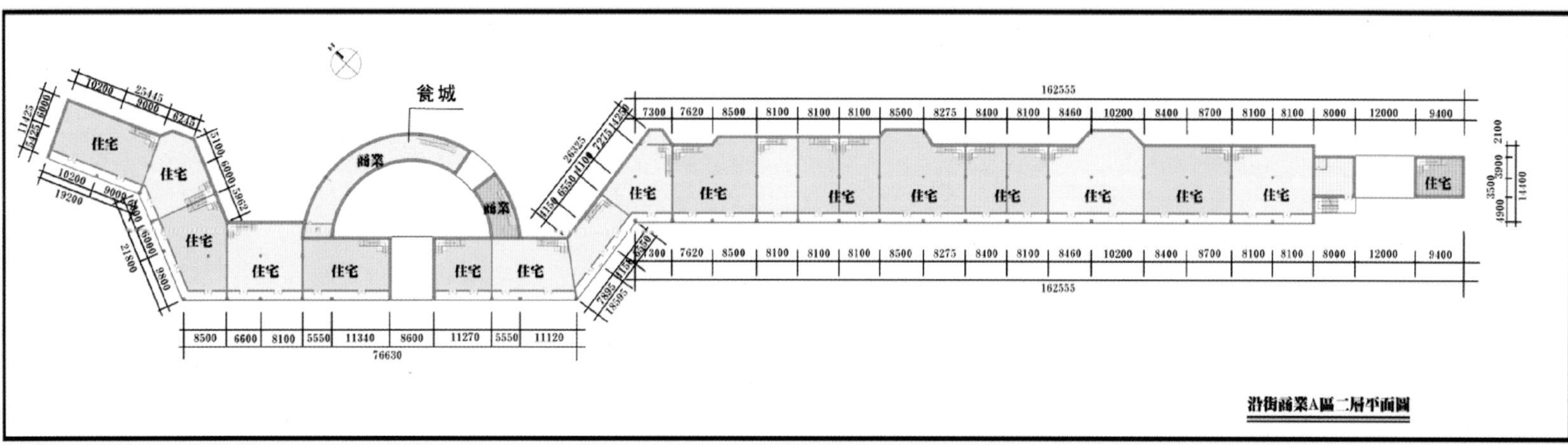

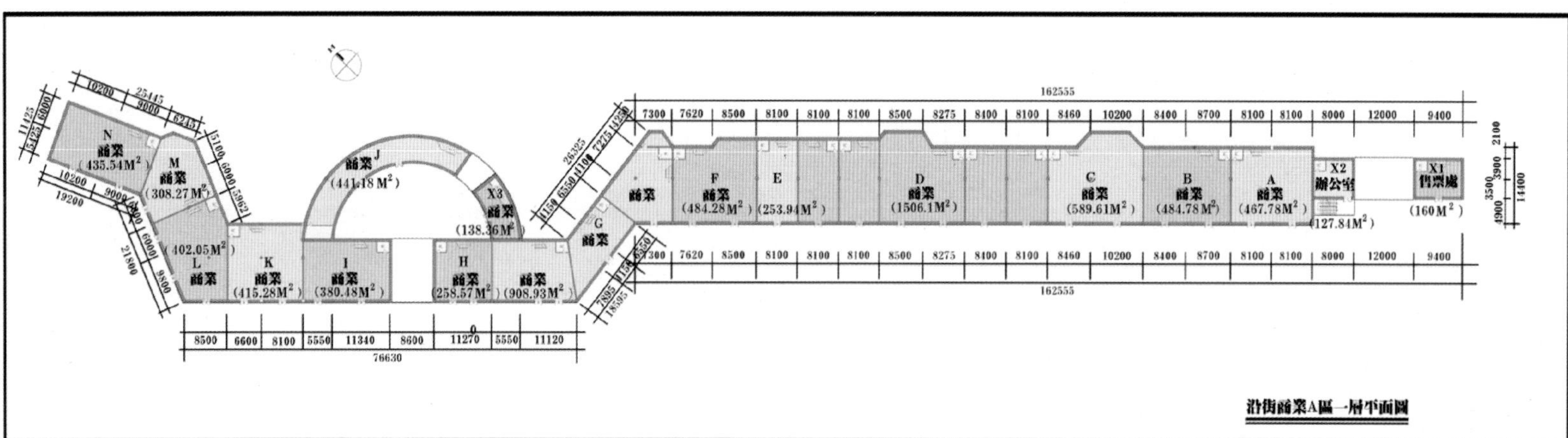

按照天津大学历史文化名城保护规划定的布拉克贝希（九龙泉）范围，需拆迁近 40 户居民（原布拉克贝希是吐曼河的溢洪道，居民很少，二十世纪五十年代陆续增加了一些居民），按照北面为城墙的模式（不开窗），南面为底商上居两层生计用房，这样较好地解决了民族习惯，生计与生活在一起，商业用房的布置给布拉克贝希景区增加了人气和活力，共安排了 10568.12 平方米底商和住宅，分为三组。规划总用地面积 3.48 公顷，另有纪念性建筑 3244 平方米。该片区是以水面、绿化为主的风景旅游区，部分水面用于栽植芦苇等水生植物，形成具有可自然净化能力的生态活水。

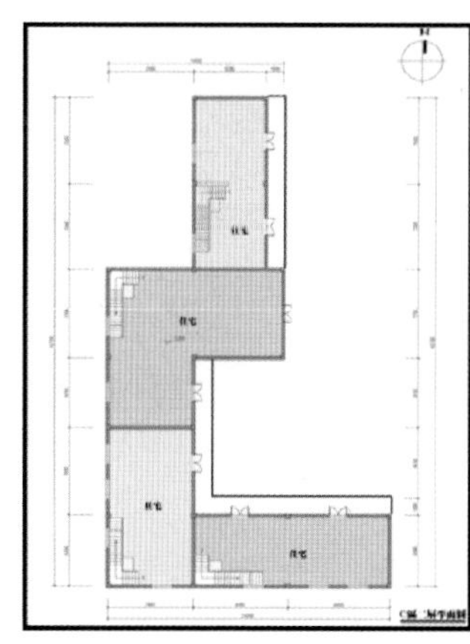

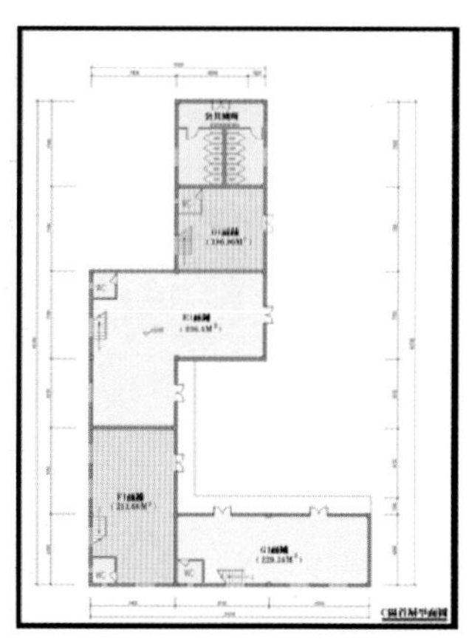

布拉克贝希（九龙泉）设计效果图

设想的观景茶室，试图探索传统屋顶的新样式，绿顶象征着绿洲，可采用坡瓦屋顶或绿色彩钢板

布拉克贝希清真寺是埃及风格的式样，立面构图严谨，喀什按此式样建了两栋。本图为天津博格林卡设计公司的3D作品

利用台地角部建造一个综合体文化类建筑，原角部黄土台包在建筑的庭院中，给人以生态建筑的标识。穹顶采用绿色花饰，目的在于拓展当地建筑符号穹顶的新空间、新样式。

建造这一建筑主要目的在于固定边城角部，台上台下相结合，部分建筑在台地下方，有力地支撑着台地的角部脆弱的土墙

布拉克贝希（九龙泉）景观设计

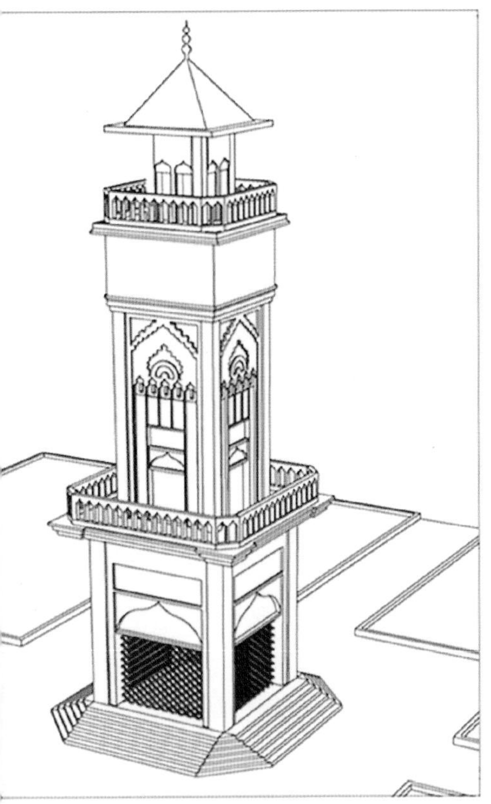

观景塔的造型设计，墙面以当地磨砖拼花为装饰，考虑今后的生态环境的改变（近几年已多雨）改加坡屋顶。每层均可上人，栏杆可采用木质制作。

沙漠之舟，以船的形式（石舫）做餐厅使用，方便游人在此逗留期间的休息与茶点。喀什需要一些新的元素

布拉克贝希景观设计要求：

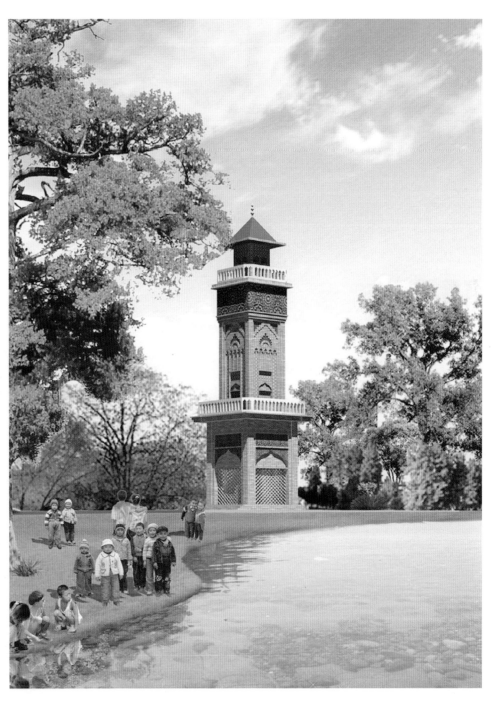

规划拟拆除绿地与水池之间的民居群，改建一座景观塔，景观塔为中亚风格，总高16米，基座4.5米×4.5米，设内部楼梯。墙面砖采用磨砖拼贴砖花，采用当地黄土砖，重点装饰部分采用绿色亚光特制贴面砖，屋顶为四坡顶绿色坡瓦。为强化湿地效应，景观塔周边设绿篱，禁止行人进入，以便逐步修复9个泉眼，达到历史上满池珍珠的景观风貌。

布拉克贝希清真寺周边建筑与环境

布拉克贝希清真寺的模型

布拉克贝希（九龙泉）方案之二

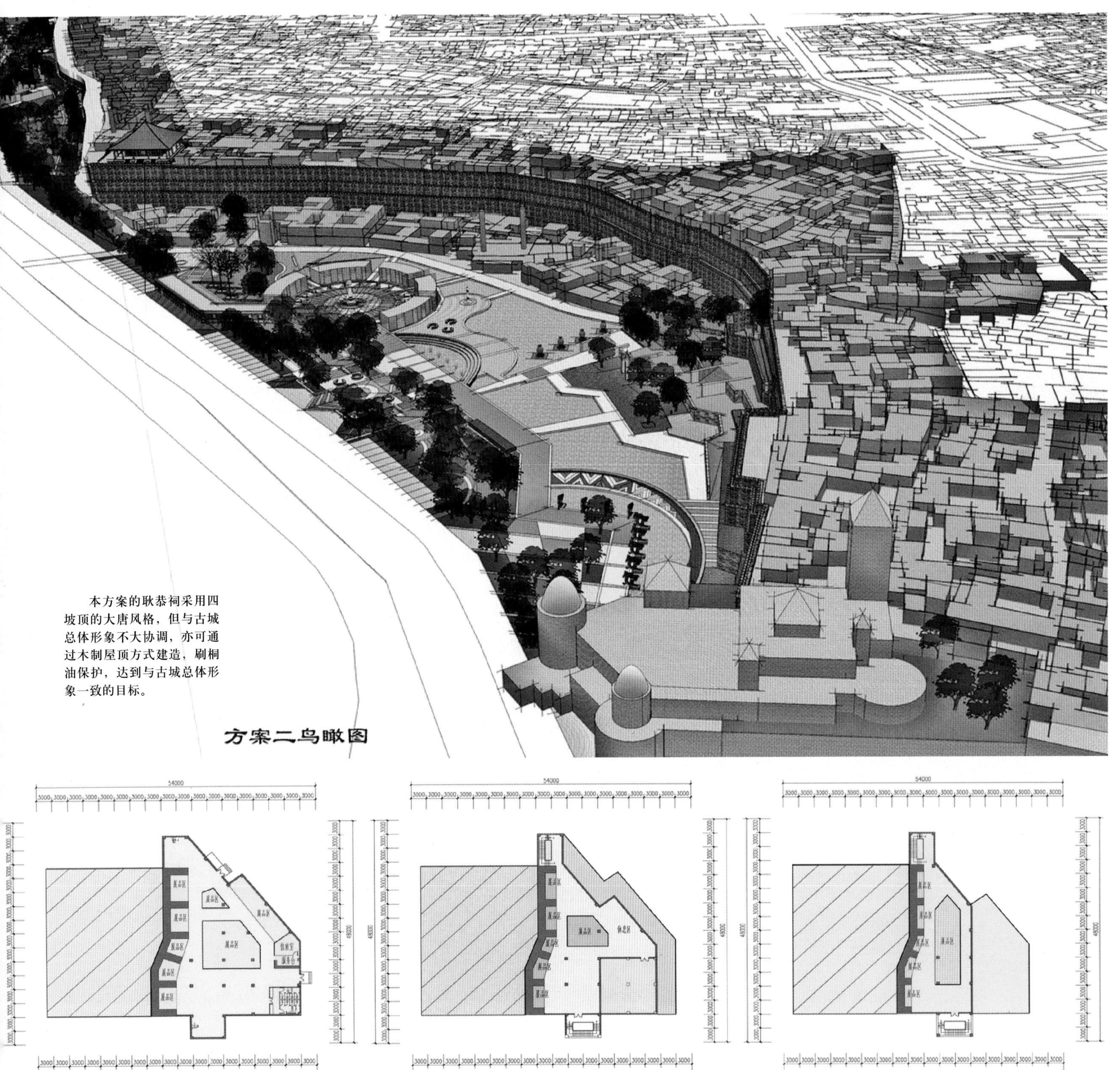

本方案的耿恭祠采用四坡顶的大唐风格，但与古城总体形象不大协调，亦可通过木制屋顶方式建造，刷桐油保护，达到与古城总体形象一致的目标。

方案二鸟瞰图

布拉克贝希（九龙泉）方案二的总体规划

总体规划构思意向：

1. 沿亚瓦格路、吐曼路一侧全部打开，使居民可以方便地进入景区。
2. 建筑呈三点式分布，由中心区向四周梯度增长，使水面更加宽阔。
3. 以图形中心广场为基点，形成网格式空间格局。
4. 沿亚瓦格路和纳瓦依宫的水面栽植水生植物。
5. 除地面铺装以外，设施及小品尽可能利用废旧木料，形成古朴的风格。

苏代尔瓦扎
咏布拉克贝希的四棵诗柱
池底玻璃马赛克镶贴弯月
重点保护的清真寺
木板栈桥
眺望塔
拉失德堡
纳瓦依宫（诗圣博物馆）
水门广场
七色花观赏平台
龙柱（九颗）
雕塑《泉》
麦尔瓦依提号（船型餐厅）
公共管理用房（设备、电气、公厕）
迪里塔尔湖、耿恭台（耿恭石雕像）
耿恭祠
喀什名人蜡像馆
阿尔罕布拉宾馆
阿娜尔餐厅
表演场
加拉塔餐厅
阿曼尼沙罕宫（宾馆）
护坡墙（以马面形式做斜撑）

七色花观赏平台：

安居尔（无花果）
巴达木（紫丁香）
艾提尔古丽（玫瑰花）
阿娜尔（石榴）
喇叭古丽（牵牛花）
乌鲁克古丽（杏花）
莎布吐（桃花）

鸟瞰图

水门设计一

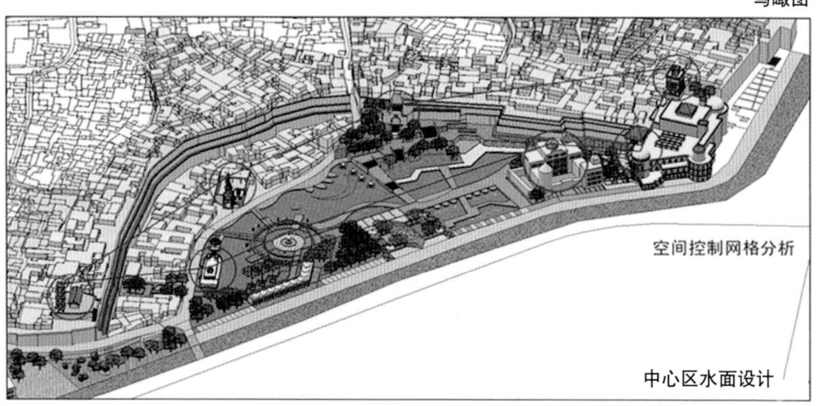

空间控制网格分析

中心区水面设计

布拉克贝希（九龙泉）建筑景观设计

拉失德堡，一栋文化展示参与的综合体建筑，可用两种模式：将角部护坡包含在内庭院内；完全建在高台之上。采用了四种屋顶样式，增加历史文化名城屋顶天际线的样式，打造一种童话般“天方夜谭”式的艺术综合体。本建筑的安排意在加固角墙。

耿恭井
（清）萧雄

疏勒城中古井深，
飞泉千载表忠忱。
一亭稳护冰渊鉴，
大树长流蔽蒂阴。

望耿恭台诗
（民国）梁寒操

三千载属中华地，
都籍先贤血汗来。
伟烈雄志超与勇，
只今唯有耿恭台。

耿恭祠是清代左宗棠麾下大将刘锦棠将军出于治理西域政治上的考虑，将耿恭故事移至于此的建筑。考虑城市的总体风貌，不适宜在此作汉式屋面的坡瓦和兽吻。因此，本方案考虑全部用木材作顶，屋面板上铺圆木（间距 15 厘米），屋脊作马牙子样式（同类建筑在新疆的有哈密王陵，左下图），采用木屋顶（刷桐油）与古城总体风貌完全协调。承台部分可用磨砖拼花，正面镶二龙戏珠（汉文化代表）青石雕。栏杆可采用木质或花岗岩制作。木塔为五层，简易木作，可以想见当年汉代将领驻喀什的艰辛，不宜过于高大，尽量与历史条件相符。

布拉克贝希（九龙泉）建筑景观设计

麦尔瓦依提号（船型餐厅）与中心广场

拉失德堡设计方案意向，意图探讨喀什符号语言的多样性与天际线变化的多种方式

唐风耿恭祠与九龙吐水石雕

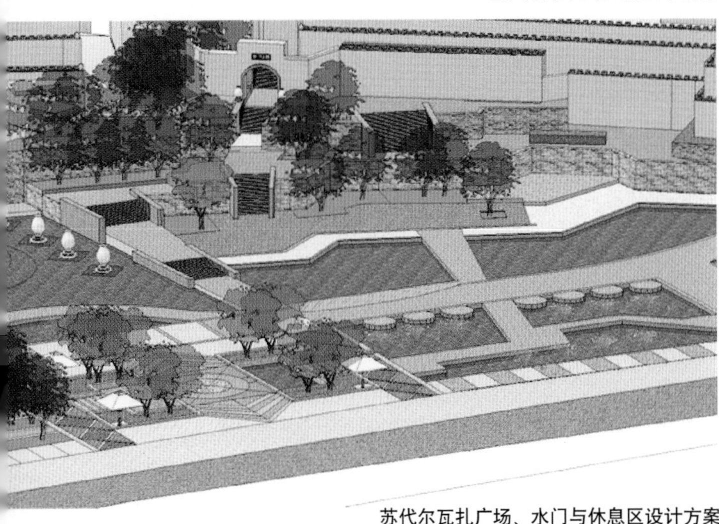

苏代尔瓦扎广场、水门与休息区设计方案

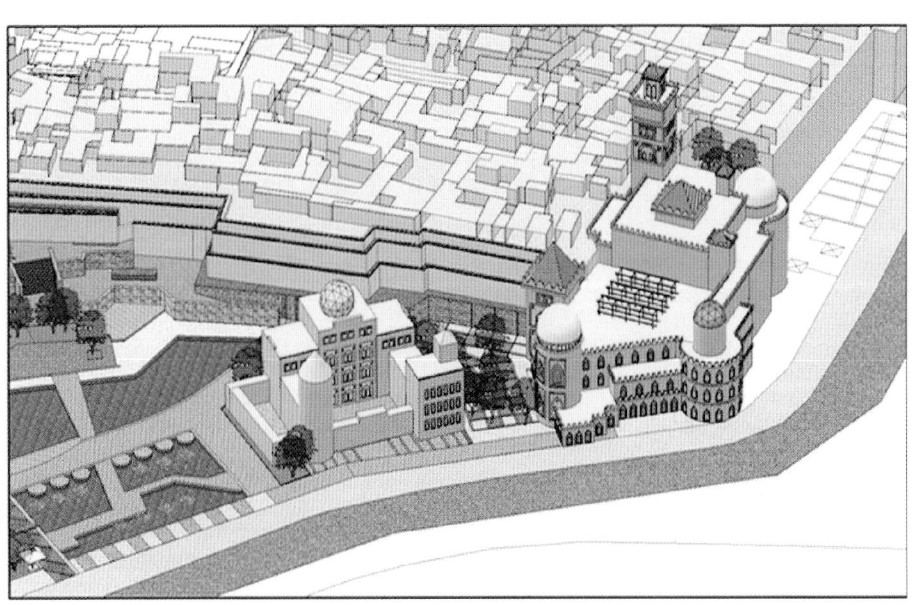

纳瓦依宫以陈列纳瓦依等中华文化名人著作，包括纳瓦依的同乡李白等诗作、绘画和碑刻拓片等

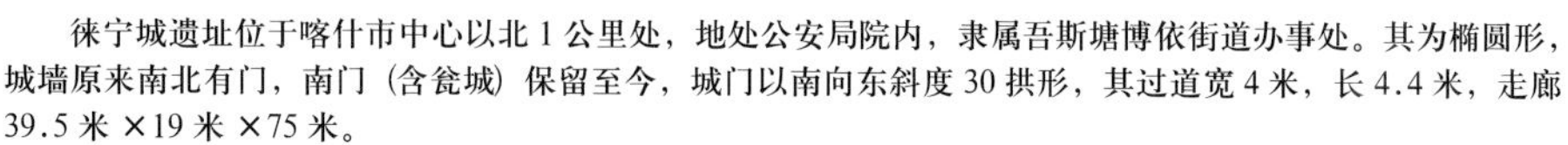

徕宁城遗址位于喀什市中心以北 1 公里处，地处公安局院内，隶属吾斯塘博依街道办事处。其为椭圆形，城墙原来南北有门，南门（含瓮城）保留至今，城门以南向东斜度 30 拱形，其过道宽 4 米，长 4.4 米，走廊 39.5 米 ×19 米 ×75 米。

徕宁城所建位置是一个叫“古勒巴格”的地方，“古勒巴格”意为“花园”，是当年大霍加波罗尼都占据喀什噶尔时的私人庄园，清军消灭大小霍加后收为官府。

乾隆三十七年（1772 年），清高宗为此城正式赐名为“徕宁城”，当时本地人称其为喀什噶尔新城或满城。乾隆五十九年（1794 年），徕宁城南门外又修建大批商肆店铺，由内地迁来的满、汉商民开业经营。喀什噶尔旧城仍由维吾尔族的阿奇木伯克驻守治理。

1826 年，发生加汗格尔霍加战乱，军营被毁坏。1838 年，左尔东·艾史木克搞城区扩建时，在花园以东打城墙。1898 年，满官陆一吉重新修复后，进驻该地，因周围都有椭圆形城墙而得此名，以东为城市，西北临东建一个衙门，后被人称为“乌太衙门”。

1912—1924 年间执政的官员马富生之子（旅长）马吉武进驻此地，并在东南部开一个大门，后被称为“新大门”，此门通往色满、夏马勒巴格乡，城墙上面修建四层楼，后被称为“乌太楼阁”。其四周都是玻璃造成的，楼阁前有一个涝坝（云木拉克协湖），其景优美宜人。

“乌太衙门”大门前有两个狮像，门对面影壁墙有一幅龙的图像，城东广场对面是兵营、练兵场，中间是审判厅。衙门旁有一所汉族学堂（建于民国年代），后收官员子女学习，学堂旁有一座清真寺，供过往群众做礼拜。

1933 年乌斯满何尔克孜扩建，于 1937 年拆毁。1937 年 5 月 1 日乌斯曼艾力等，阿布都卡德尔阿吉配合哈密起义冲入该地，捣毁了这里的赌场、当铺、妓院等。1934 年 8 月以买合木提·穆依提为首的省军六师进驻此地，变成师部，后被人称为“师部”。1940 年国民党进驻此地，此城为国民党驻疆 42 师骑兵第 9 旅司令部。1949 年新中国成立后，中国人民解放军进驻喀什，这里是二军军部，1954 年后成为原地区公安处。

公元 1983 年的南门遗址

云木拉克协海尔（徕宁城）遗迹分析

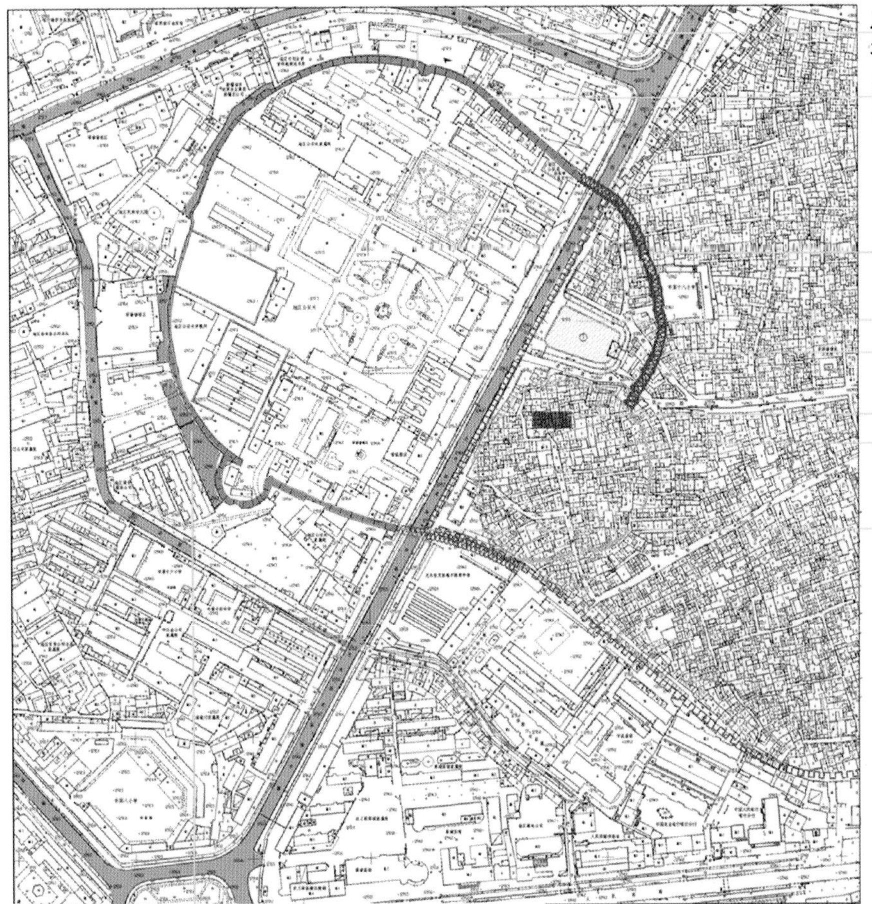

从航空摄影中可以看到北门的遗迹

建于乾隆三十七年（公元1772年）的徕宁城墙

清兵守军的东城墙

原为城堡中的水源地（涝坝）

1912-1924马吉武部建“乌太楼阁”

推测为长官部建筑位置

徕宁城中有特殊用途的圆形用地（推测为驻军长官部）1945年即已变民居用地

1912-1924年新辟南大门

应为护城河遗址

1945年尚存的旧城西城墙

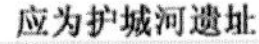

现存土城墙　1945年尚存的旧城西城墙　推测驻军长官公署内城堡西墙北墙位置

涝坝　推测驻军长官公署内城堡东墙　推测东墙位置

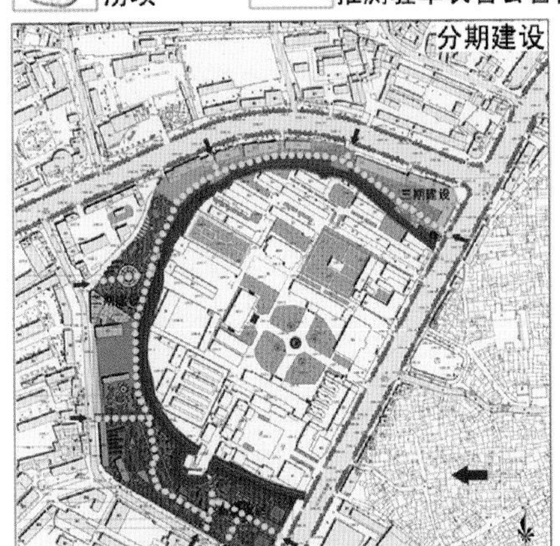

一期建设　二期建设　三期建设

入口　步行路线

北部广场入口区　博物馆入口区

市民休闲广场区　文化展示区　景观视廊

设计理念：

修复——徕宁城城墙的修砌与周边现状环境的整治

保护——对徕宁城的历史价值的评估与肯定

完善——徕宁城规划与景观的系统性设计

提升——徕宁城景观品质的提升，与纪念性建筑雕塑的建造

对遗址的现状进行勘察分析，有助于在规划中确定予以保护的原则和相应的技术手法。

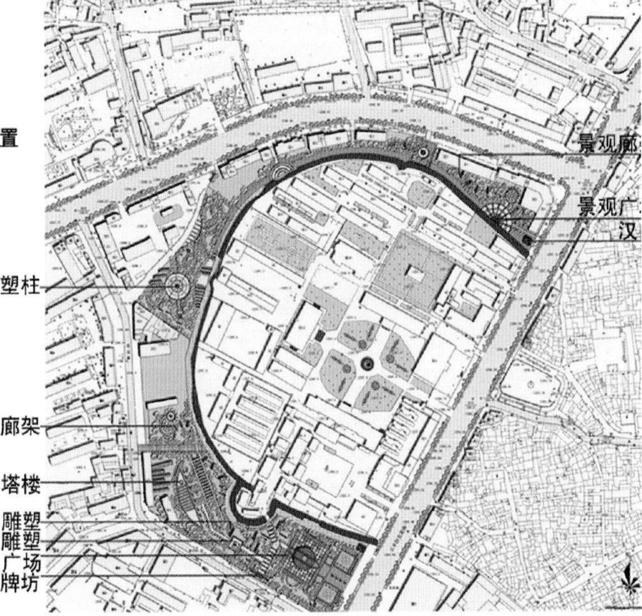

维语“云木拉克协海尔”汉译为“圆城子”、“圆形城堡”

云木拉克协海尔（徕宁城）商贸城设计

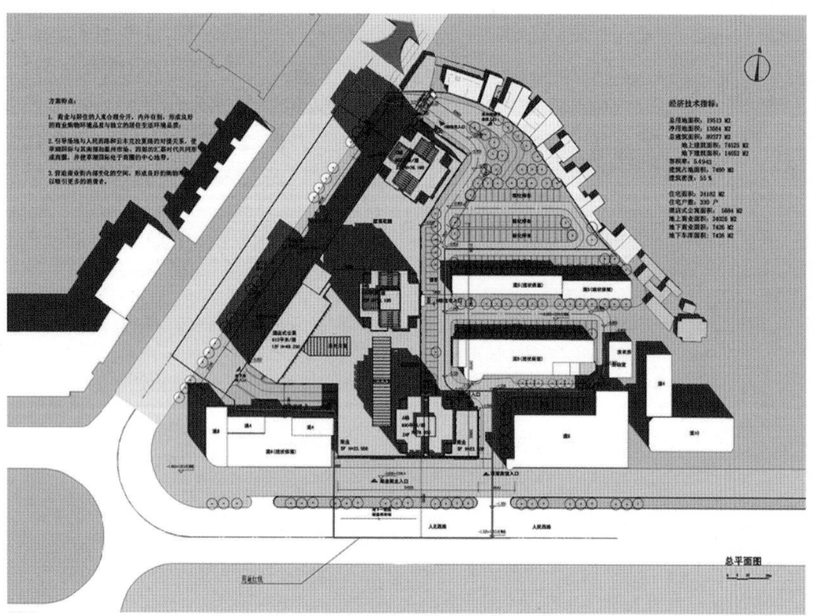

连通草湖国际商贸城地下一层

连通徕宁城地下一层

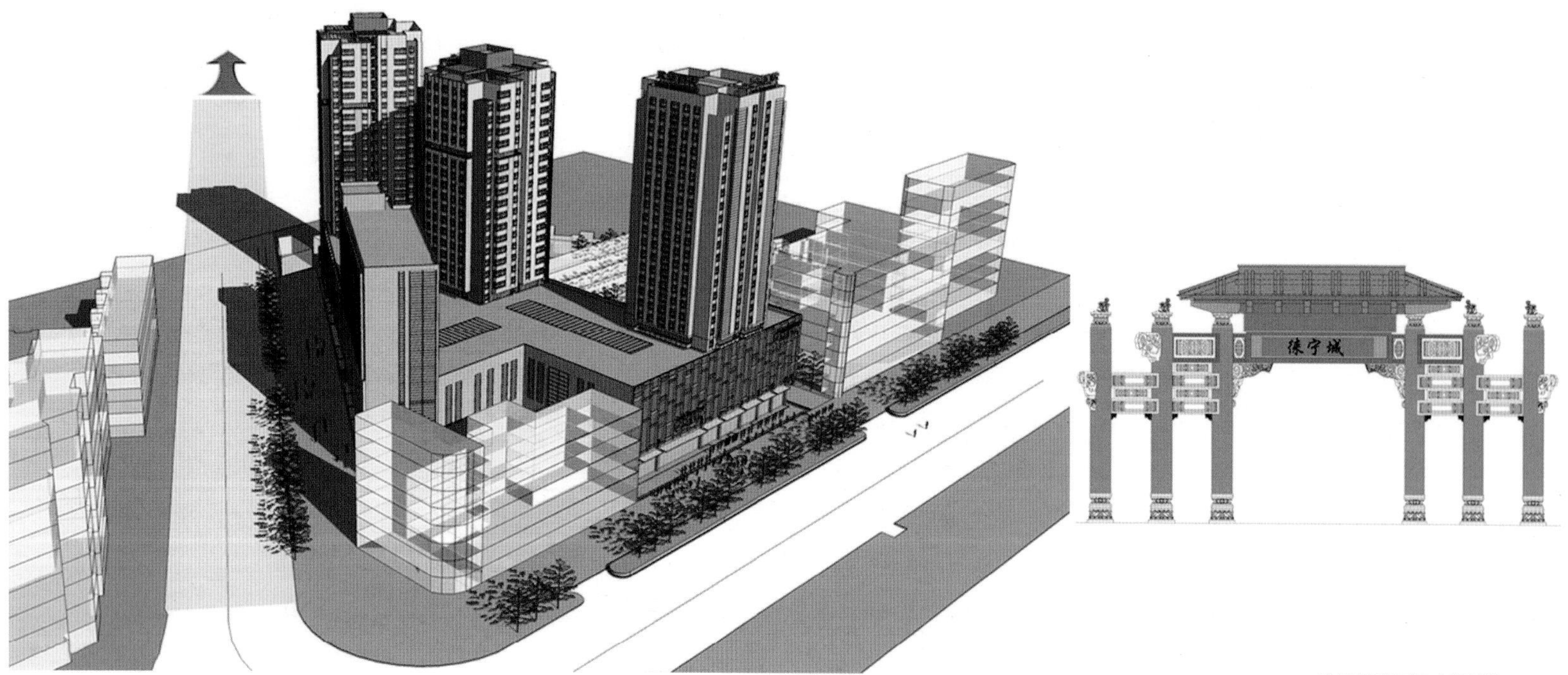

连通草湖国际商贸城地下一层

案例分析 1——伊斯坦布尔城墙保护与修复

伊斯坦布尔城墙从马尔马拉海峡向金角湾延伸 7 公里，最早于五世纪赛奥道西斯二世统治时代修建，后又经多次维修。城墙围成的区域被联合国教育科学文化组织指定为“世界文化遗产之一”。

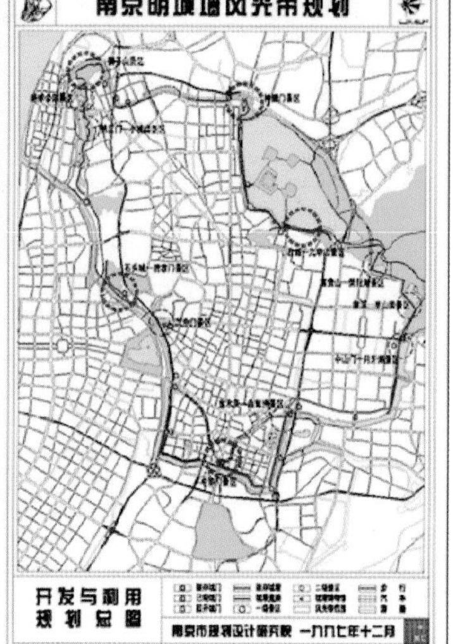

案例分析 2——南京古城墙保护

南京明城墙是我国乃至世界上保存至今最大的一座古代城垣，其特点是采用了自由式布局，“得山川之利，控江湖之势”。规划从人类文化遗产的高度审视城墙的历史文化价值以及古城墙、城河及其相关的公园绿地对南京主城绿地系统起到骨架作用，对城墙实行全方位，多层次的保护，并采用多种方式展示与利用城墙及其周围的风景园林资源。

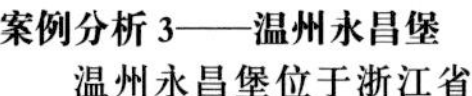

案例分析 3——温州永昌堡

温州永昌堡位于浙江省温州市瓯海区永中镇新城村。明嘉靖三十七年（公元 1558 年）由邑人王叔果、王叔杲兄弟建筑以防倭患。堡南北长 757 米，东西阔 449 米，总面积 339893 平方米，基宽 3.8 米，城头宽 2.1 米，通高 5.6 米。设东“环海”、北“通市”、西“镇山”，南“迎川”四座城楼，南北水门四座，其中环海楼为瓮城。城体内外壁由块石斜向叠砌，内填乱石灌以沙土而成。

案例分析4——平遥古城

平遥古城，与同为第二批国家历史文化名城的四川阆中、云南丽江、安徽歙县并称为“保存最为完好的四大古城”。今山西省平遥县旧称“古陶”。明朝初年，为防御外族南扰，始建城墙，洪武三年（公元1370年）在旧墙垣基础上重筑扩修，并全面包砖。以后景德、正德、嘉靖、隆庆和万历各代进行十次补修和修葺，更新城楼，增设敌台。

平遥城墙总周长6163米，墙高约12米，把面积约2.25平方公里的平遥县城一隔为两个风格迥异的世界。

案例分析5——马拉喀什

马拉喀什人口40余万是摩洛哥历史上最重要的古都之一，始建于公元1062年，中世纪时曾两度为摩洛哥王朝的都城。在阿拉伯语里，“马拉喀什”意为“红颜色的”，其原因是当年的城墙采用赭红色岩石砌成，迄今基本保存完好。沿着旧城区红色城墙漫步，眼前所出现的景象仿佛让人又回到那遥远的中世纪时代。

马拉喀什的民间文艺活动有着悠久的历史，尤其以来自山区和沙漠地区的小型歌舞队表演的、带有乡土气息的阿拉伯民间歌舞最为著名。

案例分析6——浙江临海古城墙

临海古城墙有着悠久的历史。自晋代修建以来，已有1600余年，迭经唐、宋、元、明、清诸朝不断修筑增扩，其主体部分一直保存到今天。古城墙沿江修筑而上，依山就势，逶迤曲折，雄险壮观。尤其是北固山一段，建于危崖之巅，飞舞盘旋，敌台林立，城楼高峙，与北京八达岭相较，可称双绝，称之为“江南八达岭”并不过誉。临海古城墙两侧，古木参天，常年苍翠，城墙掩映在青绿丛中，更增添了一分灵秀。

案例分析 7——福建崇武古城墙

对于崇武来说，石头就是小城的灵魂。周长 2567 米的花岗岩古城墙承载着小城的历史，见证了小城的过去今天，把历史的记忆一直留到了今天。几百年来，古城几代军民凭借天然的屏障和牢固的石城，历经血与火的洗礼，用生命谱写出可歌可泣的战斗诗篇。这里的“崇报祠”、“元饲宫”等，都是为抗倭牺牲的英雄而建。

案例分析 8——兴城古城

高峻而坚固的古代城池，始建于明朝宣德三年（1428），明代称宁远卫城，清代为宁远州城，民国期间改为县城，是五百多年前留下的一份珍贵的历史遗产，是国家级文物保护单位。

古城为正方形，城墙周长 3274 米，城高 10.1 米，女儿墙高 1.7 米，底宽 6.8 米，顶宽 4.5 米，用石条、青砖、巨石所筑。

案例分析 9——西安古城墙

西安城墙位于西安市中心区，是明代初年在唐长安城的皇城基础上建筑起来的，呈长方形，墙高 12 米，底宽 18 米，顶宽 15 米，东墙长 2590 米，西墙长 2631.6 米，北墙长 3241 米，总周长 11.9 千米。有城门四座，每个城门都由箭楼和城楼组成，至今已有 600 多年的历史，是中世纪后期中国历史上最著名的城垣建筑之一，也是中国现存最完整的一座古代城垣建筑。

云木拉克协海尔古城墙保护方案

方案以护城河意向为设计理念，为保护湿陷性黄土城墙不至于因浇花植树用水而坍塌，采用地面广场地下商场模式固化生土城墙，必要的绿化至少距城墙6米。中心下沉广场以七色花、黄定湘雕像（清兵烈士）以及文字记述城史的景墙组成，并有吊桥一座

云木拉克协海尔局部设计

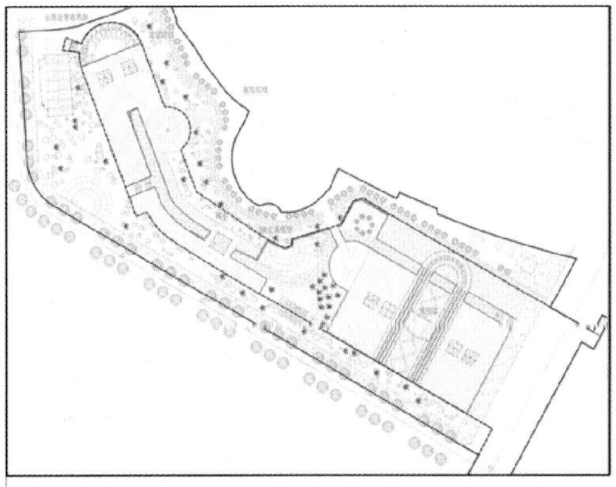

图例

公共建筑

绿化

规划道路

规划界限

地下建筑界线

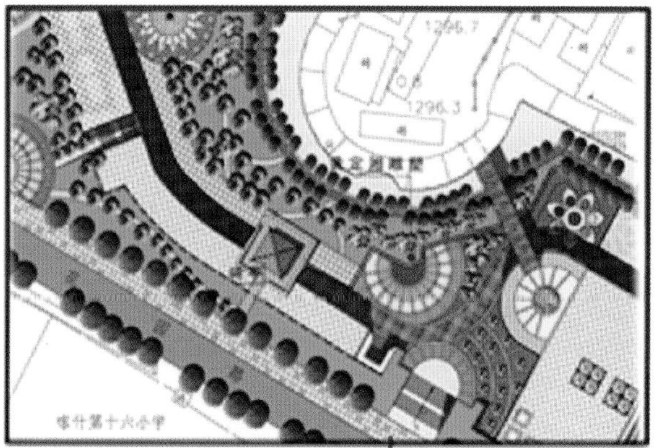

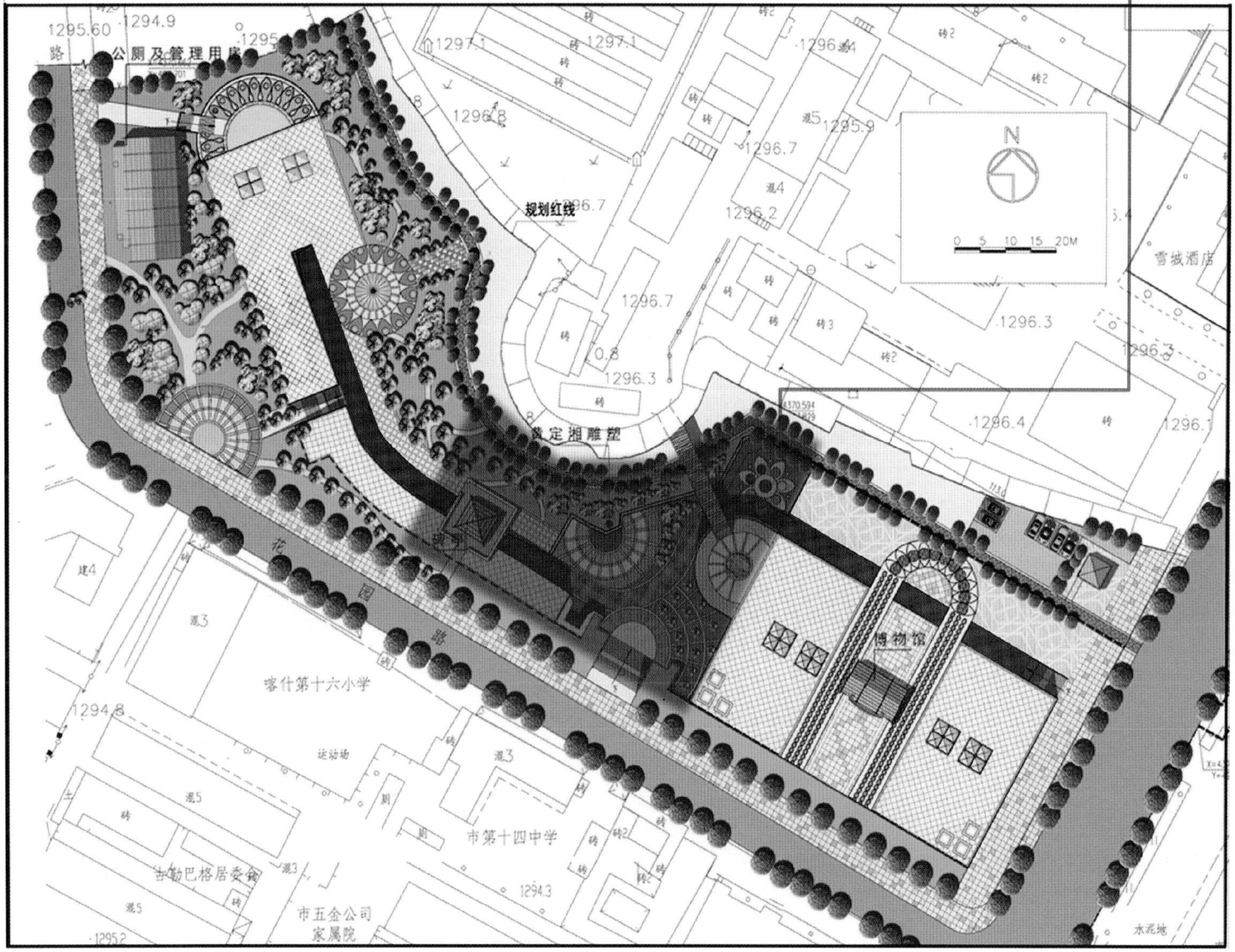

公厕及管理用房

规划红线

黄定湘雕塑

博物馆

喀什第十六小学

运动场

市第十四中学

古勒巴格居委会

市五金公司家属院

雪城酒店

水泥地

N

0 5 10 15 20M

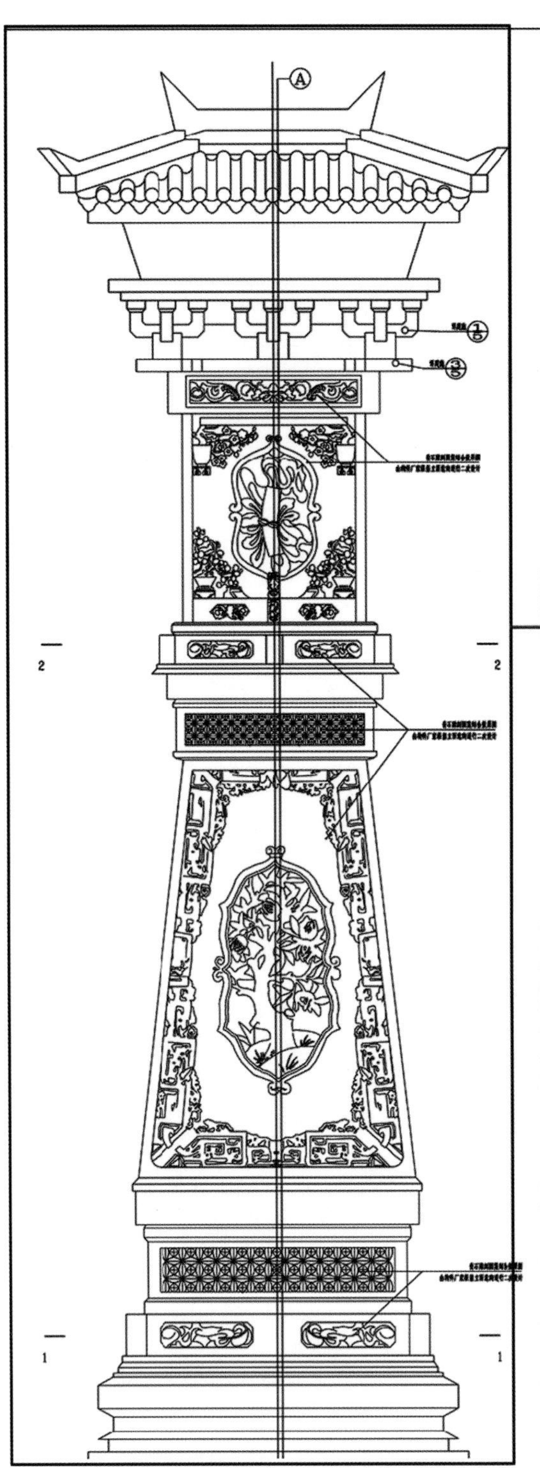

汉阙所在位置

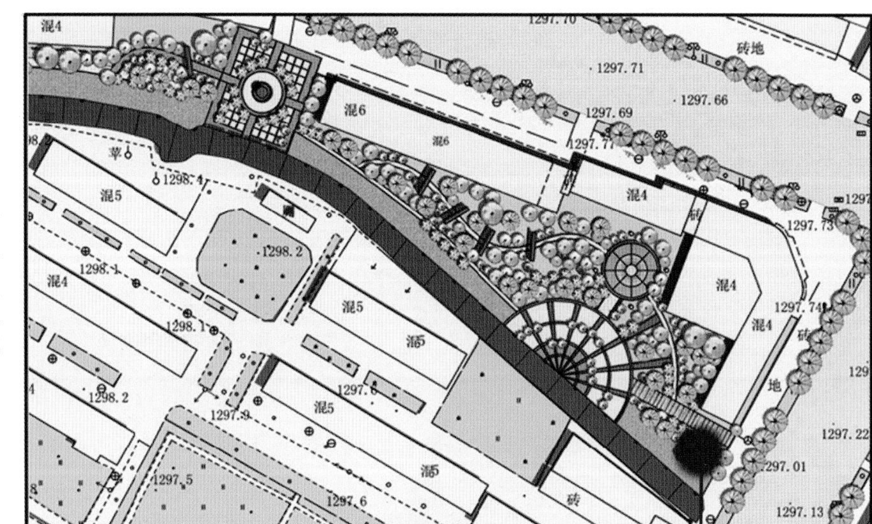

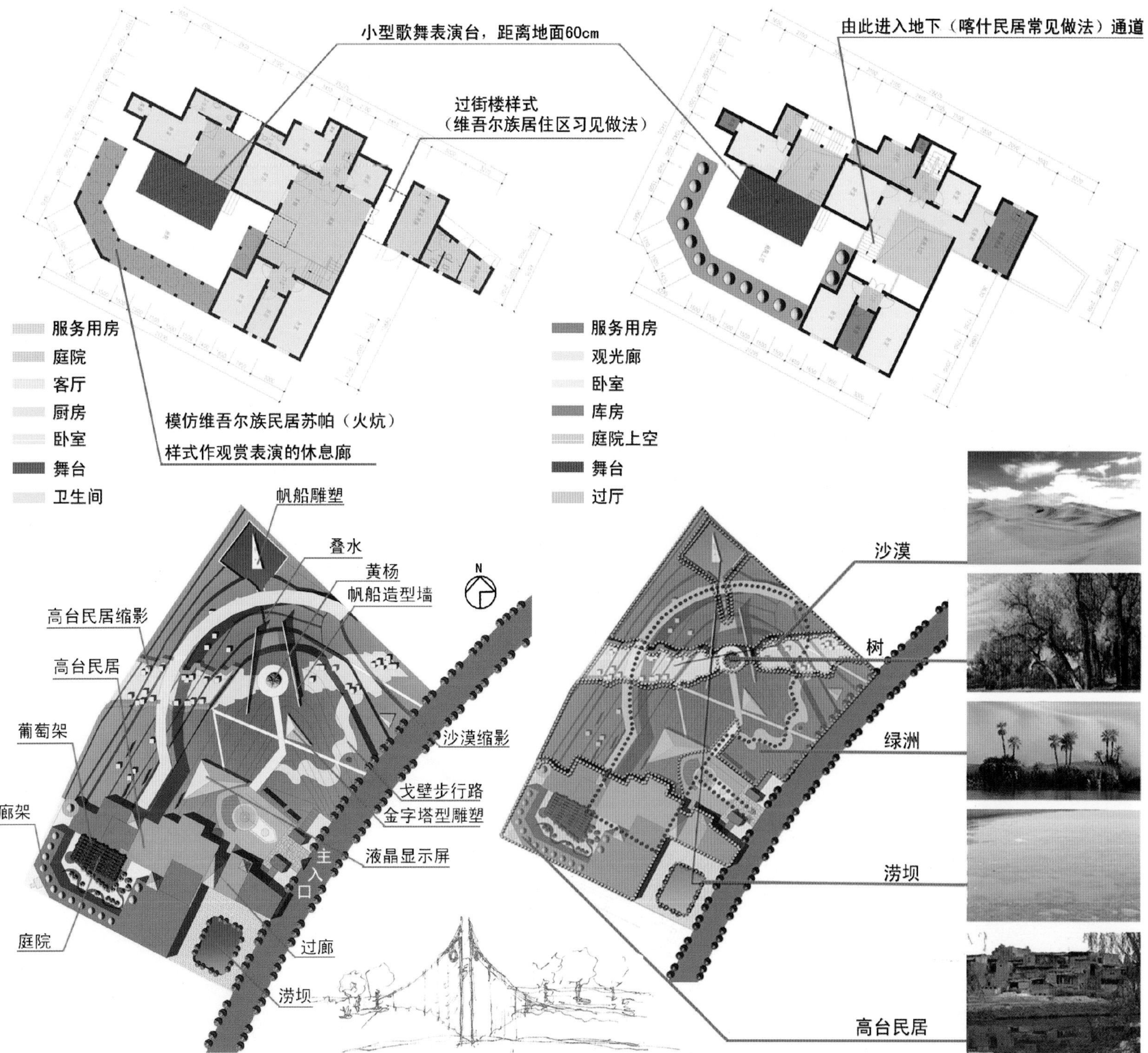
小型歌舞表演台，距离地面60cm
过街楼样式
（维吾尔族居住区习见做法）
由此进入地下（喀什民居常见做法）通道
服务用房
庭院
客厅
厨房
卧室
舞台
卫生间
模仿维吾尔族民居苏帕（火炕）
样式作观赏表演的休息廊
服务用房
观光廊
卧室
库房
庭院上空
舞台
过厅
帆船雕塑
叠水
黄杨
帆船造型墙
高台民居缩影
高台民居
葡萄架
沙漠缩影
戈壁步行路
金字塔型雕塑
廊架
主入口
液晶显示屏
庭院
过廊
涝坝
沙漠
树
绿洲
涝坝
高台民居

喀什园规划设计效果图

班超（公元 32—102 年），字仲升，扶风郡平陵县（今陕西咸阳东北）人，东汉著名的军事家和外交家。其父为东汉著名史学家班彪，其长兄班固、妹妹班昭都是汉代著名的史学家。班超为人有大志，不修细节，但内心孝敬恭谨，居家常亲事勤苦之役，不耻劳辱。他口齿辩给，博览群书，能够权衡轻重，审察事理。汉明帝永平五年（公元 62 年），班超随兄班固至洛阳，以缮写为生。后投笔从戎，欲效法张骞建功西域。

永平十六年（公元 73 年）班超从奉车都尉窦固击北匈奴，旋奉命率吏士三十六人赴西域。攻杀匈奴派驻鄯善、于阗之使，废亲附匈奴入侵的疏勒王，巩固汉在西域的统治。建初三年（公元 78），他率疏勒、于阗等国兵大败姑墨（今新疆阿克苏一带）的侵犯，又上疏请兵，欲平定西域。从章和元年（公元 87）到和帝永元六年（公元 94），班超陆续平定莎车、龟兹（今新疆库车一带）、姑墨、焉耆等国，西域遂平，至此西域 50 余国皆归汉；和帝永元七年（公元 95）年，因功封定远侯；九年（公元 97 年）曾遣甘英出使大秦（罗马帝国），抵达安息西境，未至大秦而还；十四年（公元 102 年）八月，因病召返洛阳，授射声校尉，九月病逝。班超在西域活动长达 31 年之久，平定内乱，外御强敌，保护了西域的安全以及丝绸之路的畅通。

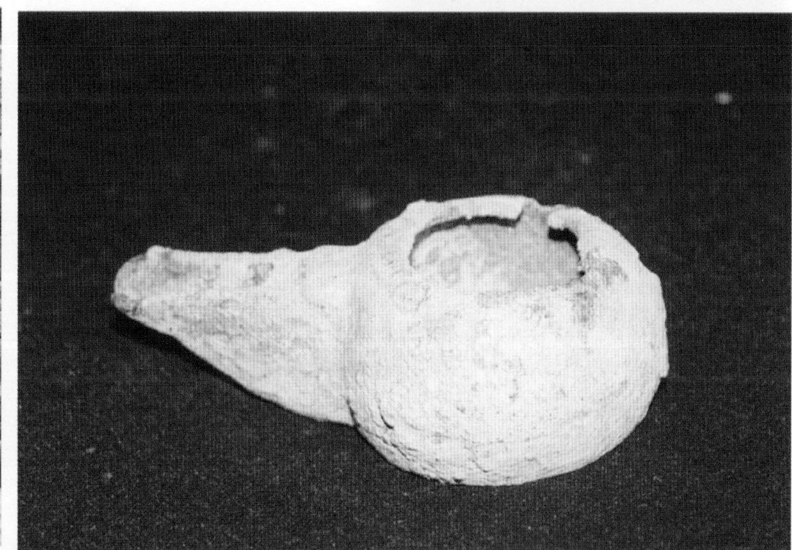

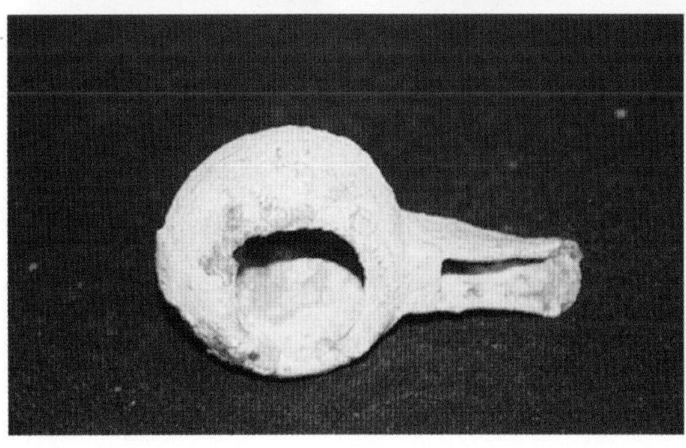

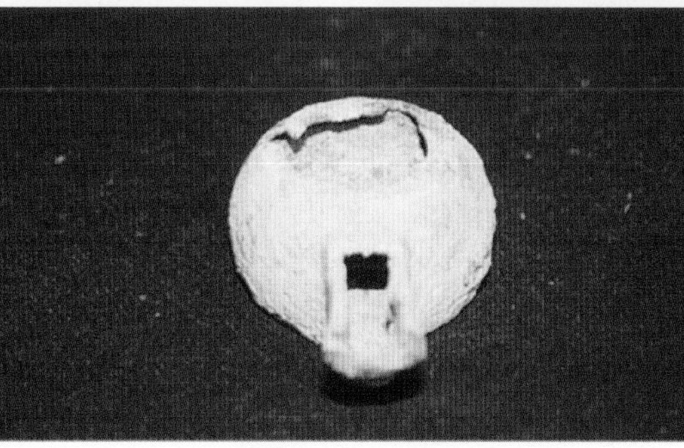

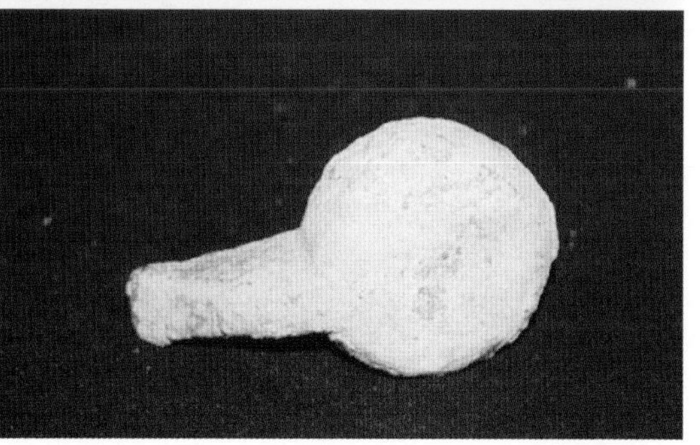

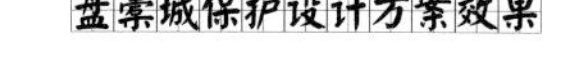

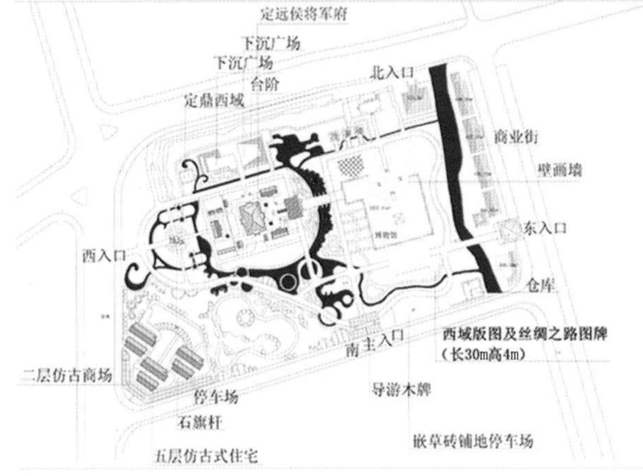

汉代的龙纹瓦当是汉文化符号的典型遗留器物，方案以水呈龙形表现汉文化，定远侯将军府由于比较低矮，叫利川挖水之土堆5米高台地，这样从北面路上看过去背景不至于太高大，影响古建筑群主体轮廓线。

盘橐城引导性方案

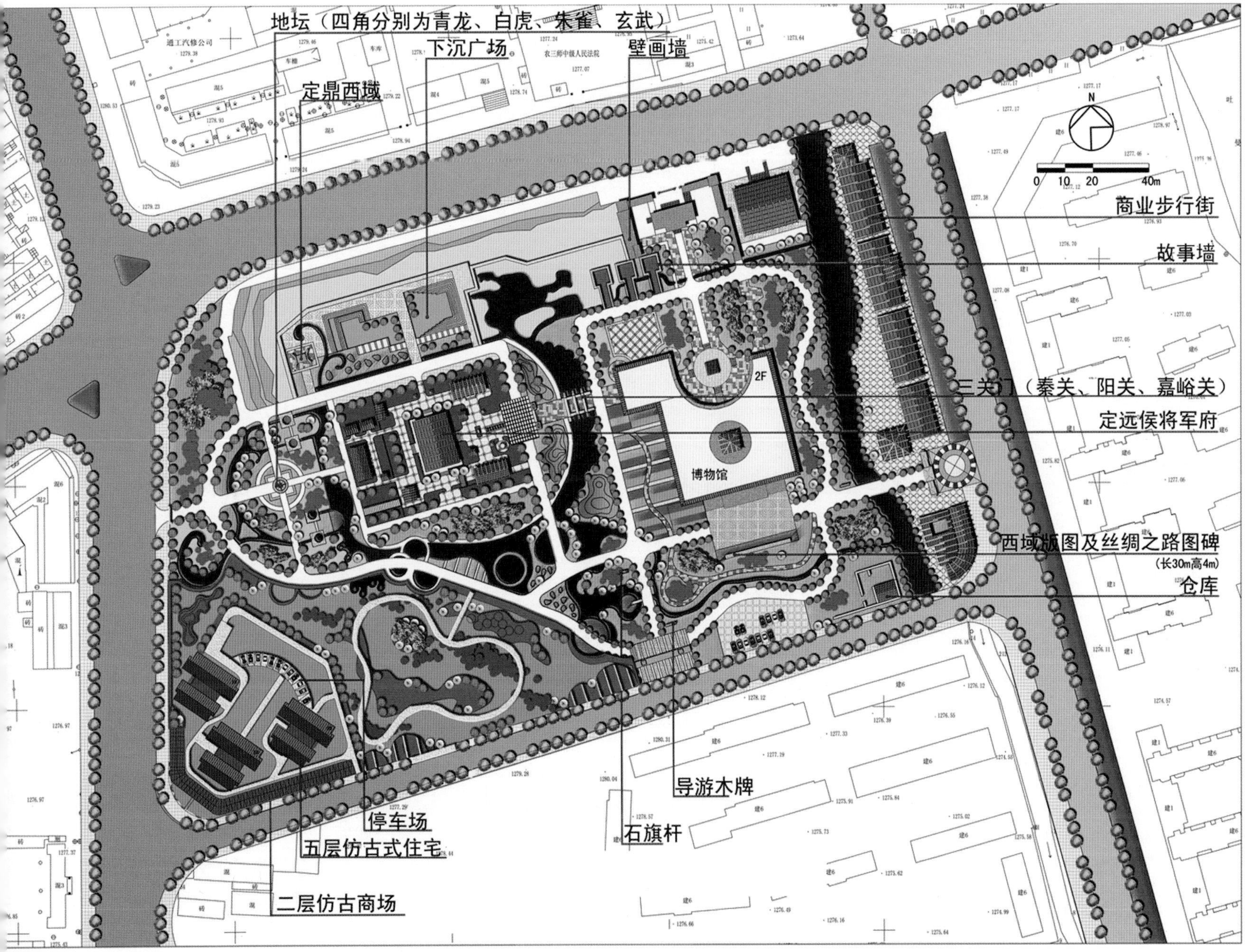

地坛（四角分别为青龙、白虎、朱雀、玄武）
下沉广场
壁画墙
定鼎西域
N
0 10 20 40m
商业步行街
故事墙
三关门（秦关、阳关、嘉峪关）
定远侯将军府
2F
博物馆
西域版图及丝绸之路图碑
（长30m高4m）
仓库
导游木牌
停车场
石旗杆
五层仿古式住宅
二层仿古商场

盘橐城引导性方案：

以汉代著名元素符号——汉龙纹瓦当图案，作为引水入定远侯将军府纪念建筑群周边。从东侧吐曼河引入设提升泵站，南侧流入吐曼河南段，形成构图主图型。

现有的班超纪念浮雕墙，可作为班超纪念馆的入口浮雕，作方形中部有露天天井的博物馆，与浮雕墙高度相等。天井置汉代著名出土文物陶塔作为中庭标志物。

定远侯将军府由一组建筑群构成，有东西两个出入口，东为主入口。

定远侯将军府以钢筋混凝土，砖结构，外抹黄泥，体现当年艰苦之意象。不宜作高大的建筑群（与历史不符，并易为后人所误解）。

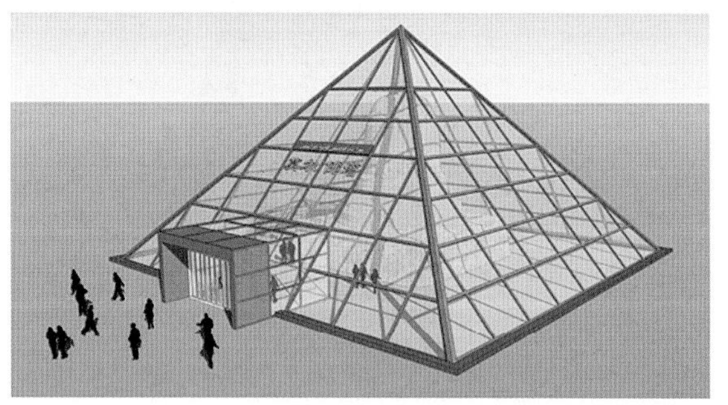

方案一

金字塔玻璃锥体方案，结构采用桁架式外挂玻璃样式。投射灯安排在距地面 1.8 米的高度上，金字塔中部部分玻璃可以开启，以便通风。

莫尔佛塔保护设计方案二

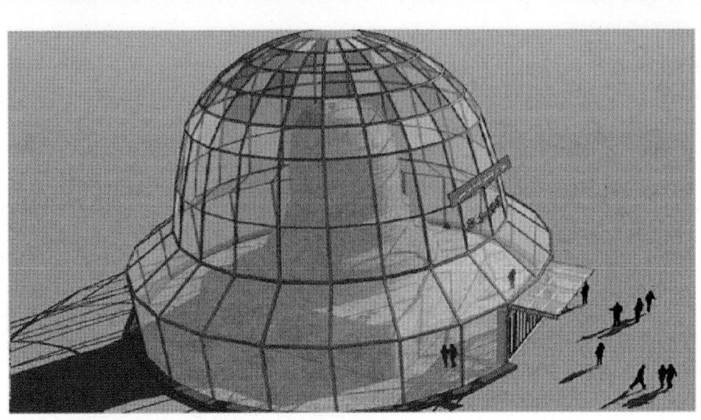

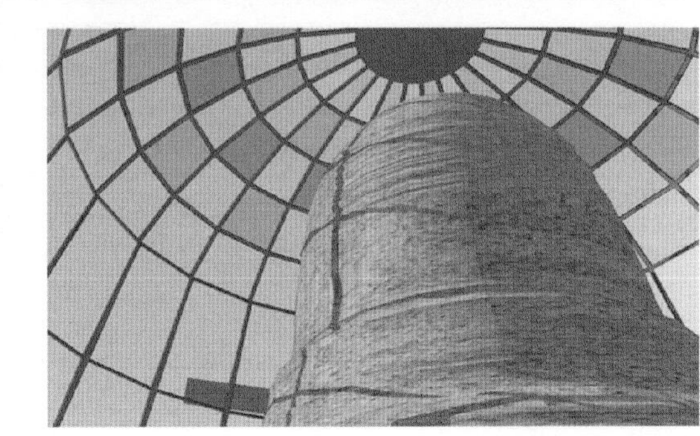

方案二

方案二采用玻璃穹顶的模式，使用点式玻璃模式作为结构方案，顶部采用彩色玻璃以便造成夏日阳光条件下的五彩缤纷的效果。夜景照明考虑穹顶的三分之一处安装射灯，在穹顶的四周做活动玻璃，夏季可以开启，以保证室内温度不至于过高。玻璃穹顶的底部以白色花岗岩包砌，形成散水。

方案三

方案三为蓟县白塔、杭州雷峰塔模式，将现有遗址包裹在新建的白塔中心，即在现有遗存外建一座根据复原方案设计的新塔。新塔的建筑样式根据国内遗存分析，这种白塔均起源于尼泊尔，为印度曼陀罗式的窣堵波样式。国内的实例有呼和浩特三塔、武威凉州白塔、青海西宁的塔尔寺白塔、北京白塔寺白塔均为上述样式。根据莫尔佛塔现有遗存来看，它的塔基、塔座、塔身都属于尼泊尔式白塔系列。这次复原主要是依据青海西宁的塔尔寺白塔和北京白塔寺白塔，它的基本格局应该是符合历史原貌的，只是在具体细节上如线脚的多少、腰身的曲线、塔刹的高度会有一些与原有真实建筑有些出入，但整体格局是毫无疑问的，因此我们设想将遗址外包裹新塔。遗址内设螺旋楼梯，可以沿周边走廊参观古遗址。优点是可以较真实地再现历史场景；缺点是投资较大，结构比较复杂。

莫尔佛塔保护设计方案三平立剖面设计

方案三

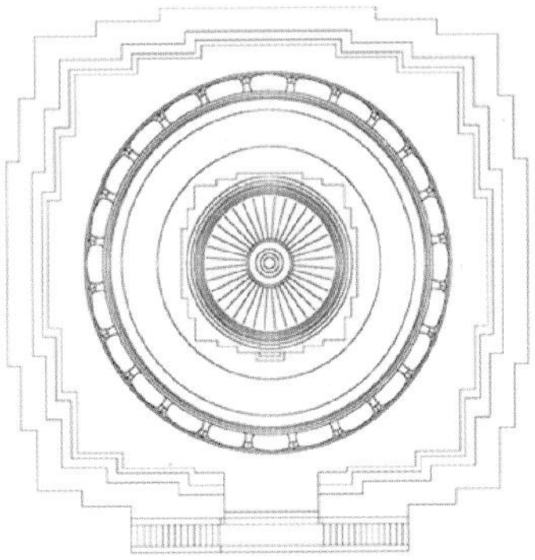

方案三平面

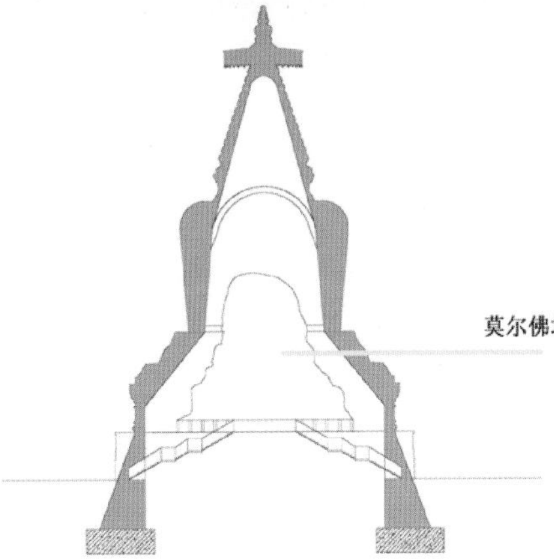

方案三剖面

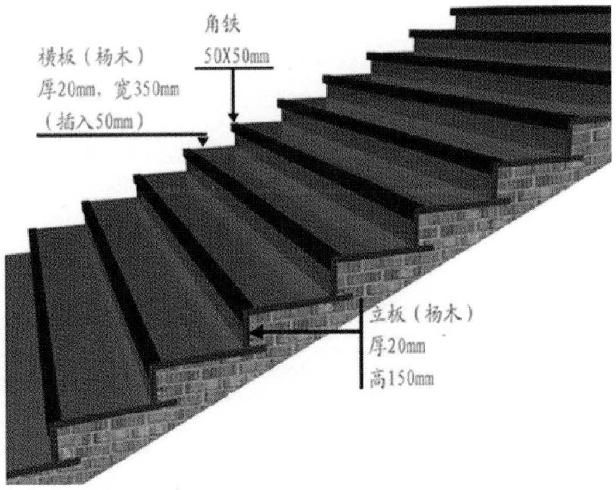

方案三立面

莫尔佛塔保护设计方案四

25.000
+23.100
透明玻璃幕墙
金色玻璃特制装饰
21.700
23.100
14.000

方案四

主要构思：

1. 在佛塔的周边建设一个 25 米 ×25 米 ×23.1 米的透明玻璃盒子，保护佛塔不受风雨侵蚀。

2. 在主要的景观面用金色镀膜玻璃制作出佛塔的原型剪影，让游人联想起佛塔原有造型。

3. 建设一个 35 米 ×35 米的基座，供游人参观。

4. 使用金色的剪影，搭配上现代的玻璃幕墙，本身就有着强烈的现代宗教效果。

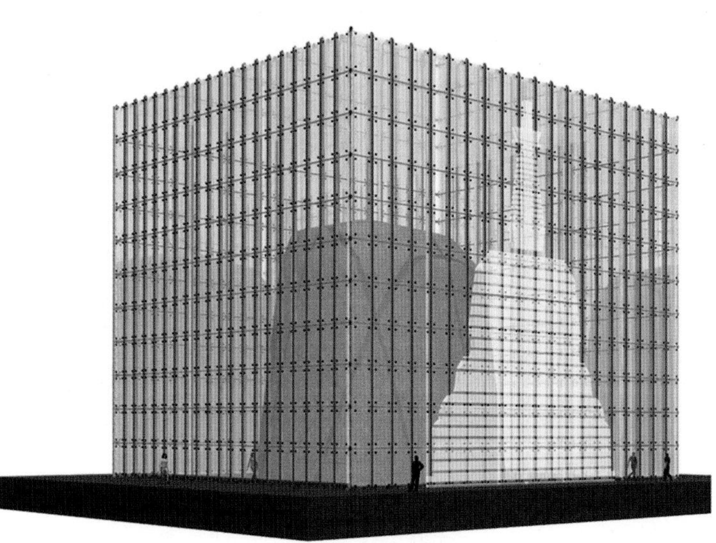

莫尔佛塔保护设计细节

旧胡杨木

莫尔佛塔古遗址

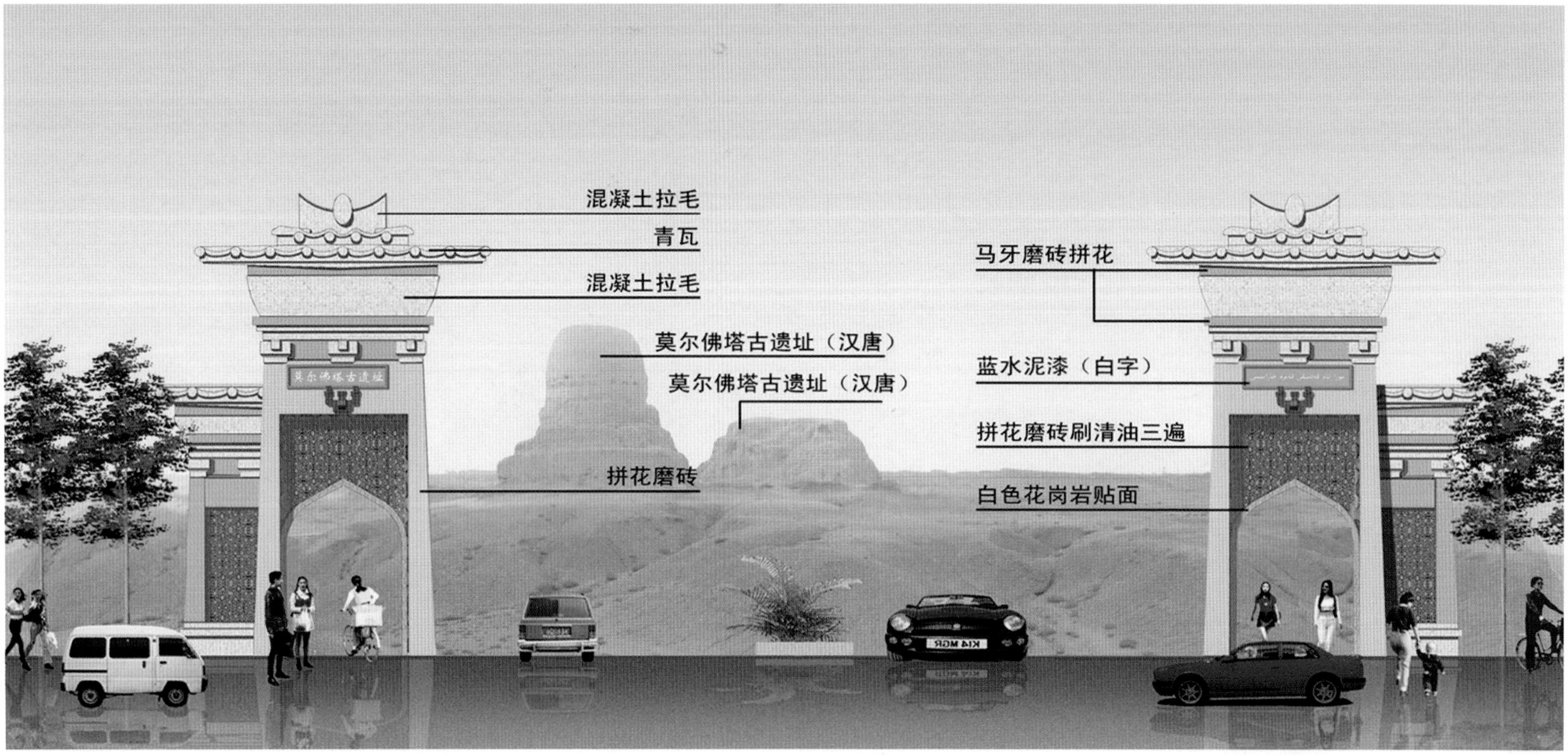

混凝土拉毛
青瓦
混凝土拉毛
莫尔佛塔古遗址（汉唐）
莫尔佛塔古遗址（汉唐）
拼花磨砖
马牙磨砖拼花
蓝水泥漆（白字）
拼花磨砖刷清油三遍
白色花岗岩贴面
莫尔佛塔古遗址

莫尔佛塔古遗址大门方案一（施工要求）

锈石斗拱
共12个镶入
刷土黄色水泥漆
蓝灰色或绿色
水泥漆（白字）
磨砖拼花
（由当地工人制作）
磨砖拼花
（由当地工人制作）
精细磨砖拼花
刷清油三遍
莫尔佛塔古遗址

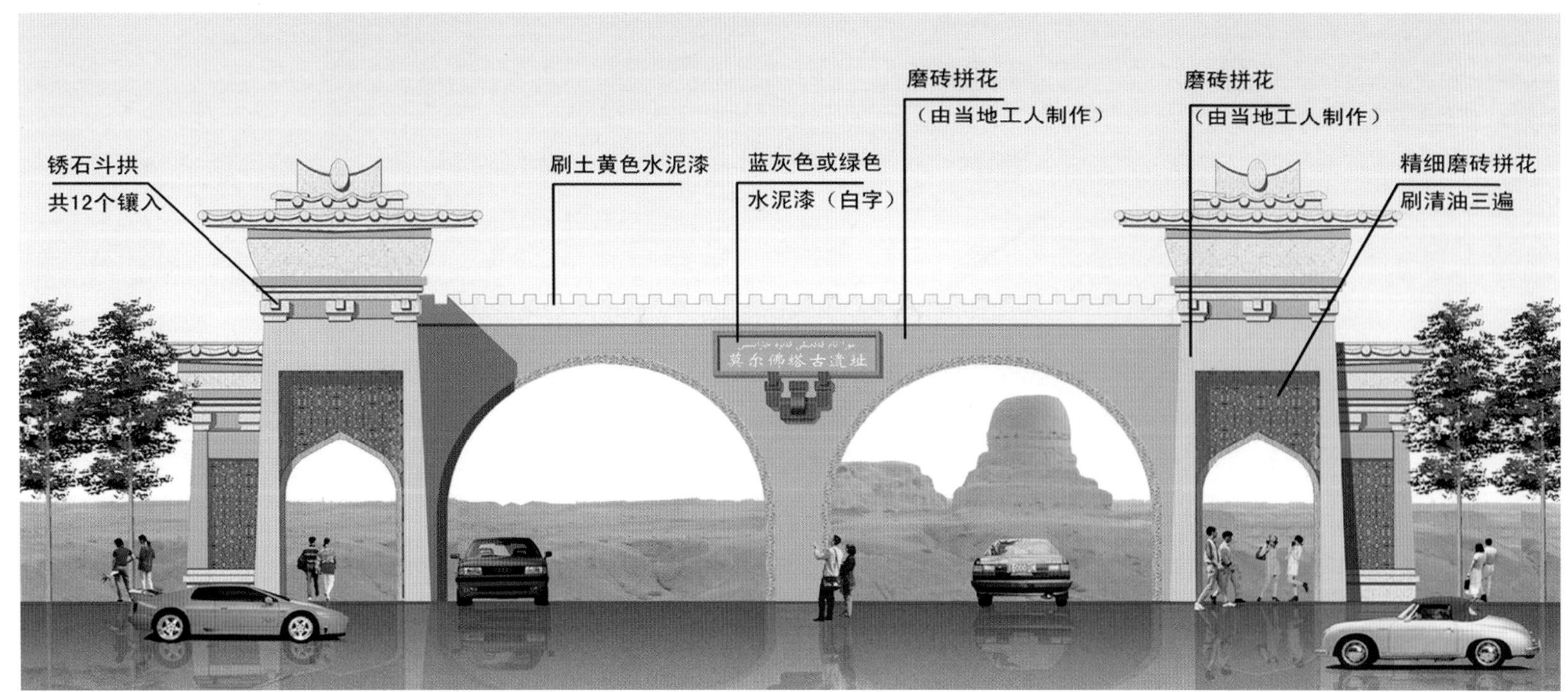

莫尔佛塔古遗址大门方案二（施工要求）

莫尔佛塔古遗址大门方案

青瓦
砖作斗拱
《马踏飞燕》国家旅游标志
拼花磨砖贴面
灰色水泥漆
莫尔佛塔标志

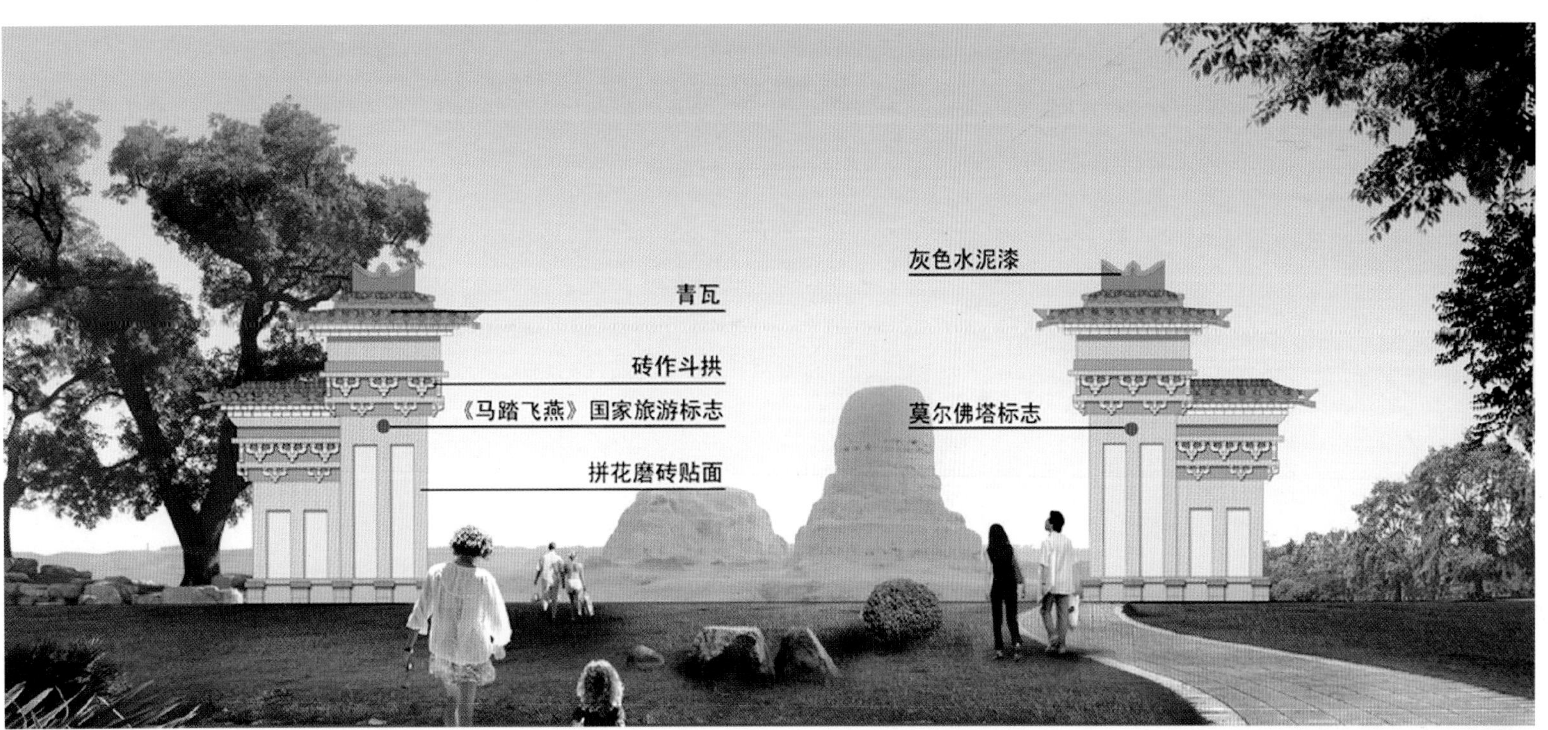

莫尔佛塔古遗址大门方案三（施工要求）

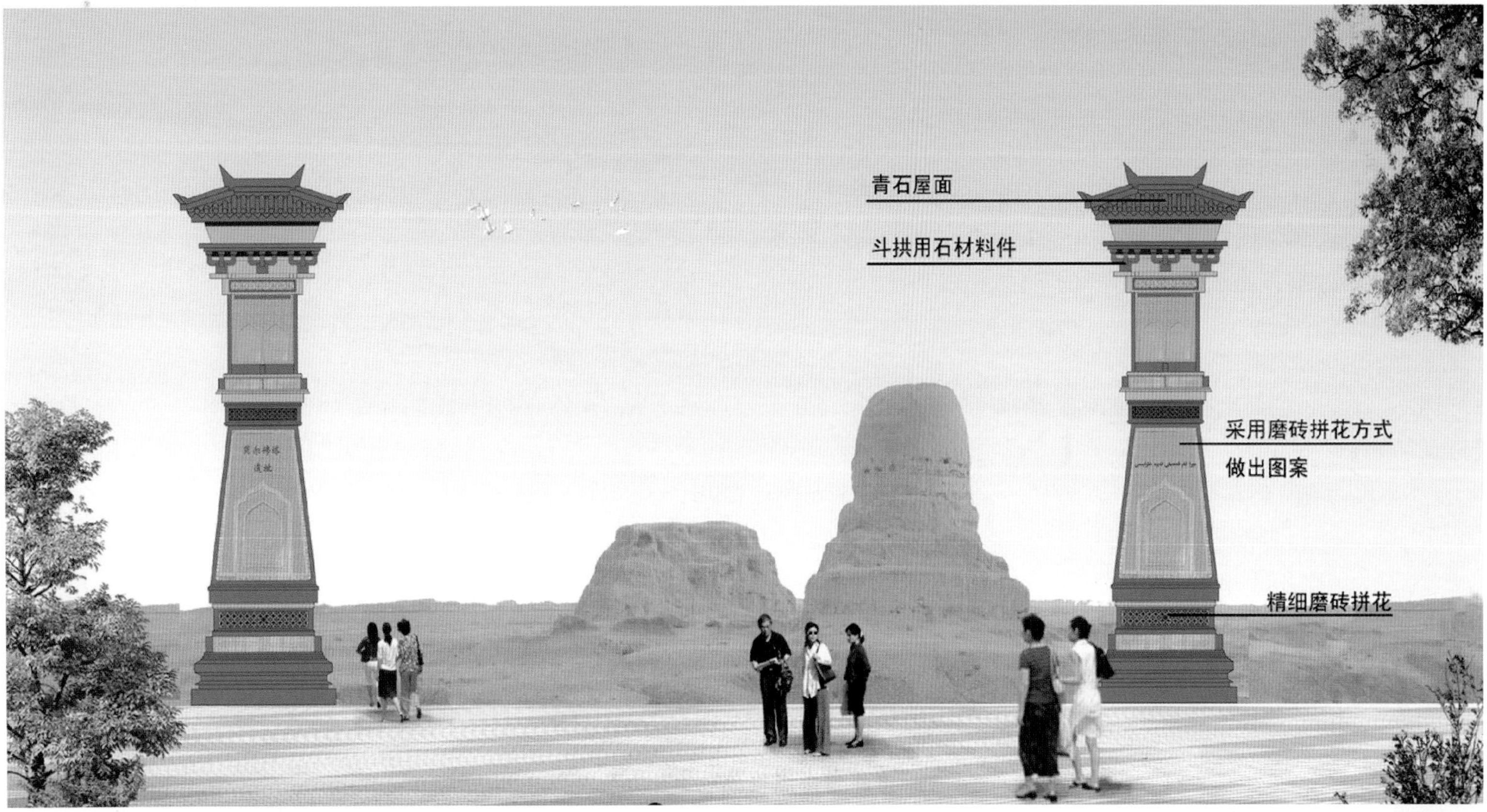

青石屋面
斗拱用石材料件
采用磨砖拼花方式
做出图案
精细磨砖拼花

莫尔佛塔古遗址大门方案四（施工要求）

参考文献

一、关于丝绸之路的参考文献

1 （法）P·B·于格，E·于格．海市蜃楼中的帝国——丝绸之路上的人、神与神话［M］．耿昇，译．喀什：喀什维吾尔文出版社，2004.

2 邵如林，邸明明．永远的丝绸之路——走过新疆［M］．昆明：云南人民出版社，2004.

3 丝工．丝路圣徒——17 次丝绸古道行［M］．北京：电子工业出版社，2003.

4 杨建新，卢苇．丝绸之路．兰州［M］．甘肃人民出版社，1988.

5 王应林．丝绸之路史话．喀什［M］．喀什维吾尔文出版社，2004.

6 （法）布尔努瓦．丝绸之路．［M］．耿昇译．济南：山东画报出版社，2001.

7 （瑞典）斯文赫定．丝绸之路［M］．江红，李佩娟，译．乌鲁木齐：新疆人民出版社，1996.

8 邱陵．丝绸之路宗教文化［M］．乌鲁木齐：新疆人民出版社，1998.

9 苏北海．丝绸之路与龟兹历史文化［M］．乌鲁木齐：新疆人民出版社，1996.

10 田卫疆．丝绸之路与东察合台汗国史研究［M］．乌鲁木齐：新疆人民出版社，1997.

11 赵化勇．新丝绸之路［M］．北京：中国广播电视出版社，2006.

12 孙毅夫．陆上与海上丝绸之路［M］．北京：中国画报出版公司

13 人民画报社．古代丝路［M］．北京：中国画报出版公司，1987.

14 孙家斌，施宽利．丝绸之路中国行［M］．乌鲁木齐：新疆人民出版社，2003.

15 丝路游杂志社

16 王嵘．西域文化的回声［M］．乌鲁木齐：新疆青少年出版社，2000.

17 向达．唐代长安与西域文明［M］．北京：三联书店，1987.

18 （唐）玄奘，辩机．大唐西域记校注［M］．季羡林，等，校注北京：中华书局出版，2000.

19 Jean-erre Drege. 丝绸之路——东方和西方的交流传奇［M］．吴岳添，译．上海：上海书店出版社，1998.

20 冯志文，吐尔迪·纳斯尔，李春华，等．西域地名词典［M］．乌鲁木齐：新疆人民出版社，2002.

21 田卫疆．丝绸之路上的古代行旅［M］．乌鲁木齐：新疆青少年出版社，1993.

22 苏北海．西域历史地理［M］．乌鲁木齐：新疆大学出版社，1988.

23 张志尧．草原丝绸之路与中亚文明［M］．乌鲁木齐：新疆美术摄影出版社，1994.

24 （德）克林凯特．丝绸古道上的文化［M］．赵泽民，译．乌鲁木齐：新疆美术摄影出版社，1994.

25 （东晋）法显．法显传（章巽传校注本）［M］．上海：上海古籍出版社，1985.

26 （日）羽田亨．西域文化史［M］．耿世民，译．乌鲁木齐：新疆人民出版社，1984.

27 人民画报社．路上与海上丝绸之路［M］．北京：中国画报出版社，1989.

28 丝路编辑部．“丝路明珠”喀什噶尔［M］．乌鲁木齐：新疆人民出版社，1992.

29 丝路游［M］.1—10 期（图片资料）．新疆美术摄影出版社，2002.

二、关于伊斯兰教的参考文献

1 宛耀宾．中国伊斯兰百科全书．2 版［M］．成都：四川辞书出版社，2007.

2 马坚，译．古兰经［M］．北京：中国社会科学出版社 1996 年，2003 年．

3 玉素甫·哈斯·哈吉甫．福乐智慧．郝关中等译，2 版［M］．北京：民族出版社，2003.

4 马通．中国伊斯兰教派门宦溯源［M］．银川：宁夏人民出版社，1986.

5 （美）时代—生活图书公司．先知的土地［M］·伊斯兰世界．周尚意，杜正贞，马敏，译．济南：山东画报出版社，2001.

6 刘志霄．维吾尔族历史［M］．乌鲁木齐：新疆人民出版社，1985.

7 李泰玉．新疆宗教［M］．乌鲁木齐：新疆人民出版社，1988.

8 （日）佐口透．新疆民族史研究［M］．乌鲁木齐：新疆人民出版社，1993.

9 （埃及）阿不杜·哈米德·萨哈尔．伊斯兰宗教故事选［M］．北京：世界知识出版社，1987.

三、伊斯兰文明与汉文明的对话与交往

1 马明良．伊斯兰文明与中华文明的交往历程和前景［M］．北京：中国社会科学出版社，2006.

2 常青．西域文明与华夏建筑的变迁［M］．长沙：湖南教育出版社，1992.

四、伊斯兰教建筑艺术

(一) 伊斯兰历史、文化、艺术

1 郭西萌 . 伊斯兰艺术 [M] . 石家庄：河北教育出版社，2003.

2 (埃及) 穆罕默德・高特卜 . 伊斯兰艺术风格 [M] . 一虹，译 . 北京：中国人民大学出版社，1990.

3 王家瑛 . 伊斯兰宗教哲学史 [M] . 北京：民族出版社，2003.

4 热依汗・卡德尔 .《福乐智慧》与维吾尔文化 [M] . 呼和浩特：内蒙古人民出版社，2003.

5 (埃及) 阿卜杜・哈米德・萨哈尔 . 伊斯兰宗教故事选 [M] . 杨林海，张亮，梁玉珍，译 . 张亮，校 . 北京：世界知识出版社，1987.

6 (叙利亚) 艾哈迈德・雅西尔・法鲁克 . 古兰经故事 [M] . 袁松月，译 . 银川：宁夏人民出版社，2004.

7 张亨德，等 . 新疆维吾尔民间花帽图案集 [M] . 乌鲁木齐：新疆人民出版社，1983.

8 韩莲芬，刘定陵，谢凯 . 维吾尔民间印花布图案集 [M] . 乌鲁木齐：新疆人民出版社，1981.

9 (意) 加不里埃尔・曼德尔 . 伊斯兰艺术鉴赏 [M] . 陈卫平，译 . 北京：北京大学出版社，1992.

10《维吾尔族简史》编写组 . 维吾尔族简史 [M] . 乌鲁木齐：新疆人民出版社，1991.

11 新疆维吾尔建筑图案 .

12《新疆文物》总第三期 .

13 钱伯泉，王炳华 . 通俗新疆史 [M] . 乌鲁木齐：新疆人民出版社，1987.

14 王治来 . 中亚史纲 [M] . 郑州：河南教育出版社，1986.

15 魏良 . 喀拉汗王朝 [M] . 乌鲁木齐：新疆人民出版社，1986.

16 [瑞典] 贡纳尔・雅林 . 重返喀什噶尔 [M]. 崔延虎等，译 . 乌鲁木齐：新疆人民出版社，1999.

17 纪大椿 . 新疆历史百问 [M] . 乌鲁木齐：新疆美术摄影出版社，1997.

18 魏民洪，等 . 西域佛教史 [M] . 乌鲁木齐：新疆美术摄影出版社，1997.

19 徐金发，等 . 无限风光在新疆 [M] . 乌鲁木齐：新疆青少年出版社，1999.

20 李进新，著 . 新疆伊斯兰汉朝史略 [M] . 北京：宗教文化出版社，1999.

21 刘锡淦 . 龟兹古国史 [M] . 乌鲁木齐：新疆大学出版社，1992.

22 刘锡淦 . 突厥汗国史 [M] . 乌鲁木齐：新疆大学出版社，1996.

23 巴哈尔古丽，齐清顺 . 维吾尔族 [M] . 乌鲁木齐：新疆美术摄影出版社，1996.

24 马品彦 . 正确阐明新疆伊斯兰教史 [M] . 乌鲁木齐：新疆人民出版社，2001.

25 陈超 . 正确阐明新疆民族史 [M] . 乌鲁木齐：新疆人民出版社，2001.

26 田卫疆 . 正确阐明新疆历史 [M] . 乌鲁木齐：新疆人民出版社，2001.

27 纪大椿 . 新疆历史教育读本 [M] . 乌鲁木齐：新疆美术摄影出版社，1999.

(二) 伊斯兰建筑

1 邱玉兰，于振生 . 中国伊斯兰教建筑 [M] . 北京：中国建筑工业出版社，1992.

2 [美] 约翰・D・霍格 . 伊斯兰建筑 [M] . 杨昌鸣等，译 . 北京：中国建筑工业出版社，1999.

3 艾山・阿布都热依木 . 伊斯兰教建筑艺术 [M] . 乌鲁木齐：新疆人民出版社，1989.

4 路秉杰，张广林 . 中国伊斯兰教建筑 [M] . 上海：上海三联书店，2005.

5 新疆维吾尔自治区伊斯兰教协会，乌鲁木齐中青人文化传媒有限公司 . 新疆伊斯兰风采 [M] . 乌鲁木齐：新疆美术摄影出版社，2002.

6 严大春 . 新疆民居 [M] . 北京：中国建筑工业出版社 1995.

7 张胜仪 . 新疆传统建筑艺术 [M] . 乌鲁木齐：新疆科技卫生出版社，1999.

8 焦力・卡得尔哈力克・达吾提 . 维吾尔建筑艺术集锦 [M] . 喀什：喀什维吾尔文出版社 1983.

9 布莱恩・布雷士・泰勒 . 变化中的农村居住建设 [M] . 新加坡 Concept Media 私人有限公司为阿卡・汗建筑奖出版

10 何孝清，李安宁，吐尔逊・哈孜，维吾尔建筑装饰纹样 [M] . 北京：人民美术出版社，2004.

11 RASEM BADRAN. THE ARCHITECTURE OF RASEM BADRAN NARRATIVES ON PEOPLE AND PLACE [M] Thames & Huds on

12 阿不都力米提・毛拉尤夫阿不力孜・毛拉尤夫 . 维吾尔住宅建筑图集 [M] . 乌鲁木齐：新疆科技卫生出版社 2004 年 9 月第 1 版第 1 次印刷

13 新疆工学院建工系 . 新疆建筑设计三十年 1955—1985 [M] . 新疆城乡建设设计行业开发基金会出版

14 新疆建筑勘察设计院建筑译文 .1986 年 6 月 .

15 Henri Stierlin. ISLAMIC ART AND ARCHI-TECTURE FROM ISFAHAN TO THE TAJ MAHAL [M] . Thames & Huds on

16 刘致平 . 中国伊斯兰教建筑 [M] . 乌鲁木齐：新疆人民出版社，1985.

17 楼望皓 . 新疆民俗 [M] . 乌鲁木齐：新疆人民出版社，1989.

18 黄文弼 . 新疆考古挖掘报告 [M] . 北京：文物出版社，1983.《塔里木盆地考古记》科学出版社 1958 年

19 邱玉兰，于振生 . 中国伊斯兰教建筑艺术 [M] . 北京：中国建筑工业出版社，1992.

20 艾山・阿不都热依木 . 伊斯兰教建筑艺术 [M] . 乌鲁木齐：新疆人民出版社，1990.

21 中国建筑技术发展中心历史研究所 . 新疆维吾尔建筑装饰［ M ］. 乌鲁木齐：新疆人民出版社，1985.
22 张鸿 . 新疆维吾尔传统城市聚落研究［ M ］. 天津：天津大学，1996.
23 王小东 . 新疆伊斯兰建筑的定位［ J ］. 建筑学报，1994.3
24 韩嘉桐，袁必 . 新疆维吾尔族传统建筑的特色，1963.1
25 孙宗文 . 我国伊斯兰寺院建筑艺术源流初探，（二）［ J ］. 古建园林，1984，（ 3 ）.
26 穆罕默德·阿拉勒·辛纳赛尔 . 伊斯兰世界的城市建造者［ J ］. 信使 .1987.
27 于维诚 . 新疆建置沿革与地名研究 . 乌鲁木齐［ M ］. 新疆人民出版社，1986.
28 艾山·阿布都热依木 . 中国伊斯兰教建筑艺术［ M ］. 乌鲁木齐：新疆人民出版社，1989.
29 焦力·卡德尔，等 . 维吾尔建筑艺术集锦 . 喀什［ M ］. 喀什维吾尔文出版社，1984.

五、喀什建筑文化价值相关文献

1 李宏 . 喀什年鉴 1999［ M ］. 乌鲁木齐：新疆人民出版社，1999.
2 李宏 . 喀什年鉴 2005［ M ］. 喀什：喀什维吾尔文出版社，2005.
3 喀什市城市建设四十周年画册编委会编 . 今日喀什——喀什市城市建设四十年 1952—1992［ M ］. 香港新世纪出版社，1992 年（ 8 ）月
4 发展中的新疆城市编委会 . 丝路明珠——喀什［ M ］. 北京：中国统计出版社，1997.
5 今日喀什编委会 . 今日喀什［ M ］. 上海：三联书店上海分店出版，1992.
6 赵力 . 走读喀什［ M ］. 乌鲁木齐：新疆美术摄影出版社，2005.
7 赵力 . 喀什游记［ M ］. 喀什：《喀什日报》印刷厂，2001.
8 马树康 . 百年喀什［ M ］. 喀什：喀什维吾尔文出版社，2002.
9 中国人民政治协商会议，喀什市委员会文史资料委员会 . 喀什市文史资料［ R ］. 喀什：《喀什日报》印刷厂印，1999.
10 李进新 . 新疆伊斯兰汗朝史略［ M ］. 北京：宗教文化出版社，1999.
11 阎健国 . 中华瑰宝——维吾尔木卡姆［ M ］. 哈尔滨：黑龙江人民出版社 2006，12.
12 李雄飞 . 对新疆喀什城市特色和古建筑的保护的几点设想［ A ］.1984 年全国建筑师代表大会论文［ C ］.
13 李雄飞 . 历史文化名城：如何面对历史和文化［ J ］. 中国文化遗产，2005，（ 3 ）.
14 李雄飞 . 商业步行街人文历史景观保护设计研究［ J ］. 城市建筑，2005，（ 11 ）：15-19.
15 李雄飞 . 试论城市建设发展中的城市保护问题［ A ］. 城市建筑研讨会论文集 . 大连：大连理工出版社，1998.
16 李雄飞 . 城市规划与古建筑保护［ M ］. 台北：（台湾）台北斯坦出版有限公司，1991.
17 李雄飞，樊新和 . 喀什建筑文化专题研究（ 2000 年内部资料）［ R ］.
18 李雄飞 . 城市规划与古建筑保护［ M ］. 天津：天津科学技术出版社，1985.
19 李雄飞 . 喀什名城保护规划［ J ］. 新建筑，1991，（ 2 ）
20 李雄飞 . 安西玉市话喀什［ J ］，城市杂志 .1989，（ 1 ）
21 今日喀什［ M ］. 香港新世纪出版社，1993 年
22 王时样：“喀什市历史文化发展概述”（内部）［ R ］
23 潘蒙忠，等 . 巧手装点古城美——记喀什市工艺美术师阿不力米提·祖农［ J ］. 喀什日报，1988（ 8 ）.
24 喀什年鉴［ M ］. 新疆人民出版社，1985.
25 阿不都热合曼·吾曼，苏文土 . 喀什传统民居建筑装饰［ J ］. 建筑知识，2007 年 1 月
26 赵力 . 喀什游记，上、下册［ M ］. 2001，5.
27 王时样 . 喀什文物古迹简介［ R ］. 喀什城乡建设环境保护委员会 1989 年 2 月版
28 赵月，李京生 . 喀什旧城密集型聚落——喀什传统维族民居［ J ］. 建筑学报 .

六、历史文化及艺术、美学、建筑著作

1 田东海 . 行为·聚落·文化［ M ］. 北京：清华大学，1993.
2 （美）希提 . 阿拉伯通史［ M ］. 马坚，译 . 北京：商务印书馆，1976.
3 敦煌文物研究所 . 敦煌莫高窟，中国石窟，第二卷［ M ］. 北京：文物出版社，1984.
4 ［日］佐佐木教悟，等 . 印度佛教史概论［ M ］. 杨曾文等，译 . 上海：复旦大学出版社，1989.
5 周尚意等，译 . 先知的土地［ M ］. 济南：山东画报出版社，2001.
6 丁世良，赵放孔 . 中国地方志民俗资料汇编：西北卷［ M ］. 北京：书目文献出版社，1989.
7 普加琴科娃，列穆佩 . 中亚古代艺术［ M ］. 陈继周，李琪，译 . 乌鲁木齐：新疆美术摄影出版社，1994.
8 （意）马里奥·布萨格里，（印）查娅·帕特卡娅，（印）B·N 普里 . 中亚佛教艺术［ M ］. 许建英，保汉民，译 . 乌鲁木齐：新疆美术摄影出版社，1992.
9 （日）芦原义信 . 外部空间设计［ M ］. 尹培桐，译 . 北京：中国建筑工业出版社，1985.

10 (日) 冢田敢 . 色彩美的创造 [M] . 长沙：湖南美术出版社，1986.

11 (日) 大智浩 . 色彩设计基础 [M] . 无锡市纺织研究所，编译

12 李泽厚 . 美的历程 [M] . 北京：中国社会科学出版社，1989.

13 (美) 托马斯・哈定，等 . 文化与进化 [M] . 韩建军，等，译 . 杭州：浙江人民出版社，1987.

14 孙大章 . 中国美术全集，建筑艺术编——宗教建筑 [M] . 北京：中国建筑工业出版社，1991.

15 旧城改建规划 [J] . 城市规划编辑部内部版，1986.

16 李雄飞 . 城市规划与古建筑保护 [M] . 台北：中国（台湾）台北斯坦出版公司，1991.

17 泉州历史文化中心 . 泉州古建筑 [M] . 天津：天津科技出版社，1991.

18 李雄飞，王悦 . 城市特色与古建筑 [M] . 天津：天津科技出版社，1991.

19 林鹰 . 中亚中东新建筑 [M] . 天津：天津大学出版社，1995.

20 王骏，阮仪三 . 历史街区保护 [D] . 李雄飞阅卷评审倪文彦译，中国建工出版社，1981，4.

21 国外历史文化名城国际文献 [R] . 建设部规划司内部版，1989.

22 [美] 西里尔・曼戈 . 拜占庭建筑 [M] . 张去鹏，译 . 北京：中国建筑工业出版社，2000.

23 [英]S・劳埃德，[德]H・W・米勒 . 远古建筑 [M]. 高云鹏，译 . 北京：中国建筑工业出版社，1999.

24 Besim Selim Hakim. Arabic-Islamic Cities [M]，KPI Limited. 1986.

25 李雄飞 . 历史文化名城建筑遗产的保护 [J] . 城市规划，1982，(3) .

26 李雄飞 . 历史文化名城特色的构成要素 [J] . 城市规划，1982，(6) .

27 李雄飞 . 城市环境设计中古建筑保护方法初探 [J]. 建筑学报，1982(8).

28 李雄飞 . 古建筑与现代文明 [J] . 科学之友，1982 (1) .

29 李雄飞 . 伊斯坦布尔古城保护规划简介 [J] . 城市规划汇刊，1983 (1) .

30 李雄飞 . 桑莲桐鲤费斟酌——泉州古城保护规划 [J] . 建筑学报，1984 (5) .

31 王建平 . 冲突与融合：历史上的伊斯兰教与基督教 [J]. 中国国家地理，2001 (11) .

32 陈登鳌 . 热带建筑 [M] . 北京：中国建筑工业出版社，1989.

33 沈福伟 . 中西文化交流史 [M] . 上海：上海人民出版社，1985.

34 张星 . 中西交通史料汇编 [M] . 上海：商务印书馆民国版 .

35 吴良镛 . 广义建筑学 [M] . 清华：清华大学出版社，1989.

36 陈志华 . 外国建筑史 [M] . 北京：中国建筑工业出版社，1981.

37 罗小未，蔡琬英 . 外国建筑历史图说 [M] . 上海：同济大学出版社，1987.

38 郭湖生 . 东方建筑研究 [M] . 天津：天津大学出版社，1992.

39 沈玉麟 . 建筑群与外部空间 [M] . 天津：天津大学建筑系内部资料，1991.

40 (美) 拉普普 . 住房形式与文化 [M] . 张玫玫，译 . 台湾镜与象出版社 1976 年

41 刘敦祯文集 [M] . 北京：中国建筑工业出版社，1982.

42 梁思成文集 [M] . 北京：中国建筑工业出版社，1985.

43 杨大禹 . 云南少数民族住房形式与文化研究 [M] . 天津：天津大学，1992.

44 胡向江 . 荒漠生态地区人居住建筑研究 [M] . 上海：同济大学，1993.

45 王晓滨 . 西北气候干燥地区居住形态研究 [M] . 上海：同济大学，1993.

46 汪宁生 . 中国考古发现的大房子 [J] . 考古学报，1983，(3) .

47 李雄飞，李昊 . 伊斯兰文化东渐的遗踪——海上丝绸之路名城泉州中亚风格清真寺建筑构图研究 [J] . 华中建筑，2008，26 (9) .

48 李雄飞，樊新和 . 伊斯兰文化东渐的遗踪——陆上丝绸之路名城喀什中亚风格清真寺建筑构图研究 [J] . 华中建筑，2009，27 (1) .

七、外文参考文献

1 MIMAR SINAN by Reha Gunau lstanbul，Nisan 2010

2 VIZZION ARCHITECTS Foreword by Sefik Birkiye images Publishing Australia 2007

3 THE WORLD OF ISLAMIC ART by Bernard o'kane The American University in Cairo Press

4 MOSHE SAFDIE Ⅰ by images Publishing Publshed in Australia in 2009

5 MOSHE SAFDIE Ⅱ by images Publishing Publshed in Australia in 2009

6 THE ARCHITECTURE OF RASEM BADRAN NARRATIVES ON PEOPLE AND PLACE by James Steele Thames & Hudson

7 ISLAM FROM BAGHDAD TO CORDOBA EARLY ARCHITECTURE FROM THE 7th TO THE 13th CENTURY by Henri Stierlin TASCHEN

8 ISLAMIC ART AND ARCHITECTURE FROM ISFAHAN TO THE TAJ MAHAL by Henri Stierlin Thames & Hudson

9 THE TREASURES OF ISLAMIC ART IN THE MUSEUMS OF CAIRO Edited by Bernard 0，Kane Introduced by H.E.Mrs. Suzanne Mubarak A Supreme Council of Antiquities Edition The American University in Cairo Press Cairo，New York

10 THE ARCH ITECTURUL REVIEW/MAY 2010 (1−12)

11 ARABIC-ISLAMIC CITIES BUILDING AND PLANNING PRINCIPLES by Besim Selim Hakim

后　记

喀什“迷一样的城市”，这是我们听到得最多的词。喀什所以称之为“迷”，实际上有两个原因使然：由于地理空间原因，巨大的传统思维惯性与接收世界现代信息方面形成了巨大落差，我们称之为中世纪城市的活化石；另一方面，九百多年从佛教到伊斯兰教的传播，包括《古兰经》所规定的衣食住行等行为准则已经渗入到维吾尔、哈萨克、塔吉克等广大穆斯林民众的血液中，从而形成特定的风俗、思维模式、人际关系与价值观。而这正是欧洲、亚洲许多现代进程较快的国家旅游者难以读懂这部城市巨著的原因。正是这个“难以读懂”才形成了喀什独具异域风情的艺术魅力。而在我国这种城市形态与文化特征，以其大漠绿州城市个性鲜明而论则唯此一座，就显得弥足珍贵了，可以说中国只有一个喀什。因此，喀什个性特色的保护必须跳出喀什而站在全中国的客观角度上才能真正理解其艺术与文化价值。就其发展方向来说，喀什应成为“东方的迪拜”（作者的理想），应是中国充满浪漫色彩、东方情调的艺术之城。

为了保证人民群众的生命安全，2010 年 7 月在党中央和国务院的亲切关怀下，重启真正意义的、科学的老城改造，以“一户一设计”、住户全程参与的模式，最大限度地体现了对人的关怀，这是一次成功的实践活动，它为世界上同质文化城市在保护名城风貌的大前提下进行抗震加固和改造提供了一个杰出的范例，是对世界建筑文化的一大贡献。

本书是在总结名城与街区保护规划的情况下，对历史城市与建筑作一个详细的建筑学形态分析，作为今后城市建筑设计与可持续发展中对历史文化借鉴与升华的参考。

任何一个民族，都有着千百年的文化积淀，都是世界文化的重要组成部分，都是一部充满智慧的巨著，以维吾尔族为代表的喀什建筑文化圈更是如此，在还没有完全读懂这部文化巨著之前，尽可能多地保存其建筑文化信息是一个明智的选择。

笔者从 1984 年喀什市政府申报国家级历史文化名城开始，就对喀什予以研究，也做了大量的探讨方案。但限于篇幅，本书只能择其主要部分发表，作为喀什噶尔学建筑文化研究的一个基础性工作。

在本书编辑过程中，自治区领导始终关心着这本书的出版，喀什地区与喀什市委、市政府领导对本书的出版也提出了不少非常精彩的意见，王小东院士、原自治区建设厅陈震东厅长、自治区博物馆乌布里博士、新疆师范大学校长、博士生导师阿不都克里木·热合曼教授都对本书予以了关切和指导，谨此一并致谢。

书稿技术上的一些问题，自治区民族事务委员会（宗教事务所）进行了文字审核与政策把关，曹建阳先生从文字、版式以及文献核实等方面都做了大量工作，《城市·空间·设计》杂志执行主编卢军老师和中国建材工业出版社侯力学总编、贺悦老师、曾怡老师对本书的内容选择与编辑模式给予了全力帮助，谨此一并致谢。

樊新和　李雄飞

2015 年 12 月 26 日